GEORGE SALMON



# TRAITÉ

DE

# GÉOMÉTRIE ANALYTIQU

(COURBES PLANES)

DESTINÉ À FAIRE SUITE AU TRAITÉ DES SECTIONS CONIQUES

OUVRAGE TRADUIT DE L'ANGLAIS

PAR O. CHEMIN

ET

SUIVI D'UNE ÉTUDE SUR LES POINTS SINGULIERS

PAR G. HALPHEN

Elibron Classics
www.elibron.com

Elibron Classics series.



ISBN 1-4212-0859-8 (paperback)
ISBN 1-4212-0858-X (hardcover)

This Elibron Classics Replica Edition is an unabridged facsimile of the edition published in 1884 by Gauthier-Villars, Paris.

# TRAITÉ

DE

# GÉOMÉTRIE ANALYTIQUE

(COURBES PLANES)

ΑΕΙ Ο ΘΕΟΣ ΓΕΩΜΕΤΡΕΙ

# TRAITÉ

DE

# GÉOMÉTRIE ANALYTIQUE

## (COURBES PLANES)

DESTINÉ A FAIRE SUITE AU TRAITÉ DES SECTIONS CONIQUES,

Par G. SALMON,

Professeur à l'Université de Dublin.

OUVRAGE TRADUIT DE L'ANGLAIS

Par O. CHEMIN,

Ingénieur en chef des Ponts et Chaussées,
Professeur à l'École des Ponts et Chaussées,

ET

SUIVI D'UNE ÉTUDE SUR LES POINTS SINGULIERS,

Par G. HALPHEN.

PARIS,

GAUTHIER-VILLARS, IMPRIMEUR-LIBRAIRE

DU BUREAU DES LONGITUDES, DE L'ÉCOLE POLYTECHNIQUE,

Quai des Augustins, 55.

1884

# PRÉFACE DE L'ÉDITEUR.

Fidèle au programme que nous nous étions tracé, nous publions aujourd'hui la traduction du *Traité de Géométrie analytique* (*Courbes planes*) de M. Salmon. Cet Ouvrage forme la suite naturelle du *Traité des Sections coniques*, et sa lecture est nécessaire pour la complète intelligence du *Traité de Géométrie analytique à trois dimensions* du même auteur. On y trouvera au même degré les remarquables qualités d'élégance et de clarté et la hauteur de vues qui caractérisent l'œuvre entière de M. Salmon.

La traduction en a été faite avec le même soin jaloux de se rapprocher de la correction de l'original.

M. G. Halphen, dont tous les géomètres connaissent les beaux et nombreux travaux sur les différentes branches de l'Analyse, a bien voulu rédiger pour nous une étude sur les points singuliers. Cette Note constitue un Mémoire absolument original dans lequel il résume, en les complétant, ses propres travaux et ceux des géomètres qui se sont occupés de cette difficile et délicate question. Nos lecteurs le remercieront avec nous d'avoir abandonné un instant ses recherches personnelles pour combler une lacune regrettable qui existe jusqu'à présent dans les Ouvrages de Géométrie analytique.

G.-V.

# PRÉFACE DE LA DEUXIÈME ÉDITION.

La première édition de ce Traité était épuisée depuis quelques années et j'avais eu, pendant quelque temps, la pensée de ne pas le réimprimer. Cet Ouvrage avait été rédigé à une époque où l'Algèbre supérieure moderne était encore à son enfance : aussi fallait-il des changements importants pour le mettre au niveau de la Science actuelle et, comme je n'avais pu préparer une nouvelle édition avant ma nomination au poste que j'occupe à présent, il me paraissait impossible d'en publier une maintenant que d'autres devoirs ne me laissaient plus le loisir de me tenir au courant des découvertes mathématiques récentes ou même de garder présentes à ma mémoire mes connaissances antérieures. Mais, comme les années s'écoulaient et que mon Traité restait toujours l'unique Ouvrage anglais ayant la prétention de fournir un aperçu systématique de la théorie moderne des courbes, je commençai à me demander s'il ne serait pas possible d'en faire l'objet d'une publication nouvelle et si je ne pourrais pas me faire aider par de jeunes mathématiciens ayant la compétence voulue pour rédiger les Sections additionnelles destinées à faire connaître les derniers progrès de la Science. Ayant consulté M. Cayley, je fus très agréablement surpris de le voir m'offrir lui-même le concours que je désirais. Il est inutile de dire avec quel plaisir j'acceptai une proposition si bien faite pour donner une très grande valeur à l'Ouvrage; le seul scrupule qui me vint à l'esprit, c'est la crainte que le temps et le travail de M. Cayley, ainsi consacrés à l'œuvre d'un autre, ne pussent priver, pour quelque temps au moins, le monde mathématique de l'ouvrage qu'il aurait pu lui-même écrire sur le même sujet. Dans mon plan primitif, M. Cayley devait seulement me donner quelques sections ou chapitres nouveaux, dont il prendrait l'entière responsabilité, tandis que je me contenterais de reviser la portion du texte ancien qui aurait été conservée; en conséquence, le premier Chapitre fut tout entier rédigé par M. Cayley. Mais je trouvai qu'en procédant ainsi il serait impossible de donner à ce Livre l'unité qu'il devait avoir; et actuellement notre publication a été combinée de telle manière qu'il est bien difficile d'attribuer nettement à chacun de nous ce qui lui revient. M. Cayley a travaillé le manuscrit tout entier et il existe à peine une page qui ne se ressente de l'influence de ses conseils; d'autre part, j'ai complètement refondu quelques-unes de ses contributions, soit pour les mettre mieux en harmonie avec le reste de l'Ouvrage, soit pour apporter quelques simplifications à ses procédés ou faire quelques additions à ses résultats. C'est ainsi que j'ai effectivement agi avec quelques-uns des documents manuscrits qu'il a été assez bon pour mettre à ma disposition, de même qu'avec les Mémoires qu'il a publiés et dont j'ai introduit les résultats dans le texte. En jetant un coup d'œil sur ces pages, les parties que je reconnais avoir empruntées à M. Cayley avec peu ou pas de modifications sont le Chapitre I, les notions sur les points triples, n$^{os}$ 40, 47, l'ex. 6, n° 55; les n$^{os}$ 56 à 58, 87 à 89, 138, 139, 151, 189, 243, 270, 282 à 291, 407, 408. En outre, je me suis servi dans le Chapitre III d'un manuscrit de lui sur les enveloppes, comprenant la théorie des développées, des quasi-développées et des courbes parallèles; dans un autre, j'ai puisé mes connaissances sur la théorie de la résiduation de Sylvester; et j'ai tiré parti d'un Mémoire sur la classification des quartiques et d'un autre sur les bitangentes à ces courbes. Les additions au Chapitre de la première édition sur la transformation des courbes sont presque entièrement extraites d'un Mémoire de M. Cayley; les numéros de 370 à la fin lui sont empruntés presque sans modifications. Les n$^{os}$ de 401 à 406 ont également pour origine un manuscrit de lui sur la théorie des courbes polaires de Steiner.

La première édition du présent Ouvrage renfermait un Chapitre sur l'application du Calcul intégral à la théorie des courbes; je l'ai supprimé principalement à cause de l'extension que ce sujet a prise depuis lors. Pour pouvoir sembler prétendre être complet, un pareil Chapitre devrait contenir un résumé des applications que le regretté Clebsch, continuant les recherches de Riemann, a fait des intégrales elliptiques et abéliennes à la théorie des courbes. Mais il paraît impossible de traiter ces sujets comme ils le méritent ailleurs que dans un Ouvrage où il serait principalement question de Calcul intégral. Comme les Traités de ce genre renferment généralement des Chapitres consacrés à la théorie des courbes, j'ai cru pouvoir sans inconvénient laisser de côté cette branche de la théorie dans le présent Traité.

# PRÉFACE DE LA TROISIÈME ÉDITION.

Les causes qui avaient fait ajourner la publication de la deuxième édition ont aussi retardé celle de la troisième et ne m'ont pas permis d'y faire figurer tout ce que j'aurais désiré relativement aux recherches les plus récentes. Je dois reconnaître mes obligations à mon ami M. Cathcart, qui m'a aidé dans la revision des épreuves, comme il l'a fait dans d'autres circonstances ; il a appelé mon attention pendant l'impression sur divers points qui auraient eu besoin d'être traités avec plus de détails. J'aurais espéré leur consacrer un Appendice à la fin, mais tout ce que j'ai eu le temps de faire se réduit à quelques annotations. On remarquera que M. Cayley a eu l'amabilité de me donner une ou deux additions nouvelles.

Trinity College, Dublin, juillet 1879.

G. SALMON.

# TABLE DES MATIÈRES.

## CHAPITRE PREMIER.

### COORDONNÉES.



## CHAPITRE II.

### PROPRIÉTÉS GÉNÉRALES DES COURBES ALGÉBRIQUES.

## CHAPITRE III.

### ENVELOPPES.

## CHAPITRE IV.

### PROPRIÉTÉS MÉTRIQUES DES COURBES.

## CHAPITRE V.

### COURBES DU TROISIÈME ORDRE.

## CHAPITRE VI.

### COURBES DU QUATRIÈME ORDRE.

## CHAPITRE VII.

### COURBES TRANSCENDANTES.



## CHAPITRE VIII.

### TRANSFORMATION DES COURBES.

## CHAPITRE IX.

### THÉORIE GÉNÉRALE DES COURBES.

## APPENDICE PAR M. G.-H. HALPHEN.



FIN DE LA TABLE DES MATIÈRES.

# TRAITÉ

DES

# COURBES PLANES.

## CHAPITRE PREMIER (¹).

### COORDONNÉES.

#### COORDONNÉES DE POINT.

1. Le plan renferme une droite toute spéciale, la droite de l'infini; sur celle-ci sont situés deux points particuliers (imaginaires) : ce sont les points circulaires à l'infini. Un théorème de Géométrie peut n'avoir aucun rapport avec cette droite et ces points : on dit alors qu'il est *descriptif;* dans le cas contraire, il est *métrique.*

2. Les coordonnées dont on fait usage pour déterminer la position d'un point dans un plan sont les coordonnées cartésiennes (rectangulaires ou obliques) ou les coordonnées trilinéaires; ces dernières comprennent toutefois les premières comme cas particulier. D'une manière générale, nous pouvons dire que les coordonnées cartésiennes (rectangulaires) sont celles qui se prêtent le mieux à la discussion des propriétés métriques; tandis que les coordonnées tri-

(¹) Ce Chapitre a été rédigé par M. Cayley.

linéaires conviennent mieux à l'étude des propriétés descriptives. Cependant, quand il s'agit de propriétés métriques, il y a souvent un avantage sérieux à employer la notation des coordonnées trilinéaires; l'équation d'une courbe affecte alors la forme d'une équation homogène en $(x, y, z)$, dans laquelle $x$, $y$ sont les coordonnées rectangulaires ordinaires et où $z$ est égal à l'unité. Il convient d'étudier avec quelques détails la théorie des systèmes de coordonnées dont il vient d'être question.

3. Les coordonnées trilinéaires, telles qu'on les a définies dans les *Sections coniques* (n° 62), sont les distances perpendiculaires $(p, q, r)$ d'un point à trois droites données; on admet que ces droites constituent un triangle (c'est-à-dire que deux d'entre elles ne sont pas parallèles). Si l'on appelle $a$, $b$, $c$ les côtés de ce triangle, $\Delta$ son aire, et si l'on convient de plus de regarder les coordonnées $(p, q, r)$ comme positives quand le point est dans l'intérieur du triangle, les coordonnées $(p, q, r)$ vérifient la relation (*Sections coniques*, n° 63)

$$ap + bq + cr = 2\Delta.$$

Cette relation permet de rendre homogène une équation qui ne l'était pas primitivement; nous supposerons toujours cette opération effectuée et, par le fait, les équations dont nous nous servirons seront toujours homogènes.

4. Il est toutefois avantageux d'avoir une définition plus générale des coordonnées trilinéaires: ainsi, sans fixer aucunement les grandeurs absolues des coordonnées $(x, y, z)$, nous pouvons les prendre égales à des multiples donnés $(\alpha p, \beta q, \gamma r)$ des coordonnées trilinéaires primitives $(p, q, r)$. Si l'on remarque que la distance d'un point à une droite mesurée suivant une direction donnée est un multiple donné de la perpendiculaire abaissée du point sur la droite, on peut

donner à la définition les diverses formes qui suivent et qui ont le même degré de généralité : les coordonnées trilinéaires $(x, y, z)$ d'un point du plan sont proportionnelles à

| | |
|---|---|
| des multiples donnés des distances perpendiculaires.................................. | du point à trois droites données. |
| des multiples des distances mesurées suivant des directions données......................... | |
| des multiples donnés des distances mesurées suivant une seule et même direction donnée.. | |
| aux distances mesurées suivant des directions données.................................. | |

Les trois droites données, par exemple les droites $x = 0$, $y = 0, z = 0$, sont appelées les *axes de coordonnées*, ou simplement les *axes*; et le triangle qu'elles constituent a reçu le nom de *triangle fondamental*, *triangle de référence*, ou simplement de *triangle*.

Remarquons que, tant que les quantités $(x, y, z)$ restent indéterminées, en ce qui regarde leur grandeur absolue, il ne peut exister de relation identique qui les lie les unes aux autres; et, comme les équations dont nous faisons usage sont nécessairement homogènes, elles expriment des relations entre les rapports mutuels des coordonnées.

5. Il n'y a pas, en général, d'avantage à fixer les grandeurs absolues des coordonnées; mais nous pouvons le faire, si nous voulons, et spécifier que les quantités $(x, y, z)$ seront respectivement égales à $(\alpha p, \beta q, \gamma r)$. Dans ce cas, les coordonnées sont liées par la relation

$$\frac{ax}{\alpha} + \frac{by}{\beta} + \frac{cz}{\gamma} = 2\Delta;$$

cette relation sert à déterminer les grandeurs absolues des coordonnées $(x, y, z)$ d'un point particulier quelconque, quand leurs rapports sont connus.

Il est à peine nécessaire de faire remarquer que la distance d'un point à une droite est considérée comme changeant de signe, quand le point passe d'un côté à l'autre de la droite. On peut, pour chacune des droites, choisir à volonté le côté positif et le côté négatif; cependant il est commode, en général, de les fixer de telle sorte que pour un point situé à l'intérieur du triangle les rapports $(x:y:z)$ ou les coordonnées $(x, y, z)$ (quand ces dernières sont déterminées en grandeur absolue) soient positives.

6. Si nous choisissons les droites $x=0, y=0, z=0$ pour droites données, les valeurs des rapports $x:y:z$ dépendent de celles des constantes implicites $\alpha$, $\beta$, $\gamma$ et par conséquent ne sont pas encore complètement déterminées; mais nous pouvons les fixer de telle manière que, pour un point donné, les rapports $(x:y:z)$ aient des valeurs données. Par exemple, si, pour le point dont les distances perpendiculaires sont $p_1$, $q_1$, $r_1$, ces rapports doivent avoir les valeurs données $x_1:y_1:z_1$, la détermination des coordonnées se trouve complète; car nous avons

$$x:y:z=\frac{x_1}{p_1}p:\frac{y_1}{q_1}q:\frac{z_1}{z}r.$$

Nous pouvons aussi (ce qui revient à peu près au même) choisir nos coordonnées de manière qu'une équation linéaire donnée

$$Ax+By+Cz=0$$

représente une droite donnée. Et en effet, si l'équation de la droite donnée en fonction des coordonnées $(p, q, r)$ est

$$\mathrm{a}p+\mathrm{b}q+\mathrm{c}r=0,$$

nous aurons les relations

$$x:y:z=\frac{\mathrm{a}}{A}p:\frac{\mathrm{b}}{B}q:\frac{\mathrm{c}}{C}r.$$

En général, il n'y a pas avantage à faire usage des équations que nous venons d'écrire; le procédé le plus commode consiste à considérer les coordonnées comme fixées de telle sorte que le point (1 : 1 : 1) soit un point donné de la figure, ou que la droite

$$x + y + z = 0$$

soit une droite donnée de cette même figure.

7. Il faut remarquer que nous pouvons, sans incorrection, parler du point ($\alpha$, $\beta$, $\gamma$); nous entendrons par là le point dont les coordonnées ont leurs rapports mutuels $x : y : z$ égaux à $\alpha : \beta : \gamma$. Et quand nous dirons que les coordonnées d'un point sont ($\alpha$, $\beta$, $\gamma$), ou que les ($x$, $y$, $z$) sont égaux à ($\alpha$, $\beta$, $\gamma$), nous ne ferons qu'exprimer la même chose; c'est-à-dire que nous ferons seulement connaître que les rapports de ces quantités sont égaux, pour la raison toute simple que les grandeurs absolues sont indéterminées. Ainsi, dans le numéro précédent, au lieu de parler du point (1 : 1 : 1) nous aurions pu dire le point (1, 1, 1).

8. Le point (1, 1, 1) et la droite $x + y + z = 0$, ou plus généralement le point ($\alpha$, $\beta$, $\gamma$) et la droite

$$\frac{x}{\alpha} + \frac{y}{\beta} + \frac{z}{\gamma} = 0$$

ont, par rapport au triangle fondamental, une relation géométrique bien connue. Si le point en question est O (*fig.* 1), la droite correspondante LMN est celle qui joint les points d'intersection des côtés du triangle fondamental ABC avec les côtés du triangle DEF; ce dernier est formé par les points où les droites, qui joignent O aux sommets du triangle ABC, rencontrent les côtés opposés. Réciproquement, étant donnée la droite LMN, nous pouvons construire le point O en joignant les points L, M, N, où la droite coupe les côtés du triangle ABC, aux sommets opposés de ce triangle; ces droites forment un nouveau triangle et les droites qui joignent ses sommets aux sommets correspondants du triangle

Fig. 1.

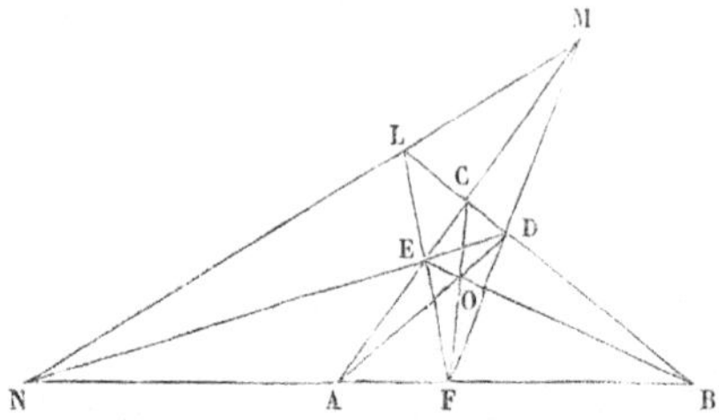


fondamental se coupent au point O. Par le fait, le point et la droite sont des *éléments harmoniques*, et nous montrerons dans la suite qu'ils sont dans la situation de *pôle et polaire* par rapport au triangle considéré comme courbe du troisième ordre ou, comme nous pouvons le dire plus simplement, par rapport au triangle. Si donc l'on donne l'un des deux éléments, point ou droite, l'autre est connu; et il revient au même de supposer que le point (1, 1, 1) soit un point donné, ou que la droite

$$x + y + z = 0$$

soit une droite donnée.

Si nous regardons la droite $x + y + z = 0$ comme une droite donnée, nous avons en tout quatre droites données; et si nous posons pour plus de commodité

$$x + y + z + w = 0$$

(c'est-à-dire, si nous considérons $w$ comme remplaçant $-x-y-z$), les coordonnées se trouvent déterminées de telle manière que

$$x = 0, \quad y = 0, \quad z = 0, \quad w = 0$$

sont des droites données.

9. Les coordonnées peuvent être choisies de telle sorte que le point (1, 1, 1) soit le centre de gravité du triangle et que la droite

$$x + y + z = 0$$

soit la droite à l'infini. Si nous nous reportons à l'équation

$$ap + bq + cr = 2\Delta,$$

ceci revient à supposer

$$x : y : z = ap : bq : cr,$$

c'est-à-dire que, si nous joignons le point aux trois sommets, en divisant ainsi le triangle fondamental en trois triangles, les coordonnées $x$, $y$, $z$ sont proportionnelles à ces trois triangles composants (ou, ce qui revient au même, chaque coordonnée est proportionnelle au quotient de la perpendiculaire abaissée du point sur un côté et de la perpendiculaire abaissée du sommet opposé sur le même côté). On peut remarquer que, si nous fixons les grandeurs absolues des coordonnées et si nous posons

$$x = \frac{ap}{2\Delta}, \quad y = \frac{bq}{2\Delta}, \quad z = \frac{cr}{2\Delta},$$

c'est-à-dire si nous prenons $x$, $y$, $z$ *égaux* aux rapports des triangles composants à la surface du triangle fondamental, la relation que vérifient les coordonnées est

$$x + y + z = 1.$$

10. Le triangle fondamental équilatéral constitue un cas particulier; dans ce cas, si $x$, $y$, $z$ sont proportionnels aux

perpendiculaires abaissées d'un point sur les côtés du triangle de référence, le point (1, 1, 1) est le centre de figure et $x+y+z=0$ représente la droite à l'infini. Si, pour fixer les grandeurs absolues, nous prenons $(x, y, z)$ égaux aux perpendiculaires abaissées sur les côtés, et si de plus nous choisissons comme unité de longueur la perpendiculaire abaissée d'un sommet quelconque sur le côté opposé, les coordonnées du centre de figure sont $\left(\frac{1}{3}, \frac{1}{3}, \frac{1}{3}\right)$ et celles d'un point quelconque sont liées par la relation

$$x+y+z=1.$$

Dans le cas actuel, où le triangle fondamental est équilatéral et où $x+y+z=0$ est l'équation de la droite à l'infini, les coordonnées des points circulaires à l'infini sont

$$x:y:z=1:\omega:\omega^2$$

et

$$x:y:z=1:\omega^2:\omega,$$

$\omega$ étant une racine cubique imaginaire de l'unité. En effet, si X et Y sont des coordonnées cartésiennes (rectangulaires), si l'origine est placée au sommet $(x=0, y=0)$ du triangle et si l'on compte les X suivant le côté $x=0$, on a

$$x=Y, \quad y=\frac{X\sqrt{3}-Y}{2}, \quad z=\frac{2-X\sqrt{3}-Y}{2}.$$

Mais, pour les points circulaires à l'infini, X et Y sont infinis et $X \pm iY=0$ ($i$ est égal à $\sqrt{-1}$, comme d'habitude); par conséquent,

$$x:y:z=1:\frac{-1\mp i\sqrt{3}}{2}:\frac{-1\pm i\sqrt{3}}{2}.$$

Si nous posons $\omega=\frac{-1-i\sqrt{3}}{2}$, et par suite $\omega^2=\frac{-1+i\sqrt{3}}{2}$, cette suite de rapports équivaut à

$$x : y : z = 1 : \omega : \omega^2 \quad \text{ou à} \quad x : y : z = 1 : \omega^2 : \omega.$$

11. Supposons que l'un des axes, celui des $z$ par exemple, soit la droite à l'infini; la distance $r$ a dans ce cas la valeur $\infty$, qui doit être regardée comme une constante infinie; $\gamma r$ est donc une constante que nous pouvons supposer finie et égale à l'unité, sans nuire à la généralité de nos raisonnements. Nous avons alors les relations

$$x : y : z = \alpha p : \beta q : 1.$$

Les coefficients $\alpha$ et $\beta$ peuvent être déterminés de telle manière que $\alpha p$ et $\beta q$ représentent les distances d'un point aux droites $x = 0$ et $y = 0$, ces distances étant mesurées chacune parallèlement à la direction de l'autre droite; c'est-à-dire que, si X, Y sont les coordonnées cartésiennes du point, nous avons

$$x : y : z = Y : X : 1,$$

ou, ce qui revient au même, si nous fixons les grandeurs absolues des coordonnées, $x, y$ et $z$ $(= 1)$ seront les coordonnées cartésiennes du point rapporté à deux axes quelconques de coordonnées.

12. Dans tout ce qui précède nous nous sommes seulement servi de la droite à l'infini, mais nous n'avons fait aucun usage des points circulaires à l'infini; aussi les coordonnées cartésiennes résultantes sont-elles généralement obliques; elles peuvent cependant être rectangulaires; en effet, si nous prenons pour les droites $x = 0$ et $y = 0$ deux droites en relation harmonique avec les points circulaires à l'infini, ou, ce qui revient au même, deux droites perpendiculaires l'une sur l'autre, les coordonnées seront rectangulaires. La relation harmonique à laquelle nous faisons allusion consiste en ce

que les deux droites coupent la droite à l'infini suivant un couple de points formant avec les points circulaires à l'infini un groupe de quatre points harmoniques; ou, ce qui est la même chose, les deux droites en question et celles qui joignent leur point d'intersection aux points circulaires à l'infini constituent un faisceau harmonique. (Voir *Sections coniques*, n° 356.)

**13.** Il peut y avoir avantage dans quelques cas à faire usage des coordonnées imaginaires $\xi = x + iy$, $\eta = x - iy$ et $z = 1$; on peut leur donner le nom de *coordonnées circulaires*.

POINTS CIRCULAIRES A L'INFINI.

**14.** Étant donné un système déterminé de coordonnées trilinéaires, on peut trouver les coordonnées des points circulaires à l'infini de la manière suivante. Supposons d'abord que les coordonnées $x$, $y$, $z$ représentent les perpendiculaires abaissées d'un point sur les côtés du triangle fondamental. Prenons une origine arbitraire O et un système d'axes rectangulaires OX et OY. Si $p$, $q$, $r$ sont les perpendiculaires abaissées de O sur les côtés du triangle et $\lambda$, $\mu$, $\nu$ les angles qu'elles font avec l'axe des X, les relations qui lient les deux systèmes de coordonnées ($x$, $y$, $z$) et X, Y sont

$$x = \mathrm{X}\cos\lambda + \mathrm{Y}\sin\lambda - p,$$
$$y = \mathrm{X}\cos\mu + \mathrm{Y}\sin\mu - q,$$
$$z = \mathrm{X}\cos\nu + \mathrm{Y}\sin\nu - r.$$

Pour abréger, posons

$$\cos\lambda + i\sin\lambda \,(\text{ou } e^{i\lambda}) = \mathrm{L},$$
$$\cos\mu + i\sin\mu \,(\text{ou } e^{i\mu}) = \mathrm{M},$$
$$\cos\nu + i\sin\nu \,(\text{ou } e^{i\nu}) = \mathrm{N},$$

faisons X et Y infinis et $\mathrm{X} \pm i\mathrm{Y} = 0$. Nous obtenons pour les deux points circulaires les relations

$$x:y:z = \mathrm{L}:\mathrm{M}:\mathrm{N},$$

$$x:y:z = \frac{1}{\mathrm{L}}:\frac{1}{\mathrm{M}}:\frac{1}{\mathrm{N}}.$$

Soient A, B, C les angles du triangle fondamental; nous avons entre A, B, C et $\lambda$, $\mu$, $\nu$ un système de relations telles que

$$\begin{aligned} \mathrm{A} &= \pi + \mu - \nu, \\ \mathrm{B} &= -\pi + \nu - \lambda, \\ \mathrm{C} &= \pi + \lambda - \mu. \end{aligned}$$

Posons

$$\begin{aligned} \cos\mathrm{A} + i\sin\mathrm{A}\,(\text{ou } e^{i\mathrm{A}}) &= \alpha, \\ \cos\mathrm{B} + i\sin\mathrm{B}\,(\text{ou } e^{i\mathrm{B}}) &= \beta, \\ \cos\mathrm{C} + i\sin\mathrm{C}\,(\text{ou } e^{i\mathrm{C}}) &= \gamma; \end{aligned}$$

il vient alors

$$\alpha = -\frac{\mathrm{M}}{\mathrm{N}}, \quad \beta = -\frac{\mathrm{N}}{\mathrm{L}}, \quad \gamma = -\frac{\mathrm{L}}{\mathrm{M}}, \quad \alpha\beta\gamma = -1,$$

et les coordonnées des points circulaires à l'infini deviennent ainsi

$$\begin{aligned} x:y:z &= -1 : \frac{1}{\gamma} : \beta, & \text{et} \quad x:y:z &= -1 : \gamma : \frac{1}{\beta}, \\ &= \gamma : -1 : \frac{1}{\alpha}, & &= \frac{1}{\gamma} : -1 : \alpha, \\ &= \frac{1}{\beta} : \alpha : -1, & &= \beta : \frac{1}{\alpha} : -1. \end{aligned}$$

Il est évident que les expressions de chaque système de coordonnées sont identiques en vertu de la relation $\alpha\beta\gamma = -1$.

Les mêmes formules s'appliquent évidemment au cas où les coordonnées $x$, $y$, $z$, au lieu d'être égales aux perpendiculaires abaissées sur les côtés du triangle, leur sont seulement proportionnelles; ce sont donc les formules qui se rapportent au système de coordonnées dans lequel l'équation de la droite à l'infini est

$$x \sin A + y \sin B + z \sin C = 0.$$

**15.** On peut ajouter que le système primitif de relations entre $x$, $y$, $z$ et X, Y donne

$$(y+q)(z+r)\sin A + (z+r)(x+p)\sin B$$
$$+ (x+p)(y+q)\sin C = \sin A \sin B \sin C (X^2 + Y^2);$$

ou, ce qui revient au même, on a

$$yz \sin A + zx \sin B + xy \sin C$$
$$= \sin A \sin B \sin C (X^2 + Y^2) + (\text{une fonction linéaire de } X, Y, 1);$$

c'est-à-dire que l'équation

$$yz \sin A + zx \sin B + xy \sin C = 0$$

est l'équation d'un cercle qui évidemment est circonscrit au triangle fondamental. La formule subsistant dans le cas où $x, y, z$ sont proportionnels aux distances perpendiculaires d'un point aux côtés du triangle de référence, les points circulaires à l'infini sont alors les intersections du cercle

$$yz \sin A + zx \sin B + xy \sin C = 0$$

avec la droite à l'infini

$$x \sin A + y \sin B + z \sin C = 0$$

(comparez *Sections coniques*, n° 359). Il est facile de vérifier que les coordonnées des points circulaires à l'infini, données plus haut, satisfont effectivement à ces deux équations. Remarquons aussi que l'équation générale d'un cercle est

$$(yz \sin A + zx \sin B + xy \sin C)$$
$$+ (Px + Qy + Rz)(x \sin A + y \sin B + z \sin C) = 0,$$

P, Q, R étant des coefficients arbitraires.

**16.** Dans le système de coordonnées où les quantités $x$, $y$, $z$ sont proportionnelles aux perpendiculaires abaissées sur les côtés du triangle de référence, multipliées chacune par le côté correspondant, et où l'équation de la droite à l'infini est $x+y+z=0$, nous n'avons qu'à remplacer dans ce qui précède $x$, $y$, $z$ respectivement par $\frac{x}{\sin A}$, $\frac{y}{\sin B}$, $\frac{z}{\sin C}$. Les coordonnées des points circulaires sont alors données par les relations

$$\begin{aligned}\frac{x}{\sin A} : \frac{y}{\sin B} : \frac{z}{\sin C} &= -1 : \frac{1}{\gamma} : \beta \\ &= \gamma : -1 : \frac{1}{\alpha} \\ &= -\frac{1}{\beta} : \alpha : -1\end{aligned}$$

et

$$\begin{aligned}\frac{x}{\sin A} : \frac{y}{\sin B} : \frac{z}{\sin C} &= -1 : \gamma : \frac{1}{\beta} \\ &= \frac{1}{\gamma} : -1 : \alpha \\ &= \beta : \frac{1}{\alpha} : -1 ;\end{aligned}$$

et l'équation générale d'un cercle est

$$\begin{aligned}&(yz\sin^2 A + zx\sin^2 B + xy\sin^2 C) \\ &\quad + (Px + Qy + Rz)(x+y+z) = 0.\end{aligned}$$

## COORDONNÉES DE DROITE.

**17.** Les coordonnées considérées ci-dessus sont des coordonnées destinées à déterminer la position d'un point; on dit que ce sont des coordonnées de point. Nous avons aussi des coordonnées de droite (coordonnées tangentielles, voir *Sections coniques*, n° 70) pour déterminer la position d'une droite; si, par exemple, dans un système quelconque de coordonnées trilinéaires $(x, y, z)$, l'équation d'une droite est $\xi x + \eta y + \zeta z = 0$, nous avons alors un système correspondant de coordonnées de droite, dans lequel on dit que $(\xi, \eta, \zeta)$ sont les coordonnées (coordonnées tangentielles) de la droite en question. Observons que, d'après cette définition, $(\xi, \eta, \zeta)$ sont données seulement en ce qui regarde leurs rapports et que leurs grandeurs absolues sont indéterminées; elles ressemblent par là aux coordonnées ponctuelles prises dans leur sens le plus général.

18. Les coordonnées $(\xi, \eta, \zeta)$ se rapportent à une droite; une équation linéaire $a\xi + b\eta + c\zeta = 0$ entre ces coordonnées s'applique à toute une série de droites telles que les coordonnées de l'une quelconque d'entre elles vérifient cette équation; mais toutes ces droites passent par un même point: c'est le point dont les coordonnées dans le système correspondant de coordonnées ponctuelles $(x, y, z)$ sont $(a, b, c)$; en effet, l'équation linéaire $a\xi - b\eta + c\zeta = 0$ exprime que l'équation en coordonnées ponctuelles $\xi x + \eta y + \zeta z = 0$ est satisfaite quand on y remplace $(x, y, z)$ par $(a, b, c)$. On en conclut que l'équation $a\xi + b\eta + c\zeta = 0$ en coordonnées de droite $(\xi, \eta, \zeta)$ représente un point; c'est celui dont les coordonnées trilinéaires dans le système correspondant sont $(a, b, c)$. Et, en général, toute équation homogène en coordonnées de droite $(\xi, \eta, \zeta)$ représente la courbe qui est l'enveloppe de toutes les droites $\xi x + \eta y + \zeta z = 0$ dont les coefficients $(\xi, \eta, \zeta)$ vérifient la relation en question. On dit que cette relation est l'équation tangentielle de cette enveloppe. En d'autres termes, l'équation tangentielle d'une courbe est l'équation entre $(\xi, \eta, \zeta)$ qui exprime que la droite $\xi x + \eta y + \zeta z = 0$ est une tangente à la courbe.

19. Dans ce qui précède, les coordonnées de droite $(\xi, \eta, \zeta)$ sont définies au moyen d'un système correspondant de coordonnées trilinéaires $(x, y, z)$, et la signification des rapports $\xi : \eta : \zeta$ se trouve par là même complètement déter-

minée; c'est la marche la plus commode à suivre. Cependant il convient de donner du système de coordonnées de droite une définition quantitative indépendante, moins pour les applications dont elle est susceptible que pour établir d'une manière plus complète l'analogie qui existe entre les deux genres de coordonnées. Nous pouvons dire que les coordonnées trilinéaires ($\xi$, $\eta$, $\zeta$) d'une droite sont proportionnelles à des multiples donnés des distances, mesurées suivant des directions données, de la droite à trois points donnés. Supposons, pour fixer les idées, que nous prenions ces coordonnées proportionnelles aux distances perpendiculaires de la droite aux trois points donnés. Si nous rapportons la figure à des coordonnées cartésiennes, les coordonnées des points sont $(\alpha, \beta)$, $(\alpha', \beta')$, $(\alpha'', \beta'')$ et l'équation de la droite est

$$AX + BY + C = 0.$$

Nous avons alors les relations

$$\xi : \eta : \zeta = A\alpha + B\beta + C : A\alpha' + B\beta' + C : A\alpha'' + B\beta'' + C,$$

ou, ce qui revient au même, l'équation de la droite est

$$\begin{vmatrix} & X & Y & 1 \\ \xi & \alpha & \beta & 1 \\ \eta & \alpha' & \beta' & 1 \\ \zeta & \alpha'' & \beta'' & 1 \end{vmatrix} = 0.$$

Les coefficients de $\xi$, $\eta$, $\zeta$ sont ici des fonctions linéaires données de $(x, y, 1)$; si nous désignons ces coefficients par $(x, y, z)$, nous aurons $(x, y, z)$ comme système de coordonnées trilinéaires, et l'équation sera $\xi x + \eta y + \zeta z = 0$; cette définition concorde donc avec celle qu'on a donnée plus haut.

Nous pouvons, exactement comme au n° 7, déterminer les coordonnées de droite ($\xi$, $\eta$, $\zeta$) de manière que la droite $(1 : 1 : 1)$ soit une droite donnée, ou que le point $\xi + \eta + \zeta = 0$ soit un point donné de la figure.

**20**. Il peut être bon d'indiquer ici quelques systèmes particuliers. Si $\alpha, \beta, \gamma$ représentent respectivement les distances, comptées suivant une direction donnée, de la droite variable aux points A, B, C (*fig.* 2), par exemple

$$(\alpha = \mathrm{A}a,\ \beta = \mathrm{B}b,\ \gamma = \mathrm{C}c),$$

les coordonnées $\xi, \eta, \zeta$ peuvent être prises proportionnelles à

Fig. 2.

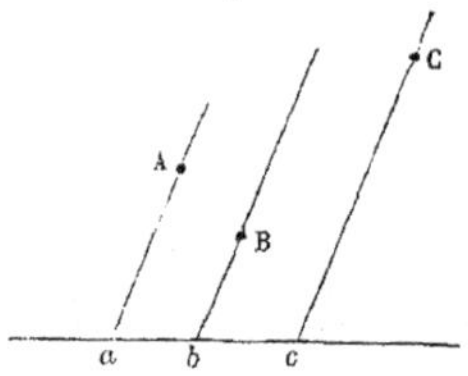


ces distances, $\xi : \eta : \zeta = \alpha : \beta : \gamma$. Imaginons que le point C s'éloigne à l'infini suivant la direction donnée ; $\gamma$ a une valeur infinie qui doit être regardée comme une *constante;* et, si nous posons $\xi : \eta : \frac{\zeta}{\gamma} = \alpha : \beta : 1$, nous pouvons, au lieu des coordonnnées primitives $\xi, \eta, \zeta$, prendre comme coordonnées $\xi, \eta, \frac{\zeta}{\gamma}$, c'est-à-dire $\alpha, \beta, 1$. Nous avons ainsi un système de deux coordonnées $\alpha, \beta$ qui sont respectivement égales aux distances, comptées suivant une direction donnée, de la droite aux deux points fixes.

**21**. De même, dans la *fig.* 3, nous avons

$$\frac{\alpha}{\gamma} = \frac{\mathrm{A}p}{\mathrm{C}p}, \quad \frac{\beta}{\gamma} = \frac{\mathrm{B}q}{\mathrm{C}q}$$

ou bien, ce qui est la même chose,

$$\frac{\alpha}{\mathrm{A}p} : \frac{\beta}{\mathrm{B}q} : \gamma = \frac{1}{\mathrm{C}p} : \frac{1}{\mathrm{C}q} : 1.$$

Imaginons que A, B s'éloignent à l'infini en suivant respectivement les directions $pC$ et $qC$; $Ap$, $Bq$ ont des valeurs infinies qui doivent être regardées comme des constantes; et, au lieu de coordonnées proportionnelles à $\alpha$, $\beta$, $\gamma$, nous pouvons prendre des coordonnées proportionnelles à $\frac{\alpha}{Ap}, \frac{\beta}{Bq}, \gamma$;

Fig. 3.

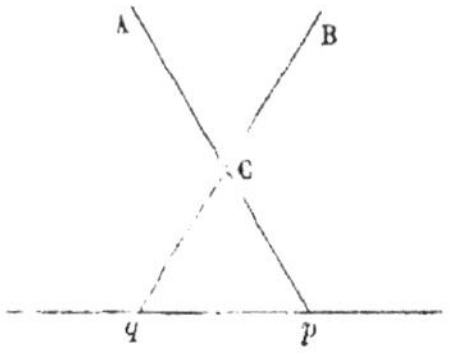


c'est-à-dire que nous pouvons choisir comme coordonnées $\frac{1}{Cp}, \frac{1}{Cq}, 1$. Nous avons ainsi un système de deux coordonnées qui sont respectivement les inverses des distances, comptées suivant deux directions données, de la droite à un point fixe.

22. On a peu d'occasions de faire un usage explicite des coordonnées de droite; mais la théorie en est très importante; elle sert en effet à prouver que, en démontrant en coordonnées ponctuelles un théorème quelconque de nature descriptive, nous établissons en même temps le théorème corrélatif qu'on peut en déduire par la théorie des polaires réciproques (ou celle de la dualité géométrique). Par le fait, nous ne prouvons pas l'un des théorèmes, pour en déduire ensuite l'autre, mais nous les démontrons tous les deux en même temps. Nos $(x, y, z)$, au lieu d'être des coordonnées ponctuelles, représentent des coordonnées de droite, et la démonstration se trouve être, dans chacune de ses parties, une démonstration du théorème corrélatif.

23. De la même manière, si un théorème est établi en coordonnées de droite, on possède par là même la démonstration de son corrélatif; la seule différence qui existe ici consiste en ce que nous passons de la théorie des coordonnées de droite, qui nous est un peu moins familière, à celle plus usitée des coordonnées de point. La transition se trouve rendue plus claire si nous considérons les coordonnées primitives de droite ($\xi$, $\eta$, $\zeta$) comme les coordonnées ponctuelles du point qui est le pôle de la droite par rapport à la conique $x^2 + y^2 + z^2 = 0$.

# CHAPITRE II.

## PROPRIÉTÉS GÉNÉRALES DES COURBES DU $n^{\text{ième}}$ DEGRÉ.

---

### SECTION I. — Du nombre des termes dans l'équation générale.

**24.** Le premier pas à faire pour connaître les propriétés générales des courbes du $n^{\text{ième}}$ degré consiste à déterminer le nombre des termes contenus dans l'équation générale. Étant donnée une équation quelconque du $n^{\text{ième}}$ degré, nous pourrons ainsi, en comptant simplement le nombre des constantes indépendantes que renferme cette équation, savoir si la forme donnée est ou n'est pas l'une de celles auxquelles on peut ramener toutes les équations du $n^{\text{ième}}$ degré. Par exemple, l'équation générale du second degré contient cinq constantes indépendantes. Si donc on nous donne une autre équation quelconque du second degré contenant cinq constantes, par exemple

$$(x-\alpha)^2+(y-\beta)^2=(ax+by+c)^2$$

ou

$$[(x-\alpha)^2+(y-\beta)^2]^{\frac{1}{2}}+[(x-\alpha')+(y-\beta')^2]^{\frac{1}{2}}=c,$$

nous pouvons la développer; et, en comparant cette équation (voir *Sections coniques*, n° 77) à l'équation générale du second degré, nous obtiendrons un nombre d'équations suffisant pour déterminer $\alpha$, $\beta$, ..., en fonction des coefficients de l'équation générale. Nous voyons alors qu'une équation quelconque du second degré peut, en général, être réduite à l'une des formes ci-dessus, et nous pourrions établir ainsi les propriétés des foyers et de la directrice. L'équation

$$(ax + by + c)^2 = (a'x + b'y + c')(a''x + b''y + c'')$$

contient sept constantes indépendantes. Par suite, le problème qui consiste à les exprimer en fonction des coefficients de l'équation générale est indéterminé; ce résultat est évident géométriquement, puisque l'on peut mettre l'équation sous cette forme en prenant

$$a'x + b'y + c' = 0, \quad a''x + b''y + c'' = 0,$$

pour représenter deux tangentes quelconques et

$$ax + by + c = 0$$

pour leur corde de contact. Les équations

$$(ax + by)^2 = cx + dy + e,$$
$$(ax + by + 1)(a'x + b'y + 1) = 0$$

ne contiennent chacune que quatre constantes indépendantes et doivent, par conséquent, renfermer implicitement une autre condition; ou bien, en d'autres termes, l'équation générale ne peut être mise sous l'une de ces formes, sans qu'une autre condition ne soit vérifiée. Ceci est géométriquement évident, puisque la première équation représente une parabole et la seconde deux lignes droites. L'équation générale du cercle

$$(x - \alpha)^2 + (y - \beta)^2 = r^2,$$

ne contenant que trois constantes explicites, doit renfermer implicitement deux autres conditions; c'est-à-dire que l'équation générale ne peut être mise sous cette forme à moins que deux autres conditions ne soient remplies. De même, l'équation

$$S - kS' = 0$$

(où S et S' sont des fonctions quadratiques données des

coordonnées) ne contient qu'une constante explicite; elle doit donc entraîner quatre conditions implicites; c'est du reste ce qui a lieu, comme on le sait, puisque la conique représentée par cette équation passe par quatre points fixes.

**25.** Il faut agir avec quelque circonspection quand on applique ces principes. Par exemple, l'équation

$$(x-\alpha)^2+(y-\beta)^2=ax+by+c$$

paraît contenir cinq constantes et, par conséquent, être une forme à laquelle on peut ramener une équation quelconque du second degré. Cependant, en effectuant les développements, nous verrons que les constantes ne figurent pas dans les termes du degré le plus élevé dans l'équation et que nous n'avons réellement par le fait que trois équations pour déterminer $\alpha$, $\beta$, .... L'équation ne peut donc être mise sous cette forme, à moins que deux autres conditions ne soient satisfaites. De la même manière, l'équation

$$aS_1+bS_2+cS_3+dS_4+eS_5+fS_6=0,$$

où $S_1$, ... sont six coniques, est une forme à laquelle on peut ramener l'équation d'une conique quelconque. Supposons néanmoins que trois des équations de ces coniques soient liées entre elles par la relation

$$S_3=kS_1+lS_2;$$

en remplaçant $S_3$ par cette valeur dans l'équation précédente, on trouverait que cette équation ne renferme plus que quatre constantes indépendantes, et l'équation générale ne pourrait être réduite à cette forme à moins de satisfaire à une autre condition.

**26.** Après avoir ainsi cherché à donner au lecteur une idée de la nature des avantages qu'on peut retirer de la connaissance du nombre de termes de l'équation générale du $n^{\text{ième}}$ degré, nous allons nous livrer à l'étude de ce problème. L'équation générale du $n^{\text{ième}}$ degré entre deux variables peut s'écrire

$$\begin{array}{c} A \\ + Bx + Cy \\ + Dx^2 + Exy + Fy^2 \\ + \ldots\ldots\ldots\ldots\ldots\ldots\ldots \\ Px^n + Qx^{n-1}y + \ldots + Rxy^{n-1} + Sy^n = 0, \end{array}$$

et le nombre des termes de cette équation est évidemment la somme de la suite $1 + 2 + 3 + \ldots + (n+1)$; il est par conséquent égal à $\frac{1}{2}(n+1)(n+2)$, comme on l'a déjà prouvé (*Sections coniques*, n° 78).

Nous écrirons quelquefois l'équation générale sous la forme abrégée

$$u_0 + u_1 + u_2 + \ldots + u_n = 0;$$

$u_0$ représentera le terme absolu et $u_1, u_2, \ldots, u_n$ les termes du premier, du second, ..., du $n^{\text{ième}}$ degré en $x$ et $y$.

Quelquefois aussi nous nous servirons de l'équation en coordonnées trilinéaires, qui ne diffère de celle qu'on vient d'écrire que par l'introduction d'une troisième variable $z$, destinée à rendre l'équation homogène; par exemple,

$$u_0 z^n + u_1 z^{n-1} + \ldots + u_{n-1} z + u_n = 0.$$

Le nombre des termes est évidemment le même que dans le cas précédent (*Sections coniques*, n° 289).

27. Le nombre de conditions nécessaires pour déterminer une courbe du $n^{\text{ième}}$ degré est d'une unité moindre que le nombre des termes de l'équation générale; il est donc égal à $\frac{1}{2}n(n+3)$. En effet, l'équation représente la même courbe, si on la multiplie ou si on la divise par une constante; nous pouvons donc diviser tous les termes par A, et la courbe

sera définie d'une manière complète, si nous pouvons déterminer les $\frac{1}{2}n(n+3)$ quantités $\frac{B}{A}, \frac{C}{A}, \cdots$.

Ainsi, une courbe du $n^{\text{ième}}$ degré est en général déterminée quand on donne $\frac{1}{2}n(n+3)$ de ses points; en effet, en substituant dans l'équation générale les coordonnées de chacun des points par lesquels passe la courbe, nous obtenons une relation linéaire entre les coefficients. Nous aurons donc $\frac{1}{2}n(n+3)$ équations du premier degré pour déterminer un nombre égal d'inconnues; ce problème n'admet en général qu'une seule solution. Nous voyons ainsi qu'on peut décrire une courbe du troisième degré, quand on connaît neuf de ses points, une courbe du quatrième degré quand on en a quatorze points, et qu'en général *par* $\frac{1}{2}n(n+3)$ *points on peut décrire une courbe du degré* $n$ *et une seule.*

28. Quand nous disons que $\frac{1}{2}n(n+3)$ points déterminent une courbe du $n^{\text{ième}}$ degré, nous n'entendons pas affirmer qu'ils déterminent une courbe *propre* de ce degré. Tout ce que nous avons démontré, c'est qu'il existe une équation du $n^{\text{ième}}$ degré vérifiée par les coordonnées des points donnés; mais cette équation peut être le produit de deux ou plusieurs autres expressions de degré moindre. Par exemple, cinq points déterminent en général une conique; mais, si trois d'entre eux sont situés sur une ligne droite, la conique dégénère en la courbe du second degré formée par cette droite et par la droite qui joint les deux autres points. Et, d'une manière générale, il est évident que si, parmi les $\frac{1}{2}n(n+3)$ points, il y en a plus de $np$ sur une courbe de degré $p$ ($p$ étant moindre que $n$), on ne peut, par ces points, faire passer une courbe propre du $n^{\text{ième}}$ degré; car nous serions alors conduits à cette absurdité que deux courbes de degré $n$ et $p$ se coupent en plus de $np$ points (*Sections coniques*, n° 238). Le système de degré $n$ mené par un pareil système de points se compose

d'une courbe du $p^{\text{ième}}$ degré et d'une courbe du $(n-p)^{\text{ième}}$ degré passant par les points restants.

Nous pouvons même fixer une limite inférieure du nombre de points, déterminant une courbe propre du $n^{\text{ième}}$ degré, qui peuvent se trouver sur une courbe de degré $p$, et nous pouvons faire voir que ce nombre ne peut être plus grand que $np - \frac{1}{2}(p-1)(p-2)$. En effet, si nous supposons qu'un point de plus [c'est-à-dire $np - \frac{1}{2}(p-1)(p-2)+1$] est situé sur une courbe du $p^{\text{ième}}$ degré, en retranchant ce nombre de $\frac{1}{2}n(n+3)$, nous trouverions que le nombre de points qui restent est $\frac{1}{2}(n-p)(n-p+3)$; en conséquence, on peut, par ces points, faire passer une courbe du $(n-p)^{\text{ième}}$ degré. Cette courbe, jointe à celle du degré $p$, constitue un système du degré $n$ qui passe par les points donnés; et ce que nous avons dit dans le numéro précédent fait voir qu'il est généralement impossible d'en faire passer un autre par ces mêmes points.

29. Il y a cependant des cas où la solution du n° 27 est en défaut; un exemple bien simple suffit pour le montrer. Il faut neuf points pour déterminer une cubique [1]; mais neuf points ne déterminent pas dans tous les cas une cubique unique. En effet, deux cubiques se coupent en neuf points et par conséquent il passe deux cubiques par ces neuf points; nous allons faire voir que par ces points il passe par le fait une infinité de cubiques. L'explication de ce fait est la suivante : bien que $m$ équations linéaires suffisent en général pour déterminer $m$ inconnues, ces équations peuvent n'être pas toutes indépendantes; dans ce dernier cas, elles seront insuffisantes pour permettre de trouver les inconnues. Les

---

[1] Pour abréger le langage, nous désignons ici, et dans la suite de cet Ouvrage, par *cubiques*, *biquadratiques* ou *quartiques* ... les courbes du quatrième degré.

points donnés sont alors insuffisants pour déterminer la courbe, et l'on peut faire passer par ces points une infinité de courbes du degré $n$. Il est nécessaire d'expliquer géométriquement comment de pareils cas peuvent se présenter.

Pour plus de simplicité, prenons d'abord pour exemple des courbes du troisième degré. Soient $U = 0$, $V = 0$ les équations de deux de ces courbes, qui passent toutes les deux par huit points donnés ; l'équation d'une courbe quelconque du troisième degré passant par ces mêmes points doit être de la forme $U - kV = 0$. En effet, d'après sa forme même, cette équation représente une cubique passant par les huit points donnés, et elle renferme une constante arbitraire $k$ que l'on peut déterminer de telle manière que la courbe passe par un neuvième point quelconque. Par le fait, nous aurons dans ce cas $k = \frac{U'}{V'}$, $U'$ et $V'$ étant les résultats que l'on obtient en substituant les coordonnées du neuvième point dans U et V. Cette relation fournit pour $k$ une valeur bien déterminée dans tous les cas sauf un, celui où le neuvième point est à la fois situé sur U et V. En effet, comme deux courbes de degré $m$ et $n$ se coupent en $mn$ points, U et V se rencontrent non seulement suivant les huit points donnés, mais encore suivant un autre point. Pour les coordonnées de ce point, $k$ prend la valeur $\frac{0}{0}$; et en effet la forme de l'équation montre suffisamment que toute courbe représentée par l'équation $U - kV = 0$ passe par toutes les intersections de U et V. Nous déduisons de là ce théorème important : *Toutes les courbes du troisième degré qui passent par huit points fixes passent aussi par un neuvième point.* Et nous voyons que neuf points ne sont pas toujours suffisants pour *déterminer* complètement une courbe du troisième degré; car nous pouvons faire passer une courbe du troisième degré par les intersections de deux courbes de ce même degré et par un dixième point.

30. Le même raisonnement s'applique aux courbes de degré quelconque. Étant donné un nombre de points inférieur d'une unité à celui qui détermine la courbe $[\frac{1}{2}n(n+3)-1]$, l'équation $U - kV = 0$ (U et V désignant deux courbes particulières du système) est l'équation la plus générale d'une courbe du $n^{\text{ième}}$ degré passant par ces points. En effet, elle renferme une constante arbitraire à laquelle nous pouvons assigner une valeur telle que la courbe passe par un autre point quelconque et par suite soit complètement déterminée. Mais la forme de l'équation montre que la courbe doit passer par *tous* les $n^2$ points communs à U et V, et par conséquent non seulement par les $\frac{1}{2}n(n+3)-1$ points donnés, mais encore par un nombre d'autres points tel qu'on en ait $n^2$ en tout. Donc, *toutes les courbes du* $n^{\text{ième}}$ *degré qui passent par* $\frac{1}{2}n(n+3)-1$ *points fixes passent aussi par* $\frac{1}{2}(n-1)(n-2)$ *autres points fixes.*

31. L'énoncé suivant est une conséquence utile du théorème qui précède : *Si, parmi les* $n^2$ *points d'intersection de deux courbes du* $n^{\text{ième}}$ *degré, np se trouvent sur une courbe de degré p (p étant moindre que n), les* $n(n-p)$ *points restants seront situés sur une courbe de degré* $(n-p)$. En effet, décrivons une courbe du $(n-p)^{\text{ième}}$ degré qui passe par $\frac{1}{2}(n-p)(n-p+3)$ de ces points restants ; cette courbe, jointe à celle de degré $p$, forme une courbe du $n^{\text{ième}}$ degré passant par $\frac{1}{2}(n-p)(n-p+3)+np$ points ; et, comme ce nombre [égal à $-\frac{1}{2}n(n+3)-1+\frac{1}{2}(p-1)(p-2)$] ne peut être moindre que $\frac{1}{2}n(n+3)-1$, cette courbe passera par tous les autres points restants ; or il est évident qu'aucun de ceux-ci ne se trouve sur la courbe du $p^{\text{ième}}$ degré ; par conséquent ils sont tous sur la courbe de degré $(n-p)$.

Dans ces théorèmes relatifs aux intersections de courbes du $n^{\text{ième}}$ degré, il est bien entendu que rien n'exige que les courbes en question soient des courbes propres de ce degré ; en effet, la démonstration du n° 30 subsiste également, même quand U et V peuvent se décomposer en facteurs. Comme application du théorème de ce numéro, nous ajoutons la proposition suivante : *Si un polygone de* $2n$ *côtés est inscrit dans une conique, les* $n(n-2)$ *points où chaque côté impair coupe les côtés pairs non adjacents seront situés sur une courbe du* $(n-2)^{ième}$ *degré.* En effet, le produit de tous les côtés impairs forme un système du $n^{ième}$ degré, et le produit de tous les côtés pairs en constitue un autre ; les deux systèmes se coupent en $n^2$ points (puisque chaque côté impair a deux côtés pairs adjacents et $n-2$ autres côtés pairs non adjacents), qui sont les $2n$ sommets du polygone et les $n(n-2)$ points qui sont l'objet du présent théorème. Mais comme, par hypothèse, les $2n$ sommets sont sur une conique, les $n(n-2)$ points qui restent sont, d'après ce numéro, sur une courbe du $(n-2)^{ième}$ degré.

32. Le théorème de Pascal est un cas particulier de celui que nous venons d'établir ; mais, comme il importe que le lecteur comprenne bien clairement le principe des démonstrations qui précèdent, nous croyons utile de répéter en d'autres termes la démonstration que nous avons déjà donnée.

Représentons les côtés de l'hexagone par les six premières lettres de l'alphabet, $A=0, \ldots$ ; l'expression $ACE - kBDF = 0$ est alors l'équation d'un système de courbes du troisième degré qui passent par AB, BC, CD, DE, EF, FA et aussi par AD, BE, CF. Si les six premiers points sont sur une conique S, la courbe du système, déterminée par la condition qu'elle passera aussi par un septième point de la conique S, doit nous donner $ACE - k'BDF = SL$, car cette courbe ne peut être une courbe propre du troisième degré, puisque aucune courbe de cette espèce ne peut avoir plus de six points commun avec S. La ligne droite L contiendra donc les trois points AD, BE, CF.

Nous pouvons ajouter que c'est cette démonstration qui conduit le plus facilement aux théorèmes de Steiner et de Kirkman (*Sections coniques*, Notes). Soit, par exemple,

$$12.34.56 - 45.61.23 = SL;$$

dans cette relation, 12 désigne la droite qui joint les sommets 1, 2, ...; et par conséquent L représente la droite qui passe par les points d'intersection des côtés opposés,

$$12.45;\quad 34.61;\quad 56.23.$$

Soit encore

$$12.34.56 - 36.25.14 = SM;$$

nous avons évidemment alors

$$45.61.23 - 36.25.14 = S(M - L),$$

c'est-à-dire que la droite de Pascal fournie par la dernière équation passe par l'intersection des deux autres.

On peut cependant remarquer que le théorème du n° 31 dans le cas en question ($n = 3$), est un cas particulier du théorème du n° 30. En effet, le système des trois côtés impairs est l'une des cubiques $U = 0$, $V = 0$ du n° 30, et le système des côtés pairs est l'autre cubique. Nous pouvons déduire directement le théorème de Pascal de cette proposition; en effet, si nous considérons la conique qui passe par les six points sommets et la droite qui joint deux des trois autres points d'intersection, cette conique et cette droite constituent une cubique qui passe par huit de ces neuf points, et conséquemment par le neuvième. C'est-à-dire que la droite passe par le troisième des points d'intersection des côtés opposés; autrement dit, ces trois points sont en ligne droite.

33. Bien que deux courbes du $n^{\text{ième}}$ degré se coupent en $n^2$ points, on a cependant démontré que $n^2$ points, pris arbitrairement, ne seront pas les intersections de deux de ces courbes; mais que, $n^2 - \frac{1}{2}(n-1)(n-2)$ d'entre eux étant donnés, le reste sera déterminé. Il existe un théorème semblable pour les $np$ points d'intersection de deux courbes, l'une du degré $n$, l'autre du degré $p$. Ainsi, bien qu'une courbe du troisième degré coupe une courbe du quatrième en douze points, cependant, par douze points pris arbitrairement sur une courbe du troisième degré, il sera, en général, impossible de décrire une courbe propre du quatrième degré. En effet, la ligne du quatrième degré qui passe par ces douze points et par deux autres points ne sera, en général, rien autre chose que la courbe du troisième degré et la droite qui joint les deux points. Et généralement, *toute courbe du* $n^{\text{ième}}$ *degré, menée par* $np - \frac{1}{2}(p-1)(p-2)$ *points situés sur une courbe du degré* $p$ (*$p$ étant moindre que* $n$), *rencontre cette courbe en* $\frac{1}{2}(p-1)(p-2)$ *autres points fixes*. En effet, dans le n° 31, nous avons eu occasion de voir que

$$np - \tfrac{1}{2}(p-1)(p-2) + \tfrac{1}{2}(n-p)(n-p+3) = \tfrac{1}{2}n(n+3) - 1.$$

Donc (d'après le n° 30) tout système du $n^{\text{ième}}$ degré mené par les points donnés et par $\frac{1}{2}(n-p)(n-p+3)$ autres points passe encore par $\frac{1}{2}(n-1)(n-2)$ autres points fixes. Or un système du $n^{\text{ième}}$ degré pouvant passer par les points est la courbe donnée du degré $p$ et une autre courbe de degré $(n-p)$ passant par les points additionnels. Les $\frac{1}{2}(n-1)(n-2)$ nouveaux points doivent donc se trouver, les uns sur l'une de ces courbes, et les autres sur l'autre. Et il est évident que ces points doivent être distribués entre elles de telle manière que le nombre total des points soit $np$ dans le premier cas et $n(n-p)$ dans le second. Ceci démontre l'exactitude du théorème énoncé.

34. M. Cayley a donné à ce théorème une extension plus grande. *Toute courbe du degré* $r$ (*$r$ étant plus grand que* $m$, *ou* $n$, *mais pas plus grand que* $m+n-3$) *qui passe par tous les* $mn$ *points d'intersection de deux courbes des degrés* $m$ *et* $n$, *sauf* $\frac{1}{2}(m+n-r-1)(m+n-r-2)$, *passera aussi par tous les autres points.*

Le lecteur comprendra mieux l'esprit de la démontsration générale que nous allons donner, si nous faisons d'abord une application de ce théorème à un cas particulier : « Toute courbe du cinquième degré qui passe par quinze des points d'intersection de deux courbes du quatrième degré passera aussi par le seizième. » En effet, prenons arbitrairement deux points sur chacune des courbes du quatrième degré. Ces quatre points, joints aux quinze points donnés, constituent un total de dix-neuf points; si plusieurs courbes du cinquième degré passent par ces points, elles passeront aussi (nº 30) par six autres points fixes. Mais chaque courbe du quatrième degré et la droite qui joint les deux points arbitraires pris sur l'autre courbe forment un système du cinquième degré passant par les dix-neuf points. Donc *toutes* les intersections des courbes données du quatrième degré sont sur une courbe du cinquième degré passant par ces points; ce qu'il fallait démontrer.

De même, en général, prenons $\frac{1}{2}(r-m)(r-m+3)$ points arbitraires sur une courbe du $n^{\text{ième}}$ degré, et par ces points faisons passer une courbe du degré $(r-m)$; prenons aussi $\frac{1}{2}(r-n)(r-n+3)$ points sur la courbe de degré $m$ et, par ces points, faisons passer une courbe du degré $(r-n)$; prenons enfin parmi les $mn$ intersections autant de points qu'il en faut pour arriver au nombre de $\frac{1}{2}r(r-3)-1$ avec les points arbitraires : comme les courbes du degré $(r-m)$ et $m$ constituent alors un système du degré $r$ passant par les points, et que les courbes du degré $(r-n)$ et $n$ en forment un autre, les points d'intersection de ces deux systèmes seront communs à toute courbe du degré $r$ qui passera par ces points. Mais

$$\begin{aligned}\tfrac{1}{2}r(r+3)-1-\tfrac{1}{2}(r-m)(r-m+3)-\tfrac{1}{2}(r-n)(r-n+3)\\=mn-\tfrac{1}{2}(m+n-r-1)(m+n-r-2),\end{aligned}$$

comme le lecteur peut le vérifier sans difficulté. L'exactitude du théorème se trouve ainsi démontrée. Pour que notre raisonnement soit applicable, il faut que $r$ soit au moins égal au plus grand des deux nombres $m$ et $n$; il faut aussi que $(r-m)$ soit moindre que $n$; car, s'il en était autrement, il ne serait pas possible de faire passer, par les points pris sur la courbe du $n^{\text{ième}}$ degré, une courbe de degré $(r-m)$ distincte de la courbe de degré $n$, ou qui ne la contînt pas comme partie intégrante; et comme le théorème est illusoire pour $r=m+n-1$ ou $m+n-2$, la condition à remplir consiste en ce que $r$ ne doit pas être plus grand que $m+n-3$ (1).

---

(1) Euler paraît avoir remarqué le premier ce paradoxe que deux courbes du $n^{\text{ième}}$ degré peuvent se couper en un nombre de points plus considérable que celui qui suffit pour déterminer une pareille courbe (voir un Mémoire dans les *Transactions de Berlin* pour 1758 : *Sur une contradiction apparente de la théorie des courbes*). La même difficulté est indiquée par Cramer dans son *Introduction à l'analyse des lignes courbes algébriques,* publiée en 1750. Cependant c'est à une date relativement toute récente qu'on a remarqué les importants théorèmes de Géométrie qui dérivent de ce principe. En 1827, Gergonne a donné le théorème du n° 31 (*Annales*, vol. XVII, p. 220). Le théorème général du n° 30 a été trouvé à peu près à la même époque par Plücker (*Entwickelungen,* t. I, p. 228; et *Annales de Gergonne*, Tome XIX, p. 97 et 129). C'est quelques années après qu'on a étudié la relation qui existe entre les points d'intersection de courbes et de surfaces de degrés différents (comme dans le n° 33). Ces cas ont été discutés dans deux Mémoires envoyés en même temps pour être publiés dans le *Journal de Crelle,* l'un par *Jacobi* (t. XV, p. 285) l'autre par *Plücker* (t. XVI, p. 47). En outre des articles qu'on vient de mentionner, le lecteur peut aussi consulter un Mémoire de M. Cayley. (*Journal mathématique de Cambridge,* t. III, p. 211). La notice his-

### SECTION II. — De la nature des points et tangentes multiples des courbes.

35. La manière la plus simple de présenter au lecteur la théorie des points singuliers et des droites singulières des courbes paraît être la suivante : faire comprendre d'abord par des exemples particuliers la nature de ces points et de ces droites; poser ensuite des règles qui permettent d'en découvrir l'existence en général.

Nous emploierons l'équation en coordonnées cartésiennes donnée dans le n° 26. Si nous rapportons cette équation à des coordonnées polaires en remplaçant $x$ et $y$ par $\rho \cos\theta$ et $\rho \sin\theta$ (ou par $m\rho$ et $n\rho$, si les axes ne sont pas rectangulaires; voir *Sections coniques*, n° 136), nous obtenons une équation du $n^{\text{ième}}$ degré en $\rho$, dont les racines sont les distances de l'origine aux $n$ points où la courbe est rencontrée par une droite issue de l'origine et faisant un angle $\theta$ avec l'axe des $x$.

36. Si dans l'équation générale le terme absolu A est égal à zéro, l'origine est un point de la courbe; en effet, l'équation est évidemment satisfaite par les valeurs $x = 0$, $y = 0$, c'est-à-dire par les coordonnées de l'origine. On déduit le même résultat de l'équation exprimée en coordonnées polaires

$$(B \cos\theta + C \sin\theta)\rho + (D \cos^2\theta + E \cos\theta \sin\theta + F \sin^2\theta)\rho^2 + \ldots = 0.$$

En effet, cette équation étant divisible par $\rho$, une de ses

---

torique donnée dans la présente note est empruntée à Plücker, *Théorie des courbes algébriques*, p. 13. (NOTE DE L'AUTEUR).

On trouvera également une discussion complète de ces théorèmes dans l'Ouvrage de M. *Cremona* (*Introduzione ad una Theoria geometrica delle curve piane*).

racines doit être $\rho = 0$, quelle que soit la valeur de $\theta$, et, dans ce cas, l'un des $n$ points suivant lesquels une droite quelconque menée par l'origine rencontre la courbe coïncidera avec l'origine elle-même. Les $(n-1)$ autres points seront en général distincts de l'origine; il existe cependant une valeur de $\theta$ pour laquelle un second point coïncidera encore avec l'origine; ce cas se présentera quand $\theta$ sera tel qu'on ait

$$B\cos\theta + C\sin\theta = 0.$$

L'équation devient alors

$$(D\cos^2\theta + E\cos\theta\sin\theta + F\sin^2\theta)\rho^2 + \ldots = 0;$$

elle est divible par $\rho^2$ et, par conséquent, deux de ses racines ont pour valeur $\rho = 0$. La droite qui correspond à cette valeur de $\theta$ rencontre donc la courbe en deux points qui coïncident; autrement dit, elle est la *tangente* à l'origine.

Comme nous n'avons qu'une seule équation pour déterminer $\tang\theta$, nous voyons qu'en un point donné d'une courbe on ne peut en général mener qu'une seule tangente. Son équation est évidemment

$$\rho(B\cos\theta + C\sin\theta) = 0 \quad \text{ou} \quad Bx + Cy = 0.$$

*Donc, si l'équation d'une courbe est* $u_1 + u_2 + \ldots = 0$ *(l'origine étant un point de la courbe), l'équation de la tangente à l'origine est* $u_1 = 0$.

Si $B = 0$, l'axe des $x$ est une tangente; si $C = 0$, c'est l'axe des $y$.

37. Supposons maintenant que A, B, C soient tous nuls; le coefficient de $\rho$ sera égal à zéro, quelle que soit la valeur de $\theta$. Donc, dans ce cas, toute droite menée par l'origine rencontre la courbe en deux points qui coïncident avec l'origine. On dit alors que l'origine est un point *double*.

Nous pouvons encore voir ici, exactement comme dans le numéro précédent, que dans ce cas l'on peut mener par l'origine des droites qui rencontrent la courbe en trois points coïncidents. En effet, supposons que $\theta$ soit tel qu'il annule le coefficient de $\rho^2$, ou que

$$D\cos^2\theta + E\sin\theta\cos\theta + F\sin^2\theta = 0,$$

l'équation devient alors divisible par $\rho^3$, et trois des valeurs de $\rho$ sont égales à zéro. Comme nous avons une équation du second degré pour déterminer tang$\theta$, il s'ensuit que par un point double on peut mener *deux* lignes droites rencontrant chacune la courbe en trois points qui coïncident. Leur équation est

$$\rho^2(D\cos^2\theta + E\cos\theta\sin\theta + F\sin^2\theta) = 0,$$

ou

$$Dx^2 + Exy + Fy^2 = 0.$$

Ceci nous montre que, bien que toute droite menée par un point double rencontre la courbe en deux points coïncidents, il y a cependant deux de ces droites dont le contact avec la courbe est plus intime que celui des autres droites; on a pour cette raison l'habitude de dire qu'en un point double d'une courbe on peut mener deux tangentes. Si l'équation de la courbe (l'origine étant un point double) est mise sous la forme $u_2 + u_3 + \ldots = 0$, $u_2 = 0$ est alors l'équation du couple de tangentes à l'origine.

38. Il est nécessaire de distinguer trois espèces de points doubles, suivant que les droites représentées par l'équation $u_2 = 0$ sont réelles, imaginaires ou coïncidentes.

1° Dans le premier cas, les tangentes sont toutes deux réelles; le point double ou *nœud* est tel que le représente la seconde figure (n° 39). Un simple examen de la courbe montre que le nœud est le point d'intersection de deux branches dont chacune a sa tangente propre; et l'équation du second degré qui précède détermine par le fait les directions de ces deux tangentes; un point de ce genre est nommé un *nœud en croix* ou *point crunodal*.

On se trouve en présence d'un exemple simple de points doubles de cette sorte, quand l'équation donnée est le produit de deux équations de degrés moindres, c'est-à-dire quand $U = PQ$. L'équation $U = 0$ représente alors les deux courbes $P = 0$ et $Q = 0$. Mais si l'on considère ces deux dernières comme constituant ensemble une courbe du $n^{\text{ième}}$ degré, on doit dire que cette courbe a $pq$ points doubles (ce sont les points où P coupe Q), et en chacun de ces points il y a évidemment deux tangentes (les tangentes à P et à Q).

2° L'équation $u_2 = 0$ peut avoir ses deux racines imaginaires. Dans ce cas, il n'y a pas de point réel consécutif à l'origine, qui est alors appelée un *point conjugué* ou *acnodal*. Ses coordonnées satisfont bien à l'équation de la courbe, mais il ne semble pas être situé sur cette courbe; et, par le fait, on ne peut seulement faire ressortir géométriquement l'existence de points de cette espèce, qu'en montrant qu'il existe des points tels que toute droite menée par eux ne peut rencontrer la courbe en plus de $(n - 2)$ autres points.

3° L'équation $u_2$ peut être un carré parfait; dans ce cas, les tangentes au point double coïncident et la courbe prend la forme représentée dans la quatrième figure (n° 39). Des points de ce genre sont appelés *points cuspidaux* ou *points de rebroussement*. On les appelle aussi quelquefois *points stationnaires;* en effet, si nous imaginons que la courbe soit engendrée par le mouvement d'un point, en tout point cuspidal le mouvement qui s'effectue dans un sens déterminé éprouve un arrêt et se change en un mouvement dans le sens opposé.

Le lecteur pourrait se figurer qu'il est facile de donner des exemples de ces points, comme dans le numéro précédent, en supposant que la courbe U se décompose en deux autres courbes P et Q tangentes entre elles; car tout point de contact sera un point double où les tangentes coïncident (*fig.* 4). Mais un pareil point doit être classé parmi les singularités d'un ordre plus élevé que celles que nous considérons maintenant; en effet, la tangente en ce point rencontre la courbe complexe en quatre points consécutifs, c'est-à-dire en deux points situés sur chacune des courbes simples, tandis qu'aux points cuspidaux que nous considérons nous avons vu que la tangente rencontre généralement la courbe en trois points consécutifs seulement. Pour que la tangente en un point cuspidal rencontre la courbe en quatre points consécutifs, il est nécessaire que non seulement $u_2$ soit un carré parfait, mais que de plus sa racine carrée figure comme facteur dans $u_3$; c'est-à-dire que l'équation doit être de la forme

Fig. 4.

$$v^2 + v_1 v_2 + u_4 + \ldots = 0.$$

Des points de ce genre proviennent de la réunion de deux points doubles, comme le lecteur s'en rendra facilement compte, d'après l'exemple que nous avons déjà donné. En effet, lorsque les deux courbes P et Q sont tangentes, leur point de contact remplace deux points d'intersection.

Il convient de remarquer que le nœud (en croix) et le point conjugué sont des variétés du nœud et que ces variétés ont la même généralité; la seule différence qui existe entre eux est celle du réel et de l'imaginaire. Dans l'étude que nous venons de faire, le point cuspidal s'est présenté à nous comme un cas particulier du nœud. Cependant, c'est réellement une singularité distincte; cette remarque se justifiera dans ce qui suit.

**39.** Comme le lecteur éprouvera probablement quelque difficulté à se faire une idée de la relation qui existe entre les points conjugués et la courbe, nous allons élucider ce sujet par l'exemple suivant. Prenons la courbe

$$y^2 = (x - a)(x - b)(x - c).$$

Dans cette équation, nous supposons que $a$ est plus petit et $c$ plus grand que $b$. Cette courbe est évidemment symétrique par rapport à l'axe des $x$, puisque chaque valeur de $x$ donne des valeurs de $y$ égales et de signe contraire. La courbe coupe l'axe des $x$ aux trois points $x = a$, $x = b$, $x = c$. Tant que $x$ est moindre que $a$, $y^2$ est négatif et par suite $y$ est imaginaire. $y^2$ devient positif pour des valeurs de $x$ comprises

Fig. 5.

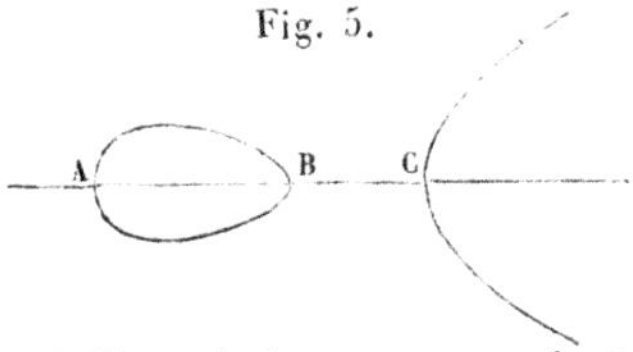


entre $a$ et $b$, puis devient de nouveau négatif pour des valeurs de $x$ entre $b$ et $c$; et enfin il est positif pour toutes les valeurs de $x$ plus grandes que $c$. La courbe (*fig.* 5) se compose donc d'un ovale situé entre A et B, et d'une branche qui commence en C et qui s'étend indéfiniment au delà.

Supposons maintenant $b = c$; l'équation deviendra

$$y^2 = (x - a)(x - b)^2,$$

où $b$ est plus grand que $a$. Le point B se confond maintenant

Fig. 6.

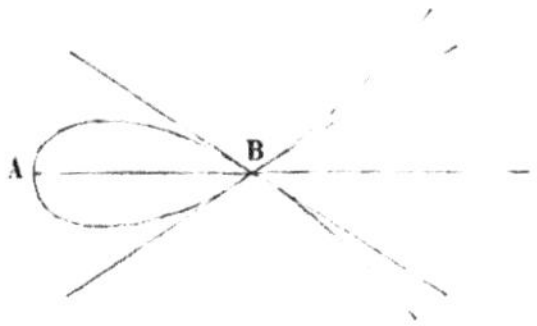


avec le point C; B s'approchant de C, l'ovale et la branche infinie prennent une forme en pointe en marchant l'un vers l'autre; et, quand enfin les deux points B et C sont réunis, l'ovale a rejoint la branche infinie et le point B (*fig.* 6) est devenu un point double avec des branches qui se coupent sous un certain angle.

Supposons au contraire $b > a$. L'équation devient alors

$$y^2 = (x - a)^2(x - b),$$

où $a$ est moindre que $b$. L'ovale se réduit au point A et la courbe a la forme ci-contre (*fig.* 7).

Cet exemple montre suffisamment l'analogie qui existe

Fig. 7.

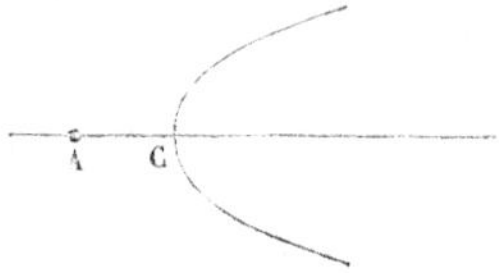


entre les points conjugués et les points doubles pour lesquels les tangentes sont réelles. Si nous supposons $a = b = c$, l'équation devient $y^2 = (x - a)^3$, le point A (*fig.* 8) devient

Fig. 8.

un point cuspidal, comme dans le § 3° du numéro précédent, et la tangente en ce point rencontre la courbe en trois points coïncidents A, B, C.

40. Si, dans l'équation générale, A, B, C, D, E, F étaient tous égaux à zéro, l'origine serait alors un point triple, et toute droite menée par l'origine rencontrerait la courbe en trois points coïncidents. Il est facile de voir, comme précédemment, qu'en un point triple il y a trois tangentes qui sont les droites représentées par l'équation $u_3 = 0$. Nous pouvons aussi, comme ci-dessus, distinguer quatre espèces de points

triples, selon que les trois tangentes sont (*fig.* 9) : (*a*) toutes trois réelles, et (1) toutes trois distinctes, (2) deux coïnci-

Fig. 9.

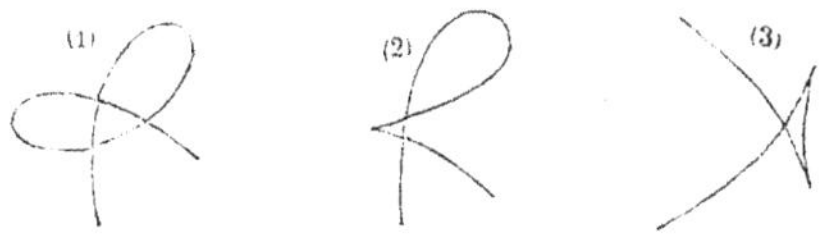


dentes, (3) toutes trois coïncidentes, ou bien (*b*) qu'il y en a une réelle et deux imaginaires.

Un point triple peut être considéré comme provenant de la réunion de trois points doubles : dans les cas (*a*), ce sont : (1) trois nœuds en croix, (2) deux nœuds en croix et un point cuspidal, (3) un nœud en croix et deux points cuspidaux; c'est ce que montrent les figures ci-contre (*fig.* 9), qui représentent les trois points doubles sur le point de se réunir pour former un point triple. Le cas (3) diffère d'une manière à peine visible d'un point ordinaire de la courbe; mais, quand la figure est dessinée avec soin, il y a quelque chose d'un peu anguleux dans la courbe en ce point singulier. Dans le cas (*b*), il y a de la même manière une branche réelle qui vient passer par un point conjugué; mais, à l'œil, le point singulier ne paraît pas différent d'un autre point quelconque de la courbe.

Nous pouvons, d'une manière analogue, rechercher les conditions pour que l'origine soit un point multiple d'un degré quelconque plus élevé $k$. Les coefficients de tous les termes de degré inférieur à $k$ s'annuleront et l'équation de la forme

$$u_k + u_{k+1} + \ldots = 0.$$

Au point multiple en question on peut mener $k$ tangentes représentées par l'équation $u_k = 0$; et la nature du point multiple variera selon que les racines de cette équation seront toutes réelles et inégales, ou que deux ou plusieurs d'entre elles seront égales ou imaginaires.

Un point multiple de l'ordre $k$ peut être considéré comme résultant de la réunion de $\frac{1}{2}k(k-1)$ points doubles. On peut, comme exemple, considérer le cas de $k$ lignes droites qui doivent être regardées comme formant un système ayant $\frac{1}{2}k(k-1)$ points doubles, à savoir les intersections mutuelles de ces droites. Mais, si toutes les droites passent par le même point, ce point devient dans le système un point multiple de l'ordre $k$ et prend la place de tous les points doubles. Le principe est le même, que les lignes qui se coupent soient droites ou courbes. Une courbe peut, par le croisement mutuel de $k$ branches, avoir $\frac{1}{2}k(k-1)$ points doubles; mais, si toutes ces branches passent par le même point, ces points doubles sont remplacés par un point multiple d'ordre $k$.

41. Savoir qu'un point particulier est un point double d'une courbe équivaut à trois conditions.

En effet, si nous prenons ce point pour origine, trois termes de l'équation s'annulent (n° 37), et nous avons à notre disposition trois constantes de moins que dans le cas général. Si, de plus, on nous donne les tangentes au point double, ceci équivaut à deux conditions de plus; car, maintenant, en outre de $A=0$, $B=0$, $C=0$, nous connaissons aussi les rapports $D:E$, $D:F$.

Donner un point triple équivaut à six conditions; car, en le prenant pour origine, les six termes de degré inférieur disparaissent; et de même, en général, donner un point multiple de l'ordre $k$ équivaut à $\frac{1}{2}k(k+1)$ conditions.

42. Il existe une limite pour le nombre de points doubles que peut posséder une courbe du $n^{\text{ième}}$ degré, quand elle ne se décompose pas en d'autres courbes de degré moindre.

Par exemple, une courbe du troisième degré ne peut avoir

deux points doubles; car si cela était, la droite qui les réunit devrait être considérée comme coupant la courbe en quatre points; or il ne peut y avoir sur une droite plus de trois points d'une courbe du troisième degré, à moins que la courbe ne se compose de cette droite et d'une conique.

De même, une courbe du quatrième degré ne peut avoir quatre points doubles; car, s'il en était ainsi, la conique déterminée par ces quatre points et par un cinquième point de la courbe devrait être considérée comme rencontrant cette courbe en neuf points (¹); tandis qu'aucune conique, distincte de la courbe, ne peut la rencontrer en plus de $2 \times 4$ ou 8 points. Et, en général, une courbe du $n^{\text{ième}}$ degré ne peut avoir plus de $\frac{1}{2}(n-1)(n-2)$ points doubles; car, si elle en avait un de plus, par ces $\frac{1}{2}(n-1)(n-2)+1$ points et

(¹) Si un point d'intersection de deux courbes est un point double sur l'une d'elles, cette intersection doit être comptée pour deux points, et les courbes ne peuvent plus se couper qu'en $n-2$ autres points. Si c'est un point double sur toutes les deux, l'intersection doit compter pour quatre points. Et, en général, si sur l'une des courbes, le point d'intersection est un point multiple de degré $k$, et sur l'autre un point multiple de degré $l$, l'intersection doit être comptée pour $kl$ points. Ainsi, par exemple, un système de $k$ lignes droites rencontre un système de $l$ lignes droites en $kl$ points; mais si toutes les droites du premier système passent par un point situé sur une droite du second, le point évidemment compte pour $k$ intersections et les droites ne se coupent plus qu'en $k\,(l-1)$ autres points. Et si chacune des droites des deux systèmes passe par le même point, ce point compte pour $kl$ intersections et les droites ne se rencontrent plus nulle part ailleurs.

Si deux courbes sont tangentes en leur point d'intersection, le point de contact comptera aussi pour deux intersections, puisque ces courbes ont en commun deux points qui coïncident. Si le point d'intersection est un point multiple sur l'une des courbes ou sur toutes deux, et si l'une des tangentes au point multiple est commune aux deux courbes, nous devons ajouter une unité au nombre des intersections, auquel équivaut le point multiple, ainsi qu'on l'a montré. En effet, en outre des points qui leur sont communs, comme on l'a démontré, elles ont un point consécutif commun sur une des branches qui passent par le point multiple.

Le lecteur n'aura aucune difficulté à reconnaître l'effet d'une combinaison quelconque de tangentes et de points multiples.

$(n-3)$ autres de la courbe, nous pourrions décrire une courbe du degré $(n-2)$ (n° 27), qui devrait être considérée comme coupant la courbe donnée en $2[\frac{1}{2}(n-1)(n-2)+1]+n-3$ ou $n(n-2)+1$ points; ce qui est impossible, si la courbe donnée est une courbe propre du degré $n$. Par le fait, la démonstration que nous venons de donner montre seulement que les courbes ne peuvent avoir plus d'un certain nombre de points doubles, mais elle ne prouve pas (ce qui est réellement le cas) qu'elles puissent toujours en avoir autant.

43. Si la courbe a des points multiples d'ordre plus élevé, le même critérium s'applique et chaque point multiple d'ordre $k$ doit être compté comme équivalent à $\frac{1}{2}k(k-1)$ points doubles. Mais la possibilité de remplacer un certain nombre de points doubles par un point multiple d'ordre plus élevé est soumise à des restrictions. Ainsi une courbe du cinquième degré peut bien avoir six points doubles, et il est possible de remplacer trois d'entre eux par un point triple; mais, dans ce cas, les trois autres points doubles ne peuvent plus être remplacés par un second point triple, puisque la droite qui les joindrait rencontrerait la courbe en plus de cinq points. D'une manière générale, si une courbe a un point multiple de l'ordre $n-2$, elle ne peut avoir d'autre point singulier d'ordre plus élevé qu'un point double et, conformément au critérium, elle ne peut avoir plus de $n-2$ de ces derniers.

44. Nous appellerons *déficience* ou *genre* d'une courbe le nombre D qui exprime combien elle a de points doubles en moins du nombre maximum qu'elle en peut posséder; ce nombre joue un rôle important dans la théorie des courbes. *Si* $D=0$, *c'est-à-dire si une courbe a son nombre maximum de points doubles, les coordonnées d'un point quelconque de la courbe peuvent s'exprimer sous forme de*

*fonctions algébriques rationnelles d'un paramètre variable* (¹). En effet, les $\frac{1}{2}(n-1)(n-2)$ points doubles et $n-3$ autres points pris sur la courbe équivalent ensemble à $\frac{1}{2}(n+1)(n-2)-1$ points, c'est-à-dire à autant de points moins un qu'il en faut pour déterminer une courbe de degré $n-2$; nous pouvons donc faire passer par ces points un système de courbes de ce degré qui seront comprises dans l'équation $U = \lambda V$. Si maintenant nous éliminons une des variables entre cette équation et celle de la courbe donnée, nous avons, pour déterminer l'autre coordonnée des points d'intersection, une équation du degré $n(n-2)$ dans laquelle $\lambda$ entre au $n^{\text{ième}}$ degré. Or, dans cette équation, toutes les racines sont connues, excepté une; car les points d'intersection des courbes se composent des points doubles comptés deux fois, des $n-3$ points qu'on a choisis et d'un autre point seulement, puisque

$$(n-1)(n-2)+(n-3)+1 = n(n-2).$$

Si donc, par la division, nous enlevons les facteurs connus de l'équation, il ne reste que la seule racine inconnue, déterminée comme fonction algébrique du $n^{\text{ième}}$ degré en $x$.

Réciproquement, si les coordonnées peuvent être exprimées sous forme de fonctions rationnelles d'un paramètre, la courbe a son nombre maximum de points doubles. Les courbes de cette nature sont appelées courbes *unicursales*. Si nous connaissons $x, y, z$ et si ces quantités sont respectivement proportionnelles à $a\lambda^n + \ldots$, $a'\lambda^n + \ldots$, $a''\lambda^n + \ldots$, l'élimination de $\lambda$ s'effectue facilement par la méthode dialytique. Écrivons les trois équations sous la forme

$$\theta x = a\lambda^n + \ldots, \quad \theta y = a'\lambda^n + \ldots, \quad \theta z = a''\lambda^n + \ldots,$$

et multiplions successivement chacune d'elles par $\lambda, \lambda^2, \ldots, \lambda^{n-1}$;

(¹) Voir HERMITE, *Cours d'Analyse* (p. 244 et suiv.).

nous aurons ainsi $3n$ équations, c'est-à-dire le nombre d'équations exactement suffisant pour éliminer linéairement les quantités $\theta$, $\theta\lambda$, ..., $\lambda$, $\lambda^2$, .... L'équation de la courbe se trouve mise alors sous la forme d'un déterminant de l'ordre $3n$, mais dont $n$ lignes seulement renfermeront les variables; la courbe sera donc du $n^{\text{ième}}$ ordre et son équation contiendra les coefficients $a$, $b$, ... au degré $2n$. Tout ceci se comprendra mieux si nous indiquons ici le résultat pour le cas où $n = 2$. Nous avons alors les trois équations

$$\theta x = a\lambda^2 + c\lambda + c, \quad \theta y = a'\lambda^2 + c'\lambda + c', \quad \theta z = a''\lambda^2 + b''\lambda + c''.$$

Multiplions chacune d'elles par $\lambda$ et éliminons ensuite linéairement les quantités $\theta$, $\theta\lambda$, $\lambda^3$, $\lambda^2$, $\lambda$ entre les six équations, le résultat se présente sous la forme du déterminant

$$\begin{vmatrix} x & . & a & b & c & . \\ y & . & a' & b' & c' & . \\ z & . & a'' & b'' & c'' & . \\ . & x & . & a & b & . \\ . & y & . & a' & b' & c'' \\ . & z & . & a'' & b'' & c' \end{vmatrix} = 0.$$

**45.** Il résulte du n° 41 que trois points quelconques pris arbitrairement peuvent être des points doubles d'une courbe du quatrième degré; car ces trois points n'équivalent qu'à neuf conditions. Mais les tangentes en ces points doubles ne peuvent pas être prises arbitrairement; car, donner les trois points doubles et ces trois couples de tangentes équivaudrait à quinze conditions, c'est-à-dire à une condition de plus qu'il ne faut pour déterminer la courbe. Il doit donc exister une certaine relation entre ces tangentes, et, en effet, nous démontrerons plus loin que ces six tangentes sont toutes tangentes à une même conique, de sorte que, cinq d'entre elles étant données, la sixième est déterminée.

Vingt conditions déterminent une courbe du cinquième degré. Nous pouvons donc prendre arbitrairement six de ses points doubles ainsi que le couple de tangentes en l'un d'eux; mais la courbe se trouve alors complètement déterminée, et par conséquent il en est de même des couples de tangentes aux cinq autres points doubles.

Vingt-sept conditions déterminent une courbe du sixième degré. Il semblerait donc, à première vue, qu'on pourrait décrire une pareille courbe ayant pour points doubles neuf points pris arbitrairement. Mais il n'en est pas ainsi; car ces neuf points déterminent une cubique $U = o$ et une courbe du sixième ordre ayant les neuf points pour points doubles *et, en général, la seule courbe de cette espèce* est $U^2 = o$, c'est-à-dire la cubique répétée deux fois. Il n'est même pas possible, dans ce cas, de prendre arbitrairement huit des neuf points doubles.

Il en est de même pour les courbes de degrés plus élevés; quand elles ont leur nombre maximum de points doubles, ou même quelquefois un nombre moindre que le maximum, il doit exister certaines relations qui relient ces points entre eux. Excepté pour le cas de courbes du quatrième degré, nous n'avons pas connaissance qu'on ait fait de tentatives pour donner à ces relations une expression géométrique; et il doit encore rester à découvrir une classe fort étendue de théorèmes de cette nature.

46. Ce qu'on vient de dire suffit pour permettre au lecteur de se faire une idée de la nature des points multiples des courbes. Nous allons montrer maintenant qu'une courbe peut également avoir des tangentes multiples; ou, en d'autres termes, qu'il peut exister des droites qui soient tangentes à la courbe en deux ou plusieurs points, ou qui aient avec elle un contact du second ordre, ou d'un ordre plus élevé. Les points qu'on nomme généralement *points singuliers* des courbes

peuvent se ranger en deux classes : les points multiples et les points de contact de tangentes multiples. Nous avons fait connaître au lecteur les points multiples en examinant le cas particulier où l'origine était un point multiple ; il sera aussi plus simple de commencer notre discussion des tangentes multiples en cherchant la condition pour que l'axe des $x$ $(y = 0)$ soit une tangente multiple.

Nous trouvons en général les points où cette droite rencontre la courbe en faisant $y = 0$ dans l'équation générale, ce qui nous donne

$$A + Bx + Dx^2 + Cx^3 + \ldots + Px^n = 0;$$

cette équation peut se mettre sous la forme

$$P(x - a)(x - b)(x - c)(x - d) \ldots = 0,$$

où $a$, $b$, $c$, ... sont les valeurs de $x$ pour les points où l'axe rencontre la courbe.

L'axe en question sera une tangente à la courbe si deux de ces points coïncident, c'est-à-dire s'il existe entre les racines une seule égalité $a = b$. L'équation devient ainsi

$$P(x - a)^2(x - c) \ldots = 0.$$

L'axe est alors tangent à la courbe au point $x = a$, $y = 0$. Si $A = 0$, $B = 0$, l'axe est tangent à la courbe à l'origine. Nous considérons seulement le cas où $a$ est réel, parce que, l'équation étant réelle, une égalité $a = b$ entre deux racines imaginaires entraînerait nécessairement une autre égalité $c = d$ entre les deux autres racines imaginaires conjuguées.

L'axe est une tangente double, s'il existe entre les racines les deux égalités $c = a$, $d = b$ ; l'équation devient alors

$$P(x - a)^2(x - b)^2(x - c) \ldots = 0,$$

et nous avons alors les deux cas suivants :

1° $a$ et $b$ étant tous deux réels (*fig.* 10), l'axe est tangent à la courbe aux deux points réels $x = a$, $x = b$. Il est évident qu'une pareille tangente, coupant la courbe en deux couples

Fig. 10.

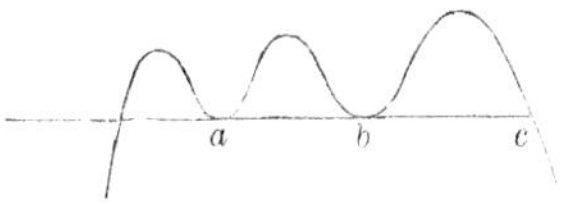


de points coïncidents, ne peut passe rencontrer dans une courbe dont le degré est inférieur au quatrième.

2° $a$ et $b$ sont imaginaires, c'est-à-dire l'équation est

$$P(x^2 + px + q)^2(x - c)\ldots = 0;$$

nous avons une tangente double, dont les deux points de contact sont imaginaires.

Si nous avons entre les racines une égalité $a = b = c$, l'équation prend la forme

$$P(x - a)^3(x - a)\ldots = 0,$$

où $a$ doit être supposé réel.

L'axe rencontre la courbe en trois points consécutifs. En général, si nous prenons trois points consécutifs sur une courbe, la droite qui joint le premier et le second est une tangente et celle qui joint le second et le troisième est la tangente consécutive. Donc, dans le cas actuel, deux tangentes consécutives coïncident.

Par suite aussi, dans un cas de ce genre, l'axe peut être appelé une tangente *stationnaire;* en effet, si nous considérons la courbe comme l'*enveloppe* d'une droite mobile, deux positions consécutives de la droite mobile coïncident dans ce cas. Le point de contact d'une tangente stationnaire est appelé *point d'inflexion*.

Si $A = 0$, $B = 0$, $D = 0$, l'origine est un point d'inflexion et $y = 0$ est la tangente en ce point (*fig.* 11), puisque

Fig. 11.

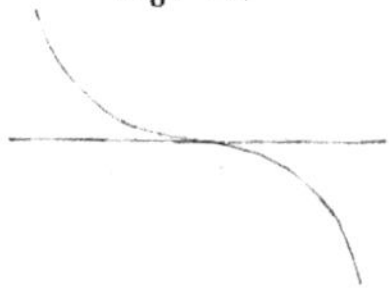

l'équation est alors de la forme

$$P x^3(x - c) \ldots = 0.$$

47. Le point double et le point conjugué (n° 38) correspondent précisément à la tangente double à contacts réels et à la tangente double à contacts imaginaires; le rebroussement ou point stationnaire lui aussi correspond à la tangente stationnaire. Mais il n'existe aucune correspondance dans les théories analytiques; en effet, pour le point de rebroussement, nous avons une égalité $a = b$ qui est un cas particulier des valeurs inégales $(a, b)$ correspondant au point double ordinaire et au point conjugué; pour le point d'inflexion, nous avons une double égalité $a = b = c$, mais cette relation est essentiellement distincte par sa nature des égalités $a = b$, $c = d$, qui sont relatives à la tangente double à contacts réels ou imaginaires. Nous avons étudié les points doubles au moyen des coordonnées ponctuelles; pour faire correspondre les théories analytiques, il aurait fallu discuter les tangentes doubles au moyen des coordonnées tangentielles; la tangente stationnaire se serait alors présentée à nous comme un cas particulier de la tangente double. Mais, dans ce qui précède, la tangente stationnaire apparaît comme une singularité distincte de la tangente double; d'une manière analogue, en employant les coordonnées tangentielles, le point cuspidal se serait présenté comme une singularité distincte du point double; c'est en ayant égard à cette particularité que l'on avait fait la remarque (n° 38) que le point cuspidal est réellement une singularité distincte. Les singula-

rités se correspondent alors mutuellement ainsi qu'il suit :

| | |
|---|---|
| Un point double ou nœud (nœud crucial ou point conjugué correspond à.................... | Une tangente double (contacts réels ou imaginaires). |
| Un point cuspidal, point de rebroussement ou point stationnaire, correspond à.......... | Une tangente stationnaire, ou tangente en un point d'inflexion. |

Et c'est seulement en se plaçant à un certain point de vue que le rebroussement est un cas particulier du point double, et à un point de vue différent (le point de vue réciproque) que la tangente stationnaire est un cas particulier de la tangente double.

Si nous considérons la courbe comme décrite par un point qui se meut le long d'une droite, tandis que cette droite pivote en même temps autour du point, le mouvement présente une particularité réelle pour le point de rebroussement; le point devient d'abord stationnaire, puis son mouvement change de sens; d'une manière analogue, en un point d'inflexion la droite devient d'abord stationnaire et son mouvement change ensuite de sens. En un point double, il n'y a rien de particulier dans le mouvement du point mobile; il arrive seulement que ce point, dans son déplacement, passe deux fois par la même position; de même, pour la tangente double, la droite dans son mouvement passe deux fois par la même position sans que son mouvement offre rien de particulier à signaler. Le rebroussement et la tangente stationnaire sont des singularités, dans un sens plus précis que le point double et la tangente double.

48. Dans les cas ordinaires, la courbe est située tout entière d'un même côté de la tangente; mais, en un point d'inflexion, elle coupe la tangente et se trouve en partie d'un côté et en partie de l'autre de cette droite. Ce n'est là qu'un cas particulier du théorème suivant, plus général : *Deux*

*courbes, qui ont en commun un nombre pair de points, sont tangentes sans se couper; celles qui ont un nombre impair de points communs se coupent mutuellement en leur point de rencontre.*

Soient $y = \varphi(x)$, $y = \psi(x)$ les équations des deux courbes et supposons qu'elles se coupent au point $(x = a)$; d'après le théorème de Taylor, les valeurs des ordonnées des deux courbes, pour le point $(x = a + h)$, sont alors

$$y_{,} = \varphi + \frac{d\varphi}{dx}\frac{h}{1} + \frac{d^2\varphi}{dx^2}\frac{h^2}{1.2} + \frac{d^3\varphi}{dx^3}\frac{h}{1.2.3} + \ldots,$$

$$y_{,,} = \psi + \frac{d\psi}{dx}\frac{h}{1} + \frac{d^2\psi}{dx^2}\frac{h^2}{1.2} + \frac{d^3\psi}{dx^3}\frac{h}{1.2.3} + \ldots,$$

où $\varphi$, $\psi$, $\frac{d\varphi}{dx}$, ... sont les valeurs de $\varphi(x)$, $\psi(x)$, $\frac{d\,\varphi(x)}{dx}$ ... pour $x = a$. Mais, par hypothèse, $\varphi = \psi$, puisque les courbes se coupent au point $x = a$; donc

$$y_{,} - y_{,,} = \left(\frac{d\varphi}{dx} - \frac{d\psi}{dx}\right)\frac{h}{1} + \left(\frac{d^2\psi}{dx^2} - \frac{d\psi^2}{dx^2}\right)\frac{h^2}{1.2}$$
$$+ \left(\frac{d^3\varphi}{dx^3} - \frac{d^3\varphi}{dx^3}\right)\frac{h^3}{1.2.3} + \ldots.$$

Or, d'après les principes du Calcul différentiel, quand $h$ est infiniment petit, le signe de la somme de cette série est le même que celui de son premier terme; mais le signe de ce terme change en même temps que celui de $h$; si donc, en un point infiniment voisin $(x = a + h)$, l'ordonnée de la courbe $\varphi$ est plus grande que celle de la courbe $\psi$, elle sera moindre au point $(x = a - h)$. Donc, si deux courbes ont un point commun, en général, celle qui est au-dessus de l'autre d'un côté de ce point sera au-dessous de l'autre côté.

Supposons maintenant que $\frac{d\varphi}{dx} = \frac{d\psi}{dx}$, le premier terme de la série sera alors $\left(\frac{d^2\varphi}{dx^2} - \frac{d^2\psi}{d^2\psi}\right)\frac{h^2}{1.2}$, qui ne change pas de signe quand $h$ en change. Donc la courbe qui est au-dessus, d'un côté du point donné, restera également au-dessus de l'autre côté. Or, quand $\frac{d\varphi}{dx} = \frac{d\psi}{dx}$, les courbes sont manifestement plus rapprochées l'une de l'autre que dans le cas précédent, puisque la différence des ordonnées ne renferme plus la première puissance de $h$. On exprime géométriquement cette condition sous forme équivalente en disant que les courbes ont deux points consécutifs communs. On peut aussi démontrer ce résultat comme il suit : $x'$, $y'$, $x''$, $y''$ étant les coordonnées rectangulaires de deux points d'une courbe, $\frac{y' - y''}{x' - x''}$ est évidemment la tangente trigonométrique de l'angle que la corde qui les joint fait avec l'axe des $x$; mais, si les deux points coïncident, nous voyons que *la valeur de* $\frac{dy}{dx}$ *pour le point donné exprime la tangente trigonométrique de l'angle que la droite qui joint ce point au point consécutif (c'est-à-dire la tangente en ce point) fait avec l'axe des* $x$; conséquemment, si deux courbes ont un point commun et si, pour ce point, $\frac{dy}{dx}$ est le même pour les deux courbes, il en résulte que le point consécutif est aussi commun à ces courbes.

**49.** Si les deux courbes ont trois points consécutifs communs, nous aurons $\frac{d^2\varphi}{dx^2} = \frac{d^2\psi}{dx^2}$; le premier terme de la série pour $y_{,} - y_{,,}$ est $\left(\frac{d^3\varphi}{dx^3} - \frac{d^3\psi}{dx^3}\right)\frac{h^3}{1.2.3}$, qui change de signe avec $h$; il en résulte, par conséquent, comme ci-dessus, que les courbes se coupent au point donné. De même, en général, si le développement de $y_{,} - y_{,,}$ commence par une puissance paire de $h$, il ne changera pas de signe avec $h$ et les courbes se toucheront sans se couper; mais s'il commence par une puissance impaire de $h$, le signe de la différence changera avec celui de $h$ et, par suite, les courbes se couperont au point donné.

Le lecteur a déjà rencontré un exemple de ce fait dans le cas du cercle osculateur d'une conique en un point quelconque; ce cercle, ayant en général trois points communs avec la courbe, lui est tangent et la coupe en même temps (*Sections coniques*, n° 239); mais, aux extrémités des axes, le cercle osculateur passe par quatre points consécutifs et est tangent à la courbe sans la traverser.

La même étude s'applique au cas où l'une des courbes devient une ligne droite. Par conséquent, une tangente en un point d'inflexion, ou une droite qui rencontre la courbe en un nombre impair de points consécutifs, est coupée par cette courbe; mais, si cette tangente rencontre la courbe en un nombre pair de points consécutifs, la partie voisine de la courbe se trouve située toute d'un même côté de cette droite.

**50.** L'axe $y = 0$ sera une tangente triple, si l'équation qui détermine les points où il rencontre la courbe est de la forme

$$P(x-a)^2(x-b)^2(x-c)^2(x-d)\ldots = 0.$$

Il est évident qu'une pareille tangente ne peut pas se rencontrer pour des courbes dont le degré est inférieur au sixième. Nous pouvons, comme dans le n° 40, distinguer quatre espèces de tangentes triples selon que les points de contact sont réels et distincts, que l'un est réel et les deux autres imaginaires, que l'un est réel et les deux autres coïncidents, ou enfin que tous trois coïncident. Nous nous trouverons dans ce dernier cas, si l'équation est de la forme

$$P(x-a)^4(x-b)\ldots = 0;$$

l'axe rencontre la courbe en quatre points coïncidents; le

point de contact d'une pareille tangente est appelé *point d'ondulation*. Il peut de même exister des tangentes multiples d'ordres plus élevés, ou bien encore des points d'ondulation d'ordres supérieurs qui proviennent de ce qu'une droite rencontre la courbe en plus de quatre points coïncidents. Cramer appelle les points où la tangente rencontre la courbe en un nombre impair de points consécutifs points de *visible inflexion*, pour les distinguer des *points de serpentement* ou *points d'ondulation* qui, à l'œil, ne diffèrent pas des points ordinaires de la courbe.

51. Nous n'avons jusqu'ici examiné que le cas où l'origine est un point multiple, ou encore celui où l'un des axes est une tangente multiple, il est évident, cependant, que la forme de l'équation pourrait de même faire reconnaître l'existence de points et de tangentes multiples situés d'une manière quelconque.

1° Par exemple, si l'équation est de la forme

$$\alpha\varphi + \beta\psi = 0,$$

où $\alpha$, $\beta$ sont des fonctions linéaires et $\varphi$, $\psi$ des fonctions quelconques des coordonnées, $\alpha\beta$ est un point de la courbe. L'équation de la tangente en ce point est

$$\alpha\varphi' + \beta\psi' = 0,$$

$\varphi'$, $\psi'$ étant les valeurs que prennent $\varphi$ et $\psi$, quand nous y introduisons les conditions $\alpha = 0, \beta = 0$. En effet, si nous cherchons les $n - 1$ points où une droite quelconque menée par $\alpha\beta$, $(\alpha - k\beta)$, rencontre la courbe, nous obtenons une équation de la forme

$$\beta[k(\varphi' + M\beta + N\beta^2 + \ldots) + (\psi' + M'\beta + N'\beta^2 + \ldots)] = 0,$$

et, pour qu'une seconde racine de cette équation soit $\beta = 0$, nous devons avoir $k\varphi' + \psi' = 0$; par conséquent, en remplaçant $k$ par sa valeur $\frac{\alpha}{\beta}$, nous obtenons pour l'équation de la tangente

$$\alpha\varphi' + \beta\psi' = 0.$$

2° En général, la courbe représentée par l'équation

$$\alpha\beta\gamma\delta\ldots = \alpha_1\beta_1\gamma_1\delta_1\ldots$$

passe par les points $\alpha\alpha_1, \alpha\beta_1, \alpha\gamma_1, \ldots, \beta\beta_1, \beta\gamma_1, \beta\delta_1, \ldots, \gamma\gamma_1, \ldots$.

3° Si l'équation est de la forme

$$\alpha\varphi + \beta^2\psi = 0,$$

nous voyons (comme dans les *Sections coniques*, n° 232) que $\alpha$ est la tangente au point $\alpha\beta$, car deux des points où cette droite rencontre la courbe coïncident; ou bien encore, si l'équation de la courbe est

$$t_1 t_2 t_3 \ldots t_n + \beta^2\varphi = 0,$$

$t_1, \ldots$ sont les tangentes aux $n$ points où $\beta$ rencontre la courbe. La forme de l'équation montre que, *si les points de contact de $n$ tangentes se trouvent sur une droite $\beta$, les autres points où ces tangentes rencontrent la courbe sont situés sur une courbe $\varphi$ de degré $(n-2)$.*

4° Si l'équation est de la forme

$$\alpha^2\varphi + \alpha\beta\psi + \beta^2\chi = 0,$$

et si nous cherchons les points où une droite quelconque $(\alpha = k\beta)$ menée par $\alpha\beta$ rencontre cette courbe, nous trouvons que deux d'entre eux coïncident toujours avec $\alpha\beta$ et que par conséquent ce point est un point double. On voit précisément, comme dans 1° et dans le n° 37, que les tangentes en ce point double sont

$$\alpha^2\varphi' + \alpha\beta\psi' + \beta^2\chi' = 0$$

où $\varphi'$, $\psi'$, $\chi'$ sont les valeurs que prennent ces fonctions pour les coordonnées du point $(\alpha = 0,\ \beta = 0)$.

5° De même, si l'équation est de la forme

$$\alpha^3\varphi + \alpha^2\beta\psi + \alpha\beta^2\chi + \beta^3\omega = 0,$$

le point $\alpha\beta$ est un point triple; les trois tangentes sont fournies par l'équation

$$\alpha^3\varphi' + \alpha^2\beta\psi' + \alpha\beta^2\chi' + \beta^3\omega' = 0.$$

6° Si l'équation est de la forme

$$\alpha\varphi + \beta^2\gamma^2\psi = 0,$$

$\alpha$ est une tangente double aux points $\alpha\beta$, $\alpha\gamma$.

7° Si l'équation est de la forme

$$\alpha\varphi + \beta^3\psi = 0,$$

$\alpha\beta$ est un point d'inflexion et $\alpha$ est la tangente en ce point.

52. Nous allons d'abord faire une application du numéro précédent en montrant comment l'équation nous permet de reconnaître la nature des points de la courbe situés à distance infinie. L'équation trilinéaire est (n° 22)

$$u_n + u_{n-1}z + u_{n-2}z^2 + \ldots = 0.$$

Les directions des $n$ points à l'infini sont données (en faisant $z = 0$ dans l'équation) par l'équation $u_n = 0$; cette équation, résolue par rapport à $y : x$, est de la forme

$$(y - m_1x)(y - m_2x)(y - m_3x)\ldots(y - m_nx) = 0.$$

Une courbe de degré $n$ a généralement $n$ asymptotes; ce sont les tangentes aux $n$ points où $z$, la droite à l'infini, rencontre la courbe. Nous pouvons trouver leurs équations facilement, comme il suit, quand l'équation $u_n = 0$ a été résolue par rapport à $y : x$. Il résulte de 3° du numéro précédent que, si l'équation était ramenée à la forme

$$t_1t_2t_3\ldots t_n + z^2\varphi = 0,$$

$t_1, \ldots$ seraient les $n$ asymptotes. Mais l'équation donnée

$$(y - m_1 x)(y - m_2 x)(y - m_3 x) \ldots + z u_{n-1} + z^2 u_{n-2} + \ldots = 0$$

peut toujours être mise sous la forme

$$(y - m_1 x + \lambda_1 z)(y - m_2 x + \lambda_2 z) \ldots = z^2 \varphi.$$

En effet, les termes du $n^{\text{ième}}$ degré en $x$ et $y$ sont évidemment les mêmes pour les deux équations, et les $n$ arbitraires $\lambda_1, \lambda_2, \ldots$ que contient la seconde peuvent être déterminées de manière à rendre identiques les $n$ termes du degré $(n-1)$ dans ces deux équations.

Le lecteur n'éprouvera aucune difficulté à comprendre cette méthode, s'il cherche à l'appliquer à un exemple particulier. Soit, par exemple, l'équation

$$(x+y)(2x+y)(3x+y) + 17x^2 + 11xy + 2y^2 + 12x + 10y + 36 = 0,$$

que l'on désire mettre sous la forme

$$(x + y + \lambda_1)(2x + y + \lambda_2)(3x + y + \lambda_3) + Ax + By + C = 0.$$

Pour déterminer $\lambda_1, \lambda_2, \lambda_3$, nous aurions ainsi les trois équations

$$6\lambda_1 + 3\lambda_2 + 2\lambda_3 = 17,\quad 5\lambda_1 + 4\lambda_2 + 3\lambda_3 = 11,\quad \lambda_1 + \lambda_2 + \lambda_3 = 2;$$

et l'équation peut être ramenée à la forme

$$(x + y + 4)(2x + y - 3)(3x + y + 1) + 43x + 21y + 48 = 0.$$

Remarquons que les valeurs $\lambda_1, \lambda_2, \lambda_3$ sont telles que nous avons identiquement

$$\frac{17x^2 + 11xy + 2y^2}{(x+y)(2x+y)(3x+y)} = \frac{\lambda_1}{x+y} + \frac{\lambda_2}{2x+y} + \frac{\lambda_3}{3x+y},$$

et de même, en général, les valeurs de $\lambda_1, \lambda_2, \ldots$ sont déterminées par la décomposition de $\frac{u_{n-1}}{u_n}$ en fractions simples.

53. Si deux racines de l'équation $u_n = 0$ sont égales $(m_1 = m_2)$, cette équation générale prend la forme

$$(y - m_1 x)^2 \varphi + z\psi = 0;$$

deux des points où $z$ rencontre la courbe coïncident, et par conséquent la droite à l'infini est une tangente à la courbe.

Si trois racines sont égales, la droite à l'infini coupe la courbe en trois points qui coïncident, et par conséquent elle lui est tangente en un point d'inflexion.

Si, dans l'équation générale, le coefficient de $y^n$ est égal à zéro, l'axe des $y$ passe par un point à l'infini, et nous n'avons évidemment plus qu'une équation du $(n-1)^{\text{ième}}$ degré pour déterminer les autres points où il rencontre la courbe.

Si le coefficient de $y^{n-1}$ s'annule aussi, l'axe des $y$ est une asymptote.

54. Dans une prochaine Section, nous montrerons comment, en général, on peut trouver les points singuliers d'une courbe. Mais, comme l'application des méthodes générales est habituellement une tâche assez laborieuse, les exemples donnés par les traités de Calcul différentiel sont en grande partie des cas où l'existence du point singulier se révèle très facilement par un simple examen de l'équation; nous indiquons ici les plus difficiles de ces exemples, pour servir d'application aux théories contenues dans les numéros qui précèdent. (Voir *Exemples de Gregory*, p. 170, etc.)

*Exemple I.*

$$x^4 - ax^2y + by^3 = 0.$$

*Exemple II.*

$$x^4 - 2ax^2y + 2x^2y^2 + ay^3 + y^4 = 0.$$

Dans ces deux cas, l'origine est un point double. Dans le premier, les tangentes sont données par l'équation $x^2y = by^3$, et, dans le second, par l'équation $2x^2y = y^3$. D'après le n° 43, aucune de ces deux courbes ne peut avoir d'autre point multiple.

*Exemple III.*

$$ay^2 - x^3 + bx^2 = 0.$$

L'origine est un point double, dont les tangentes sont fournies par l'équation $ay^2 \pm bx^2 = 0$. Si l'on prend le signe positif, l'origine est un point conjugué.

*Exemple IV.*

$$(x^2 - a^2)^2 = ay^2(2y + 3a), \text{ ou } (x-a)^2(x+a)^2 = ay^2(2y+3a).$$

Ici évidemment $(x-a, y)$ et $(x+a, y)$ sont des points doubles. Pour obtenir les tangentes au premier, nous devons faire $x=a$, $y=0$ dans les termes multipliés par $(x-a)^2$, $y^2$; il vient ainsi

$$4(x-a)^2 = 3y^2.$$

De même, pour les tangentes à l'autre point double,

$$4(x+a)^2 = 3y^2.$$

La courbe a un troisième point double dont on peut montrer l'existence en mettant l'équation sous la forme

$$x^2(x^2 - 2a^2) = a(2y-a)(y+a)^2.$$

Par suite, $(x, y+a)$ est un point double et les tangentes en ce point sont

$$2x^2 = 3(y+a)^2.$$

Ayant trouvé ces points, nous savons, par le n° 42, que la courbe ne peut pas avoir d'autre point multiple.

*Exemple V.*

$$(by - cx)^2 = (a-a)^5.$$

Le point $(by - cx, x - a)$ est un rebroussement de telle espèce que la tangente en ce point rencontre la courbe en cinq points consécutifs.

*Exemple VI.*

$$x^4(x+b) = a^3y^2.$$

L'origine est un point double, et la tangente en ce point rencontre la courbe en quatre points consécutifs. Il y existe à l'infini un point triple, auquel la droite à l'infini est la seule tangente. La droite $x+b$ est tangente à la courbe au point où elle rencontre l'axe des $x$; elle lui est également tangente en un point d'inflexion à l'infini.

*Exemple VII.*

$$x^{\frac{2}{3}} + y^{\frac{2}{3}} + z^{\frac{2}{3}} = 0.$$

L'équation débarrassée des radicaux devient

$$(x^2 + y^2 + z^2)^3 = 27x^2y^2z^2,$$

et, sous cette forme, on reconnait immédiatement l'existence de six rebroussements; chacun des points où l'axe des $x$ rencontre $y^2 + z^2$ est un point double, et l'axe des $x$ est la seule tangente en ce point. Il en est de même pour $(y, x^2 + z^2)$ et $(z, x^2 + y^2)$. Mais tous les rebroussements sont imaginaires.

La courbe a aussi quatre points doubles qui sont

$$x \pm y = 0, \quad x \pm z = 0.$$

On peut le démontrer en posant

$$y \mp x = u, \quad z \mp x = v;$$

par suite,

$$y = u \pm x, \quad z = v \pm x.$$

En portant ces valeurs dans l'équation donnée, elle prend la forme

$$u^2\varphi + uv\psi + v^2\chi.$$

On trouve que les tangentes en un quelconque des points doubles sont données par l'équation

$$u^2 \pm uv + v^2 = 0$$

et, par conséquent, les points doubles en question sont des points conjugués; par le fait, ce sont les seuls points réels de la courbe.

L'équation peut encore être écrite sous la forme

$$9x^2[x^4 - x^2(y^2 + z^2) + y^4 - y^2z^2 + z^4] - (2x^2 - y^2 - z^2)^3 = 0.$$

Si nous posons

$$\xi = y^2 - z^2, \quad \eta = z^2 - x^2, \quad \zeta = x^2 - y^2,$$

elle devient

$$9x^2(\eta^2 + \eta\zeta + \zeta^2) - (\eta - \zeta)^3 = 0.$$

Cette forme fait ainsi ressortir l'existence des points doubles $\eta = 0$, $\zeta = 0$; ou, ce qui revient au même, $\xi = 0$, $\eta = 0$, $\zeta = 0$, c'est-à-dire

$$x^2 = y^2 = z^2.$$

## Section III. — Tracé de courbes.

55. Il est bon de faire connaître par quelques exemples

comment on peut déterminer graphiquement la forme d'une courbe donnée par son équation. Si nous attribuons une valeur numérique quelconque ($a$) à l'une des variables $x$, l'équation numérique résultante peut être résolue (au moins approximativement) par rapport à $y$, et elle déterminera les points où la droite $x = a$ coupe la courbe. En répétant cette opération pour des valeurs différentes de $x$ (voir *Sections coniques*, n° 16), nous obtiendrons un certain nombre de points de la courbe; et en faisant passer une ligne continue par ces points, nous aurons une idée suffisante de sa forme. Si nous avons égard aux valeurs de $x$ qui rendent imaginaires des valeurs de $y$, nous pourrons découvrir l'existence d'ovales, ou bien reconnaître si la courbe est limitée suivant une direction quelconque; nous avons déjà indiqué (n° 52) comment on peut distinguer si la courbe a des branches infinies, et comment on en détermine les asymptotes. Dans le Chapitre suivant, nous ferons voir comment on trouve les points multiples et les points d'inflexion de la courbe. La valeur de $\frac{dy}{dx}$ en un point quelconque donne la direction de la tangente en ce point (n° 48); et, en cherchant pour quels points $\frac{dy}{dx} = 0$ ou $= \infty$, nous aurons les points où la direction de la courbe est parallèle ou perpendiculaire à l'axe des $x$.

Dans la pratique, nous devrons évidemment mettre à profit toutes les simplifications que pourra suggérer l'équation de la courbe. Par exemple, si nous considérons une série de droites parallèles à l'une des asymptotes (ou une série de droites passant par un point de la courbe), l'équation qui détermine les points où chacune d'elles rencontre la courbe sera d'un degré inférieur d'une unité à celui de cette courbe. Si l'équation montre que la courbe a un point double ou multiple, il sera avantageux de considérer une série de droites issues de ce point, puisque le degré de l'équation en question se trouvera diminué de deux ou plusieurs unités.

Il n'y a guère d'exercice qui soit plus profitable pour un élève que de tracer des courbes, et, plus particulièrement, celles dont l'équation contient un ou plusieurs paramètres susceptibles de recevoir une suite de valeurs différentes. Quand il n'y a qu'un seul paramètre, on peut se le représenter comme l'ordonnée $z$ d'une figure à trois dimensions dans l'espace, et le problème envisagé sous cet aspect consiste à trouver la forme des différentes sections d'une surface par des plans parallèles.

Il nous suffira d'ajouter ici quelques exemples à ceux qui se présenteront incidemment dans la suite de cet Ouvrage. Nous renverrons le lecteur qui désirerait plus de détails aux traités de Géométrie analytique et particulièrement à l'Ouvrage dans lequel tous le sauteurs modernes ont largement puisé, à l'*Introduction à l'Analyse des courbes de Cramer*.

*Exemple I.*

$$x^4 - ax^2y + by^3 = 0.$$

(Voir *Ex. I*, n° 54.)

L'origine étant ici un point triple, il est avantageux de considérer une série de droites issues de ce point. Posons $y = mx$, nous trouvons

$$x = m(a - bm^2);$$

quand $m$ passe de 0 à $\pm\infty$, c'est une fonction qui croît depuis 0, pour $m = 0$ jusqu'à un maximum, qui a lieu quand $a - 3bm^2 = 0$; elle décroît ensuite, s'annule quand $a - bm^2 = 0$, et a une valeur indéfiniment croissante négativement, quand $m$ croît au delà de la valeur ci-dessus. La courbe (*fig.* 12) est manifestement symétrique par rapport à l'axe des $y$. C'est donc celle que représente la figure ci-contre.

Fig. 12.

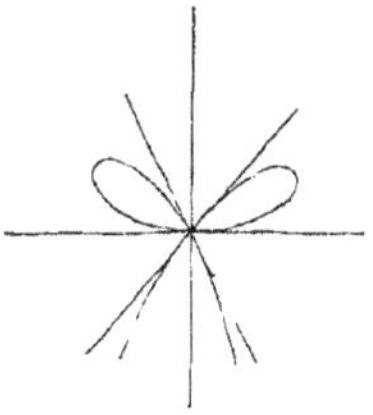

*Exemple II.*

$$(x^2 - a^2)^2 = ay^2(3a + 2y).$$

(Voir *Ex. IV*, n° 54.)

On a

$$x^2 = a^2 \pm \sqrt{ay^2(3a + 2y)}.$$

La courbe est évidemment symétrique par rapport à l'axe des $y$. Elle a, de chaque côté de cet axe, deux branches qui correspondent aux deux signes que l'on peut donner au radical. Les deux branches se coupent quand $y = 0$ et, par conséquent, nous voyons qu'il y a, sur l'axe des $x$, deux points doubles à la distance $x = \pm a$ de l'origine. Quand $y$ croît positivement, le radical croît indéfiniment; donc la valeur de $x$, qui correspond à l'une des branches, croît indéfiniment; celle qui correspond à l'autre décroît jusqu'à ce que nous arrivions à la valeur de $y$ qui correspond à la seule racine positive de l'équation

$$2ay^3 + 3a^2y^2 = a^4 \quad (2y = a),$$

au delà de laquelle cette branche ne peut plus monter. Pour des valeurs négatives de $y$, le radical croît jusqu'à une valeur maximum qui a lieu

Fig. 13.

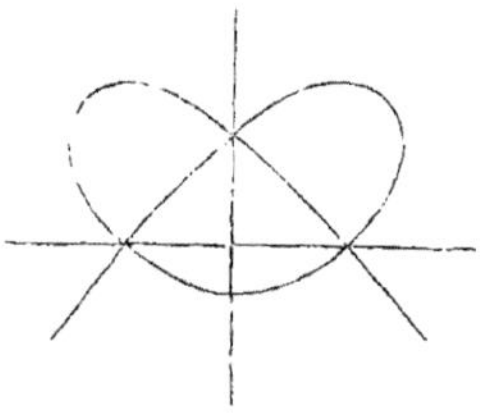

pour $y + a = 0$; alors l'un des couples de branches se coupe en un point double sur l'axe des $y$ et l'autre couple est à sa distance maximum de cet axe. Aucune des branches ne peut évidemment descendre plus bas que la valeur $3a + 2y = 0$. La forme de la courbe est celle de la figure ci-contre.

Exemple III. — *Étant donnés la base $2c$ d'un triangle et le rectangle $m^2$ des côtés, le lieu du sommet est un ovale de Cassini; en prenant pour origine le milieu de la base, l'équation de cette courbe est*

$$(x^2 + y^2 - c^2)^2 - 4c^2x^2 = m^4.$$

Le diagramme ci-joint (*fig.* 14) représente la forme qu'affecte la courbe pour différentes valeurs de $m$. Le trait le plus gras donne la figure de la courbe pour $m = c$; c'est la lemniscate de Bernoulli. Quand $m$ est moindre que $c$, la courbe de Cassini se compose de deux ovales conjugués, compris dans les deux boucles de la précédente courbe; quand $m$ est plus grand que $c$, on a l'ovale continu qui lui est extérieur.

Fig. 14.

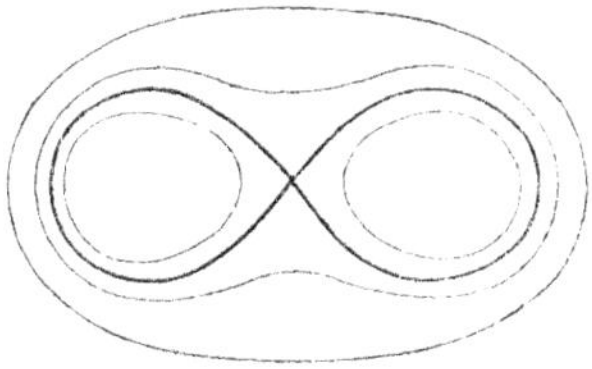

Exemple IV. — *Sur le rayon vecteur mené d'un point fixe* O *à une droite fixe* MN, *on prend un segment* RP *de longueur donnée et on le porte de chaque côté de la droite. Le lieu géométrique du point* P *est une courbe appelée* conchoïde de Nicomède; *elle a été inventée par le géomètre de ce nom pour résoudre le problème qui consiste à trouver deux moyennes proportionnelles*

Soient (*fig.* 15) OA $= p$, RP $= m$; l'équation polaire de la courbe

Fig. 15.

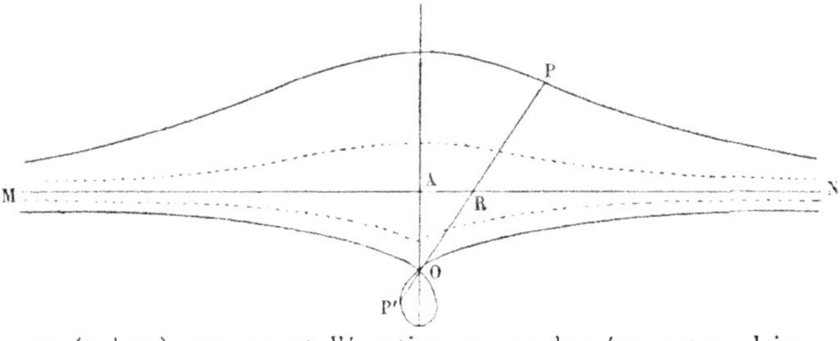


est $(\rho \pm m)\cos\omega = p$ et l'équation en coordonnées rectangulaires

$$m^2 y^2 = (p - y)^2 (x^2 + y^2).$$

La droite MN $(p = y)$ est tangente à la courbe en un point singulier à l'infini, et elle y rencontre cette courbe en quatre points consécutifs.

Le point O est aussi un point double; les tangentes en ce point sont données par l'équation

$$p^2 x^2 + (p^2 - m^2) y^2 = 0.$$

Ce sera un nœud, un point conjugué ou un rebroussement, suivant que $m$ sera plus grand, plus petit, ou égal à $p$. La ligne pleine se rapporte au cas où $m$ est plus grand que $p$; la ligne ponctuée à celui où il est plus petit.

Exemple V. — *De la même manière, sur le rayon vecteur d'un cercle et à partir d'un point de la circonférence, on porte de chaque côté de cette circonférence un segment de longueur donnée. L'équation polaire de la courbe ainsi déterminée est* $\rho = p \cos\omega \pm m$; *son équation en coordonnées rectangulaires est*

$$(x^2 - y^2 - px)^2 = m^2(x^2 + y^2).$$

L'origine est évidemment un point double, nœud ou point conjugué, suivant que $p$ est plus grand ou plus petit que $m$. Si $p = m$, l'origine est un point cuspidal; la courbe a la forme d'un cœur et est appelée la *cardioïde* (*fig.* 16). Elle est représentée par le trait plein

Fig. 16.

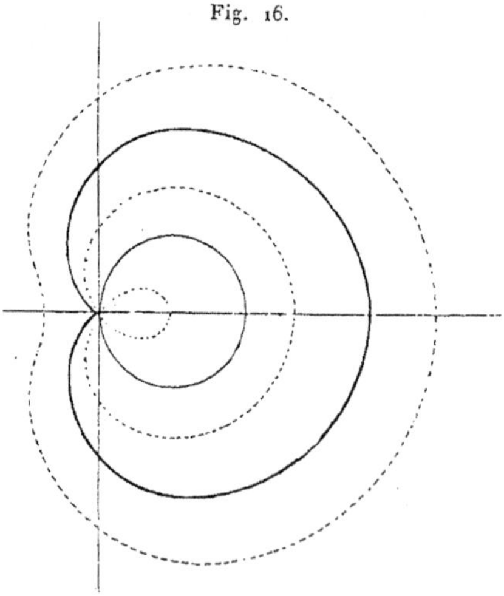

de la figure; les lignes ponctuées intérieures et extérieures correspondent respectivement aux cas des formes avec un nœud ou un point conjugué.

*Exemple VI.*

$$(x^2 - a)^2 + (y^2 - b^2)^2 = c^4.$$

Nous supposons que $b$ est moindre que $a$. Quand $c = 0$, la courbe se compose de quatre points conjugués $\pm a$, $\pm b$. Les figures qui suivent représentent les cas suivants : (*fig.* 1) $c$ moindre que $b$ ; (*fig.* 2)

Fig. 17 et 18.

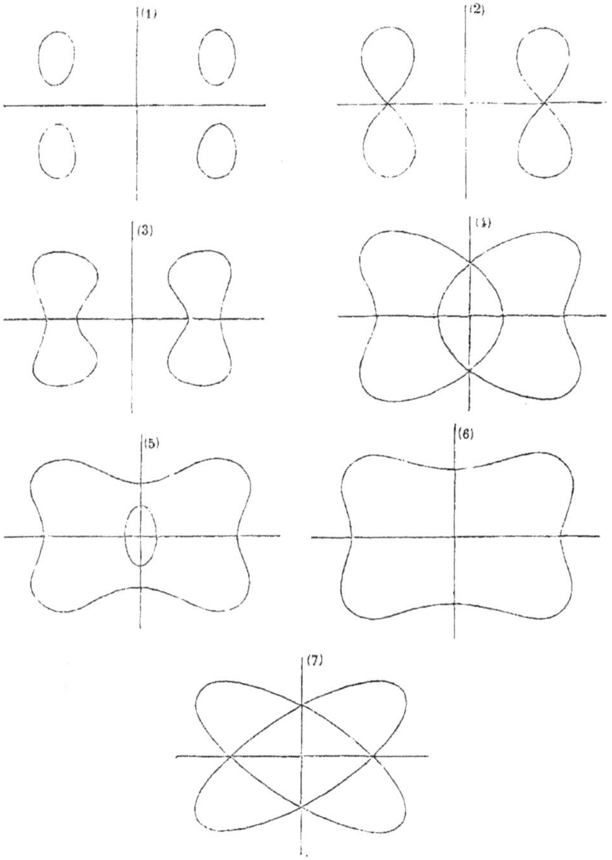


$c$ égal à $b$ ; (*fig.* 3) $c$ entre $b$ et $a$ ; (*fig.* 4) $c = a$ ; (*fig.* 5) $c > a$, $< \sqrt[4]{a^4 + b^4}$ ; (*fig.* 6) $c = \sqrt{a^4 + b^4}$. Quand $c$ a une valeur plus grande, la courbe a une forme similaire, mais sans point conjugué à l'origine. Quand $c = a = b$, la courbe se décompose en deux ellipses (*fig.* 7).

56. Si une courbe passe par l'origine et si l'origine est un point ordinaire de cette courbe, $y$ peut être développé suivant la forme $y = Ax + Bx^2 + \ldots$. Si l'origine est un point singulier, le développement prend la forme $y = Ax^\alpha + Bx^\beta + \ldots$; ici $\alpha$ est positif et $\beta$, ainsi que tous les exposants qui suivent, est plus grand que $\alpha$. Pour déterminer la nature du point singulier et la configuration de la courbe dans son voisinage, il est très utile de trouver au moins le premier terme de ce développement; car, dans le voisinage de l'origine, la forme de la courbe ressemble à celle de la courbe dont l'équation est $y = Ax^\alpha$, et il est facile de construire cette dernière. Pour effectuer le développement dont il s'agit, nous pouvons recourir au procédé donné par Newton ([1]) et qui peut être employé de la manière la plus commode sous la forme qui suit. Dans l'équation, posons $y = Ax^\alpha$ et déterminons la quantité positive $\alpha$ par la condition que les exposants de deux ou plusieurs termes soient égaux et moindres que l'exposant de l'un quelconque des autres termes. Ceci peut toujours se faire par tâtonnements, en égalant les exposants de chaque couple de termes et en examinant si la valeur de $\alpha$ est positive et si les exposants égaux ne sont pas plus grands que les exposants d'un autre terme quelconque. Ayant ainsi trouvé $\alpha$, nous déterminons A en égalant à zéro la quantité qui multiplie les termes qui ont le même exposant. Nous pouvons ensuite, si besoin en est, continuer le développement en remplaçant $y$ par l'expression $Ax^\alpha + Bx^\beta$, dans laquelle

---

([1]) Voir *Methodus fluxionum et serierum infinitarum*, etc., sous le titre : *De reductione affectarum equationum* (*Opusc.*, éd. Castillon, vol. I, p. 37). Voir aussi un Mémoire de M. de Morgan, *Quarterly Journal*, vol. I, p. 1, et *Transactions of the Cambridge Philosophical Society*, vol. IX, p. 608. Newton donne la règle, au moyen d'un diagramme de carrés, sous une forme un peu différente de celle qui précède.

A et $\alpha$ ont les valeurs déjà trouvées, et où $\beta$ et B seront déterminés par un procédé analogue au précédent. Soit, par exemple, la courbe

$$x^3 + y^3 - 3axy = 0;$$

l'origine est un point double qui a pour tangentes les deux axes de coordonnées. Si nous posons $y = Ax^\alpha$, l'équation devient

$$x^3 + A^3 x^{3\alpha} + 3aAx^{\alpha+1} = 0.$$

Il faut maintenant que nous rendions deux exposants égaux entre eux. Essayons d'abord $3 = 3\alpha$ ou $\alpha = 1$; nous rejetons cette valeur, parce qu'elle fait prendre aux exposants égaux des valeurs plus grandes que celle de l'exposant $\alpha + 1$ de l'autre terme. Si nous essayons ensuite $3 = \alpha + 1$ ou $\alpha = 2$, nous trouvons que cette valeur rendra les exposants égaux moindres que celui du troisième terme. L'équation deviendra ainsi

$$(1 - 3aA)x^3 + A^3x^6 = 0,$$

et, si nous déterminons A de manière à annuler le coefficient de $x^3$, nous voyons que l'équation pourra être écrite sous la forme $y = \frac{1}{3a}x^2 + \ldots$; ici les exposants des termes restants sont plus grands que 2, et nous voyons de la sorte que la forme d'une branche de la courbe à l'origine ressemble à celle de la parabole $3ay = x^2$. En troisième lieu, si nous égalons les exposants $3\alpha$, $\alpha + 1$, nous trouvons $\alpha = \frac{1}{2}$. Ici encore les exposants égaux sont les plus petits, et les coefficients des deux termes sont $A^3$, $-3aA$; nous en déduisons $A = \sqrt{3a}$, et l'équation de la branche que nous étudions est $y = \sqrt{(3a)}x^{\frac{1}{2}} + \ldots$; par suite, près de l'origine, sa forme se rapproche de celle de la parabole $y^2 = 3ax$. Nous n'avons pas besoin pour l'exemple actuel de pousser plus loin le développement; cependant, si cela était nécessaire, nous substituerions $y = \frac{1}{3a}x^2 + Bx^\beta$. Les termes les moins élevés se-raient alors

$$\frac{1}{27a^3}x^6 + \frac{B}{3a^2}x^{4+\beta} - 3aBx^{\beta+1} = 0.$$

Nous pouvons maintenant rendre les exposants de deux termes égaux entre eux et moindres que celui du troisième terme en prenant $\beta = 5$, ce qui donne $B = \frac{1}{81a^4}$. Nous avons montré de cette manière que si, dans le voisinage de l'origine, nous traçons les deux paraboles $3ay = x^2$, $y^2 = 3ax$, nous obtenons approximativement dans cette région la figure de la courbe qu'il s'agissait de construire (*fig.* 19).

Fig. 19.

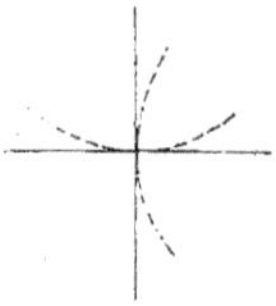

57. Le même procédé nous permettrait de déterminer les branches infinies de la courbe. Dans ce cas, nous aurons à développer $y$ suivant les puissances décroissantes de $x$, et la seule différence dans le procédé consiste en ce que nous devrons maintenant nous arranger pour que les exposants égaux soient plus grands que celui d'un autre terme quelconque. Ainsi, dans l'exemple déjà donné, en égalant les exposants 3 et $3\alpha$, nous avons $\alpha = 1$ et leur coefficient est $A^3 + 1$. Si nous avons seulement égard aux valeurs réelles de $A (= -1)$, nous remplacerons $y$ par $y = -x + Bx^\beta$ et nous trouverons de la même manière $\beta = 0$, $B = -a$. Nous obtenons ainsi l'expression $y = -x - a + \ldots$ et nous voyons que la ligne $x + y + a = 0$ est une asymptote. La figure de la courbe est celle que nous indiquons ci-dessus (*fig.* 20).

Fig. 20.

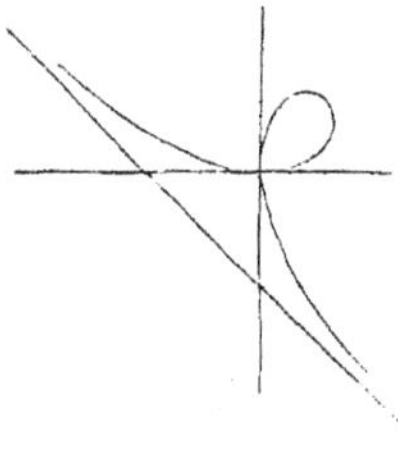

58. Dans le cas du rebroussement simple dont nous avons déjà donné un exemple (n° 39), les deux branches qui se rencontrent au point cuspidal se trouvent de part et d'autre de la tangente commune et ont leurs convexités opposées l'une à l'autre; mais il existe une espèce de rebroussement (qui est une singularité d'ordre plus élevé) pour lequel les branches sont situées d'un même côté de la tangente. Soit, par exemple, la courbe

$$m(ay - x^2)^2 = x^5;$$

il est clair que toutes les valeurs positives de $x$ donnent des valeurs réelles de $y$, et, si nous écrivons l'équation sous la forme $ay = x^2 \pm \frac{x^{\frac{5}{2}}}{m^{\frac{1}{2}}}$, comme le dernier terme est moindre que le précédent quand $x$ est très petit, nous voyons qu'en prenant soit le signe supérieur, soit le signe inférieur, la valeur de $y$ sera positive pour de petites valeurs de $x$. L'axe des $x$ est donc une tangente à la courbe et les deux branches sont situées au-dessus de cet axe. Nous donnons ci-dessous (*fig.* 21) la figure

Fig. 21.

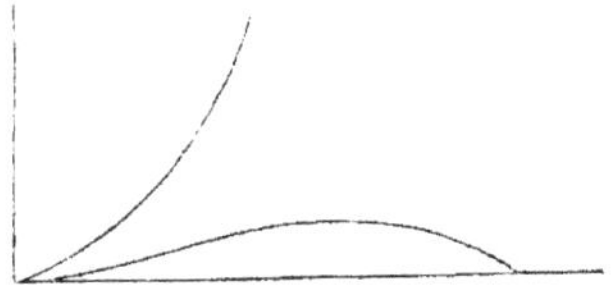

de la courbe. Ces deux sortes de rebroussements ont respectivement reçu les épithètes de *kératoïde* et *ramphoïde*, à cause de leur vague ressemblance avec les formes d'une corne et d'un bec d'oiseau. Nous avons vu (n° 40) que les points multiples ordinaires d'ordre supérieur peuvent être considérés comme résultant de la réunion d'un certain nombre de points doubles. M. Cayley a montré (*Quarterly Journal*, Tome VII, p. 212) qu'une singularité quelconque d'ordre supérieur peut être regardée comme équivalente à un certain nombre de singularités simples qui sont le nœud, le rebroussement ordinaire, la tangente double et le point d'inflexion.

Fig. 22.

Ainsi, un rebroussement du genre décrit dans le présent numéro est équivalent à un nœud, à un rebroussement, à une tangente double et à une inflexion, comme le montre la *fig.* 22, qui représente le nœud et le rebroussement sur le point de s'unir pour former la singularité d'ordre supérieur dont il s'agit.

## Section IV. — Pôles et polaires.

59. La méthode dont nous allons actuellement faire usage afin de rechercher les conditions pour qu'une courbe ait des points ou des tangentes multiples, et pour déterminer leur position, est la même que celle que nous avons déjà employée dans le cas où la courbe passait par l'origine. Nous considérerons une série de rayons vecteurs issus d'un point donné; nous formerons l'équation qui détermine les coordonnées des $n$ points où l'un quelconque de ces rayons vecteurs coupe la courbe, et nous chercherons les conditions pour que un ou plusieurs de ces points puissent coïncider avec le point donné lui-même. Pour déterminer les coordonnées de ces $n$ points, nous nous servirons de la méthode de Joachimsthal, exposée dans les *Sections coniques*, n° 290.

Puisque les coordonnées trilinéaires d'un point quelconque situé sur la droite qui réunit deux points $(x'y'z')$, $(x''y''z'')$ sont de la forme $\lambda x' + \mu x''$, $\lambda y' + \mu y''$, $\lambda z' + \mu z''$, les points où la droite en question rencontre une courbe quelconque se trouveront en remplaçant respectivement $x, y, z$ par ces valeurs et en déterminant ensuite le rapport $\frac{\lambda}{\mu}$ au moyen de l'équation résultante. Pour faciliter les recherches ultérieures, il sera nécessaire, au préalable, de discuter soigneusement les fonctions qui se présentent dans le résultat de cette substitution.

Supposons que U soit une fonction homogène du $n^{\text{ième}}$ ordre en $x, y, z$; remplaçons-y $x, y, z$ par $\lambda x + \mu x'$, $\lambda y + \mu y'$, $\lambda z + \mu z'$ : il est évident, d'après le théorème de Taylor, que le coefficient de $\lambda^n$ sera U, et que celui de $\lambda^{n-1}\mu$ sera

$$x' \frac{dU}{dx} + y' \frac{dU}{dy} + z' \frac{dU}{dz}$$

ou

$$x'U_1 + y'U_2 + z'U_3 \quad \text{ou} \quad x'L + y'M + z'N,$$

en nous servant des abréviations $U_1$, $U_2$, $U_3$ ou L, M, N (suivant le cas) pour représenter les coefficients différentiels. Nous ferons usage du symbole $\Delta$ pour indiquer l'opération

$$x' \frac{d}{dx} + y' \frac{d}{dy} + z' \frac{d}{dz};$$

le coefficient de $\lambda^{n-1}\mu$ peut alors être écrit sous la forme $\Delta U$. De la même manière, le coefficient de $\lambda^{n-2}\mu^2$ sera la moitié de

$$x'^2 \frac{d^2U}{dx^2} + y'^2 \frac{d^2U}{dy^2} + z'^2 \frac{d^2U}{dz^2}$$
$$+ 2yz \frac{d^2U}{dy\,dz} + 2zx \frac{d^2U}{dz\,dx} + 2xy \frac{d^2U}{dx\,dy}$$

Nous pourrons l'écrire sous la forme

$$\left(x'\frac{d}{dx}+y'\frac{d}{dy}+z'\frac{d}{dz}\right)^2 U \quad \text{ou} \quad \Delta^2 U.$$

Les quotients différentiels du second ordre s'écrivent souvent aussi avec des indices doubles $U_{11}, U_{22}, U_{33}, U_{23}, U_{31}, U_{12}$; mais nous trouvons plus avantageux de nous servir des lettres $a$, $b$, $c$, $f$, $g$, $h$ et de mettre ainsi $\Delta^2 U$ sous la forme que nous avons employée pour exprimer l'équation générale d'une conique

$$ax^2 + by^2 + cz^2 + 2fyz + 2gzx + 2hxy.$$

De la même manière, le coefficient de $\lambda^{n-3}\mu^3$ dans le développement est $\frac{1}{1.2.3}\Delta^3 U$, et ainsi de suite, le dernier coefficient étant $\frac{1}{1.2\ldots n}\Delta^n U$. Il est toutefois évident, d'après la symétrie de la substitution, que ce coefficient sera $U'$ et, en général, que les coefficients de deux termes correspondants quelconques, $\lambda^a\mu^b$, $\lambda^b\mu^a$, ne différeront que par l'échange des lettres accentuées et non accentuées. Nous voyons ainsi que $\Delta^{n-1} U$ ne diffère que par un facteur numérique de

$$xU'_2 + yU'_2 + zU'_3,$$

et d'une manière générale que

$$\left(x'\frac{d}{dx}+y'\frac{d}{dy}+z'\frac{d}{dz}\right)^{n-p} U, \quad \text{et} \quad \left(x\frac{d}{dx'}+y\frac{d}{dy'}+z\frac{d}{dz'}\right)^{p} U'$$

ne diffèrent que par un facteur numérique. Nous pouvons écrire la dernière fonction $\Delta U'$, l'accent joint à U servant à marquer qu'on a échangé entre elles les lettres accentuées et les lettres non accentuées.

60. La courbe du $(n-1)^{\text{ième}}$ degré $\Delta U = 0$ s'appelle la

première polaire du point $(x', y', z')$ par rapport à U. On dit de même que $\Delta^2 U$ est la seconde polaire, et ainsi de suite; le degré des courbes polaires successives diminue régulièrement d'une unité, la $(n-2)^{\text{ième}}$ polaire est une conique et la $(n-1)^{\text{ième}}$ une ligne droite. D'après la remarque qu'on vient de faire, il est évident que les équations de la droite et de la conique polaires sont respectivement

$$\left(x\frac{d}{dx'}+y\frac{d}{dy'}+z\frac{d}{dz'}\right)U'=0,\quad \left(x\frac{d}{dx'}+y\frac{d}{dy'}+z\frac{d}{dz'}\right)^2 U'=0.$$

Puisque $\Delta^2 U$ s'obtient en effectuant l'opération $\Delta$ sur $\Delta U$, il est évident que la seconde polaire de $x', y', z'$, par rapport à U, est la première polaire du même point par rapport à $\Delta U$, et, d'une manière générale, il est clair que la courbe polaire d'un rang quelconque est aussi la polaire du même point relativement à toutes les courbes polaires de rang inférieur au sien. Ceci ressort évidemment de l'équation $\Delta^k(\Delta^l U) = \Delta^{k+l} U$.

Quand le point que l'on considère est l'origine, $x'$ et $y'$ sont nuls; l'opération $\Delta$ se réduit à la différentiation par rapport à $z$. Si l'équation cartésienne ordinaire est rendue homogène par l'introduction de l'unité linéaire $z$ (*Sections coniques*, n° 69), on peut l'écrire

$$u_0 z_n + u_1 z_n^{-1} + u_2 z_n^{-2} + \ldots = 0,$$

et, en différentiant par rapport à $z$, nous trouverons sans difficulté que les équations de la droite, de la conique, etc., polaires de l'origine sont

$$nu_0 z + u_1 = 0,\quad \tfrac{1}{2} n(n-1) u_0 z^2 + (n-1) u_1 z + u_2 = 0,\quad \ldots.$$

61. *Le lieu de tous les points dont les droites polaires passent par un point donné est la première polaire du point.*

L'équation $xU'_1 + yU'_2 + zU'_3 = 0$ exprime une relation

entre les coordonnées $x$, $y$, $z$ d'un point quelconque de la droite polaire et les coordonnées $x'$, $y'$, $z'$ du pôle. Et si (comme dans les *Sections coniques*, n° 89) nous indiquons que les premières coordonnées sont connues et les dernières variables, ce qui se fera en accentuant les premières et effaçant les accents des dernières coordonnées, l'équation deviendra alors

$$x'U_1 + y'U_2 + z'U_3 = 0.$$

Il y a $(n-1)^2$ points dont les droites polaires par rapport à U coïncideront avec une droite donnée quelconque, ou, plus brièvement, *toute droite a* $(n-1)^2$ *pôles*. En effet, si nous prenons deux points quelconques sur cette droite, les pôles de la droite doivent se trouver sur la première polaire de chacun de ces points; par conséquent, ce sont les points d'intersection de ces deux courbes. Ainsi *les premières polaires de tous les points d'une droite ont* $(n-1)^2$ *points communs*; ce sont les $(n-1)^2$ pôles de la droite. De la même manière, le lieu des points dont les coniques polaires passent par un point donné est la seconde polaire de ce point; et ainsi de suite.

Si la droite polaire (ou une autre polaire quelconque) d'un point passe par ce point, ce dernier sera situé sur la courbe. En effet, si, dans l'équation de la polaire, nous remplaçons $x$, $y$, $z$ par $x'$, $y'$, $z'$, elle devient identique avec l'équation de la courbe, puisqu'en effectuant l'opération $x\frac{d}{dx} + y\frac{d}{dy} + z\frac{d}{dz}$ sur une fonction homogène on retrouve la même fonction à un facteur numérique près.

62. *Si une courbe a un point multiple de l'ordre $k$, ce point sera un point multiple de l'ordre $(k-1)$ sur chacune des premières polaires, de l'ordre $(k-2)$ sur chacune des secondes polaires, et ainsi de suite.* En effet, si l'origine se trouve au point multiple, les termes de l'ordre le moins

élevé en $x$ et $y$ seront du degré $k$; dans la première polaire, qui ne contient que les quotients différentiels du premier ordre de U, les termes de l'ordre le moins élevé en $x$ et $y$ seront du degré $(k-1)$, et par conséquent l'origine sera un point multiple de cet ordre; l'équation de la seconde polaire, contenant les quotients différentiels du second ordre de U, renfermera $x$, $y$ au degré $(k-2)$, et ainsi de suite.

Si deux tangentes en un point multiple de la courbe se confondent, cette tangente coïncidente sera une tangente à la première polaire. En effet, le terme $u_k$ du degré le moins élevé est de la forme $a^2bcd$, $a$, $b$, $c$,... représentant des fonctions linéaires, et par conséquent le terme de moindre degré dans la polaire contiendra $a$ comme facteur. Et, en général, si, en un point multiple de la courbe, $l$ tangentes coïncident, $(l-1)$ d'entre elles seront des tangentes coïncidentes au point multiple de la première polaire, $(l-2)$ seront des tangentes au point multiple de la seconde polaire et ainsi de suite. Car si $u_k$ renferme un facteur à la $l^{\text{ième}}$ puissance, celui-ci sera facteur du $(l-1)^{\text{ième}}$ degré dans tous les quotients différentiels du premier ordre de $u_k$, du $(l-2)^{\text{ième}}$ degré dans tous les quotients différentiels du second ordre, etc.

## Section V. — Théorie générale des points et tangentes multiples.

63. Nous allons maintenant appliquer la méthode indiquée dans le n° 59 à la recherche des points et tangentes multiples des courbes. Pour trouver en quels points la droite qui joint les points $(x', y', z')$, $(x'', y'', z'')$ rencontre la courbe, nous remplacerons dans l'équation $x$ par $\lambda x' + \mu x''$, ... et nous obtiendrons, pour déterminer le rapport $\frac{\lambda}{\mu}$, une équation que nous pouvons désigner par $\Lambda = 0$ et qui peut s'écrire

$$\lambda^n U' + \lambda^{n-1}\mu \Delta U' + \frac{1}{1.2}\lambda^{n-2}\mu^2\Delta^2 U' + \ldots = 0.$$

Nous supposons ici que dans les quantités $\Delta U'$, ..., qui ont le sens dont nous sommes convenus précédemment, nous avons remplacé $x, y, z$ par $x'', y'', z''$. Pour qu'un des points $\lambda x' + \mu x'', \lambda y' + \mu y'', \lambda z' + \mu z''$ coïncide avec $x', y', z'$, il faut évidemment qu'une des racines de l'équation $\Lambda = 0$ soit $\mu = 0$. Mais ce cas ne se présentera évidemment que si $U' = 0$; et il est, d'autre part, évident que la condition pour que $(x', y', z')$ soit sur la courbe consiste en ce que ses coordonnées substituées dans l'équation de la courbe doivent vérifier cette équation.

64. Deux des points suivant lesquels la droite rencontre la courbe coïncideront avec $(x', y', z')$ si l'équation ci-dessus est divisible par $\mu^2$; c'est-à-dire si non seulement $U' = 0$, mais aussi si $\Delta U' = 0$ : or il est évident que, si la droite qui joint le point $(x', y', z')$ de la courbe avec $(x'', y'', z'')$ rencontre cette courbe en deux points qui coïncident avec $x', y', z'$, le point $(x'', y'', z'')$ doit se trouver sur la tangente [ou les tangentes, quand il y en a plus d'une que l'on peut mener à la courbe au point $(x', y', z')$]; mais nous venons d'établir que, dans ce cas, $(x'', y'', z'')$ doit satisfaire à l'équation

$$xU'_1 + yU'_2 + zU'_3 = 0.$$

Donc, en général, en un point donné d'une courbe, on ne peut mener qu'une seule tangente, et son équation est celle qu'on vient d'écrire. Il résulte aussi de là que *la droite polaire d'un point situé sur la courbe est la tangente en ce point.*

*Toutes les courbes polaires du point* $(x', y', z')$ *seront tangentes à la courbe en ce point.* En effet, on a démontré (n° 60) que la droite polaire du point relativement à la courbe U sera aussi la droite polaire de ce point par rapport à chacune des courbes polaires; or (n° 61) les coordonnées $(x', y', z')$ vérifient l'équation de chacune des courbes polaires; donc, d'après ce qu'on a démontré, la droite polaire par rapport à l'une quelconque d'entre elles coïncidera avec la tangente.

65. *Les points de contact des tangentes menées à une courbe par un point quelconque sont situées sur la première polaire de ce point.* Ce théorème est un cas particulier de celui qu'on a démontré au n° 61; mais on peut aussi l'établir directement de la même manière. On a montré que l'équation de la tangente au point $(x', y', z')$ est

$$xU'_1 + yU'_2 + zU'_3 = 0;$$

en échangeant entre elles les lettres accentuées et celles qui n'ont pas d'accent, nous indiquons que les coordonnées du point sur la tangente sont considérées comme connues et que celles du point de contact ne le sont pas; et nous voyons que ces dernières doivent satisfaire à l'équation

$$x'U_1 + y'U_2 + z'U_3 = 0.$$

La courbe et sa première polaire se coupent évidemment en $n(n-1)$ points, et comme, en chacun de ces points d'intersection, les équations $U = 0$, $\Delta U = 0$ seront vérifiées, nous voyons que *d'un point donné on peut mener $n(n-1)$ tangentes à une courbe du $n^{\text{ième}}$ degré.* Ou bien encore (*Sections coniques*, n° 303) *le degré de la polaire réciproque d'une courbe du $n^{\text{ième}}$ degré est en général égal à $n(n-1)$.*

66. Si cependant la courbe a un point double, on a établi (n° 62) que la première polaire d'un point donné quelconque doit passer par ce point double. Le point double (voir la note du n° 42) compte pour deux parmi les intersections de la courbe avec sa première polaire. Toutefois la droite qui joint le point $(x'', y'', z'')$ au point double n'est pas une tangente dans le sens ordinaire du mot, quoiqu'elle soit comprise parmi les solutions du problème que nous avons dis-

cuté [à savoir : mener par $(x'', y'', z'')$ une droite qui rencontre la courbe en deux points coïncidents]; en effet, nous avons montré que *toute* droite issue d'un point double doit être considérée comme y rencontrant la courbe en deux points qui coïncident. Or le nombre total des solutions de ce problème étant toujours égal à $n(n-1)$ (c'est-à-dire au nombre des points d'intersection de U et $\Delta$U), le nombre des tangentes proprement dites qu'on peut mener à la courbe se trouve diminué de deux unités par chaque point double situé sur la courbe; autrement dit, *le degré de la polaire réciproque d'une courbe du $n^{ième}$ degré ayant $\delta$ points doubles est* $n(n-1)-2\delta$.

67. Si la courbe a un point de rebroussement, nous avons démontré (n° 62) que non seulement la première polaire passe par ce point, mais encore qu'elle a pour tangente la tangente au point de rebroussement. Par conséquent (voir la note du n° 42) ce point de rebroussement compte pour trois unités dans le nombre des intersections de la courbe avec sa première polaire, et le nombre des intersections qui restent se trouve diminué de trois unités pour chaque point de rebroussement que possède la courbe. Donc *le degré de la polaire réciproque d'une courbe ayant $\delta$ points doubles ordinaires et $\varkappa$ rebroussements est*

$$n(n-1)-2\delta-3\varkappa \quad (^1).$$

---

(1) Suivant Poncelet, Waring est le premier qui se soit occupé de chercher quel nombre de tangentes on peut mener d'un point donné à une courbe du $n^{ième}$ degré (*Miscellanea analytica*, p. 100). Il fixa ce nombre à $n^2$ au plus. Poncelet a montré (*Annales de Gergonne*, tome VIII, p. 213) que cette limite était trop élevée; que les points de contact se trouvent sur une courbe de degré $(n-1)$ et que leur nombre ne peut dépasser $n(n-1)$. Enfin Plücker indiqua des cas où ce nombre est moindre que $n(n-1)$ et expliqua complètement (comme nous le ferons plus loin) pourquoi on ne peut mener que $n$ tangentes à la réciproque d'une courbe du $n^{ième}$ degré, quoique cette réciproque soit, en général, du degré $n(n-1)$.

68. Les mêmes principes nous permettraient de reconnaître quel est l'effet d'un point multiple d'ordre supérieur quelconque sur le degré de la polaire réciproque. Un point multiple, de l'ordre $k$, serait (n° 62) un point multiple de l'ordre $(k-1)$ sur la première polaire, et par conséquent le nombre des intersections qui resteraient, et par suite le degré de la réciproque, seraient diminués de $k(k-1)$ unités.

Nous avons montré (n° 40) qu'un point multiple de l'ordre $k$ équivaut à $\frac{1}{2}k(k-1)$ points doubles, et que chacun d'eux diminuerait de deux unités le degré de la réciproque. Le résultat auquel nous venons d'arriver peut s'énoncer ainsi : *Un point multiple produit sur le degré de la réciproque le même effet que le nombre équivalent de points doubles.* Ainsi, en général (voir le n° 58), pour un point multiple équivalent à $\delta'$ points doubles, $\varkappa'$ rebroussements, $\tau'$ tangentes doubles et inflexions, le degré de la réciproque se trouve diminué de $2\delta' + 3\varkappa'$ unités.

69. Nous avons déjà vu que la droite joignant $(x', y', z')$ et $(x'', y'', z'')$ rencontrera la courbe en deux points qui coïncideront avec $(x', y', z')$ si $U' = 0$ et si $(x'', y'', z'')$ est choisi de manière à vérifier l'équation

$$x''U'_1 + y''U'_2 + z''U'_3 = 0.$$

Mais s'il arrive que les coordonnées $x', y', z'$ satisfont en même temps aux trois équations $U_1 = 0$, $U_2 = 0$, $U_3 = 0$, la seconde condition $x''U'_1 + y''U'_2 + z''U'_3 = 0$ sera vérifiée quels que soient $x''$, $y''$, $z''$. Le point $(x', y', z')$ est alors un point double et *toute* droite menée par ce point rencontrera la courbe en deux points coïncidents.

Nous voyons ainsi que la courbe représentée par l'équation générale en coordonnées cartésiennes ou trilinéaires n'aura de points doubles que si les coefficients sont liés par une certaine relation. En effet, les trois courbes

$U_1 = 0$, $U_2 = 0$, $U_3 = 0$ n'auront en général aucun point commun, et par conséquent les fonctions $U_1$, $U_2$, $U_3$ ne pourront toutes s'annuler en même temps. Si nous éliminons $x, y, z$ entre ces trois équations, nous obtiendrons une relation entre les coefficients, qui sera la condition pour que ces trois polaires se coupent, ou pour que la courbe U ait un point double. Cette condition est appelée le *discriminant* de la courbe. Par exemple (*Sections coniques*, n° 292), nous avons trouvé le discriminant d'une conique en éliminant $x, y, z$ entre les trois équations

$$ax + hy + gz = 0, \quad hx + by + fz = 0, \quad gx + fy + cz = 0,$$

dont chacune doit être vérifiée par les coordonnées du point double si la courbe en a un, et nous avons obtenu

$$abc + 2fgh - af^2 - bg^2 - ch^2 = 0.$$

En général, le discriminant sera du degré $3(n-1)^2$ par rapport aux coefficients de l'équation donnée (voir *Algèbre supérieure*, n° 76); en effet, puisque les trois équations dérivées sont chacune du degré $n-1$, leur résultante contiendra les coefficients de *chacune* d'elles au degré $(n-1)^2$, et les coefficients des équations dérivées sont chacune du premier degré par rapport aux coefficients de l'équation (voir aussi l'*Algèbre supérieure*, n° 105).

70. Nous pouvons appliquer ces principes à l'examen des conditions qui doivent être satisfaites quand la première polaire d'un point A, $(x', y', z')$, a un point double. Différentions l'équation

$$x'U_1 + y'U_2 + z'U_3 = 0,$$

et employons pour représenter les dérivées secondes la notation du n° 59; nous voyons que, s'il existe un point double B, ses coordonnées doivent satisfaire aux trois équations

$$ax' + hy' + gz' = 0, \quad hx' + by' + fz' = 0, \quad gx' + fy' + cz' = 0.$$

Ce sont là trois relations qui lient les coordonnées $x', y', z'$ du point A aux coordonnées $x, y, z$ du point double B, dont $a, b, \ldots$ sont chacune des fonctions du degré $(n-2)$. Mais si nous comparons ces équations à celles que nous avons rappelées dans le numéro précédent, nous voyons qu'en écrivant la conique polaire du point B sous la forme

$$ax^2 + by^2 + cz^2 + 2fyz + 2gzx + 2hxy = 0.$$

ces trois relations sont exactement les conditions qui doivent être remplies pour que A ou $(x', y', z')$ soit un point double de la conique polaire. Nous concluons de là que, *si la première polaire d'un point quelconque* A *a un point double* B, *la conique polaire de* B *a un point double* A, *et réciproquement.*

Entre les trois équations ci-dessus, nous pouvons éliminer $x', y', z'$, et nous obtenons la relation

$$abc + 2fgh - af^2 - bg^2 - ch^2 = 0,$$

qui doit être vérifiée par $x, y, z$.

Cette équation est ainsi le lieu du point B, et il résulte de ce que nous avons dit qu'on peut le définir comme le lieu des points qui sont des points doubles sur les premières courbes polaires, ou bien comme le lieu des points dont les coniques polaires se décomposent en deux droites. Puisque les quotients différentiels du second ordre $a, b, c, \ldots$ sont chacun du degré $n-2$ en $x, y, z$, l'équation qu'on vient d'écrire est du degré $3(n-2)$. La courbe qu'elle représente a des rapports importants avec la courbe donnée, dont elle est un covariant (*Algèbre supérieure,* n° 93). On l'appelle la *hessienne* de U, parce qu'elle a été étudiée pour la première fois par Hesse.

Si nous avions éliminé $x, y, z$ entre les trois équations précédentes, l'équation résultante en $x', y', z'$ donnerait le lieu des points A; on peut le définir soit comme le lieu des points dont la première polaire a un point double, soit comme le lieu des points qui sont des points doubles sur les coniques polaires. Nous appellerons ce lieu la *steinérienne* de U, parce qu'il a été étudié par le géomètre Steiner. Pour effectuer réellement l'élimination dans un cas quelconque, il serait nécessaire d'écrire $a$, $b$, ... sous forme explicite; mais nous pouvons voir facilement que l'équation résultante est du degré $3(n-2)^2$, puisqu'elle est le résultat d'une élimination entre trois équations, dont chacune est du degré $(n-2)$ et qui contiennent chacune $x$, $y$, $z$ au premier degré.

71. Revenons maintenant à l'équation $\Lambda = 0$; nous voyons qu'elle aura trois racines $\mu$ égales à zéro, ou que la droite en question rencontrera la courbe en trois points coïncidents, si les trois conditions $U' = 0$, $\Delta U' = 0$, $\Delta^2 U' = 0$ sont vérifiées. Considérons d'abord le cas où $x'$, $y'$, $z'$ est un point double; nous avons vu qu'alors $U'$ et $\Delta U'$ s'annulent quelles que soient les valeurs de $x''$, $y''$, $z''$, et la troisième condition exprime que le point $(x'', y'', z'')$ doit être sur la conique polaire de $(x', y', z')$. Mais il est évident que le point $(x'', y'', z'')$ peut être un point quelconque de l'une ou l'autre des deux tangentes au point double, puisque chacune d'elles rencontre la courbe en trois points qui coïncident. Donc la conique polaire de $(x', y', z')$ doit être identique avec ces deux droites, ou, en d'autres termes, l'équation du couple de tangentes au point double est $\Delta^2 U' = 0$, ou bien

$$a'x^2 + b'y^2 + c'z^2 + 2f'yz + 2g'zx + 2h'xy = 0.$$

Le point double étant un des points dont la conique polaire se décompose en deux droites, comme on vient de le démontrer, c'est un point de la hessienne et nous pouvons établir directement qu'il satisfait à cette équation. En effet, d'après le théorème des fonctions homogènes d'Euler, les trois équations $U'_1 = 0$, $U'_2 = 0$, $U'_3 = 0$, qui sont vérifiées pour le point double, peuvent s'écrire

$$a'x' + h'y' + g'z' = 0,$$
$$h'x' + b'y' + f'z' = 0,$$
$$g'x' + f'y' + c'z' = 0,$$

et, en éliminant $x'$, $y'$, $z'$, nous voyons que l'équation de la hessienne est satisfaite pour le point double.

72. Le point double sera un rebroussement, si l'équation qui représente les deux tangentes est un carré parfait, c'est-à-dire si $bc = f^2$, $ca = g^2$, $ab = h^2$. Ces trois équations n'équivalent qu'à une seule condition nouvelle, car, si l'une quelconque d'entre elles est vérifiée et si les coordonnées $x'$, $y'$, $z'$ du point double ont des grandeurs finies quelconques, les autres doivent aussi être satisfaites. En effet, en résolvant successivement par rapport à $\frac{x'}{z'}$, $\frac{y'}{z'}$ chaque couple des équations données à la fin du Chapitre précédent, nous avons

$$\frac{x'}{z'} = \frac{hf - bh}{ab - h^2} = \frac{bc - f^2}{hf - bg} = \frac{fg - ch}{gh - af},$$
$$\frac{y'}{z'} = \frac{gh - af}{ab - h^2} = \frac{fg - ch}{hf - bg} = \frac{ca - g^2}{gh - af};$$

si donc $ab = h^2$ et si aucun des rapports n'est infini, le numérateur et le dénominateur de chacune de ces fractions doivent s'annuler en même temps.

73. L'origine sera un point triple, si tous les quotients différentiels du second ordre $a, b, \ldots$ s'annulent, car $\Delta^2 U'$ est alors nul quels que soient $x''$, $y''$, $z''$; et si les coefficients différentiels du second ordre s'évanouissent, le théorème des fonctions homogènes montre qu'il en est de même pour ceux du premier ordre et par suite pour $\Delta U'$. Donc toute droite issue de $x'$, $y'$, $z'$ rencontrera la courbe en trois points

coïncidents, et il est évident que les trois tangentes en ce point seront données par l'équation $\Delta^3 U' = 0$.

Il n'y a aucune difficulté à étendre les mêmes considérations aux points multiples d'ordre supérieur. Le point $(x', y', z')$ est un point multiple de l'ordre $k$, si les coefficients différentiels de l'ordre $k-1$ s'annulent pour ce point, et les tangentes au point multiple sont données par l'équation $\Delta^k U' = 0$.

74. Examinons maintenant dans quel cas on peut mener une droite par un point $(x', y', z')$ d'une courbe (qui ne soit pas un point double) de manière qu'elle rencontre la courbe en trois points qui coïncident avec $(x', y', z')$; pour fixer les idées, nous pouvons, dès l'abord, supposer que la courbe n'a pas de points multiples. Nous avons vu (n° 71) que tout point d'une pareille droite doit satisfaire aux conditions $\Delta U' = 0$, $\Delta^2 U' = 0$.

La première de ces équations indique que la droite doit coïncider avec la tangente en $(x', y', z')$, comme cela est évident géométriquement; la seconde exprime que tout point de la droite satisfait à l'équation de la conique polaire. L'équation de la conique polaire $\Delta^2 U'$ doit donc, dans ce cas, contenir l'équation de la droite $\Delta U'$ comme facteur; par conséquent, le point $(x', y', z')$ doit être un des points dont les coniques polaires se décomposent en facteurs, autrement dit, il doit être un point de la hessienne (n° 70). Et réciproquement, tout point où la hessienne rencontre U est un point où l'on peut mener une droite qui rencontre la courbe en trois points coïncidents : en d'autres termes, c'est un point d'inflexion. En effet (n° 64), la conique polaire de tout point de U est tangente à U en ce point; et si le point est également situé sur la hessienne H et si, par conséquent, la conique polaire se décompose en deux facteurs, l'un de ces facteurs doit être la tangente en $(x', y', z')$. Tout point de la tangente satisfera donc aux deux conditions $\Delta U' = 0, \Delta^2 U' = 0$.

Il en résulte alors que tout point d'intersection des courbes U, H sera un point d'inflexion sur U, et, comme H est du degré $3(n-2)$, *une courbe du degré $n$ a en général $3n(n-2)$ points d'inflexion.*

75. Si cependant la courbe a des points multiples, le nombre des points d'inflexion subira une réduction. Nous avons déjà fait voir (n° 71) que tout point double de la courbe est un point de la hessienne; nous allons démontrer maintenant qu'il est aussi un point double sur cette dernière courbe, et plus généralement que tout point multiple de l'ordre $k$ sur la courbe est un point multiple de l'ordre $3k-4$ sur la hessienne. La manière la plus commode d'établir ce théorème consiste à supposer que le point multiple a été pris pour origine et que, par conséquent, l'équation ne contient aucun terme en $x$ et $y$ de degré inférieur à $k$. Cherchons quel est le degré des termes du degré le moins élevé en $x$ et $y$ dans les quotients différentiels du second ordre : il est bien clair que partout où l'on aura différentié deux fois par rapport à $x$ ou $y$, l'ordre des termes de moindre degré sera $k-2$; que dans les expressions différentiées une seule fois par rapport à $x$ ou $y$, et une seule fois par rapport à $z$, l'ordre sera $k-1$, et que quand les deux différentiations auront été faites par rapport à $z$, l'ordre sera $k$; on voit ainsi que les ordres des termes où le degré est le moins élevé seront respectivement

$$k-2, \quad k-2, \quad k, \quad k-1, \quad k-1, \quad k-2$$

dans $a, b, c, f, g, h$.

En combinant ces résultats, nous reconnaissons que l'ordre des termes du degré le moins élevé dans chaque terme de

$$abc + 2fgh - af^2 - bg^2 - ch^2$$

sera $3k-4$.

Mais nous disons, de plus, que toute tangente en un point multiple de U sera aussi une tangente au point multiple de H. En effet, supposons que la droite $x = 0$ soit une tangente à l'origine, et que, par suite (n° 40), les termes de moindre degré en $x$ et $y$ contiennent tous $x$ comme facteur; il est clair alors que $x$ entrera aussi comme facteur dans les termes de moindre degré de chacun des quotients différentiels du second ordre où il n'y a pas eu de différentiation par rapport à $x$; c'est-à-dire que $x$ figurera comme facteur dans $b$, $c$ et $f$. Or un simple examen montre que chaque terme de

$$abc + 2fgh - af^2 - bg^2 - ch^2$$

contient ou $b$, ou $c$, ou $f$ [1].

76. Nous sommes maintenant en mesure de calculer de combien d'unités sera diminué le nombre des points d'inflexion, quand U aura des points multiples. Si U a un point double, celui-ci sera aussi un point double sur H et les deux tangentes seront communes aux deux courbes; mais (voir la note du n° 42) quand deux courbes ont un point double commun ainsi que les tangentes à ce point, ce dernier compte pour six unités dans le nombre de leurs intersections. Par conséquent, le nombre des intersections de U et H distinctes du point double sera réduit de 6, et nous en concluons que, si une courbe a $\delta$ points doubles, le nombre de ses points d'inflexion sera $3n(n-2) - 6\delta$.

D'une manière analogue, si U a un point multiple d'ordre $k$, nous avons vu qu'il figurera comme point multiple de l'ordre $3k - 4$ sur H et que ces deux courbes auront $k$ tangentes communes. Le point multiple comptera donc parmi les inter-

[1] Comme exercice utile sur le n° 56, nous recommandons au lecteur de démontrer que *la hessienne et la courbe touchent les tangentes de côtés différents* (Clebsch, *Vorlesungen*, p. 325).

sections pour

$$k(3k-4)+k=6\times\tfrac{1}{2}k(k-1) \text{ unités.}$$

Or, nous avons vu (n° 40) que le point multiple en question équivaut à $\frac{1}{2}k(k-1)$ points doubles; donc le résultat que nous venons de trouver peut s'énoncer comme il suit : *Le point multiple a exactement le même effet, pour ce qui regarde la réduction du nombre des points d'inflexion, que le nombre équivalent de points doubles.*

**77.** Le cas où il existe un rebroussement sur U exige une étude spéciale. Prenons ce point pour origine et supposons que $x=0$ soit la tangente, de manière à mettre l'équation sous la forme

$$x^2z^{n-2}+u_3z^{n-3}+\ldots=0;$$

nous verrons alors que les ordres des termes du degré le moins élevé dans les quotients différentiels du second ordre sont 0, 1, 2, 2, 1, 1 respectivement. En effet, les termes dont nous avons à nous occuper sont

$$a=2z^{n-2},\quad b=\frac{d^2u_3}{dy^2}z^{n-3},\quad c=(n-2)(n-3)x^2z^{n-4},$$

$$f=(n-3)\frac{du_3}{dy}z^{n-4},\quad g=2(n-2)xz^{n-3},\quad h=\frac{d^2u_3}{dx\,dy}z^{n-3}.$$

Nous trouverons ainsi que l'ordre des termes du degré le moins élevé dans

$$abc+2fgh-af^2-bg^2-ch^2$$

est égal à trois et que c'est seulement dans les termes $abc$ et $bg^2$ que l'ordre est aussi peu élevé; or chacun de ces termes contient $x^2$ comme facteur. Donc, s'il existe un point de rebroussement sur U, ce point sera un point triple sur H et deux des tangentes en ce point triple coïncideront avec la tangente au point cuspidal. Mais quand deux courbes ont un point commun, double sur l'une et triple sur l'autre, ce point compte pour six intersections, et si, de plus, deux tangentes au point double sont aussi tangentes au point triple, les courbes ont en commun deux points consécutifs de plus, et par conséquent ce point compte en tout pour huit intersections. Donc, si une courbe a $\delta$ points doubles et $\varkappa$ rebroussements, le nombre de ces points d'inflexion sera égal à $3n(n-2)-6\delta-8\varkappa$.

78. Nous ferons voir plus tard comment on peut faire usage de l'équation $\Lambda = 0$ pour discuter les conditions relatives aux tangentes doubles ; mais, cette recherche étant un peu difficile, nous la laissons de côté pour le moment. Nous allons montrer actuellement que les résultats déjà obtenus, combinés avec la théorie des courbes réciproques, sont suffisants pour déterminer indirectement le nombre des tangentes doubles d'une courbe du $n^{\text{ième}}$ ordre.

L'équation du système de tangentes que l'on peut mener à la courbe d'un point quelconque $(x', y', z')$ peut se déduire de l'équation $\Lambda = 0$ par la méthode déjà employée (*Sections coniques*, n$^{os}$ **92**, **294**). Un point quelconque situé sur l'une de ces tangentes jouit évidemment de la propriété que la droite qui le joint à $(x', y', z')$ rencontre la courbe en deux points consécutifs, et, dans ce cas, l'équation $\Lambda = 0$ aura deux racines égales. Nous formerons donc l'équation du système des tangentes en égalant à zéro le discriminant de l'équation $\Lambda$ considérée comme une forme binaire en $\lambda$, $\mu$.

Supposons, par exemple, que U soit une courbe du troisième ordre. Alors $\Lambda$ est

$$\lambda^3 U' + \lambda^2 \mu \Delta' + \lambda \mu^2 \Delta + \mu^3 U = 0.$$

Ici, pour abréger, nous avons écrit $\Delta'$ et $\Delta$ à la place de $\Delta U'$ et $\Delta U$. Le discriminant de $\Lambda$ égalé à zéro est

$$(27\, UU'^2 + 4\Delta'^3 - 18\, \Delta\Delta' U')U = (\Delta'^2 - 4\Delta U')\Delta^2.$$

U, $\Delta$, $\Delta'$ sont respectivement du troisième, du deuxième et du premier degré en $x$, $y$, $z$; et, comme l'équation qui précède est du sixième degré, on voit que par $(x', y', z')$ on peut mener six tangentes à U, comme nous le savions déjà.

La forme de l'équation montre qu'elle représente un lieu tangent à U aux points où $\Delta$ rencontre cette courbe. Les autres points où U coupe le lieu sont situés sur la courbe $\Delta'^2 - 4\Delta U' = 0$. Donc, *si d'un point quelconque on mène six tangentes à une courbe du troisième degré, leurs six points de contact se trouvent sur une même conique* $\Delta = 0$ *et les six autres points où ces tangentes rencontrent à nouveau la courbe sont situés sur une autre conique* $\Delta'^2 - 4\Delta U' = 0$; *ces deux coniques ont évidemment un double contact aux points* $\Delta = 0$, $\Delta' = 0$.

Si $x'$, $y'$, $z'$ est sur la courbe, U′ est égal à zéro, $\Lambda$ se réduit à $\lambda^2\Delta' + \lambda\mu\Delta + \mu^2 U$ : en égalant à zéro le discriminant, nous avons pour résultat $\Delta^2 = 4\Delta' U$; c'est une équation du quatrième degré en $xyz$. Donc, par un point d'une courbe du troisième ordre, on ne peut en général mener que quatre tangentes à cette courbe. La tangente au point de contact compte par le fait pour deux tangentes.

79. Il en est de même en général. Le discriminant de $\Lambda$ ou de

$$\mu^n U + \mu^{n-1}\lambda\Delta + \mu^{n-2}\lambda^2\Delta^2 + \ldots$$

est du degré $n(n-1)$ en $x, y, z$; il est (*Algèbre supérieure*, n° 111) de la forme $kU + (\Delta)^2\varphi$; ici $\varphi$ est le discriminant de $\Lambda$ privée de son premier terme. Donc le lieu est tangent à U en ses points d'intersection avec $\Delta$, comme il est évident que cela doit être.

Chacune des $n(n-1)$ tangentes rencontre de nouveau la courbe en $(n-2)$ points, et la forme du discriminant montre que ces $n(n-1)(n-2)$ points sont situés sur une courbe $\varphi$ de l'ordre $(n-1)(n-2)$. De plus $\varphi$ est lui-même de la forme

$k'\Delta + (\Delta^2)^2\psi$. Donc les deux courbes $\varphi$ et $\psi$ sont tangentes entre elles aux points où la première et la seconde polaire de $(x', y', z')$ se coupent.

Écrivons $\Lambda$ sous la forme $\lambda^n U' + \lambda^{n-1}\mu\Delta' + \ldots$, nous voyons que le discriminant peut aussi se mettre sous la forme $kU' + (\Delta')^2\varphi$; donc, si $(x', y', z')$ est situé sur la courbe et si par suite $U' = 0$, le discriminant contient le facteur double $(\Delta')^2$; autrement dit, le système des tangentes se compose de la tangente en $(x', y', z')$ comptée deux fois et de $(n^2 - n - 2)$ autres tangentes représentées par l'équation $\varphi = 0$. De même $\varphi$ est lui-même de la forme $h\Delta' + (\Delta'^2)^2\psi$. Si alors l'origine est un point double et, par conséquent, si non seulement $U'$ est nul, mais si $\Delta'$ est aussi égal à zéro, $\varphi$, qui était déjà du degré $(n^2 - n - 2)$, contient le facteur double $(\Delta'^2)^2$; c'est-à-dire que, parmi les $n^2 - n - 2$ tangentes, figurent les deux tangentes au point double, comptées chacune deux fois, et il ne reste par conséquent que $n^2 - n - 6$ autres tangentes représentées par $\psi = 0$. Et nous pouvons prouver de même que le nombre des tangentes qu'on peut mener d'un point multiple de l'ordre $k$ est $n^2 - n - k(k+1)$.

La théorie donnée précédemment sur l'effet des points multiples relativement au nombre des tangentes qu'on peut mener d'un point quelconque à une courbe nous montre que le discriminant de $\Delta$ (qui, en général, représente les $n(n-1)$ tangentes) contiendra comme facteurs le carré de la droite qui joint $(x', y', z')$ à chaque point double de la courbe, le cube de la droite qui le réunit à chaque rebroussement, la sixième puissance de la droite qui le joint à chaque point triple, et ainsi de suite.

## SECTION VI. — Courbes réciproques.

80. Nous avons vu (*Sections coniques*, n° 305) que le degré de la courbe réciproque est toujours le même que la classe de la courbe donnée, et inversement. Il est évident aussi qu'à

un point double sur l'une des courbes correspondra une tangente double sur l'autre; qu'à un point stationnaire de l'une correspondra une tangente stationnaire sur l'autre; et, en général, qu'à un point multiple de l'ordre $k$ correspondra une tangente multiple de même ordre; que les $k$ points de contact de la tangente multiple correspondront aux $k$ tangentes du point multiple; et que, si une ou plusieurs de ces dernières coïncident avec d'autres tangentes, il en sera de même pour les points de contact correspondants.

**81.** Nous avons vu aussi que l'équation générale en coordonnées cartésiennes ou trilinéaires représente une courbe qui n'a aucun point double ou multiple, à moins que certaines conditions ne soient remplies. En effet, les abscisses des points où la courbe est rencontrée par une droite $y = ax + b$ s'obtiennent en portant dans l'équation de la courbe la valeur de $y$ déduite de la dernière équation; et comme nous avons deux constantes arbitraires $a$ et $b$ dont nous pouvons disposer, nous pouvons les déterminer de telle manière que l'équation résultante satisfasse à deux conditions quelconques à notre choix. Avec une seule constante à notre disposition, nous pouvons astreindre l'équation à vérifier une seule condition : par exemple, à avoir un couple de racines égales. Le problème suivant : *Étant donné $a$, déterminer $b$ de manière que l'équation ait deux racines égales,* n'est autre que le problème qui consiste à mener à la courbe une tangente parallèle à $y = ax$. Si nous pouvons disposer de deux constantes, nous pourrons imposer à l'équation la condition d'avoir deux couples de racines égales, ou trois racines égales entre elles. Le premier cas correspond au problème des tangentes doubles, le second à celui des tangentes stationnaires ou des points d'inflexion. Ainsi les tangentes doubles et stationnaires peuvent être rangées parmi les singularités ordinaires d'une courbe dont l'équation est exprimée en coordonnées ponctuelles; les tangentes et points multiples d'ordre supérieur sont des singularités extraordinaires qu'une courbe ne possédera que pour des valeurs spéciales des coefficients de son équation. Mais le contraire a lieu si l'équation est exprimée en coordonnées tangentielles. Ainsi la courbe représentée par l'équation générale dans ce système a ordinairement des points doubles, stationnaires, cuspidaux, mais pas de tangentes singulières. Donc les points doubles et stationnaires d'une part, les tangentes doubles et stationnaires d'autre part, peuvent être rangés, au même titre, parmi les singularités ordinaires des courbes; elles sont de telle nature que, si une courbe possède l'une de ces singularités, sa polaire réciproque aura l'autre.

82. Nous représenterons par

$m$ le degré de la courbe;
$n$ sa classe;
$\delta$ le nombre de ses points doubles;
$\tau$ le nombre de ses tangentes doubles;
$\varkappa$ le nombre de ses points stationnaires;
$\iota$ le nombre de ses tangentes stationnaires.

Les nombres correspondants pour la courbe réciproque s'obtiennent en échangeant entre eux $m$ et $n$, $\delta$ et $\tau$, $\iota$ et $\varkappa$. Nous avons déjà trouvé (n$^{os}$ 67, 77) les valeurs de $n$ et de $\iota$ en fonction de $m$, $\delta$, $\varkappa$; par conséquent, la courbe réciproque nous fournira les valeurs de $m$ et $\varkappa$ en fonction de $n$, $\tau$, $\iota$; et de ces quatre équations (qui équivalent, comme on va le voir, à trois équations seulement) nous pouvons déduire la valeur de $\tau$ exprimée en fonction de $m$, $\delta$, $\varkappa$, et celle de $\delta$ en fonction de $n$, $\tau$, $\iota$. Nous obtenons ainsi les six équations de Plücker, qui sont les suivantes :

$$(1) \qquad n = m^2 - m - 2\delta - 3\varkappa,$$

$$(2) \qquad \iota = 3m^2 - 6m - 6\delta - 8\varkappa,$$

$$(3)\quad \begin{cases} 2\tau = m(m-2)(m^2-9) \\ \quad -2(m^2-m-6)(2\delta+3\varkappa) \\ \quad +4\delta(\delta-1)+12\delta\varkappa+9\varkappa(\varkappa-1), \end{cases}$$

$$(4)\quad m = n^2 - n - 2\tau - 3\iota,$$

$$(5)\quad k = 3n^2 - 6n - 6\tau - 8\iota,$$

$$(6)\quad \begin{cases} 2\delta = n(n-2)(n^2-9) \\ \quad -2(n^2-n-6)(2\tau-3\iota) \\ \quad +4\tau(\tau-1)+12\tau\iota+9\iota(\iota-1). \end{cases}$$

Si, entre les équations (1) et (2), nous éliminons $\delta$, ou bien si entre les équations (4) et (5) nous éliminons $\tau$, nous arrivons dans les deux cas au même résultat

$$(7)\quad \iota - \varkappa = 3(n-m).$$

Ceci démontre que nos équations sont équivalentes à trois équations seulement. Ce résultat peut aussi s'écrire sous les formes suivantes :

$$3m - \varkappa = 3n - \iota, \quad \text{ou bien} \quad 3m + \iota = 3n + \varkappa.$$

Retranchons membre à membre les équations (1) et (4), nous obtenons

$$m^2 - 2\delta - 3\varkappa = n^2 - 2\tau - 3\iota$$

et, si nous remplaçons $(\iota - \varkappa)$ par sa valeur déduite de (7), nous avons

$$(8)\quad 2(\tau - \delta) = (n-m)(n+m-9).$$

L'avant-dernière équation, où l'on remplace $n$ et $\iota$ ou $m$ et $\varkappa$ par leurs valeurs, donne les équations précédentes (3) et (6).

Des équations (7) et (8) nous déduisons aussi

$$(9)\quad \tfrac{1}{2}m(m+3) - \delta - 2\varkappa = \tfrac{1}{2}n(n+3) - \tau - 2\iota,$$

$$(10)\quad \tfrac{1}{2}(m-1)(m-2) - \delta - \varkappa = \tfrac{1}{2}(n-1)(n-2) - \tau - \iota,$$

$$(11)\quad m^2 - 2\delta - 3\varkappa = n^2 - 2\tau - 3\iota = m + n.$$

Le système entier de ces équations équivaut par le fait à trois équations seulement; étant données trois quelconques des six quantités $m$, $n$, $\delta$, $\varkappa$, $\tau$, $\iota$, nous pouvons, à l'aide de ce système, déterminer les trois quantités restantes; par exemple, connaissant $m$, $\delta$, $\varkappa$, nous calculerons $n$ par (1), $\iota$ par (2) ou plus facilement par (7) et $\tau$ par (3) ou plus facilement par (8).

*Exemple.* — Supposons qu'on nous donne $m = 6$, $\delta = 4$, $\varkappa = 6$; alors, d'après (1), $n = 4$; par suite, $m - n = 2$, $n - m = -2$; donc

$$(5) \qquad \iota - \varkappa = 6 \quad \text{ou} \quad \iota = 0,$$

$$n + m - 9 = 1; \quad \text{par suite} \quad \tau - \delta = -1, \quad \text{donc } \tau = 3.$$

83. Quand une courbe est donnée, sa réciproque est déterminée par là-même; il est donc évident que le même nombre de conditions doit suffire pour déterminer chacune d'elles. Savoir qu'une courbe a $\delta$ points doubles équivaut à $\delta$ conditions. Par exemple, une conique est déterminée par cinq conditions; mais si elle a un point double, c'est-à-dire si elle se réduit à un système de deux droites, elle est déterminée au moyen de quatre conditions seulement, par exemple au moyen de deux points situés sur chacune des droites. De même, quand on sait qu'une courbe a un point de rebroussement, ceci équivaut à deux conditions. Donc (n° 27) une courbe du $m^{\text{ième}}$ degré avec $\delta$ points doubles et $\varkappa$ rebroussements est déterminée par $\frac{1}{2} m(m+3) - \delta - 2\varkappa$ conditions et sa réciproque par $\frac{1}{2} n(n+3) - \tau - 2\iota$ conditions. Et l'équation précédente (9) montre qu'en effet ces deux nombres sont égaux.

L'équation (10) trouvée ci-dessus démontre que la déficience ou le genre (n° 44) est le même pour une courbe et sa réciproque. Dans un prochain Chapitre nous ferons voir que cette proposition est vraie pour toutes les courbes dérivées les unes des autres, de telle manière qu'à un point de l'une il ne corresponde qu'un seul point ou une seule tangente de l'autre.

Si (avec M. Cayley) nous posons

$$3m + \iota = 3n + \varkappa = \alpha,$$

nous pourrons tout exprimer au moyen de $(m, n, \alpha)$ et nous aurons

$$\begin{aligned} \varkappa &= \alpha - 3n, \\ \iota &= \alpha - 3m, \\ 2\delta &= m^2 - m + 8n - 3\alpha, \\ 2\tau &= n^2 - n + 8m - 3\alpha. \end{aligned}$$

Dans le Chapitre suivant, nous apprendrons ce que signifie l'équation (11).

# CHAPITRE III.

## ENVELOPPES.

84. Si une courbe dépend d'une manière quelconque d'un seul paramètre variable, de telle sorte qu'en donnant à ce paramètre une suite de valeurs nous ayons une suite de courbes, toutes ces courbes sont tangentes à une certaine courbe qu'on appelle l'*enveloppe* du système. Chaque courbe est coupée par la courbe consécutive en un certain nombre de points qui dépendent du paramètre, et le lieu de ces points est l'enveloppe. (Voir *Sections coniques*, n° 283 ..., où le problème des enveloppes a été traité dans le cas où la courbe variable est une ligne droite.) Analytiquement, l'équation de la courbe peut contenir un seul paramètre variable, ou bien elle peut en renfermer deux ou plusieurs liés par une ou plusieurs équations, de manière qu'il ne subsiste effectivement qu'un seul paramètre réellement variable. Ces deux cas sont essentiellement équivalents; toutefois il est souvent avantageux de traiter le second d'une manière différente, en faisant usage de la méthode de multiplicateurs indéterminés que nous allons exposer. La forme sous laquelle le second cas se présente le plus fréquemment est celle où l'équation d'une courbe contient les coordonnées d'un point variable, astreint lui-même à se mouvoir sur une courbe déterminée; ou, en d'autres termes, c'est le cas où la courbe variable dépend d'un point paramétrique qui se meut sur une courbe paramétrique donnée. Par exemple, on a montré (*Sections coniques*, n° 321) que le problème consistant à former la polaire réciproque d'une courbe donnée par rapport à $x^2+y^2+z^2$

est le même que celui où il s'agit de trouver l'enveloppe de $\alpha x + \beta y + \gamma z$, $\alpha$, $\beta$, $\gamma$ devant vérifier l'équation de la courbe donnée. Ici l'équation de la droite variable contient les deux paramètres variables $\alpha : \gamma$, $\beta : \gamma$, et ces deux rapports sont liés par l'équation de la courbe donnée.

85. Supposons d'abord que l'équation de la courbe, que nous représenterons par $T = 0$, ne contienne qu'un seul paramètre variable $t$. Les courbes qui correspondent aux valeurs consécutives $t$, $t + dt$ peuvent être représentées par les équations $T = 0$, $T_1 = 0$. Ces équations, ou les équations équivalentes $T = 0$, $T_1 - T = 0$, déterminent par conséquent les coordonnées des points d'intersection des deux courbes consécutives. Nous avons

$$T_1 = T + d_t T\, dt + \ldots$$

ou bien

$$T_1 - T = d_t T\, dt + \ldots.$$

Ici, $dt$ étant un infiniment petit du premier ordre, les termes qui suivent le premier peuvent être négligés. Les équations deviennent alors $T = 0$, $dT = 0$; elles déterminent un système de points qui dépendent du paramètre $t$; si donc nous éliminons $t$ entre ces équations, nous obtiendrons l'équation du lieu de tous les points d'intersection des courbes consécutives du système, c'est-à-dire l'équation de l'enveloppe.

Un cas important à considérer est celui où l'équation est une fonction rationnelle de $t$; nous pouvons alors, sans nuire à la généralité, prendre pour T une fonction entière en même temps que rationnelle par rapport à $t$, et le procédé qu'on vient d'indiquer pour trouver l'équation de l'enveloppe revient à former le discriminant de T considéré comme fonction de $t$ et à l'égaler à zéro. Par exemple, si $a$, $b$, $c$, ... sont des fonctions quelconques des coordonnées, et si T est l'expression

$$at^n + nbt^{n-1} + \frac{n(n-1)}{1.2} ct^{n-2} + \ldots,$$

les équations de l'enveloppe pour les cas qui se rencontrent le plus souvent, à savoir $n = 2$, 3 et 4, sont respectivement (*Alg. sup.*, nos 193, 195, 207)

$$(2) \qquad ac - b^2 = 0,$$

$$(3) \qquad a^2 d^2 + 4 ac^3 + 4 b^3 d - 6 abcd - 3 b^2 c^2 = 0,$$

$$(4) \quad (ac - 4 bd + 3 c^2)^3 - 27 (ace + 2 bcd - ad^2 - b^2 e - c^3)^2 = 0.$$

Prenons la dernière de ces équations et supposons que nous voulions connaître son ordre en fonction des coordonnées et que nous sachions d'avance à quel degré elles figurent dans $b, a, \ldots$; il sera alors utile de nous rappeler que, lorsque l'équation est développée, les termes contenant $c^6$ et $c^3 bd$ peuvent se réduire, en sorte qu'il pourra arriver que l'ordre de l'enveloppe soit moindre que celui de l'un des deux termes qui constituent l'équation ci-dessus.

Si nous introduisons dans T les coordonnées d'un point quelconque et si nous résolvons l'équation résultante par rapport à $t$,

$$a' t^n + n b' t^{n-1} + \ldots = 0,$$

nous aurons évidemment $n$ solutions; autrement dit, le système des courbes représenté par T est de telle nature que l'on peut déterminer $n$ d'entre elles de manière qu'elles passent par un point fixe; et, d'après ce qu'on vient de dire, il est clair que, si le point fixe est sur l'enveloppe, deux de ces courbes coïncideront.

Le cas où T dépend d'un point paramétrique peut se ramener au cas qu'on vient de considérer, si la courbe paramétrique est une droite, une conique ou une autre courbe unicursale; en effet (n° 44), les coordonnées du point paramétrique peuvent s'exprimer sous forme de fonctions rationnelles d'un paramètre.

EXEMPLE 1. — *Trouver l'enveloppe de* $at^n \pm bt^p + c = 0$; *ici, comme dans les autres exemples, nous supposons que $a, b, \ldots$ sont des fonctions quelconques des coordonnées.*

Combinons l'équation donnée avec sa dérivée par rapport à $t$; nous avons

$$nat^{n-p} + pb = 0, \quad (n-p)bt^p + nc = 0,$$

et, en éliminant $t$, nous obtenons

$$n^n a^p c^{n-p} \pm p^p (n-p)^{(n-p)} b^n = 0.$$

Nous devons ici prendre le signe + quand $n$ est impair et le signe − quand il est pair.

EXEMPLE 2. — *Trouver l'enveloppe de* $a\cos^n\theta + b\sin^n\theta = c$, $\theta$ *étant le paramètre.*

Nous avons

$$\frac{1}{n} d_\theta T = -a\cos^{n-1}\theta \sin\theta + b\sin^{n-1}\theta\cos\theta = 0,$$

d'où

$$\tang\theta = \frac{a^{\frac{1}{n-2}}}{b^{\frac{1}{n-2}}}, \quad \cos\theta = \frac{b^{\frac{1}{n-2}}}{\sqrt{a^{\frac{2}{n-2}} + b^{\frac{2}{n-2}}}}, \quad \sin\theta = \frac{a^{\frac{1}{n-2}}}{\sqrt{a^{\frac{2}{n-2}} + b^{\frac{2}{n-2}}}}.$$

Portons ces valeurs dans l'équation trigonométrique connue et effectuons les réductions, nous trouvons pour l'équation de l'enveloppe

$$a^{\frac{2}{2-n}} + b^{\frac{2}{2-n}} = c^{\frac{2}{2-n}}.$$

En particulier (*Sections coniques*, n° 283), l'enveloppe de

$$a\cos\theta + b\sin\theta = c$$

est $a^2 + b^2 = c^2$. Réciproquement, toute tangente à la courbe

$$x^m + y^m = c^m$$

peut s'exprimer sous la forme

$$x\cos^{\frac{2(m-1)}{m}}\theta + y\sin^{\frac{2(m-1)}{m}}\theta = c$$

et les coordonnées du point de contact sont

$$x = c\cos^{\frac{2}{m}}\theta, \quad y = c\sin^{\frac{2}{m}}\theta.$$

On aurait pu présenter cet exemple comme un de ceux où une enveloppe dépend d'un point paramétrique situé sur une courbe unicursale. En effet, si nous posons $\cos\theta = \alpha$, $\sin\theta = \beta$, les quantités $\alpha$,

$\beta$ sont alors les coordonnées d'un point situé sur le cercle $\alpha^2 + \beta^2 = 1$ et, comme le cercle est une courbe unicursale, ces coordonnées peuvent s'exprimer rationnellement en fonction d'un paramètre.

Par exemple, si $t$ est égal à $\cos\theta + i\sin\theta$, nous pouvons remplacer $\alpha$ ou $\cos\theta$ par $\frac{1}{2}\left(t + \frac{1}{t}\right)$ et $\beta$ ou $\sin\theta$ par $\frac{1}{2i}\left(t - \frac{1}{t}\right)$. Si nous prenons comme exemple l'équation $a\alpha + b\beta = c$, elle devient

$$(a - bi)\,t^2 - 2ct + (a + bi) = 0,$$

et son enveloppe, déterminée comme on l'a dit plus haut, est

$$(a + bi)(a - bi) = c^2 \quad \text{ou} \quad a^2 + b^2 = c^2.$$

Si nous voulions éviter les imaginaires, nous pourrions poser $\tan g\frac{1}{2}\theta = t$ et (comme dans les *Sections coniques*, n° 283) exprimer $\cos\theta$ et $\sin\theta$ rationnellement en fonction de $t$.

EXEMPLE 3. — *Supposons que la courbe soit*

$$a\cos 2\theta + b\sin 2\theta + c\cos\theta + d\sin\theta + e = 0.$$

Posons $t = \cos\theta + i\sin\theta$ : cette équation devient

$$a\left(t^2 + \frac{1}{t^2}\right) - bi\left(t^2 - \frac{1}{t^2}\right) + c\left(t + \frac{1}{t}\right) - di\left(t - \frac{1}{t}\right) + 2e = 0,$$

ou bien

$$(a - bi)\,t^4 + (c - di)\,t^3 + 2et^2 + (c + di)\,t + (a + bi) = 0.$$

Et en appliquant ici la formule donnée précédemment pour le discriminant d'une forme du quatrième degré dont les termes sont affectés des coefficients du binôme, nous aurons

$$\begin{aligned}[a^2 + b^2 - \tfrac{1}{4}(c^2 + d^2) + \tfrac{1}{3}e^2]^3 = 27\,[\tfrac{1}{3}(a^2 + b^2)\,e + \tfrac{1}{24}(c^2 + d^2)\,e \\ - \tfrac{1}{8}a(c^2 - d^2) - \tfrac{1}{4}bcd - \tfrac{1}{27}e^3]^2,\end{aligned}$$

ou, en chassant les dénominateurs,

$$\begin{aligned}[12(a^2 + b^2) - 3(c^2 + d^2) + 4e^2]^3 = [72(a^2 + b^2)\,e + 9(c^2 + d^2)\,e \\ - 27a(c^2 - d^2) - 54\,bcd - 8e^3]^2.\end{aligned}$$

Ici encore il est utile de remarquer que le résultat développé ne contiendra aucun des termes $e^6$, $(c^2 + d^2)\,e^4$.

EXEMPLE 4. — *Trouver l'enveloppe des cordes de courbure des points d'une conique.*

L'équation de la corde est (*Sections coniques*, n° 244, *Ex.* 1)

$$\frac{x}{a}\cos\alpha - \frac{y}{b}\sin\alpha = \cos 2\alpha;$$

son enveloppe est donc

$$\left(\frac{x^2}{a^2}+\frac{y^2}{b^2}-4\right)^3 + 27\left(\frac{x^2}{a^2}-\frac{y^2}{b^2}\right)^2 = 0.$$

Exemple 3. — *Trouver l'équation de la courbe parallèle à une conique, c'est-à-dire de la courbe obtenue en portant sur chaque normale à la conique, et à partir de cette courbe, une longueur constante égale à r.*

On a déjà résolu ce problème (*Sections coniques*, n° 372, *Ex.* 2) en considérant la courbe parallèle comme le lieu du centre d'un cercle de rayon constant tangent à la conique donnée. Mais il est facile de voir que la courbe en question peut aussi être considérée comme l'enveloppe d'un cercle de rayon constant dont le centre se meut sur la conique donnée; autrement dit, nous aurons à chercher l'enveloppe de

$$(x-\alpha)^2 + (y-\beta)^2 - r^2 = 0,$$

quand le point paramétrique est situé sur la conique; et comme cette dernière courbe est unicursale, le problème se ramène au cas qu'on a déjà discuté. Supposons que l'équation de la conique soit

$$\frac{x^2}{a^2}+\frac{y^2}{b^2} = 1$$

et remplaçons $\alpha$ par $a\cos\theta$, $\beta$ par $b\sin\theta$; l'équation

$$\alpha^2+\beta^2-2\alpha x-2\beta y+x^2+y^2-r^2=0$$

devient

$$(a^2-b^2)\cos 2\theta - 4ax\cos\theta - 4by\sin\theta + 2(x^2+y^2)+a^2+b^2-r^2 = 0.$$

Cette forme se trouve comprise dans le cas traité dans le dernier exemple; en procédant d'une manière analogue, nous obtiendrions un résultat dont le développement est identique avec celui qui a été donné dans les *Sections coniques*, n° 372.

86. Il convient d'étudier plus attentivement le cas où T est une fonction algébrique par rapport à $t$, et où cette expres-

sion renferme les coordonnées courantes au premier degré de manière à représenter une ligne droite; il s'agira donc dans ce cas de trouver l'enveloppe de

$$at^n + nbt^{n-1} + \ldots,$$

où $a$, $b$, $c$, ... sont des expressions linéaires par rapport aux coordonnées. Dans ce cas, l'enveloppe est évidemment une courbe de la $n^{\text{ième}}$ classe, puisque (n° 85) on peut, par un point pris arbitrairement, lui mener $n$ tangentes; et, comme le discriminant de $at^n + \ldots$ est de l'ordre $2(n-1)$ par rapport aux coefficients $a$, $b$, ... (*Alg. sup.*, n° 105) qui contiennent chacun les coordonnées au premier degré, l'ordre de l'enveloppe est $2(n-1)$. On peut obtenir facilement deux autres caractéristiques de l'enveloppe. Ordinairement elle n'a pas de points d'inflexion; car, en un pareil point, deux tangentes consécutives coïncident, et par suite $T = 0$ et $d_t T = 0$ doivent représenter la même droite. Mais, pour que deux équations linéaires puissent représenter la même droite, elles doivent satisfaire à deux conditions; et il ne sera pas possible, en général, de déterminer le paramètre unique $t$ dont nous disposons de manière à vérifier ces deux conditions en même temps.

Le nombre des points de rebroussement de l'enveloppe est $3(n-2)$. De même que la tangente en un point d'inflexion d'une courbe contient trois points consécutifs, de même réciproquement un point de rebroussement est le point d'intersection de trois tangentes consécutives. Donc, pour un point de rebroussement de l'enveloppe, les trois équations $T = 0$, $d_t T = 0$, $d^2 T = 0$ seront vérifiées en même temps; on peut facilement ramener ces conditions aux suivantes :

$$T_{11} = at^{n-2} + (n-2)\,bt^{n-3} + \tfrac{1}{2}(n-2)(n-3)\,ct^{n-4} + \ldots = 0,$$
$$T_{12} = bt^{n-2} + (n-2)\,ct^{n-3} + \tfrac{1}{2}(n-2)(n-3)\,dt^{n-4} + \ldots = 0,$$
$$T_{22} = ct^{n-2} + (n-2)\,dt^{n-3} + \tfrac{1}{2}(n-2)(n-3)\,et^{n-4} + \ldots = 0,$$

$T_{11}, T_{12}, T_{22}$ étant les trois quotients différentiels du second ordre de T considéré comme une forme binaire rendue homogène par l'introduction d'une seconde variable. Si entre ces équations nous éliminons maintenant $x$ et $y$ qui entrent au premier degré dans chacune d'elles, l'équation résultante en $t$ sera du degré $3(n-2)$. Si nous écrivons T sous la forme $x\mathrm{U} + y\mathrm{V} + z\mathrm{W}$, les quantités U, V, W ne contenant que $t$ et des constantes, nous avons évidemment le déterminant

$$\begin{vmatrix} U_{11} & V_{11} & W_{11} \\ U_{12} & V_{12} & W_{12} \\ U_{22} & V_{22} & W_{22} \end{vmatrix} = 0,$$

qui nous donnera les valeurs de $t$ correspondant aux $3(n-2)$ points de rebroussement.

Le problème qui a pour objet de trouver le nombre de points doubles de l'enveloppe est le même que celui où il s'agit de déterminer l'ordre du système de conditions pour que T ait deux couples distincts de racines égales (*Alg. sup.*, n° 264) et le problème où l'on cherche le nombre de tangentes doubles revient à celui où il faut trouver l'ordre du système de conditions pour que T représente la même droite pour des valeurs différentes de $t$; en d'autres termes, il s'agit de déterminer de combien de manières nous pourrons trouver un couple de valeurs $t'$, $t''$ qui nous donnent l'égalité de rapports

$$U' : V' : W' = U'' : V'' : W''.$$

Mais nous n'avons pas besoin de traiter ces problèmes directement, puisque les équations de Plücker (n° 82) nous fournissent déjà plus de conditions qu'il n'en faut pour déterminer $\delta$ et $\tau$. Si donc nous écrivons dans ces équations que $2(n-1)$ et $n$ sont l'ordre et la classe de la courbe en question et si nous y faisons $\iota = 0$, nous trouvons

$$\varkappa = 3(n-2), \quad \delta = 2(n-2)(n-3), \quad \tau = \frac{1}{2}(n-1)(n-2).$$

87. Considérons maintenant le cas où l'équation renferme $k$ paramètres liés par $k-1$ équations. Pour fixer les idées, supposons qu'il s'agisse de l'équation $U=0$, contenant les trois paramètres $\alpha$, $\beta$, $\gamma$ liés entre eux par les deux équations $V=0$, $W=0$. Nous pouvons, si nous voulons, regarder $\beta$ et $\gamma$ comme des fonctions de $\alpha$, définies par ces deux équations $V=0$, $W=0$. Le procédé, dans sa forme originale, consisterait donc à éliminer $\alpha$ entre les équations données et

$$\frac{dU}{d\alpha}+\frac{dU}{d\beta}\frac{d\beta}{d\alpha}+\frac{dU}{d\gamma}\frac{d\gamma}{d\alpha}=0.$$

Ici $\frac{d\beta}{d\alpha}$ et $\frac{d\gamma}{d\alpha}$ sont des fonctions de $\alpha$ définies par les équations

$$\frac{dV}{d\alpha}+\frac{dV}{d\beta}\frac{d\beta}{d\alpha}+\frac{dV}{d\gamma}\frac{d\gamma}{d\alpha}=0,$$

$$\frac{dW}{d\alpha}+\frac{dW}{d\beta}\frac{d\beta}{d\alpha}+\frac{dW}{d\gamma}\frac{d\gamma}{d\alpha}=0.$$

Ces trois équations nous donnent $\nabla=0$, où

$$\nabla=\begin{vmatrix}\frac{dU}{d\alpha} & \frac{dU}{d\beta} & \frac{dU}{d\gamma}\\ \frac{dV}{d\alpha} & \frac{dV}{d\beta} & \frac{aV}{d\gamma}\\ \frac{dW}{d\alpha} & \frac{dW}{d\beta} & \frac{dW}{d\gamma}\end{vmatrix}=0,$$

et nous aurons le résultat final en éliminant $\alpha$, $\beta$, $\gamma$ entre $U=0$, $V=0$, $W=0$, $\nabla=0$. Mais $\nabla=0$ est évidemment le résultat de l'élimination de $\lambda$, $\mu$ entre les équations

$$\frac{dU}{d\alpha}+\lambda\frac{dV}{d\alpha}+\mu\frac{dW}{d\alpha}=0,$$

$$\frac{dU}{d\beta}+\lambda\frac{dV}{d\beta}+\mu\frac{dW}{d\beta}=0,$$

$$\frac{dU}{d\gamma}+\lambda\frac{dV}{d\gamma}+\mu\frac{dW}{d\gamma}=0,$$

de sorte que le résultat cherché peut s'obtenir en éliminant $\alpha, \beta, \gamma, \lambda, \mu$ entre ces trois dernières équations et celles qu'on a données tout d'abord. C'est la méthode dite des multiplicateurs indéterminés à laquelle on a fait allusion (n° 84).

88. Le cas où U est homogène par rapport à $k+1$ paramètres liés par $k-1$ autres équations homogènes présente une certaine importance. Il se ramène en réalité au cas précédent, puisque les $k+1$ paramètres peuvent être remplacés par les rapports que l'un quelconque d'entre eux forme avec les $k$ autres. Mais il est plus symétrique de garder toutes les $k+1$ équations que fournit la méthode des multiplicateurs indéterminés; en vertu du théorème des équations homogènes, ces équations sont liées par une relation qui les rend réellement équivalentes à $k$ équations seulement. Supposons, par exemple, que U soit une fonction homogène des coordonnées $\alpha, \beta, \gamma$ d'un point paramétrique qui se meut sur la courbe paramétrique $V=0$; outre les deux équations primitives, la méthode des multiplicateurs indéterminés nous donne

$$\frac{dU}{d\alpha}+\lambda\frac{dV}{d\alpha}=0,\quad \frac{dU}{d\beta}+\lambda\frac{dV}{d\beta}=0,\quad \frac{dU}{d\gamma}=\lambda\frac{dV}{d\gamma}=0.$$

Mais ces trois dernières équations n'équivalent réellement qu'à deux, puisqu'en les multipliant respectivement par $\alpha, \beta, \gamma$ nous aurons $m\,U+\lambda\,n\,V=0$, et cette relation résulte implicitement des équations $U=0, V=0$. Nous avons ainsi quatre équations ; en raison de leur homogénéité, nous pouvons éliminer entre elles les quatre quantités $\alpha, \beta, \gamma, \lambda$ et obtenir de cette manière l'équation de l'enveloppe.

Exemple. *Trouver l'enveloppe de*

$$U=(A\alpha)^m+(B\beta)^m+(C\gamma)^m=0,$$

$\alpha$, $\beta$, $\gamma$ *étant liés par la relation*

$$V = (a\alpha)^n + (b\beta)^n + (c\gamma)^n.$$

La méthode des multiplicateurs indéterminés nous donne

$$m\,A^m\,\alpha^{m-1} + \lambda\,na^n\,\alpha^{n-1} = 0,$$
$$m\,B^m\,\beta^{m-1} + \lambda\,nb^n\,\beta^{n-1} = 0,$$
$$m\,C^m\,\gamma^{m-1} + \lambda\,nc^n\,\gamma^{n-1} = 0,$$

Pour abréger posons $\dfrac{\lambda n}{m} = -\mu^{m-n}$, il vient

$$A\alpha = \mu\left(\frac{a}{A}\right)^{\frac{n}{m-n}}, \quad B\beta = \mu\left(\frac{b}{B}\right)^{\frac{n}{m-n}}, \quad C\gamma = \mu\left(\frac{c}{C}\right)^{\frac{n}{m-n}}.$$

Portons ces valeurs dans U, et nous avons l'équation de l'enveloppe cherchée,

$$\left(\frac{a}{A}\right)^{\frac{mn}{m-n}} + \left(\frac{b}{B}\right)^{\frac{mn}{m-n}} + \left(\frac{c}{C}\right)^{\frac{mn}{m-n}} = 0.$$

89. M. Cayley a considéré le cas où il s'agit d'une courbe $U = 0$ dont l'équation contient deux ou plusieurs paramètres *indépendants*. Supposons, par exemple, qu'il y ait deux paramètres $\alpha$ et $\beta$; éliminons ces quantités entre les équations

$$U = 0, \quad \frac{dU}{d\alpha} = 0, \quad \frac{dU}{d\beta} = 0,$$

et nous aurons l'équation d'une enveloppe. Mais remarquons qu'entre ces mêmes équations nous pouvons éliminer les coordonnées $(x, y)$ et que les équations impliquent ainsi une relation $\Phi(\alpha, \beta) = 0$ entre les paramètres. Ceci nous donne dans le double système de courbes $U = 0$ un seul système où les paramètres vérifient cette relation. Si nous prenons une courbe quelconque du système double et la courbe consécutive qui correspond aux valeurs $\alpha + d\alpha$, $\beta + d\beta$ des paramètres, ces deux courbes se couperont suivant un système de points qui dépendra en général de la valeur du rapport $d\beta : d\alpha$ des accroissements infiniment petits des paramètres. Mais, si la courbe appartient au système simple, le système de points sera indépendant du rapport en question; les coordonnées des points d'intersection vérifieront les équations $U = 0$, $\frac{dU}{d\alpha} = 0$, $\frac{dU}{d\beta} = 0$ et conséquemment l'équation $U + \frac{dU}{d\alpha} d\alpha + \frac{dU}{d\beta} d\beta = 0$, quelle que soit la valeur du rapport $d\beta : d\alpha$. Et nous voyons ainsi qu'une courbe de la série simple est rencontrée par chaque courbe consécutive de la série double en un seul et même système de points et que le lieu de ces points est l'enveloppe. Dans le cas où il existe un paramètre unique, l'enveloppe est le lieu d'une suite de points situés sur *chaque* courbe du système, et on peut lui donner le nom d'*enveloppe générale*. Dans le cas où l'équation contient deux paramètres, l'enveloppe est le lieu d'une série de points qui ne sont plus situés sur *chacune* des courbes du système, mais *seulement* sur les courbes du système unique où les paramètres satisfont à l'équation $\varphi(\alpha, \beta) = 0$; on peut l'appeler une *enveloppe particulière*. Une théorie semblable s'applique au cas d'un nombre quelconque de paramètres : il y a toujours un seul système résultant de courbes.

89 (*a*). M. Cayley a donné l'explication d'une difficulté que l'on rencontre dans la théorie des enveloppes telle que nous l'avons exposée au n° 84.

Dans ce numéro, nous avons considéré une enveloppe comme le lieu des intersections d'une courbe variable avec les courbes consécutives du système. Mais chaque courbe a en commun avec la courbe consécutive un certain nombre de tangentes communes, qui dépend de son paramètre, et l'enveloppe de ces droites constitue aussi l'enveloppe; autrement dit, chaque tangente commune à la courbe et à celle qui lui est consécutive est une tangente à l'enveloppe en un point commun à ces deux mêmes courbes. Or, si la courbe variable est de l'ordre $m$ et de la classe $n$, le nombre des points communs est égal à $m^2$ et celui des tangentes communes à $n^2$; et cependant les points et tangentes communs doivent se correspondre entre eux deux à deux. L'explication de cette particularité dépend des singularités de la courbe variable. Supposons qu'elle ait en général $\delta$ points doubles, $\varkappa$ points de rebroussement, $\tau$ tangentes doubles et $\iota$ points d'inflexion; on voit facilement alors que la courbe rencontre la courbe consécutive en deux points infiniment voisins de chaque point double, en trois points infiniment voisins de chaque point de rebroussement (ce qui donne ainsi $2\delta + 3\varkappa$ points d'intersection) et en outre en $m^2 - 2\delta - 3\varkappa$ points; réciproquement, la courbe considérée et la courbe consécutive ont en commun deux tangentes contiguës à chaque tangente double, trois tangentes contiguës à chaque tangente stationnaire (soit ainsi $2\tau + 3\iota$ tangentes communes) et de plus elles ont encore $n^2 - 2\tau - 3\iota$ tangentes communes; mais nous avons (voir n° 82)

$$m^2 - 2\delta - 3\varkappa = n^2 - 2\tau - 3\iota = m + n.$$

Chacun des $m^2 - 2\delta - 3\varkappa$ points est (non pas un point de contact mais) un point d'intersection ordinaire des deux courbes, mais il a dans son voisinage immédiat une des $n^2 - 2\tau - 3\iota$ tangentes communes aux deux courbes; et l'enveloppe est simultanément ainsi le lieu des $m^2 - 2\delta - 3\varkappa$ (ou $m + n$) points, et l'enveloppe des $n^2 - 2\tau - 3\iota$ (ou $m + n$) tangentes.

Nous pouvons ajouter que l'enveloppe complète de la courbe variable se compose de l'enveloppe proprement dite, ainsi qu'on vient de l'expliquer, et en outre : 1° du lieu des points doubles compté deux fois; 2° du lieu des points de rebroussement compté trois fois; 3° de l'enveloppe des tangentes doubles comptée deux fois et 4° de l'enveloppe des tangentes stationnaires comptée trois fois.

Dans tout ce qui précède, les nombres $m$, $n$, $\delta$, $\tau$, $\varkappa$, $\iota$, se rapportent à la courbe qui correspond à la valeur générale du paramètre variable; pour des valeurs particulières de ce paramètre, la courbe variable peut acquérir ou perdre des singularités ponctuelles ou tangentielles; les différents nombres subissent alors des changements en conséquence.

## COURBES RÉCIPROQUES.

**90.** Supposons qu'il s'agisse de chercher l'enveloppe d'une droite $\alpha x + \beta y + \gamma z = o$, sachant que $\alpha$, $\beta$, $\gamma$ sont liés par une relation $\Sigma = o$. En d'autres termes, supposons qu'on donne l'équation tangentielle $\Sigma = o$ d'une courbe ou son équation en coordonnées de droites, et qu'on demande de passer à l'équation en coordonnées de points. Nous avons ici les deux équations $\Sigma = o$, $\alpha x + \beta y + \gamma z = o$, et la méthode du n° 88 nous montre que le résultat s'obtiendra en éliminant $\alpha$, $\beta$, $\gamma$, $\lambda$ entre les équations données combinées avec les équations

$$\frac{d\Sigma}{d\alpha} + \lambda x = o, \quad \frac{d\Sigma}{d\beta} + \lambda y = o, \quad \frac{d\Sigma}{d\gamma} + \lambda z = o.$$

La solution du problème réciproque, étant donnée l'équation ponctuelle $S = o$, passer à l'équation tangentielle, dépend d'une élimination exactement semblable; il faut en effet éliminer $x, y, z, \lambda$ entre

$$S = o, \ \alpha x + \beta y + \gamma z = o$$

et

$$\frac{dS}{dx} + \lambda \alpha = o, \quad \frac{dS}{dy} + \lambda \beta = o, \quad \frac{dS}{dz} + \lambda \gamma + o.$$

Ce système d'équations découlerait lui-même tout naturellement de cette considération que si $\alpha x + \beta y + \gamma z = 0$ est identique avec la tangente au point $xyz$, la forme bien connue de l'équation de la tangente (n° 64) fait voir que $\alpha$, $\beta$, $\gamma$ doivent être respectivement proportionnels à $\frac{dS}{dx}$, $\frac{dS}{dy}$, $\frac{dS}{dz}$.

Nous avons indiqué (n° 84 et *Sections coniques*, n° 321) que le problème qui consiste à passer de l'équation ponctuelle d'une courbe à son équation tangentielle est le même que celui auquel conduit la recherche de sa polaire réciproque par rapport à $x^2 + y^2 + z^2 = 0$.

Exemple. — *Former l'équation tangentielle de*

$$(ax)^m + (by)^m + (cz)^m = 0.$$

Nous avons ici

$$(ax)^{m-1} + \frac{\lambda}{m}\frac{\alpha}{a} = 0, \quad (by)^{m-1} + \frac{\lambda}{m}\frac{\beta}{b} = 0, \quad (cz)^{m-1} + \frac{\lambda}{m}\frac{\gamma}{c} = 0.$$

Nous en déduisons immédiatement

$$\left(\frac{\alpha}{a}\right)^{\frac{m-1}{m}} + \left(\frac{\beta}{b}\right)^{\frac{m-1}{m}} + \left(\frac{\gamma}{c}\right)^{\frac{m-1}{m}} = 0.$$

**91.** La méthode que nous venons d'indiquer n'est cependant pas toujours la plus commode pour former l'équation de la réciproque. Supposons que l'équation de la courbe soit

$$u_n + u_{n-1}z + u_{n-2}z^2 + \ldots = 0.$$

Éliminons $z$ au moyen de l'équation

$$\alpha x + \beta y + \gamma z = 0$$

et nous obtenons

$$\gamma^n u_n - \gamma^{n-1}(\alpha x + \beta y)u_{n-1} + \gamma^{n-2}(\alpha x + \beta y)^2 u_{n-2} + \ldots = 0,$$

qui est maintenant homogène en $x$ et $y$; son discriminant formé en la considérant comme une forme binaire donne, quand on l'égale à zéro, l'équation de la courbe réciproque multipliée par le facteur $\gamma^{n(n-1)}$.

Soit proposé, par exemple, de trouver la réciproque de

$$x^3 + y^3 + z^3 + 6mxyz = 0.$$

Éliminons $z$, il vient

$$(\alpha x + \beta y)^3 + 6mxy\gamma^2(\alpha x + \beta y) - \gamma^3(x^3 + y^3) = 0$$

ou bien

$$(\alpha^3 - \gamma^3,\ \alpha^2\beta + 2m\alpha\gamma^2,\ \alpha\beta^2 + 2m\beta\gamma^2,\ \beta^3 - \gamma^3 \between x, y)^3 = 0 \quad (^1).$$

Quand on a divisé le discriminant par $\gamma^6$, le quotient donne

$$\alpha^6 + \beta^6 + \gamma^6 - (2 + 32m^3)(\beta^3\gamma^3 + \gamma^3\alpha^3 + \alpha^3\beta^3)$$
$$- 24m^2\alpha\beta\gamma(\alpha^3 + \beta^3 + \gamma^3) - (24m + 48m^4)\alpha^2\beta^2\gamma^2 = 0.$$

On peut trouver exactement de la même manière les réciproques des courbes du troisième ou du quatrième degré représentées par leurs équations générales; les résultats en seront donnés tout au long dans les Chapitres suivants.

**92.** Un des avantages principaux que présente la méthode précédente pour former l'équation de la réciproque, c'est qu'elle nous permet d'écrire immédiatement l'équation de cette réciproque sous la forme symbolique indiquée (*Algèbre supérieure*, Chap. XIV). Si nous ramenons une forme ternaire à une forme binaire en éliminant $z$ au moyen de l'équation $\alpha x + \beta y + \gamma z = 0$, nous avons immédiatement les règles suivantes pour exprimer les différentielles de la forme binaire prises par rapport à $x$ et $y$,

$$\frac{d}{dx} = \frac{d}{dx} - \frac{\alpha}{\gamma}\frac{d}{dz}, \quad \frac{d}{dy} = \frac{d}{dy} - \frac{\beta}{\gamma}\frac{d}{dz}.$$

---

(¹) Nous employons la notation $(a, b, c, \ldots \between x, y)^n$ pour la forme binaire écrite avec les coefficients du binôme, soit $ax^n + nbx^{n-1}y + \ldots$; nous réservons la notation $(a, b, c, \ldots \between x, y)$ pour le cas où la forme est écrite sans les coefficients du binôme (*Alg. sup.*, n° 104).

Appliquons ces règles au symbole (12) qui représente

$$\frac{d}{dx_1}\frac{d}{dy_2}-\frac{d}{dx_2}\frac{d}{dy_1},$$

il devient

$$\frac{1}{\gamma}\left[\alpha\left(\frac{d}{dy_1}\frac{d}{dz_2}-\frac{d}{dy_2}\frac{d}{dz_1}\right)\right.$$
$$\left.+\beta\left(\frac{d}{dz_1}\frac{d}{dx_2}-\frac{d}{dz_2}\frac{d}{dx_1}\right)+\gamma\left(\frac{d}{dx_1}\frac{d}{dy_2}-\frac{d}{dx_2}\frac{d}{dy_1}\right)\right].$$

En d'autres termes, ce symbole appliqué à la forme binaire ne diffère que par le facteur $\gamma$ du symbole de contravariance $(\alpha 12)$ appliqué à la forme ternaire. Donc, si une droite $\alpha x+\beta y+\gamma z$ coupe une courbe de telle manière que les points d'intersection satisfassent à une relation d'invariance dont la forme symbolique soit connue, nous pouvons immédiatement écrire sous la même forme l'équation tangentielle de son enveloppe. Par exemple, on sait que la forme symbolique du discriminant d'une cubique binaire est $(12)^2(34)^2(13)(24)$. Donc, si une droite $\alpha x+\beta y+\gamma z$ coupe une courbe du troisième degré en trois points dont le discriminant soit nul, c'est-à-dire si elle est tangente à la courbe, nous devons avoir $(\alpha 12)^2(\alpha 34)^2(\alpha 13)(\alpha 24)=0$. On sait de même que le discriminant d'une forme binaire du quatrième degré est de la forme $S^3=27T^2$, S et T étant deux invariants dont les formes symboliques sont respectivement.

$$(12)^4 \quad \text{et} \quad (12)^2(23)^2(31)^2.$$

Il en résulte que l'équation de la réciproque d'une courbe du quatrième degré est de la forme $S^3=27T^2$; ici S est égal à $(\alpha 12)^4$ et T à $(\alpha 12)^2(\alpha 23)^2(\alpha 31)^2$; $S=0$ représente la courbe de la quatrième classe, enveloppe des droites qui coupent la courbe du quatrième degré en quatre points pour lesquels l'invariant S s'annule; et $T=0$ est l'équation de la courbe de la sixième classe, enveloppe des droites divisées harmoniquement par la courbe et pour lesquelles, par conséquent, l'invariant T s'annule.

93. Nous avons déjà donné (n° 78) une méthode qui permet de former l'équation des tangentes menées à la courbe par un point $(x', y', z')$; mais le problème se trouve résolu effectivement quand nous possédons l'équation de la réciproque ou, en d'autres termes, quand nous avons la condition pour que la droite $\alpha x + \beta y + \gamma z = 0$ soit tangente à la courbe. En effet, nous n'avons qu'à remplacer dans cette condition $\alpha$, $\beta$, $\gamma$ respectivement par $yz' - zy'$, $zx' - xz'$, $xy' - yx'$, et nous aurons la condition pour que la droite qui unit les points $(x', y', z')$, $(x, y, z)$ soit tangente à la courbe; cette condition doit évidemment être satisfaite quand $(x, y, z)$ est un point d'une tangente quelconque issue de $(x', y', z')$ (voir *Sections coniques*, n° 294).

Réciproquement, l'équation du système de tangentes, trouvée par le procédé indiqué au n° 63, s'obtient aisément sous forme d'une fonction homogène de $(yz' - y'z)$, $(zx' - x'z)$ et de $(xy' - yz')$ égalée à zéro; en remplaçant ces quantités par $\alpha$, $\beta$, $\gamma$, nous aurons l'équation de la courbe réciproque.

94. Nous avons immédiatement ainsi un théorème qui correspond à celui du n° 92, à savoir que, lorsque nous avons l'équation tangentielle d'une courbe, nous pouvons écrire de suite l'équation symbolique du lieu d'un point tel que le système de tangentes menées de ce point à la courbe satisfasse à une relation donnée d'invariance. En posant $z = 0$ dans l'équation du système de tangentes, nous obtenons l'équation du système des droites parallèles issues du point $xy$ qui vérifient la même relation d'invariance. Mais, d'après la

méthode même que nous avons donnée pour former l'équation du système de tangentes, nous avons

$$\frac{d}{dx} = y' \frac{d}{d\gamma} - z' \frac{d}{d\beta}, \quad \frac{d}{dy} = -x' \frac{d}{d\gamma} + z' \frac{d}{d\alpha};$$

donc, comme ci-dessus,

$$\begin{aligned} &\frac{d}{dx_1}\frac{d}{dy_2} - \frac{d}{dx_2}\frac{d}{dy_1} \\ &\quad = z'\left[x'\left(\frac{d}{d\beta_1}\frac{d}{d\gamma_2} - \frac{d}{d\beta_2}\frac{d}{d\gamma_1}\right)\right. \\ &\qquad \left. + y'\left(\frac{d}{d\gamma_1}\frac{d}{d\alpha_2} - \frac{d}{d\gamma_2}\frac{d}{d\alpha_1}\right) + z'\left(\frac{d}{d\alpha_1}\frac{d}{d\beta_2} - \frac{d}{d\alpha_2}\frac{d}{d\beta_1}\right)\right], \end{aligned}$$

et nous en déduisons immédiatement cette règle : chaque facteur tel que (12) qui entre dans la relation symbolique d'invariance à laquelle doit satisfaire le système de tangentes devra être remplacé par $(x' 12)$ et nous n'aurons plus qu'à opérer sur l'équation de la courbe réciproque.

95. Quand l'équation d'une courbe est exprimée en coordonnées polaires, on peut trouver directement celle de sa réciproque par rapport au cercle dont le centre est le pôle. Sur un rayon vecteur quelconque OP, prenons un segment OP′ égal au rayon vecteur consécutif OQ; nous avons évidemment

$$PP' = d\rho, \quad P'Q = \rho\, d\omega, \quad \operatorname{tang} OPQ = \frac{\rho\, d\omega}{d\rho}$$

et la quantité $\rho \sin OPQ$ est la longueur de la perpendiculaire abaissée du pôle sur la tangente. Soit $\rho^m = a^m \cos m\omega$ la courbe donnée; prenons-en la différentielle logarithmique, nous obtenons

$$\frac{d\rho}{\rho} = -\operatorname{tang} m\omega\, d\omega, \quad \rho\frac{d\omega}{d\rho} = -\cot m\omega;$$

si $\theta$ est l'angle aigu que forme le rayon vecteur avec la tangente,

$\theta = 90^\circ - m\omega$ et la perpendiculaire abaissée sur la tangente est égale à $\rho \sin\theta$ ou à $\rho \cos m\omega$. L'angle compris entre la perpendiculaire et le rayon vecteur est égal à $m\omega$; celui que forment la perpendiculaire et la droite à partir de laquelle $\omega$ est mesuré est $(m+1)\omega$. Mais le rayon vecteur de la courbe réciproque est l'inverse de la perpendiculaire abaissée sur la tangente; d'après cela il est facile de voir que l'équation de la courbe réciproque sera aussi de la forme $\rho^m = a^m \cos m\omega$, le nouvel $m$ étant égal à $-\frac{m}{m+1}\cdot$ Cette famille de courbes renferme plusieurs espèces importantes; par exemple, le cercle $(m=1)$, la ligne droite $(m=-1)$, la lemniscate ordinaire $(m=2)$, l'hyperbole équilatère $(m=-2)$, la cardioïde $(m=\frac{1}{2})$, la parabole $(m=-\frac{1}{2})$....

## CONDITION DE CONTACT ENTRE DEUX COURBES.

96. On a fait remarquer (n° 90) que le problème auquel conduit la recherche de l'équation de la courbe réciproque est le même que celui qui consiste à trouver la condition pour qu'une droite soit tangente à la courbe donnée; la solution de ces deux problèmes revient à trouver l'enveloppe de $\alpha x + \beta y + \gamma z = 0$, où $\alpha$, $\beta$, $\gamma$ sont des paramètres qui satisfont à l'équation de la courbe. Plus généralement, le problème qui consiste à trouver la condition pour que deux courbes U, V soient tangentes est le même que celui où il s'agit de trouver l'enveloppe de l'une d'elles, les coordonnées étant regardées comme des paramètres variables qui vérifient aussi l'équation de l'autre. En effet, si les deux courbes sont tangentes, les coordonnées du point de contact $\alpha$, $\beta$, $\gamma$ vérifient l'équation de chacune d'elles, et comme les tangentes sont aussi les mêmes, il faut qu'en ce point les quotients différentiels de U soient respectivement proportionnels à ceux

de V. La condition de contact s'obtient donc en éliminant $\alpha, \beta, \gamma, \lambda$ entre

$$U = 0, \quad V = 0, \quad \frac{dU}{d\alpha} = \lambda \frac{dV}{d\alpha}, \quad \frac{dU}{d\beta} = \lambda \frac{dV}{d\beta}, \quad \frac{dU}{d\gamma} = \lambda \frac{dV}{d\gamma},$$

or ces équations sont précisément celles qu'on a données (n° 88) pour résoudre le problème de l'enveloppe.

97. Soient $m$, $m'$ les degrés respectifs de U et V et proposons-nous de déterminer l'ordre auquel les coefficients de l'une des deux courbes, de V par exemple, figurent dans la condition de contact. Soient $a'$, $b'$, $c'$, ... les coefficients de V et prenons une autre courbe W du même ordre, dont les coefficients soient $a''$, $b''$, $c''$, .... Si, dans la condition de contact, nous remplaçons chaque coefficient $a'$ par $a' + ka''$, ... nous obtiendrons la condition pour que $V + kW$ soit tangente à U; cette relation contiendra évidemment $k$ à un degré égal à l'ordre auquel les coefficients de V entrent dans la condition de contact. Ce dernier ordre est donc le même que le nombre de courbes de la forme $V + kW$ qu'on peut mener de manière qu'elles soient tangentes à U. Mais, comme dans ce qui précède, le point de contact doit satisfaire aux équations

$$V_1 + kW_1 = \lambda U_1, \quad V_1 + kW_2 = \lambda U_2, \quad V_3 + kW_3 = \lambda U_3.$$

Éliminons $k$ et $\lambda$, nous en déduisons

$$\nabla = \begin{vmatrix} U_1 & V_1 & W_1 \\ U_2 & V_2 & W_2 \\ U_3 & V_3 & W^3 \end{vmatrix} = 0.$$

Les intersections de $\nabla$ avec U déterminent les points de U qui peuvent être des points de contact avec les courbes de la forme $V + kW$. Comme les ordres de $U_1$, $V_1$, $W_1$ sont respectivement $m-1$, $m'-1$, $m'-1$, l'ordre de $\nabla$ est $m+2m'-3$ et le nombre des intersections est $m(m+2m'-3)$. C'est donc l'ordre auquel les coefficients de V figureront dans la condition de contact; de la même manière ceux de U y entreront à l'ordre $m'(m'+2m-3)$. En faisant $m'=1$ nous retrouvons un résultat déjà obtenu : la condition pour que $\alpha x+\beta y+\gamma z=0$ soit tangente à une courbe contient $\alpha$, $\beta$, $\gamma$ au degré $m(m-1)$ et les coefficients de la courbe au degré $2(m-1)$. Voir aussi *Sections coniques*, n° 372.

Si U a un point double, nous avons déjà vu que les courbes $U_1$, $U_2$, $U_3$ passent par ce point, et si ce point est un point de rebroussement, elles y ont même tangente; les mêmes déductions sont vraies pour $\nabla$, et nous voyons que l'ordre de la condition de contact, en fonction des coefficients de V, doit être diminué de deux unités pour chaque point double, et de trois pour chaque rebroussement de U. L'ordre en question est donc

$$m(m+2m'-3)-2\delta-3\varkappa \quad \text{ou} \quad n+2m(m'-1).$$

98. On aurait pu obtenir ces résultats d'une autre manière ainsi qu'il suit. Prenons une droite arbitraire $ax+by+cz=0$ et égalons à zéro le déterminant

$$\nabla=\begin{vmatrix} a & b & c \\ U_1 & U_2 & U_3 \\ V_1 & V_2 & V_3 \end{vmatrix}.$$

Cette équation représente le lieu d'un point tel que ses polaires par rapport à U et V se coupent sur la droite en question. Mais, en un point commun à U et V, les polaires sont les deux tangentes qui se coupent au point commun; il n'y a donc évidemment que les deux cas suivants où un point commun à U et V puisse aussi se trouver sur $\nabla$ : ou bien la droite choisie passe par une intersection de U, V, ou bien en ce point les deux courbes ont une tangente commune. Si donc nous effectuons l'élimination entre $\nabla$, U, V, le résultant contiendra comme facteurs la condition pour que $ax+by+cz=0$ passe par un point d'intersection de U, V, et la condition pour que U et V soient tangentes. Or, comme la résultante de trois équations renferme les coefficients de chacune d'elles à un ordre égal au produit des ordres des deux autres équations, et comme les ordres $\nabla$, U, V sont respectivement $m+m'-2$, $m$, $m'$, l'ordre auquel $a$, $b$, $c$ figurent dans la résultante est $m\,m'$, celui des coefficients de U est

$$m\,m' + m'(m+m'-2) = m'(2m+m'-2)$$

et celui des coefficients de V, $m(2m'+m-2)$. D'une manière analogue, les ordres de la résultante de $ax+by+cz$, U, V en fonction des différents coefficients sont respectivement $m\,m'$, $m$, $m'$. En retranchant ces nombres des précédents, nous trouvons comme ci-dessus que la condition de contact est de l'ordre $m'(2m+m'-3)$ par rapport aux coefficients de U et de l'ordre $m(2m'+m-3)$ relativement à ceux de V.

## DÉVELOPPÉES.

99. Jusqu'içi nous ne nous sommes occupés que de théorèmes descriptifs, et nous avons laissé de côté la considération des questions appartenant à la classe de celles qu'on nomme métriques (n° 1). La relation de perpendicularité rentre dans cette dernière catégorie, car nous avons expliqué (*Sections coniques*, n° 356) que deux droites perpendiculaires peuvent être considérées comme des droites divisant harmoniquement la droite qui joint les deux points circulaires à l'infini. Il convient de ne pas exclure de ce Chapitre la discussion de quelques cas importants d'enveloppes dans lesquels intervient la relation de perpendicularité; les théorèmes qui en décou-

lent peuvent être rendus descriptifs en substituant aux deux points circulaires à l'infini deux points I, J pris arbitrairement et en remplaçant les droites perpendiculaires entre elles, qui peuvent intervenir dans nos théorèmes, par des droites qui divisent I, J harmoniquement.

Un des cas d'enveloppe qui compte parmi les plus importants et parmi ceux qui aient été étudiés les premiers, c'est celui des développées des courbes. Nous avons défini la développée d'une courbe (*Sections coniques*, n° 248) comme le lieu des centres de courbure de la courbe; mais on peut aussi regarder la développée comme *l'enveloppe de toutes les normales de la courbe*. En effet, le cercle de courbure est le cercle qui passe par trois points consécutifs de la courbe, et son centre est l'intersection des perpendiculaires élevées par les milieux des côtés du triangle formé par ces points. Or les droites qui joignent le premier et le second point, le second et le troisième sont deux tangentes consécutives de la courbe, et les perpendiculaires dont on vient de parler sont deux normales consécutives; le centre de courbure est donc le point d'intersection de deux normales consécutives, et le lieu de tous les centres de courbure doit être le même que l'enveloppe de toutes les normales.

EXEMPLE 1. — *Trouver la développée de* $\frac{x^2}{a^2}+\frac{y^2}{b^2}=1$.

La normale est (*Sections coniques*, n° 180)

$$\frac{a^2x}{x'}-\frac{b^2y}{y'}=c^2.$$

Si nous posons $x'=a\cos\varphi$, $y'=b\sin\varphi$, elle devient

$$\frac{ax}{\cos\varphi}-\frac{by}{\sin\varphi}=c^2;$$

c'est une équation de la classe étudiée (n° 85, *Ex.* 2) et dont l'enveloppe est, par conséquent,

$$a^{\frac{2}{3}}x^{\frac{2}{3}}+b^{\frac{2}{3}}y^{\frac{2}{3}}=c^{\frac{4}{3}}.$$

Exemple 2. — La normale à la parabole est (*Sections coniques*, n° 213)

$$p(y-y')+2y'(x-x')=0,$$

ou

$$2y'^3+(p^2-2px)y'-p^2y=0.$$

C'est une équation de la classe étudiée (n° 85, *Ex.* 1); $y'$ étant le paramètre, son enveloppe est

$$2(p-2x)^3+27py^2=0.$$

Exemple 3. — *Trouver la développée de la parabole semicubique* $py^2=x^3$.

L'équation de la normale est

$$3x'^2(y-y')+2py'(x-x')=0.$$

Remplaçons $y'$ par sa valeur en $x'$ déduite de l'équation de la courbe, et divisons par $x'^{\frac{3}{2}}$; si nous posons $x'^{\frac{1}{2}}=t$, l'équation devient

$$3t^4+2pt^2-3p^{\frac{1}{2}}yt-2px=0,$$

dont l'enveloppe est

$$p(p-18x)^3=(54px+\tfrac{729}{16}y^2+p^2)^2.$$

Exemple 4. — *Trouver la développée de la parabole cubique* $p^2y=x^3$.

L'équation de la normale est

$$3x'^2(y-y')+p^2(x-x')=0 \quad \text{ou} \quad 3x'^5-3p^2yx'^2+p^4x'-p^4x=0.$$

Or l'enveloppe de

$$at^5+10dt^2+5et+f=0$$

est

$$(af^2-12d^2e)^2+128(2e^2-3df)(ae^3-adef-9d^4)=0.$$

Dans le cas actuel l'enveloppe cherchée est donc

$$3p^2(x^2-\tfrac{9}{125}y^2)^2+\tfrac{128}{125}(\tfrac{2}{5}p^2-\tfrac{9}{2}xy)(\tfrac{1}{5}p^4-\tfrac{3}{2}p^2xy-\tfrac{243}{400}y^4)=0.$$

Exemple 5. — *Trouver la développée de la cissoïde*

$$(x^2+y^2)x=ay^2.$$

Cette courbe est unicursale; si nous écrivons l'équation sous la forme $(a-x)y^2=x^3$, nous voyons de suite qu'elle est vérifiée par les valeurs $x=\frac{a}{1+\theta^2}$, $y=\frac{a}{\theta(1+\theta^2)}$.

Nous trouvons facilement que l'équation de la tangente au point en question est

$$2\theta^3 y - 3\theta^2 x + a - x = 0.$$

L'équation de la normale est donc

$$2\theta x^3 + (1+3\theta^2)y = \frac{a(1+2\theta^2)}{\theta}$$

ou bien

$$2\theta^4 x + 3\theta^3 y - 2\theta^2 a + \theta y - a = 0.$$

En formant le discriminant, nous voyons aisément qu'il contient en facteur $(x+\frac{1}{2}a)^2+y^2$; le facteur qui reste donne l'équation de la développée proprement dite, qui est

$$y^4 + \tfrac{32}{3}a^2y^2 + \tfrac{512}{27}a^3x = 0.$$

Exemple 6. — *Trouver la développée de* $x^{\frac{2}{3}}+y^{\frac{2}{3}}=a^{\frac{2}{3}}$.

Pour un point quelconque de cette courbe, nous pouvons poser (voir n° 85, *Ex.* 2)

$$x' = a\cos^3\varphi, \quad y' = a\sin^3\varphi.$$

La tangente en ce point sera

$$\frac{x}{\cos\varphi} + \frac{y}{\sin\varphi} = a,$$

et la normale

$$x\cos\varphi - y\sin\varphi = a\cos 2\varphi,$$

ou bien

$$(x+y)(\cos\varphi-\sin\varphi)+(x-y)(\cos\varphi+\sin\varphi) = 2a(\cos^2\varphi-\sin^2\varphi),$$

ou encore

$$\frac{x+y}{\sin\left(\varphi+\frac{\pi}{4}\right)} + \frac{x-y}{\cos\left(\varphi+\frac{\pi}{4}\right)} = 2^{\frac{2}{3}}a,$$

dont l'enveloppe est, comme on l'a vu (n° 85, *Ex.* 2),

$$(x+y)^{\frac{2}{3}}+(x-y)^{\frac{2}{3}} = 2a^{\frac{2}{3}}.$$

**100.** Les recherches qui suivent conduisent aux expressions des coordonnées du centre de courbure et du rayon de courbure qu'on donne ordinairement dans les Traités de Calcul différentiel. Dans ce numéro et le suivant, nous employons les coordonnées cartésiennes rectangulaires. Si $\alpha$ et $\beta$ sont les coordonnées d'un point quelconque de la tangente, $x$ et $y$ celles de son point de contact, l'équation de cette droite est

$$\beta - y = \frac{dy}{dx}(\alpha - x);$$

la quantité $\frac{dy}{dx}$, que nous appellerons $p$ pour abréger, se déduit de l'équation de la courbe. En effet, la tangente passe par le point $(x, y)$ et fait avec l'axe des $x$ un angle dont la tangente trigonométrique est égale à $p$ (n° 38). La normale étant perpendiculaire à cette droite au point $(x, y)$, son équation est

$$(1) \qquad (\alpha - x) + p(\beta - y) = 0.$$

Nous avons maintenant à trouver l'enveloppe de cette droite dont l'équation renferme les paramètres $x$ et $y$; le dernier $y$ est donné en fonction de $x$ par le moyen de l'équation de la courbe. Différentions maintenant par rapport à $x$ et posons $\frac{d^2y}{dx^2} = q$, nous voyons que le point de contact de la droite avec son enveloppe se trouvera en combinant l'équation (1) avec sa dérivée

$$(2) \qquad -1 - p^2 + (\beta - y)q = 0.$$

Résolvons ces équations par rapport à $\alpha - x$ et $\beta - y$, nous avons

$$\alpha - x = \frac{-p(1+p^2)}{q}, \quad \beta - y = \frac{1+p^2}{q},$$

et le rayon de courbure est donné par l'équation

$$R = \sqrt{(\alpha - x)^2 + (\beta - y)^2} = \frac{(1+p^2)^{\frac{3}{2}}}{q}.$$

Les valeurs que l'on vient d'obtenir pour les coordonnées du point d'intersection de deux normales consécutives auraient pu se trouver en considérant ce même point comme le centre de courbure.

Prenons l'équation d'un cercle quelconque

$$(x-\alpha)^2+(y-\beta)^2=R^2.$$

En la différentiant deux fois, nous avons

$$(x-\alpha)+(y-\beta)\frac{dy}{dx}=0,\quad 1+\left(\frac{dy}{dx}\right)^2+(y-\beta)\frac{d^2y}{dx^2}=0.$$

Mais si le cercle est osculateur à la courbe en un point, les quantités $\frac{dy}{dx}, \frac{d^2y}{dx^2}$ ont en ce point la même valeur pour les deux courbes. Nous pouvons donc, dans ces équations, remplacer les coefficients différentiels par les valeurs de $p$ et $q$ déduites de l'équation de la courbe ; nous arriverons ainsi à des équations identiques aux équations (1) et (2), qu'on a déjà déduites d'autres considérations.

**101.** Dans la pratique, $y$ n'est pas donné explicitement en fonction de $x$, mais ces deux quantités sont liées par une équation $U=0$ ; il sera donc commode de remplacer les expressions contenant $p$ et $q$ par d'autres qui renferment les coefficients différentiels de U. Posons, comme plus haut,

$$\frac{dU}{dx}=L,\quad \frac{dU}{dy}=M,\quad \frac{d^2U}{dx^2}=a,\quad \frac{d^2U}{dy^2}=b,\quad \frac{d^2U}{dx\,dy}=h.$$

Les coefficients de $x$ et $y$ dans l'équation de la tangente étant respectivement égaux à L et M, l'équation de la normale est

$$M(\alpha-x)-L(\beta-y)=0.$$

Nous en déduisons, en différentiant,

$$(1)\left(h+b\frac{dy}{dx}\right)(\alpha-x)-\left(a+h\frac{dy}{dx}\right)(\beta-y)-M+L\frac{dy}{dx}=0.$$

Mais l'équation de la courbe nous donne $L + M\frac{dy}{dx} = 0$ et, en remplaçant $\frac{dy}{dx}$ par sa valeur, nous avons

$$(2)\quad (Lb - Mh)(\alpha - x) - (Lh - Ma)(\beta - y) + L^2 + M^2 = 0.$$

Résolvons maintenant les équations (1) et (2); il vient

$$\alpha - x = \frac{-L(L^2 + M^2)}{aM^2 - 2hLM + bL^2}, \quad \beta - y = \frac{-M(L^2 + M^2)}{aM^2 - 2hLM + bL^2};$$

par suite,

$$R = \frac{\pm(L^2 + M^2)^{\frac{3}{2}}}{aM^2 - 2hLM + bL^2}.$$

**102.** Si l'on introduit ici l'unité linéaire $z$, on peut faire prendre à cette expression une forme plus symétrique, de manière à donner à l'équation la forme trilinéaire. En effet, en vertu du théorème des fonctions homogènes,

$$(n-1)L = ax + hy + gz,$$
$$(n-1)M = hx + by + fz,$$
$$(n-1)N = gx + fy + cz;$$

on en déduit

$$(n-1)(bL - hM) = (ab - h^2)x + (bg - fh)z,$$
$$(n-1)(aM - hL) = (ab - h^2)y + (af - gh)z.$$

Multiplions la première équation par L, la seconde par M et additionnons-les membre à membre; il vient

$$\begin{aligned}(n-1)&(bL^2 - 2hLM + aM^2)\\ &= (ab - h^2)(xL + yM) + z[(bg - fh)L + (af - gh)M];\end{aligned}$$

mais, comme l'équation de la courbe donne

$$xL + yM + zN = 0,$$

le second membre de l'égalité précédente devient égal à

$$-z[(fh - bg)L + (gh - af)M + (ab - h^2)N].$$

Remplaçons L, M, N par leurs valeurs données ci-dessus, nous aurons

$$\begin{aligned}(n-1)^2(bL^2 - 2hLM + aM^2) \\ = -z^2(abc + 2fgh - af^2 - bg^2 - ch^2) = -Hz^2,\end{aligned}$$

et l'expression qui fournit le rayon de courbure devient

$$R = \pm \frac{(n-1)^2(L^2 + M^2)^{\frac{3}{2}}}{z^2 H}.$$

Pour tout point dont les coordonnées satisfont à l'équation $H = 0$, le rayon de courbure devient infini et le centre de courbure est à une distance infinie. Cette particularité se produira quand trois points consécutifs de la courbe seront situés sur une ligne droite; en effet, le cercle qu'ils déterminent devient alors une droite et son centre se trouve à une distance infinie. Au moyen de cette valeur du rayon de courbure, nous pourrions donc, indépendamment du n° 74, arriver à cette conclusion que les intersections de U et de H sont des points d'inflexion. D'après l'équation précédente, pour que deux courbes soient osculatrices, il faut que, en outre de la condition de contact ordinaire, elles vérifient les deux relations $L = \theta L'$, $M = \theta M'$ et par conséquent que l'on ait

$$\frac{H}{(n-1)^2} = \frac{\theta^3 H'}{(n'-1)^2}.$$

Le double signe qui figure dans la valeur du rayon de courbure est analogue à celui qu'on trouve dans la valeur de la perpendiculaire à une droite (*Sections coniques*, n° 34), et si nous convenons de prendre le signe + quand le rayon de courbure (et par suite la concavité de la courbe) est dans une direction, nous devrons prendre le signe — pour la direction opposée. Comme toute fonction algébrique change de signe en passant par zéro, nous voyons qu'en un point d'inflexion le rayon de courbure change de signe et qu'en passant par un pareil point la concavité de la courbe se transforme en convexité, et réciproquement (voir *fig.* du n° 45). En un point double, le rayon de courbure prend la forme $\frac{0}{0}$, et sa valeur doit se déterminer par les règles ordinaires usitées en pareil cas. Par le fait, chaque branche de la courbe a sa propre courbure en ce point. On trouvera que le rayon de courbure s'annule en un point cuspidal.

103. *La longueur d'un arc quelconque de développée est égale à la différence des rayons de courbure à ses extrémités.*

Menons trois normales consécutives à la courbe : soient C le point d'intersection de la première avec la seconde, C′ le point d'intersection de la seconde avec la troisième; à la limite nous aurons CR = CS, C′S = C′T; CC′, qui est la variation infinitésimale de l'arc de développée, est donc aussi celle du rayon de courbure.

Si donc on imagine un fil flexible enroulé sur la dévelop-

Fig. 23.

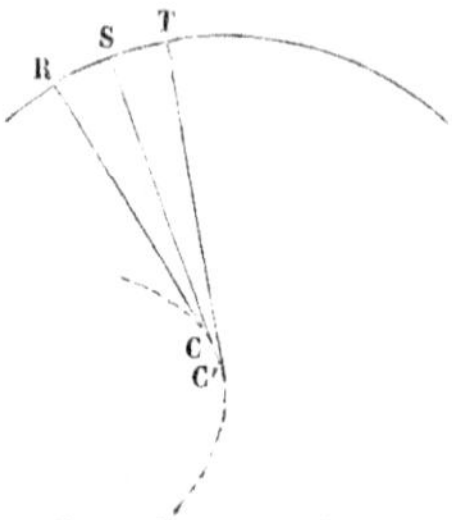


pée et qu'on le déroule, chacun de ses points décrira une *développante* de la courbe CC′, c'est-à-dire une courbe dont CC′ est la développée. C'est à ce point de vue que Huygens, l'inventeur des développées, les a tout d'abord considérées et c'est ce qui leur a fait donner ce nom de *développées*.

**104.** Nous ajouterons ici une formule qui est quelquefois utile pour trouver le rayon de courbure d'une courbe représentée par une équation en coordonnées polaires. L'équation polaire $\rho = f(\omega)$ peut se transformer en une autre de la forme $\rho = f(p)$; ici $p$ est la perpendiculaire abaissée du pôle sur la tangente et sa longueur est donnée par les équations (n° 95)

$$p = \rho \sin\theta, \quad \operatorname{tang}\theta = \rho \frac{d\omega}{d\rho}.$$

Soient $\rho_1$ la distance du pôle au centre de courbure et R le rayon de courbure; nous avons alors

$$\rho_1^2 = \rho^2 + R^2 - 2Rp.$$

Si nous passons au point consécutif de là courbe donnée, $\rho_1$ et R demeurent constants et, en différentiant, nous obtenons $R = \rho \dfrac{d\rho}{dp}$ : c'est l'expression demandée du rayon de courbure.

Quand on a ainsi exprimé R en fonction de $\rho$ et de $p$, si l'on élimine $\rho$ et $p$ entre les équations

$$\rho = f(p), \quad \rho_1^2 = \rho^2 + R^2 - 2Rp, \quad p_1^2 = \rho^2 - p^2,$$

dont la dernière est toujours vraie, on obtient la relation qui subsiste entre les quantités $\rho_1$ et $p_1$ relatives à la développée; mais il n'est pas toujours facile de passer de là à la relation entre les coordonnées polaires $\rho_1$ et $\omega_1$ de cette développée.

Comme exemple prenons la courbe $\rho^m = a^m \cos m\omega$; nous trouvons ici que la relation qui lie $\rho$ et $p$ est $p = \rho \cos m\omega$ et par suite $\rho^{m+1} = a^m p$. Le rayon de courbure est alors

$$R = \frac{\rho^2}{(m+1)p} = \frac{a^m}{(m+1)\rho^{m-1}}.$$

Les équations

$$\rho_1^2 = \rho^2 + R^2 - 2Rp, \quad p_1^2 = \rho^2 - p^2$$

donnent bien les quantités $\rho_1^2, p_1^2$ exprimées chacune en fonction de $\rho$, et par suite on a théoriquement l'équation de la développée sous la forme $\rho_1 = \varphi(p_1)$, mais l'élimination ne peut réellement s'effectuer.

Il est cependant facile de trouver l'équation de la réciproque de la développée par rapport à un cercle décrit autour du pôle comme centre. Prenons, pour plus de commodité, le rayon du cercle $= a$; soit $\rho_2$ le rayon vecteur de la courbe réciproque, et $\omega_2$ son inclinaison sur une droite perpendiculaire à celle à partir de laquelle $\omega$ est mesuré : nous avons alors $p_1 = \rho \sin m\omega$, et par suite

$$\rho_2 = \frac{a^2}{p_1} = \frac{a}{\cos^{\frac{1}{m}} m\omega \sin m\omega}.$$

De plus (d'après le n° 95), $\omega_2 = (m+1)\,\omega$; par conséquent la relation entre $\rho_2$ et $\omega_2$, ou l'équation de la réciproque de la développée, est

$$\rho_2^m \cos\frac{m\omega_2}{m+1}\sin^m\frac{m\omega^2}{m+1} = a^m.$$

On verra facilement que le lieu de l'extrémité de la *sous-tangente polaire* (*Sections coniques*, n° 192) d'une courbe quelconque est la réciproque de la développée de la courbe réciproque. Ainsi ce lieu est une ligne droite pour les coniques focales, puisque la développée de la réciproque se réduit à un point.

**105.** Si l'on nous donne l'équation tangentielle d'une courbe $u = 0$, nous pourrons obtenir directement les coordonnées tangentielles de la normale et l'équation tangentielle de la développée. En effet, si $(\alpha', \beta', \gamma')$ sont les coordonnées tangentielles d'une tangente,

$$\alpha\frac{du'}{d\alpha'} + \beta\frac{du'}{d\beta'} + \gamma\frac{du'}{d\gamma'} = 0$$

est l'équation du point de contact; et si $v = 0$ est l'équation tangentielle d'un couple de points IJ, alors

$$\alpha \frac{dv'}{d\alpha'} + \beta \frac{dv'}{d\beta'} + \gamma \frac{dv'}{d\gamma'} = 0$$

est l'équation du pôle de la tangente donnée par rapport à IJ ; en d'autres termes, c'est l'équation du conjugué harmonique par rapport à ces points du point où la droite IJ est rencontrée par la tangente donnée. Si I, J sont les points circulaires à l'infini, la seconde équation représente le point à l'infini sur la normale, et les deux équations, considérées ensemble, déterminent les coordonnées tangentielles de la normale. Si entre ces relations et l'équation de la courbe nous éliminons $\alpha'$, $\beta'$, $\gamma'$, nous aurons l'équation de la développée. Dans le système de coordonnées tangentielles qui correspond aux coordonnées rectangulaires ordinaires, l'équation qui représente les points circulaires I, J est $\alpha^2 + \beta^2 = 0$ (voir *Sections coniques*, n° 385), et la seconde équation

$$\alpha \frac{dv'}{d\alpha'} + \beta \frac{dv'}{d\beta} + \gamma \frac{dv'}{d\gamma'} = 0$$

est la condition bien connue de perpendicularité

$$\alpha\alpha' + \beta\beta' = 0.$$

Exemple. — *Former l'équation de la développée d'une conique à centre donnée par son équation tangentielle* (voir *Sections coniques*, n° 169) $a^2\alpha^2 + b^2\beta^2 = 1$.

Ici les deux équations qui déterminent les coordonnées de la normale sont $a^2\alpha\alpha' + b^2\beta\beta' = 1$ et $\alpha\alpha' + \beta\beta' = 0$; nous en déduisons

$$\alpha\alpha' = -\beta\beta' = \frac{1}{c^2}.$$

Remplaçons $\alpha'$ et $\beta'$ par leurs valeurs dans $a^2\alpha'^2 + b^2\beta'^2 = 1$; nous obtenons l'équation tangentielle de la développée qui est

$$\frac{a^2}{\alpha^2} + \frac{b^2}{\beta^2} = c^4.$$

**106.** Nous donnons ci-après quelques exemples du problème plus général qui renferme celui des développées. Il consiste (n° 96) à trouver l'enveloppe de la conjuguée harmonique de la tangente à une courbe par rapport aux droites qui joignent son point de contact à deux points fixes I, J. Cette droite peut être appelée la *quasi-normale* et son enveloppe la *quasi-développée*.

Exemple 1. — *Supposons que la courbe soit une conique.*

Prenons la droite IJ pour base du triangle de référence et supposons que le sommet soit le pôle de cette ligne par rapport à la conique; l'équation de cette courbe sera alors de la forme

$$(ax+y)(x+by)-z^2,$$

et celle d'une tangente quelconque sera

$$\theta^2(ax+y)-2\theta z+(x+by)=0.$$

L'équation d'une droite qui, jointe à cette dernière et aux droites $x$ et $y$, détermine sur $z$ une division harmonique, sera de la forme

$$\theta^2(ax-y)+(x-by)=\mathrm{M}z.$$

Nous déterminerons M en considérant que la droite en question doit passer par le point de contact pour lequel nous avons

$$\theta(ax+y)=z, \quad \theta z=x+by;$$

par suite,

$$x=\frac{z(b-\theta^2)}{\theta(ab-1)}, \quad y=\frac{z(a\theta^2-1)}{\theta(ab-1)},$$

et nous trouvons

$$\mathrm{M}=\frac{2(b-a\theta^4)}{(ab-1)\theta}.$$

Si nous posons alors

$$ax-y=\mathrm{Y}, \quad x-by-\mathrm{X}, \quad 8z=(ab-1)\mathrm{Z},$$

l'équation de la quasi-normale devient

$$a\theta^4\mathrm{Z}+4\theta^3\mathrm{Y}+4\theta\mathrm{X}-b\mathrm{Z}=0,$$

et l'enveloppe est une courbe de la quatrième classe dont l'équation est

$$(ab\mathrm{Z}^2+4\mathrm{XY})^3+27\mathrm{Z}^2(a\mathrm{X}^2-b\mathrm{Y}^2)^2=0;$$

elle représente une courbe du sixième degré ayant les points XZ, YZ pour points de rebroussement, Z étant leur tangente commune; elle a en outre quatre autres points de rebroussement aux intersections de $abZ^2 + 4XY$ et de $aX^2 - bY^2$.

Exemple 2. — *Supposons que la conique passe par un des points* I, J, *ce que nous pouvons exprimer en disant qu'elle est semicirculaire.*

Nous aurons alors $b = 0$; $xz$ est sur la courbe et $x$ est la tangente. L'équation de la quasi-normale devient alors

$$a\theta^3 Z + 4\theta^2 Y + 4X = 0;$$

l'enveloppe est de la troisième classe seulement; son équation est

$$64Y^3 + 27a^2 XZ^2 = 0;$$

c'est une cubique qui a YZ pour point de rebroussement et XY pour point d'inflexion.

Si la courbe passe à la fois par I et J, en faisant $a$ et $b$ égaux chacun à zéro, nous voyons que l'équation de la quasi-normale se réduit à $\theta^2 X + Y = 0$; la droite passe donc par un point fixe, qui est l'intersection de X, Y, les deux tangentes en I, J.

Exemple 3. — *Admettons que la conique soit tangente à la droite* IJ.

Les droites de référence les plus commodes sont cette droite et les deux autres tangentes qui passent par I et J, et l'équation de cette conique est

$$x^2 + y^2 + z^2 - 2yz - 2zx - 2xy = 0$$

ou

$$z(2x + 2y - z) = (x - y)^2.$$

L'équation de la tangente est alors

$$2x + 2y - z - 2\theta(x - y) + \theta^2 z = 0.$$

et nous avons pour le point de contact

$$x - y = \theta z, \quad 2x + 2y - z = \theta^2 z.$$

L'équation de la quasi-normale est alors

$$x - y - \theta(x + y) = z[\theta - \tfrac{1}{2}\theta(1 + \theta^2)]$$

ou

$$\theta^3 z - \theta(2x + 2y + z) + 2(x - y) = 0.$$

L'enveloppe est aussi de la troisième classe; c'est la cubique cuspidale dont l'équation est

$$27(x-y)^2 z = (2x+2y+z)^3.$$

Exemple 4. — Les exemples qui précèdent auraient aussi pu se traiter en *supposant la conique donnée par son équation générale*. La tangente en un point quelconque $\alpha\beta\gamma$ étant

$$(a\alpha+h\beta+g\gamma)x+(h\alpha+b\beta+f\gamma)y+(g\alpha+f\beta+c\gamma)z=0,$$

l'équation de la quasi-normale est

$$\gamma[(a\alpha+h\beta+g\gamma)x-(h\alpha+b\beta+f\gamma)y]=(a\alpha^2-b\beta^2+g\alpha\gamma-f\beta\gamma)z.$$

Nous sommes ainsi conduits à former l'enveloppe de la droite

$$\begin{aligned}&az\alpha^2-bz\beta^2+(fy-gx)\gamma^2\\&\quad+(by-fz-hx)\beta\gamma+(hy+gz-ax)\gamma\alpha=0,\end{aligned}$$

dans laquelle $\alpha$, $\beta$, $\gamma$ sont des paramètres qui vérifient aussi la condition

$$a\alpha^2+b\beta^2+c\gamma^2+2f\beta\gamma+2g\gamma\alpha+2h\alpha\beta=0.$$

Nous obtiendrons l'équation de l'enveloppe (n° 96) en suivant la marche indiquée (*Sections coniques*, n° 372) pour former la condition de contact de deux coniques. Nous aurons donc à déterminer les invariants de ce système de fonctions quadratiques, et le discriminant de la première est $2zS$, où S est égal à

$$\begin{aligned}&(ab-h^2)(ax^2-by^2)+(bg^2-af^2)z^2\\&\quad+2b(gh-af)yz-2a(hf-bg)xz.\end{aligned}$$

Nous aurons

$$\begin{aligned}\Theta=&-(ab-h^2)(ax^2-2hxy+by^2)\\&+(3af^2+3bg^2-4abc-2fgh)z^2\\&+(4bgh-2abf-2fh^2)yz+(4abf-2abg-2gh^2)xz.\end{aligned}$$

$\Theta'$ s'annule et l'enveloppe est, par suite, $27\Delta z^2S^2=\Theta^3$; elle est du sixième degré, comme ci-dessus, avec six points de rebroussement, dont deux sont situés sur $z$. Supposons d'abord que $z$ soit une tangente à la conique; alors $ab-h^2=0$, S et $\Theta$ prennent la forme $Lz$, $Mz$, L et M étant des fonctions linéaires; l'enveloppe devient $zL^2=M^3$: c'est une cubique cuspidale ayant $z$ comme tangente stationnaire. En second lieu, admettons que la conique passe par I ou $yz$ : alors $a=0$, S devient $b(hy+gz)^2$ et $\Theta$ prend la forme $(hy+gz)M$.

L'équation devient divisible par $(hy + gz)^3$ et l'enveloppe a une équation de la forme $z^2(hy + gz) = M^3$. On remarquera que $hy + gz$ est la tangente à la conique au point I et que c'est une tangente d'inflexion de l'enveloppe.

**107.** En général, comme l'a fait remarquer M. Cayley, si $Lx + My + Nz$ est la tangente en un point $x'y'z'$, et si $\alpha\beta\gamma$, $\alpha'\beta'\gamma'$ sont les coordonnées de I, J, l'équation de la quasi-normale est

$$(L\alpha' + M\beta' + N\gamma')\begin{vmatrix} x & y & z \\ x' & y' & z' \\ \alpha & \beta & \gamma \end{vmatrix} + (L\alpha + M\beta + N\gamma)\begin{vmatrix} x & y & z \\ x' & y' & z' \\ \alpha' & \beta' & \gamma' \end{vmatrix} = 0.$$

En effet, les deux déterminants, que nous appellerons pour le moment $\Delta$, $\Delta'$, représentent individuellement les droites qui joignent $x'y'z'$ à I et J, et, comme la tangente passe par leur intersection, nous devons avoir une identité de la forme $Lx + My + Nz = A\Delta - B\Delta'$. En remplaçant dans cette identité $xyz$ successivement par $\alpha'\beta'\gamma'$, $\alpha\beta\gamma$, nous trouverons pour A et B des quantités proportionnelles à $L\alpha' + M\beta' + N\gamma'$ et $L\alpha + M\beta + N\gamma$; par conséquent, l'équation de la conjuguée harmonique de la tangente par rapport à $\Delta$, $\Delta'$ est de la forme écrite ci-dessus.

**108.** Examinons plus particulièrement le cas où l'un des points $\alpha$, $\beta$, $\gamma$ est sur la courbe et, pour simplifier, supposons que ses coordonnées soient (1, 0, 0). Cela revient à dire que nous supposons que ce point est $yz$ et que nous prenons la droite $z$ pour tangente en ce point; nous allons démontrer que l'équation de l'enveloppe contient $z$ comme facteur. Nous pouvons également, sans porter atteinte à la généralité de nos raisonnements, supposer que le second point soit $xy$ ou que ses coordonnées soient o, o, 1. Faisons $\beta = 0, \gamma = 0, \alpha' = 0, \beta' = 0$ dans l'équation précédente; elle devient

$$N(yz' - zy') + L(xy' - y'x) = 0.$$

Supposons maintenant que $x'$, $y'$, $z'$ soient exprimés en fonction d'un paramètre $t$ et que le point $(\alpha, \beta, \gamma)$ corresponde à la valeur $t = 0$; nous devrons avoir $t$ comme facteur dans l'expression de $y'$ et $t^2$ dans celle de $z'$ pour que l'équation de la tangente puisse se réduire à $z = 0$. En général, comme la tangente est la droite qui joint le point $(x', y', z')$ au point consécutif $(x' + dx', y' + dy', z' + dz')$, son équation est

$$x(y'dz' - z'dy') + y(z'dx' - x'dz') + z(x'dy' - y'dx') = 0.$$

L, M, N sont les coefficients de $x$, $y$, $z$ dans cette équation et $t$ est facteur dans M et $t^2$ dans L. Si donc on ordonne l'équation de la quasi-normale suivant les puissances croissantes de $t$, on trouvera qu'il n'y a pas de terme indépendant de $t$ et que $z$ est facteur à la fois dans les coefficients de $t$ et $t^2$. Mais le discriminant d'une fonction $A + Bt + Ct^2 + \ldots$ est de la forme $A + B^2\psi$ (*Algèbre supérieure*, n° 107) et, par conséquent, un facteur qui figure en même temps dans A et B sera aussi facteur dans le discriminant. Si donc nous faisons $B = 0$ dans ce dernier, l'expression restante sera de la forme $A(A + C^3\psi)$; nous voyons ainsi que l'enveloppe aura $z$ pour tangente d'inflexion (*voir* n° 99, *Ex.* 4).

**109.** On a fait remarquer (*Sections coniques*, n° 385) que la relation de perpendicularité peut être généralisée en remplaçant les points I, J par une conique fixe et en regardant deux droites comme perpendiculaires quand chacune passe par le pôle de l'autre relativement à la conique. Dans cette nouvelle acception, l'élément qui correspond à la normale est la droite qui joint un point quelconque de la courbe au pôle de sa tangente par rapport à la conique fixe; ou, en d'autres termes, la droite qui unit le point en question au point correspondant de la polaire réciproque par rapport à la conique fixe.

Ainsi la courbe et sa réciproque ont les mêmes normales. Par exemple, si nous prenons pour la conique fixe $x^2+y^2+z^2$, les coordonnées du pôle d'une tangente quelconque à la courbe sont L, M, N et l'équation de la droite qui correspond à la normale est

$$x(\mathrm{M}z'-\mathrm{N}y')+y(\mathrm{N}x'-\mathrm{L}z')+z(\mathrm{L}y'-\mathrm{M}x')=0;$$

si la courbe était une conique, cette équation serait du second degré en $x'$, $y'$, $z'$ et l'enveloppe se déterminerait comme dans l'*Exemple* 4 (n° 106).

110. Les remarques qui suivent constituent un préliminaire utile à la recherche des caractéristiques de la développée d'une courbe. *La normale en un point situé à l'infini sur une courbe coïncide avec la droite de l'infini elle-même.* Nous avons déjà fait remarquer (n° 105) que nous pouvons généraliser la conception d'une normale en substituant aux deux points circulaires de l'infini deux points I, J à distance finie, que si la tangente en un point quelconque P rencontre IJ en M, et si M′ est le conjugué harmonique de M par rapport à I, J, la droite PM′ peut être regardée comme la normale. De cette construction il résulte immédiatement que, si le point P est situé sur la droite IJ, PM′ coïncidera avec cette droite. Le cas où le point P coïncide avec I ou J fait toutefois exception; les points M et M′ se correspondent alors et la normale coïncide avec la tangente (voir *Sections coniques*, n° 382, note). Donc, *si la courbe passe par l'un des points circulaires à l'infini, la normale en ce point coïncidera avec la tangente.*

**111.** Nous allons maintenant déterminer la classe de la développée d'une courbe donnée, ou, en d'autres termes, le nombre de normales (tangentes à la développée) qu'on peut mener d'un point quelconque à cette courbe. D'après la loi de continuité, le nombre de normales sera le même quel que soit le point par lequel elles passent. Il suffit donc d'étudier le cas où le point est à l'infini. Mais le nombre de normales, distinctes de la droite de l'infini elle-même, qu'on peut mener parallèlement à une droite donnée, est égal au nombre des tangentes qu'on peut mener parallèlement à la droite donnée, c'est-à-dire à la classe de la courbe. Et nous avons vu dans le numéro précédent que les $m$ normales qui correspondent aux $m$ points de la courbe situés à l'infini coïncident avec la droite de l'infini et, par suite, passent aussi par le point en question. Donc *le nombre de normales qu'on peut mener à la courbe par un point quelconque est égal à la somme de l'ordre et de la classe de la courbe,* ou, ce qui est la même chose, *à la somme des ordres de la courbe et de sa réciproque.* Si la droite à l'infini est une tangente à la courbe, le nombre des tangentes à distance finie qu'on peut mener par un point à l'infini est évidemment d'une unité moindre que dans le cas général, et par suite le nombre des normales est aussi moindre d'une unité. Ainsi, on peut en général d'un point donné mener quatre normales à une conique; on ne peut en mener que trois à une parabole.

De même, si la courbe passe par un des points circulaires, nous avons vu (n° 110) que la normale en ce point ne coïncide pas avec la droite de l'infini; par conséquent, chaque fois que la courbe passe par un point circulaire, le nombre des normales est d'une unité moindre que dans le cas général. Par exemple, dans le cas du cercle qui passe par les deux points I, J, le nombre des normales menées par un point est diminué de deux, et il est effectivement de deux au lieu d'être de quatre. De même, si $m$ et $n$ sont le degré et la classe d'une courbe qui passe $f$ fois par un point circulaire et est $g$ fois tangente à la droite de l'infini, la classe de la développée sera

$$n' = m + n - f - g.$$

Nous aurions pu obtenir également ces résultats en remarquant que si, dans l'équation de la normale $M(\alpha - x) = L(\beta - y)$, nous supposons $\alpha$, $\beta$ donnés et $x$, $y$ variables, nous aurons l'équation d'une courbe du $m^{\text{ième}}$ degré, dont l'intersection avec la courbe donnée détermine les points dont les normales passent par $\alpha$, $\beta$. Si la courbe n'a pas de points multiples, le nombre des intersections sera évidemment $m^2$ ou $m + n$, et il n'est pas difficile de montrer que, dans le cas général où il y a $\delta$ points doubles et $\varkappa$ points de rebroussement, l'ordre est $m^2 - 2\delta - 3\varkappa$, c'est-à-dire $m + n$.

**112.** Nous allons examiner quel sera le *degré* de la développée, et ici encore il suffira de chercher le nombre de points suivant lesquels la droite à l'infini coupe cette courbe. Si deux normales consécutives de la courbe primitive sont parallèles, les tangentes correspondantes coïncideront; donc les points à l'infini sur la développée proviendront en général des points d'inflexion de la courbe donnée. A ces points il faudra ajouter ceux qui proviennent de points à l'infini sur la courbe donnée, points qui (n° 111) donneront aussi naissance à des points à l'infini sur la développée. Nous disons de plus que ces derniers seront des points de rebroussement de la développée et qu'ils auront pour tangente la droite à l'infini. Soient M un point quelconque de la droite IJ et M' son conjugué harmonique; nous avons vu que la droite qui correspond à la normale en M est la droite IJ; mais si les points consécutifs de la courbe qui précèdent et suivent M développée : c'est donc un point de rebroussement ayant IJ pour tangente. Mais, comme la tangente en un point de rebroussement rencontre la courbe en trois points consécutifs, les $m$ points à l'infini de la courbe donnée font naître le même nombre de rebroussements sur la développée et donnent $3m$ intersections de cette courbe par la droite de l'infini. Si à ces derniers nous ajoutons ceux que nous avons déjà obtenus, nous trouverons que le degré de la développée est égal à $i + 3m$, c'est-à-dire au nombre que nous avons appelé $\alpha$ (n° 83).

Si la courbe passe par l'un ou l'autre des points I, J, nous avons vu que ces derniers ne donnent pas de points à l'infini sur la développée, et par conséquent le degré se trouvera diminué de trois unités. Si la droite IJ est tangente à la courbe, les normales aux deux points consécutifs où elle rencontre la courbe coïncideront avec IJ ; nous aurons ainsi deux tangentes successives de l'enveloppe qui coïncident, c'est-à-dire un point d'inflexion sur l'enveloppe et dont IJ est la tangente. Comme cette singularité remplace deux des rebroussements que nous obtenons quand IJ rencontre la courbe suivant des points distincts les uns des autres, le degré de la développée diminue de trois unités, et si nous employons les lettres $f$ et $g$ en leur donnant le même sens que dans le dernier numéro, nous avons pour le degré de la développée

$$m' = \alpha - 3(f + g) \quad (^1).$$

Les valeurs qu'on vient de donner montrent que le degré et la classe de la développée d'une courbe sont les mêmes que ceux de sa réciproque, comme le n° 109 pouvait nous le faire prévoir.

---

(1) Quelques exemples particuliers montrent qu'on doit modifier ces formules quand I ou J est un point multiple où deux ou plusieurs tangentes coïncident. Ainsi, si l'un d'eux est un rebroussement, la diminution du degré est 4 et non 6.

**113.** Il n'y aura pas, en général, de points d'inflexion sur la développée, car, s'il existait un point de ce genre, les deux tangentes consécutives à la développée (normales à la courbe) coïncideraient; or il est évident, à l'inspection de la figure, que deux normales consécutives ne peuvent coïncider que si les tangentes correspondantes coïncident avec leurs normales et coïncident entre elles; ceci ne pourrait arriver que dans le cas exceptionnel où la courbe primitive aurait une tangente d'inflexion passant par I ou J.

Si cependant la courbe est tangente à IJ, nous avons vu (n° 112) qu'il y a un point d'inflexion à l'infini et, si la courbe passe par I ou J (n° 108), que la développée a une tangente d'inflexion qui passe par le même point. Nous avons de cette manière un nombre suffisant de conditions pour déterminer toutes les caractéristiques de la développée, à savoir :

$$m' = \alpha - 3(f+g), \quad n' = m + n - (f+g), \quad \iota' = (f+g).$$

Nous en déduisons, par les formules de Plücker,

$$\varkappa' = 3\alpha - 3(m+n) - 5(f+g), \quad \alpha' = 3\alpha - 8(f+g),$$

et nous pouvons de la même manière écrire le nombre des points doubles de la développée et de ses tangentes doubles; ces tangentes doubles sont, cela est bien évident, des normales doubles de la courbe primitive.

Le *genre* (n° 44) de la développée est le même que celui de la courbe primitive, comme on peut le vérifier en se servant de l'expression de ce genre : $\frac{1}{2}[\alpha - 2(m+n)] + 1$. (En général, le genre de deux courbes est le même si l'on fait dériver l'une de l'autre de telle manière qu'à un point de l'une d'elles corresponde un seul point sur l'autre.)

**114.** On peut aussi chercher directement combien la développée possède de points de rebroussement. Nous obtiendrons un point de rebroussement sur la développée, quand trois de ses tangentes consécutives (c'est-à-dire, des normales à la courbe) se couperont en un même point; ou, en d'autres termes, quand quatre points consécutifs de la courbe primitive seront situés sur un même cercle. S'il en est ainsi, le rayon de courbure restera constant quand nous passerons au point infiniment voisin. Si donc nous différentions l'expression donnée (n° 102), nous aurons

$$(L^2+M^2)\left(\frac{dH}{dx}dx+\frac{dH}{dy}dy\right)=3H[(aL+hM)dx+(hL+bM)dy].$$

Éliminons $dx$ et $dy$ au moyen de l'équation $L\,dx+M\,dy=0$, nous obtiendrons

$$(L^2+M^2)\left(M\frac{dH}{dx}-L\frac{dH}{dy}\right)=3H[(a-b)LM+h(M^2-L^2)].$$

H est de l'ordre $3(m-2)$, L et M sont chacun de l'ordre $m-1$ et $a$, $b$, $h$ de l'ordre $m-2$; cette équation représente donc une courbe de l'ordre $6m-10$, dont les points d'intersection avec la courbe donnée sont les points où le cercle osculateur a avec cette courbe un contact du troisième ordre [1].

Si la courbe n'a pas de points multiples, ces $m(6m-10)$ points, joints aux $m$ points à l'infini, donnent naissance à $(6m-9)$ points de rebroussement sur la développée; ce nombre est d'accord avec les formules précédentes.

Nous pourrions de la même manière rechercher les caractéristiques de la développée, en considérant cette courbe dans le sens plus général que l'on a indiqué dans le n° 109, et nous trouverions que les formules que nous avons déjà obtenues

---

[1] Dans la suite de cet Ouvrage, nous étudierons d'une manière plus complète la question des coniques qui ont avec la courbe un contact d'ordre supérieur au second, et nous donnerons une formule pour calculer *l'aberration de courbure* ou la quantité dont la courbe s'écarte de la forme circulaire.

sont encore applicables; $f$ sera alors le nombre des contacts de la courbe avec la conique fixe; il n'y aura pas de singularité correspondant à $g$.

## CAUSTIQUES.

**115.** Comme exemple de développées, nous dirons quelques mots des caustiques, dont la recherche appartient entièrement à la théorie des courbes, quoiqu'elle ait été suggérée aux mathématiciens par la science de l'Optique. Ce sujet a quelque intérêt, au point de vue historique, car les caustiques figurent avec le problème des enveloppes parmi les premières questions qu'on ait étudiées [1].

Quand la lumière tombe d'un point quelconque sur uue courbe, le rayon réfléchi s'obtient en menant une droite qui fasse avec la normale un angle égal à celui que fait le rayon incident avec cette même droite : l'enveloppe de tous ces rayons réfléchis est la *caustique par réflexion*.

Il est facile de former l'équation générale du rayon réfléchi. Soient $T = 0$, $N = 0$ les équations de la tangente et de la normale au point d'incidence; l'équation du rayon incident est

$$T'N - TN' = 0,$$

$T'$, $N'$ étant les résultats de la substitution des coordonnées du point lumineux dans $T$ et $N$; le rayon réfléchi, qui constitue un faisceau harmonique avec ces trois droites, aura alors pour équation

$$T'N + TN' = 0,$$

et l'on pourra former l'équation de son enveloppe au moyen des règles précédentes.

---

[1] Les caustiques ont été mentionnées pour la première fois par Tschirnhausen (*Acta eruditorum*, 1682).

EXEMPLE. — *Trouver la caustique par réflexion d'un cercle.*

Soient $\alpha$, $\beta$ les coordonnées du centre lumineux, les équations de la tangente et de la normale sont respectivement

$$x\cos\theta + y\sin\theta - r = 0 \quad \text{et} \quad x\sin\theta - y\cos\theta = 0.$$

Le rayon réfléchi est, d'après ce qui précède,

$$\begin{aligned}(\alpha\cos\theta + \beta\sin\theta - r)(x\sin\theta - y\cos\theta)\\ + (x\cos\theta + y\sin\theta - r)(\alpha\sin\theta - \beta\cos\theta) = 0\end{aligned}$$

ou bien

$$(\alpha y + \beta x)\cos 2\theta + (\beta y - \alpha x)\sin 2\theta + r(x+\alpha)\sin\theta - r(y+\beta)\cos\theta = 0,$$

dont l'enveloppe est (*Ex.* 3, n° 85)

$$\begin{aligned}\{4(\alpha^2+\beta^2)(x^2+y^2) - r^2[(x+\alpha)^2 + (y+\beta)^2]\}^3\\ = 27(\beta x - \alpha y)^2(x^2+y^2-\alpha^2-\beta^2)^2.\end{aligned}$$

**116.** Au lieu de chercher directement l'enveloppe du rayon réfléchi, M. Quetelet a donné une méthode, plus commode dans la pratique, pour ramener le problème à celui des développées, car la caustique serait suffisamment déterminée si nous connaissions la courbe dont elle est la développée :

*Si nous prenons successivement chaque point de la courbe réfléchissante pour centre et sa distance au point lumineux pour rayon, et si nous décrivons une série de cercles, l'enveloppe de tous ces cercles sera une courbe dont la développée sera la caustique cherchée.*

L'énoncé suivant (dû à M. Dandelin) est l'expression du même théorème sous une forme plus commode :

*Si du point lumineux* O *nous abaissons une perpendiculaire* OP *sur la tangente et si nous la prolongeons de manière que* PR = OP, *la caustique sera la développée du lieu de* R.

En effet, RT est évidemment la direction du rayon réfléchi, et, si nous menons le rayon consécutif, comme OT, TV, OT′, T′V font des angles égaux avec TT′, nous aurons OT + TV = OT′ + T′V (*Sections coniques*, n° 392); par conséquent, VR = VR′ et par suite VR est une normale au lieu du point R.

Le lieu de P, pied de la perpendiculaire abaissée sur la tangente, s'appelle la *podaire* de la courbe donnée. Le lieu du point R est évidemment une courbe semblable à la podaire

Fig. 24.

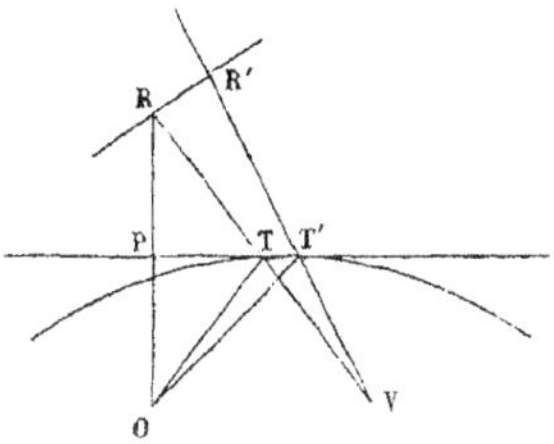


et son équation peut toujours s'écrire immédiatement quand on connaît l'équation de la réciproque de la courbe donnée prise par rapport à O; il suffit de remplacer $\rho$ par $\frac{2}{\rho}$ dans l'équation de la réciproque exprimée en coordonnées polaires. Ainsi la caustique par réflexion d'un cercle est la développée du *limaçon* (*Ex.* 3, n° 55); son équation (le point lumineux étant le pôle), trouvée par la règle qu'on vient de donner, est de la forme

$$\rho = p(1 + e\cos\omega).$$

**117.** Si la lumière tombe d'un point quelconque sur une courbe, le *rayon réfracté* s'obtient en menant une droite qui fasse avec la normale un angle dont le sinus soit dans un rapport constant avec le sinus de l'angle que le rayon incident fait avec cette même normale; l'enveloppe de tous ces rayons est la *caustique par réfraction*.

M. Quetelet a ramené de la même manière la recherche de ces caustiques à celle des développées, au moyen du théorème suivant, dont on reconnaît facilement l'exactitude :

*Si de chaque point de la courbe réfractante pris comme centre, avec une longueur qui soit dans un rapport constant avec la distance de ce point au point lumineux comme rayon, nous décrivons une série de cercles, l'enveloppe de ces cercles sera une courbe dont la développée donnera la caustique par réfraction.*

En effet, la méthode infinitésimale montre que, par suite de la loi de réfraction, les accroissements infiniment petits des rayons incident et réfracté sont liés par la relation $m\,d\rho + d\rho' = 0$. Il en résulte que si, sur le rayon réfracté prolongé, on prend $TR = m.OT$, $T'R' = m.OT'$, on aura $VR = VR'$ et, par conséquent, le rayon réfracté sera normal au lieu du point R.

Nous donnons ici quelques considérations géométriques qui se rapportent à deux cas intéressants de caustiques par réfraction.

1° *Trouver la caustique par réfraction d'une ligne droite.*

Abaissons une perpendiculaire sur la droite (*fig.* 25), prolongeons-la de manière que $AP = PB$ et décrivons un cercle qui passe par A, B et le point d'incidence R; soit LR le rayon réfracté; cette droite est évidemment la bissectrice de l'angle ALB

Fig. 25.

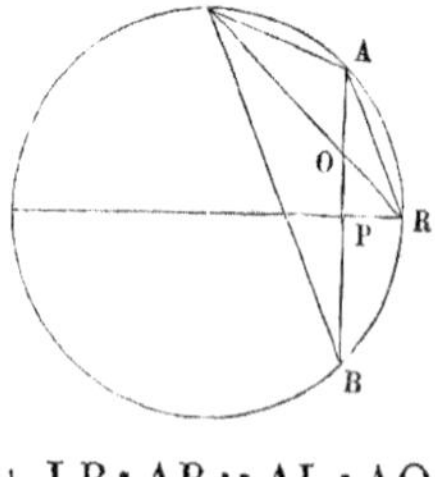


et nous avons $AL + LB : AB :: AL : AO :: \sin AOL : \sin ALO$. Mais AOL est l'angle que le rayon réfracté fait avec la normale à la surface et $ALO = BLO = BAR$ est l'angle de rayon incident fait avec cette même droite; le rapport de $AL + LB$

à AB est donc donné; par conséquent, le lieu de L est une ellipse, dont A et B sont les foyers, à laquelle LR est normale et dont, par suite, la caustique est la développée.

2° *Trouver la caustique par réfraction d'un cercle.*

Décrivons un cercle passant par A (*fig.* 26), le point lumineux, par R, et le point d'incidence, et de manière qu'il soit tangent

Fig. 26.

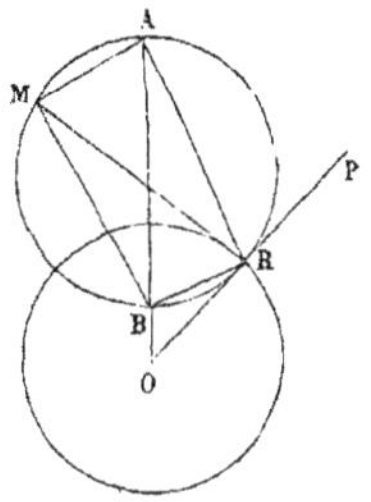


à OR; le point B est alors donné puisque $OA \times OB = \overline{OR}^2$. Le rapport RA : RB est, par les triangles semblables, égal au rapport donné OA : OR. Le rapport RA : RM est égal à sin RBA : sin RBM. Mais RBA est égal à PRA, l'angle que le rayon incident fait avec la normale à la courbe, et RBM est égal à PRM, l'angle que le rayon réfracté fait avec la même normale; donc le rapport RA : RM est aussi donné. Mais

$$AM \times RB + MB \times AR = RM \times AB;$$

si nous représentons par $\rho$ et $\rho'$ les distances de M à A et B, ces distances seront liées par la relation

$$\frac{RB}{RM}\rho + \frac{RA}{RM}\rho' = AB.$$

Or une cartésienne est définie comme le lieu d'un point dont les distances à deux foyers donnés sont liées par la relation $m\rho + n\rho' = c$; et l'on démontre, exactement de la même manière que dans les *Sections coniques* (n° 392), que la normale à une pareille courbe divise l'angle que font les deux rayons focaux en deux parties dont les sinus sont dans le rapport de $m:n$. Donc le lieu de M est une cartésienne dont A et B sont les foyers; il est évident aussi que MR est normale à ce lieu et que par conséquent la caustique est la développée de cette courbe (1).

L'ellipse dans (1) et la cartésienne dans (2) sont des courbes qui coupent à angle droit les rayons réfractés : la courbe qui coupe normalement les rayons réfractés ou réfléchis s'appelle la *caustique secondaire*.

## COURBES PARALLÈLES ET PODAIRES NÉGATIVES.

**118.** Il nous reste à dire quelques mots d'une ou deux autres classes d'enveloppes. Nous avons déjà parlé du problème qui consiste à trouver la courbe parallèle à une courbe donnée. Cette question peut se traiter en cherchant l'enveloppe d'une tangente parallèle à chacune des tangentes de la courbe donnée, et située à une distance donnée de chacune d'elles, c'est-à-dire l'enveloppe de la droite

$$Lx + My + Nz = kz\sqrt{L^2 + M^2}.$$

On peut encore, comme nous l'avons déjà vu, regarder ce problème comme se ramenant à celui-ci : *Trouver l'enveloppe d'un cercle de rayon donné*

$$(x-\alpha)^2 + (y-\beta)^2 = k^2,$$

*dont le centre* $(\alpha, \beta)$ *satisfait à l'équation de la courbe;* ou encore, ce qui revient au même : *Trouver la condition pour que ce cercle soit tangent à la courbe donnée*. Le résultat sera évidemment une fonction de $k^2$. Dans quelques cas ex-

(1) Cette démonstration m'a été communiquée par le Dr Atkins.

ceptionnels que nous allons faire connaître ici, le résultat peut se décomposer en facteurs ; par exemple, la courbe parallèle à un cercle et à une distance $k$ de ce cercle se compose d'un couple de cercles dont les rayons sont $a \pm k$. Mais ordinairement une décomposition de ce genre n'est pas possible, et les deux tangentes situées à la distance $\pm k$ d'une tangente quelconque de la courbe donnée seront toujours tangentes à la même courbe parallèle. Par conséquent, le nombre de tangentes qu'on peut mener à cette dernière parallèlement à une direction donnée est double du nombre des tangentes qu'on peut mener de la même manière à la courbe donnée, en d'autres termes $n' = 2n$. De même, à chaque tangente inflexionnelle de la courbe donnée correspondent deux tangentes de même espèce sur la courbe parallèle, c'est-à-dire que $\iota' = 2\iota$. Pour trouver l'ordre de la courbe parallèle, il suffit de faire $k = 0$ dans son équation, ce qui n'affectera pas les termes du degré le plus élevé dans l'équation ; mais on a démontré pour les coniques (*Sections coniques*, n° 372, *Ex.* 2), et ceci est vrai en général, que le résultat obtenu en faisant $k = 0$ dans l'équation de la courbe parallèle se compose de la courbe originale comptée deux fois et des deux systèmes de $n$ tangentes menées à la courbe par les points I, J.

L'ordre cherché est donc $2(m + n)$. Il n'y aura aucune difficulté à trouver les modifications que subissent ces nombres quand la courbe originale est tangente à la droite de l'infini ou passe par les points I, J. Nous arrivons de cette manière aux formules de M. Cayley :

$$m' = 2(m+n) - 2(f+g), \quad n' = 2n, \quad \iota' = 2\iota = -6m + 2\alpha,$$
$$\varkappa' = 2\alpha - 6(f+g), \quad f' = 2(n-g), \quad g' = 2g.$$

La courbe parallèle et la courbe originale ont les mêmes normales et la même développée ; mais toute normale à la courbe parallèle est généralement normale en même temps en deux endroits qui correspondent aux valeurs $\pm k$.

EXEMPLE 1. — *Trouver la courbe parallèle à l'ellipse ou à la parabole.* (Voir *Sections coniques*, n° 372.)

EXEMPLE 2. — *Trouver la courbe parallèle à* $x^{\frac{2}{3}} + y^{\frac{2}{3}} = a^{\frac{2}{3}}$.

L'équation d'une tangente quelconque est (*voir* n° 99)

$$x \cos\varphi + y \sin\varphi = a \sin\varphi \cos\varphi.$$

Donc la droite parallèle située à une distance $k$ est

$$x \cos\varphi + y \sin\varphi = k + a \sin\varphi \cos\varphi$$

et son enveloppe est (*voir* n° 85, *Ex.* 3)

$$\begin{aligned}&[3(x^2 + y^2 - a^2) - 4k^2]^3 \\ &\quad + [27axy - 9k(x^2 + y^2) - 18a^2k + 8k^3]^2 = 0.\end{aligned}$$

C'est là un des cas où les courbes parallèles qui correspondent aux valeurs $\pm k$ sont des courbes distinctes et non des branches différentes d'une même courbe.

La courbe dont on vient de former l'équation est l'enveloppe d'une droite sur laquelle deux droites fixes déterminent un segment de grandeur constante. Si ces droites sont rectangulaires et si on les prend pour axes, on voit immédiatement que l'équation d'une droite de longueur $a$ et qui fait un angle $\varphi$ avec l'axe des $x$ sera

$$x \sin\varphi + y \cos\varphi = a \sin\varphi \cos\varphi,$$

dont l'enveloppe est $x^{\frac{2}{3}} + y^{\frac{2}{3}} = a^{\frac{2}{3}}$.

Considérons pour un instant un diamètre d'un cercle et une corde qui lui soit parallèle; il est évident que, si une droite de longueur $a$ sous-tend un angle droit en un point quelconque, une droite parallèle située à la distance $\frac{1}{2}a \cos\varphi$ sera coupée suivant un segment $a \sin\varphi$ par un couple de droites comprenant un angle $\varphi$ et également inclinées sur les droites rectangulaires. Il est donc évident que l'enveloppe d'une droite sur laquelle deux axes obliques interceptent un segment de longueur égale à $a \sin\varphi$ est une courbe parallèle $\left(\text{qui correspond à la valeur } k = \frac{1}{2} a \cos\varphi\right)$ à l'enveloppe $x^{\frac{2}{3}} + y^{\frac{2}{3}} = a^{\frac{2}{3}}$ étudiée dans le cas des droites rectangulaires.

**118.** Si $\alpha x + \beta y + \gamma$ est une tangente à une courbe (dont l'équation est exprimée en coordonnées rectangulaires ordinaires), il est évident que $\alpha x + \beta y + \gamma + k\sqrt{\alpha^2 + \beta^2}$ est une tangente à la courbe parallèle; il résulte immédiatement de là que, si nous avons l'équation tangentielle d'une courbe donnée, nous obtiendrons celle de la courbe parallèle en y remplaçant $\gamma$ par $\gamma + k\rho$, où $\rho = \sqrt{\alpha^2 + \beta^2}$. L'équation tangentielle de la courbe parallèle à une courbe dont l'équation tangentielle est $V = 0$ sera donc

$$V + k\rho \frac{dV}{d\gamma} + \frac{1}{1.2} k^2 \rho^2 \frac{d^2 V}{d\gamma^2} + \ldots = 0.$$

Nous débarrasserons l'équation des radicaux en faisant passer dans un même membre toutes les puissances impaires de $\rho$ et élevant au carré. Nous obtiendrons ainsi une équation dont l'ordre sera double de celui de l'équation tangentielle primitive : ce résultat s'accorde avec ce qu'on a démontré dans le numéro précédent.

Exemple 1. — *Trouver l'équation tangentielle de la courbe parallèle à* $\frac{x^2}{a^2} + \frac{y^2}{b^2} = 1$.

L'équation tangentielle de l'ellipse est (*Sections coniques*, n° 169, *Ex.* 1),

$$a^2 \alpha^2 + b^2 \beta^2 = \gamma^2;$$

par suite, celle de la courbe parallèle sera

$$a^2 \alpha^2 + b^2 \beta^2 = (\gamma + k\rho)^2$$

ou bien

$$[(a^2 - k^2)\alpha^2 + (b^2 - k^2)\beta^2 - \gamma^2]^2 = 4k^2(\alpha^2 + \beta^2)\gamma^2.$$

Exemple 2. — *Former l'équation tangentielle de la courbe parallèle à la parabole* $y^2 = px$.

L'équation tangentielle correspondante est

$$p\beta^2 = 4\alpha\gamma.$$

Celle de la courbe parallèle sera donc

$$(p\beta^2 - 4\alpha\gamma)^2 = 4k^2\alpha^2(\alpha^2 + \beta^2).$$

EXEMPLE 3. — *Trouver l'équation tangentielle de la courbe parallèle à un cercle.*

L'équation tangentielle du cercle dont le centre est au point $(a, b)$ et dont le rayon est égal à $c$ est (*Sections coniques*, n° 86)

$$(a\alpha + b\beta + \gamma)^2 = c^2(\alpha^2 + \beta^2);$$

celle de la courbe parallèle sera donc

$$(a\alpha + b\beta + \gamma + k\rho)^2 = c^2\rho^2.$$

Elle se décompose en facteurs et donne

$$a\alpha + b\beta + \gamma + k\rho = \pm c\rho,$$

ou, en faisant disparaître les radicaux,

$$(a\alpha + b\beta + \gamma)^2 = (c \pm k)^2(\alpha^2 + \beta^2).$$

Cette équation représente un couple de cercles concentriques dont les rayons sont respectivement $c \pm k$, comme cela est évident géométriquement.

**119.** En procédant de la même manière que dans le dernier exemple, nous démontrerons que, si l'équation tangentielle d'une courbe est de la forme $u^2(\alpha^2 + \beta^2) = v^2$, l'équation de la courbe parallèle se décomposera en deux facteurs de même forme que la courbe primitive; les courbes parallèles correspondant aux valeurs $\pm k$ seront des courbes distinctes et non des branches différentes d'une même courbe. En effet, supposons que, en remplaçant $\gamma$ par $\gamma + k\rho$, $u$ devienne

$$u + u'k\rho + u''k^2\rho^2 + \ldots$$

et qu'il en soit de même pour $v$; $u^2\rho^2 = v^2$ deviendra alors

$$(u + u'k\rho + u''k^2\rho^2 + \ldots)^2\rho^2 = (v + v'k\rho + v''k^2\rho^2 + \ldots)^2.$$

Cette équation se décompose en facteurs qu'on peut rendre séparément rationnels et qui donneront le résultat

$$\begin{aligned}[u + u''k^2\rho^2 + \ldots \pm (v'k + v'''k^3\rho^3 + \ldots)]^2\rho^2 \\ = [v + v''k^2\rho^2 + \ldots \pm (u'k\rho^2 + u'''k^3\rho^4 + \ldots)]^2.\end{aligned}$$

Ainsi l'équation donnée pour la courbe parallèle à une conique présente la forme considérée dans ce numéro, et il est facile de vérifier que la courbe parallèle à cette parallèle menée à la distance $k'$ se compose des deux parallèles à la conique aux distances $k \pm k'$, comme cela doit évidemment être. Reprenons la courbe déjà considérée, $x^{\frac{2}{3}} + y^{\frac{2}{3}} = a^{\frac{2}{3}}$, dont l'équation tangentielle est $(\alpha^2 + \beta^2)\gamma^2 = a^2\alpha^2\beta^2$; cette dernière ayant justement la forme que nous considérons, nous trouvons que la courbe parallèle se décompose en facteurs. L'équation tangentielle de cette courbe parallèle est en effet

$$(\alpha^2 + \beta^2)\gamma^2 = [a\alpha\beta \pm k(\alpha^2 + \beta^2)]^2.$$

Si nous prenons pour $u$ et $v$ respectivement les fonctions les plus générales du premier et du second degré en $\alpha$, $\beta$, $\gamma$, $u^2\rho^2 = v^2$ représentera une courbe de la quatrième classe qui a deux tangentes doubles, et qui par suite est du huitième ordre. Mais nous pouvons choisir ces fonctions de telle sorte que les tangentes doubles deviennent des tangentes stationnaires, et que la courbe puisse avoir une autre tangente double ou stationnaire; nous pouvons de cette manière former l'équation d'une courbe du troisième ou du quatrième ordre dont les parallèles se résolvent en facteurs. C'est à ce genre qu'appartient la réciproque d'une cartésienne, comme on le montrera plus tard.

120. Si nous avions employé des équations en coordonnées trilinéaires au lieu de nous servir de coordonnées rectangulaires, nous aurions trouvé (*Sections coniques*, n° 61) que l'équation d'une parallèle à $\alpha x + \beta y + \gamma z$, et à distance constante de cette droite, est de la forme

$$\alpha x + \beta y + \gamma z + m(x \sin A + y \sin B + z \sin C)\sqrt{S} = 0,$$

S étant la quantité

$$\alpha^2 + \beta^2 + \gamma^2 - 2\beta\gamma \cos A - 2\gamma\alpha \cos B - 2\alpha\beta \cos C,$$

et nous en concluons que si dans l'équation tangentielle d'une courbe nous remplaçons $\alpha$, $\beta$, $\gamma$ respectivement par

$$\alpha + m \sin A \sqrt{S}, \quad \beta + m \sin B \sqrt{S}, \quad \gamma + m \sin C \sqrt{S},$$

nous aurons l'équation tangentielle d'une courbe parallèle. Nous avons vu que (*Sections coniques*, n° 382) $S = 0$ est l'équation tangentielle des points I, J; et il vient immédiatement à la pensée que, si $S = 0$ est l'équation tangentielle de deux points quelconques, et $ax + by + cz = 0$ celle de la ligne qui les joint, en considérant les points circulaires à l'infini comme remplacés par les deux points en question, l'enveloppe de $\alpha x + \beta y + \gamma z$ et celle de $\alpha x + \beta y + \gamma z + (ax + by + cz)\sqrt{S}$ sont des courbes quasi-parallèles.

121. Nous avons appelé (n° 116) *podaire* d'une courbe donnée le lieu du pied de la perpendiculaire abaissée d'un pôle ou centre donné sur la tangente à la courbe. Après avoir trouvé la podaire, nous pouvons former la podaire de cette dernière ..., et nous avons ainsi une série de seconde, troisième, ... podaires de la courbe donnée. Nous pouvons au contraire continuer la série dans le sens inverse, et considérer la courbe dont la courbe donnée est la podaire comme la première podaire négative, et ainsi de suite. Le problème qui consiste à trouver la podaire négative revient à la recherche de l'enveloppe d'une droite menée perpendiculairement à l'extrémité du rayon vecteur; ou, en d'autres termes, à trouver l'enveloppe de

$$\alpha x + \beta y = \alpha^2 + \beta^2,$$

où $\alpha$, $\beta$ satisfont à l'équation de la courbe. Nous venons de voir que la recherche des courbes parallèles se ramène à celle de l'enveloppe de

$$2\alpha x + 2\beta y + k^2 - x^2 - y^2 = \alpha^2 + \beta^2,$$

cette droite étant soumise aux mêmes conditions; c'est en se fondant sur cette analogie que M. Roberts a fait remarquer que les deux problèmes géométriques conduisent tous deux au même problème d'Analyse, celui où il s'agit de trouver une enveloppe de la forme

$$A\alpha + B\beta + C = \alpha^2 + \beta^2,$$

et que, si nous avions l'équation de la courbe parallèle, nous en déduirions celle de la podaire négative, en y posant $k^2 = x^2 + y^2$ et en remplaçant $x$ et $y$ par $\frac{1}{2}x$ et $\frac{1}{2}y$. Généralement, il faut le dire, la recherche de la courbe parallèle est la plus difficile des deux; mais cette méthode donne immédiatement la podaire négative de la ligne droite ou du cercle. En effet, la courbe parallèle à une droite est le couple de deux droites parallèles équidistantes, et la parallèle au cercle de rayon $a$ se compose de deux cercles concentriques de rayons $a \pm k$. Ainsi, dans l'un et l'autre de ces cas, l'équation de la courbe parallèle peut s'écrire sans calcul, et la podaire négative s'en déduit en suivant la marche qu'on vient d'indiquer.

122. Étant donnée une courbe quelconque, si l'on prend sur chaque rayon vecteur OP, et à partir d'une origine arbitraire ou centre d'inversion O, une longueur OP′ égale à l'inverse de OP, le lieu du point P′ est dit la *courbe inverse* de la courbe donnée. De cette définition on conclut aisément que la podaire d'une courbe est l'inverse de sa polaire réciproque, et que la première podaire négative est la polaire réciproque de son inverse, la construction des courbes réciproques s'effectuant par rapport à un cercle décrit autour de l'origine ou centre d'inversion pris comme centre.

On peut sans difficulté, au moyen de raisonnements analogues à ceux qu'on a employés dans d'autres cas similaires, déduire les caractéristiques de la courbe inverse d'une courbe donnée, puis celles de la podaire négative; il nous suffira de donner les résultats. Nous employons $f$ et $g$ dans le même sens que plus haut, pour indiquer combien de fois la courbe passe par un point I ou J ou est tangente à la droite IJ ; $f'$ et $g'$ indiquent les singularités réciproques, c'est-à-dire combien de fois la courbe est tangente à une droite OI ou OJ, ou bien passe par l'origine ; $p$ et $q$ représentent le nombre de coïncidences de tangentes, quand l'origine ou quand un point I ou J est un point multiple (par exemple, nous aurions $p = 1$ si l'origine était un rebroussement) et $p'$ et $q'$ s'appliquent aux singularités réciproques. Nous avons alors les relations suivantes pour la courbe inverse :

$$M = 2m - f - g', \ N = n + 2m - 2(f' + g') - (f' + g) + (p + q),$$
$$F = 2m - f - 2g', \ G = p, \ F' - q, \ G' = m - f, \ P = g, \ Q - f'.$$

Nous déduisons de là pour la podaire

$$M = 2n - f' - g, \ N = m + 2n - 2(g + f') - (g' + f) + p' + q'$$
$$F = 2n - 2g - f', \ G = p', \ F' = q', \ G' = n - f', \ P = g', \ Q = f,$$

et pour la podaire négative

$$M = n + 2m - 2(f + g') - (f' + g) + p + q, \ N = 2m - f - g'$$
$$F = q, \ G = m - f, \ F' = 2m - f - 2g', \ G' = p, \ P' = g, \ Q' = f'.$$

EXEMPLE 1. — *Trouver la podaire négative de la parabole, en supposant le pôle au foyer* (1).

Soit $y^2 = 4(mx + m^2)$ l'équation de la parabole. Nous pouvons représenter les coordonnées d'un point quelconque de la courbe par

$$x + m = \lambda^2 m, \quad y = 2\lambda m ;$$

l'équation $\alpha x + \beta y = \alpha^2 + \beta^2$ devient

$$(\lambda^2 - 1)x + 2\lambda y = (\lambda^2 + 1)^2 m.$$

---

(1) Il est facile de voir que ce problème est le même que celui où l'on cherche la caustique par réflexion, dans l'hypothèse où les rayons lumineux sont perpendiculaires à l'axe.

Les invariants de cette équation du quatrième degré en $\lambda$ sont

$$S = 3(x+4m)^2, \quad T = (x+4m)^3 - 54\,m(x^2+y^2).$$

Le discriminant $S^3 - 27\,T^2$ devient divisible par $x^2+y^2$ et nous donne l'équation

$$(x+4m)^3 = 27\,m(x^2+y^2).$$

C'est l'équivalent de l'équation polaire $\rho^{\frac{1}{3}} \cos \frac{1}{3}\,\omega = m^{\frac{1}{3}}$ qu'on aurait pu obtenir autrement; en effet, il résulte du n° 95 que, si l'équation d'une courbe quelconque peut s'exprimer sous la forme

$$\rho^m = a^m \cos m\,\omega,$$

les équations de sa podaire et de sa podaire négative sont de la même forme, les nouveaux $m$ étant respectivement $\frac{m}{1+m}$ et $\frac{m}{1-m}$.

On peut remarquer que l'équation de la tangente à une courbe parallèle à cette courbe est

$$(\lambda^2-1)x + 2\lambda y = (\lambda^2+1)^2\, m + (\lambda^2+1)\,k.$$

Son enveloppe est du cinquième ordre, et les courbes qui correspondent aux valeurs $\pm k$ sont distinctes. Et de même, en général, pour les courbes dont la tangente a pour équation

$$(\lambda^2-1)x + 2\lambda y = \varphi(\lambda),$$

les courbes parallèles seront unicursales. Si nous prenons $\varphi(\lambda) = m\lambda^3$, nous obtenons une courbe de la troisième classe et du quatrième ordre, tangente à la droite de l'infini et passant par les points I, J.

Exemple 2. — *Trouver la podaire négative de* $\frac{x^2}{a^2}+\frac{y^2}{b^2}=1$, *en supposant que le pôle soit le centre.*

Écrivons comme d'habitude les coordonnées d'un point sous la forme $a\cos\varphi$ et $b\sin\varphi$; nous aurons à trouver l'enveloppe de la droite

$$\begin{aligned} ax\cos\varphi + by\sin\varphi &= a^2\cos^2\varphi + b^2\sin^2\varphi \\ &= \tfrac{1}{2}(a^2+b^2) + \tfrac{1}{2}(a^2-b^2)\cos 2\varphi. \end{aligned}$$

Par suite, en posant pour un instant $\frac{1}{2}(a^2+b^2)=m$, $\frac{1}{2}(a^2-b^2)=n$, l'enveloppe est (*voir* n° 85, Ex. 3)

$$\begin{aligned} &[3(a^2x^2+b^2y^2) - 4(m^2+3n^2)]^3 \\ &\quad + [9(m-3n)a^2x^2 + 9(m+3n)b^2y^2 - 8\,m(m^2-9n^2)]^2 = 0. \end{aligned}$$

Consulter aussi la *Géométrie à trois dimensions* (n° 481) pour voir la solution que M. Cayley a donnée de ce même problème.

EXEMPLE 3. — *Trouver la podaire négative de l'ellipse en supposant le pôle au foyer.*

La coordonnée $x$ mesurée à partir du foyer est $c + a\cos\varphi$ et le rayon vecteur focal est $a + c\cos\varphi$. Nous aurons donc à chercher l'enveloppe de la droite

$$x(c + a\cos\varphi) + yb\sin\varphi = (a + c\cos\varphi)^2$$

ou bien

$$c^2\cos 2\varphi + a(4c - 2x)\cos\varphi - 2by\sin\varphi + (2a^2 + c^2 - 2cx) = 0.$$

L'enveloppe est

$$[3b^2(x^2 + y^2) - (2a^2 + cx)^2]^3$$
$$+ [9b^2(a^2 - cx + 2c^2)(x^2 + y^2) - (2b^2 + cx)^3]^2 = 0.$$

Cette équation développée sera évidemment divisible par $x^2 + y^2$ et représentera une courbe du quatrième degré, ayant les droites $x^2 + y^2$ comme tangentes stationnaires.

# CHAPITRE IV.

## PROPRIÉTÉS METRIQUES DES COURBES.

**123.** Dans ce Chapitre, nous allons faire connaître quelques-unes des propriétés métriques les plus importantes des courbes. Pour étudier ces propriétés, les coordonnées dont l'emploi présente le plus d'avantages sont les coordonnées cartésiennes rectangulaires. Par exemple, nous avons déjà vu, dans le n° 35, qu'en remplaçant $x$ et $y$ par $\rho\cos\theta$ et $\rho\sin\theta$ nous obtiendrons les longueurs des segments interceptés par la courbe sur une droite quelconque issue de l'origine; il en est de même pour une droite généralement quelconque, puisque, par une transformation de coordonnées, nous pouvons amener un point quelconque à devenir l'origine.

Le théorème énoncé (*Sections coniques*, n° 148) peut se généraliser comme il suit : *Si, par un point* O, *on mène deux cordes qui rencontrent respectivement une courbe du* $n^{\text{ième}}$ *degré, aux points* $R_1, R_2, \ldots R_n$, $S_1, S_2, \ldots S_n$, *le rapport des produits* $\dfrac{OR_1.OR_2\ldots OR_n}{OS_1.OS_2\ldots OS_n}$ *sera constant, quelle que soit la position du point* O, *pourvu que les directions des droites* OR, OS *soient constantes* (¹).

La démonstration est la même que celle qu'on a déjà donnée dans le cas des coniques. L'équation en coordonnées polaires (n° 26) nous montre que le produit de tous les seg-

(¹) Ce théorème a été énoncé pour la première fois par Newton dans son *Enumeratio linearum tertii ordinis*.

ments déterminés par la courbe sur un rayon vecteur mené par l'origine et faisant un angle $\theta$ avec l'axe des $x$ est égal à

$$\frac{A}{P\cos^n\theta + Q\cos^{n-1}\theta\sin\theta + \ldots}.$$

Le même produit pour l'autre droite sera

$$\frac{A}{P\cos^n\theta_1 + Q\cos^{n-1}\theta_1\sin\theta_1 + \ldots}.$$

Leur rapport est par conséquent égal à

$$\frac{P\cos^n\theta + Q\cos^{n-1}\theta\sin\theta + \ldots}{P\cos^n\theta_1 + Q\cos^{n-1}\theta_1\sin\theta_1 + \ldots}.$$

Mais nous avons vu (*Sections coniques*, n° 134) qu'en rapportant la courbe à de nouveaux axes parallèles aux anciens, les coefficients des puissances les plus élevées des variables ne changent pas; il en est donc de même du rapport qui précède.

Nous pouvons aussi (*Sections coniques*, n° 148) énoncer ce même théorème de la manière suivante : *Si par deux points fixes* O *et* $o$ *on mène deux droites parallèles, le rapport des produits* $OR_1$ $OR_2 \ldots$, $or_1$, $or_2$, ... *sera constant, quelle que soit la direction commune de ces droites.*

En effet, la valeur du second produit est $\frac{A'}{P\cos^n\theta + \ldots}$; dans cette expression A' est le terme absolu quand $o$ devient l'origine; le rapport des produits est donc A : A', quantité indépendante de $\theta$. Nous avons vu (*Sections coniques*, n° 134) que le nouveau terme absolu sera le résultat de la substitution des coordonnées du point $o$ dans l'équation donnée. Nous trouvons de la sorte que le résultat d'une substitution de ce genre est toujours proportionnel au produit des segments interceptés entre le point $o$ et la courbe sur une droite dont la direction est donnée.

**124.** Du théorème précédent nous déduisons immédiatement celui de Carnot, dont nous avons donné un cas particulier (*Sections coniques*, n° 313). Supposons que chacun des côtés d'un polygone ABC ... rencontre une courbe du $n^{ième}$ degré en $n$ points réels. Nous représentons par $(B)'$ le produit des $n$ segments successifs déterminés sur le côté BC entre B et la courbe; par $'(B)$ le produit des segments interceptés sur le côté BA. Nous aurons alors la relation

$$(A)'(B)'(C)'(D)' \ldots = '(A)'(B)'(C)'(D) \ldots$$

En effet, menons par un point quelconque des rayons vecteurs parallèles aux côtés du polygone, et représentons le produit des segments successifs déterminés sur chacune de ces droites par $(a), (b), (c), \ldots$; si nous faisons abstraction des signes,

$$'(B) : (B)' :: (a) : (b)$$
$$'(C) : (C)' :: (b) : (c)$$
$$'(D) : (D)' :: (c) : (d)$$
$$\ldots\ldots\ldots\ldots\ldots\ldots$$

et, en composant tous ces rapports entre eux, l'exactitude du théorème devient évidente.

**125.** On peut éviter toute ambiguïté en ayant égard aux signes $\pm$. Si nous considérons les segments interceptés sur la droite AB, la quantité $(A)'$ représente le produit des $n$ segments mesurés de A vers B; de même $'(B)$ sera le produit des $n$ segments mesurés de B vers A; donc, par suite de la règle des signes (*Sections coniques*, n° 7), chaque terme du dernier produit doit être considéré comme ayant un signe contraire à chacun des termes du premier, en sorte que, si nous donnons à $(A)'$ le signe $+$, nous devons donner à $'(B)$ le signe $(-1)^n$, c'est-à-dire $+$ quand $n$ sera pair et $-$ quand $n$ sera impair. Supposons que $k$ soit le nombre de côtés du polygone; comme chaque terme de l'équation contiendra $k$ facteurs tels que $(A)'$, cette équation devra s'écrire

$$(A)'(B)'(C)'\ldots = (-1)^{nk}\,(A)'(B)'(C)\ldots;$$

c'est-à-dire que le second membre aura le signe $+$ quand le degré de la courbe ou le nombre des côtés du polygone sera pair; quand au contraire ils seront tous deux impairs, il faudra prendre le signe $-$.

## Exercices.

*Exemple* 1. — Une droite coupe les côtés d'un triangle AB, BC, CA, aux points $c$, $a$, $b$. On a

$$Ac.Ba.Cb = -Ab.Bc.Ca \quad (\textit{Sections coniques}, \text{n}^\circ\ 42),$$

et le signe montre que, si la droite coupe deux côtés intérieurement, elle coupera le troisième extérieurement. L'équation

$$Ac_1.Ba.Cb = +Ab_1.Bc.Ca \quad (\textit{Sections coniques}, \text{n}^\circ\ 43)$$

sera vérifiée si les trois droites $Aa$, $Bb$, $Cc_1$ se coupent en un même point, et la droite AB est divisée harmoniquement aux points $c$ et $c_1$.

*Exemple* 2. — Supposons que chacun des côtés du triangle soit tangent à une même conique aux points $a$, $b$, $c$. Le théorème de Carnot nous donne

$$\overline{Ac}^2.\overline{Ba}^2.\overline{Cb}^2 = +\overline{Ab}^2.\overline{Bc}^2.\overline{Ca}^2$$

et par suite

$$Ac.Ba.Cb = \pm Ab.Bc.Ca.$$

On ne peut pas prendre le signe inférieur, puisqu'une droite ne peut couper une conique en trois points; nous voyons donc que, si une conique est inscrite dans un triangle, les droites qui joignent chaque sommet au point de contact du côté opposé se coupent en un même point.

*Exemple* 3. — Soient $a$, $b$, $c$ des points d'inflexion d'une courbe du troisième degré, et BC, CA, AB les tangentes en ces points; le théorème de Carnot donne

$$\overline{Ac}^3.\overline{Ba}^3.\overline{Cb}^3 = -\overline{Ab}^3.\overline{Bc}^3.\overline{Ca}^3,$$

dont la seule racine réelle est

$$Ac.Ba.Cb = -Ab.Bc.Ca.$$

Donc, *si une courbe du troisième degré a trois points d'inflexion réels, ils doivent être situés sur une même droite.* Il en résulte aussi qu'une courbe du troisième degré ne peut avoir que trois points d'inflexion réels; car le même raisonnement montrerait que *tous* les points d'inflexion réels doivent se trouver sur une même droite et une droite ne peut rencontrer la courbe qu'en trois points.

Le même raisonnement prouve que, si une courbe de degré impair $n$ a trois points réels, et que si les tangentes en ces points rencontrent la courbe en $n$ points, ces trois points sont situés sur une même ligne droite.

*Exemple* 4. — Prenons une courbe du quatrième degré ayant trois tangentes doubles, nous avons

$$\overline{Ac}^2.\overline{Ac_1}^2.\overline{Ba}^2.\overline{Ba_1}^2.\overline{Cb}^2.\overline{Cb_1}^2 = \overline{Ab}^2.\overline{Ab_1}^2.\overline{Bc}^2.\overline{Bc_1}^2.\overline{Ca}^2.\overline{Ca_1}^2,$$

nous en déduisons

$$Ac.Ac_1.Ba.Ba_1.Cb.Cb_1 = \pm Ab.Ab_1.Bc.Bc_1.Ca.Ca_1.$$

Ici, à cause du double signe, nous pouvons seulement conclure de cette relation que, *si une courbe du quatrième degré a trois tangentes doubles, la conique menée par cinq des points de contact passera bien par le sixième point, ou bien par le point qui forme avec le sixième une division harmonique sur le côté où se trouve ce dernier point.* Il existe d'après cela deux genres distincts de groupes de trois tangentes doubles, suivant que l'une ou l'autre de ces relations géométriques se trouve vérifiée.

**126.** Il existe quelques cas particuliers pour lesquels le théorème de Carnot demande à être modifié. Supposons, en premier lieu, que l'un des angles (A) du polygone soit à l'infini, c'est-à-dire que deux côtés adjacents soient parallèles; nous aurons finalement $(A)' = '(A)$ et l'équation

$$(B)'(C)' \ldots = '(B)'(C) \ldots$$

subsistera toujours.

Admettons, en second lieu, que l'un des angles (A) soit situé sur la courbe; l'un des $n$ termes de chacun des produits $(A)'$ et $'(A)$ s'annule alors; mais, comme le rapport des deux segments $\frac{AR}{AR'}$ est égal à $\frac{\sin RR'A}{\sin R'RA}$, nous pouvons remplacer le rapport des côtés qui deviennent nuls par le rapport des sinus des angles que les côtés du polygone qui aboutissent en A font avec la tangente en A, et le théorème devient ainsi

$$\frac{(A)'(B)'(C)'\ldots}{\sin\alpha} = \frac{'(A)'(B)'(C)\ldots}{\sin\alpha'}.$$

$(A)'$ et $'(A)$ ne contiennent plus chacun que $(n-1)$ facteurs, et $\alpha$ et $\alpha'$ sont les angles que font avec la tangente en A les côtés sur lesquels sont mesurés les segments qui constituent les produits $(A)'$ et $'(A)$. Nous pouvons ainsi déduire de ce qui précède que, *si un polygone quelconque est inscrit dans une conique, le produit continu des sinus des angles que chaque côté forme avec la tangente à son extrémité droite est égal au produit semblable des sinus des angles que chaque côté fait avec la tangente à son autre extrémité.*

## DIAMÈTRES.

127. Étant donnés $n$ points sur une droite, un point de cette droite, tel que la somme algébrique de ses distances à ces points soit nulle, s'appelle le *centre des moyennes distances* des points donnés. Soit $y$ la distance du centre à un point quelconque pris sur la droite; soient $y_1, y_2, y_3 \ldots$ celles des autres points au point arbitraire, les distances du centre aux points donnés seront $y-y_1$, $y-y_2$, ... et la condition qui résulte de la définition est

$$\Sigma(y-y_1)=0 \quad \text{ou bien} \quad ny-\Sigma(y_1)=0.$$

Nous voyons ainsi que la distance d'un point quelconque

au centre est égale à la somme des distances du même point aux points donnés, divisée par le nombre de ces points ; ou, en d'autres termes, qu'elle est égale à la *moyenne distance* du point choisi arbitrairement aux points donnés. Par exemple, s'il n'y a que deux points donnés, le centre des moyennes distances est le point milieu de la droite qui les joint, et la distance d'un point quelconque de la droite à ce point est la demi-somme de ses distances aux deux points donnés.

Les propriétés bien connues des diamètres des coniques ont été généralisées par Newton ; il a énoncé cette généralisation sous la forme du théorème suivant, qui est vrai pour toutes les courbes algébriques : *Étant donné un système de cordes parallèles d'une courbe du $n^{ième}$ degré, si l'on prend le centre des moyennes distances des $n$ points où chacune des cordes rencontre la courbe, le lieu de ce centre est une ligne droite qui peut être appelée le* diamètre *correspondant au système donné de cordes parallèles.*

Pour démontrer ce théorème, nous procéderons de la même manière que dans le cas des sections coniques (*Sections coniques*, n° **141**).

Supposons que nous ayons rapporté l'équation de la courbe à un système de coordonnées polaires en remplaçant $x$ et $y$ par $\rho\cos\theta$ et $\rho\sin\theta$ (ou par $m\rho$ et $n\rho$, si les coordonnées sont obliques). L'origine sera le centre des moyennes distances relatif à une corde faisant l'angle $\theta$ avec l'axe des $x$, si cet angle est tel qu'il rende le coefficient de $\rho^{n-1}$ égal à zéro. Cherchons maintenant la condition pour qu'un autre point quelconque $(x', y')$ soit le centre des moyennes distances sur une corde parallèle à la précédente ; nous aurons à examiner quelles relations il doit exister entre $x'$ et $y'$ pour que, en rapportant l'équation à de nouveaux axes ayant ce point pour origine, le nouveau coefficient de $\rho^{n-1}$ soit nul pour la même valeur de $\theta$. Or, si nous rapportons l'équation donnée $U = 0$ à des axes parallèles en remplaçant $x$ et $y$ par $x + x'$ et $y + y'$, elle devient

$$U + x' \frac{dU}{dx} + y' \frac{dU}{dy}$$
$$+ \frac{1}{2}\left(x'^2 \frac{d^2U}{dx^2} + 2x'y' \frac{d^2U}{dx\,dy} + y'^2 \frac{d^2U}{dy^2}\right) + \ldots = 0.$$

Les trois premiers termes seuls peuvent renfermer les variables à un degré aussi élevé que le $(n-1)^{\text{ième}}$; comme ils ne contiennent $x'$, $y'$ qu'au premier degré, le lieu cherché doit être une droite.

Son équation est effectivement

$$x \frac{du_n}{dx} + y \frac{du_n}{dy} + u_{n-1} = 0.$$

Il est bien entendu que $x$ et $y$ ont été remplacés dans $u_n$ et $u_{n-1}$ par $\cos\theta$ et $\sin\theta$ (ou par $m$ et $n$, si les axes sont obliques).

128. Newton a remarqué aussi que, si une corde quelconque coupe la courbe et ses asymptotes, le même point sera le centre des moyennes distances pour les deux systèmes de points, et que par conséquent la somme algébrique des segments interceptés entre la courbe et ses asymptotes est égale à zéro. C'est une généralisation du théorème bien connu (*Sections coniques*, n° 107). L'exactitude de cette proposition résulte de l'équation d'un diamètre formée dans le numéro précédent, et de la démonstration donnée antérieurement (n° 52) que les termes $u_n$, $u_{n-1}$ sont les mêmes dans l'équation de la courbe et dans celle de ses $n$ asymptotes.

129. Nous pouvons de même chercher le lieu d'un point tel que la somme des *produits deux à deux* des segments mesurés suivant une direction donnée entre ce point et la courbe soit nulle. L'origine serait un de ces points si le coef-

ficient de $\rho^{n-2}$ s'annulait pour la valeur donnée de $\theta$; le lieu s'obtiendra comme dans le n° 127, en cherchant la relation qui doit exister entre $x'$ et $y'$ pour que le coefficient de $\rho^{n-2}$ soit nul dans l'équation transformée. Mais, comme les termes du degré $(n-2)$ en $x$ et $y$ ne renferment pas de puissance supérieure à la seconde en $x'$ et $y'$, le lieu sera une section conique, que nous appellerons la *conique diamétrale*.

On voit facilement que son équation est

$$u_{n-2} + x\frac{du_{n-1}}{dx} + y\frac{du_{n-1}}{dy} + \tfrac{1}{2}\left(x^2\frac{d^2u_n}{dx^2} + 2xy\frac{d^2u_n}{dx\,dy} + y^2\frac{d^2u_n}{dy^2}\right) = 0,$$

où l'on a remplacé $x$ et $y$ par $\cos\theta$ et $\sin\theta$ dans $u_{n-2},\ldots$. La distance d'un point quelconque à l'un des deux points de la conique étant $y$, et à la courbe $y_1, y_2, \ldots$, nous avons par définition

$$\Sigma(y-y_1)(y-y_2) = 0.$$

Le nombre des termes dans cette somme est égal au nombre des combinaisons de $n$ objets deux à deux, et par suite à $\frac{1}{2}n(n-1)$. Ce sera donc le coefficient de $y^2$, quand nous effectuerons chacun de ces produits et quand nous ajouterons les résultats. Dans le même cas, le coefficient de $y$ se composera de $\frac{1}{2}n(n-1)$ termes qui seront chacun de la forme $-(y_1+y_2)$; et, comme il doit renfermer les $n$ quantités $y_1, y_2, \ldots$ d'une manière symétrique, il doit être égal à $-(n-1)\Sigma(y)$. Donc

$$\Sigma(y-y_1)(y-y_2) = \tfrac{1}{2}n(n-1)y^2 - (n-1)y\,\Sigma(y_1) + \Sigma(y_1y_2) = 0.$$

Cette équation du second degré détermine les distances d'un point quelconque à la conique diamétrale quand on connaît ses distances à la courbe; $\frac{1}{2}n(n-1)$ fois le produit de ces deux distances est égal à $\Sigma(y_1y_2)$, ou, en d'autres termes, *le produit des distances d'un point quelconque à la conique diamétrale est égal à la moyenne des produits deux à deux des distances de ce point à la courbe,* puisqu'il y a $\frac{1}{2}n(n-1)$ produits de ce genre. La somme des distances du point à la conique diamétrale est égale à $\frac{2}{n}\Sigma(y)$. La moyenne distance est donc la même pour les deux courbes, puisqu'il y a deux distances dans un cas et $n$ dans l'autre; et les deux courbes ont le même diamètre.

130. On voit sans difficulté qu'une courbe du $n^{\text{ième}}$ degré peut avoir d'autres *diamètres curvilignes* dont les degrés peuvent s'élever jusqu'au $(n-1)^{\text{ième}}$. Ainsi le lieu d'un point tel que les produits trois à trois de ses distances à la courbe soit nul s'obtiendra en égalant à zéro le coefficient de $\rho^{n-3}$ dans l'équation transformée; et comme ce coefficient ne contient pas de puissances des variables plus élevées que la troisième, le lieu sera du troisième degré. Nous verrions de la même manière que

$$\begin{aligned}\Sigma(y-y_1)(y-y_2)(y-y_3)\\ =\tfrac{1}{6}n(n-1)(n-2)y^3-\tfrac{1}{2}(n-1)(n-2)y^2\Sigma(y)\\ +(n-2)y\Sigma(y_1y_2)-\Sigma(y_1y_2y_3),\end{aligned}$$

et nous en concluons facilement que la courbe et sa cubique diamétrale auront la même moyenne distance, le même moyen produit des distances deux à deux et trois à trois. Il en sera de même pour les diamètres d'ordre plus élevé. Les considérations que nous allons développer mettront mieux en lumière les questions qui se rattachent à ces diamètres curvilignes.

131. Après les notions que nous venons de donner sur les diamètres, nous devons dire quelques mots des centres. Si tous les termes de degré $n-1$ manquaient dans l'équation d'une courbe, la somme algébrique de tous les rayons vecteurs issus de l'origine serait nulle, et l'on pourrait, dans un certain sens, dire que l'origine est un centre.

Cependant le nom de *centre* ne s'applique ordinairement que dans le cas où chaque valeur du rayon vecteur est accompagnée d'une valeur égale et de signe contraire. Si, dans ce cas, l'équation est rapportée à des coordonnées polaires, elle devra être une fonction de $\rho^2$ seulement. Si donc la courbe est de degré pair, son équation en $x$ et $y$, rapportée au centre, ne pourra contenir aucune impuissance impaire des variables, et devra être de la forme

$$u_0 + u_2 + u_4 + \ldots = 0,$$

si la courbe est de degré impair, son équation polaire divisée par $\rho$ devra être réductible à une fonction de $\rho^2$; l'équation en $x, y$ ne pourra contenir aucune des puissances paires des variables et devra être de la forme

$$u_1 + u_3 + u_5 + \ldots = 0.$$

Cette forme nous montre que, si une courbe de degré impair a un centre, ce point doit être un point d'inflexion. Il est bien évident aussi que c'est seulement dans des cas exceptionnels qu'une courbe de degré supérieur au second aura un centre, puisqu'il n'est généralement pas possible, par une transformation de coordonnées, de faire disparaître de l'équation assez de termes pour la ramener à l'une ou l'autre des formes que nous venons de donner ci-dessus.

## PÔLES ET POLAIRES.

**132.** Nous passons maintenant à un théorème important, énoncé pour la première fois par Cotes dans son *Harmonia mensurarum* : *Si, sur chaque rayon vecteur issu d'un point fixe* O, *on prend un point* R *tel que*

$$\frac{n}{\mathrm{OR}} = \frac{1}{\mathrm{OR}_1} + \frac{1}{\mathrm{OR}_2} + \frac{1}{\mathrm{OR}_3} + \ldots,$$

*le lieu du point* R *sera une ligne droite.*

Prenons O pour origine; l'équation qui détermine OR, ... est de la forme

$$A\frac{1}{\rho^n} + (B\cos\theta + C\sin\theta)\frac{1}{\rho^{n-1}}$$
$$+ (D\cos^2\theta + E\cos\theta\sin\theta + F\sin^2\theta)\frac{1}{\rho^{n-2}} + \ldots = 0,$$

d'où

$$\frac{n}{OR} = -\frac{B\cos\theta + C\sin\theta}{A},$$

ou, en revenant aux coordonnées $x$ et $y$,

$$Bx + Cy + nA = 0.$$

C'est l'équation trouvée (n° 60) pour la droite polaire de l'origine, et la propriété qu'on vient de démontrer est la généralisation de la propriété harmonique bien connue des pôles et polaires des sections coniques (*Sections coniques*, n° 146).

**133.** La proposition qui précède peut aussi s'établir sans prendre le point O comme origine, en suivant une méthode analogue à celle qu'on a employée (*Sections coniques*, n° 92). Nous avons vu (n° 63) que, deux points $O(x'y'z')$ et $R(xyz)$ étant donnés, l'équation $\Lambda = 0$, ou

$$\lambda^n U' + \lambda^{n-1}\mu\Delta U' + \tfrac{1}{2}\lambda^{n-2}\mu^2\Delta^2 U' + \ldots = 0,$$

détermine les rapports $RR_1 : OR_1$ des segments suivant lesquels la droite qui joint les deux points donnés est coupée par la courbe. Il résulte alors de la théorie des équations que $\Delta U' = 0$ exprime la condition pour que la somme des racines de l'équation $\Lambda = 0$ soit nulle; ceci veut dire que $\Delta U' = 0$ est l'équation du lieu d'un point R tel que l'on ait

$$\frac{RR_1}{OR_1} + \frac{RR_2}{OR_2} + \ldots = 0.$$

Mais si nous remplaçons $RR_1$ par $OR_1 - OR, \ldots$ nous voyons que cette équation revient à

$$\frac{n}{OR} = \frac{1}{OR_1} + \frac{1}{OR_2} + \cdots.$$

**134.** On peut reconnaître de la même manière que la conique polaire $\Delta^2 U' = 0$ est le lieu d'un point tel que

$$\sum \left( \frac{RR_1}{OR_1} \cdot \frac{RR_2}{OR_2} \right) = 0$$

ou bien

$$\sum \left( \frac{1}{OR} - \frac{1}{OR_1} \right) \left( \frac{1}{OR} - \frac{1}{OR_2} \right) = 0,$$

et ainsi de suite pour les courbes polaires d'ordre supérieur. Supposons que OR représente un rayon vecteur de la courbe et $Or$ un rayon de la courbe polaire. La courbe polaire du $k^{\text{ième}}$ ordre jouit des propriétés exprimées par les équations suivantes :

$$\frac{1}{n} \sum \frac{1}{OR} = \frac{1}{k} \sum \frac{1}{Or},$$

$$\frac{1.2}{n(n-1)} \sum \frac{1}{OR_1 . OR_2} = \frac{1.2}{k(k-1)} \sum \frac{1}{Or_1 . Or_2},$$

$$\frac{1.2.3}{n(n-1)(n-2)} \sum \frac{1}{OR_1 . OR_2 . OR_3}$$
$$= \frac{1.2.3}{k(k-1)(k-2)} \sum \frac{1}{Or_1 . Or_2 . Or_3} \cdots.$$

**135.** Si le point O est à l'infini, les rapports des distances $OR_1$, $OR_2$, ... peuvent être regardés comme égaux entre eux, et les dénominateurs de toutes les fractions

$$\frac{RR_1}{OR_1}, \quad \frac{RR_2}{OR_2}, \quad \ldots$$

peuvent être considérés comme égaux. La propriété de la droite polaire $\sum \frac{RR_1}{OR_1} = 0$ se réduit, quand O est à l'infini, à $\Sigma(RR')=0$; autrement dit, la somme de tous les segments compris entre la polaire et la courbe sur les cordes parallèles qui se rencontrent en O est nulle. Nous voyons ainsi que *la droite polaire d'un point à l'infini est le diamètre du système de cordes parallèles dirigées vers ce point infiniment éloigné.*

Il en est de même pour la conique polaire. Quand O est infiniment éloigné, l'équation $\sum\left(\frac{RR_1}{OR_1}\cdot\frac{RR_2}{OR_1}\right)=0$ se réduit à $\Sigma(RR_1 . RR_2)=0$ ou bien à $\Sigma(OR-OR_1)(OR-OR_2)=0$; c'est l'équation (n° 129) qui détermine la conique diamétrale. Et de même, en général, *le diamètre curviligne d'un ordre quelconque est identique avec la courbe polaire du même ordre d'un point situé à distance infinie sur le système de cordes parallèles auxquelles correspond la courbe diamétrale donnée.*

136. Mac Laurin a fait connaître un théorème qui est la généralisation de celui de Newton (n° 128). *Supposons que par un point* O *on mène une droite rencontrant la courbe en $n$ points et que l'on construise les tangentes en ces points; si une autre droite issue de* O *coupe la courbe en* $R_1$, $R_2$, ... *et le système des $n$ tangentes en* $r_1$, $r_2$, ..., *on aura*

$$\sum\frac{1}{OR}=\sum\frac{1}{Or}.$$

Il est évident que deux points déterminent la droite polaire; par conséquent, si deux droites menées par O rencontrent deux courbes aux mêmes points $R_1$, $R_2$, ..., $S_1$, $S_2$, ... la polaire de O, par rapport aux deux courbes, devra être la même droite, puisque deux de ses points R et S sont les mêmes pour toutes les deux. Ceci sera également vrai si les deux droites OR, OS se confondent, c'est-à-dire que, *si deux courbes de degré $n$ sont tangentes en $n$ points situés sur une droite, la polaire* *d'un point quelconque de cette droite sera la même pour les deux courbes, et par conséquent, si un rayon vecteur mené par ce point rencontre les deux courbes, nous devrons avoir*

$$\sum \frac{1}{\text{OR}} = \sum \frac{1}{\text{O}r}.$$

**137.** Nous savons que le centre d'une conique peut être considéré comme le pôle par rapport à la courbe de la droite de l'infini. Pour les courbes d'ordre supérieur, toute ligne droite a $(n-1)^2$ pôles (nº 61), et par conséquent il n'existe pas, pour une courbe d'ordre supérieur au second, de point unique qui corresponde au centre d'une conique. La chose est toute différente si nous considérons des courbes de *classe* supérieure. Les recherches précédentes sont évidemment applicables aussi aux courbes exprimées à l'aide de coordonnées tangentielles; et de cette manière, toute droite a un pôle, une courbe polaire de seconde, troisième ..., classe et finalement une courbe polaire de la $(n-1)^{\text{ième}}$ classe, touchée par les $n$ tangentes aux points où la ligne droite rencontre la courbe. Si donc l'équation d'une courbe est exprimée en coordonnées tangentielles, et si nous cherchons le pôle de la droite de l'infini, nous trouverons un point unique.

Examinons quelles sont les propriétés métriques du pôle d'une droite exprimée en coordonnées tangentielles, et, en particulier, du pôle de la droite de l'infini. Nous prenons le système du nº 19 où les coordonnées d'une droite sont proportionnelles aux perpendiculaires abaissées sur cette ligne de trois points fixes; on voit alors sans difficulté que $l:m$ représente le rapport des sinus des angles suivant lesquels l'angle compris entre les deux droites $(\alpha, \beta, \gamma)$, $(\alpha', \beta', \gamma')$ est divisé par la droite $l\alpha + m\alpha'$, $l\beta + m\beta'$, $l\gamma + m\gamma'$. L'équation qui correspond à $\Lambda = 0$ détermine le rapport des sinus des angles suivant lesquels l'angle compris entre les deux droites est divisé par chacune des tangentes qu'on peut mener de leur point d'intersection à une courbe de la $n^{\text{ième}}$ classe. On voit aussi, comme dans le n° 133, que le pôle R d'une droite quelconque jouit de la propriété exprimée par la relation $\sum\left(\frac{\sin RPR_1}{\sin R_1PO}\right) = 0$, dans laquelle P est un point variable sur la droite donnée, $R_1$, $R_2$, ... sont les points de contact de tangentes menées par le point P, et O est un point fixe sur la droite donnée. Ainsi, pour une courbe de la seconde classe, la relation dont il s'agit ici est la suivante :

$$\frac{\sin RPR_1}{\sin R_1PO} + \frac{\sin RPR_2}{\sin R_2PO} = 0,$$

c'est-à-dire : *Si d'un point* P, *pris sur une droite fixe* OP, *nous menons les tangentes* $PR_1$, $PR_2$ *à une conique, et si nous traçons* PR *de telle manière que* $[P.OR_1RR_2]$ *soit un faisceau harmonique,* OR *passera par un point fixe*. C'est la définition fondamentale du pôle et de la polaire par rapport à une conique considérée comme une courbe de seconde classe.

Nous pouvons écrire la relation $\sum\left(\frac{\sin RPR_1}{\sin R_1PO}\right) = 0$ sous la forme $\sum\left(\frac{M_1R_1}{R_1O_1}\right) = 0$, $M_1$ étant le pied de la perpendiculaire abaissée de $R_1$ sur la droite RP et $O_1$ le pied de la perpendiculaire abaissée du même point sur la droite OP. Supposons maintenant que la droite OP s'éloigne à l'infini ; tous les dénominateurs de cette dernière somme tendent à devenir égaux entre eux, et nous avons simplement $\Sigma(M_1R_1) = 0$ ; autrement dit, la somme des perpendiculaires abaissées des points de contact d'un système de tangentes parallèles sur une droite parallèle menée par R est nulle. En d'autres termes, *le centre des moyennes distances des points de contact d'un système quelconque de tangentes parallèles menées à une courbe donnée est un point fixe qui peut être considéré comme un centre de la courbe.* Ainsi, dans une conique, le point milieu de la droite qui joint les points de contact de tangentes parallèles est un point fixe; dans une courbe de troisième classe, c'est le centre de gravité du triangle qu'ils forment.... Ce théorème est dû à M. Chasles (*Quetelet,* VI, 8).

## FOYERS.

138. Nous avons montré (*Sections coniques,* n° 279) que les foyers des coniques jouissent de la propriété que les droites qui les joignent aux points circulaires à l'infini sont tangentes à la courbe. Ceci nous conduit à la définition suivante des foyers en général : un point F est dit le foyer d'une courbe, quand les droites FI, FJ sont toutes deux tangentes à la courbe, ou, en d'autres termes, quand il est l'intersection d'une tangente passant par I avec une tangente passant par J (1). Une courbe de la $n^{\text{ième}}$ classe a en général $n^2$ foyers, qui sont les intersections des $n$ tangentes I avec les $n$ tangentes J. Mais la courbe étant réelle, $n$ et seulement $n$ de ces foyers sont réels; en effet, l'équation d'une des tangentes I étant de la forme $A + Bi = 0$ (où A et B sont des fonctions linéaires des coordonnées), celle d'une des tangentes J sera $A - Bi = 0$; ces droites se couperont au point réel $A = 0$, $B = 0$ et il n'y aura pas d'autre point réel sur l'une ou l'autre de ces tangentes. Ainsi une conique ($n = 2$) a quatre foyers, dont deux seulement sont réels.

Dans ce qui précède, nous avons supposé que les points I, J n'ont aucune position particulière par rapport à la courbe. Admettons maintenant que la droite IJ soit une tangente ordinaire ou singulière en un ou plusieurs points A, B, ...; pour le moment, nous supposerons que ces points soient distincts des

(1) Cette conception est due à Plücker (*Journal de Crelle,* t. X, p. 84).

points I, J; admettons que IJ compte $g$ fois parmi les tangentes menées de I ou J à la courbe. Les tangentes I se composeront alors de la droite IJ comptée $g$ fois et de $n-g$ autres tangentes; il en sera de même pour les tangentes J. Les seuls foyers qui ne soient pas à l'infini seront évidemment les intersections des $(n-g)$ tangentes I avec les $(n-g)$ tangentes J; il existe $(n-g)^2$ foyers à distance finie, dont $n-g$ seulement sont réels, comme plus haut. Le nombre total des $n^2$ foyers se compose de ces $(n-g)^2$ foyers, du point I qui compte $g(n-g)$ fois [il est en effet l'intersection de chacune des $(n-g)$ tangentes I avec chacune des tangentes J qui coïncident avec IJ], du point J compté $g(n-g)$ fois, et enfin des $g^2$ intersections des tangentes I, confondues avec IJ, avec les $g$ tangentes J qui coïncident avec cette même droite. Dans ce dernier cas, nous devons considérer toute tangente I, telle que IA, comme rencontrant la tangente J correspondante JA au point de contact A; mais son point d'intersection avec une autre tangente J, telle que JB, sera indéterminé. Par exemple, si la droite de l'infini est tangente à la courbe en $g$ points réels, il y aura encore $n$ foyers réels, à savoir $n-g$ foyers à distance finie et les $g$ points de contact de IJ avec la courbe ([1]). En particulier, la parabole $(n=2,\ g=1)$ a un seul foyer à distance finie; l'autre foyer réel est situé à distance infinie sur la direction de l'axe.

Supposons que le point I soit sur la courbe; si nous supposons la courbe réelle, le point J est aussi sur la courbe, et, si I est un point singulier, J présentera le même genre de singularité. Bornons pour le moment notre examen au cas où ces points sont tous deux des points ordinaires; les $n-g$ tangentes I se composent de la tangente en I comptée deux fois et des $n-g-2$ autres tangentes; il en est de même pour

---

([1]) M. Cayley pense qu'il vaut mieux considérer qu'il n'y a que $(n-g)^2$ foyers, et conséquemment que les seuls foyers réels sont les $(n-g)$ foyers.

les tangentes J. Les $(n-g)^2$ foyers se trouvent alors constitués comme il suit : l'intersection réelle des tangentes en I et J, qui compte pour quatre points ; les $(n-g-2)$ intersections imaginaires de la tangente en I avec les $(n-g-2)$ tangentes J, qui chacune comptent pour deux ; les $(n-g-2)$ intersections imaginaires de la tangente en J avec les $(n-g-2)$ tangentes I, chacune comptant aussi pour deux ; et enfin les $(n-g-2)^2$ intersections des deux systèmes de $(n-g-2)$ tangentes. Parmi ces derniers points, on voit, comme plus haut, que $n-g-2$ et seulement $(n-g-2)$ sont réels et l'intersection des tangentes en I et en J prend la place de deux des $n-g$ foyers réels. Si donc nous n'avons égard qu'aux foyers réels, nous dirons que ce point est un foyer double ; nous employons cette locution parce qu'elle est commode ; nous venons néanmoins de voir que ce point aurait dû être appelé *foyer quadruple,* si nous avions tenu compte des foyers imaginaires aussi bien que des foyers réels. Ainsi, dans le cas du cercle, le seul foyer est le centre ; nous devrons le regarder comme un foyer quadruple, si nous considérons qu'il tient la place des quatre foyers qu'une conique possède en général ; nous pourrons cependant le traiter comme un foyer double, si nous avons seulement égard aux deux foyers réels.

D'une manière analogue, si chacun des points I, J est un point multiple d'ordre $f$ sur la courbe, on voit, en suivant la même marche, qu'il y a $f^2$ foyers qui comptent chacun pour quatre et dont $f$ sont réels ; $2f(n-g-2f)$ foyers imaginaires qui comptent chacun pour deux, et $(n-g-2f)^2$ foyers simples, parmi lesquels $n-g-2f$ sont réels. En considérant à la fois les foyers réels et imaginaires, nous dirions qu'il y a $f^2$ foyers quadruples, $2f(n-g-2f)$ doubles, et $(n-g-2f)^2$ simples ; mais, en n'ayant égard qu'aux foyers réels, nous pouvons dire qu'il y a $f$ foyers doubles, $(n-g-2)$ foyers simples et $g$ foyers à l'infini.

Si chacun des points I et J est un point d'inflexion ou de rebroussement, la tangente en I ou J figure trois fois parmi les tangentes I ou J, et l'on peut mener de chacun de ces points $n-g-3$ autres tangentes. Les $(n-g)^2$ foyers se composent, comme on l'a vu plus haut, d'un foyer comptant pour neuf, de $(n-g-3)+(n-g-3)$ autres foyers qui comptent chacun pour trois et de $(n-g-3)^2$ foyers simples. Parmi ces derniers, $n-g-3$ sont réels, et le seul autre foyer réel est le point d'intersection des tangentes en I et J, qu'on appelle généralement un *foyer triple* parce qu'il compte pour trois dans le nombre des foyers réels; on devrait néanmoins le regarder comme un foyer d'un ordre de multiplicité égal à neuf, si l'on tenait compte de tous les foyers tant réels qu'imaginaires. Il n'y a aucune difficulté à étendre la théorie aux cas où I et J sont des points multiples d'ordre supérieur, dans lesquels plusieurs tangentes coïncident, ou bien encore quand ils se trouvent en des points où la tangente présente avec la courbe un contact d'ordre supérieur au second; ou bien enfin quand ces points sont des points ordinaires ou singuliers ayant IJ pour tangente commune.

139. Étant donnés deux foyers réels A, A' d'une courbe, les droites AI, AJ; A'I, A'J se rencontrent en deux points imaginaires B, B' qui sont aussi des foyers de la courbe; et la relation qui existe entre ces deux couples de points consiste en ce que les droites AA', BB se partagent mutuellement en deux parties égales et sont perpendiculaires l'une à l'autre en un point O tel que OA (= OA') est égal à $i$OB (= $i$OB'). Les points A, A' et B, B' ont été nommés *anti-points*. Cette relation se rencontre fréquemment en Géométrie plane : ainsi une conique a deux couples de foyers qui sont anti-points les uns des autres; tout cercle mené par A, A' coupe orthogonalement un cercle quelconque qui passe par B, B'. Nous devons ajouter

que, si nous connaissons les $n$ foyers réels, nous pourrons former avec eux $\frac{1}{2}n(n-1)$ couples de droites; chacun de ces couples de droites donnera naissance à un couple d'anti-points, et nous obtiendrons ainsi les $n^2-n$ foyers restants.

140. On détermine les coordonnées des foyers d'une courbe en formant l'équation des tangentes que l'on peut mener à la courbe par le point I. Cette équation sera de la forme $P+iQ=0$, l'équation correspondante pour J sera $P-iQ=0$, et les intersections des deux systèmes de tangentes seront données par les équations $P=0$, $Q=0$. Si nous représentons par $U_1$, $U_2$ les dérivées premières de U par rapport à $x$ et $y$, par $U_{11}$, $U_{12}$, $U_{22}$ les dérivées secondes, ..., l'équation du système des tangentes qui passent par $(1, i, 0)$ s'obtient (n° 78) en formant le discriminant de

$$\lambda^n U + \lambda^{n-1}(U_1 + iU_2) + \tfrac{1}{2}\lambda^{n-2}(U_{11} + 2iU_{12} - U_{22}) + \ldots = 0.$$

Si, par exemple, la courbe est une conique, le discriminant en question est

$$[U_1^2 - U_2^2 - 2U(U_{11} - U_{22})] + 2i[U_1U_2 - 2UU_{12}],$$

et l'on trouvera les foyers en égalant séparément à zéro les parties réelles et imaginaires. En combinant ces deux équations, nous formerons les équations des deux droites (les axes) sur lesquelles sont situés les foyers

$$U_{12}(U_2^1 - U_2^2) - (U_{11} - U_{22})U_1U_2 = 0.$$

Les mêmes équations déterminent les foyers d'une cubique qui passe par les points I, J; d'une courbe du quatrième degré qui a ces deux points pour points doubles ...; car on voit facilement que, dans l'un quelconque de ces cas, tous les termes, autres que ceux qu'on vient d'écrire ci-dessus, disparaissent de l'équation dont il faut former le discriminant.

**141.** Nous pouvons aussi déterminer les foyers, comme dans les *Sections coniques*, n° 258, en formant la condition pour que la droite $x - x' + i(y - y') = 0$ soit tangente à la courbe; ou, en d'autres termes, en remplaçant dans l'équation tangentielle $\alpha$, $\beta$, $\gamma$ par $1$, $i$, $-(x' + iy')$. Les parties réelles et imaginaires de l'équation, séparément égalées à zéro, déterminent les coordonnées des foyers. Il n'est pas difficile de trouver une interprétation géométrique réelle de chacune de ces équations. Supposons que la condition de contact de $x - x' + p(y - y') = 0$ avec la courbe soit écrite sous la forme

$$ap^n + bp^{n-1} + cp^{n-2} + \ldots = 0$$

$a$, $b$, ... étant des fonctions de $x'$, $y'$; d'après la théorie des équations $-\frac{b}{a}$, $\frac{c}{a}$, ... sont la somme, la somme des produits deux à deux, etc., des tangentes trigonométriques des angles que les tangentes menées à la courbe par le point $(x', y')$ font avec l'axe des $x$. Si maintenant nous posons $p = i$ et si nous égalons à zéro les parties réelles et imaginaires de l'équation, nous obtenons les deux relations

$$a - c + e - \ldots = 0, \quad b - d + f - \ldots = 0.$$

D'après la formule bien connue pour la tangente de la somme de plusieurs angles, la seconde de ces relations exprime que la somme des angles que les tangentes menées par $x'$, $y'$ font avec l'axe des $x$ est égale à zéro, ou à un multiple de $\pi$; la première équation exprime que la somme des angles est un multiple impair de $\frac{\pi}{2}$.

Donc le lieu d'un point tel que les tangentes menées de ce point à une courbe de $n^{\text{ième}}$ classe fassent avec une droite fixe des angles dont la somme soit égale à une quantité donnée est une courbe du degré $n$. Si l'on choisit la droite fixe pour axe des $x$, on voit facilement que l'équation de cette courbe est

$$(a - c + e - \ldots)\tang\theta = b - d + f - \ldots.$$

Quelle que soit la droite fixe ou l'angle, le lieu passera par les foyers de la courbe. Ce résultat peut sembler paradoxal, puisqu'il en résulte que la somme des angles compris entre une droite quelconque et les tangentes issues d'un foyer peut être rendue égale à une quantité donnée quelconque. La raison en est que les tangentes de deux de ces angles sont égales à $\pm i$, que la tangente de leur différence se présente sous la forme $\frac{0}{0}$, et qu'elle peut être une quantité quelconque. En effet, si $\tang\varphi = i$, $\varphi$ peut être regardé comme un angle infini, puisqu'il jouit de la propriété que $\sin\varphi = \cos\varphi = \infty$ et $\tang(\varphi + \alpha) = \tang\varphi$; et la différence de deux infinis est indéterminée.

Nous avons vu (n° **110**) qu'une tangente menée par un des points I, J coïncide avec la normale; il s'ensuit que tout foyer d'une courbe est aussi un foyer de sa développée et de sa développante.

**142**. Si l'on exprime l'équation de la courbe au moyen des coordonnées tangentielles (n° **19**, et *Sections coniques*, n° **403**) dans lesquelles les variables sont les perpendiculaires abaissées de trois points fixes sur une droite quelconque, on peut déduire de cette équation une importante propriété des perpendiculaires abaissées des foyers sur une tangente quelconque. Soient $\alpha$, $\beta$, $\gamma$, $\delta$, ... les $n$ foyers et soient $\omega$, $\omega'$ les points I, J; puisque les droites $\alpha\omega$, $\alpha\omega'$, ... doivent être des tangentes à la courbe, l'équation tangentielle doit être de la forme $\alpha\beta\gamma\delta\ldots = \omega\omega'\varphi$, où $\varphi$ est une fonction du $n - 2^{\text{ième}}$ ordre par rapport aux coordonnées de droite. Pour les courbes de la seconde classe, cette équation conduit immédiatement à la propriété connue que le produit des perpendiculaires abaissées des deux foyers sur une tangente quelconque est constant, puisqu'on a démontré (*Sections coniques*, n° 403) qu'on peut remplacer $\omega\omega'$ par une constante. Si, de même, nous remplaçons $\omega\omega'$ par une constante, l'équation générale des courbes de troisième classe est $\alpha\beta\gamma = k\delta$, où $\alpha$, $\beta$, $\gamma$ représentent trois foyers et $\delta$ un certain quatrième point; en effet, nous pouvons de chaque foyer mener à la courbe (outre les deux tangentes passant par I, J respectivement) une seule tangente, et la forme de l'équation montre que les trois tangentes issues des points $\alpha$, $\beta$, $\gamma$ se rencontrent respectivement en un point $\delta$ ([1]). Nous déduisons de là que le produit des trois perpendiculaires abaissées des foyers sur une tangente quelconque à une courbe de la troisième classe est dans un rapport constant avec la perpendiculaire abaissée du point $\delta$ sur la même tangente. Si la courbe passe par les points I, J, il y a un foyer double et l'équation prend la forme $\alpha^2\beta = k\delta$ dont l'interprétation est évidente. Si un foyer A est à l'infini, nous pouvons voir comment la formule doit être modifiée en prenant d'abord pour $\alpha$ la distance perpendiculaire de A à une tangente quelconque divisée par AB; lorsque A s'éloignera à l'infini suivant la direction AB, il est facile de voir que $\alpha$ sera égal à $\cos\theta$, $\theta$ étant l'angle que fait AB avec la direction des perpendiculaires abaissées sur la tangente. Si, par exemple, nous considérons une conique $\alpha\beta = k^2$, dans le cas de la parabole où A passe à l'infini, la formule devient $\beta\cos\theta = k$; elle montre que le lieu du pied de la perpendiculaire abaissée du foyer sur une tangente est une ligne droite. De même, pour une courbe de la troisième classe, la formule $\alpha\beta\gamma = k\delta$ devient $\beta\gamma\cos\theta = k\delta$; nous pouvons l'écrire $\beta\gamma = k\delta'$, si nous convenons que $\delta'$ représente le segment

---

(1) Le théorème réciproque pour les courbes du troisième ordre coupées par deux droites quelconques est donné plus loin, n° 148.

déterminé par la tangente variable sur une droite menée par D parallèlement à AB.

Pour les courbes de la quatrième classe, l'équation est $\alpha\beta\gamma\delta = k^2\varphi$, $\varphi$ étant la section conique qui est tangente, comme le montre l'équation, aux huit tangentes focales qui ne passent pas par I, J. Mais si les foyers de cette conique sont $\varepsilon$, $\zeta$, l'équation peut être écrite sous la forme $\alpha\beta\gamma\delta = k^2\varepsilon\zeta + l^4$ : l'interprétation géométrique en est évidente. Cette équation comprend aussi la forme $\alpha\beta\gamma\delta = l^4$ ou $= \omega^2\omega'^2$, qui représente une courbe sur laquelle les foyers $\alpha$, $\beta$, $\gamma$, $\delta$ sont des foyers doubles; la forme $\alpha^3\beta = \omega^2\omega'^2$, où I, J sont des points d'inflexion, etc. On voit ainsi, d'une manière générale, que l'équation tangentielle d'une courbe de la $n^{\text{ième}}$ classe fournit une relation du premier degré qui lie le produit des $n$ perpendiculaires focales, des $n-2$ autres perpendiculaires, des $n-4$ autres perpendiculaires, etc., et ainsi de suite jusqu'à ce que nous arrivions à une perpendiculaire unique ou à un terme constant.

143. Les relations qui existent entre les perpendiculaires abaissées des foyers sur la tangente peuvent conduire à d'autres relations où figurent les angles compris entre les rayons focaux et la tangente. En effet, si AP est la perpendiculaire $\alpha$ abaissée sur la tangente en un point quelconque R de la courbe, et si $d\varphi$ est l'angle compris entre deux tangentes consécutives, nous avons $d\alpha = \mathrm{RP}\, d\varphi$. De la même manière, $d\beta = \mathrm{RP}'\, d\varphi$, .... Si donc nous différentions l'équation qui lie les perpendiculaires, nous pourrons remplacer chaque $d\alpha$ par le segment correspondant RP déterminé sur la tangente par le pied de la perpendiculaire focale et le point de contact. Ainsi, de l'équation $\alpha\beta\gamma = k^2 d$ nous déduisons

$$\frac{d\alpha}{\alpha} + \frac{d\beta}{\beta} + \frac{d\gamma}{\gamma} - \frac{d\delta}{\delta} = 0, \quad \text{d'où} \quad \frac{\mathrm{RP}}{\mathrm{AP}} + \frac{\mathrm{RP}'}{\mathrm{BP}'} + \frac{\mathrm{RP}''}{\mathrm{CP}''} - \frac{\mathrm{RP}'''}{\mathrm{DP}'''} = 0,$$

ou bien encore

$$\cot\theta + \cot\theta' + \cot\theta'' - \cot\theta''' = 0,$$

$\theta$ étant égal à ARP, c'est-à-dire à l'angle de l'inclinaison de la tangente sur le rayon vecteur focal AR, ....

144. L'exemple des coniques pourrait nous donner l'espoir de trouver des relations simples entre les distances d'un point quelconque de la courbe aux foyers. Il ne semble pas qu'il y ait une théorie générale des relations de ce genre, mais nous pouvons sans difficulté trouver des courbes particulières pour lesquelles elles existent; car nous n'avons qu'à écrire une relation quelconque entre les distances d'un point variable à des points fixes et à chercher le lieu pour lequel elle est satisfaite. Si l'on exprime chacune de ces distances en fonction des coordonnées, elle renfermera une racine carrée; et si, comme cela arrive communément, l'équation débarrassée de radicaux est de la forme $u\rho^2 = wv^2$, les deux droites imaginaires représentées par $\rho^2 = 0$ sont des tangentes à la courbe et le point fixe F est un foyer. Nous pourrions étudier de cette manière la relation $\rho + m\rho' = d$, pour laquelle le lieu est une ellipse ou une hyperbole quand $m = \pm 1$, un cercle quand $d = 0$, et dans les autres cas une cartésienne; la relation $l\rho + m\rho' + n\rho'' = 0$, pour laquelle le lieu est en général une quartique qui a les points I, J pour points doubles, ou, comme nous pouvons l'appeler, une quartique bicirculaire; mais, quand $l \pm m \pm n = 0$, la courbe est une cubique qui passe par les points I, J, ou, comme nous pouvons la nommer, une cubique circulaire; la relation $\rho\rho' = d^2$, pour laquelle le lieu est une cassinienne (*voir* n° 55, *Ex.* 3); ou plus généralement $a\rho^2 + b\rho\rho' + c\rho'^2 = d^2$, qui est en général une quartique, mais qui devient une cubique quand $a \pm b \pm c = 0$, c'est-à-dire quand le premier membre de l'équation est divisible par $\rho \pm \rho'$, .... Nous ajour-

nons la discussion plus approfondie de ce sujet jusqu'à ce que nous en soyons arrivés à nous occuper plus spécialement des courbes dont nous venons de parler.

Une relation qui lie entre elles les distances focales nous permet d'établir une autre relation entre les angles que les rayons focaux font avec la tangente. En effet, nous pouvons démontrer, comme dans le n° 95, que chaque distance focale $\rho$ donne une expression telle que $d\rho = \cos\theta\, ds$, où $\theta$ est l'angle compris entre le rayon focal et la tangente. Ainsi de la relation $\rho + m\rho' = d$ nous déduisons $\cos\theta + m\cos\theta' = 0$, ....

De la valeur donnée pour $d\alpha$, ... dans le numéro précédent, nous pouvons conclure $R\, d\alpha = \rho\, d\rho$, ..., où R est le rayon de courbure. Ainsi, par exemple, si nous savons que $l\alpha + m\beta + \ldots$ est une quantité constante, nous pouvons en conclure que $l\rho^2 + m\rho'^2$, ... est aussi constant.

145. Représentons par N le nombre de conditions (n° 27) nécessaires pour déterminer une courbe du $n^{\text{ième}}$ ordre; si nous savons que la courbe est circulaire, c'est-à-dire qu'elle passe par les points I, J, et si on nous donne $N - 3$ autres points de cette courbe, le lieu du foyer double (ou l'intersection des tangentes en I, J) est un cercle. En effet, par N points on ne peut faire passer qu'une seule courbe du $n^{\text{ième}}$ ordre; si donc, en plus des conditions ci-dessus, on nous donne un point consécutif à I, c'est-à-dire si l'on nous donne FI (la tangente en I), la courbe sera complètement déterminée, et par conséquent FJ, la tangente en J, sera aussi déterminée. Le point F est donc l'intersection des rayons correspondants de deux faisceaux homographiques (*Sections coniques*, n° 331), c'est-à-dire de deux faisceaux tels qu'à une droite de l'un il correspond une droite de l'autre et une seule. Le lieu de F est donc une conique qui passe par les sommets I, J des faisceaux; par conséquent c'est un cercle. La conique se décompose en la droite IJ et en une autre droite,

quand la droite IJ d'un faisceau a pour correspondante la droite JI de l'autre. Dans l'exemple actuel, ce cas se produira quand $n = 2$, puisque IJ ne peut être une tangente à une conique passant par les points I, J, à moins que la conique ne se décompose en deux droites, et le théorème qui en résulte est le suivant : quand des cercles passent par deux points, le lieu de leurs centres est une droite. Mais, quand $n$ est plus grand que 2, le lieu sera un cercle en général.

146. De même, si l'on nous donne $N - 1$ tangentes à une courbe de la $n^{\text{ième}}$ classe, la courbe sera complètement déterminée quand nous connaîtrons une tangente FI de plus. Le raisonnement du numéro précédent s'appliquera ici, et le lieu du foyer sera un cercle, si les conditions sont telles que, la courbe étant déterminée, on ne puisse lui mener qu'une seule tangente par le point J. Ce sera le cas, si, parmi les conditions données, il y figure la condition que la droite IJ soit une tangente d'ordre $n - 1$ de multiplicité; car par un point de cette droite on ne pourra plus mener qu'une seule tangente à la courbe. Nous avons vu (n° 41) que dire qu'un point est multiple de l'ordre $k$ est la même chose que si l'on donnait $\frac{1}{2}k(k+1)$ points. De la même manière, savoir que IJ est une tangente multiple d'ordre $(n-1)$ revient à connaître $\frac{1}{2}n(n-1)$ tangentes. Remarquons que $N - \frac{1}{2}n(n-1) = 2n$ ; nous en concluons que, si l'on nous donne $2n - 1$ tangentes d'une courbe de la $n^{\text{ième}}$ classe et si la droite de l'infini est une tangente multiple d'ordre $(n-1)$, le lieu du foyer sera un cercle (dans ce cas il n'y a qu'un foyer). Ainsi, étant données trois tangentes d'une parabole, le lieu du foyer est un cercle. De même, le lieu du foyer est encore un cercle, quand on nous donne cinq tangentes d'une courbe de troisième classe, parmi lesquelles la ligne de l'infini compte pour deux. Une courbe particulière de ce système est formée du système composé du point à l'infini sur une quelconque des cinq tangentes et de la para-

bole qui est tangente aux quatre autres, le foyer de la parabole étant le foyer du système. Nous avons ainsi le théorème de Miquel (*Sections coniques*, n° 268) : les foyers des cinq paraboles qui touchent quatre quelconques de cinq droites données sont situés sur un même cercle (1).

(1) Cette démonstration du théorème de Miquel est due à M. Clifford. Pour les déductions tirées du même principe, voir le *Messenger of Mathematics*, tome V, p. 137.

# CHAPITRE V.

## COURBES DU TROISIÈME ORDRE.

147. Nous avons démontré (n° 42) qu'une courbe du troisième ordre, que, pour abréger, nous appellerons une *cubique*, peut avoir un point double, mais qu'elle ne peut pas avoir d'autre point multiple. Ce fait a donné l'idée de la division fondamentale des cubiques en cubiques *non singulières*, qui n'ont pas de double point; *cubiques nodales*, qui possèdent un point double avec deux tangentes distinctes, et *cubiques cuspidales*, qui ont un point double où les tangentes se confondent. Les nombres de Plücker (n° 82) pour ces trois cas sont les suivants :

| $m$ | $\delta$ | $\varkappa$ | $n$ | $\tau$ | $\iota$ |
|---|---|---|---|---|---|
| 3...... | 0 | 0 | 6 | 0 | 9 |
| 3...... | 1 | 0 | 4 | 0 | 3 |
| 3...... | 0 | 1 | 3 | 0 | 1 |

Nous voyons ainsi que ces courbes sont respectivement de la sixième, de la quatrième et de la troisième classe; autrement dit, ce sont des courbes telles qu'on peut, d'un point arbitraire, leur mener six, quatre ou trois tangentes. Si le point est situé sur la courbe, la tangente en ce point compte pour deux unités dans ces nombres (n° 79), et le nombre de tangentes distinctes de la tangente en ce point se trouve réduit à quatre, à deux ou à un; si le point est un point d'inflexion, la tangente stationnaire compte pour trois tangentes et le nombre des autres tangentes qu'on peut mener par ce point diminue encore d'une unité.

Les cubiques nodales peuvent évidemment se subdiviser (n° 38) en cubiques *crunodales* ou *acnodales*, suivant que les tangentes au point double sont réelles ou imaginaires. Nous verrons dans la suite que les cubiques non singulières donnent lieu à une division analogue. Mais nous ajournons pour le moment la discussion plus approfondie de la classification des cubiques; le lecteur la suivra avec plus d'intelligence quand il aura été préalablement mis en possession de quelques-unes des propriétés générales de ces courbes. Nous ajournons également la discussion de l'équation générale et l'examen de ses invariants, et nous commençons par appliquer au cas des cubiques les théorèmes déjà obtenus pour les courbes de degré quelconque. Nous nous occuperons d'abord des théorèmes sur l'intersection des courbes, que nous avons établis dans la première section du second Chapitre.

## Section I. — Intersection d'une cubique donnée avec d'autres courbes.

**148.** Nous avons démontré (n° 29) que toutes les cubiques qui passent par huit points fixes pris sur une cubique donnée passent aussi par un neuvième point fixe de la courbe. C'est là un théorème fondamental qui conduit à la plus grande partie des propriétés des cubiques. En particulier, nous en déduisons que, si deux lignes droites dont les équations sont $A = o$, $B = o$ rencontrent respectivement une cubique aux points $a$, $a'$, $a''$, $b$, $b'$, $b''$, et si les droites $ab$, $a'b'$, $a''b''$ (dont les équations seront respectivement $D = o$, $E = o$, $F = o$) rencontrent la cubique aux points $c$, $c'$, $c''$, la droite $cc'$ ($c = o$), qui réunit deux de ces points, passe par le troisième. En effet, les droites D, E, F constituent une cubique passant par les neuf points; les droites A, B, C en forment une autre qui contient huit de ces points; donc elle passera aussi par le neuvième $c''$, et, comme ce point ne peut se trouver ni sur l'une ni sur l'autre des droites A, B qui rencontrent déjà chacune la cubique en trois points, il devra être situé sur C.

Puisque la cubique donnée passe par les intersections des cubiques $ABC = 0$, $DEF = 0$, son équation doit pouvoir être écrite sous la forme $DEF - kABC = 0$.

**149.** Supposons que les droites A, B se confondent; nous concluons alors, comme cas particulier du théorème précédent, que si une ligne droite $A = 0$ coupe la courbe en trois points $a$, $a'$, $a''$, les tangentes en ces points $D = 0$, $E = 0$, $F = 0$ rencontrent respectivement la courbe aux points $c$, $c'$, $c''$ qui sont situés sur une même droite $C = 0$, et, dans ce cas, l'équation de la courbe peut s'écrire $DEF - kA^2C = 0$.

Le point $c$, où la tangente en un point quelconque $a$ rencontre la courbe, s'appelle le *tangentiel* du point $a$; et la droite C, sur laquelle se trouvent les tangentiels des trois points $a$, porte le nom de droite *satellite* de la droite A. Nous montrerons plus tard comment on peut former l'équation de C, $\alpha x + \beta y + \gamma z = 0$, quand on connaît l'équation de A.

La droite A aura une satellite réelle, quand même elle rencontrerait la courbe en un point réel et deux points imaginaires, au lieu de la couper en trois points réels. Les équations des tangentes aux points imaginaires seront de la forme $P + iQ = 0$; leur produit sera réel et l'équation de la courbe pourra être mise sous la forme $D(P^2 + Q^2) = kA^2C$.

Deux cas du théorème de ce numéro méritent spécialement de fixer l'attention. En premier lieu, supposons que la droite A soit à l'infini; les tangentes D, E, F aux points où elle rencontre la courbe sont alors les trois asymptotes et chaque asymptote rencontre la courbe en un seul point à distance finie; ceci nous montre que ces trois points sont situés sur une même droite C, qui est la satellite de la droite de l'infini. Dans ce cas, l'équation est réductible à la forme $DEF = kC$, et nous avons ainsi ce théorème : *Le produit des perpendiculaires abaissées d'un point quelconque de la courbe sur les trois asymptotes est dans un rapport constant avec la perpendiculaire abaissée du même point sur la droite* C.

En second lieu, supposons que les points $a$, $a'$ soient des points d'inflexion; les tangentiels de ces points coïncident évidemment avec les points eux-mêmes; la droite satellite coïncide donc avec A, et par suite le troisième point $a''$, où elle rencontre la courbe, est aussi un point d'inflexion (n° 125, *Ex.* 3). L'équation de la courbe est donc réductible à la forme $DEF = kA^3$, dans laquelle $A = 0$ est l'équation de la droite qui passe par les points d'inflexion et $D = 0$, $E = 0$, $F = 0$ sont respectivement les équations des tangentes en ces trois points.

150. Le théorème du n° 149 peut s'établir autrement en partant de la droite C au lieu de la droite A; ainsi, étant donnés trois points collinéaires $c$, $c'$, $c''$ d'une cubique, la droite qui joint $a$, point de contact d'une des tangentes menées par $c$ avec $a'$, point de contact d'une des tangentes menées par $c'$, passera par le point de contact d'une des tangentes menées par $c''$. On ne peut mener qu'une seule tangente en un point d'une courbe, et par conséquent à une position de A ne correspond qu'une position de C; quand il s'agit au contraire d'une cubique non singulière, on peut mener quatre tangentes d'un point quelconque de la courbe, et par conséquent à une position quelconque de C correspondent seize positions de A. Les douze points de contact sont situés sur les seize droites A; chaque droite A contient trois points de contact, et par chaque point de contact il passe quatre droites A.

Considérons plus particulièrement le cas où C est tangente à la courbe et supposons que les points $c$ et $c'$ coïncident. Nous voyons alors que la droite qui réunit l'un des points de contact $a''_1$ des tangentes issues de $c''$ à l'un des points de contact $a_1$ des tangentes menées par $c$ doit passer par un des autres points de contact relatifs à $c$, par exemple par $a_2$. De même, la droite qui joint $a''_1 a_2$ passe par $a_1$. Nous avons ainsi le théorème suivant : *Les quatre points de contact $a_1$, $a_2$, $a_3$, $a_4$ des tangentes, menées d'un point quelconque c situé sur la courbe, sont les sommets d'un quadrangle dont les trois centres sont aussi des points de la courbe, et sont tels que les tangentes en ces points et la tangente en c rencontrent toutes la courbe au même point.*

151. Revenons au cas où C n'est pas tangent à la courbe; nous avons les tangentes issues de $c$ qui sont tangentes à la courbe aux points $a_1$, $a_2$, $a_3$, $a_4$ et les tangentes menées par $c'$ qui lui sont tangentes en $a'_1$, $a'_2$, $a'_3$, $a'_4$. Fixons seulement notre attention sur deux points $a_1$, $a_2$ du premier système de quatre points; nous voyons que, si nous partageons les points du second système en couples *d'une manière bien définie*, par exemple $a'_1$, $a'_2$ et $a'_3$, $a'_4$, et si nous combinons le couple $a_1$, $a_2$ premièrement avec le couple $a'_1$, $a'_2$, les droites $aa'_1$, $a_2 a'_2$ se rencontrent en un même point de la courbe et que les droites $a_1 a'_2$, $a_2 a'_1$ se rencontrent aussi en un même point de la courbe; *en second lieu*, si nous combinons $a_1$, $a_2$ avec le couple $a'_3$, $a'_4$, les droites $a_1 a'_3$, $a_2 a'_4$ se coupent en un même point de la courbe, et il en est de même pour les droites $a_1 a'_4$, $a_2 a'_3$; les quatre nouveaux points sont les points de contact des tangentes menées à la courbe par le point $c''$. Deux points tels que les tangentes en ces points se rencontrent respectivement sur la courbe peuvent être appelés *points correspondants*. Ainsi deux des points $a_1$, $a_2$, $a_3$, $a_4$ sont des points correspondants; il en est de même de deux des points $a'_1$, $a'_2$, $a'_3$, $a'_4$. Mais si nous partons des deux points $a_1$, $a_2$, les points $a'_1$, $a'_2$ (de même que les points $a'_3$, $a'_4$) peuvent être appelés des points correspondants *du même genre* que

$a_1$, $a_2$; la propriété qu'ils possèdent est la suivante : étant donnés deux couples de points de même genre, si nous formons un quadrilatère en joignant chaque point d'un couple avec chacun des points de l'autre couple, les deux nouveaux sommets du quadrilatère sont des points de la courbe (qui sont eux-mêmes des points correspondants du même genre respectivement que les deux couples originaux). Il est évident qu'il y a trois genres de points correspondants qui sont : le genre $a_1 a_2$ ou $a_3 a_4$, le genre $a_1 a_3$ ou $a_2 a_4$, et le genre $a_1 a_4$ ou $a_2 a_3$. Et de plus, si nous partons du couple $a_1$, $a_2$ pour obtenir le système entier de points correspondants du même genre, nous n'avons qu'à prendre sur la courbe un point variable K et, en le joignant aux points $a_1$, $a_2$ respectivement, ces droites couperont de nouveau la courbe en un couple de points correspondants du même genre que $a_1 a_2$. Nous pouvons indiquer en passant que l'enveloppe de la droite qui joint deux points correspondants du même genre est une courbe de la troisième classe. Cette théorie est due pour la plus grande partie à Mac Laurin (voir *De linearum geometricarum proprietatibus generalibus Tractatus*) (¹); on peut donc l'appeler à juste titre la théorie de Mac Laurin pour les points correspondants d'une cubique.

**152.** Considérons toujours le cas où C n'est pas une tangente à la courbe; soient $D_1$, $E_1$, $F_1$ des tangentes menées respectivement par les points $c$, $c'$, $c''$. Nous avons vu que l'équation de la courbe peut s'écrire sous la forme

$$D_1 E_1 F_1 - A_1^2 C = 0.$$

Soit $D_2$, $E_2$ un autre couple de tangentes passant par $c$, $c'$ et telles que leur corde de contact passe par le point de contact de $F_1$; l'équation de la courbe pourra aussi se mettre

(¹) Voir de Jonquières, *Mélanges de Géométrie pure*, p. 223.

sous la forme $D_2E_2F_1 - A_2^2C = 0$. De là nous pouvons déduire l'identité

$$(D_1E_1 - D_2E_2)F_1 = (A_1^2 - A_2^2)C;$$

le second membre de cette dernière équation représente trois lignes droites; donc le premier doit représenter les trois mêmes droites. Par conséquent, un des facteurs de $D_1E_1 - D_2E_2$ doit être la droite C, qui passe par les points $D_1D_2$, $E_1E_2$. L'autre facteur, qui joint les points $D_1E_2$, $D_2E_1$, doit être $A_1 \pm A_2$, $F_1$ étant égal à $A_1 \mp A_2$. Nous voyons ainsi que les deux dernières droites et les deux cordes $A_1$, $A_2$ forment un faisceau harmonique dont le sommet est le point de contact de $F_1$. Nous appliquerons plus tard ce théorème au cas où les points $c$ et $c'$ sont les points imaginaires de l'infini I, J; les points $D_1E_2$, $D_2E_1$ sont alors des foyers et $F_1$ est une tangente parallèle à la seule asymptote réelle que possède la courbe.

Si les points $c$, $c'$ coïncident, la droite qui réunit $c$ au point de contact de $F_1$, la droite $F_1$ elle-même et les deux cordes $A_1, A_2$ forment un faisceau harmonique.

**153.** On peut déduire de là un autre théorème de Mac Laurin. Une droite quelconque issue d'un point A d'une cubique est divisée harmoniquement par les deux points $\beta$, $\gamma$, où elle rencontre de nouveau la cubique, et par les deux points $\delta$, $\delta'$ où elle rencontre un couple de cordes joignant les points de contact de tangentes menées par A. Supposons que la droite rencontre la tangente $c'$ au point $c$; comme elle coupe $A_1$ et $B_1$ en A, nous aurons, d'après le n° 136,

$$\frac{1}{\delta A} + \frac{1}{\delta\beta} + \frac{1}{\delta\gamma} = \frac{2}{\delta A} + \frac{1}{\delta e},$$

ou bien

$$\frac{1}{\delta\beta} + \frac{1}{\delta\gamma} = \frac{1}{\delta A} + \frac{1}{\delta e}.$$

Mais, d'après le numéro précédent, $\delta\delta'$ est une moyenne harmonique entre $\delta A$ et $\delta e$; elle jouit donc aussi de la même propriété pour $\delta\beta$ et $\delta\gamma$.

Si la courbe a un point double, on ne peut lui mener que deux tangentes par ce point; mais le théorème de ce numéro sera encore exact si nous remplaçons la corde D par la droite qui joint le double point au point où la corde D rencontre de nouveau la courbe.

**154.** Nous allons encore indiquer une application du théorème, que toutes les cubiques qui passent par huit points fixes d'une cubique passent aussi par un neuvième point fixe. *Si par quatre points fixes d'une cubique on fait passer une conique, la corde qui réunit les deux autres points d'intersection de cette conique avec la cubique passera par un point fixe situé sur cette dernière courbe.* Considérons une conique passant par les quatre points ($\alpha$) et rencontrant la courbe aux deux autres points ($\beta$) et imaginons une seconde conique passant par les points ($\alpha$) et par deux autres points ($\beta'$); la conique qui passe par $\alpha$, $\beta$ et la droite qui réunit les deux points $\beta'$ constituent une cubique passant par les huit points $\alpha$, $\beta$, $\beta'$; de même, la conique qui passe par $\alpha$, $\beta'$ et la droite qui joint les points $\beta$ constituent une seconde cubique passant par les mêmes points; donc le neuvième point d'intersection avec la courbe doit être commun à ces deux systèmes, c'est-à-dire que les droites qui joignent les points $\beta$, $\beta'$ rencontrent la courbe au même point.

Dans l'édition précédente de cet Ouvrage, nous avions appelé ce point l'*opposé* du système des quatre points donnés; aujourd'hui nous nous conformerons à la nomenclature de la remarquable théorie de résiduation donnée par M. Sylvester et que nous exposerons bientôt; nous dirons en conséquence que le point en question est le *corésiduel* du système des quatre points.

Ce point se construit facilement en prenant pour la conique passant par les quatre points un couple de lignes droites. Supposons que la droite qui joint les points 1, 2 et celle qui réunit les points 3, 4 rencontrent respectivement la cubique aux points 5, 6; la droite menée par 5, 6 coupera la courbe suivant le corésiduel cherché. Et comme le groupement des quatre points est arbitraire, il est bien clair que la construction peut se faire de trois manières différentes.

Par exemple, nous déduisons de ces propriétés que, par quatre points d'une cubique, on peut mener quatre coniques qui soient tangentes à la courbe en d'autres points; ce sont les coniques qui passent par les points de contact des quatre tangentes que l'on peut mener à la courbe par le corésiduel.

**155.** Appliquons la règle qu'on vient de donner pour construire le corésiduel, dans le cas où l'on considère quatre points consécutifs de la courbe. La droite qui joint les points 1, 2 est alors une tangente, et le point 5, où elle coupe la courbe, est le tangentiel du point 1; de même la droite 3, 4 rencontre la courbe en un point 6 qui est consécutif au point 5; il en résulte que le corésiduel cherché est le point où la tangente au point tangentiel 5 rencontre de nouveau la courbe; autrement dit, c'est le tangentiel du tangentiel, ou bien, comme nous l'appellerons, le second tangentiel.

Si, par exemple, on demande de mener une conique qui passe par quatre points consécutifs, ou, suivant l'expression usitée, qui ait un contact quartiponctuel avec la courbe, et qui lui soit tangente en un autre point, ce point de contact sera, comme nous l'avons vu, un point de contact des tangentes menées à la courbe par le second tangentiel. L'un d'eux est le tangentiel du point (1) et la conique correspondante dégénère en deux droites; les trois autres points donnent les autres solutions du problème.

Si l'on demande encore de décrire une conique qui passe

par cinq points consécutifs de la courbe (ou qui ait un contact quintiponctuel avec la courbe), on résoudra le problème en construisant le sixième point où la conique coupe la cubique; ce sera le point où la droite qui réunit le point (1) à son second tangentiel rencontre de nouveau la courbe.

Pour que ce point puisse coïncider avec le point (1), il est nécessaire que la droite dont on vient de parler en dernier lieu soit tangente en (1) à la courbe; ou, ce qui revient au même, il est nécessaire que le premier et le second tangentiel coïncident. Mais un point qui coïncide avec son tangentiel est un point d'inflexion : donc *sur une cubique non singulière, il y a vingt-sept points où l'on peut mener une conique ayant avec la courbe un contact sextiponctuel; ce sont les points de contact des trois tangentes que l'on peut mener par chacun des neuf points d'inflexion.*

156. Le théorème (n° 29) énoncé pour l'intersection de deux cubiques a été généralisé dans le n° 33. Le théorème que renferme ce dernier article s'applique au cas de la cubique en posant $p = 3$; il s'énonce comme il suit : *Toute courbe de degré n qui passe par* $3n - 1$ *points fixes d'une cubique passe par un autre point fixe sur cette cubique.* Il faut remarquer que pour $n = 1$ ou $n = 2$ on ne peut décrire qu'une seule courbe de degré $n$ qui passe par $3n - 1$ points de la cubique, et le théorème ne nous apprend rien; quand $n$ est plus grand que 2, on peut décrire plus d'une de ces courbes et elles passent toutes par un autre point fixe de la courbe, ainsi qu'on l'a établi. Et, comme on l'a exposé dans le n° 33, si l'on cherchait à décrire une courbe du $n^{\text{ième}}$ ordre par $3n$ points pris arbitrairement sur une cubique, $n$ étant plus grand que 2, la courbe qu'on formerait ainsi ne serait pas une courbe proprement dite de cet ordre, mais un système composé de la cubique elle-même et d'une courbe d'ordre $n - 3$.

157. *Si, parmi les* $3(m+n)$ *intersections d'une courbe de degré* $(m+n)$ *avec une cubique, il s'en trouve* $3m$ *sur une courbe du* $m^{ième}$ *ordre* $U_m$, *les* $3n$ *autres points restants sont situés sur une courbe du* $n^{ième}$ *ordre*. On a remarqué en effet que, par $3n-1$ de ces $3n$ points on peut toujours décrire une courbe du $n^{ième}$ ordre $U_n$; celle-ci constitue avec $U_m$ un système de l'ordre $(m+n)$ qui (n° 156) passe par le point restant; et comme ce point ne peut être situé sur $U_m$, qui rencontre déjà la cubique en $3m$ points, il doit se trouver sur $U_n$.

158. Nous allons maintenant exposer la nomenclature introduite par M. Sylvester, et, tout en nous y conformant, nous établirons à nouveau et nous généraliserons quelques-unes des propositions précédentes. Si deux systèmes de points $\alpha$, $\beta$ considérés ensemble constituent l'intersection complète d'une courbe d'ordre quelconque avec la cubique, l'un de ces systèmes est dit le *résiduel* de l'autre. Comme le nombre total des intersections d'une cubique avec une courbe quelconque doit être un multiple de trois, il est évident que, si le nombre des points du système $\alpha$ est de la forme $3p+1$, celui dans le système $\beta$ doit être de la forme $3q-1$, et réciproquement. Nous pouvons donner respectivement à ces systèmes la dénomination de *système positif* et *système négatif* et dire que le résiduel d'un système positif est un système négatif, et inversement. Le système positif le plus simple se compose d'un point unique correspondant à $p=0$; le système négatif le plus simple consiste en un couple de points répondant à $q=1$. Dans ce cas, l'un est évidemment le résiduel de l'autre, quand les trois points sont situés sur une même ligne droite. Par un système donné de points $\alpha$ on peut décrire une infinité de courbes de différents ordres; il est donc évident qu'un système donné de points $\alpha$ a une infinité de résiduels $\beta$, $\beta'$, $\beta''$, .... Deux systèmes de points $\beta$, $\beta'$ sont

dits *corésiduels*, quand ils sont tous deux les résiduels d'un même système $\alpha$. Par exemple, dans le n° 154, nous avons supposé que par quatre points $\alpha$ d'une cubique on avait mené des coniques coupant à nouveau la courbe en des couples de points $\beta$, $\beta'$, ...; l'un quelconque de ces couples de points est un résiduel de $\alpha$, et deux quelconques d'entre eux sont corésiduels. De même, si la droite menée par le couple $\beta$ rencontre de nouveau la courbe en un point $\alpha'$, ce point est un résiduel du groupe $\beta$ aussi bien que les quatre points originaux; ce point $\alpha'$ est donc, comme nous l'avons déjà nommé, corésiduel avec les quatre points $\alpha$. Il est évident que deux systèmes corésiduels de points doivent être tous deux positifs ou tous deux négatifs.

Le théorème du n° 156 peut s'énoncer comme il suit : *Deux points qui sont corésiduels doivent coïncider*. En effet, nous avons vu que si par $3p - 1$ points $\alpha$ nous décrivons une courbe $U_p$, rencontrant la cubique au point résiduel $\beta$, et si par les mêmes points $\alpha$ nous décrivons une seconde courbe du $p^{\text{ième}}$ ordre rencontrant de nouveau la cubique en un point $\beta'$, les deux points corésiduels $\beta$, $\beta'$ auxquels on arrive par les deux opérations sont un seul et même point.

159. *Si deux systèmes $\beta$, $\beta'$ sont corésiduels, un système quelconque $\alpha'$, qui est un résiduel de l'un, sera aussi un résiduel de l'autre.* Supposons que par un système quelconque $\alpha$ on ait décrit deux courbes $U_p$, $U_q$ qui rencontrent à nouveau la courbe suivant les systèmes $\beta$, $\beta'$; ces deux systèmes sont par définition corésiduels; et ce que nous énonçons maintenant c'est que, si par $\beta'$ on mène une courbe quelconque $U_r$ qui coupe à nouveau la cubique suivant un système de points $\alpha'$, les points $\beta$ et $\alpha'$ constitueront aussi l'intersection complète d'une courbe avec la cubique. En effet, les systèmes $\alpha$ et $\beta$ considérés ensemble constituent l'intersection d'une courbe $U_p$ avec la cubique, et $\alpha'$ et $\beta'$ forment l'in-

tersection de cette dernière avec une courbe $U_r$; les quatre systèmes considérés ensemble constituent donc l'intersection de la cubique par une courbe dont l'ordre est $p+r$; mais les systèmes $\alpha$ et $\beta'$ ensemble donnent l'intersection de la cubique avec la courbe $U_q$ d'ordre $q$; donc (n° 157) les systèmes ensemble constituent l'intersection complète de la cubique $\alpha'$ et $\beta$ avec une courbe d'ordre $p+r-q$.

Donc aussi *deux systèmes qui sont corésiduels au même système sont corésiduels l'un à l'autre*. Si $\beta$ et $\beta'$ sont corésiduels, comme ayant un résiduel commun $\alpha$, et si $\beta'$ et $\beta''$ ont un résiduel commun $\alpha'$, d'après ce qu'on vient de démontrer, $\alpha$ est aussi un résiduel de $\beta''$ et $\alpha'$ de $\beta$; c'est-à-dire que si $\beta$, $\beta''$ sont chacun corésiduels avec $\beta'$, $\beta$ et $\beta''$ sont corésiduels l'un à l'autre, car $\alpha$, $\alpha'$ sont chacun un corésiduel commun de $\beta$, $\beta''$.

**160.** Nous pouvons maintenant donner du théorème (n° 154) une démonstration qui conduira immédiatement à la généralisation que M. Sylvester a fait connaître pour ce théorème. La conique menée par quatre points $\alpha$ d'une cubique rencontre la courbe en deux points $\beta$ qui sont un résiduel du système $\alpha$. La droite menée par les deux points $\beta$ rencontre la courbe en un point $\alpha'$ qui est résiduel à $\beta$ et par suite corésiduel à $\alpha$. Si nous répétions la même opération avec une conique différente, nous arriverions à un point $\alpha''$ qui serait aussi corésiduel au système $\alpha$ et par suite au point $\alpha'$; et les deux points $\alpha'$, $\alpha''$ étant corésiduels doivent coïncider (n° 158). Or, il est évident, en premier lieu, que la même démonstration ne cesserait pas d'être exacte si, au lieu de quatre points, nous partions d'un système positif de $3p+1$ points P. Une courbe d'ordre $p+1$ menée par ces points rencontre la cubique en deux autres points, et la droite qui les joint coupe la courbe en un point corésiduel à P et qui reste le même quelle que soit la courbe d'ordre $p+1$. Mais, en second lieu, au lieu de passer du groupe P au point corésiduel par deux étapes, nous pourrions employer un nombre *pair* quelconque de ces étapes. Ainsi, par les $3p + 1$ points P décrivons une courbe $U_{p+r}$ : le résiduel est le système négatif N de $3r - 1$ points. Par N menons une courbe $U_{r+s}$, et nous obtenons un résiduel P′ de $3s + 1$ points. De la même manière, de P′ nous pouvons obtenir un résiduel de $3t - 1$ points, et ainsi de suite. A cette étape, ou bien à l'une des suivantes, où nous avons un système négatif de $3t - 1$ points, si nous faisons passer par ces points une courbe $U_t$, nous pouvons obtenir un résiduel formé d'un point unique. Le théorème de M. Sylvester consiste en ce que ce point est le même dans tous les cas, quel que soit le procédé de résiduation par lequel on y sera arrivé. En effet, le système N est résiduel de P; P′ est résiduel de N et corésiduel de P; N′ est résiduel de P′, corésiduel de N et par suite aussi résiduel de P, et ainsi de suite. Tout système positif dans la série est résiduel à tout système négatif et corésiduel à tout système positif. Donc le point auquel nous arrivons finalement est corésiduel au système original positif et doit être identique avec le point corésiduel du même systèmeobtenu par un autre procédé. Par exemple, si par quatre points nous décrivons une cubique qui coupe la courbe en cinq autres points; si par ces cinq points nous menons une autre cubique qui donne un résiduel de quatre autres points, par ces quatre points une quartique donnant un résiduel de huit points, et finalement par ces huit derniers une cubique coupant la courbe en un autre point, ce point est le même que celui qu'on aurait déduit des quatre points primitifs par le procédé du nº 154. Et de même, en partant d'un système négatif quelconque de $3q - 1$ points N, nous pouvons, après un nombre impair d'opérations intermédiaires, arriver à un point unique qui sera le résiduel du système primitif et, comme tel, indépendant du mode particulier de résiduation.

161. Les principes que nous venons d'exposer nous per-

mettent de trouver par des constructions linéaires le point résiduel ou corésiduel d'un système négatif ou positif donné. Supposons, par exemple, qu'on demande de trouver le point résiduel de huit points donnés; joignons ces points deux à deux d'une manière arbitraire : les droites qui les réunissent constituent un système du quatrième ordre qui coupe la courbe en quatre points résiduels aux huit points donnés; joignons ces derniers par couples, nous obtenons un système de deux points corésiduels aux huit points donnés; le point où la droite qu'ils déterminent rencontre la courbe est le point résiduel demandé. Ou bien encore, nous pouvons remplacer quatre quelconques des points donnés par leur point corésiduel, construit comme dans le n° **154**, et le problème se ramène à trouver le résiduel de cinq points; en remplaçant de même quatre d'entre eux par leur corésiduel, nous réduisons le problème à la recherche du résiduel d'un système de deux points. On voit facilement, par l'une quelconque de ces manières, que le résiduel du système de huit points consécutifs en un point donné de la cubique est le troisième tangentiel du point donné.

Cette méthode, qui permet de trouver au moyen de constructions linéaires le neuvième point commun à toutes les cubiques qui passent par huit points donnés, suppose que l'on connaisse une cubique tracée par les huit points, et la question n'est pas la même que celle où il s'agit de trouver le neuvième point, quand on donne seulement les huit points. Le D^r Hart a montré que, dans cette dernière question, on peut aussi trouver le neuvième point par une construction linéaire, quoique avec plus de difficultés [1].

**162.** Nous allons terminer cette Section par quelques remarques sur les systèmes de cubiques qui ont plusieurs

---

(1) *Cambridge and Dublin mathematical Journal*, t. VI, p. 181.

points communs. Si l'on nous donne huit points d'une cubique ou huit relations linéaires entre les coefficients de l'équation générale, nous pouvons éliminer tous les coefficients sauf un, de manière à mettre l'équation sous la forme $U + kV = 0$. De même, si l'on nous donne sept points ou sept relations linéaires, la forme générale de l'équation pourra se ramener à $U + kV + lW = 0$, U, V, W étant trois cubiques qui satisfont aux sept conditions données, et les deux constantes $k$, $l$, qui restent à notre disposition, nous permettent de vérifier deux autres conditions. De même aussi, si l'on ne nous donne que six points, la forme générale de l'équation sera $U + kV + lW + mS = 0$. Nous pouvons prendre pour U, V, ... des systèmes de trois droites passant chacune par deux des points donnés. Par exemple, si les six points sont $a$, $b$, $c$, $d$, $e$, $f$ et si $ab = 0$ représente l'équation de la droite qui joint $a$ et $b$, une des formes de l'équation cherchée sera

$$ab.cd.ef + k.ac.be.df + l.ad.bf.ce + m.ae.bd.cf = 0.$$

Comme cette équation renferme trois indéterminées, toute autre cubique qui passera par les six points (par exemple, $af.bc.de$) devra pouvoir s'exprimer sous la forme précédente, et l'équation ci-dessus ne gagnerait rien en généralité si nous y ajoutions un terme tel que $n.af.bc.de$, puisqu'il doit lui-même être égal à la somme des quatre termes qui précèdent, multipliés chacun par un facteur.

Dans les *Sections coniques*, n° 259, nous avons déduit la propriété anharmonique des points d'une conique de l'équation $ab.cd = k.ac.bd$; nous pouvons de même nous servir de l'équation que nous venons d'écrire pour en déduire la propriété suivante, qui est l'extension aux courbes du troisième degré du théorème anharmonique : *Si l'on joint six points d'une cubique à un septième point de la courbe et si l'on coupe ce faisceau par une transversale aux points a, b, c, d, e, f, on a la relation*

$$ab.cd.ef + k.ac.be.df + l.ad.bf.ce - mac.bd.ef = 0,$$

*dans laquelle k, l, m sont des constantes dont la valeur est la même pour chaque courbe particulière passant par les six points.* Le lecteur peut facilement concevoir le nombre de théorèmes particuliers qu'on peut déduire de celui-ci (comme dans les *Sections coniques*, n° 326) en examinant les cas où quelques-uns des points sont à une distance infinie.

163. Nous avons vu (n° 41) que donner un point double équivaut à trois conditions. Si donc nous avons un point double et cinq autres points, une condition de plus déterminera la courbe; elle pourra en conséquence être représentée par une équation de la forme $S - kS' = 0$, S et S' étant deux courbes particulières du système. Nous pouvons l'écrire sous la forme

$$(oabcd)oe - k(oabce)od = 0.$$

Dans cette équation, $(oabcd)$ représente la conique menée par le point double et les quatre points $a, b, c, d$.

De la même manière, nous pouvons écrire l'équation de la cubique qui passe par le point double et quatre autres points sous la forme

$$oa.ob.cd + k.ob.oc.ad + l.oc.oa.bd = 0,$$

et, comme dans le numéro précédent, la même relation a lieu entre les segments déterminés sur une transversale quelconque par les droites qui joignent ces points à un point quelconque de la courbe.

164. Nous avons donné (*Sections coniques*, n° 259) une méthode à l'aide de laquelle on exprime le rapport anharmonique d'un faisceau en fonction des perpendiculaires

abaissées de son sommet sur les côtés d'un quadrilatère quelconque dont les sommets sont situés chacun sur un rayon du faisceau ; nous pouvons trouver par le même moyen le lieu du sommet commun à deux faisceaux, dont le rapport anharmonique est le même et dont les rayons passent par des points fixes parmi lesquels deux sont communs aux deux faisceaux. En effet, si $ab = 0$ représente l'équation de la droite qui joint les points $a$ et $b$, nous obtenons une équation de la forme

$$\frac{ao.bp}{ab.po} = \frac{co.dp}{cd.op},$$

ou

$$ao.bp.cd = ab.ab.co.dp.$$

Si $o$ et $p$ sont les points circulaires à l'infini, cette relation nous donne (*Sections coniques*, n° 358) le lieu du sommet commun à deux triangles dont les bases sont données, et dont les angles aux sommets sont égaux ; nous voyons que c'est une courbe du troisième degré qui passe par ces points circulaires.

Si l'on nous donnait la différence des angles aux sommets, cette condition (*Sections coniques*, n° 358) équivaudrait au rapport de deux fonctions anharmoniques et nous conduirait à une équation de la forme

$$\frac{ao.bp}{ap.bo} = k\frac{co.dp}{cp.do}.$$

Cette équation représente une courbe du quatrième degré, qui a pour points doubles les deux points circulaires à l'infini.

## Section II. — Pôles et polaires.

165. Nous allons maintenant récapituler et appliquer aux cubiques les théorèmes relatifs aux pôles et aux polaires que nous avons établis précédemment. Tout point O $(x', y', z')$ a,

par rapport à une cubique, une droite polaire et une conique polaire dont les équations sont respectivement

$$x\frac{dU'}{dx'}+y\frac{dU'}{dy'}+z\frac{dU'}{dz'}=0,\quad x'\frac{dU}{dx}+y'\frac{dU}{dy}+z'\frac{dU}{dz}=0$$

L'équation de la conique polaire peut aussi être ordonnée suivant les puissances de $x$, $y$, $z$ et devient alors

$$a'x^2+b'y^2+c'z^2+2f'yz+2g'zx+2h'xy=0;$$

$a'$; $b'$, $c'$, ... représentent ici les dérivées dans lesquelles on a introduit les variables accentuées.

La conique polaire est le lieu des pôles de toutes les droites qu'on peut mener par O; par rapport à une cubique non singulière, chaque droite a ainsi quatre pôles qui sont les intersections des coniques polaires de deux points quelconques de ses points. La conique polaire passe par les points de contact des six tangentes qu'on peut en général mener par le point O. Dans le cas d'une cubique nodale, la conique polaire passe par le point double et rencontre seulement la courbe en quatre autres points; chaque droite n'a que trois pôles, puisque les deux coniques polaires (qui passent chacune par le point double) ne se coupent qu'en trois autres points. Dans le cas d'une cubique cuspidale, la conique polaire passe par le point de rebroussement, est tangente à la tangente cuspidale et rencontre seulement la courbe en trois autres points; toute droite n'a que deux pôles. Si la cubique se décompose en une conique et une droite, la conique polaire d'un point O passe par leurs points d'intersection et une ligne droite n'a que deux pôles. La conique polaire passe aussi par l'intersection de la conique et de la polaire de O par rapport à cette dernière. En effet, on voit facilement qu'en effectuant sur LS l'opération $\Delta$ ou $x'\frac{d}{dx}+y'\frac{d}{dy}+z'\frac{d}{dz}$, le résultat sera $L'S+L\Delta S$. Si la cubique se réduit à trois lignes droites $xyz=0$, chaque conique polaire passe par les sommets du triangle qu'elles forment et une droite quelconque n'a plus qu'un pôle. Dans ce cas, les équations de la droite polaire et de la conique polaire sont respectivement

$$xy'z' + yz'x' + zx'y' = 0, \quad x'yz + y'zx + z'xy = 0,$$

ou

$$\frac{x}{x'} + \frac{y}{y'} + \frac{z}{z'} = 0, \quad \frac{x'}{x} + \frac{y'}{y} + \frac{z'}{z} = 0.$$

L'équation que nous venons de former nous fournit immédiatement une construction géométrique de la droite polaire; on sait en effet (*Sections coniques*, n° 60) que, si le point $(x', y', z')$ est représenté par le point O sur la figure ci-contre, la droite LMN (*fig.* 27) sera précisément celle dont on vient d'écrire l'équation.

Fig. 27.

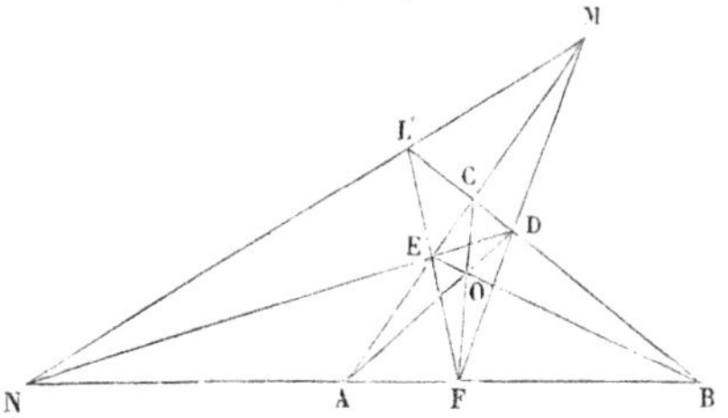


La tangente à la conique polaire en un sommet $xy$ est (*Sections coniques*, n° 12) $\frac{x}{x'} + \frac{y}{y'} = 0$; on la construit en joignant le sommet $xy$ au point où la droite polaire rencontre le côté opposé $z$.

166. Si une droite issue d'un point O rencontre la cubique aux points A, B, C, le point P où elle coupe la droite polaire est déterminé, puisque (n° 132) nous avons

$$\frac{3}{\text{OP}} = \frac{1}{\text{OA}} + \frac{1}{\text{OB}} + \frac{1}{\text{OC}}.$$

Si une seconde droite menée par O rencontre la cubique aux points A′, B′, C′, le point P′ où la polaire coupe cette droite est aussi déterminé; il en est, par conséquent, de même pour la polaire elle-même, qui doit être la même pour toutes les cubiques passant par les points A, B, C, A′, B′, C′. Nous pourrons donc construire de cette manière et au moyen de la règle seulement la droite polaire de O par rapport à la cubique; nous n'aurons qu'à mener deux rayons par le point O et à construire d'après le n° 165 la polaire de O par rapport au triangle formé par AA′, BB′, CC′.

Les relations métriques, indiquées au n° 134, montrent aussi que, si les points A, B, C sont donnés, les deux points où la droite OA rencontre la conique polaire sont aussi donnés. Nous voyons ainsi, comme ci-dessus, que si, par l'origine, nous menons trois rayons rencontrant la courbe en A, B, C, A′, B′, C′, A″, B″, C″, la conique polaire de O est la même par rapport à toutes les cubiques passant par ces neuf points. On peut regarder les points A, A′, A″ comme les points où une transversale quelconque rencontre la courbe, et le problème qui consiste à déterminer la conique polaire de O par rapport à une cubique peut se ramener à la construction de cette même courbe par rapport au système composé de la droite A A′ A″ et de la conique qui passe par les six autres points qui restent.

Nous allons maintenant étudier plus en détail les cas (1°) où O est un point de la courbe; (2°) où il est situé sur la Hessienne.

**167.** Si par deux points consécutifs O, O′ de la courbe nous menons deux systèmes de tangentes OA, OB, OC, OD; O′A, O′B, O′C, O′D, une tangente quelconque OA coupera la tangente consécutive O′A en son point de contact. Mais les quatre points de contact A, B, C, D sont situés sur la conique polaire de O, qui est elle-même tangente à la cubique au point O (n° 64);

donc les six points OO'ABCD sont sur la même conique et par conséquent le rapport anharmonique du faisceau (O.ABCD) est le même que celui du faisceau (O'.ABCD). Puisque ce rapport ne change pas quand nous passons d'un point de la courbe au point consécutif, nous voyons ainsi que *les quatre tangentes qu'on peut mener d'un point quelconque de la courbe forment un faisceau dont le rapport anharmonique est constant.*

Nous donnerons plus tard une démonstration algébrique de ce théorème en montrant que le rapport anharmonique de quatre droites représentées par une équation biquadratique homogène en $x$ et $y$ peut s'exprimer en fonction du rapport des invariants $S^3$ et $T^2$ de la biquadratique et que, si les quatre droites sont des tangentes à la cubique menée par un point de cette courbe, cet invariant absolu du faisceau peut s'exprimer en fonction d'un invariant absolu de la cubique, de manière à rester le même quelle que soit la position du point. Cet invariant est une caractéristique numérique de la cubique qui ne change pas quand on projette la courbe ou qu'on lui fait subir une autre transformation linéaire quelconque. Nous avons montré (*Algèbre supérieure*, n° 213) que la valeur de cet invariant d'une équation biquadratique nous permet de distinguer les équations qui ont deux racines réelles et deux racines imaginaires de celles dont les racines sont toutes réelles ou toutes imaginaires. En conséquence, si, parmi les quatre tangentes qu'on peut mener d'un point d'une cubique, deux sont réelles et deux sont imaginaires, il en sera de même pour tout autre point de la courbe; et de même, si les tangentes issues d'un point quelconque sont toutes réelles ou toutes imaginaires, les tangentes menées de tous les points de cette courbe seront toutes réelles ou toutes imaginaires. Cette propriété sert de base à une division fondamentale des cubiques non singulières en deux classes, celles auxquelles on peut par chaque point mener deux tangentes réelles et deux seulement, et celles pour lesquelles les tangentes peuvent être ou bien toutes réelles ou toutes imaginaires. Nous reprendrons cette remarque, en lui donnant plus de développement, dans la Section où il sera question de la classification des cubiques, et nous y verrons que, dans le second cas, la cubique se compose de deux portions distinctes : pour l'une, les tangentes en chaque point seront toutes réelles; pour l'autre, elles seront toutes imaginaires.

168. Il résulte du n° 167 que, si O, P sont deux points de la courbe, on peut par ces points mener une conique qui passe par les quatre points où chacune des tangentes issues du premier point rencontre la tangente correspondante issue du second. Le rapport anharmonique de quatre points $a, b, c, d$ ne change pas quand on les écrit dans l'ordre $badc$, ou $cdab$, ou $dcba$; donc, en prenant les rayons du second faisceau successivement dans chacun de ces quatre ordres, nous voyons que les seize points d'intersection du premier système de tangentes avec le second sont situés sur quatre coniques qui passent chacune par O, P.

Supposons que la cubique soit circulaire, c'est-à-dire qu'elle contienne les points imaginaires I et J à l'infini; en les prenant pour les points O, P, nous voyons que les seize foyers d'une cubique circulaire sont situés sur quatre cercles, et que chacun de ces cercles contient quatre foyers (¹).

169. *Si O est un point de la courbe, toute corde menée par ce point est divisée harmoniquement par la courbe et la conique polaire de O.*

Nous avons vu (n° 78) que les points d'intersection de la

(¹) Ce théorème a été obtenu pour la première fois par le Dr Hart, mais d'une manière différente. Il m'a été ensuite suggéré par le théorème du n° 167.

courbe et de la droite qui réunit deux points sont déterminés par l'équation

$$\lambda^3 U' + \lambda^2 \mu \Delta' + \lambda \mu^2 \Delta + \mu^3 U = 0.$$

Si $(x', y', z')$ est sur la courbe, $U' = 0$ et l'équation précédente devient divisible par $\mu$; si, de plus, les points $(x, y, z)$, $(x', y', z')$ sont liés par la relation $\Delta = 0$, l'équation du second degré qui reste est de la forme $\lambda^2 \Delta' + \mu^2 U = 0$, ses racines étant égales et de signe contraire, et nous voyons (*Sections coniques*, n° 91) que la droite qui joint les deux points est divisée harmoniquement par la courbe. Nous pouvons aussi démontrer ce même théorème en prenant le point O pour origine et cherchant le lieu des moyennes harmoniques de tous les rayons vecteurs issus de O. Nous procéderons exactement comme dans le n° 132, en faisant d'abord $A = 0$, et nous trouverons immédiatement

$$2(Bx + Cy) + Dx^2 + Exy + Fy^2 = 0:$$

c'est l'équation de la conique polaire de l'origine.

On démontre (comme dans le n° 136) que la tangente à la conique polaire au point où une corde quelconque la rencontre passe par l'intersection des tangentes à la cubique aux points où cette courbe est coupée par la même corde et qu'elle est la conjuguée harmonique de la droite qui joint leur point d'intersection au point O.

**170.** Examinons maintenant d'une manière plus particulière le cas où O *est un point d'inflexion*. Nous avons démontré (n° 74) que la conique polaire d'un point d'inflexion se décompose en deux droites dont l'une est la tangente en ce point. Cette même propriété se déduirait aisément de l'équation qu'on vient de donner pour la conique polaire de l'origine. En effet, pour que l'origine soit un point d'inflexion qui ait l'axe des $y$ pour tangente, nous devons avoir

(voir n° 46) $A = 0, B = 0, D = 0$ et l'équation de la conique polaire (n° 169) se réduit à

$$2Cy + Exy + Fy^2 = 0.$$

Le facteur $y$ est évidemment étranger au problème du lieu des moyennes harmoniques ; nous voyons ainsi que, *si l'on mène des rayons vecteurs par un point d'inflexion, le lieu des moyennes harmoniques sera une droite* (¹). Et réciproquement, *si le lieu des moyennes harmoniques est une droite, le point O est un point d'inflexion*. En effet (n° 74), le seul autre cas où la conique polaire puisse se décomposer en deux droites se présente quand O est un point double, et ce cas ne s'applique pas au problème actuel, puisqu'une droite menée par un point double ne peut rencontrer la courbe qu'en un seul autre point.

Nous appellerons la droite que nous venons de trouver la *polaire harmonique* du point O, pour la distinguer de la droite polaire ordinaire qui est la tangente en O.

**171.** Le point O possède, par rapport à la polaire harmonique, des propriétés exactement analogues à celles des pôles et polaires dans les sections coniques. Ainsi, si l'on mène deux droites par le point O, et si l'on joint leurs extrémités directement et transversalement, les droites ainsi tracées doivent se couper sur la polaire harmonique. C'est là une conséquence immédiate des propriétés harmoniques d'un quadrilatère.

Nous déduisons encore, comme cas particulier de la propriété précédente, que les tangentes aux extrémités d'un rayon vecteur mené par O doivent se rencontrer sur la polaire harmonique.

---

(¹) Ce théorème est dû à Mac Laurin : *De linearum geometricarum proprietatibus generalibus*, Sect. III, prop. 9.

La polaire harmonique doit passer par les points de contact des tangentes qu'on peut mener à la courbe par O; en effet, OR'RR'' est divisé harmoniquement; si donc R coïncide avec R'', il doit coïncider avec R. Donc, par un point d'inflexion, on ne peut mener que trois tangentes, et leurs points de contact sont situés sur une ligne droite.

Si la courbe a un point double, on démontre exactement de la même manière qu'il doit se trouver sur la polaire harmonique.

Le premier théorème de ce numéro peut être énoncé sous une autre forme ainsi qu'il suit : Si trois points A', B', C' sont situés sur une droite et si les droites qui les joignent à O rencontrent de nouveau la courbe en A'', B'', C'', ces points seront aussi sur une même droite et ces deux droites rencontreront la polaire harmonique au même point. Si nous supposons maintenant que A', B', C' coïncident, nous retombons sur ce théorème que la droite qui joint deux points d'inflexion doit passer par le troisième et que les tangentes à deux quelconques d'entre eux se rencontrent sur la polaire harmonique du troisième.

172. *Si, par un point d'inflexion* O *on mène trois droites rencontrant la courbe en* $A_1$, $A_2$; $B_1$, $B_2$; $C_1$, $C_2$, *toute courbe du troisième degré menée par les sept points* O, $A_1$, $A_2$, $B_1$, $B_2$, $C_1$, $C_2$ *aura le point* O *pour point d'inflexion*. En effet, supposons que les trois droites rencontrent la polaire harmonique aux points A, B, C; ces points seront aussi communs au lieu des moyennes harmoniques du point O par rapport à toutes les courbes qui passeront par ces sept points; donc ce lieu, qui en général serait une conique, doit, puisque trois de ses points sont sur une même droite, être cette même droite pour toutes les courbes dont il s'agit; et par conséquent (n° 170) le point O doit être un point d'inflexion.

**173.** Nous avons vu (n° 74) que les points d'inflexion d'une courbe du troisième degré sont les intersections de la courbe U avec la courbe H, qui est aussi une courbe du troisième degré. *Toute courbe du troisième degré a donc en général neuf points d'inflexion;* cependant trois seulement de ces points sont réels (n° 125, *Ex.* 3). Nous avons aussi démontré que la droite qui joint deux points d'inflexion doit également passer par le troisième; il en résulte que par chaque point d'inflexion on peut mener quatre droites qui contiendront les huit autres points. Il en découle aussi, comme cas particulier du numéro précédent, que *toute courbe du troisième degré, menée par les neuf points d'inflexion, aura aussi ces points pour points d'inflexion* (1).

**174.** Parmi les droites qui contiennent chacune trois points d'inflexion, il en passe quatre par chaque point d'inflexion; il doit donc exister en tout $\frac{1}{3}(4 \times 9) = 12$ de ces droites (2).

Si nous essayons de former un tableau de ces droites, nous trouverons qu'il ne pourra différer que par la notation du tableau suivant :

1 2 3, 4 5 6, 7 8 9; 1 4 7, 2 5 8, 3 6 9;
1 5 9, 2 6 7, 3 4 8; 1 6 8, 2 4 9, 3 5 7.

Clebsch a remarqué que, si l'on écrit les neuf éléments sous la forme ci-dessous,

1 2 3
4 5 6
7 8 9

(1) Ce théorème est dû à M. Hesse, qui a aussi démontré que si U est une cubique, H son Hessien et $a\mathrm{U} + b\mathrm{H} = 0$ l'équation d'une cubique quelconque passant par leurs intersections, l'équation du Hessien de cette dernière courbe a aussi la même forme. La méthode de démonstration adoptée ici est due au Dr Hart.

(2) Il est facile de voir que nous pouvons avoir neuf points *réels* situés trois à trois sur dix droites, mais que le nombre de ces droites ne peut être plus grand : par suite, les neuf points d'inflexion ne peuvent être tous réels, ce qui s'accorde avec la remarque du n° 173.

les systèmes qui constituent les deux lignes qu'on vient d'écrire se composent des lignes, des colonnes et des éléments positifs du déterminant des éléments.

Il résulte de là que toute cubique passant par sept des points d'inflexion aura l'un d'eux pour point d'inflexion; en effet, prenons sept quelconques de ces points (les sept premiers par exemple) et nous verrons, d'après le tableau précédent, qu'ils sont situés sur trois droites (147, 267, 357) qui se coupent en un point commun sur la courbe, et que par conséquent, d'après le n° 172, le point commun (7) est un point d'inflexion de toutes ces courbes.

D'après la manière même suivant laquelle on a écrit ces lignes, il est évident qu'on peut les diviser en quatre systèmes de trois droites, chaque système passant par tous les neuf points; ou bien que, si nous formons l'équation $U + \lambda H = 0$, il y a quatre valeurs de $\lambda$ pour lesquelles l'équation se réduit à un système de trois droites. Pour la démonstration directe de cette proposition, voir la dernière Section de ce Chapitre.

175. Considérons maintenant le cas (2°) où $(x', y', z')$ est *sur la Hessienne* et où par conséquent sa conique polaire se décompose en deux droites. Nous avons démontré d'une manière générale (n° 70) que si la première polaire d'un point quelconque A a un point double B, la conique polaire de B a un point double A. Mais, dans le cas des cubiques, la première polaire est la conique polaire, et ce théorème devient : *Si la conique polaire de* A *se décompose en deux droites qui se coupent en* B, *la conique polaire de* B *se décompose aussi en deux droites qui se coupent en* A. En effet, si la conique polaire de $(x', y', z')$ se décompose en deux droites, les coordonnées de leur intersection $(x, y, z)$ satisferont aux trois équations obtenues en différentiant l'équation de la conique polaire. Mais (n° 165) cette dernière équation peut

s'écrire sous l'une ou l'autre des deux formes équivalentes

$$U_1 x' + U_2 y' + U_3 z' = 0$$

ou

$$a'x^2 + b'y^2 + c'z^2 + 2f'yz + 2g'zx + 2h'xy = 0,$$

et les dérivées peuvent, par conséquent, être écrites sous l'une ou l'autre des formes équivalentes

$$ax' + hy' + gz' = 0, \quad hx' + by' + fz' = 0, \quad gz' + fy' + cz' = 0,$$
$$a'x + h'y + g'z = 0, \quad h'x + b'y + f'z = 0, \quad g'z + f'y + c'z = 0.$$

Nous voyons par là que ces équations sont symétriques en $(x, y, z)$ et $(x', y', z')$ et que, par conséquent, la relation qui existe entre ces points est réciproque. A et B sont évidemment tous deux des points de la Hessienne; on dit que ce sont des points correspondants sur cette courbe; nous allons montrer actuellement qu'ils le sont aussi dans le sens indiqué au n° 151, c'est-à-dire que les tangentes menées à la Hessienne aux points A et B respectivement se coupent suivant un point de la Hessienne ([1]). Dans le cas d'une cubique, la courbe appelée la *Steinerienne* (n° 70) est identique avec la Hessienne.

**176.** L'équation de la conique polaire d'un point quelconque $(\xi, \eta, \zeta)$ étant $\xi U_1 + \eta U_2 + \zeta U_3 = 0$, le système entier des coniques polaires forme un système de coniques semblable à celui que nous avons discuté (*Sections coniques*, n° 388) et dont l'équation renferme deux indéterminées au premier degré. L'équation de la polaire d'un point A par rapport à une conique quelconque du système est

$$\xi(ax' + hy' + gz') + \eta(hx' + by' + fz') + \zeta(gx' + fy' + cz') = 0;$$

([1]) On montrera plus tard qu'il y a trois cubiques ayant le même Hessien : la correspondance des points A, B de la Hessienne est de l'un ou l'autre des trois genres de correspondance, suivant que la cubique est l'une ou l'autre des trois cubiques.

elle est vérifiée par les coordonnées du point B; nous voyons par là que la polaire de l'un quelconque des points A, B passe par l'autre point et que, par conséquent, la Hessienne de la cubique est la Jacobienne (*Sections coniques*, n° 388) du système des coniques polaires. Puisque A et B sont conjugués par rapport à une conique quelconque du système, la droite qui les joint est divisée harmoniquement par chacune de ces coniques et les points où les coniques coupent cette droite constituent un système en involution dont A et B sont les foyers. Les deux points où l'une quelconque de ces coniques rencontre la droite AB ne peuvent coïncider qu'en l'un ou l'autre des points A et B; et, en conséquence, si l'une des coniques se décompose en deux droites qui se coupent sur AB, le point d'intersection doit être A ou B, à moins que AB ne soit elle-même l'une des droites. Mais comme la Hessienne d'une cubique est elle-même une cubique, AB la rencontre en trois points, c'est-à-dire en un troisième point C, en outre de A et B. Tout point de la Hessienne est, comme nous l'avons vu, l'intersection de deux droites suivant lesquelles se décompose une certaine conique polaire du système, et il résulte de ce qu'on vient de démontrer que l'une des deux droites qui se coupent en C doit être AB. Ainsi, du système de points dont le lieu est la Hessienne, nous pouvons donc déduire un système de droites, en prenant les couples de droites qui sont les coniques polaires de chaque point de la Hessienne. Chaque droite du système rencontre la Hessienne en trois points; deux d'entre eux A, B sont des points correspondants de la Hessienne, et le troisième C, que nous pouvons appeler le *point complémentaire*, est celui où la droite en question rencontre la droite conjuguée.

177. La courbe qui est l'enveloppe du système de droites dont on vient de parler a été étudiée par M. Cayley : c'est pour cette raison que M. Cremona l'a appelée la *Cayleyenne*

de la cubique [1]. Elle est de la troisième classe, comme nous le voyons, en cherchant combien il peut passer de ces droites par un point arbitraire P. Tout point M, dont la conique polaire passe par P, doit se trouver sur la droite polaire de P (n° 61) et, pour que la conique polaire se décompose en deux droites, M doit être situé sur la Hessienne. Il y a évidemment alors trois points M, tels que leur conique polaire se réduise à un couple de droites dont l'une passe par P. Il n'existe pas de tangente double ou stationnaire, et la courbe est par conséquent du sixième ordre.

Toute droite du système joint des points correspondants sur la Hessienne (n° 176); donc la Cayleyenne peut à volonté être considérée comme l'enveloppe des droites en lesquelles se décomposent les coniques polaires des points de la Hessienne ou comme l'enveloppe des droites qui joignent les points correspondants de la Hessienne. Cependant, dans le cas de courbes de degré plus élevé, l'enveloppe des droites qui joignent les points correspondants A, B (n° 70) est distincte de l'enveloppe des droites suivant lesquelles se décomposent les coniques polaires.

La Cayleyenne peut aussi être considérée (n° 176) comme l'enveloppe des droites qui sont coupées involutivement par le système des coniques polaires. Nous avons montré (*Sections coniques*, n° 388 *a*) comment on peut écrire immédiatement l'équation de l'enveloppe envisagée à ce point de vue, et nous avons établi que l'équation de la courbe est de la troisième classe.

178. Examinons maintenant quels sont les quatre pôles par rapport à la cubique de la tangente à la Hessienne en un point quelconque A. Les quatre pôles en question sont les

(1) Elle était représentée, par M. Cayley lui-même, par la lettre P et appelée par lui la *pippienne*.

intersections de la conique polaire de A avec la conique polaire du point consécutif A' de la Hessienne. La conique polaire de A se compose du couple de droites BL, BN (*voir* la figure du n° 180) et la conique polaire de A' est le couple de droites consécutives à celles-ci. Mais BL coupe la droite consécutive à BN au point B; BN rencontre la droite consécutive à BL au même point et BL et BN coupent les droites qui leur sont respectivement consécutives en leurs points de contact avec leur enveloppe. Les quatre pôles en question sont donc le point B compté deux fois et les points de contact avec la Cayleyenne des droites BL, BN. Ainsi, en particulier, *la droite polaire par rapport à la cubique d'un point quelconque de la hessienne est la tangente à la hessienne au point correspondant.* De ce qu'on vient de dire, on peut conclure directement que la Cayleyenne est du sixième ordre, ainsi que nous l'avons annoncé précédemment. En effet, l'équation du lieu des pôles, par rapport à la cubique, des tangentes à la Hessienne s'obtient en formant la condition pour que $xU_1 + yU_2 + zU_3$ soit tangente à cette Hessienne. Cette condition renferme les quantités $U_1, U_2, U_3$ au sixième degré, et le lieu est par conséquent du douzième ordre. Mais nous avons démontré que la Hessienne doit figurer comme facteur double dans cette équation; le facteur restant, qui est la Cayleyenne, est donc du sixième ordre.

179. Le lieu des points dont les droites polaires, par rapport à une courbe U, sont tangentes à une autre courbe V, rencontre évidemment U en ses points de contact avec les tangentes communes à U et V. En effet, la polaire d'un point de U est la tangente à U en ce point et, si c'est aussi un point du lieu, la polaire doit, par hypothèse, être tangente à V. Nous venons de reconnaître que, si U est une cubique et V sa Hessienne, le lieu se compose de la Cayleyenne et de la Hessienne comptées deux fois. La cubique et la Hessienne, étant

chacune de la sixième classe, ont trente-six tangentes communes. Et nous voyons que ces tangentes communes se composent des tangentes à U aux dix-huit points où elle est rencontrée par la Cayleyenne et des tangentes à V aux points où elle est rencontrée par la Hessienne (c'est-à-dire des neuf tangentes stationnaires); ces dernières tangentes doivent être comptées deux fois, et, par le fait, nous avons fait remarquer (n° 46) que toute tangente stationnaire peut être considérée comme une tangente double, puisqu'elle passe par trois points consécutifs et joint le premier au second, puis le second au troisième de ces points (¹).

La conique polaire d'un point d'inflexion A se compose (n° 170) de la tangente d'inflexion elle-même et de la polaire harmonique de A; et le point B, qui correspond à A, est, par conséquent, le point où la tangente d'inflexion rencontre la polaire harmonique. La tangente à la Hessienne en B est la polaire de A par rapport à la cubique, c'est-à-dire la tangente d'inflexion elle-même. Donc les neuf points où les tangentes stationnaires sont tangentes à la Hessienne sont les points où chaque tangente stationnaire rencontre la polaire harmonique correspondante.

On peut conclure de ce qu'on vient de démontrer (nous le démontrerons aussi d'une autre manière un peu plus tard) que le problème qui consiste à trouver une cubique dont une cubique donnée soit la Hessienne admet trois solutions. En effet, les points d'inflexion étant communs aux deux courbes (n° 173), nous avons neuf points (équivalents à huit conditions) par lesquels la cubique cherchée doit passer; si nous

---

(¹) Nous avons donné (n° 47) les raisons qui conduisent à traiter le rebroussement et le nœud, la tangente double et stationnaire comme des singularités distinctes; mais, lorsque l'on compte les points d'intersection de deux courbes, un rebroussement ou un nœud sur une d'elles compte pour deux points et une tangente double ou stationnaire à l'une d'elles compte pour deux parmi leurs tangentes communes.

connaissions la tangente en l'un de ces points A, la cubique serait complètement déterminée. Or la proposition que nous venons d'établir montre que cette tangente peut être l'une quelconque des *trois tangentes* (n° 171) qu'on peut mener de A à la courbe.

180. *Les tangentes à la Hessienne aux points correspondants* A, B *se coupent sur cette même courbe.* — Supposons que la conique polaire de A soit BL, BN et que celle

Fig. 28.

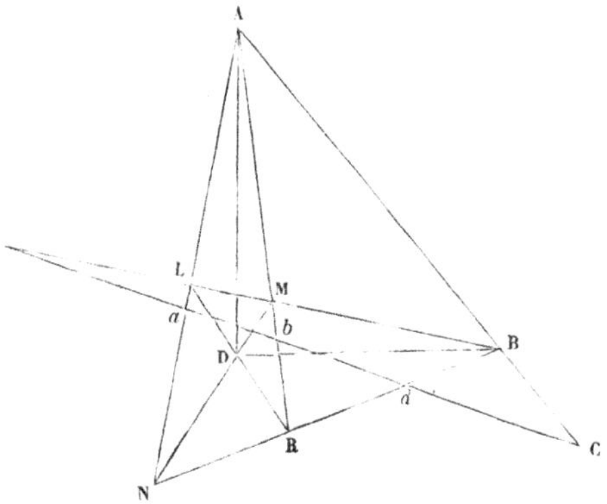


de B soit AR, AN; L, M, N, R sont alors les quatre pôles de la droite AB et la conique polaire de tout point de AB passera par ces quatre points. Si donc cette conique polaire se décompose en deux droites, celles-ci ne peuvent être que LR et MN; nous voyons que D est un point situé sur la Hessienne et qu'il correspond au point C où AB rencontre de nouveau cette dernière courbe. Mais la tangente en B à la Hessienne est la polaire de A par rapport à la cubique, et elle doit aussi (n° 60) être sa polaire par rapport à la conique polaire de A(BL,BN); donc, d'après les propriétés harmoniques du quadrilatère, cette tangente est la droite BD :

on démontre de la même manière que la tangente en A est la droite AD.

Quand on connaît la Hessienne et un point A situé sur cette courbe, le problème, qui consiste à trouver le point correspondant B, admet trois solutions (*voir* n° 151). En effet, si nous menons la tangente en A, qui rencontre de nouveau la courbe en D, B peut être le point de contact de l'une quelconque des trois tangentes qu'on peut mener de D à la courbe, en outre de AD. Ces trois solutions correspondent aux trois cubiques différentes, dont la courbe donnée peut être la Hessienne.

181. *Les points de contact avec la Cayleyenne des quatre droites* BL, BN, AR, AN *sont situés sur une même droite.* Les pôles de AD, par rapport à la cubique, sont les intersections des coniques polaires de A et D ; la première est le couple de droites BL, BN ; l'autre conique polaire se compose de la droite AB et d'une droite conjuguée qui passe par C. Les quatre pôles sont donc le point B compté deux fois et les deux points où C$a$ rencontre BL, BN. Mais, comme AD est une tangente à la Hessienne, il résulte du n° 178 que les deux derniers pôles sont les points de contact des droites BL, BN avec leurs enveloppes. On reconnaît de la même manière que les points de contact de AR, AN avec leur enveloppe sont situés sur la même ligne droite. Cette droite est elle-même une tangente à la Cayleyenne, par conséquent les six points où elle rencontre la Cayleyenne sont tous comptés. En d'autres termes, une tangente quelconque à la Cayleyenne est l'une des deux droites en lesquelles se décompose une conique polaire; l'autre droite joint deux points correspondants de la Hessienne ; les quatre droites qui constituent les coniques polaires de ces deux points passent respectivement par les quatre points où la tangente donnée coupe de nouveau la Cayleyenne.

De même, pour trouver le point de contact d'une tangente donnée quelconque avec la Cayleyenne, la règle à laquelle nous sommes arrivés consiste à prendre ce que nous avons appelé le *point complémentaire* sur la tangente donnée et à le joindre au point correspondant sur la Hessienne ; la droite conjuguée de cette droite rencontre la tangente donnée au point cherché. Mais nous pouvons déduire de là une règle encore plus simple : en effet, les deux droites dont on vient de parler constituent une conique polaire et toute conique polaire divise harmoniquement la droite qui joint deux points correspondants ; la règle revient donc à prendre les trois points où la tangente rencontre la Hessienne et qui se composent de deux points correspondants et d'un point complémentaire, et à déterminer le conjugué harmonique du point complémentaire par rapport aux deux points correspondants.

182. Appliquons les règles précédentes au cas où A est un point d'inflexion et où le point correspondant B est le point suivant lequel la tangente d'inflexion rencontre la polaire harmonique. La conique polaire de B est alors un couple de droites passant par A et la conique polaire de A se compose de la tangente d'inflexion et de la polaire harmonique. Pour trouver les points où ces quatre droites sont tangentes à la Cayleyenne, nous prenons le point où la droite AB rencontre de nouveau la Hessienne : c'est le point B, puisque AB est tangente à la Hessienne ; et la droite menée par B et conjuguée à AB, sur laquelle se trouvent les quatre points de contact, est la polaire harmonique. Ainsi le point de contact de la tangente d'inflexion avec la Cayleyenne est donc le point où cette droite rencontre la polaire harmonique ; autrement dit (n° 179) la Cayleyenne et la Hessienne sont tangentes entre elles et ont pour tangentes communes les neuf tangentes d'inflexion. La Cayleyenne, en sa qualité de courbe non singulière de la troisième classe, a neuf rebroussements, et la con-

struction qu'on vient de donner fait voir que les polaires harmoniques sont les neuf tangentes cuspidales.

183. Nous avons montré que la tangente à la Hessienne en un point quelconque A rencontre de nouveau cette courbe au point D, où elle coupe la polaire de A par rapport à la cubique. Il s'ensuit que la tangente à une cubique, en un point quelconque A, coupe de nouveau la cubique au point où elle rencontre la polaire de A, par rapport à une cubique ayant pour Hessienne la cubique donnée. Mais une cubique de cette sorte passe par les points d'inflexion de la cubique donnée et son équation sera de la forme $a\mathrm{U}+b\mathrm{H}=0$; l'équation de la polaire d'un point quelconque, par rapport à cette courbe, sera alors

$$a\left(x\frac{d\mathrm{U}'}{dx'}+y\frac{d\mathrm{U}'}{dy'}+z\frac{d\mathrm{U}'}{dx'}\right)+b\left(x\frac{d\mathrm{H}'}{dx'}+y\frac{d\mathrm{H}'}{dy'}+z\frac{d\mathrm{H}'}{dz'}\right)=0.$$

Il en résulte donc que le point où une tangente quelconque coupe de nouveau la cubique s'obtiendra en combinant les équations

$$x\frac{d\mathrm{U}'}{dx'}+y\frac{d\mathrm{U}'}{dy'}+z\frac{d\mathrm{U}'}{dz'}=0,\quad x\frac{d\mathrm{H}'}{dx'}+y\frac{d\mathrm{H}'}{dy'}+z\frac{d\mathrm{H}'}{dz'}=0.$$

En d'autres termes, le *tangentiel* d'un point $(x', y', z')$ d'une cubique est l'intersection de la tangente à la cubique en ce point et de la polaire de ce même point par rapport à la Hessienne; nous pouvons immédiatement déduire de là les expressions des coordonnées $(x, y, z)$ du tangentiel en fonction de $x', y', z'$; elles sont proportionnelles à

$$\mathrm{U}_2\mathrm{H}_3-\mathrm{U}_3\mathrm{H}_2,\quad \mathrm{U}_3\mathrm{H}_1-\mathrm{U}_1\mathrm{H}_3,\quad \mathrm{U}_1\mathrm{H}_2-\mathrm{U}_2\mathrm{H}_1;$$

ce sont des fonctions du quatrième degré en $x', y', z'$.

184. Les droites polaires des points d'une droite donnée $\alpha x+\beta y+\gamma z=0$ enveloppent une conique que nous

appellerons la *conique polaire* de la droite donnée. L'équation de la polaire d'un point quelconque $(x', y', z')$ peut s'écrire

$$ax'^2 + by'^2 + cz'^2 + 2fy'z' + 2gz'x' + 2hx'y' = 0,$$

et le problème qui consiste à trouver l'enveloppe de cette droite vérifiant la condition $\alpha x' + \beta y' + \gamma z' = 0$ est le même (n° 96) que celui où il s'agit de former la condition pour qu'une droite soit tangente à une conique. L'équation de l'enveloppe cherchée est donc

$$A\alpha^2 + B\beta^2 + C\gamma^2 + 2F\beta\gamma + 2G\gamma\alpha + 2H\alpha\beta = 0.$$

A, B, C, ... ont ici la même signification que dans les *Sections coniques*, c'est-à-dire qu'ils sont respectivement égaux à $bc - f^2$, $ca - g^2$, ... : ce sont donc des fonctions du second degré des coordonnées $x$, $y$, $z$. Il est clair que la conique polaire d'une droite pourrait aussi être définie comme le lieu des points dont les coniques polaires sont tangentes à une droite donnée.

Si, pour trouver cette enveloppe, nous avions appliqué la méthode du n° 88, nous aurions vu que la solution dépend des équations

$$ax' + hy' + gz' = \lambda\alpha, \quad hx' + by' + fz' = \lambda\beta, \quad gx' + fy' + cz' = \lambda\gamma.$$

Mais ces équations sont celles qui déterminent le pôle de la droite donnée par rapport à $x'U_1 + y'U_2 + z'U_3$. La conique polaire d'une droite est donc aussi le lieu des pôles de cette droite par rapport aux coniques polaires de tous les points de la droite. On aurait pu trouver ce résultat à l'aide de considérations géométriques.

185. Puisque la droite polaire d'un point quelconque d'une droite est la même que la polaire de ce même point par rapport aux trois tangentes aux points où la droite coupe

la courbe, la conique polaire d'une droite par rapport à la courbe est la même que la polaire de cette droite prise par rapport à ces trois tangentes. Soit $xyz = 0$ leur équation. Trouver la conique polaire d'une droite, c'est (n° 165) former l'équation de l'enveloppe de la droite $xy'z' + yz'x' + zx'y' = 0$ avec la condition $\alpha x' + \beta y' + \gamma z' = 0$; cette équation est (voir *Sections coniques*, n° 127)

$$\sqrt{(\alpha x)} + \sqrt{(\beta y)} + \sqrt{(\gamma z)} = 0.$$

Il en résulte que, si la droite donnée coupe la cubique aux points P, Q, R, et si les tangentes en ces points forment le

Fig. 29.

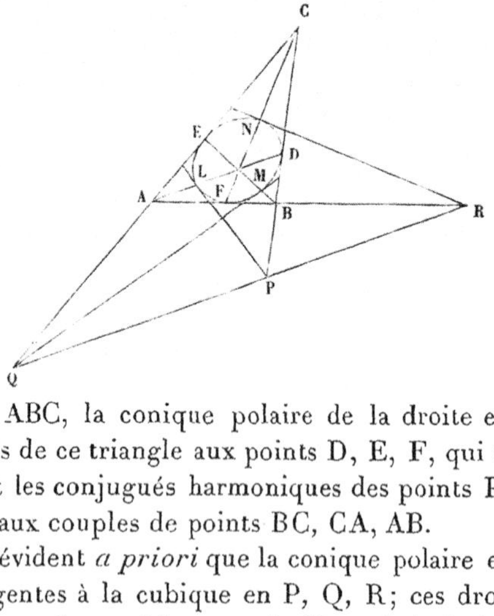


triangle ABC, la conique polaire de la droite est tangente aux côtés de ce triangle aux points D, E, F, qui sont respectivement les conjugués harmoniques des points P, Q, R, par rapport aux couples de points BC, CA, AB.

Il est évident *a priori* que la conique polaire est tangente aux tangentes à la cubique en P, Q, R; ces droites ne sont en effet que des positions particulières de la droite dont nous cherchions l'enveloppe.

**186.** Il résulte de la définition même que les tangentes

qu'on peut mener d'un point quelconque à la conique polaire d'une ligne droite sont les polaires des deux points où la conique polaire du point coupe la droite : donc la conique polaire d'un point rencontre une droite en des points réels ou imaginaires, suivant que le point est en dehors ou en dedans de la conique polaire de la droite ; on dit qu'un point est en dehors d'une conique quand de ce point on peut mener à cette conique des tangentes réelles. Nous avons déjà fait remarquer que, si un point est sur la conique polaire d'une droite, sa conique polaire est tangente à la droite.

En particulier, on sait que la conique polaire d'un point double se compose du couple de tangentes à ce point double ; la conique polaire de toute droite par rapport à une cubique à point double réel sera donc tellement placée que le nœud se trouvera en dehors d'elle ; si la cubique est acnodale, le point conjugué sera en dedans de la conique en question. Si enfin la cubique est cuspidale, la conique polaire d'une droite quelconque passera par le point de rebroussement.

187. Il découle des définitions qui précèdent et du n° 135 que si la droite donnée est à l'infini, sa conique polaire peut être définie, soit comme l'enveloppe des diamètres de la cubique, soit comme le lieu des centres des coniques diamétrales de la cubique, soit enfin comme le lieu des points dont la conique polaire est une parabole. On obtient son équation en faisant $\alpha = 0$ et $\beta = 0$ dans les formules du n° 184 ; cette équation est $C = 0$ ou bien $ab - h^2 = 0$, c'est-à-dire

$$\frac{d^2U}{dx^2}\frac{d^2U}{dy^2} = \left(\frac{d^2U}{dxdy}\right)^2.$$

Le n° 185 nous fait voir que cette équation est l'équation de l'ellipse tangente aux trois côtés du triangle formé par les asymptotes et en leurs points milieux.

188. Si la droite donnée est tangente à la cubique, la polaire du point de contact est alors la droite elle-même; cette droite coïncide avec l'une des positions de la droite enveloppée du n° 184 et par suite est tangente à la conique polaire. Et il n'y a pas d'autre cas où une droite puisse être tangente à sa conique polaire par rapport à une cubique non singulière. Ce principe a été utilisé en conséquence pour former l'équation tangentielle d'une cubique. Puisque A, B, ... sont des fonctions du second degré des coordonnées, l'équation de la conique polaire $A\alpha^2 + \ldots = 0$ peut s'écrire sous la forme

$$A'x^2 + B'y^2 + C'z^2 + 2F'yz + 2G'zx + 2H'xy = 0.$$

A′, B′ étant des fonctions du second degré en $\alpha$, $\beta$, $\gamma$; la condition pour qu'elle soit tangente à la droite donnée est $(B'C' - F'^2)\alpha^2 + \ldots = 0$. Cette relation est du sixième degré en $\alpha$, $\beta$, $\gamma$; c'est la condition cherchée pour que la droite donnée soit tangente à la cubique.

Si la droite est tangente à la Cayleyenne, on sait que, jointe à une autre droite, elle constitue la conique polaire d'un certain point; la conique polaire de tout point de la droite passe par ce point et, en conséquence, l'enveloppe du n° 184 se réduit à un point.

189. Nous considérons maintenant deux cubiques U, V et nous allons étudier le problème suivant : Trouver un point qui ait la même polaire par rapport à chaque courbe, ou, ce qui revient au même, dont la polaire par rapport à une cubique quelconque $U + \lambda V = 0$ soit la même quel que soit $\lambda$. Pour que

$$xU_1 + yU_2 + zU_3 = 0$$

et

$$xV_1 + yV_2 + zV_3 = 0$$

puissent représenter la même droite, nous devons avoir

$$\frac{U_1}{V_1} = \frac{U_2}{V_2} = \frac{U_3}{V_3},$$

ou bien

$$U_1 V_2 - U_2 V_1 = 0, \quad U_2 V_3 - U_3 V_2 = 0, \quad U_3 V_1 - U_1 V_3 = 0.$$

La première forme sous laquelle les équations ont été écrites montre clairement que les trois équations équivalent à deux seulement, et que les courbes du quatrième degré, représentées par les équations mises sous la seconde forme, ont des points communs. Mais *tous* leurs points d'intersection ne leur sont pas communs; car les valeurs qui rendent égaux à zéro le numérateur et le dénominateur de l'une quelconque de ces trois fractions satisfont à deux des équations résultantes, mais ne vérifient pas la troisième. Si, des seize points communs aux quartiques représentées par les deux premières équations, nous retranchons les quatre points communs à $U_2$, $V_2$, il reste douze points communs aux trois quartiques et ce sont les points cherchés [1].

190. Comme le discriminant d'une cubique est du douzième degré par rapport aux coefficients (n° 69), il y a, en général, douze valeurs de $\lambda$ pour lesquelles le discriminant de $U + \lambda V$ sera nul. En effet si, dans l'expression générale du discriminant, nous remplaçons chaque coefficient $a$, ... par $a + \lambda a'$, ..., nous avons évidemment une équation du douzième degré pour déterminer $\lambda$ (*Sections coniques*, n° 250);

---

[1] De même, en général, si $U_1$, $U_2$, $U_3$ sont des fonctions du degré $m$ par rapport aux coordonnées et $V_1$, $V_2$, $V_3$ des fonctions du degré $n$, le système d'équations

$$\frac{U_1}{V_1} = \frac{U_2}{V_2} = \frac{U_3}{V_3}$$

représente trois courbes de l'ordre $m + n$ qui ont $m^2 + mn + n^2$ points communs (voir *Algèbre supérieure*, n° 257).

les coordonnées du point double sur une quelconque de ces cubiques vérifient les trois équations (n° 69)

$$U_1 + \lambda V_1 = o, \quad U_2 + \lambda V_2 = o, \quad U_3 + \lambda V_3 = o,$$

et le système des équations obtenues en éliminant $\lambda$ entre chaque couple de ces équations est le même que celui qu'on a considéré dans le numéro précédent; donc, *par les intersections de deux cubiques* U, V, *on peut mener douze cubiques nodales, et la polaire d'un quelconque des douze points doubles sera la même par rapport à toutes les cubiques du système* $U + \lambda V = o$. Ces points ont été appelés les *centres critiques* du système de cubiques.

**191**. Si l'on nous donne trois cubiques U, V, W, les coordonnées du point double d'une cubique quelconque du système $\lambda U + \mu V + \nu W = o$ satisfont aux équations

$$\begin{aligned} \lambda U_1 + \mu V_1 + \nu W_1 &= o, \\ \lambda U_2 + \mu V_2 + \nu W_2 &= o, \\ \lambda U_3 + \mu V_3 + \nu W_3 &= o, \end{aligned}$$

et, en éliminant $\lambda$, $\mu$, $\nu$, nous voyons que le lieu du point double est la Jacobienne

$$U_1(V_2 W_3 - V_3 W_2) + U_2(V_3 W_1 - V_1 W_3) + U_3(V_1 W_2 - W_2 W_1) = o.$$

Si les trois cubiques ont un point commun, il sera un point double de la Jacobienne; en effet, si les termes de degré le moins élevé en $x$ et $y$ dans U, V, W sont respectivement $ax + by$, $a'x + b'y$, $a''x + b''y$, les termes de la Jacobienne qui sont de degré inférieur au second en $x$ et $y$ sont, comme on le voit facilement,

$$\begin{vmatrix} a & b & ax + by \\ a' & b' & a'x + b'y \\ a'' & b'' & a''x + b''y \end{vmatrix},$$

et cette expression s'annule identiquement. Le lieu des points doubles de toutes les cubiques nodales qui passent par sept points fixes est donc une courbe du sixième degré, ayant ces sept points pour points doubles, puisque l'on peut considérer U, V, W comme trois cubiques quelconques passant par les sept points donnés. De la même manière, les points doubles des cubiques nodales que l'on peut mener par huit points se trouveront déterminés comme intersections des deux lieux du sixième degré, obtenus en laissant d'abord de côté un des huit points donnés, puis un autre de ces mêmes points; et, comme ces deux courbes ont six points doubles communs, le nombre des autres points d'intersection est $36 - 24$ ou $12$ : ceci s'accorde avec le résultat trouvé dans le numéro précédent.

192. On peut, dans certains cas, apercevoir du premier coup la position de quelques-uns des centres critiques. Considérons, par exemple, le système $\lambda xyz + uvw = 0$, dans lequel $u$, $v$, $w$ représentent des droites : il est évident que $xyz$ est une cubique du système et qu'elle a $xy$, $yz$, $zx$ pour points doubles; on voit de même que $uv$, $vw$, $wu$ sont des points doubles : il n'y a donc plus que six autres centres critiques. Nous étudierons plus particulièrement le système $\lambda xyz + u^2 v = 0$, et nous allons montrer que ce système n'a que trois centres critiques en dehors des points $xy$, $yz$, $zx$, $uv$. La classification que Plücker a donnée pour les cubiques lui a été suggérée par l'étude de cette équation dans le cas où $u$ est la droite à l'infini et où, par conséquent, $v$ est sa satellite et $x$, $y$, $z$ les trois asymptotes. Nous pouvons donc, pour une position quelconque des droites $x$, $y$, $z$, étudier les formes que prend la courbe quand nous donnons différentes valeurs au paramètre $\lambda$; et l'on comprendra facilement que chaque courbe nodale dans la série correspond à un changement d'une forme de courbe à une autre forme. Ainsi nous avons vu (n° 39) qu'une cubique acnodale est la forme limite d'une

cubique dans laquelle un ovale constitue une portion de la courbe; et de même si, pour une valeur de la constante, une cubique a deux branches réelles qui se coupent, en donnant naissance à un nœud, l'exemple des coniques fait facilement comprendre que, pour un très petit accroissement dans la valeur de la constante, la cubique aura des parties séparées l'une de l'autre et situées dans deux des angles opposés par le sommet que forment les branches qui se coupent, tandis que, pour une petite diminution de la constante, elle aura des parties dans l'autre couple d'angles opposés par le sommet. Cet exemple montre l'importance des centres critiques quand on étudie ainsi la forme de la cubique.

193. Comme la polaire d'un point quelconque par rapport à $u^2 v$ passe par le point $(u, v)$, tout point qui a la même polaire par rapport à $xyz$ doit être situé sur la conique polaire de $uv$ par rapport à $xyz$, et il est, par conséquent, évident *a priori* que cette courbe est un lieu sur lequel se trouvent les centres critiques. Pour les déterminer complètement, supposons que nous ayons

$$u = x + y + z, \quad v = ax + by + cz;$$

nous obtiendrons notre résultat sous une forme plus convenable si, avant de différentier $\lambda xyz + u^2 v$, nous divisons le tout par $u^2$. Nous avons, en prenant successivement les dérivées par rapport à $x, y, z$,

$$\frac{\lambda yz(x - y - z)}{(x + y + z)^3} = a,$$

$$\frac{\lambda zx(y - z - x)}{(x + y + z)^3} = b,$$

$$\frac{\lambda xy(z - x - y)}{(x + y + z)^3} = c;$$

d'où nous déduisons

$$\frac{ax}{x-y-z}=\frac{by}{y-z-x}=\frac{cz}{z-x-y}.$$

La forme des équations montre que le problème est ramené à trouver les centres critiques de deux coniques et que les trois points cherchés sont les sommets du triangle autopolaire commun aux coniques,

$$ax^2+by^2+cz^2=0,\quad x^2+y^2+z^2-2yz-2zx-2xy=0.$$

On remarquera que la dernière de ces courbes est la conique polaire de $u$ par rapport à $xyz$; autrement dit, quand $u$ est à l'infini, cette courbe est la conique qui est tangente, en leurs points milieux, aux côtés du triangle formé par les asymptotes. Deux centres critiques coïncideront avec le point de contact quand $ax^2+by^2+cz^2=0$ sera tangente à cette conique; si donc on regarde $v$ comme variable, le lieu des centres critiques doubles est la polaire conique de $u$ par rapport à $xyz$. On voit facilement, par les règles ordinaires, que la condition de contact de ces deux coniques est

$$(bc+ca+ab)^3=27a^2b^2c^2 \quad \text{ou bien} \quad a^{-\frac{1}{3}}+b^{-\frac{1}{3}}+c^{-\frac{1}{3}}=0;$$

c'est l'équation tangentielle de l'enveloppe de la satellite de $u$ quand deux centres critiques coïncident. Elle correspond (*Exemple*, n° 90) à l'équation en coordonnées de points $x^{\frac{1}{4}}+y^{\frac{1}{4}}+z^{\frac{1}{4}}=0$ (¹).

**194.** Un point quelconque de $\lambda xyz+u^2v=0$ peut être déterminé comme l'intersection de $z=\theta v$ avec $\theta\lambda xy+u^2=0$,

---

(¹) Pour la discussion plus approfondie de cette théorie, voir les Mémoires de M. Cayley « *Sur un cas d'involution des cubiques* et *Sur la classification des cubiques* (*Transactions of Cambridge Philosophical Society* t. XI, 1864).

quand $u$ est à l'infini : cette dernière équation représente un système d'hyperboles ayant $x$, $y$ pour asymptotes ; et, d'après la propriété connue de l'hyperbole, les cordes interceptées par ces courbes sur une droite quelconque $z = \theta v$ ont un point milieu commun ; c'est le point de contact de cette droite avec l'une des hyperboles du système. Il est clair que si $z = \theta v$ est tangente à la cubique, ou passe par un point double situé sur cette courbe, elle doit être tangente à l'hyperbole ; le centre critique dans ce dernier cas sera le point de contact. Si donc nous joignons par des droites un quelconque des centres critiques aux points à distance finie où les asymptotes rencontrent la courbe, les centres critiques seront les points milieux des cordes interceptées par la cubique sur ces droites.

## Section III. — Classification des cubiques.

**195.** Nous allons, en premier lieu, montrer que l'équation de toute cubique peut être ramenée à la forme

$$zy^2 = ax^3 + 3bx^2z + 3cxz^2 + dz^3.$$

Toute cubique réelle a au moins un point d'inflexion réel ; en effet, les quantités imaginaires se présentent toujours deux par deux et le nombre total des points d'inflexion est impair, c'est-à-dire égal à neuf, trois ou un (n° 147). Si nous prenons pour axe des $z$ la tangente au point d'inflexion et pour axe des $x$ une autre droite quelconque passant par ce point, l'équation de la courbe (n° 51, VII) sera de la forme $z\varphi = ax^3$, $\varphi$ étant une fonction du second degré, par exemple

$$y^2 + 2lyz + 2mxy + px^2 + 2qxz + rz^2;$$

mais, si nous effectuons une transformation de coordonnées, de manière à prendre la droite $y + lz + mx$ pour le nouvel axe des $y$, les termes de $\varphi$ qui contiennent $y$ au premier degré seulement disparaîtront, et l'équation aura la forme indiquée au commencement de ce numéro. La signification géométrique de la transformation que nous avons opérée consiste en ce que nous prenons pour axe des $z$, ainsi que nous l'avons déjà dit, la tangente en un point réel d'inflexion $zx$ et pour axe des $y$ la polaire harmonique (n° 170) de ce point : en effet, si nous cherchons en quel point une droite issue du point d'inflexion rencontre la courbe représentée par l'équation ci-dessus, en faisant la substitution $z = \lambda x$, nous trouvons pour $y$ des valeurs de la forme $\pm \mu x$ ; elles nous montrent que les points où la droite coupe la courbe sont conjugués harmoniques par rapport au point où elle rencontre la droite $y$ et le point d'inflexion.

196. On peut, dans la classification des courbes, regarder comme fondamentales les propriétés distinctives qui ne sont pas altérées par la projection ou, en d'autres termes, celles qui séparent non seulement les courbes, mais aussi les cônes du même ordre. Les courbes du second ordre ne donnent pas lieu à des divisions de ce genre, car il n'y a qu'une seule espèce de cône de ce degré. Pour savoir si les cubiques présentent des différences caractéristiques de cette nature, il suffit de prendre la forme à laquelle toute cubique peut se ramener, ainsi qu'on l'a démontré dans le numéro précédent, et de rechercher si, parmi les courbes qu'elle peut représenter, il existe des variétés que la projection n'altère pas et quelles sont ces variétés. Et, comme nous ne nous occupons maintenant que des variétés non altérées par la projection, nous pouvons supposer la droite $z$ à l'infini et discuter la forme

$$y^2 = ax^3 + 3bx^2 + 3cx + d,$$

qui est susceptible de représenter une projection d'une cubique quelconque donnée. Nous ferons remarquer que, si un point d'inflexion est à l'infini, un système de droites issues de ce point devient un système d'ordonnées parallèles, et que la polaire harmonique devient un diamètre qui les divise en deux parties égales; et en effet, pour toute valeur de $x$, l'équation ci-dessus donne des valeurs de $y$ égales et de signe contraire.

Nous avons déjà discuté en partie l'équation précédente (n° 39) et ce que nous en avons dit montre que les courbes qu'elle représente peuvent être rangées dans les cinq classes principales qui suivent :

Le second membre de l'équation peut être décomposable en trois facteurs inégaux et (I) tous trois réels. La courbe se compose alors (n° 39) d'un ovale et d'une branche infinie; ou bien (II), les facteurs sont l'un réel et les deux autres imaginaires. L'ovale disparaît alors et la branche infinie reste seule.

Le second membre de l'équation peut se décomposer en deux facteurs égaux et en un facteur inégal, et être de la forme $(x-\alpha)^2(x-\beta)$. Nous avons alors les cas suivants : (III), si $\alpha$ est moindre que $\beta$, la courbe est acnodale (n° 39) et l'ovale se réduit à un point conjugué; (IV), si $\alpha$ est plus grand que $\beta$, la courbe est crunodale, l'ovale et la branche infinie s'avancent en pointe l'un vers l'autre, de manière à former une courbe continue qui s'entrecoupe elle même. (V) Les facteurs du second membre peuvent être tous égaux et la courbe est cuspidale (n° 39).

Newton a donné le nom de *paraboles divergentes* aux courbes considérées dans ce numéro; et son théorème, que nous venons précisément d'établir, consiste en ce que toute cubique peut être projetée suivant l'une des cinq paraboles divergentes.

197. Au lieu d'admettre, comme dans le numéro précédent, que la tangente stationnaire se projette à l'infini, nous pou-

vons supposer que ce soit la polaire harmonique qui passe à l'infini. Le point d'inflexion devient alors un centre, et toute corde passant par ce point sera divisée en deux parties égales. Échangeons $z$ et $y$ entre eux dans l'équation du n° 195, puis posons $z = 1$; l'équation devient, dans ce cas,

$$y = ax^3 + 3bx^2y + 3cxy^2 + dy^3;$$

c'est l'équation d'une courbe à centre (n° 131). On reconnaît, comme dans le n° 196, qu'il y a cinq genres de courbes à centre, suivant la nature des facteurs du second membre de l'équation, et l'on établit ainsi l'extension donnée par M. Chasles au théorème de Newton, et qui consiste en ce que toute cubique peut être projetée suivant l'une des cinq cubiques à centre.

198. Il y a cinq espèces essentiellement distinctes de cônes cubiques qui correspondent à ces cinq espèces de courbes. Un cône d'un ordre quelconque peut comprendre deux formes de nappes distinctes, à savoir : 1° une nappe composée de deux parties jumelles, ou qui rencontre une sphère concentrique suivant un couple de courbes fermées, telles que chaque point de l'une des courbes soit opposé à un point de l'autre courbe (un cône du second degré nous fournit un exemple d'une nappe de cette espèce), et 2° une nappe unique, c'est-à-dire qui rencontre une sphère concentrique suivant une courbe fermée, telle que chaque point de la courbe soit opposé à un autre point de cette même courbe (un plan est un exemple d'un cône de ce genre). Le cône qui correspond à la parabole I du n° 196 est une surface composée d'une nappe double et d'une nappe simple; celui qui correspond à la forme II ne comporte au contraire qu'une nappe unique. Il est évident que les singularités du nœud, du point conjugué et du rebroussement se reproduisent dans les cônes correspondants.

La classification des cônes cubiques, que nous venons de faire, pourrait, si nous le voulions, être poussée plus loin. Non seulement il n'y a qu'une *espèce* de cône du second ordre; mais, avec quelques restrictions, deux courbes quelconques de cet ordre peuvent être regardées comme sections d'un seul et même cône. Il n'en est pas de même pour les cubiques; on a démontré en effet (n° 167) que toute cubique possède une certaine caractéristique numérique, qui exprime le rapport anharmonique des quatre tangentes qu'on peut mener d'un point de la courbe et qui est représentée par le rapport des invariants $S^3 : T^2$ de l'équation biquadratique qui détermine ces tangentes. Cette caractéristique n'est pas altérée par la projection; deux courbes pour lesquelles elle est différente ne peuvent donc pas être des sections du même cône, et le paramètre en question doit être regardé comme une caractéristique propre, non seulement à une cubique, mais aussi à tout cône dont elle peut provenir comme section. Les cinq genres de cône que nous avons énumérés pourraient donc être subdivisés à volonté, suivant les valeurs de ce paramètre. On a réellement établi des subdivisions de ce genre; nous ne croyons pas nécessaire d'en parler ici. Cependant, dans la dernière Section de ce Chapitre, nous discuterons les cas où l'on a $S = 0$, $T = 0$; on voit toutefois dès à présent que ces hypothèses donnent des familles non seulement de courbes, mais aussi de cônes.

**199.** Examinons maintenant, avec plus d'attention que dans le n° 39, la configuration de la cubique représentée par l'équation considérée dans le n° 196. Il sera commode de placer l'origine au point milieu du diamètre de l'ovale, en sorte que l'équation pourra s'écrire

$$ay^2 = (x^2 - m^2)(x - n),$$

$n$ étant plus grand que $m$. En différentiant, nous trouvons que les valeurs de $x$ qui correspondent aux valeurs maxima de $y$, ou aux points où la tangente est parallèle à l'axe des $x$, sont fournies par l'équation

$$3x^2 - 2nx - m^2 = 0 \quad \text{d'où} \quad x = \tfrac{1}{3}\left(n \pm \sqrt{n^2 + 3m^2}\right);$$

si nous prenons le radical avec le signe négatif, nous obtenons la valeur de $x$ qui correspond au point le plus élevé de l'ovale, et, comme elle est négative, nous voyons que ce point est situé dans la partie de l'ovale éloignée de la branche infinie et que l'ovale n'est pas, comme l'ellipse, symétrique par rapport à deux axes. Il est bien symétrique par rapport à l'axe des $x$, mais pas par rapport à l'axe des $y$; il s'élève plus rapidement d'un côté et s'incline en descendant plus doucement de l'autre. Plus $n$ est grand pour une valeur donnée de $m$, c'est-à-dire plus est grande relativement la distance entre l'ovale et la branche infinie, plus l'ovale se rapproche de la forme elliptique; il en diffère au contraire le plus quand il s'approche jusqu'à toucher la branche infinie, c'est-à-dire quand la courbe est crunodale. Dans ce cas, le point le plus élevé de la boucle correspond au point de trisection de son axe. Si nous donnons au radical la valeur positive, la valeur correspondante de $x$ est intermédiaire entre $m$ et $n$, et la valeur correspondante de $y$ est imaginaire. La forme de l'équation montre que le point de contact de la droite à l'infini avec la courbe est situé sur la droite $x = 0$; c'est le contraire de ce qui a lieu pour la parabole commune, $y^2 = px$, qui est tangente à la droite de l'infini sur la droite $y = 0$. Les branches infinies de la cubique tendent donc à devenir parallèles à l'axe des $y$ et non à l'axe des $x$; et il doit y avoir, à distance finie de chaque côté du diamètre, un point d'inflexion où la courbe, de concave qu'elle était, devient convexe vers l'axe des $x$; c'est à cause de cela qu'on lui a donné le nom de *parabole divergente*.

La forme de la courbe est donc celle que représentent l'ovale et la branche infinie tracée à droite dans la figure. Si cependant, au lieu de $-m^2$, nous avions $+m^2$ dans l'équation, il n'y aurait pas d'ovale réel, mais seulement une branche infinie affectant la forme soit de la courbe située à gauche, soit de la courbe située à droite dans la figure. Ceci revient à dire

Fig. 30.

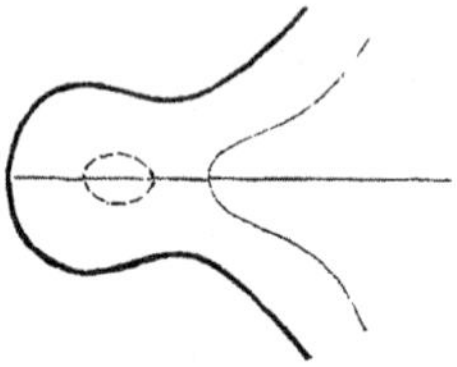

qu'il y aura ou qu'il n'y aura pas de points pour lesquels $y$ est un maximum, et où la tangente est parallèle à l'axe des $x$, suivant que $3m^2$ est plus petit ou plus grand que $n^2$. Le cas intermédiaire pour lequel $3m^2 = n^2$ est celui où il y a de chaque côté de l'axe des $x$ un point d'inflexion, dont la tangente est parallèle à cet axe.

Les figures des formes crunodale, acnodale et cuspidale ne semblent pas exiger une discussion plus approfondie que celle du n° 39.

**200.** Revenons au cas où la courbe a un ovale : il est évident qu'en général une droite quelconque doit rencontrer une figure fermée en un nombre pair de points réels et que, par conséquent, toute droite qui coupe une fois la partie ovale de la cubique doit encore la rencontrer une seconde fois, mais pas davantage ; en effet, si une droite perce l'intérieur de l'ovale pour entrer, il faut qu'elle le perce à nouveau pour sortir, et nous savons qu'elle ne peut pas le rencontrer en quatre points : donc toute droite doit couper une fois la branche infinie de la courbe. Il en résulte qu'aucune tangente à la courbe ne peut rencontrer l'ovale à nouveau et que, par conséquent, il ne peut exister aucun point d'inflexion sur l'ovale.

Il est facile de voir, à un simple examen de la figure, que d'un point extérieur à l'ovale on peut lui mener deux tangentes.

Ainsi l'ovale est donc formé par une série continue de points, tels que d'aucun d'eux on ne peut mener à la courbe aucune autre tangente réelle distincte de la tangente au point considéré. La cubique, qui renferme un ovale, est donc de la classe de celles (n° 167) dont les quatre tangentes menées d'un point quelconque sont toutes réelles ou toutes imaginaires. Pour tout point de l'ovale, elles sont toutes imaginaires, et pour tout point de la branche infinie elles sont toutes réelles; on peut en effet en mener deux à l'ovale et deux à la branche infinie elle-même; car la tangente en un point de la branche infinie doit rencontrer de nouveau cette branche, puisque le troisième point où elle rencontre la courbe ne peut se trouver sur l'ovale.

201. Ce que nous venons de dire peut être mis à profit pour faire comprendre la propriété essentielle des courbes unicursales (n° 44). Les coordonnées d'un point quelconque d'une courbe de ce genre peuvent s'exprimer rationnellement en fonction d'un paramètre, de telle manière qu'en donnant à ce paramètre des valeurs qui croissent d'une manière continue depuis l'infini négatif jusqu'à l'infini positif, nous obtenions tous les points de la courbe; ces points formeront une série continue, puisque les coordonnées sont toujours réelles. Dans l'exemple actuel, au contraire, il est géométriquement évident que, si nous partons d'un point quelconque de l'ovale et si nous procédons de proche en proche, nous reviendrons au point d'où nous sommes partis, sans passer par aucun point de la branche infinie, et il est algébriquement impossible d'exprimer les coordonnées d'un point quelconque, en fonction d'un paramètre, sans introduire un radical dans les expressions de ces coordonnées. Par exemple, nous

pourrions prendre $z = 1, x = \theta, y = \sqrt{(a\theta^3 + 3b\theta^2 + 3c\theta + d)}$. D'après cela, nous dirons que la courbe que nous avons étudiée est une courbe *bipartite*, parce qu'elle se compose de deux séries continues de points bien distinctes.

Une courbe de la seconde espèce comme celle qu'on a considérée (n° 196) n'a pas d'ovale et est *unipartite* : tous les points réels de la courbe forment une seule série continue; mais il ne s'ensuit pas que la courbe soit unicursale. En effet, les coordonnées d'un point quelconque ne peuvent pas s'exprimer rationnellement en fonction d'un paramètre, et une courbe unipartite n'est pas nécessairement unicursale, pas plus qu'une équation qui n'a qu'une racine réelle n'est nécessairement une équation simple. Une cubique crunodale ou à boucle est au contraire unicursale et unipartite : tous ses points se succèdent les uns aux autres dans un ordre déterminé et forment une suite unique. Cependant cette courbe peut être regardée comme composée d'une boucle et d'une branche infinie, formée de deux parties séparées par la boucle. Le raisonnement dont nous avons fait usage au n° 200 montre qu'il ne peut y avoir aucun point d'inflexion sur la boucle et qu'aucune tangente ne peut la couper. Cette boucle se compose donc d'une série de points par lesquels on ne peut pas mener de tangente réelle à la courbe (autre que la tangente au point considéré), tandis que de tout autre point de la courbe on peut mener deux tangentes, l'une à la boucle, l'autre à la branche infinie. De même aussi une cubique acnodale et une cubique cuspidale sont chacune unicursale et unipartite.

202. Après avoir ainsi divisé les cubiques en cinq genres, nous allons les subdiviser en espèces, suivant la nature de leurs branches infinies. Nous aurons évidemment au moins quatre espèces dans chaque genre, suivant que la droite à l'infini rencontrera la courbe ($a$) en trois points réels et

distincts, ($b$) en un point réel et deux points imaginaires, ($c$) en un point réel et deux points coïncidents, ($d$) en trois points coïncidents. Dans le cas des cubiques crunodales, acnodales ou cuspidales, nous aurons à distinguer dans la troisième espèce ($c$) si la droite de l'infini est à proprement parler une tangente ou bien si elle passe par un point double ; et, quand il s'agira des cubiques crunodales et cuspidales, nous devrons aussi, dans le cas ($d$), distinguer si la droite de l'infini est tangente en un point d'inflexion, ou au point double, ou au point de rebroussement. Enfin dans le cas d'une cubique bipartite ou crunodale, il est important de distinguer dans les cas ($a$) et ($c$) si les trois points où la droite de l'infini rencontre la courbe appartiennent tous à la branche infinie, ou bien si d'eux d'entre eux sont sur l'ovale ou sur la boucle, et le troisième sur la branche infinie. Les différences qui résultent de là pour les figures de la courbe sont si grandes que les deux cas peuvent être classés comme deux espèces distinctes. Voilà les seules distinctions que nous ferons dans ce qui suit et qui formeront les bases de la classification des espèces. Les seules autres différences qui sembleraient avoir des droits à être mises sur le même rang sont celles qui résultent de ce que les points à l'infini de la courbe peuvent être des points ordinaires, ou que un ou trois d'entre eux peuvent être des points d'inflexion. Mais, comme les changements que cela apporte dans la configuration des courbes sont peu importants, et qu'il est désirable de n'avoir pas plus d'espèces qu'on ne peut facilement se rappeler, j'ai préféré classer les courbes en tenant compte des différences mentionnées en dernier lieu, pour en faire, non pas des espèces différentes, mais des variétés différentes d'une même espèce. Il y a évidemment beaucoup d'arbitraire dans la manière de compter les variétés des cubiques, et le tout dépend du point de vue auquel on se place pour discuter ces courbes.

203. On a déjà étudié les figures de la courbe dans le cas où la droite de l'infini est une tangente stationnaire, et la configuration de la courbe pour un autre cas quelconque peut être regardée comme la projection d'une des figures étudiées dans le premier cas. Commençons par les cubiques bipartites et considérons d'abord la projection de l'ovale. On comprendra aisément que, si la droite projetée à l'infini ne rencontre pas l'ovale, la projection de cette courbe restera une courbe fermée; tandis que, si cette droite est tangente à l'ovale ou la rencontre en deux points réels, la projection présentera le même degré de ressemblance avec la parabole ou l'hyperbole que l'ovale lui-même avec l'ellipse; c'est-à-dire que, si les figures n'ont pas la symétrie des sections coniques, la projection dans l'avant-dernier cas est, comme la parabole, une courbe unique dont les branches s'en vont à l'infini suivant une direction commune, mais sans approcher d'une asymptote finie jusqu'à lui devenir tangente; dans le dernier cas, la courbe se compose d'un couple de courbes ayant deux asymptotes communes et situées dans chacun des angles opposés par le sommet que forment ces droites. Nous les nommerons par abréviation un *couple hyperbolique* de courbes. Remarquons que, pour une asymptote ordinaire d'une courbe, il y a une branche positive et une négative, situées chacune de part et d'autre de cette droite. La théorie de la projection nous enseigne qu'il faut regarder les extrémités d'une ligne à l'infini positif et négatif comme les projections du même point; elle nous conduit de même à considérer les branches d'une courbe tangentes à une asymptote à l'infini positif et à l'infini négatif comme la continuation l'une de l'autre. Ainsi, l'ovale étant une courbe fermée, ses points forment une série continue telle, qu'en partant d'un point et en continuant à nous avancer de proche en proche le long de la courbe, nous reviendrons au point de départ : il en est de même pour toutes ses projections, et les doubles branches

hyperboliques doivent être regardées comme formant une courbe continue; la partie où une branche est tangente à une asymptote à son extrémité positive constitue la continuation de la partie où l'autre branche est tangente à la même asymptote à son extrémité négative.

204. Considérons à présent la projection de la portion infinie de la courbe (n° 196) qui doit être rencontrée par une droite quelconque en un ou en trois points réels. Supposons, en premier lieu, que la droite projetée à l'infini ne rencontre la courbe qu'en un seul point; les branches de cette courbe projetée, au lieu de se développer indéfiniment, se rapprocheront jusqu'à devenir tangentes à une asymptote finie, comme

Fig. 31.

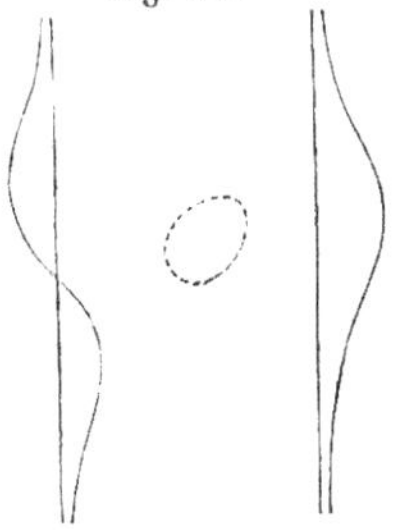

le représente la partie de gauche de la figure. La courbe que, pour abréger, nous désignerons dans la suite sous le nom de *serpentine* doit évidemment avoir trois points d'inflexion. En effet, elle est convexe vers l'asymptote à son infini positif (puisque toute courbe est convexe vers sa tangente de chaque côté du point de contact); elle doit changer sa convexité en concavité pour couper une seconde fois l'asymptote; après l'avoir coupée, elle doit se replier à nouveau, car autrement elle s'éloignerait d'une manière continue de l'asymptote; enfin elle doit encore une fois s'infléchir pour devenir convexe vers l'asymptote à son infini négatif. Les points de la courbe représentée dans la figure forment une série continue; en effet, d'après ce qu'on a dit dans le numéro précédent, les branches de la courbe, qui sont tangentes à l'asymptote à ses extrémités opposées, doivent être regardées comme la continuation l'une de l'autre.

Dans ce qui précède, nous avons supposé que le point à l'infini sur la serpentine est un point ordinaire de la courbe. Si cependant c'est un point d'inflexion, la différence consistera en ce que les branches infinies, positive et négative, au lieu de se trouver, comme d'habitude, de part et d'autre de l'asymptote, seront d'un même côté de cette droite, comme dans la courbe de droite de la figure. Il est évident que la courbe n'a alors que deux points d'inflexion à distance finie. Nous dirions que la courbe a la forme d'une *conchoïde*.

**205.** Supposons maintenant que la droite projetée à l'infini rencontre la branche infinie en trois points ordinaires. On verra qu'elle divisera toujours la courbe en trois parties, dont l'une n'a pas de points d'inflexion, l'autre en a un et la

Fig. 32.

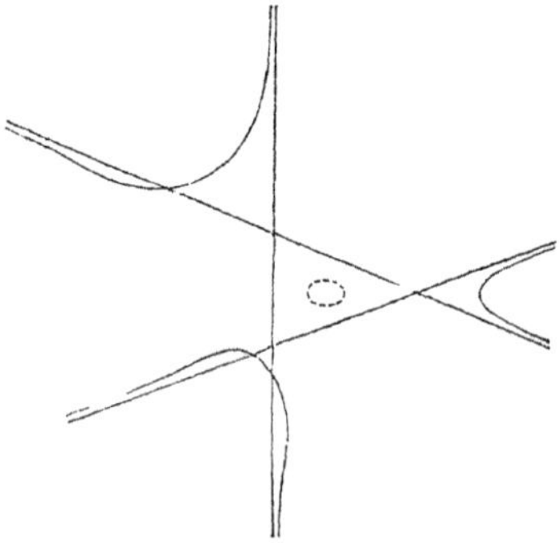

troisième deux. La projection se composera de trois branches infinies : l'une, que nous appellerons une *hyperbole simple*, n'a pas de points d'inflexion et ne coupe pas ses asymptotes;

la seconde, que nous appellerons une *hyperbole infléchie,* rencontre une asymptote et par conséquent a un point d'inflexion; et la dernière, que nous appellerons une *hyperbole doublement infléchie,* coupe ses deux asymptotes et présente par conséquent deux points d'inflexion (¹). Aucune de ces hyperboles, considérées deux à deux, ne forme de couple hyperbolique, mais, prises toutes les trois ensemble, elles constituent une suite continue. Ainsi, dans la *fig.* 32, si nous commençons par la branche descendante de l'hyperbole doublement infléchie, la courbe, après son passage par l'infini négatif sur l'asymptote verticale, est continuée à partir de l'infini positif de la même asymptote par la branche verticale de l'hyperbole infléchie jusqu'à ce que, après être passée à l'infini sur l'autre asymptote, elle revienne le long de l'hyperbole simple, puis de là à l'hyperbole doublement infléchie.

Si l'un des points à l'infini est un point d'inflexion, l'hyperbole à une inflexion devient une hyperbole simple, ou bien la branche doublement infléchie devient hyperbole à une seule inflexion. Si les inflexions sont toutes les trois à l'infini, la courbe se compose de trois hyperboles simples.

Les cubiques qui ont trois branches hyperboliques ont été appelées par Newton *hyperboles redondantes,* parce qu'elles possèdent une branche infinie de plus que les sections coniques; celles qui n'ont qu'une seule branche infinie, comme dans le numéro précédent, ont reçu le nom d'*hyperboles défectives;* et celles qui sont tangentes à la droite de l'infini et qui ont en outre une asymptote à distance finie, sont nommées *hyperboles paraboliques.*

**206.** Nous énumérons maintenant les espèces suivantes de cubiques bipartites :

(¹) Newton les nomme : la première, *hyperbole inscrite,* la troisième *hyperbole circonscrite,* et la seconde *hyperbole ambigène.*

1° La droite projetée à l'infini rencontre l'ovale deux fois et l'autre partie de la courbe une seule fois. Si ce dernier point de rencontre est ($a$) un point ordinaire, la courbe se

Fig. 33.

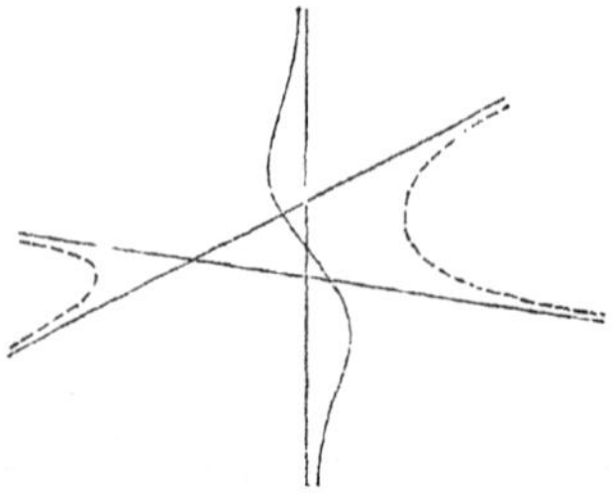

compose d'une serpentine et d'un couple hyperbolique, comme l'indique la *fig.* 33. Si ce point est ($b$) un point d'inflexion, la seule différence consiste en ce que la serpentine se change en une courbe à forme conchoïdale.

2° La droite de l'infini rencontre la courbe en trois points réels, dont aucun n'appartient à l'ovale. Si les points sont ($a$) tous trois des points ordinaires, la figure est celle du n° 205. Si l'un des points est un point d'inflexion, la courbe se compose, ou bien ($b$) d'un ovale avec deux hyperboles simples et une hyperbole doublement infléchie, ou bien ($c$) d'un ovale avec une hyperbole simple et deux autres hyperboles présentant une seule inflexion. Si ($d$) les trois points d'inflexion sont à l'infini, la courbe consiste en un ovale et en trois hyperboles simples. Dans tous ces cas, l'ovale se trouve en dedans du triangle formé par les asymptotes, et les courbes peuvent encore être distinguées les unes des autres suivant que les hyperboles se trouvent dans les angles qui contiennent le triangle asymptotique ou, comme dans la figure, dans les angles opposés par le sommet.

3° La droite de l'infini rencontre la courbe en deux points

imaginaires et nous avons un ovale (*a*) avec une serpentine, ou (*b*) avec une branche conchoïdale (*voir* n° 204).

Fig. 34.

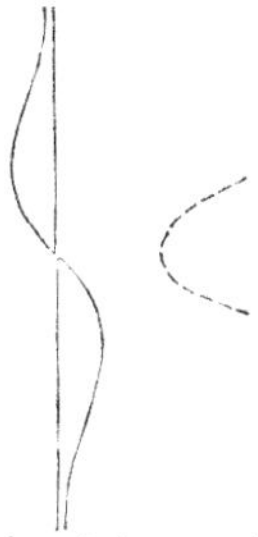

4° La droite de l'infini est tangente à l'ovale qui prend la forme parabolique et est accompagné (*a*) d'une serpentine, (*b*) d'une branche conchoïdale.

5° La ligne de l'infini est tangente à l'autre partie de la courbe. L'ovale reste alors une figure fermée, tandis que l'autre

Fig. 35.

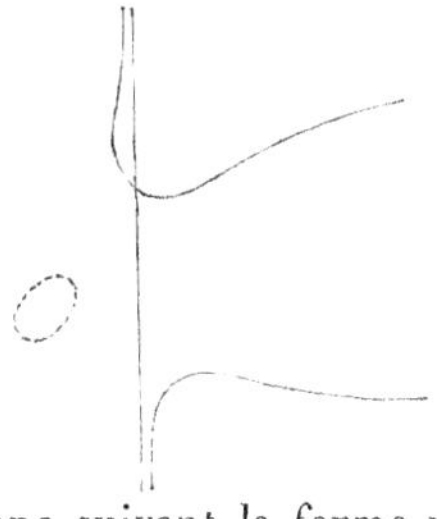

partie se développe suivant la forme parabolique. Si (*a*) le point restant est un point ordinaire à l'infini, une branche coupe l'asymptote et a deux inflexions, tandis que l'autre branche n'en a qu'une. Si (*b*), au contraire, c'est un point d'inflexion, les branches sont toutes deux du même côté de l'asymptote et chacune d'elles n'a qu'un point d'inflexion.

6° La droite de l'infini rencontre la courbe en trois points qui coïncident. C'est le cas que nous avons indiqué (n° 199).

207. Nous arrivons maintenant à la division des *cubiques unipartites non singulières;* il est clair que nous ne trouverons ici rien qui corresponde aux espèces (1°) et (4°) du numéro précédent. Nous n'avons donc que quatre espèces de ces cubiques unipartites; ce sont des hyperboles redondantes, des hyperboles défectives, des hyperboles paraboliques et des paraboles divergentes, suivant que les points de la courbe sur la droite de l'infini sont tous réels et distincts, que deux sont

Fig. 37.

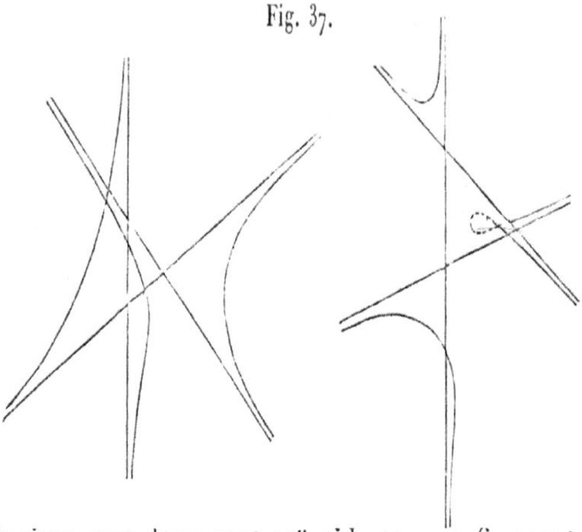

imaginaires, que deux sont coïncidents ou enfin que tous les trois points se confondent. On peut aussi tenir compte des variétés de chacune d'elles, comme dans le numéro précédent, et les figures de ce numéro serviront pour le cas actuel, en laissant toutefois l'ovale de côté : comme exemple nous donnons la figure de la courbe pour le cas où la satellite coupe les côtés du triangle asymptotique et où deux centres critiques (n° 192) sont dans l'intérieur du triangle. Nous avons alors une portion de l'hyperbole doublement infléchie qui se trouve à l'intérieur de ce triangle, et qui présente la forme d'une bourse; on conçoit aisément que, en faisant varier la valeur de la constante, la bourse puisse se fermer; nous avons alors un point double en un des centres critiques; d'autres changements dans la valeur de cette constante nous donneraient un ovale séparé, dégénérant finalement en un point conjugué situé sur l'autre centre critique.

De la même manière, nous avons les quatre mêmes espèces de cubiques acnodales auxquelles il faut adjoindre une cinquième forme pour laquelle le point conjugué est à l'infini. Les figures données pour le cas des cubiques bipartites suffisent pour représenter cette classe, si nous supposons que l'ovale dégénère en un point conjugué. Celles qui correspondent au cas où le point conjugué est à l'infini ne diffèrent pas notablement de celles où la droite de l'infini rencontre la courbe en un point réel et en deux points imaginaires.

208. Les cubiques crunodales nous donnent les espèces suivantes.

1° La droite de l'infini coupe la boucle en deux points réels. Nous avons alors deux hyperboles simples et une hyperbole infléchie (figure gauche). On remarquera, en suivant la

Fig. 37.

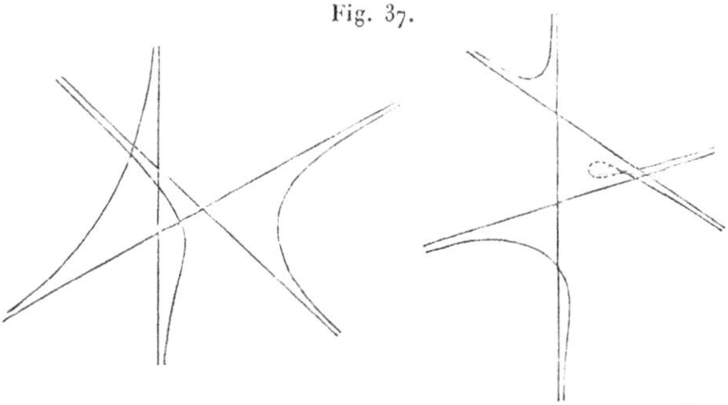

courbe dans ses passages à l'infini, qu'elle est unicursale. Cette espèce donne naissance à deux variétés selon que le point qui reste est un point ordinaire ou un point d'inflexion.

Dans le dernier cas, toutes les hyperboles sont simples.

2° Il y a trois points réels à l'infini, et aucun d'eux n'est situé sur la boucle. La courbe se compose d'une hyperbole inscrite, d'une hyperbole mixte et d'une hyperbole circonscrite; cette dernière forme une boucle à l'intérieur du triangle asymptotique. On distingue deux variétés suivant qu'il y a un point d'inflexion à l'infini, ou qu'il n'en existe pas.

3° La droite de l'infini rencontre la courbe en deux points imaginaires. Deux variétés comme plus haut.

Fig. 38.

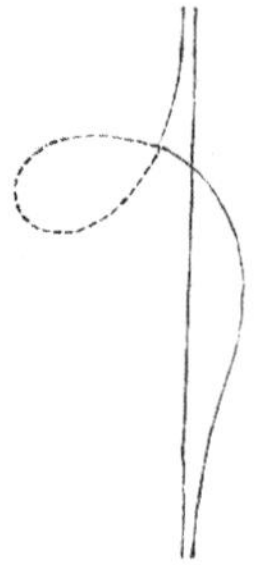

4° La droite de l'infini est tangente à la boucle et 5° cette droite est tangente à la partie de la courbe qui s'étend vers

Fig. 39.

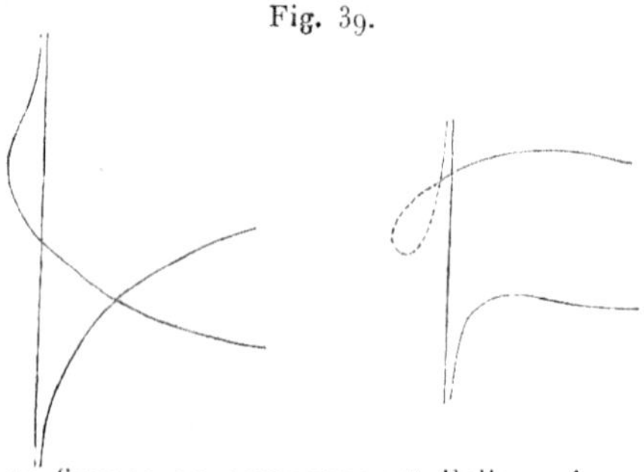

l'infini. Les figures se comprennent d'elles-mêmes; comme dans le cas précédent, il existe encore ici deux variétés : la courbe est située tout entière d'un même côté de l'asymptote quand il y a un point d'inflexion à l'infini.

Il existe un point double à l'infini et par conséquent deux asymptotes parallèles; le point restant à l'infini peut être

Fig. 40.

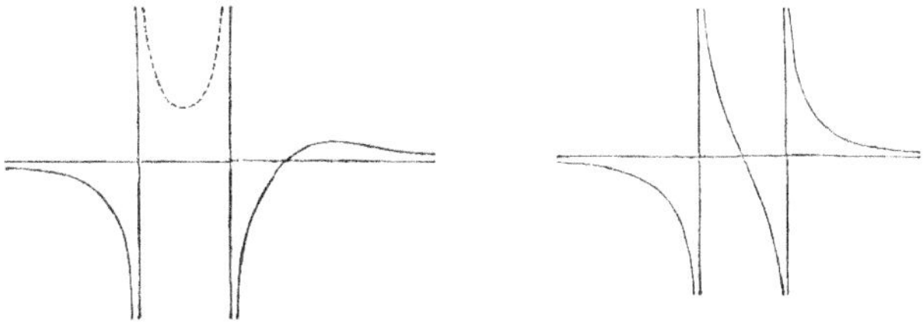

6° sur la partie qui s'étend à l'infini, ou 7° sur la boucle. Dans le premier cas, le point d'inflexion est en dehors des asymptotes parallèles; dans le dernier, il est à leur intérieur. S'il se trouvait aussi un point d'inflexion à l'infini, les deux branches, dans le premier cas, seraient situées d'un même côté de l'asymptote.

8° La droite de l'infini est tangente à la courbe en un point d'inflexion et nous avons la parabole divergente du n° 199.

Fig. 41.

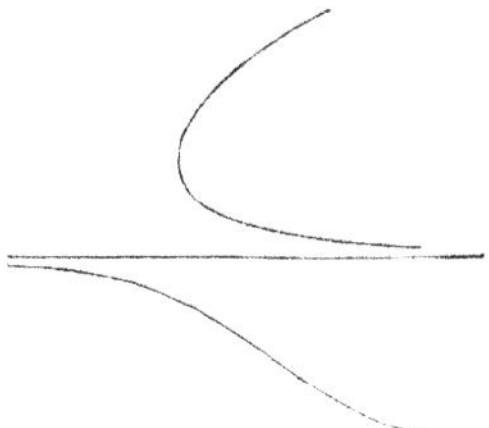

9° La droite de l'infini est tangente à la courbe en un point double; nous avons alors la courbe représentée ci-dessus, et appelée le *trident*.

209. Pour les cubiques cuspidales, il n'y a évidemment pas d'espèces qui correspondent à celles qu'on a classées sous les numéros 1°, 4°, 7° dans l'article précédent. Les espèces sont alors définies comme il suit : 1° trois points réels à l'infini, deux variétés ; 2° un point réel et deux points imaginaires à l'infini, deux variétés ; 3° la droite de l'infini est une tangente ordinaire, deux variétés ; 4° le point de rebroussement est à l'infini, deux variétés ; 5° la droite de l'infini est une tangente stationnaire ; 6° la droite de l'infini est une tangente cuspidale. Les figures qui répondent aux cas 1°, 2°, 3° peuvent se concevoir aisément au moyen des figures du numéro précédent, en supposant qu'on a enlevé la boucle qui est pointillée dans ces figures, et qu'on a remplacé le point double par un point de rebroussement. La figure qui correspond au cas (4°) se déduit de la figure de gauche (n° 208) pour le cas de deux asymptotes parallèles, en imaginant que ces asymptotes se soient réunies et que la branche qu'elles renferment soit supprimée. Nous avons alors une seule asymptote avec deux branches infinies situées de chaque côté de cette droite, mais à la même extrémité. La figure pour le

Fig. 42.

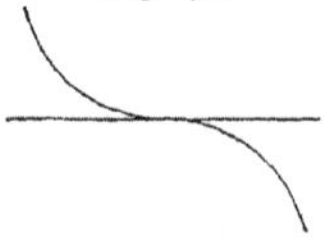

cas (5°), qui est la *parabole semicubique* $my^2 = x^3$, a été donnée (n° 39). Enfin la figure relative au cas (6°), la *parabole cubique* $m^2y = x^3$, est représentée ci-dessus.

210. Quoique nous ayons compté environ trente espèces de cubiques, il n'est pas difficile de se rappeler la classification, si l'on se grave bien dans l'esprit qu'on n'a fait que combiner la quintuple division du n° 196 avec celle du n° 202

relative à la nature des points à l'infini. Il reste à dire quelques mots des classifications antérieures des cubiques. La première est due à Newton, *Enumeratio linearum tertii ordinis;* elle est en substance la même que celle que nous venons de donner; remarquons toutefois que les courbes que nous avons comptées comme variétés sont pour lui des espèces distinctes; de même aussi, quand une branche hyperbolique est tangente à deux asymptotes, nous ne recherchons pas, parmi les angles opposés par le sommet qu'elles forment, quel est celui où est située la branche, tandis que Newton distingue les cas où cette branche se trouve dans l'angle coupé par la troisième asymptote ou dans l'angle opposé. Les cas où trois asymptotes se rencontrent en un point sont traités comme des espèces différentes. En ayant égard à ces distinctions, le nombre des espèces monte à soixante-dix-huit. Nous avons pris la division quintuple comme caractère distinctif primordial, et celle qui dépend des branches infinies ne vient pour nous qu'en second lieu; Newton a adopté la marche inverse.

Voici comment Newton procède pour réduire l'équation générale : un des axes étant choisi parallèle à l'asymptote réelle, le coefficient de $y^3$ s'annule par exemple, et l'équation de la courbe est de la forme

$$y^2(ax+b)+y(fx^2+gx+h)+px^3+qx^2+rx+s=0.$$

Le lieu des points milieux de cordes parallèles à l'asymptote est évidemment

$$2axy+2by+fx^2+gx+h=0,$$

et, si nous supposons que nous ayons fait une transformation de coordonnées, par suite de laquelle les axes deviennent les asymptotes de cette hyperbole, les termes $b$, $f$, $g$ s'annuleront évidemment, et l'on voit que cette même transformation ramènera l'équation de la cubique à la forme

$$xy^2 + hy = px^3 + qx^2 + rx + s$$

ou bien, en prenant les notations de Newton,

$$xy^2 + ey = ax^3 + bx^2 + cx + d.$$

Cette équation est, pour Newton, la forme la plus générale. Si cependant, dans l'équation écrite comme nous l'avons fait, $a$ et $b$ s'annulent, le lieu n'est pas une hyperbole, mais une ligne droite; et, selon que ce sera (1°) la droite $x = 0$, (2°) une droite arbitraire qu'on peut prendre pour $y = 0$ ou (3°) la droite de l'infini, l'équation de la cubique peut se mettre d'une manière analogue sous les formes

$$xy = ax^3 + bx^2 + cx + d,$$
$$y^2 = ax^3 + bx^2 + cx + d,$$
$$y = ax^3 + bx^2 + cx + d.$$

Le seul cas qui soit différent en apparence est celui où, dans l'équation que nous avons écrite, la quantité $a$ est nulle; l'équation est une parabole; mais, dans ce cas, il existe une autre asymptote réelle; le lieu des points milieux des cordes qui lui sont parallèles est une hyperbole et la réduction s'opère, comme dans le premier cas, à cette exception près que le coefficient de $x^3$ s'annule dans l'équation transformée. Les résultats de Newton se déduisent de la discussion de ces quatre formes. Si $y = \varphi(x)$ est l'équation d'une courbe quelconque, Newton appelle la courbe $xy = \varphi(x)$ un *hyperbolisme* de cette courbe. Ainsi il appelle des cubiques qui ont un point double à l'infini et dont l'équation peut par conséquent se mettre sous la forme

$$xy^2 + cy = cx + d$$

les *hyperbolismes* de l'ellipse, de l'hyperbole ou de la parabole, puisque l'équation qu'on vient d'écrire devient celle d'une conique quand on remplace $xy$ par $y$.

211. Nous avons déjà parlé de la discussion des cubiques faite par Plücker dans son *System der Analytischen Geometrie.* Dans cette discussion, la nature des points à l'infini est le fondement primordial de la classification. Si l'on commence par le cas de trois asymptotes réelles, où l'équation est de la forme $xyz = ku^2 v$, on distingue d'abord les cas où les asymptotes se rencontrent en un point, ou forment un triangle. On examine ensuite toutes les positions possibles de la droite satellite $v$; on cherche, par exemple, si elle coupe le triangle, si elle passe par un sommet ou rencontre tous les côtés prolongés, si deux centres critiques coïncident (nº 192) et ainsi de suite. On dit que toutes les courbes qui peuvent être représentées par l'équation ci-dessus pour une position donnée des droites $x$, $y$, $z$, $v$ forment un *groupe,* et, en donnant toutes les valeurs possibles à $k$, on

Fig. 43.

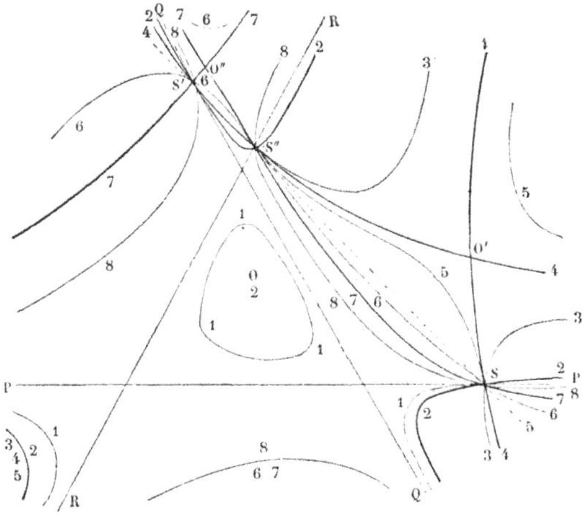

distingue les différentes espèces renfermées dans le même groupe. On comprendra plus facilement ces considérations en examinant la figure du premier groupe de Plücker ; nous la reproduisons ici : elle répond au cas où la droite satellite rencontre les côtés prolongés du triangle asymptotique et où nous avons trois centres critiques, un en dedans et deux en dehors du triangle. La *fig.* 1 représente une courbe bipartite de l'espèce désignée par I.2 dans le présent Volume. $k$ changeant de valeur, l'ovale se réduit à un point et nous avons (2) la courbe acnodale III.1. Quand $k$ continue à varier, la courbe devient unipartite II.1, et les branches s'écartent davantage de leurs asymptotes. Dans (4) les branches coupent les autres asymptotes et la courbe devient crunodale IV.2. La *fig.* 5 est bipartite I.1. La *fig.* 6 est, dans notre classification, de la même espèce que 5, 7 que 4 et 8 que 3, mais la position des branches par rapport au triangle asymptotique est différente. La division en groupes de Plücker a été soigneusement examinée à nouveau (*Transactions of the Cambridge Philosophical Society,* 1864) par M. Cayley, qui a fait la comparaison des espèces de Newton avec celles de Plücker; ces dernières sont au nombre de deux cent dix-neuf. Il n'entre pas dans le plan de ce Traité de donner une analyse plus complète de cette classification. Il nous suffira de signaler, pour le cas des courbes paraboliques, le rôle important que joue la parabole asymptotique osculatrice, ou parabole qui passe par cinq points consécutifs de la courbe, au point où cette dernière est tangente à la droite de l'infini. L'équation de la courbe peut se mettre sous la forme

$$x(y^2 + 2zx + z^2) = z^2(ay + bz);$$

il est évident que la parabole $y^2 + 2zx + z^2$ rencontre la courbe au point $yz$ compté cinq fois. Les groupes se trouvent ainsi déterminés par la position de la parabole osculatrice, par rapport à l'asymptote linéaire $x$ et à la droite satellite $ay + bz$.

## Section IV. — Courbes unicursales.

212. Nous avons vu (*Sections coniques*, n° 270) que les calculs se trouvent singulièrement facilités quand les coordonnées d'un point d'une courbe peuvent s'exprimer en fonction d'un seul paramètre, et nous avons démontré (n° 44) que ceci est toujours possible dans le cas d'une courbe unicursale. Nous allons donner quelques exemples de l'application de ce principe aux cubiques. L'équation d'une cubique cuspidale peut toujours se ramener à la forme $x^2z=y^3$; $xy$ est le point de rebroussement, $x$ la tangente cuspidale et $z$ la tangente stationnaire. Un point quelconque de la courbe peut donc s'exprimer comme intersection de $\theta x=y$, $\theta^2 y=z$ (¹), ou, en d'autres termes, les coordonnées d'un point quelconque peuvent être prises dans le rapport de $1$, $\theta$, $\theta^3$; $\theta$ étant un paramètre variable. La droite qui joint deux points quelconques de la courbe aura pour équation

$$\theta\theta'(\theta+\theta')x-(\theta^2+\theta\theta'+\theta'^2)y+z=0,$$

comme on peut le vérifier facilement.

Faisons coïncider $\theta$ et $\theta'$, et nous avons l'équation de la tangente

$$2\theta^3 x-\theta^2 y+z=0.$$

Supposons que nous cherchions les points où une droite $ax+by+cz=0$ rencontre la courbe; remplaçons $x, y, z$ par $1$, $\theta$, $\theta^3$, et nous avons l'équation $a+b\theta+c\theta^3=0$;

(¹) Ces équations, considérées comme exprimées en coordonnées tangentielles, donnent ce théorème : *Si* I *est un point d'inflexion,* C *un rebroussement, et* T *l'intersection des tangentes en ces points, une tangente quelconque* AB *coupe les côtés du triangle* ICT *de manière que* $\dfrac{\overline{IA}^2}{\overline{AT}^2}=k\dfrac{TB}{BC}$ *et, quand la droite de l'infini est une tangente,* $k=1$. (Voir *Sections coniques*, n° 327).

comme cette équation en $\theta$ n'a pas de second terme, la somme de ses racines est nulle, et nous voyons ainsi que les paramètres de trois points en ligne droite sont liés par la relation $\theta+\theta'+\theta''=0$. Donc, en particulier, le tangentiel du point $\theta$ est $-2\theta$, et le point de contact de la tangente menée par $\theta$ est $-\frac{1}{2}\theta$.

Si nous remplaçons de même $x$, $y$, $z$ par $1$, $\theta$, $\theta^3$ dans l'équation d'une courbe d'ordre $p$, le terme $\theta^{3p-1}$ manquera dans l'équation, et la relation qui lie les paramètres des $3p$ points d'intersection de la courbe avec la cubique consiste en ce que leur somme est nulle. Ainsi le $\theta$ du résiduel d'un système de points est la somme des $\theta$ de ces points prise négativement, et celui de leur corésiduel est la somme même de ces $\theta$; et, en général, les théorèmes relatifs à la résiduation (nos 158 et suiv.) deviennent ainsi intuitivement évidents pour les cubiques cuspidales. Si, par exemple, nous représentons les paramètres des points par $a$, $b$, ..., la condition pour que six points soient situés sur une conique est

$$a+b+c+d+e+f=0.$$

Cette relation nous fournit immédiatement ce théorème (no 154) : *Étant donnés quatre points sur une cubique, la droite qui joint les points e, f où une conique menée par ces points rencontre de nouveau la courbe, passe par le point fixe* $(a+b+c+d)$; on peut construire ce point en traçant $ab$, $cd$ et joignant les points où ces droites coupent à nouveau la courbe, puisque

$$-(a+b)-(c+d)+(a+b+c+d)=0.$$

On obtiendra de la même manière diverses méthodes pour construire le neuvième point où une cubique passant par huit points rencontre de nouveau la courbe, à la seule inspection de l'équation

$$(a+b+c+d)+(e+f+g+h)+i=0.$$

213. On trouvera les paramètres des points dont les tangentes passent par un point donné en portant les coordonnées de ce point dans l'équation $2\theta^3x - 3\theta^2y + z = 0$; et, comme le coefficient de $\theta$ est nul dans la cubique résultante, la somme des inverses des racines est nulle ou, en d'autres termes, trois points dont les tangentes se rencontrent en un même point sont liés par la relation $\frac{1}{\theta} + \frac{1}{\theta'} + \frac{1}{\theta''} = 0$. De même on sait que la condition pour que $2\theta^3x - 3\theta^2y + z = 0$ soit tangente à une courbe de la $p^{\text{ième}}$ classe est une relation du $p^{\text{ième}}$ ordre entre les coefficients $2\theta^3$, $3\theta^2$, $1$; or une relation de ce genre ne contient évidemment pas le terme $\theta$ : il en résulte donc que les $3p$ points, où les tangentes sont tangentes à une courbe de la $p^{\text{ième}}$ classe, sont liés par la relation $\sum\left(\frac{1}{\theta}\right) = 0$. Voici quelques exercices qui montrent comment on applique cette méthode à des exemples.

Exercice 1. — *Trouver le lieu de l'intersection des tangentes dont la corde de contact passe par un point fixe d'une cubique cuspidale.*

Ceci revient à éliminer $\alpha$ et $\beta$ entre les trois équations

$$2\alpha^3x - 3\alpha^2y + z = 0, \quad 2\beta^3x - 3\beta^2y + z = 0, \quad \alpha + \beta + \gamma = 0,$$

dans lesquelles $\gamma$ est connu. Nous trouvons aisément

$$\gamma(2\gamma x + 3y)^2 + 2xz = 0,$$

équation d'une conique.

Exercice 2. — *Si un polygone d'un nombre pair de côtés est inscrit dans une cubique et si tous les côtés, sauf un, passent par des points fixes situés sur la courbe, le dernier côté passera aussi par un ponit fixe de la courbe.*

Représentons les paramètres des sommets par $a_1$, $a_2$, ..., et ceux des points fixes par $b_1$, $b_2$, .... Nous prenons, pour plus de simplicité, le cas du quadrilatère, mais la démonstration est générale. Nous avons alors les équations

$$a_1 + b_1 + a_2 = 0, \quad a_2 + b_2 + a_3 = 0,$$
$$a_3 + b_3 + a_4 = 0, \quad a_4 + b_4 + a_1 = 0,$$

En les ajoutant membre à membre, nous obtenons

$$b_1 + b_3 = b_2 + b_4;$$

cette relation montre que les droites qui joignent $b_1$, $b_3$; $b_2$, $b_4$ se rencontrent sur la courbe et que, quand trois des points sont connus, le quatrième est aussi connu. Le théorème est vrai pour toutes cubiques, car la démonstration donnée ici peut se traduire aisément dans le langage de la résiduation; on voit que les couples de points $b_1$, $b_3$; $b_2$, $b_4$ sont corésiduels, et que le système de sommets $a_1$, $a_2$, $a_3$, $a_4$ leur est un résiduel commun.

Il résulte, comme cas particulier de ce théorème, que si les côtés d'un polygone d'un nombre impair de côtés passent par des points fixes de la courbe, la tangente en un sommet quelconque passe aussi par un point fixe; et, par conséquent, le problème qui consiste à construire un polygone de cette nature dont les côtés passent par des points fixes d'une cubique non singulière admet quatre solutions.

Exercice 3. — *Trouver la quasi-développée, en supposant que les deux points fixes soient sur la courbe.* (Voir aussi *Ex.* 5, n° 99).

L'équation de la quasi-normale est (n° 107)

$$\begin{aligned}(\beta^2 + \beta\theta - 2\theta^2)[\theta\alpha(\theta+\alpha)x - (\theta^2+\theta\alpha+\alpha^2)y + z]&\\ +(\alpha^2+\alpha\theta-2\theta^2)[\theta\beta(\theta+\beta)x - (\theta^2+\theta\beta+\beta^2)y + z] &= 0.\end{aligned}$$

Si nous la transformons en posant $\theta = \dfrac{\alpha - \beta\lambda}{1-\lambda}$, nous obtenons, conformément au n° 108, une équation biquadratique en $\lambda$, dans laquelle les deux termes extrêmes ne diffèrent que par un facteur constant, et le discriminant, qui renferme comme facteurs les équations des tangentes en $\alpha$ et $\beta$, représentera par sa partie restante une courbe du quatrième degré seulement.

**214.** Il nous reste à faire connaître quelques-uns des exemples les plus remarquables de cubiques de la troisième classe. Nous avons déjà parlé de la *parabole semi-cubique* qui est la développée de la parabole du second degré. Dans son équation $py^2 = x^3$, le point de rebroussement est à l'origine et le point d'inflexion à l'infini. Dans la *parabole cubique,* au contraire, $p^2y = x^3$ le point d'inflexion est à l'origine et le rebroussement à l'infini. Dans la parabole cubique, l'origine est un centre et tous les diamètres de la courbe coïncident avec l'axe des $y$; en effet, si nous menons une droite quelconque $y = mx + n$, la somme des valeurs de $x$ est égale à zéro.

La *cissoïde de Dioclès* fait partie de la classe des cubiques cuspidales; cette courbe a été imaginée par le géomètre de ce nom pour résoudre le problème qui consiste à trouver

Fig. 44.

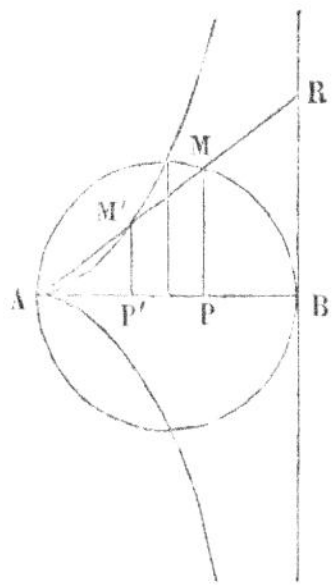


deux moyennes proportionnelles. On peut la définir comme le lieu d'un point M', où le rayon vecteur du cercle AM est coupé par une ordonnée telle que AP' = PB. Nous aurons ainsi

$$AM' = RM$$

et par suite

$$\rho = AR - AM = 2r \operatorname{séc}\omega - 2r \cos\omega = 2r \operatorname{tang}\omega \sin\omega,$$

ou, en coordonnées rectangulaires,

$$x(x^2 + y^2) = 2ry^2, \quad \text{ou} \quad (2r - x)y^2 = x^3.$$

L'origine est donc un point de rebroussement et $2r - x$ une asymptote qui rencontre la courbe en un point d'inflexion situé à une distance infinie.

Newton a donné la construction élégante qui suit pour

décrire cette courbe d'un mouvement continu. Un angle droit a le côté GF de longueur constante; le point F se meut le long de la droite fixe CI, tandis que le côté GH passe par le

Fig. 45.

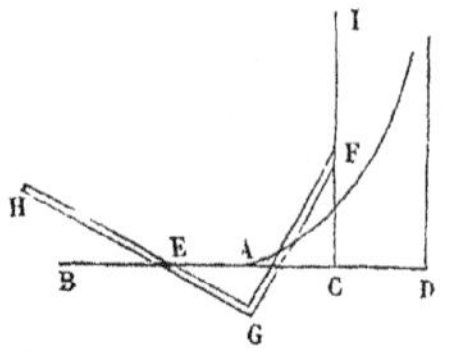


point fixe E; un crayon fixé au milieu de GF décrira la cissoïde. Nous laissons au lecteur le soin de démontrer cette proposition. (LARDNER, *Géométrie algébrique*, p. 196-472.)

La cissoïde est aussi le lieu que nous trouverions en prenant sur chacun des rayons vecteurs menés du sommet d'une parabole une longueur égale à l'inverse de celle du rayon vecteur. Par conséquent, c'est aussi le lieu du pied d'une perpendiculaire abaissée du sommet d'une parabole sur la tangente; ou, en d'autres termes, si une parabole roule sur une autre parabole égale, le lieu du sommet de la parabole mobile sera la cissoïde.

**215.** Nous pouvons de la même manière exprimer en fonction d'un seul paramètre les coordonnées d'un point quelconque d'une cubique crunodale ou acnodale. Le point double étant pris pour origine, l'équation de la courbe est de la forme

$$ax^3 + 3bx^2y + 3cxy^2 + dy^3 + 3fx^2 + 6gxy + 3hy^2 = 0;$$

et, si nous posons $y = \theta x$, nous avons immédiatement pour $x$ et $y$ des expressions rationnelles en fonction de $\theta$. La discussion sera toutefois plus simple si nous supposons l'équation transformée, comme cela se peut toujours, de manière qu'elle ait la forme $(x^2 \pm y^2) z = x^3$. Ici $z$ est la tangente au point réel d'inflexion que la courbe doit avoir; $x$ est la droite qui joint le point d'inflexion au point double et $x^2 \pm y^2$ sont les tangentes au point double; le signe supérieur se rapporte au cas de la cubique acnodale, le signe inférieur au cas de la cubique crunodale. On peut alors prendre pour coordonnées d'un point quelconque de la courbe des quantités proportionnelles à $(1 \pm \theta^2), \theta(1 \pm \theta^2), 1$. Si nous substituons ces valeurs dans l'équation d'une droite arbitraire $\lambda x + \mu y + \nu z = 0$, nous avons, pour déterminer les paramètres des points où cette droite coupe la cubique,

$$(\lambda + \nu) + \mu\theta \pm \lambda\theta^2 \pm \mu\theta^3 = 0;$$

et ces paramètres sont liés par la relation

$$\theta'\theta'' + \theta''\theta''' + \theta'''\theta' = \pm 1.$$

Si la droite est tangente en un point d'inflexion, $\theta' = \theta'' = \theta'''$ et, par conséquent, $\theta^2 = \pm \frac{1}{3}$. Donc *une cubique acnodale a trois points d'inflexion réels; une cubique crunodale a un seul point d'inflexion réel et les deux autres sont imaginaires.*

On trouve que l'équation de la droite qui joint deux points est

$$(\theta^2 + \theta\theta' + \theta'^2 \pm 1) x - (\theta + \theta') y = \pm (1 \pm \theta^2)(1 \pm \theta'^2) z;$$

donc l'équation d'une tangente est

$$(3\theta^2 \pm 1) x - 2\theta y = \pm (1 \pm \theta^2)^2 z.$$

Nous voyons par là que, si quatre tangentes se rencontrent en un même point, la somme des paramètres correspondants est nulle; et que si deux des points nous sont donnés, nous pouvons immédiatement former l'équation quadratique qui détermine les paramètres des deux autres.

Il n'y a aucune difficulté à appliquer cette méthode à des

exemples. Dans le n° 122, *Ex.* 1, nous avons parlé de la cubique crunodale dont l'équation polaire est $\rho^{\frac{1}{3}} \cos \frac{1}{3}\omega = m^{\frac{1}{3}}$ et dont l'équation en coordonnées rectangulaires est

$$27m(x^2+y^2) = (4m-x)^3;$$

cette courbe a trois points d'inflexion à l'infini : l'un est réel, et les deux autres sont les deux points circulaires. Le nœud est sur l'axe des $x$, à la distance $x = -8m$.

216. *Si une cubique nodale a trois points d'inflexion réels, le point conjugué est le pôle de la droite qui joint ces trois points, par rapport au triangle formé par les trois tangentes.* Supposons que l'équation de la cubique soit

$$(x+y+z)^3 = mxyz.$$

Si cette courbe a un point double, les coordonnées de ce point doivent vérifier les équations qu'on obtient par la différentiation et qui sont

$$3(x+y+z)^2 = myz = mzx = mxy.$$

De ces équations nous déduisons $x=y=z$, ce qui prouve (n° 165) le théorème énoncé. Pour la cubique nodale nous avons alors $m=27$, et l'équation de cette courbe peut être mise sous la forme

$$x^{\frac{1}{3}} + y^{\frac{1}{3}} + z^{\frac{1}{3}} = 0.$$

On peut, dans ce cas, prendre pour coordonnées d'un point quelconque de la courbe des quantités proportionnelles à $\theta^3$, $(1-\theta)^3$, $-1$, et l'équation de la tangente correspondante est

$$(1-\theta)^2 x + \theta^2 y + \theta^2(1-\theta)^2 z = 0.$$

216 *a*. Nous pouvons traiter autrement la question des cu-

biques unicursales (1). Nous pouvons partir des expressions les plus générales des coordonnées en fonction d'un paramètre $\lambda:\mu$ :

$$x = a\lambda^3 + 3b\lambda^2\mu + 3c\lambda\mu^2 + d\mu^3,$$
$$y = a'\lambda^3 + 3b'\lambda^2\mu + 3c'\lambda\mu^2 + d'\mu^3,$$
$$z = a''\lambda^3 + 3b''\lambda^2\mu + 3c''\lambda\mu^2 + d''\mu^3,$$

et écrire immédiatement l'équation de la cubique résultante sous forme d'un déterminant (comme dans le n° 44). Mais, d'autre part, il y a en général trois fonctions linéaires de $x$, $y$, $z$ dont les expressions en fonction de $\lambda$ et $\mu$ sont des cubes parfaits. En effet, si dans l'expression

$$Lx + My + Nz = (\alpha\lambda + \beta\mu)^3$$

nous remplaçons $x, y, z$ par leurs expressions en $\lambda:\mu$, si nous égalons les coefficients de $\lambda^3$, $\lambda^2\mu$, ..., et si nous éliminons linéairement L, M, N entre les relations ainsi obtenues, nous trouvons

$$\begin{vmatrix} \alpha^3 & a & a' & a'' \\ \alpha^2\beta & b & b' & b'' \\ \alpha\beta^2 & c & c' & c'' \\ \beta^3 & d & d' & d'' \end{vmatrix} = 0.$$

Autrement dit, nous avons pour déterminer $\alpha:\beta$ une équation du troisième degré que nous pouvons écrire

$$A\alpha^3 + 3B\alpha^2\beta + 3C\alpha\beta^2 + D\beta^3 = 0,$$

et A, 3B, 3C, D sont les déterminants du système

$$\begin{Vmatrix} a & b & c & d \\ a' & b' & c' & d' \\ a'' & b'' & c'' & d'' \end{Vmatrix}$$

(1) Pour plus de détails sur la méthode indiquée ici, *voir* IGEL, *Math. Annal.*, t. VI, p. 663, et HAASE, *Math. Annal.*, t. II, p. 526.

Aux trois valeurs de $\alpha : \beta$ correspondent trois valeurs de $Lx + My + Nz$. Si donc nous écrivons les trois équations

$$L'x + M'y + N'z = (\alpha'\lambda + \beta'\mu)^3 \ldots;$$

si nous prenons les racines cubiques des deux membres et si nous éliminons linéairement $\lambda : \mu$, nous aurons l'équation de la courbe sous forme d'une relation linéaire entre les racines cubiques de trois fonctions linéaires. On peut exprimer ce résultat de la manière la plus simple en posant

$$X = (\alpha' \lambda + \beta' \mu)^3 (\alpha'' \beta''' - \alpha''' \beta'')^3,$$
$$Y = (\alpha'' \lambda + \beta'' \mu)^3 (\alpha''' \beta' - \alpha' \beta''')^3,$$
$$Z = (\alpha''' \lambda + \beta''' \mu)^3 (\alpha' \beta'' - \alpha'' \beta')^3.$$

Nous obtenons alors l'équation de la courbe sous la forme (n° 216)

$$X^{\frac{1}{3}} + Y^{\frac{1}{3}} + Z^{\frac{1}{3}} = 0,$$

qui représente une cubique nodale; X, Y, Z sont les trois tangentes d'inflexion; $X + Y + Z = 0$ est la droite qui joint les trois points d'inflexion et $X = Y = Z$ est le point double.

**216** *b*. Nous pourrions arriver par un autre procédé à une cubique identique avec la cubique canonisante du numéro précédent. La condition générale pour que trois points soient en ligne droite s'obtient en égalant à zéro le déterminant des coordonnées $x', y', z', \ldots$ des points. Si dans cette expression nous remplaçons $x'$ par $a\lambda'^3 + \ldots$, nous avons la condition pour que trois points de la *courbe* soient situés sur une même droite. Il est facile de voir qu'elle peut se décomposer en déterminants, divisibles chacun par

$$(\lambda' \mu'' - \lambda'' \mu')(\lambda'' \mu''' - \lambda''' \mu'')(\lambda''' \mu' - \lambda' \mu'''),$$

et la condition en question peut être écrite aussi sous la forme

$$\begin{aligned} &A\mu'\mu''\mu''' + B(\lambda'\mu''\mu''' + \lambda''\mu'''\mu' + \lambda'''\mu'\mu'') \\ &\quad + C(\lambda''\lambda'''\mu' + \lambda'''\lambda'\mu'' + \lambda'\lambda''\mu''') + D\lambda'\lambda''\lambda''' = 0, \end{aligned}$$

dans laquelle A, B, ... ont la même signification que dans le numéro précédent. En d'autres termes, si les $\lambda : \mu$ des trois points sont déterminés par l'équation

$$A'\lambda^3 + 3B'\lambda^2\mu + 3C'\lambda\mu^2 + D'\mu^3 = 0,$$

la condition pour que ces trois points soient en ligne droite est

$$(AD' - A'D) - 3(BC' - B'C) = 0.$$

Nous obtenons le $\lambda : \mu$ d'un point d'inflexion en posant $\lambda' = \lambda'' = \lambda'''$, $\mu' = \mu'' = \mu'''$ dans l'équation précédente, et nous retombons ainsi sur la cubique

$$A\mu^3 + 3B\lambda\mu^2 + 3C\lambda^2\mu + D\lambda^3 = 0.$$

Nous pourrions arriver à la même cubique sous une forme un peu différente. L'équation générale, sous forme de déterminant, de la droite qui joint deux points, montre que, pour une cubique unicursale dont les coordonnées $x$, $y$, $z$ nous sont données en fonction d'un paramètre, l'équation de la tangente en un point quelconque est

$$\begin{vmatrix} x & y & z \\ x_\lambda & y_\lambda & z_\lambda \\ x_\mu & y_\mu & z_\mu \end{vmatrix} = 0.$$

Les indices représentent ici le symbole d'une différentiation des expressions de $x, y, z$ par rapport à $\lambda$ ou $\mu$. On trouvera de même que la condition pour que trois points consécutifs soient sur une même droite est

$$\begin{vmatrix} x_{\lambda\lambda} & y_{\lambda\lambda} & z_{\lambda\lambda} \\ x_{\lambda\mu} & y_{\lambda\mu} & z_{\lambda\mu} \\ x_{\mu\mu} & y_{\mu\mu} & z_{\mu\mu} \end{vmatrix} = 0.$$

Ainsi, dans le cas de la cubique que nous considérons, les $\lambda : \mu$ des points d'inflexion sont fournis par l'équation

$$\begin{vmatrix} a\lambda + b\mu & b\lambda + c\mu & c\lambda + d\mu \\ a'\lambda + b'\mu & b'\lambda + c'\mu & c'\lambda + d'\mu \\ a''\lambda + b''\mu & b''\lambda + c''\mu & c''\lambda + d''\mu \end{vmatrix} = 0;$$

et l'on peut voir (*Algèbre supérieure*, n° 169) qu'elle est identique avec la cubique dont on a déjà parlé.

**216 c.** Il y aura un point double sur la courbe quand le même point correspondra à deux valeurs différentes du rapport $\lambda : \mu$. Soient $\lambda' : \mu'$ et $\lambda'' : \mu''$ deux valeurs qui correspondent au même point; quel que soit l'autre point $\lambda''' : \mu'''$ que nous prenions sur la courbe, la condition du numéro précédent (que ce point soit sur une même droite avec les deux points qui coïncident au point double) devra être vérifiée. Si donc nous égalons à zéro les parties de cette relation qui sont respectivement multipliées par $\lambda'''$ et $\mu'''$, nous aurons

$$A\mu'\mu'' + B(\lambda'\mu'' + \lambda''\mu') + C\lambda'\lambda'' = 0,$$
$$B\mu'\mu'' + C(\lambda'\mu'' + \lambda''\mu') + D\lambda'\lambda'' = 0.$$

D'après la théorie des équations, si les deux valeurs de $\lambda : \mu$ qui correspondent au point double sont données par une équation du second degré, cette équation devra être

$$\lambda^2\mu'\mu'' - \lambda\mu(\lambda'\mu'' + \lambda''\mu') + \mu^2\lambda'\lambda'' = 0.$$

Si donc nous éliminons $\mu', \mu'', \ldots$ entre ces trois équations, nous obtiendrons l'équation du second degré

$$\begin{vmatrix} \lambda^2 & -\lambda\mu & \mu^2 \\ A & B & C \\ B & C & D \end{vmatrix} = 0,$$

qui déterminera les valeurs du paramètre du point double. En d'autres termes (voir *Algèbre supérieure*, n° 195), cette équation, qui détermine les deux valeurs du paramètre nodal, est le Hessien de la cubique canonisante.

Si nous posons $\lambda'' : \mu'' = \lambda' : \mu'$ dans la condition donnée au numéro précédent, nous obtenons les relations qui lient le paramètre d'un point quelconque à celui de son tangentiel. On remarquera que les facteurs qui multiplient $\lambda'''$ et $\mu'''$ sont les dérivées de la cubique par rapport à $\lambda$ et $\mu$.

**216** *d*. Dans ce qui précède nous avons supposé que les racines de la cubique canonisante sont inégales. Pour considérer sous sa forme la plus simple le cas où il y a deux racines égales, supposons que $x$ et $y$ sont deux fonctions linéaires qui, exprimées en fonctions du paramètre, soient des cubes parfaits; autrement dit, prenons $x = \lambda^3$, $y = \mu^3$. Si $z = a''\lambda^3 + 3b''\lambda^2\mu + 3c''\lambda\mu^2 + d''\mu^3$, la cubique canonisante devient $\alpha\beta(b''\beta - c''\alpha) = 0$. Elle n'aura deux racines égales que si l'on suppose que $b''$ ou $c''$ soit égal à zéro. Dans ce cas nous pouvons, à l'aide d'une transformation linéaire, ramener la troisième équation à la forme $z = \lambda^2\mu$ et la cubique deviendra $z^3 = x^2y$; en d'autres termes, elle aura un point de rebroussement. Clebsch a montré (*Journal de Crelle*, t. 64, p. 43) qu'en général l'équation du degré $3(n-2)$ qui détermine les paramètres des points d'inflexion aura un couple de racines égales pour tout point double qui devient un point de rebroussement.

Si la cubique canonisante a trois racines égales, la courbe se décompose en une droite et une conique.

### Section V. — Invariants et covariants des cubiques.

**217**. L'équation d'une cubique non singulière peut toujours se ramener à la forme canonique

$$x^3 + y^3 + z^3 + 6mxyz = 0.$$

Dans cette forme $x, y, z$ contiennent implicitement chacune trois constantes; celles-ci, jointes à celle qui est mise en évidence dans l'équation, donnent dix constantes, c'est-à-dire le nombre qu'une forme doit contenir d'après le n° **24**, afin d'être assez générale pour représenter une cubique. Nous allons montrer maintenant comment l'équation d'une cubique quelconque peut être ramenée à la forme que nous venons d'indiquer. Nous pouvons mettre l'équation précédente sous la forme

$$(x+y-2mz)(\omega x+\omega^2 y-2mz)(\omega^2 x+\omega y-2mz) \\ +(1+8m^3)z^3=0,$$

dans laquelle $\omega$ est une racine cubique imaginaire de l'unité. Sous cette forme, on voit que la droite $z$ joint trois points d'inflexion, et l'on peut démontrer de la même manière qu'il en est de même pour les droites $x$ et $y$. Ces trois droites constituent donc un des quatre systèmes de trois droites qui, nous l'avons vu (n° **174**), peuvent être menées par les neuf points d'inflexion; et nous pouvons voir d'avance que le problème qui consiste à réduire l'équation d'une cubique quelconque à la forme canonique admet quatre solutions.

La forme indiquée ici est celle que nous emploierons généralement dans nos recherches relatives aux cubiques; cependant il est nécessaire de déterminer d'abord les invariants quand l'équation est mise dans la forme générale que nous écrivons comme il suit :

$$\begin{aligned} &ax^3+by^3+cz^3+3a^2x^2y \\ &\quad+3a_2x^2z+3b_1y^2x \\ &\quad+3b_3y^2z+3c_1z_2x \\ &\quad+3c_2z^2y+6mxyz=0\ (^1). \end{aligned}$$

---

(¹) Dans les Mémoires de M. Cayley, les coefficients des termes $y^2z$, $z^2x$, $x^2y$, $yz^2$, $zx^2$, $xy^2$ sont respectivement $f$, $g$, $h$, $i$, $j$, $k$. Dans les Mémoires allemands modernes, les variables sont généralement représentées

**218.** Nous formerons d'abord l'équation de la Hessienne. Les dérivées secondes de la cubique sont, en négligeant le facteur 6 qui leur est commun à toutes,

$$a = ax + a_2y + a_3z, \quad f = mx + b_3y + c_2z,$$
$$b = b_1x + by + b_3z, \quad g = a_3x + my + c_1z,$$
$$c = c_1x + c_2y + cz, \quad h = a_2x + b_1y + mz.$$

En formant $H = abc + 2fgh - af^2 - bg^2 - ch^2$, H est une cubique dont les coefficients sont respectivement

$$\mathfrak{a} = ab_1c_1 - am^2 + 2ma_2a_3 - b_1a_3^2 - c_1a_2^2,$$
$$\mathfrak{b} = ba_2c_2 - bm^2 + 2mb_3b_1 - a_2b_3^2 - c_2b_1^2,$$
$$\mathfrak{c} = ca_3b_3 - cm^2 + 2mc_2c_1 - a_3c_2^2 - b_3c_1^2;$$
$$3\mathfrak{a}_2 = abc_1 - 2amb_3 + ab_1c_2 - ba_3^2 + m^2a_2 - b_1c_1a_2 + 2a_2a_3b_3 - c_2a_2^2,$$
$$3\mathfrak{a}_3 = acb_1 - 2amc_2 + ab_3c_1 - ca_2^2 + m^2a_3 - b_1c_1a_3 + 2a_2a_3c_2 - b_3a_3^2,$$
$$3\mathfrak{b}_1 = bac_2 - 2bma_3 + ba_2c_1 - ab_3^2 + m^2b_1 - c_2a_2b_1 + 2b_1b_3a_3 - c_1b_1^2,$$
$$3\mathfrak{b}_3 = bca_2 - 2bmc_1 + ba_3c_2 - cb_1^2 + m^2b_3 - c_2a_2b_3 + 2b_1b_3c_1 - a_3b_3^2,$$
$$3\mathfrak{c}_1 = cab_3 - 2cma_2 + ca_3b_1 - ac_2^2 + m^2c_1 - a_3b_3c_1 + 2c_1c_2a_2 - b_1c_1^2,$$
$$3\mathfrak{c}_2 = cba_3 - 2cmb_1 + ca_2b_3 - bc_1^2 + m^2c_2 - a_3b_3c_2 + 2c_1c_2b_1 - a_2c_2^2,$$
$$6\mathfrak{m} = abc - (ab_3c_2 + bc_1a_3 + ca_2b_1)$$
$$+ 2m^3 - 2m(b_1c_1 + c_2a_2 + a_3b_3) + 3(a_2b_3c_1 + a_3b_1c_2).$$

---

par $x_1$, $x_2$, $x_3$ et les coefficients en question par $a_{223}$, $a_{331}$, $a_{112}$, .... La première notation a l'avantage d'être très compacte; dans la seconde, au contraire, chaque coefficient indique le terme auquel il appartient. Dans les formules auxquelles nous aurons beaucoup affaire, l'usage des suffixes convient moins qu'une notation dans laquelle chaque coefficient est représenté par un seul caractère; mais, comme l'équation générale de la cubique est employée seulement dans les articles qui suivent immédiatement, j'ai pensé que le second avantage était celui auquel il convenait de moins s'attacher. La notation employée dans le texte concorde avec la notation allemande, en remplaçant $a_{11}$, $a_{22}$, $a_{33}$ par $a$, $b$, $c$ respectivement. D'après le même principe les coefficients de $x^3$, $y^3$, $z^3$ pourraient s'écrire $a_1$, $b_2$, $c_3$ et l'étaient ainsi dans la première édition. Je ne mets pas de suffixes dans le cas de ces trois coefficients, non seulement pour abréger, mais aussi pour diminuer les risques de confondre l'un d'eux avec l'un quelconque des six autres coefficients.

Comme cas particulier du précédent, la Hessienne de

$$x^3 + y^3 + z^3 + 6mxyz = 0$$

est

$$-m^2(x^3 + y^3 + z^3) + (1 + 2m^3)xyz = 0.$$

**219.** Nous pouvons aussi former l'équation de la Cayleyenne. Ce contravariant exprime la condition pour que la droite $\alpha x + \beta y + \gamma z$ soit divisée en involution par le système de coniques $U_1$, $U_2$, $U_3$, où

$$\begin{aligned}
U_1 &= a\,x^2 + b_1 y^2 + c_1 z^2 + 2myz + 2a_3 zx + 2a_2 xy,\\
U_2 &= a_2 x^2 + b\,y^2 + c_2 z^2 + 2b_3 yz + 2mzx + 2b_1 xy,\\
U_3 &= a_3 x^2 + b_3 y^2 + c\,z^2 + 2c_2 yz + 2c_1 zx + 2mxy.
\end{aligned}$$

La méthode pour former ce contravariant a été donnée (*Sections coniques*, n° 388 *a*) et le résultat y est exprimé en fonction des coefficients des trois coniques. En appliquant cette formule au cas actuel, nous trouvons

$$\begin{aligned}
P = {} & A\alpha^3 + B\beta^3 + C\gamma^3 + 3A_2\alpha^2\beta + 3A_3\alpha^2\gamma\\
& + 3B_1\beta^2\alpha + 3B_3\beta^2\gamma + 3C_1\gamma^2\alpha + 3C_2\gamma^2\beta + 6M\alpha\beta\gamma,
\end{aligned}$$

$$A = bcm - bc_1c_2 - cb_1b_3 - mb_3c_2 + b_1c_2^2 + c_1b_3^2,$$

$$B = cam - ca_2a_3 - ac_1c_2 - ma_3c_1 + a_2c_1^2 + c_2a_3^2,$$

$$C = abm - ab_1b_3 - ba_2a_3 - mb_1a_2 + b_3a_2^2 + a_3b_1^2,$$

$$\begin{aligned}
3A_2 = {} & -bca_3 - cmb_1 + bc_1^2 + 2ca_2b_3\\
& + 2m^2c_2 - 3mb_3c_1 + c_2a_3b_3 + b_1c_1c_2 - 2a_2c_2^2,
\end{aligned}$$

$$\begin{aligned}
3A_3 = {} & -bca_2 - bmc_1 + cb_1^2 + 2ba_3c_2\\
& + 2m^2b_3 - 3mc_2b_1 + b_3a_2c_2 + b_1c_1b_3 - 2a_3b_3^2,
\end{aligned}$$

$$\begin{aligned}
3B_1 = {} & -cab_3 - cma_2 + ac_2^2 + 2ca_3b_1\\
& + 2m^2c_1 - 3ma_3c_2 + c_1a_3b_3 + a_2c_1c_2 - 2b_1c_1^2,
\end{aligned}$$

$$\begin{aligned}
3B_3 = {} & -cab_1 - amc_2 + ca_2^2 + 2ab_3c_1\\
& + 2m^2a_3 - 3mc_1a_2 + a_3b_1c_1 + a_2c_2a_3 - 2a_3b_3^2,
\end{aligned}$$

$$\begin{aligned}
3C_1 = {} & -abc_2 - bma_3 + ab_3^2 + 2ba_2c_1\\
& + 2m^2b_1 - 3ma_2b_3 + b_1a_2c_2 + a_3b_1b_3 - 2c_1b_1^2,
\end{aligned}$$

$$3C_2 = -abc_1 - amb_3 + ba_3^2 + 2ab_1c_2$$
$$+ 2m^2a_2 - 3ma_3b_1 + a_2b_1c_1 + a_2a_3b_3 - 2c_2a_2^2,$$
$$6M = abc - (ab_3c_2 + bc_1a_3 + ca_2b_1) - 4m^3$$
$$+ 4m(b_1c_1 + c_2a_2 + a_3b_3) - 3(a_2b_3c_1 + a_3b_1c_2).$$

En particulier, la Cayleyenne de $x^3 + y^3 + z^3 + 6mxyz$ est

$$m(\alpha^3 + \beta^3 + \gamma^3) + (1 - 4m^3)\alpha\beta\gamma = 0.$$

**220.** Si, dans le contravariant qu'on vient de trouver, nous remplaçons $\alpha$, $\beta$, $\gamma$ par des symboles de différentiation par rapport à $x, y, z$, respectivement et qu'ensuite nous opérions sur la cubique donnée U, le résultat sera un invariant (*Algèbre supérieure*, n° 139).

Cet invariant, que nous représenterons par S, est du quatrième degré par rapport aux coefficients; il est égal à

$$\begin{aligned} S = abcm &- (bca_2a_3 + cab_1b_3 + abc_1c_2) \\ &- m(ab_3c_2 + bc_1a_3 + ca_2b_1) \\ &+ (ab_1c_2^2 + ac_1b_3^2 + ba_2c_1^2 + bc_2a_3^2 + cb_3a_2^2 + ca_3b_1^2) \\ &- m^4 + 2m^2(b_1c_1 + c_2a_2 + a_3b_3) \\ &- 3m(a_2b_3c_1 + a_3b_1c_2) - (b_1^2c_1^2 + c_2^2a_2^2 + a_3^2b_3^2) \\ &+ (c_2a_2a_3b_3 + a_3b_3b_1c_1 + b_1c_1c_2a_2). \end{aligned}$$

Il revient au même de dire que l'équation de la Cayleyenne peut s'écrire

$$\left(\alpha^3\frac{d}{da} + \beta^3\frac{d}{db} + \gamma^3\frac{d}{dc} + \alpha^2\beta\frac{d}{da_2} + \alpha^2\gamma\frac{d}{da_3} + \beta^2\gamma\frac{d}{db_3}\right.$$
$$\left. + \beta^2\alpha\frac{d}{db_1} + \gamma^2\alpha\frac{d}{dc_1} + \gamma^2\beta\frac{d}{dc_2} + \alpha\beta\gamma\frac{d}{dm}\right) S = 0.$$

Nous avons indiqué (*Algèbre supérieure*, n° 162) la méthode symbolique par laquelle Aronhold a primitivement obtenu cet invariant S; sa notation symbolique est $(123)(234)(341)$ $(412)$; celle de son évectant, la Cayleyenne, est $(123)(\alpha 23)(\alpha 31)$ $(\alpha 12)$. Pour la forme canonique, S est $m - m^4$, et, comme S est nul quand $m = 0$, c'est-à-dire quand l'équation est de la forme $x^3 + y^3 + z^3 = 0$, il en résulte que S est nul quand l'équation peut se ramener à la somme de trois cubes.

**221.** Supposons que nous ayons une forme

$$U = ax^n + by^n + cz^n + \ldots$$

et un covariant V du même degré

$$\mathfrak{a}x^n + \mathfrak{b}y^n + \mathfrak{c}z^n + \ldots;$$

si nous connaissons un invariant quelconque de U et si nous formons l'invariant correspondant de $U + \lambda V$, les coefficients des différentes puissances de $\lambda$ seront évidemment des invariants. Nous concluons de là que, dans le cas supposé, de tout invariant de U nous pouvons déduire un nouvel invariant en effectuant sur lui l'opération

$$\mathfrak{a}\frac{d}{da} + \mathfrak{b}\frac{d}{db} + \mathfrak{c}\frac{d}{dc} + \ldots,$$

Appliquons ce principe à la cubique et à sa Hessienne; nous pouvons de l'invariant S déduire un nouvel invariant T du sixième ordre par rapport aux coefficients; ou, ce qui revient au même, nous pouvons obtenir T en remplaçant dans la Cayleyenne $\alpha$, $\beta$, $\gamma$ par des symboles différentiels, et opérant ensuite sur l'équation de la Hessienne. Nous trouvons ainsi pour T la valeur

$$\begin{aligned}
&a^2b^2c^2 - 6abc(ab_3c_2 + bc_1a_3 + ca_2b_1) - 20abcm^3 + 12abcm(b_1c_1 + c_2a_2 + a_3b_3 \\
&+ 6abc(a_2b_3c_1 + a_3b_1c_2) + 4(a^2bc_2^3 + a^2cb_3^3 + b^2ca_3^3 + b^2ac_1^3 + c^2ab_1^3 + c^2ba_2^3 \\
&+ 36m^2(bca_2a_3 + cab_1b_3 + abc_1c_2) \\
&- 24m(bcb_1a_3^2 + bcc_1a_2^2 + cac_2b_1^2 + caa_2b_3^2 + aba_3c_2^2 + abb_3c_1^2) \\
&- 3(a^2b_3^2c_2^2 + b^2c_1^2a_3^2 + c^2a_2^2b_1^2) + 18(bcb_1c_1a_2a_3 + cac_2a_2b_3b_1 + aba_3b_3c_1c_2 \\
&- 12(bcc_2a_3a_2^2 + bcb_3a_2a_3^2 + cac_1b_3b_1^2 + caa_3b_1b_3^2 + aba_2c_1c_2^2 + abb_1c_2c_1^2 \\
&- 12m^3(ab_3c_2 + bc_1a_3 + ca_2b_1) \\
&+ 12m^2(ab_1c_2^2 + ac_1b_3^2 + ba_2c_1^2 + bc_2a_3^2 + cb_3a_2^2 + ca_3b_1^2) \\
&- 60m(ab_1b_3c_1c_2 + bc_1c_2a_2a_3 + ca_2a_3b_1b_3) \\
&+ 12m(aa_2b_3c_2^2 + aa_3c_2b_3^2 + bb_3c_1a_3^2 + bb_1a_3c_1^2 + cc_1a_2b_1^2 + cc_2b_1a_2^2) \\
&+ 6(ab_3c_2 + bc_1a_3 + ca_2b_1)(a_2b_3c_1 + a_3b_1c_2)
\end{aligned}$$

$$
\begin{aligned}
&-24(ab_1b_3^2c_1^2 + ac_1c_2^2b_1^2 + bc_2c_1^2a_2^2 + ba_2a_3^2c_2^2 + ca_3a_2^2b_3^2 + cb_3b_1^2a_3^2)\\
&-12(aa_2b_1c_2^3 + aa_3c_1b_3^3 + bb_3c_2a_3^3 + bb_1a_2c_1^3 + cc_1a_3b_1^3 + cc_2b_3a_2^3)\\
&-8m^6 + 24m^4(b_1c_1 + c_2a_2 + a_3b_3) - 36m^3(a^2b_3c_1 + a_3b_1c_2)\\
&-12m^2(b_1c_1c_2a_2 + c_2a_2a_3b_3 + a_3b_3b_1c_1) - 24m^2(b_1^2c_1^2 + c_2^2a_2^2 + a_3^2b_3^2)\\
&-36m(a_2b_3c_1 + a_3b_1c_2)(b_1c_1 + c_2a_2 + a_3b_3) + 8(b_1^3c_1^3 + c_2^3a_2^3 + a_3^3b_3^3)\\
&-27(a_2^2b_3^2c_1^2 + a_3^2b_1^2c_2^2) - 6b_1c_1c_2a_2a_3b_3\\
&\quad 12(b_1^2c_1^2c_2a_2 + b_1^2c_1^2a_3b_3 + c_2^2a_2^2a_3b_3 + c_2^2a_2^2b_1c_1 + a_3^2b_3^2b_1c_1 + a_3^2b_3^2c_2a_2).
\end{aligned}
$$

Pour la forme canonique cet invariant se réduit à

$$1 - 20m^3 - 8m^6.$$

Sa forme symbolique est $(123)(124)(235)(316)(456)^2$. Nous pouvons de l'invariant T déduire un évectant

$$\alpha^3 \frac{dT}{da} + \beta^3 \frac{dT}{db} + \ldots = 0$$

dont nous n'avons pas besoin d'écrire les coefficients tout au long. Pour la forme canonique, ce contravariant, que nous représenterons par Q, est égal à

$$Q = (1 - 10m^3)(\alpha^3 + \beta^3 + \gamma^3) - (30m^2 + 24m^5)\alpha\beta\gamma = 0.$$

Tout invariant de la cubique peut s'exprimer en fonction rationnelle de S et de T. Ceci peut se démontrer de la même manière qu'on l'a fait pour le théorème correspondant relatif à une quartique binaire (*Algèbre supérieure*, n° **215**); il y a beaucoup de ressemblance entre la théorie d'une quartique binaire et celle d'une cubique ternaire.

**222**. Nous avons exposé aux n$^{os}$ **91** et **188** la méthode à suivre pour former l'équation de la réciproque d'une cubique. Nous donnons le résultat, en écrivant seulement tout au long les termes dont la forme est réellement distincte. Les autres coefficients peuvent se déduire de ceux-là par une permutation symétrique de lettres :

$$\alpha^6(b^2c^2 - 6bcb_3c_2 + 4bc_2^3 + 4cb_3^3 - 3b_3^2c_2^2),$$

$$6\alpha^5\beta(-bc^2b_1 + 2bcmc_2 + bcb_3c_1 - 4mcb_3^2 + 3cc_2b_3b_1$$
$$- 2bc_1c_2^2 + 2mb_3c_2^2 + b_3^2c_1c_2 - 2b_1c_2^3),$$

$$3\alpha^4\beta^2(2bc^2a_2 - 4mbcc_1 + 3c^2b_1^2 - 2bcc_2a_3 + 16m^2cb_3$$
$$- 12mcb_1c_2 + 4bc_1^2c_2 + 4ca_3b_3^2 \quad 6ca_2b_3c_2 - 6cb_1b_3c$$
$$- 4m^2c_2^2 - 8mb_3c_1c_2 - b_3^2c_1^2 - 2a_3b_3c_2^2 + 4a_2c_2^3 + 12b_1c_1c_2^2),$$

$$6\alpha^4\beta\gamma[bc(-4m^2 + 5b_1c_1 - 2a_3b_3 - 2c_2a_2)$$
$$+ b(2mc_1c_2 + 4a_3c_2^2 - 3b_3c_1^2)$$
$$+ c(2mb_1b_3 + 4a_2b_3^2 - 3c_2b_1^2)$$
$$- 8m^2b_3c_2 + 10m(b_3^2c_1 + c_2^2b_1)$$
$$- 2a_3c_2b_3^2 - 2a_2b_3c_2^2 - 11b_1b_3c_1c_2],$$

$$2\alpha^3\beta^3[-abc^2 - 9c^2a_2b_1 + 3bcc_1a_3 + 3acb_3c_2 - 2ac_2^3$$
$$- 2bc_1^3 - 16cm^3 + cm(18b_1c_1 + 18c_2a_2 - 24a_3b_3)$$
$$+ 9c(a_2b_3c_1 + a_3b_1c_2) + 12m^2c_1c_2$$
$$+ 6m(a_3c_2^2 + b_3c_1^2) + 6a_3b_3c_1c_2 - 18b_1c_1^2c_2 - 18a_2c_1c_2^2].$$

$$6\alpha^3\beta^2\gamma[abcc_2 + 6bcma_3 - 4bca_2c_1 - 2acb_3^2 + ab_3c_2^2 + 2mbc_1$$
$$- 5bc_1c_2a_3 + 4cm^2b_1 - 10cma_2b_3 + 2cb_1a_3b_3 - 6cb_1^2c_1$$
$$+ 9ca_2c_2b_1 + 8m^3c_2 - 16m^2b_3c_1 + 12ma_3b_3c_2 - 8ma_2c_2$$
$$2mb_1c_1c_2 - 4a_3b_3^2c_1 + 10b_1b_3c_1^2 + 13a_2b_3c_1c_2 - 11a_3b_1c_2^2],$$

$$6\alpha^2\beta^2\gamma^2[-4abcm + (bca_2a_3 + cab_1b_3 + abc_1c_2)$$
$$- 8m(ab_3c_2 + bc_1a_3 + ca_2b_1)$$
$$+ 5(ab_1c_2^2 + ac_1b_3^2 + bc_2a_3^2 + ba_2c_1^2 + cb_3a_2^2 + ca_3b_1^2)$$
$$- 8m^4 + 4m^2(b_1c_1 + c_2a_2 + a_3b_3)$$
$$+ 18m(a_2b_3c_1 + a_3b_1c_2) + 4(b_1^2c_1^2 + c_2^2a_2^2 + a_3^2b_3^2)$$
$$- 19(b_1c_1c_2a_2 + c_2a_2a_3b_3 + a_3b_3b_1c_1)].$$

Le contravariant que nous venons de former est le second évectant de T, autrement dit, l'équation de la réciproque peut s'écrire

$$\left(\alpha^3\frac{d}{da} + \beta^3\frac{d}{db} + \gamma^3\frac{d}{dc} + \alpha^2\beta\frac{d}{da_2} + \alpha^2\gamma\frac{d}{da_3} + \beta^2\gamma\frac{d}{db_3}\right.$$
$$\left. + \beta^2\alpha\frac{d}{db_1} + \gamma^2\alpha\frac{d}{dc_1} + \gamma^2\beta\frac{d}{dc_2} + \alpha\beta\gamma\frac{d}{dm}\right)^2 T = 0.$$

Nous avons indiqué (n° 91) que, pour la forme canonique, l'équation est

$$\begin{aligned}\alpha^6 + \beta^6 + \gamma^6 - (2 + 32m^3)(\beta^3\gamma^3 + \gamma^3\alpha^3 + \alpha^3\beta^3)\\ - 24m^2\alpha\beta\gamma(\alpha^3 + \beta^3 + \gamma^3) - (24m + 48m^4)\alpha^2\beta^2\gamma^2 = 0.\end{aligned}$$

**223.** Les invariants d'une cubique peuvent aussi se calculer au moyen des équations différentielles auxquelles les invariants doivent satisfaire (*Algèbre supérieure*, n° 143). A cet effet, il convient d'ordonner l'équation par rapport à une des variables et de l'écrire comme il suit :

$$\begin{aligned}rz^3 + 3(a_0x + a_1y)z^2 + 3(b_0x^2 + 2b_1xy + b_2y^2)z\\ + (c_0x^3 + 3c_1x^2y + 3c_2xy^2 + c_3y^3) = 0.\end{aligned}$$

Si nous voulons former un invariant d'un ordre et d'un poids donné, nous pouvons écrire sans calcul la partie littérale. Par exemple, nous pouvons prévoir que S est de la forme

$$r(c^2b) + (c^2a^2) + (cb^2a) + (b^4),$$

dans laquelle nous désignons par $(c^2b)$ une fonction du second degré en $c$ et du premier en $b$; et nous voyons aussi qu'elle doit être un invariant de cet ordre pour $b_0x^2 + \ldots$, et $c_0x^3 + \ldots$, considérées comme des formes binaires, l'une quadratique, l'autre cubique; par conséquent, la théorie des formes binaires nous permet de prévoir la forme de ce terme. Il en est de même pour les autres. L'invariant doit de plus vérifier l'équation différentielle

$$\begin{aligned}r\frac{d}{da_0} + \left(2a_0\frac{d}{db_0} + a_1\frac{d}{db_1}\right)\\ + \left(3b_0\frac{d}{dc_0} + 2b_1\frac{d}{dc_1} + b_2\frac{d}{dc_2}\right) = 0.\end{aligned}$$

Par ce moyen nous trouvons que S est

$$-r(c^2b) + (c^2a^2) + (cb^2a) - (b^2)^2,$$

où

$$(c^2 b) = (c_0 c_2 - c_1^2) b_2 - (c_0 c_3 - c_1 c_2) b_1 + (c_1 c_3 - c_2^2) b_0,$$
$$(c^2 a^2) = (c_0 c_2 - c_1^2) a_1^2 \quad (c_0 c_3 - c_1 c_2) a_1 a_0 + (c_1 c_3 \quad c_2^2) a_0^2,$$
$$(c b^2 a = a_0 c_0 b_2^2 - (c_0 a_1 + 3 c_1 a_0) b_2 b_1 + (a_0 c_2 + a_1 c_1)(2 b_1^2 + b_0 b_2$$
$$(a_0 c_3 + 3 a_1 c_2) b_0 b_1 + a_1 c_3 b_0^2,$$
$$(b^2) \quad b_0 b_2 \quad b_1^2.$$

De la même manière, T est égal à

$$r^2 (c^4 - 6 r (c^3 b a) + 4 (c^3 a^3)$$
$$+ 4 r (c^2 b^3) \quad 3 (c^2 b^2 a^2) \quad 12 (b^2)(c b^2 a) + 8 (b^2)^3.$$

où

$$(c^4) = c_0^2 c_3^2 + 4 c_0 c_2^3 + 4 c_3 c_1^3 - 3 c_1^2 c_2^2 - 6 c_0 c_1 c_2 c_3,$$
$$(c^3 b a) = a_0 b_0 (c_0 c_3^2 + 2 c_2^3 - 3 c_1 c_2 c_3)$$
$$+ (a_1 b_0 + 2 a_0 b_1)(2 c_3 c_1^2 \quad c_1 c_2^2 \quad c_0 c_2 c_3$$
$$+ (a_0 b_2 + 2 a_1 b_1)(2 c_0 c_2^2 - c_2 c_1^2 - c_0 c_1 c_3$$
$$+ a_1 b_2 (c_3 c_0^2 + 2 c_1^3 \quad 3 c_0 c_1 c_2)$$
$$(c^3 a^3) = a_0^3 (c_0 c_3^2 + 2 c_2^3 \quad 3 c_1 c_2 c_3)$$
$$+ 3 a_0^2 a_1 (2 c_3 c_1^2 - c_1 c_2^2 - c_0 c_2 c_3)$$
$$+ 3 a_0 a_1^2 (2 c_0 c_2^2 - c_2 c_1^2 - c_0 c_1 c_3)$$
$$+ a_1^3 (c_3 c_0^2 + 2 c_1^3 - 3 c_0 c_1 c_2)$$
$$(c^2 b^3) - 3 (b^2)(c^2 b \quad c_0^2 b_2^3 - 6 c_0 c_1 b_1 b_2^2 + 6 c_0 c_2 b_2 (2 b_1^2 - b_0 b_2)$$
$$+ c_0 c_3 (6 b_0 b_1 b_2 \quad 8 b_1^3) + 9 c_1^2 b_0 b_2^2$$
$$- 18 c_1 c_2 b_0 b_1 b_2 + 6 c_1 c_3 b_0 (2 b_1^2 - b_0 b_2)$$
$$+ 9 c_2^2 b_0^2 b_2 - 6 c_2 c_3 b_1 b_0^2 + c_3^2 b_0^3$$
$$(c^2 b^2 a^2) = c_0^2 b_2^2 a_1^2 - 2 c_0 c_1 (b_2^2 a_1 a_0 + 2 b_1 b_2 a_1^2)$$
$$2 c_0 c_2 (b_0 b_2 a_1^2 + 2 b_1^2 a_1^2 - 10 b_1 b_2 a_0 a_1 + 4 b_2^2 a_0^2)$$
$$+ 2 c_0 c_3 (4 b_0 b_1 a_1^2 + 4 b_1 b_2 a_0^2 - 6 b_1^2 a_0 a_1 - 3 b_0 b_2 a_0 a_1)$$
$$+ c_1^2 (8 b_1^2 a_1^2 + 9 b_2^2 a_0^2 - 12 b_1 b_2 a_0 a_1 + 4 b_0 b_2 a_1^2)$$
$$+ 2 c_1 c_2 (b_0 b_2 a_0 a_1 + 2 b_1^2 a_0 a_1 \quad 6 b_1 b_2 a_0^2 - 6 b_0 b_1 a_1^2$$
$$- 2 c_1 c_3 (b_0 b_2 a_0^2 + 2 b_1^2 a_0^2 - 10 b_0 b_1 a_0 a_1 + 4 b_0^2 a_1^2)$$
$$+ c_2^2 (8 b_1^2 a_0^2 + 9 b^2 a_1^2 \quad 12 b_1 b_0 a_0 a_1 + 4 b_0 b_2 a_0^2)$$
$$- 2 c_2 c_3 (b_0^2 a_0 a_1 + 2 b_0 b_1 a_0^2) + c_3^2 b_0^2 a_0^2,$$

ou bien encore nous pouvons écrire

$$(c^2 b^2 a^2) - \; c b a)^2 + 4 (c^2 a^2)(b^2 \; - 8 (c^2 b)(a^2 b \; ,$$

où

$$(cba) = c_3 a_0 b_0 - c_2(a_1 b_0 + 2 a_0 b_1)$$
$$+ c_1(a_0 b_2 + 2 a_1 b_1) - c_0 a_1 b_2,$$
$$(a^2 b) = b_2 a_0^2 - 2 b_1 a_0 a_1 + b_0 a_1^2.$$

**224.** Si la courbe a un point double, nous pouvons le prendre pour origine; $r$, $a_0$, $a_1$ seront alors tous égaux à zéro; S se réduit à $-(b^2)^2$ et T à $8(b^2)^3$. Nous voyons ainsi que $T^2 + 64S^3$ est nul quand la courbe a un point double. Cette quantité est donc le discriminant, comme on le démontrera plus tard par d'autres moyens. Si la courbe a un rebroussement, $(b^2)$ s'annule; il en est donc de même pour S et T. Pour la forme canonique, le discriminant

$$T^2 + 64S^3 = (1 + 8m^3)^3.$$

**225.** Dans les numéros qui vont suivre, nous nous servirons de la forme canonique. Nous avons démontré (n° **218**) que l'équation de la Hessienne de $x^3 + y^3 + z^3 + 6mxyz = 0$ est de la même forme, avec une valeur différente de $m$ et que, par conséquent, le système des trois droites $xyz$ passe par les intersections de la courbe et de sa Hessienne, comme on l'avait prouvé autrement (n° **217**). On voit également que l'équation de la Hessienne est aussi de la même forme et que, par conséquent, les points d'inflexion d'une cubique sont aussi des points d'inflexion sur sa Hessienne, comme on l'avait démontré d'une autre manière (n° **173**). Toute équation de la forme $\alpha(x^3 + y^3 + z^3) + \beta xyz = 0$ peut évidemment se ramener à la forme $\lambda U + \mu H = 0$. Nous avons en effet

$$x^3 + y^3 + z^3 + 6mxyz = U,$$
$$-m^2(x^3 + y^3 + z^3) + (1 + 2m^3)xyz = H$$

et, en résolvant,

$$(1 + 8m^3)(x^3 + y^3 + z^3) = (1 + 2m^3)U - 6mH,$$
$$(1 + 8m^3)xyz = m^2 U + H,$$

d'où

$$(1+8m^3)\lambda = \alpha(1+2m^3)+\beta m^2, \quad (1+8m^3)\mu = -6m\alpha+\beta.$$

Formons maintenant l'équation de la Hessienne de $\lambda U + 6\mu H$, c'est-à-dire de

$$(\lambda - 6\mu m^2)(x^3+y^3+z^3)+6[\lambda m+\mu(1+2m^3)]xyz = 0;$$

le résultat est

$$\begin{aligned}&(\lambda-6\mu m^2)[\lambda m+\mu(1+2m^3)]^2(x^3+y^3+z^3)\\ &+\{(\lambda-6\mu m^2)^3+2[\lambda m+\mu(1+2m^3)]^3\}xyz = 0.\end{aligned}$$

Comme on vient de le démontrer, cette quantité est de la forme $\lambda' U + \mu' H = 0$; donc

$$\begin{aligned}(1+8m^3)\lambda' &= -(1+2m^3)(\lambda - 6\mu m^2)[\lambda m+\mu(1+2m^3)]^2\\ &\quad + m^2\{(\lambda-6\mu m^2)^3+2[\lambda m+\mu(1+2m^3)]^3\},\\ (1+8m^3)\mu' &= 6m(\lambda-6\mu m^2)[\lambda m+\mu(1+2m^3)]^2\\ &\quad +\{(\lambda-6\mu m^2)^3+2[\lambda m+\mu(1+2m^3)]^3\}.\end{aligned}$$

En développant et en nous rappelant qu'on a

$$S = m - m^4, \quad T = 1 - 20m^3 + 8m^6,$$

ces quantités peuvent s'écrire

$$\lambda' = -2S\lambda^2\mu - T\lambda\mu^2 + 8S^2\mu^3, \quad \mu' = \lambda^3 + 12S\lambda\mu^2 + 2T\mu^3.$$

Les valeurs de $\lambda'$ et $\mu'$ étant exprimées en fonction des invariants, les formules que nous venons de donner continueront à être exactes de quelque manière qu'on transforme l'équation; et par conséquent la Hessienne de $\lambda U + 6\mu H$, dans laquelle U et H ont les valeurs générales du n° 217, est $\lambda' U + \mu' H$, $\lambda'$ et $\mu'$ ayant les valeurs qu'on vient de donner (¹).

Ainsi, quand on nous donne le rapport $\lambda' : \mu'$, nous avons une

(¹) Dans l'édition précédente, cette relation était démontrée par un calcul direct; et c'était ainsi qu'on obtenait les valeurs de S et T.

équation du troisième degré pour déterminer le rapport $\lambda : \mu$, c'est-à-dire qu'il y a, comme on l'a déjà établi, trois cubiques qui ont pour Hessienne une cubique donnée.

Comme cas particulier de ce qui précède, la seconde Hessienne est

$$H(HU) = 8S^2U + 2TH;$$

il en résulte que $T = 0$ exprime la condition pour que la seconde Hessienne soit la courbe primitive. Si $S = 0$, c'est-à-dire (n° 220) si l'équation est réductible à la somme de trois cubes, la Hessienne coïncide avec sa propre Hessienne et se compose de trois droites, comme nous le montrerons dans le numéro suivant.

**226.** La Hessienne rencontre une courbe en ses points d'inflexion, c'est-à-dire aux endroits où trois points consécutifs de la courbe sont en ligne droite; si donc une courbe n'est pas une courbe propre, mais un système comprenant une ligne droite comme partie intégrante, tout point de cette droite est un point de la Hessienne et, par conséquent, quand la courbe se compose de trois droites, ces lignes constituent la Hessienne. Ceci peut se vérifier en formant la Hessienne de $xyz = 0$. Ainsi, le système de conditions pour que l'équation générale représente trois lignes droites s'obtient en exprimant que les coefficients dans l'équation de la Hessienne (n° 218), sont proportionnels aux coefficients correspondants dans l'équation de la cubique. Ce sont

$$\frac{\mathfrak{a}}{a} = \frac{\mathfrak{b}}{b} = \frac{\mathfrak{c}}{c} = \frac{\mathfrak{a}_2}{a_2} = \frac{\mathfrak{a}_3}{a_3} = \frac{\mathfrak{b}_1}{b_1} = \frac{\mathfrak{b}_3}{b_3} = \frac{\mathfrak{c}_1}{c_1} = \frac{\mathfrak{c}_2}{c_2} = \frac{\mathfrak{m}}{m}.$$

C'est un système de quarante-cinq équations, qui paraissent équivalentes à neuf, mais qui en réalité ne sont équivalentes qu'à trois équations indépendantes. En effet (*Sections coniques*, n° 78) trois conditions seulement sont nécessaires pour qu'une équation du troisième degré contenant neuf constantes indépendantes représente un système de trois droites qui ne renferment que six constantes. On peut, au moyen des valeurs (n° **218**) de a, b, ... vérifier que les quarante-cinq équations équivalent actuellement à trois équations, comme on l'a énoncé.

**227.** La Hessienne de $\lambda U + 6\mu H$ étant $\lambda' U + \mu' H$, la première courbe représentera trois lignes droites si $\frac{6\mu}{\lambda} = \frac{\mu'}{\lambda'}$; en introduisant les valeurs (n° **225**) de $\lambda'$ et $\mu'$, ceci donne l'équation

$$\lambda^4 + 24S\lambda^2\mu^2 + 8T\lambda\mu^3 - 48S^2\mu^4 = 0.$$

Cette équation est du quatrième degré et nous voyons ainsi, comme on l'a déjà énoncé plus d'une fois, qu'on peut mener quatre systèmes de trois droites par les intersections de U et H. Cette équation, résolue par les méthodes ordinaires (voir Todhunter, *Theory of equations*)(¹), donne

$$\frac{\lambda}{\mu} = \sqrt{t_1} + \sqrt{t_2} + \sqrt{t_3},$$

où $t_1$, $t_2$, $t_3$ sont les racines de l'équation

$$t^3 + 12St^2 + 48S^2t - T^2 = 0 \quad \text{ou} \quad (t + 4S)^3 = T^2 + 64S^3.$$

Ainsi, étant donnée l'équation d'une cubique quelconque, nous pouvons former l'équation de sa Hessienne (n° **218**) et calculer les valeurs des invariants S et T (n^os^ **220, 221**). Le présent numéro montre alors comment nous pouvons former une équation $\lambda U + 6\mu H = 0$ qui soit décomposable en trois facteurs linéaires. Nous pourrons trouver ces facteurs X, Y, Z en résolvant une équation du troisième degré; si nous comparons alors l'équation donnée avec la forme

$$aX^3 + bY^3 + cZ^3 + 6mXYZ = 0,$$

---

(¹) Voir aussi Serret, *Algèbre supérieure*, t. II, p. 447 et suiv.

nous pouvons déterminer $a$, $b$, $c$, $m$ par des équations du premier degré. C'est de cette manière qu'on peut effectuer la réduction de l'équation d'une cubique non singulière à la forme canonique.

Exercice 1. *Calculer les invariants de la cubique*

$$ax(y^2 - z^2) + by(z^2 - x^2) + cz(x^2 - y^2) = 0.$$

**228.** Parmi les quatre tangentes qu'on peut mener à la cubique par un point de cette courbe, deux coïncident seulement lorsque la courbe a un point double, puisqu'une cubique n'a pas de tangentes doubles. L'équation des quatre tangentes est (n° 78) $\Delta^2 = 4\Delta'U$ et, si l'on prend

$$U = x^3 + y^3 + z^3 + 6myzx,$$

$$\Delta = 3[x'(x^2 + 2myz) + y'(y^2 + 2mzx) + z'(z^2 + 2mxy)],$$

$$\Delta' = 3[x(x'^2 + 2my'z') + y(y'^2 + 2mz'x') + z(z'^2 + 2mx'y')].$$

En faisant $z = 0$ dans $\Delta^2 = 4\Delta'U$, nous obtenons une équation du quatrième degré qui détermine les quatre points où les tangentes rencontrent la droite $z$; cette équation est

$$\begin{aligned}&3(x'x^2 + y'y^2 + 2mz'xy)^2\\&\quad = 4(x^3 + y^3)[x(x'^2 + 2my'z') + y(y'^2 + 2mz'x)]\end{aligned}$$

ou bien

$$\begin{aligned}&(x'^2 + 8my'z')x' + 4(y'^2 - mz'x')x^3y - 6(x'y' + 2m^2z'^2)x^2y^2\\&\quad + 4(x'^2 - my'z')xy^3 + (y'^2 + 8mz'x')y^4 = 0.\end{aligned}$$

D'après ce qu'on a dit, il est clair que le discriminant de cette quartique doit contenir comme facteur le discriminant de la cubique. Si maintenant nous nous rappelons que

$$x'^3 + y'^3 + z'^3 + 6mx'y'z' = 0,$$

nous trouvons pour les invariants $s$ et $t$ de la quartique

$$\begin{aligned}s &= 12(m^4 - m)z'^4 = -12z'^4S\\ t &= -(1 - 20m^3 - 8m^6)z'^6 = -z'^6T.\end{aligned}$$

Par suite, le discriminant de la quartique $27t^2 - s^3$ est $27z'^2(T^2 + 64S^3)$, et l'on voit facilement d'après cela que le discriminant de la cubique est $T^2 + 64S^3$.

**229.** La fonction anharmonique des quatre points déterminés par la quartique du numéro précédent est évidemment la même que la fonction anharmonique du faisceau des quatre tangentes. Mais, si les racines sont $\alpha$, $\beta$, $\gamma$, $\delta$, la fonction anharmonique de ces racines est un quelconque des rapports mutuels des quantités $(\alpha-\beta)(\gamma-\delta)$, $(\alpha-\gamma)(\beta-\delta)$, $(\alpha-\delta)(\beta-\gamma)$. Nous pouvons former par la méthode des fonctions symétriques l'équation qui détermine ces quantités ; et si l'équation de la quartique a pour coefficients $a$, $4b$, $6c$, $4d$, $e$, nous trouvons pour résultat

$$a^3y^3 - 12asy + 16\sqrt{s^3 - 27t^2} = 0.$$

Les rapports mutuels des racines ne sont pas altérés, si nous les faisons croître toutes dans la même proportion, en substituant par exemple $ay = 2zs^{\frac{1}{2}}$, ce qui nous montre que les rapports anharmoniques sont les rapports mutuels des racines de

$$z^3 - 3z + 2\sqrt{1 - \frac{27t^2}{S^3}} = 0$$

ou

$$z^3 - 3z + 2\sqrt{1 + \frac{T^2}{64S^3}}.$$

La fonction anharmonique dépend donc seulement du rapport $T^2 : S^3$, mais nullement du point par lequel on mène les tangentes (n° 167). Si $T = 0$, l'équation qu'on vient de donner se réduit à $z^3 + 3z + 2 = 0$ dont deux racines sont égales ; donc un des rapports devient l'unité et le rapport anharmonique devient un rapport harmonique ordinaire.

Si $S = 0$, l'équation en $y$ manque de second terme et devient de la forme $y^3 = m^3$ ; ses racines sont de la forme $m$, $m\omega$, $m\omega^2$, en désignant par $\omega$ une des racines cubiques imaginaires de l'unité et le rapport commun des racines est $\omega$. C'est ce qu'on appelle la *section équi-anharmonique*.

**230.** A l'aide de la forme canonique, nous pouvons former, comme dans le nº 225, les invariants S et T de $\lambda U + 6\mu H$, ou de

$$(\lambda - 6\mu m^2)(x^3 + y^3 + z^3) + 6[m\lambda + \mu(1 + 2m^3)]xyz,$$

et nous trouvons sans difficulté

$$S(\lambda U + 6\mu H) = S\lambda^4 + T\lambda^3\mu - 24S^2\lambda^2\mu^2 - 4ST\lambda\mu^3 - (T^2 + 48S^3)\mu^4$$

$$\begin{aligned} T(\lambda U + 6\mu H) = T\lambda^6 - 96S^2\lambda^5\mu - 60ST\lambda^4\mu^2 \\ - 20T^2\lambda^3\mu^3 + 240S^2T\lambda^2\mu^4 \\ 48(ST^2 + 96S^4)\lambda\mu^5 - 8(72S^3T + T^3)\mu^6, \end{aligned}$$

et si, au moyen de ces valeurs, nous formons le discriminant R ou $T^2 + 64S^3$, nous obtenons

$$R(\lambda U + 6\mu H) = R(\lambda^4 + 24S\lambda^2\mu^2 + 8T\lambda\mu^3 - 48S^2\mu^4)^3.$$

Dans cette relation le facteur qui multiplie R est le cube de la fonction du quatrième degré en $\lambda$ et $\mu$ formée au nº 227; nous aurions pu le prévoir, car, si la cubique U n'a pas de point double, les seules cubiques à points doubles qu'on peut mener par les points d'inflexion sont les quatre systèmes de lignes droites. Les valeurs que nous venons de donner pour les S et T de $\lambda U + 6\mu H$ sont des covariants de cette fonction du quatrième degré en $\lambda$ et $\mu$; elles diffèrent seulement par les facteurs numériques 4 et 2 respectivement de la Hessienne et du covariant appelé J (*Algèbre supérieure*, nº 209); et les coefficients de U et H dans la valeur de $H(\lambda U + 6\mu H)$ ne diffèrent que par des coefficients numériques des dérivées par rapport à $\lambda$ et $\mu$ de la forme du quatrième degré.

Tous les covariants cubiques peuvent s'exprimer sous la

forme $\lambda U + \mu H$; les exemples qui suivent en donnent la preuve.

EXERCICE 1. — *Si $a, b, c, \ldots$ représentent les dérivées secondes et $A, B, \ldots$ les quantités $bc - f^2, \ldots$, comme dans le* n° 184, *et si $a'$, $b'$, $\ldots$; $A', B'$ représentent les quantités correspondantes pour la Hessienne, alors*

$$Aa' + Bb' + Cc' + 2Ff' + 2Gg' + 2Hh' = 0$$

*est un covariant cubique.*

Nous employons les valeurs

$$\begin{array}{llll} a = x, & f = mx, & A = yz - m^2x^2, & F = m^2yz - mx^2, \\ b = y, & g = my, & B = zx - m^2y^2, & G = m^2zx - my^2, \\ c = z, & h = mz, & C = xy - m^2z^2, & H = m^2xy - mz^2; \end{array}$$

$$\begin{array}{ll} a' = -6m^2x, & f' = (1 + 2m^3)x, \\ b' = -6m^2y, & g' = (1 + 2m^3)y, \\ c' = -6m^2z, & h' = (1 + 2m^3)z; \end{array}$$

$$\begin{array}{ll} A' = 36m^4yz - (1 + 2m^3)^2x^2, & F' = (1 + 2m^3)^2yz + 6m^2(1 + 2m^3)x^2, \\ B' = 36m^4zx - (1 - 2m^3)^2y^2, & G' = (1 + 2m^3)^2zx + 6m^2(1 + 2m^3)y^2, \\ C' = 36m^4xy - (1 + 2m^3)^2z^2, & H' = (1 + 2m^3)^2xy + 6m^2(1 + 2m^3)z^2. \end{array}$$

Donc le covariant en question est $-2SU$. On aurait pu prévoir qu'il n'en pouvait différer de SU que par un facteur numérique, car c'est un covariant du cinquième degré par rapport aux coefficients, et par conséquent, s'il est de la forme $aU + bH$, $a$ doit être du quatrième degré et $b$ du second en fonction des coefficients; mais il n'a pas d'invariant du second degré et S est le seul invariant du quatrième degré.

EXERCICE 2. — *Calculer de la même manière le covariant*

$$A'a + B'b + C'c + 2F'f + 2G'g + 2H'h.$$

*Réponse.* — $TU + 12SH$.

**231**. L'ordre d'un covariant d'une cubique en fonction des variables est un multiple de trois, et, en général, si l'ordre d'une forme ternaire est un multiple de trois, il en est de même pour tout covariant de cette forme. Ceci résulte immédiatement de la méthode de représentation symbolique exposée dans l'*Algèbre supérieure*, Chap. XIV; en effet, tout symbole (123) diminue de trois unités l'ordre de la fonction sur laquelle il opère et, dans cette méthode symbolique, l'ordre de la fonction sur laquelle on opère est un multiple de celui de la forme donnée.

Il est facile de voir que l'équation de tout covariant cubique de $x^3+y^3+z^3+6mxyz=0$ est de la forme $\alpha(x^3+y^3+z^3)+\beta xyz=0$; et cette expression est, comme nous l'avons vu, réductible à la forme $\lambda U+\mu H=0$; cependant, pour exprimer les covariants d'ordre plus élevé, il est nécessaire d'avoir un troisième covariant fondamental. Celui que nous choisissons peut se définir comme il suit : considérons la polaire conique d'un point $ax^2+\ldots$ et la polaire conique du même point par rapport à la Hessienne $a'x^2+\ldots$; il existe alors (*Sect. coniques*, n° 378) une conique covariante de ces deux courbes qui est donnée par l'expression

$$(BC'+B'C-2FF')x^2+\ldots=0,$$

et la condition pour que cette conique passe par le point primitif fournit un covariant de la cubique. Puisque B, C, ... contiennent chacun les variables au second degré, le covariant est du sixième degré par rapport à ces variables; et, comme B, C, ... sont du second degré et B′, C′ du sixième, par rapport aux coefficients, il est du huitième ordre, par rapport à ces coefficients. La valeur effective de ce covariant pour l'équation générale n'a pas été calculée; mais, si nous nous servons des valeurs de A, B, ... données dans le numéro précédent, nous trouvons que, pour la forme canonique, ce covariant est $4\Theta$; $\Theta$ est égal à

$$\begin{aligned}3m^3(1+2m^3)(x^3+y^3+z^3)^2-m(1-20m^3-8m^6)(x^3+y^3+z^3)xyz\\ +3m^2(1-20m^3+8m^6)x^2y^2z^2-(1+8m_3)^2(y^3z^3+x^3+z^3x^3y^3)\end{aligned}$$

ou

$$\begin{aligned}m^3(2+m^3)U^2-m(1+2m^3)UH\\ +3m^2H^2-(1+8m^3)^2(y^3z^3+z^3x^3+x^3y^3)\end{aligned}$$

Il existe deux autres covariants du même ordre que $\Theta$ par rapport aux variables et aux coefficients, qui ont les mêmes titres à être choisis pour le covariant fondamental du sixième ordre. Le premier représente le lieu d'un point dont la droite polaire par rapport à la Hessienne est tangente à la conique polaire du même point par rapport à la cubique ; ou bien

$$AL'^2 + BM'^2 + CN'^2 + 2FM'N' + 2GN'L' + 2HL'M'.$$

Dans cette expression, L', M', N' sont les dérivées de la Hessienne. Ce covariant s'exprime immédiatement en fonction de $\Theta$, au moyen de la formule $\Theta S' - F$ (*Sections coniques*, n° 381, *Ex.* 1). Ici nous devons, dans cette formule, remplacer $\Theta$ par $-2SU$ ; $S'$ par $6H$ et $F$ par $4\Theta$ ; nous trouvons ainsi que le covariant en question est $-4(\Theta + 3SUH)$. Il existe de même un covariant qui représente le lieu d'un point dont la polaire par rapport à la cubique est tangente à la conique polaire du même point par rapport à la Hessienne ou bien

$$A'L^2 + B'M^2 + C'N^2 + 2F'MN + 2G'NL + 2H'LM = 0.$$

En calculant encore cette valeur par la formule $\Theta' S - F$ (*Sections coniques*, n° 381), et en y remplaçant $\Theta'$ par $-TU + 12SH$, $S$ par $U$ et $F$ par $4\Theta$, le covariant en question devient

$$-(TU^2 - 12SUH + 4\Theta).$$

232. Tout covariant de $x^3 + y^3 + z^3 + 6mxyz$ sera évidemment une fonction symétrique de $x, y, z$ ; il pourra donc s'exprimer en fonction de $x^3 + y^3 + z^3$, $xyz$, $y^3z^3 + z^3x^3 + x^3y^3$ et par suite en fonction de U, H, $\Theta$ et des invariants. Mais un covariant n'est pas nécessairement une fonction rationnelle de U, H, $\Theta$. En effet, nous pouvons, comme dans l'*Algèbre supérieure*, n° 223, former un covariant dont le carré soit une fonction rationnelle de ces quantités sans que le covariant lui-même jouisse de cette propriété. Soient $p$, $q$, $r$ les coefficients de la cubique,

$$\rho^3 - (1 + 8m^3)(x^2 + y^2 + z^2)\rho^2$$
$$+ (1 + 8m^3)^2(y^3z^3 + z^3x^3 + x^3y^3)\rho - (1 + 8m^3)^3x^3y^3z^3 = 0.$$

D'après la théorie des équations, si J est égal à

$$(1+8m^3)^3(y^3-z^3)(z^3-x^3)(x^3-y^3),$$

nous avons

$$J^2 = p^2q^2+18pqr-27r^2-4q^3-4rp^3.$$

Mais $p$, $q$, $r$ sont immédiatement exprimables en fonction de U, H, Θ; en les remplaçant par leurs valeurs dans l'équation qu'on vient d'écrire, on a

$$\begin{aligned}J^2 = {} & 4\Theta^3+TU^2\Theta^2\\ & +\Theta(-4S^3U^4+2STU^3H-72S^2U^2H^2-18TUH^3+108SH^4)\\ & -16S^4U^5H-11S^2TU^4H^2-4T^2U^3H^3+54STU^2H^4\\ & -432S^2UH^5-27TH^6.\end{aligned}$$

L'identité que nous venons de donner peut être mise sous la forme

$$4\Theta(\Theta+\lambda U^2)(\Theta+\mu U^2)=J^2+H\Phi.$$

Cette expression montre que le système $\Theta(\Theta+\lambda U^2)(\Theta+\mu U^2)$ est tangent à H, c'est-à-dire que H est tangente à chacune des courbes représentées par les trois facteurs, ou bien passe par leurs intersections deux à deux. Mais Θ, U et H n'ont pas de point qui leur soit commun à toutes les trois : donc H est tangente à Θ. La courbe J qui passe par les points de contact se compose des polaires harmoniques des neuf points d'inflexion. Nous donnons encore un exemple ou deux, pour montrer qu'il est possible d'exprimer les autres covariants en fonction de U, H, Θ.

EXERCICE 1. — *Former l'équation des neuf tangentes d'inflexion.* Nous avons fait voir (n° 217) que les tangentes d'inflexion sont

$$U-(1+8m^3)x^3,\quad U-(1+8m^3)y^3,\quad U-(1+8m^3)z^3.$$

Faisons le produit de ces trois facteurs, nous aurons

$$\begin{aligned}& U^3-(1+8m^3)(x^3+y^3+z^3)U^2\\ & \quad +(1+8m^3)^2(y^3z^3+z^3x^3+x^3y^3)U+(1+8m^3)^3x^3y^3z^3=0;\end{aligned}$$

si nous remplaçons

$$(1+8m^3)(x^3+y^3+z^3\ ,\quad (1+8m^3)^2(y^3z^3+z^3x^3+x^3y^3)$$

et $(1+8m^3)xyz$ par leurs valeurs données précédemment, nous trouvons que l'équation cherchée des neuf tangentes est

$$5SU^2H - H^3 - U\Theta \quad o.$$

La forme de cette équation montre que H et $\Theta$, qui sont tangentes entre elles, comme nous l'avons démontré, ont les neuf tangentes pour tangentes communes.

Exercice 2. — *Former l'équation de la Cayleyenne en coordonnées ponctuelles.*

Nous avons à trouver la réciproque de l'équation tangentielle de la Cayleyenne qui est (n° 219)

$$m(\alpha^3+\beta^3+\gamma^3)+(1+4m^3)\alpha\beta\gamma=0$$

La réciproque s'obtient d'après le n° 222 et en exprimant les quantités $x^3+y^3+z^3$, ... en fonction de U, H, $\Theta$. On trouve ainsi que l'équation résultante de la Cayleyenne est

$$4S\Theta - TH^2 - 16S^2UH - 0.$$

**233.** On peut de même exprimer tout contravariant de la cubique en fonction de trois contravariants fondamentaux; et, à cet effet, nous pouvons employer les trois contravariants dont nous avons déjà parlé : ce sont les évectants de S et T (nos 219, 221), que nous avons appelés P et Q et en fonction desquels tout contravariant cubique peut s'exprimer, et la réciproque F (n° 222). Nous pouvons, comme dans le n° 230, former les invariants de la quantité $\lambda P+\mu Q$, qui est, pour la forme canonique,

$$m\lambda+(1-10m^3)\mu](\alpha^3+\beta^3+\gamma^3)+[(1-4m^3)\lambda-6m^2\mu(5+4m^3)]\alpha\beta\gamma$$

et nous trouvons

$$\begin{aligned}S(\lambda P+\mu Q)=&(192S^3-T^2)\lambda^4+768S^2T\lambda^3\mu+216(3ST^2-64S^4)\lambda^2\mu^2\\&+216(T^3-64TS^3)\lambda\mu^3-1296(5S^2T^2+64S^5)\mu^4,\end{aligned}$$

$$T(\lambda P + \mu Q) = (T^3 + 576 S^3 T)\lambda^6 + 288(5S^2T^2 - 192 S^5)\lambda^5\mu$$
$$+ 540(3ST^3 - 320 S^4 T)\lambda^4\mu^2 + 540(T^4 - 448 S^3 T^2)\lambda^3\mu^3$$
$$- 19440(7S^2T^3 - 64 S^5 T)\lambda^2\mu^4$$
$$- 11664(3ST^4 - 32 S^4 T^2 + 2048 S^7)\lambda\mu^5$$
$$- 5832(T^5 + 40 S^3 T^3 + 2560 S^6 T)\mu^6,$$

$$R(\lambda P + \mu Q) = [S\lambda^4 + T\lambda^3\mu + 72 S^2\lambda^2\mu^2 + 108 ST\lambda\mu^3 + 27(T^2 - 16S^3)\mu^4]^3 R^2$$

De même que dans le n° 230, les fonctions du quatrième et du sixième degré en $\lambda$ et $\mu$ qui figurent dans les valeurs de S et T sont les covariants de la fonction du quatrième degré dont le cube entre dans la valeur de R.

On a aussi

$$H(\lambda P + \mu Q) = [T\lambda^3 + 144 S^2\lambda^2\mu^2 + 324 ST\lambda\mu^2 + 108(T^2 - 16S^3)\mu^3]P$$
$$- (4S\lambda^3 + 3T\lambda^2\mu + 144 S^2\lambda^2\mu + 108 ST\mu^3)Q$$

les quantités qui multiplient P et Q respectivement étant les dérivées, par rapport à $\mu$ et $\lambda$, de la même fonction du quatrième degré.

234. Nous pouvons former de la même manière le P et le Q de $\lambda U + 6\mu H$, et nous trouvons

$$P(\lambda U + 6\mu H) = P\lambda^3 + Q\lambda^2\mu - 12 SP\lambda\mu^2 + 4(SQ - TP)\mu^3,$$
$$Q(\lambda U + 6\mu H) = Q\lambda^5 + 60 SP\lambda^4\mu - 30 TP\lambda^3\mu^2 - 10 TQ\lambda^2\mu^3$$
$$+ 120(2S^2Q - STP)\lambda\mu^4$$
$$+ 24[STQ - (T^2 + 24S^3)P]\mu^5;$$

si maintenant nous représentons par $s$ et $t$ le S et le T de $\lambda U + 6\mu H$, donnés dans le n° 230, ces valeurs diffèrent seulement par les facteurs $3(T^2 + 64S^3)$ et $(T^2 + 64S^3)$ respectivement de

$$(48 S^2 P + TQ)\frac{ds}{d\lambda} + (3TP - 4SQ)\frac{ds}{d\mu},$$

$$(48 S^2 P + TQ)\frac{dt}{d\lambda} + (3TP - 4SQ)\frac{dt}{d\mu};$$

si nous formons encore le P et le Q de $(\lambda P + \mu Q)$, les résultats sont

$$\begin{aligned}
P(\lambda P + \mu Q) = {} & \lambda^3(8S^2U - TH) + 18\lambda^2\mu(STU + 8S^2H) \\
& - 9\lambda\mu^2[(T^2 - 32S^3)U + 12STH] \\
& - 54\mu^3[4S^2TU - (T^2 + 32S^3)H]
\end{aligned}$$

$$\begin{aligned}
Q(\lambda P + \mu Q) = {} & \lambda^5[16S^2TU + (T^2 + 192S^3)H] \\
& + 30\lambda^4\mu[S(T^2 - 64S^3)U + 16S^2TH] \\
& + 15\lambda^3\mu^2[T(T^2 - 320S^3)U + 48ST^2H] \\
& - 270\lambda^2\mu^3[16S^2T^2U - T(T^2 - 64S^3)H] \\
& - 1620\lambda\mu^4[ST^2U + 4S^2(T^2 - 64S^3)H] \\
& - 324\mu^5[(T^4 + 24T^3S^3 + 512S^6)U - 6ST(T^2 + 128S^3)H]
\end{aligned}$$

et si maintenant nous désignons par $s$ et $t$ le S et le T de $\lambda P + \mu Q$, que nous avons calculés n° **223**, ces valeurs diffèrent seulement par des facteurs de

$$(48S^2U + 18TH)\frac{ds}{d\lambda} + (TU - 24SH)\frac{ds}{d\mu}$$

et

$$(48S^2U + 18TH)\frac{dt}{d\lambda} + (TU - 24SH)\frac{dt}{d\mu}.$$

A ces formules on peut ajouter la réciproque de $\lambda U + 6\mu H$, qui est

$$\begin{aligned}
& (\lambda^4 + 24S\lambda^2\mu^2 + 8T\lambda\mu^3 - 48S^2\mu^4)F \\
& \quad - 24\mu(\lambda^3 + 2T\mu^3)P^2 - 24\mu^2(\lambda^2 - 4S\mu^2)PQ - 8\lambda\mu^3Q^2
\end{aligned}$$

et celle de $\lambda P + \mu Q$, qui est

$$\begin{aligned}
& 4[S\lambda^4 + T\lambda^3\mu + 72S^2\lambda^2\mu^2 + 108ST\lambda\mu^3 + 27(T^2 - 16S^3)\mu^4]\Theta \\
& \quad - [T\lambda^4 + 216ST\lambda^2\mu^2 + 108(T^2 - 64S^3)\lambda\mu^3 + 3888TS^2\mu^4]H^2 \\
& \quad - [16S^2\lambda^4 + 23ST\lambda^3\mu + 18T^2\lambda^2\mu^2 + 216S(T^2 + 32S^3)\mu^4]UH \\
& \quad + [64S^3\lambda^3\mu + 144S^2T\lambda^2\mu^2 + 108ST^2\lambda\mu^3 + 27T(T^2 + 16S^3)\mu^4]U^2.
\end{aligned}$$

**235.** Nous allons maintenant indiquer ici une identité fort utile. Supposons que, dans une cubique, nous remplacions $x$, $y$, $z$, par $x + \lambda x'$, $y + \lambda y'$, $z + \lambda z'$, et que nous écrivions le résultat sous la forme

$$U + 3\lambda S + 3\lambda^2 P + \lambda^3 U',$$

autrement dit, supposons que S et P représentent la conique polaire et la droite polaire de $(x', y', z')$ par rapport à U; ce qui donne, pour la forme canonique

$$\begin{array}{ll} \mathrm{S} & (x'^2+2my'z')x+(y'^2+2mz'x')y+(z'^2+2mx'y')z, \\ \mathrm{P} & (x^2+2myz)x'+(y^2+2mzx)y'+(z^2+2mxy)z'; \end{array}$$

supposons de même que le résultat d'une substitution semblable dans H soit écrit sous la forme

$$\mathrm{H}+3\lambda\Sigma+3\lambda^2\Pi+\lambda^3\mathrm{H}',$$

c'est-à-dire soient Σ et Π la conique polaire et la droite polaire de $(x', y', z')$ par rapport à la Hessienne, nous pourrons alors, à l'aide de la forme canonique, vérifier l'équation identique qui suit

$$3(\mathrm{S}\Pi-\Sigma\mathrm{P})=\mathrm{H}'\mathrm{U}-\mathrm{H}\mathrm{U}'.$$

Il résulte de là que, si $(x', y', z')$ est sur la courbe et si, par conséquent, $\mathrm{U}'=0$, l'équation $\mathrm{U}=0$ peut être écrite sous la forme

$$\mathrm{S}\Pi-\Sigma\mathrm{P}=0.$$

De cette forme découlent immédiatement les conséquences suivantes :

(*a*) Les droites P et Π se coupent sur la cubique : c'est-à-dire le *tangentiel* du point $(x', y', z')$ ou le point où la tangente P rencontre de nouveau la cubique est l'intersection de P avec Π, polaire de $(x', y', z')$ par rapport à la Hessienne (n° 183).

(*b*) Les points de contact des tangentes menées de $(x', y', z')$ à la cubique, qui sont, comme on le sait, les intersections de S avec U, sont aussi les intersections de S avec Σ, conique polaire de $(x', y', z')$ par rapport à la Hessienne.

(*c*) L'équation $\mathrm{S}\Pi-\Sigma\mathrm{P}=0$ est le résultat qu'on obtiendrait en éliminant une indéterminée θ entre $\mathrm{S}+\theta\Sigma=0$, $\mathrm{P}+\theta\Pi=0$. La première équation représente une conique passant par les intersections de S, Σ; la seconde est la polaire de $(x', y', z')$ par rapport à la même conique : par conséquent, la cubique donnée peut être engendrée comme lieu des points de contact des tangentes menées d'un point $(x', y', z')$ à un système de coniques passant par quatre points fixes.

(*d*) Si $S + \theta\Sigma$ représente deux droites, $P + \theta\Pi$ passe évidemment par leur intersection : cette intersection est donc un point de la cubique, et $P + \theta\Pi$ est la tangente en ce point : donc les quatre points de contact des tangentes à la cubique, issues de $(x', y', z')$, forment un quadrangle dont les trois centres sont sur la cubique et sont les points *cotangentiels* de $(x', y', z')$ (*voir* n° 150).

(*e*) Si nous considérons les points d'intersection de la courbe et de sa Hessienne par une droite quelconque, par exemple $z = 0$, l'identité du présent numéro nous donne

$$\mathrm{a}b - \mathrm{b}a = 3(\mathrm{a}_2 b_1 - \mathrm{b}_1 a_2),$$

c'est-à-dire que l'invariant P des deux cubiques binaires s'annule. On voit donc encore que la Hessienne rencontre la courbe en ses points d'inflexion. En effet, puisque P est nul, l'éliminant des deux formes est $Q = 0$ (*Algèbre supérieure*, n° 200). Donc aux points d'intersection, $u + \lambda v$ renferme un cube parfait.

236. Je me suis servi de cette identité (*Philosophical Transactions*, 1858, p. 535) pour former l'équation de la conique qui passe par cinq points consécutifs d'une cubique. Puisque S est tangente à la cubique et que P est la tangente commune, l'équation d'une conique tangente à U en $(x', y', z')$ est $S - PL = 0$, $L = \alpha x + \beta y + \gamma z$ étant une droite arbitraire. Mais, au moyen de l'identité que nous avons établie, l'équation de la cubique peut se mettre sous la forme

$$\Pi(S - PL) = P(\Sigma - \Pi L).$$

Donc les quatre points où $S - PL$ rencontre de nouveau la cubique sont ses intersections avec $\Sigma - L\Pi$; et, si cette dernière conique passe par $x', y', z')$, la première passera par trois points consécutifs de la courbe. Mais, si nous remplaçons $x, y, z$ par $x', y', z'$, nous aurons $\Sigma' = \Pi' = H'$ et la condition pour que $\Sigma - \Pi L$ passe par $(x', y', z')$ est $L = 1$.

Maintenant, pour que $S - LP$ passe par quatre points consécutifs, $\Sigma - L\Pi$ doit avoir P pour tangente au point $(x', y', z')$. Mais la tangente à $\Sigma - L\Pi$ qui est la polaire de $x'y'z'$ par rapport à cette fonction) est

$$2\Pi - L'\Pi - L\Pi'$$

ou bien $\Pi - \Pi L$ (puisque $L' - 1$; $\Pi = \Pi$), et, comme cette quantité doit être proportionnelle à P, nous avons

$$L = \theta P + \frac{1}{\Pi'}\Pi.$$

L'équation générale d'une conique passant par quatre points consécutifs est donc

$$S \quad \theta P^2 - \frac{1}{\Pi} P\Pi = 0,$$

et

$$\Sigma - \theta P\Pi - \frac{1}{\Pi'}\Pi^2 - 0$$

passe par les deux points où la précédente conique rencontre de nouveau la cubique; l'équation de la cubique est réductible à la forme

$$\Pi\left(S \quad \theta P^2 - \frac{1}{\Pi} P\Pi\right) = P\left(\Sigma - \theta P\Pi - \frac{1}{\Pi'}\Pi^2\right).$$

237. Puisque ces deux coniques ont P pour tangente commune, il sera possible, en ajoutant les équations multipliées par des constantes convenables, d'obtenir un résultat divisible par P, et le quotient représentera la droite qui joint les

points où la conique rencontre à nouveau la cubique. Il est nécessaire pour cela de déterminer $\mu$ de manière que $\mu S + \Sigma - \frac{1}{\Pi'}\Pi^2$ soit divisible par P; nous y arrivons en égalant à zéro le discriminant de cette quantité. Mais on trouvera, en effectuant le calcul, que ce discriminant est $\mu^3 H' + 4\mu^2\frac{\Theta}{\Pi}$; cette quantité sera donc décomposable en facteurs, si $\mu = -\frac{4\Theta'}{\Pi'^2}$; et, comme l'un des facteurs est P, si nous représentons l'autre par M, nous aurons

$$\mu S + \Sigma - \frac{1}{\Pi'}\Pi^2 = MP.$$

Au moyen de cette équation, l'équation de la cubique donnée à la fin du dernier numéro se transforme en la suivante :

$$(\Pi + \mu P)\left(S - \theta P^2 - \frac{1}{\Pi'}P\Pi\right) = P^2\left[M - \frac{\mu}{\Pi}\Pi - \theta(\Pi + \mu P)\right].$$

La forme de l'équation montre que $\Pi + \mu P$ est la tangente au tangentiel du point donné sur la cubique, et que $M - \frac{\mu}{\Pi'}\Pi$ passe par le second tangentiel du point donné (*voir* n° 155).

238. Pour que la conique puisse passer par cinq points consécutifs, les coordonnées $x', y', z'$ doivent vérifier l'équation

$$M - \frac{\mu}{\Pi}\Pi - \theta(\Pi + \mu P) = 0.$$

La seule difficulté consiste à déterminer le résultat de la substitution de $x'$, $y'$, $z'$ dans M. Si nous différentions l'équation

$$\mu S + \Sigma - \frac{1}{\Pi}\Pi^2 = MP,$$

par rapport à $x, y$ ou $z$ et si nous remplaçons $x, y, z$ par $x'$,

$y'$, $z'$ dans les résultats, en remarquant que

$$\frac{dS'}{dx} = 2\frac{dP}{dx}, \quad \frac{d\Sigma}{dx} = 2\frac{dH'}{dx},$$

nous avons $M' = 2\mu$, et le résultat de la substitution de $x'$, $y'$, $z'$ à la place de $x, y, z$ dans

$$M - \frac{\mu}{H'}H - \theta H - \mu P = 0,$$

est $\mu - \theta H' = 0$; et, comme nous avons trouvé $\mu = -\frac{4\Theta'}{H'^2}$, nous avons $\theta = -\frac{4\Theta'}{H'^3}$, et le problème est complètement résolu.

239. Nous allons indiquer une autre forme générale à laquelle on peut ramener l'équation d'une cubique et qui est la suivante :

$$ax^3 + by^3 + cz^3 + du^3 = 0$$

où

$$x + y + z + u = 0.$$

La conique polaire d'un point $(x', y', z', u')$ étant

$$ax'x^2 + by'y^2 + cz'z^2 + du'u^2 = 0,$$

la conique polaire du point pour lequel $x' = 0$, $y' = 0$ est un couple de droites passant par $u = 0$, $z = 0$, on voit par là que les points $xy$, $zu$; $xz$, $yu$; $xu$, $yz$ sont des couples de points correspondants sur la Hessienne. La forme que nous venons d'écrire contient implicitement onze constantes et l'équation générale d'une cubique peut s'y ramener d'une infinité de manières. Les valeurs des invariants pour cette forme sont

$$S = -abcd,$$
$$T = b^2c^2d^2 + c^2d^2a^2 + d^2a^2b^2 + a^2b^2c^2 - 2abcd(ab + ac + ad + bc + cd + db).$$

Le discriminant se forme au moyen de trois équations

obtenues en prenant les dérivées par rapport à $x$, $y$, $z$ respectivement; ces équations sont

$$ax^2 = du^2, \quad by^2 = du^2, \quad cz^2 = du^2;$$

donc $x$, $y$, $z$, $u$ sont respectivement proportionnels aux inverses de $\sqrt{a}$, $\sqrt{b}$, $\sqrt{c}$, $\sqrt{d}$. En substituant ces valeurs dans $x + y + z + u = 0$, nous obtenons le discriminant sous la forme

$$\sqrt{bcd} + \sqrt{cda} + \sqrt{dab} + \sqrt{abc} = 0.$$

Cette expression, débarrassée de radicaux, donne, comme plus haut, $R = T^2 + 64S^3 = 0$ [1].

**240.** Nous terminons ce Chapitre par quelques remarques sur le cas où la cubique se décompose en une conique et une droite. Si une courbe possède deux points doubles, ou un rebroussement, non seulement son discriminant est nul, mais il en est aussi de même des fonctions obtenues en différentiant, par rapport à un quelconque des coefficients de l'équation primitive, l'expression générale du discriminant en fonction de ces coefficients (voir *Algèbre supérieure*, nos 103, 113). Mais l'expression du discriminant d'une cubique étant de la forme

$$T^2 + 64S^3 = 0,$$

ses différentielles sont de la forme

$$2T\frac{dT}{da} + 192S^2\frac{dS}{da}, \quad 2T\frac{dT}{db} + 192S^2\frac{dS}{db}, \quad \cdots$$

---

(1) Pour les autres invariants et contravariants, quand l'équation est écrite sous cette forme; voir *Philosophical Transactions*, p. 252; 1860. *Voir* aussi la *Géométrie à trois dimensions*, n° 538, pour quelques remarques sur la méthode par laquelle on forme les invariants, etc., quand l'équation a été écrite avec une variable additionnelle liée aux variables originelles par une relation linéaire.

Si la courbe a un point de rebroussement, nous avons $S = 0$, $T = 0$ (n° 224), et toutes ces différentielles s'annulent conformément à la théorie. Si la courbe a deux points doubles, c'est-à-dire si la cubique se décompose en une conique et une droite, nous avons la suite d'égalités de rapports

$$\frac{dT}{da} : \frac{dS}{da} = \frac{dT}{db} : \frac{dS}{db} = \frac{dT}{dc} : \frac{dS}{dc}, \quad \ldots.$$

Ces équations, écrites tout au long, formeraient un système d'équations dont chacune est du huitième ordre par rapport aux coefficients; elles constituent le système de conditions pour que l'équation générale du troisième degré soit résoluble en facteurs.

241. Il est une autre forme sous laquelle on peut écrire les conditions précédentes. Remarquons d'abord qu'un point double sur la courbe étant aussi point double sur sa Hessienne, les équations d'un pareil point satisferont aux équations obtenues en différentiant par rapport à $x$, $y$, $z$ les équations et de la courbe et de la Hessienne. Dans le cas de la cubique, ces six équations différentielles sont toutes du second degré, et nous pouvons en éliminer linéairement les six quantités $x^2$, $y^2$, $z^2$, $yz$, $zx$, $xy$ de manière à obtenir le discriminant sous la forme du déterminant

$$\begin{vmatrix} a & b_1 & c_1 & m & a_3 & a_2 \\ a_2 & b & c_3 & b_3 & m & b_1 \\ a_3 & b_2 & c & c_2 & c_1 & m \\ \mathfrak{a} & \mathfrak{b}_1 & \mathfrak{c}_1 & \mathfrak{m} & \mathfrak{a}_3 & \mathfrak{a}_2 \\ \mathfrak{a}_2 & \mathfrak{b} & \mathfrak{c}_3 & \mathfrak{b}_3 & \mathfrak{m} & \mathfrak{b}_1 \\ \mathfrak{a}_3 & \mathfrak{b}_3 & \mathfrak{c} & \mathfrak{c}_2 & \mathfrak{c}_1 & \mathfrak{m} \end{vmatrix} = 0.$$

Nous avons vu aussi (n° 226) que les conditions pour que la courbe ait trois points doubles s'expriment en prenant une quelconque des trois premières lignes horizontales, la ligne correspondante dans les trois autres et en égalant à zéro le déterminant formé avec deux colonnes quelconques de ces lignes. De la même manière aussi, les conditions pour que la courbe ait deux points doubles s'expriment en prenant deux quelconques des trois premières lignes et les deux lignes qui leur correspondent dans les trois autres, et en égalant à zéro le déterminant formé avec quatre colonnes quelconques de ces lignes. Pour le démontrer, il suffit de remarquer que, si $U = PV$, $V$ représentant une conique et $P$ une droite $\alpha x + \beta y + \gamma z$, la Hessienne de $U$ est de la forme $\lambda U + \mu P^3$, comme nous le démontrerons dans le numéro suivant. En conséquence, nous avons

$$\frac{dH}{dx} = \lambda \frac{dU}{dx} + 3\mu\alpha P^2,$$

$$\frac{dH}{dy} = \lambda \frac{dU}{dy} + 3\mu\beta P^2,$$

$$\frac{dH}{dz} = \lambda \frac{dU}{dz} + 3\mu\gamma P^2;$$

nous en déduisons

$$\beta\frac{dH}{dx} - \alpha\frac{dH}{dy} - \beta\lambda\frac{dU}{dx} + \alpha\lambda\frac{dU}{dy} = 0;$$

ce qui montre que les différentielles de $H$ et $U$ relativement à $x$ et $y$ sont liées par une relation linéaire identique et que, par conséquent, le déterminant formé des coefficients de quatre termes correspondants de ces équations s'annule.

**242.** La Hessienne de l'expression $PU$, dans laquelle $P$ représente la droite $\alpha x + \beta y + \gamma z$ et $U$ une fonction de degré quelconque, peut se former de différentes manières. Les dérivées secondes de $PU$ sont $Pa + 2\alpha L$, $Pb + 2\beta M$, $Pc + 2\gamma N$, $Pf + \beta N + \gamma M$, $Pg + \gamma L + \alpha N$, $Ph + \alpha M + \beta L$; dans ces expressions, $L$, $M$, $N$ représentent, comme précédemment, les dérivées premières, et $a$, $b$, ... les dérivées secondes de U. Servons-nous de ces valeurs pour former l'équation de la Hessienne et réduisons le résultat au moyen du théorème sur les fonctions homogènes

$$(n-1)L = ax + hy + gz;$$

nous obtenons pour la Hessienne de PU

$$\frac{n^2}{(n-1)^2}P^3H - \frac{n}{n-1}FPU;$$

ici F est la quantité $(bc-f^2)\alpha^2 + \ldots$ (n° 184) qui, géométriquement, représente le lieu des points dont les coniques polaires sont tangentes à la droite donnée.

Plus généralement, nous trouverons de la même manière que la Hessienne de UV est

$$\begin{aligned}&\frac{(n+n'-1)^2}{(n'-1)^2}U^3H' + \frac{(n+n'-1)^2}{(n-1)^2}V^3H\\ &-\frac{(n'+n-1)}{(n-1)(n'-1)}(UV^2\Theta + U^2V\Theta')\\ &+\frac{(n+n'-1)(n+n'-2)}{(n-1)(n'-1)}UVW.\end{aligned}$$

Comme dans les *Sections coniques*, n° 370, $\Theta$ et $\Theta'$ représentent respectivement ici $(bc-f^2)a'+\ldots$ et $(b'c'-f'^2)a+\ldots$, et W est le covariant

$$(bc'+b'c-2ff')LL'+\ldots.$$

La forme que nous venons d'écrire montre que les intersections de U, V sont des points doubles sur la Hessienne et que les tangentes en ces points sont respectivement les tangentes à U et V (¹).

(¹) Pour la théorie générale des formes cubiques ternaires, *voir* les Mémoires d'Aronhold, *Journal de Crelle*, t. 39, p. 140 (1850) et t. 55, p. 97 (1858); le troisième et le septième Mémoire sur les formes de M. Cayley, *Philosophical Transactions*, 1856 et 1861, et le Mémoire de Clebsch et Gordan, *Mathematische Annalen*, t. I, p. 56 (1869), t. VI, p. 436 (1873). *Voir* aussi Gundelfinger, *Math. Annal.*, t. IV, p. 144 (1871).

# CHAPITRE VI.

## COURBES DU QUATRIÈME ORDRE.

**243.** On se rappelle que nous avons établi la classification des courbes du troisième ordre en combinant entre elles une division fondée sur les éléments caractéristiques que la projection n'altère pas, et une autre division basée sur la nature de leurs branches infinies. Les mêmes principes de classification sont applicables aux courbes du quatrième ordre ou, comme nous les appellerons, aux *quartiques;* mais le nombre des espèces est si grand et la discussion de leurs formes constitue un tel travail qu'il semble sans utilité d'entreprendre la tâche d'une énumération. Nous nous contenterons ici d'attirer l'attention, d'une manière générale, sur les points principaux dont on doit tenir compte dans une énumération complète. Une quartique peut être non singulière, c'est-à-dire n'avoir pas de points multiples, ou bien elle peut avoir un, deux ou trois points doubles, et quelques-uns d'entre eux ou même tous ces points peuvent être des points de rebroussement. D'après cela, nous avons dix classes, pour lesquelles les caractéristiques de Plücker et le genre (n$^{os}$ 44, 82) sont les suivants:

| | $m$. | $\delta$. | $k$. | $n$. | $\tau$. | $\iota$. | D. |
|---|---|---|---|---|---|---|---|
| I......... | 4 | 0 | 0 | 12 | 28 | 24 | 3 |
| II........ | 4 | 1 | 0 | 10 | 16 | 18 | 2 |
| III....... | 4 | 0 | 1 | 9 | 10 | 16 | 2 |
| IV....... | 4 | 2 | 1 | 8 | 8 | 12 | 1 |
| V........ | 4 | 1 | 0 | 7 | 4 | 10 | 1 |
| VI....... | 4 | 0 | 2 | 6 | 1 | 8 | 1 |
| VII....... | 4 | 3 | 0 | 6 | 4 | 6 | 0 |
| VIII...... | 4 | 2 | 1 | 5 | 2 | 4 | 0 |
| IX....... | 4 | 1 | 2 | 4 | 1 | 2 | 0 |
| X........ | 4 | 0 | 3 | 3 | 1 | 0 | 0 |

Dans chacun des quatre derniers cas, la courbe est unicursale.

Toute quartique peut être considérée comme comprise dans l'une ou l'autre de ces classes. Il existe toutefois des formes spéciales, provenant de la coïncidence de points doubles ou de points de rebroussement qui méritent qu'on les considère à part.

1° Deux nœuds peuvent coïncider, en donnant naissance à la singularité appelée *nœud de tangence* ou point *tacnodal;* c'est par le fait un contact ordinaire (biponctuel) de deux branches de la courbe (*voir* n° 38, III). Il faut remarquer que la tangente commune compte deux fois comme tangente double de la courbe; ainsi, en supposant qu'il n'y ait pas (en outre du point tacnodal) de nœud ou de point de rebroussement, la courbe appartient à la classe IV et ses caractéristiques sont celles que nous avons indiquées ci-dessus; mais $\delta = 2$ indique qu'il y a un point tacnodal, et $\tau = 8$ que les tangentes doubles se composent de la tangente au point tacnodal comptée deux fois et de six autres tangentes doubles.

2° Un nœud et un rebroussement peuvent coïncider, en donnant naissance à la singularité nommée, d'après cela, rebroussement nodal et que nous avons appelée un *rebroussement ramphoïdal* (n° 58).

Remarquons que la tangente compte une fois comme tangente double et une fois comme tangente stationnaire. Si donc nous supposons qu'il n'y ait pas d'autre nœud ou d'autre point de rebroussement, la courbe appartiendra à la classe V et ses caractéristiques sont données ci-dessus; mais $\delta = 1$, $\varkappa = 1$ montrent qu'il existe un rebroussement nodal; $\tau = 4$ comprend la tangente au point de rebroussement et trois autres tangentes doubles; $\iota = 10$ donne la tangente au rebroussement et neuf autres tangentes stationnaires.

3° Trois nœuds peuvent coïncider si on les considère comme points consécutifs d'une courbe de courbure finie;

ils ne donnent pas naissance à un point triple, mais à la singularité appelée *nœud d'osculation* ou point *oscnodal*. C'est par le fait une osculation ou un contact triponctuel de deux branches de la courbe. La tangente en un point de ce genre compte trois fois comme tangente double de la courbe; la classe de la courbe est VII et les caractéristiques en sont données plus haut; mais $\delta = 3$ signifie qu'il y a ici un point oscnodal et $\tau = 4$ comprend la tangente en ce point, comptée trois fois et une autre tangente double.

4° Deux nœuds et un rebroussement, ou un point tacnodal et un rebroussement considérés comme points consécutifs d'une courbe à courbure finie peuvent coïncider; ils ne donnent pas naissance à un point triple, mais à la singularité appelée *rebroussement tacnodal;* c'est en réalité une osculation ou intersection quartiponctuelle des deux quasi-branches en un point de rebroussement. La classe de la courbe est VIII et ses caractéristiques sont celles qui figurent au Tableau ci-dessus; $\delta = 2$, $\varkappa = 1$ indiquent qu'il existe un point de rebroussement; $\tau = 2$, que la tangente au rebroussement compte deux fois comme tangente double; $\iota = 4$, que la tangente au rebroussement compte une fois comme tangente stationnaire, et il y a trois autres tangentes stationnaires.

5° Trois nœuds peuvent coïncider, comme sommets d'un triangle infinitésimal, en constituant un point triple (point triple ordinaire avec trois tangentes distinctes). La courbe est de la classe VIII avec les caractéristiques qui s'y rapportent; $\delta = 3$ indique qu'il y a un point triple.

6° Deux nœuds et un rebroussement peuvent coïncider en engendrant un point triple spécial, où une branche ordinaire de la courbe passe par un point de rebroussement. La courbe est de la classe VIII avec les caractéristiques données ci-dessus; $\delta = 2$, $\varkappa = 1$ caractérisent ici ce point triple spécial.

7° Un nœud et deux rebroussements peuvent coïncider en

formant un point triple particulier qui ne diffère pas d'une manière visible d'un point ordinaire de la courbe. Cette dernière appartient à la classe IX, dont les caractéristiques ont été données plus haut; $\delta = 1$, $\varkappa = 2$ se rapportent ici au point triple en question.

244. Pour mieux montrer la distinction entre les différents genres de points doubles que nous avons énumérés, supposons que l'origine soit un point double pour lequel les deux tangentes coincïdent avec la droite $y = 0$; l'équation de la quartique sera de la forme $y^2 + u_3 + u_4 = 0$, dans laquelle

$$u_3 = ax^3 + bx^2y + cxy^2 + dy^3, \quad u_4 = ex^4 + fx^3y + \ldots.$$

Nous procédons maintenant comme dans le n° 36. Pour déterminer la forme de la courbe dans le voisinage de l'origine, nous posons $y = mx^\beta$ et nous déterminons $\beta$ de manière que deux ou plusieurs exposants de $x$ deviennent égaux entre eux et moindres que l'exposant d'un autre terme quelconque; et nous nous attachons seulement aux termes du degré le moins élevé en $x$. Supposons que $a$ ne soit pas nul. Nous trouvons $\beta = \frac{3}{2}$; la forme de la courbe près de l'origine est la même que celle de la courbe $y^2 + ax^3 = 0$ et l'origine est un rebroussement ordinaire.

1° Supposons $a = 0$. Nous avons alors $\beta = 2$ et $m$ est déterminé par l'équation du second degré $m^2 + bm + e = 0$. La courbe se compose de deux branches, dont les formes près de l'origine sont respectivement les mêmes que celles des courbes $y = m_1x^2$, $y = m_2x^2$, $m_1$ et $m_2$ étant les racines de l'équation ci-dessus. Les branches sont tangentes entre elles et l'origine est un point *tacnodal*.

2° Supposons que l'équation du second degré dont il vient d'être question ait ses racines égales; la forme de l'équation est alors

$$(y - mx^2)^2 + cxy^2 + dy^3 + fx^3y + \ldots = 0,$$

et, au degré d'approximation auquel nous nous sommes tenus jusqu'ici, les deux branches coïncident dans le voisinage de l'origine. Pour faire la distinction entre elles, nous poserons $y = mx^2 + nx^\gamma$ et nous déterminerons $n$ et $\gamma$ comme plus haut. Nous trouvons alors $\gamma = \frac{5}{2}$ et $n_2 = \quad (cm^2 + fm)$. La forme de la courbe près de l'origine se rapproche donc de celle de la courbe $y = mx^2 + nx^{\frac{5}{2}}$ que nous avons considérée (n° 58). D'après cela, l'origine est un rebroussement romphoïdal ou rebroussement nodal.

3° Si cependant, en plus des conditions précédentes, nous avons $f = -cm$, l'équation de la courbe est de la forme

$$(y - mx^2)^2 + cxy(y - mx^2) + dy^3 + gx^2y^2 + \ldots = 0.$$

En faisant $y = mx^2 + nx^\gamma$; nous trouvons $\gamma = 3$ et $n$ est déterminé par l'équation du second degré

$$n^2 + cmn + m^2(dm + g) = 0.$$

Soient $n_1$, $n_2$ les racines de cette équation ; dans le voisinage de l'origine, la courbe se compose de deux branches osculatrices, dont les formes sont représentées par les équations

$$y = mx^2 + n_1x^3, \quad y = mx^2 + n_2x^3.$$

Comme la différence de ces valeurs de $y$ a pour premier terme une puissance impaire de $x$, les branches se coupent, tout en étant tangentes à l'origine. L'origine est alors un point *oscnodal*.

4° Si, en plus des conditions précédentes, les racines de la dernière équation du second degré deviennent égales ou si $dm + g = \frac{1}{4}c^2$, l'équation de la courbe est de la forme

$$(y - mx^2 - \tfrac{1}{2}cxy - dy^2)^2 = Axy^3 + By^4,$$

et nous trouvons, comme plus haut, que sa forme près de l'origine est donnée par l'équation

$$y = mx^2 + cmx^3 + px^{\frac{7}{2}}.$$

L'origine est un rebroussement tacnodal. Le point double ordinaire ne peut pas donner de singularité d'ordre plus élevé dans une quartique proprement dite; car la dernière hypothèse à faire consisterait à supposer que A est nul, et dans ce cas l'équation se décomposerait en deux facteurs du second degré. Le cas où l'origine est un point triple ne nous semble pas exiger de plus amples développements.

245. Nous n'avons jusqu'ici fait aucune distinction entre le réel et l'imaginaire. Si nous admettons que la courbe soit réelle, les nœuds et rebroussements imaginaires ne se présentent que par couples, et leur présence nous permet de distinguer les différents cas en conséquence; ainsi nous pouvons avoir un seul nœud réel, deux nœuds réels ou deux nœuds imaginaires, trois nœuds réels ou un nœud réel et deux imaginaires; il en sera de même pour les points de rebroussement.

Un point double réel peut aussi être crunodal ou acnodal. Ces distinctions, relatives au réel et à l'imaginaire, se présentent rarement en ce qui regarde les singularités dont nous avons parlé plus haut (la condition que les imaginaires se présentent par couples implique le plus généralement la réalité de ces singularités). La seule distinction qu'il semble utile de faire s'applique au point triple ordinaire; il peut avoir trois tangentes réelles, ou bien une réelle et deux imaginaires. Dans le premier cas, le point est l'intersection de trois branches réelles de la courbe; dans le second, il est la commune intersection d'une branche réelle et de deux branches imaginaires; ou, ce qui revient au même, nous avons une branche réelle qui passe par un point conjugué. Ce point ne diffère pas visiblement d'un point ordinaire de la courbe, il ressemble à cet égard au point triple spécial que nous avons mentionné ci-dessus sous le n° 7; la différence consiste en ce que, dans le cas d'une branche ordinaire passant par un point conjugué, les tangentes sont l'une réelle et les deux autres imaginaires, tandis que, dans le cas du point triple spécial, elles sont toutes trois réelles et coïncidentes.

246. Il existe encore d'autres singularités dont il faut tenir compte. Un nœud ou point double peut être un point d'inflexion sur une des branches qui le constituent, c'est-à-dire que la tangente à cette branche au point double peut rencontrer cette branche en trois points consécutifs (ou la courbe en quatre points coïncidents); le nœud peut aussi être un point d'inflexion sur *chacune* des branches qui le constituent.

Un pareil point double peut être considéré (dans le premier cas) comme formé par la réunion d'un point double ordinaire avec un point d'inflexion, et (dans le second cas) de ce même point double avec deux points d'inflexion; le nœud pourrait s'appeler un nœud *inflexionnel*, point *flecnodal* ou point *biflecnodal* suivant le cas. Le point ou les points d'inflexion qui coïncident ainsi avec le point double, doivent être comptés parmi les points d'inflexion de la courbe et le nombre des points d'inflexion restants doit être diminué en conséquence. Un point biflecnodal a des propriétés analogues à celles que nous avons établies (n$^{os}$ 170 et suivants) pour les points d'inflexion des cubiques. En général, si nous cherchons le lieu des moyennes harmoniques sur les rayons vecteurs issus de l'origine que nous supposons être un point double de la quartique $u_4 + u_3 + u_2 = 0$, nous trouvons $u_3 + 2u_2 = 0$. Si donc $u_2$ est facteur dans $u_3$, le lieu devient une ligne droite, et le point double, qui a une polaire harmonique, jouit des propriétés établies (n° 170). Les points de contact des tangentes issues de ce point se trouvent sur une ligne droite et la courbe peut être projetée de manière qu'il devienne un centre, ou, encore, de manière que toutes les cordes parallèles à une droite donnée soient coupées en deux parties égales par un diamètre fixe. Dans ce dernier cas, la forme de l'équation est, en général,

$$y^2(x-a)(x-b) = \pm A(x-c)(x-d)(x-e)(x-f).$$

Il n'y a pas de difficulté à discuter, comme dans les n^os 39 et 199, les différentes formes possibles de courbes comprises dans cette équation, en ayant égard à la réalité et à la grandeur relative de $a$, $b$, ...; on en déduit aisément les différentes formes que peuvent affecter les projections de ces courbes.

247. Enfin une quartique peut encore avoir un autre genre de point singulier dont il faut tenir compte dans la classification; c'est un point d'ondulation, c'est-à-dire un point où la tangente rencontre la courbe en quatre points consécutifs. La tangente en un pareil point remplace deux tangentes stationnaires et une tangente double. Une quartique peut avoir quatre points d'ondulation réels. Il est facile de s'en convaincre en écrivant l'équation sous la forme $wxyz = S^2$, dans laquelle S est une conique tangente aux quatre droites $w$, $x$, $y$, $z$.

248. Nous n'avons pas encore épuisé la liste des éléments caractéristiques que la projection n'altère pas et dont il faudrait tenir compte dans une classification complète des quartiques. On se rappelle que nous avions divisé les cubiques non singulières en cubiques unipartites et en cubiques bipartites, suivant que tous les points réels de la courbe constituent ou non une suite continue. Il est naturel de penser qu'il doit exister une distinction semblable pour les quartiques.

Zeuthen a étudié en détail (*Math. Annalen,* t. VII, p. 411) les formes possibles des quartiques non singulières. Il fait remarquer que les branches d'une courbe peuvent être divisées en branches d'ordre impair, qu'une droite rencontre en un nombre impair de points, et en branches d'ordre pair. Ces dernières sont ce que nous avons appelé des *ovales* (n° 200); nous employons ce mot pour désigner non seulement les ovales dans le sens ordinaire du mot, mais encore leurs projections. Par exemple, dans cette acception, nous dirons que toutes les formes des coniques sont des ovales. Zeuthen montre qu'une courbe non singulière ne peut avoir plus d'une branche d'ordre impair et que, par conséquent, une courbe de degré pair ne peut en posséder. Une quartique ne peut donc se composer que d'ovales. On voit immédiatement que, si une quartique se compose de deux ovales, dont l'un soit entièrement intérieur à l'autre, elle ne peut pas avoir aucun autre point réel. En effet, s'il en existait un, en le joignant par une droite à un point situé au dedans de l'ovale intérieur, cette droite couperait la courbe en cinq points. Pour la même raison, l'ovale intérieur ne peut avoir ni tangentes doubles, ni points d'inflexion. On donne le nom de quartique *annulaire* à une quartique composée de deux ovales dont l'un est intérieur à l'autre. Les raisonnements qui précédent n'excluent pas le cas d'ovales extérieurs les uns aux autres; toutefois la quartique ne peut pas se composer de plus de quatre ovales; si, en effet, elle avait d'autres points réels, une conique passant par l'un d'eux et par des points situés à l'intérieur des ovales couperait la courbe en neuf points. La courbe

$$(x^2 - a^2)^2 + (y^2 - b^2)^2 = c^4$$

$(c < b)$ que nous avons considérée (p. 64-65) montre qu'une quartique peut effectivement se composer de quatre ovales; cela résulte aussi de l'exemple suivant que Plücker a donné pour montrer que les vingt-huit tangentes doubles d'une quartique non singulière peuvent toutes être réelles. Considérons la courbe $\Omega = \pm k$, dans l'équation de laquelle

$$\Omega = (y^2 - x^2)(x - 1)(x - \tfrac{3}{2}) - 2[y^2 + x(x - 2)]^2.$$

L'équation $\Omega = 0$ représente une quartique à trois points doubles, dessinée en traits gras dans la *fig.* 46. L'équation $\Omega = k$ est celle d'une courbe qui ne rencontre la

Fig. 46

courbe $\Omega$ en aucun point à distance finie, qui s'écarte d'autant moins de la courbe $\Omega$ que $k$ est plus petit, et qui, suivant le signe attribué à cette quantité, est tout entière à l'intérieur ou à l'extérieur de la courbe $\Omega$. Quand elle est tout entière à l'extérieur, la courbe est unipartite; si, au contraire, elle est entièrement à l'intérieur, elle se compose de quatre ovales en forme de ménisques, situés chacun dans l'une des boucles en lesquelles la courbe $\Omega$ est subdivisée. Chaque ménisque a une tangente double; on verra de plus que deux ovales quelconques ont quatre tangentes communes et il y a six couples formés par ces ovales pris deux à deux. Si l'on suppose que la valeur de la constante varie, il est facile de concevoir que l'un, puis l'autre de ces ovales devienne imaginaire; il s'ensuit que les quartiques non singulières peuvent être unipartites, bipartites, tripartites ou quadripartites. Nous pouvons conclure, de la même manière, que si une quartique a un point double, elle peut être unipartite, bipartite ou tripartite; que si elle a deux points doubles, elle peut être unipartite ou bipartite ([1]).

**248** *a*. Zeuthen prend pour base de sa classification des quartiques les bitangentes réelles de la courbe et il les divise en deux classes. Quand une quartique se compose d'un couple d'ovales extérieurs l'un à l'autre, il est facile de voir (de même que si c'étaient deux coniques) que ces ovales ont quatre tangentes communes et qu'ils ne peuvent en avoir davantage. Ce sont ces tangentes communes qui sont pour Zeuthen les bitangentes de seconde espèce. Quand une quartique a deux ovales extérieurs l'un à l'autre, le nombre de ces bitangentes est 4; quand elle se compose de trois ovales, le nombre des bitangentes est 12; si elle en comprend quatre, le nombre en question est 24. Les bitangentes de première espèce sont : ($a$) les droites doublement tangentes à une branche unique de la courbe, ou ($b$) les bitangentes dont les deux points de contact sont imaginaires.

Zeuthen a démontré que toute quartique a quatre bitangentes de l'une ou de l'autre de ces deux dernières classes; nous les appellerons les *bitangentes de Zeuthen*. Le nombre total des bitangentes réelles d'une quartique s'obtient ainsi en ajoutant aux quatre précédentes 0, 4, 12 ou 24 bitangentes de seconde espèce; ce nombre est donc 4, 8, 16 ou 28. La méthode de Zeuthen consiste à considérer le système de quartiques $S + \lambda S'$, dans lequel S et S′ sont deux quartiques non singulières. Le nombre des bitangentes réelles d'une courbe du système ne changera que si $\lambda$ est tel que la courbe présente quelque singularité. Zeuthen démontre que, si $\lambda$ passe par une valeur pour laquelle la courbe a un point double, on ne perdra ou on ne gagnera que des bitangentes

([1]) En général, le nombre maximum des *parties* d'une courbe est supérieur d'une unité au *genre* de la courbe de seconde espèce et qu'aucune singularité ordinaire ne change les bitangentes de première espèce en bitangentes de seconde espèce et réciproquement. Considérons une bitangente de première espèce, tangente à une branche en deux points réels. Si le paramètre contenu dans l'équation varie, ces points peuvent se rapprocher l'un de l'autre, et l'arc qui les sépare devenir de plus en plus petit. A la limite, ces points se confondent et la courbe a un point d'ondulation; après cela, la bitangente a ses points de contact imaginaires. Nous voyons aussi que, pour la valeur de $\lambda$ qui détermine un point d'ondulation sur la courbe, les bitangentes de Zeuthen de la classe ($a$) se changent en bitangentes de la classe ($b$) ou inversement. La seule modification qui affecte les tangentes de première espèce consiste en un échange de ces deux classes; le nombre total de ces bitangentes est donc le même pour le système entier des quadriques compris dans la forme $S + \lambda S'$; il est par conséquent le même pour une quartique quelconque, et l'exemple donné par Plucker montre qu'il est égal à quatre.

248 *b*. Quand une branche a une tangente qui lui est tangente en deux points réels, il est évident qu'en chacun de ces points l'arc tourne sa convexité vers la tangente et qu'il existe une partie intermédiaire de l'arc total qui tourne sa concavité vers cette même droite; la partie concave est séparée des parties convexes par un point d'inflexion situé à chacune de ses extrémités. Toute bitangente de cette espèce implique donc l'existence de deux points d'inflexion réels; et il n'est pas difficile de voir que la réciproque est vraie. Puisqu'il peut exister au plus quatre tangentes de cette espèce, *une quartique peut avoir tout au plus huit points d'inflexion réels*. Zeuthen réserve le nom d'*ovale* aux branches qui n'ont ni bitangentes ni points d'inflexion réels; si la branche a une seule bitangente réelle, il l'appelle *unifolium;* si elle en a

deux, trois ou quatre, il lui donne les noms de *bifolium*, *trifolium* ou *quadrifolium*. Ainsi, dans la figure donnée par Plücker, la courbe extérieure est un quadrifolium; les quatre courbes intérieures sont des unifolium. La *fig*. 3, p. 65, représente deux bifolium; la *fig*. 5, p. 65, représente une quartique annulaire, qui est un quadrifolium avec ovale intérieur.

**248** *c*. Zeuthen démontre, par la méthode du n° **125** (*Ex*. 4), que les points de contact de trois quelconques de ses bitangentes sont situés sur une conique et que de plus c'est la même conique qui passe par les points de contact des quatre bitangentes. Si donc $w$, $x$, $y$, $z$ représentent quatre droites et V une conique, l'équation de la quartique doit être de la forme $wxyz = V^2$. Zeuthen analyse les différentes formes possibles de quartiques en discutant les différentes positions que peuvent avoir les points d'intersection des quatre droites et de la conique par rapport au quadrilatère formé par ces droites. Quand V rencontre toutes les droites en des points réels, il distingue les cas suivants : 1° quartique annulaire, un quadrifolium et un ovale intérieur; 2° un quadrifolium et deux ovales; 3° quatre unifolium; 4° un trifolium, un unifolium et un ovale; 5° un bifolium, deux unifolium et un ovale; 6° deux bifolium et un ovale; 7° deux bifolium et deux ovales; 8° un bifolium et deux unifolium; 9° un trifolium, un unifolium et deux ovales. Il énumère trente-six cas en tout, mais les figures qu'il donne pour les neuf cas que nous venons de mentionner suffisent pour donner une idée des autres; il suffit en effet d'une très légère modification pour changer un unifolium en un ovale, .... Remarquons que la classification ainsi établie repose uniquement sur les propriétés projectives, mais qu'elle n'a trait en rien à la droite de l'infini. Nous donnerons dans le n° **249** les principes qui permettent de subdiviser ces classes en espèces, en tenant compte de la nature des branches infinies.

248 *d*. Zeuthen a aussi appliqué sa méthode de classification aux quartiques nodales considérées comme cas limites des quartiques non singulières. Il énumère et discute les cas suivants : (*a*) points conjugués considérés comme cas limites des ovales; (*b*) nœuds qui prennent naissance dans les cas limites des quartiques annulaires, quand la branche intérieure vient à couper la branche extérieure; dans aucun de ces cas les bitangentes de Zeuthen ne subissent de modification; (*c*) nœuds produits par l'intersection mutuelle de deux branches extérieures l'une à l'autre; (*d*) nœuds qui se produisent quand une branche d'ordre pair se décompose en deux branches d'ordre impair qui se coupent. Dans les cas où les bitangentes de Zeuthen éprouvent des changements, la discussion se fait en considérant les formes représentées par l'équation $wxyz - V^2$, quand V passe par le point d'intersection de deux droites, ou quand deux de ces droites coïncident l'une avec l'autre.

249. Pour reconnaître comment on peut classer les quartiques en ayant égard à leurs branches infinies, nous remarquerons que la droite de l'infini peut rencontrer une quartique : (*a*) en quatre points réels, (*b*) en deux points réels et deux points imaginaires, (*c*) en quatre points imaginaires, (*d*) en deux points coïncidents et deux points réels, (*e*) en deux points coïncidents et deux points imaginaires, (*f*) en deux couples de points coïncidents réels, (*g*) en deux couples de points coïncidents imaginaires, (*h*) en trois points coïncidents et un point réel, (*i*) en quatre points coïncidents. On pourrait encore établir des distinctions spéciales dans les cas (*d*), (*e*), (*f*), (*g*), suivant que la droite de l'infini, dans ses points de rencontre avec la courbe, est simplement une

tangente, ou qu'elle passe par un point double; ce point double peut être lui-même crunodal ou acnodal, ou appartenir à l'une des variétés particulières dont nous avons parlé précédemment. De même, dans le cas ($h$), la droite de l'infini peut être une tangente stationnaire ordinaire, ou une tangente en un point double ou en un point de rebroussement, ou bien encore elle peut passer par un point triple et, dans le cas ($i$), elle peut être tangente en un point d'ondulation, ou en un point double de variété spéciale, ou enfin être tangente en un point triple. L'un quelconque des points qui comptent seulement comme des points d'intersection simples de la droite de l'infini avec la courbe peut être sur cette dernière un point d'inflexion ou d'ondulation. Quand ce cas se produit, il en résulte dans la configuration de la courbe une différence dont il faudrait tenir compte dans une classification complète des quartiques.

**250.** Nous avons déjà montré (nº 70) comment on forme l'équation de la Hessienne d'une quartique; c'est une courbe du sixième degré qui coupe la quartique aux vingt-quatre points d'inflexion. Nous avons vu aussi que l'équation de la réciproque d'une quartique est de la forme $S^2 - T^3$, dans laquelle S représente une courbe de quatrième classe et T une courbe de la sixième classe; la forme de l'équation fait reconnaître que ces deux dernières courbes sont toutes les deux tangentes aux vingt-quatre tangentes stationnaires. Nous réservons pour un autre Chapitre la solution du problème qui consiste à former l'équation d'une courbe passant par les points de contact des tangentes doubles d'une courbe donnée. Quand nous traiterons cette question, nous montrerons que, dans le cas d'une quartique, l'équation d'une courbe bitangentielle de cette sorte peut être écrite sous la forme $\Theta - 3H\Phi$; $\Theta$ est le covariant $AL'^2 + \ldots$ comme dans le nº 231. En d'autres termes, L', ... sont les dérivées premières de la Hessienne et A représente la quantité $bc - f^2$, dans laquelle $a$, $b$, ... sont les dérivées secondes de U. De même Φ représente la quantité $Aa' + \ldots$, comme dans le nº 230 (*Ex.* 1).

## TANGENTES DOUBLES.

231. Pour traiter cette question, il est commode de commencer par étudier préalablement une théorie plus générale dans laquelle se trouve comprise celle des bitangentes. Considérons d'abord la forme $UW = V^2$, dans laquelle U, V, W représentent des coniques; elle contient implicitement seize constantes; on peut, par conséquent, y ramener l'équation de toute quartique, et cette réduction est possible d'une infinité de manières, comme nous le verrons d'une manière plus complète dans la suite. La forme de l'équation montre que U et W sont tangentes chacune à la quartique en quatre points, ceux où elles rencontrent respectivement $V^2$. Nous avons déjà discuté (*Sections coniques*, nº 270) l'équation $UW = V^2$ quand U, V, W représentent des droites; les résultats que nous avons obtenus sont encore applicables au cas où ces quantités représentent des coniques, à la condition d'y apporter les modifications convenables. Il suffira simplement de nous rappeler que deux coniques, représentées par des équations de la forme $\lambda U + \mu V + \nu W = 0$, au lieu de se couper en un seul point, se rencontrent suivant quatre points, et que, si l'on nous donne un point d'une conique dont l'équation doit pouvoir être mise sous cette forme, nous en connaissons nécessairement trois autres points; en effet, si nous avons $\lambda U' + \mu V' + \nu W' = 0$, la conique $\lambda U + \mu V + \nu W = 0$ passera, cela est clair, par les quatre points déterminés par les équations $\frac{U}{U'} = \frac{V}{V'} = \frac{W}{W'}$. Il résulte, de la discussion faite dans les *Sections coniques* et qu'on vient de rappeler, que la

quartique $UW = V^2$ peut être considérée comme l'enveloppe d'une conique variable $\lambda^2 U + 2\lambda V + W = 0$, où $\lambda$ est variable, et qui est tangente à la quartique donnée aux quatre points déterminés par les équations

$$\lambda U + V = 0, \quad \lambda V + W = 0.$$

Les deux systèmes de quatre points suivant lesquels deux des coniques enveloppantes touchent la quartique sont situés sur une autre conique, comme on le voit en écrivant l'équation donnée sous la forme

$$(\lambda^2 U + 2\lambda V + W)(\mu^2 U + 2\mu V + W) = [\lambda\mu U + (\lambda + \mu)V + W]^2.$$

On peut de même étendre les propriétés des pôles et polaires à la courbe dont nous nous occupons. Par un point (ou bien, si nous le voulons, nous pouvons dire par un système quelconque de quatre points) on peut mener deux coniques du système $\lambda^2 U + 2\lambda V + W = 0$; les deux systèmes de points de contact sont situés sur la conique $UW' + WU' - 2VV' = 0$ qu'on peut appeler la *polaire* du point donné ou du système de points et la symétrie de l'équation montre que la polaire (dans le sens propre du mot) d'un point quelconque appartenant à la dernière conique passera par le point donné. Réciproquement une conique quelconque $aU + bV + cW = 0$ rencontre la quartique en deux séries de quatre points; par chacun de ces systèmes on peut faire passer une conique quadruplement tangente, et ces deux coniques se coupent suivant un système de points qui constituent dans ce sens le pôle de $aU + bV + cW$.

232. Il est utile de rappeler ici les propriétés établies (*Sections coniques*, n° 338, ...) pour un système de coniques comprises dans l'équation $\alpha U + \beta V + \gamma W = 0$. En premier lieu, si cette équation représente un couple de droites, leur point d'intersection se trouve sur une cubique fixe qui est la

Jacobienne de U, V, W; cette courbe peut aussi se définir comme le lieu d'un point dont les polaires par rapport à toutes les coniques du système $\alpha U + \beta V + \gamma W = 0$ se coupent en un même point. Si nous considérons deux coniques faisant partie de ce système, l'équation d'une conique passant par leurs points d'intersection doit être de forme similaire et par conséquent les points d'intersection de chacun des trois couples de droites qui joignent les quatre intersections des deux coniques doivent être situés sur la Jacobienne. Si les deux coniques sont tangentes, deux de ces trois points d'intersection coïncident avec le point de contact; et par conséquent, si deux coniques du système $\alpha U + \beta V + \gamma W$ sont tangentes l'une à l'autre, leur point de contact se trouve sur la Jacobienne.

En second lieu, le système $\alpha U + \beta V + \gamma W$ peut être considéré comme un système de coniques polaires d'un point variable $(\alpha\beta\gamma)$ par rapport à une certaine cubique fixe, qui a pour Hessienne la Jacobienne du système et dont l'équation peut se former quand on connaît les équations des trois coniques.

Troisièmement, si $\alpha U + \beta V + \gamma W$ représente un couple de droites, toutes les droites de cette nature sont tangentes à une courbe de la troisième classe qui est la Cayleyenne de la cubique mentionnée ci-dessus.

253. Une conique enveloppante $\lambda^2 U + 2\lambda V + W$ et la conique qui passe par les quatre points de contact faisant chacune partie du système $\alpha U + \beta V + \gamma W$, nous en déduisons en particulier que, si nous menons les trois couples de droites joignant les points de contact d'une conique quelconque qui enveloppe $UW = V^2$, les intersections de chaque couple se trouvent sur une cubique fixe qui est la Jacobienne, et les droites elles-mêmes sont toutes tangentes à une courbe fixe de la troisième classe, la Cayleyenne.

Si les deux coniques $\lambda U + V = 0$, $\lambda V + W = 0$ sont tangentes entre elles, la conique $\lambda^2 U + 2\lambda V + W$, au lieu d'être tangente à la quartique en quatre points distincts, a deux fois un contact ordinaire avec elle, et elle la rencontre une fois en quatre points consécutifs. D'après ce que nous venons de voir, ce point de contact d'ordre supérieur est situé sur la Jacobienne. Nous concluons de là que douze coniques du système $\lambda^2 U + 2\lambda V + W = 0$ ont avec la quartique ce même contact d'ordre supérieur : ce sont les douze coniques qui passent chacune par une des intersections de la Jacobienne avec la quartique.

254. Six coniques du système $\lambda^2 U + 2\lambda V + W$ se réduisent à un couple de droites, car le discriminant de cette forme, étant une fonction du troisième degré de ses coefficients, sera une fonction du sixième degré en $\lambda$, et par conséquent on peut trouver six valeurs de $\lambda$ pour lesquelles il sera nul. Quand une conique enveloppante se réduit à un couple de droites, les quatre points de contact sont situés deux à deux sur chaque droite, et chacune de ces dernières est une tangente double de la quartique. Il résulte du n° 249 que, si $ab$, $cd$ sont deux quelconques de ces six couples de bitangentes, l'équation de la quartique peut être ramenée à la forme $abcd = V^2$, et les huit points de contact sont situés sur une conique V. Nous voyons ainsi que la forme $\lambda^2 U + 2\lambda V + W$ comprend les six couples de bitangentes de la quartique; ces douze bitangentes sont toutes tangentes à une courbe de la troisième classe; la Cayleyenne du système et les points d'intersection de chaque couple sont situés sur la Jacobienne. De même aussi, si l'on joint directement et transversalement les points de contact de ces couples de bitangentes, les droites de jonction sont tangentes aussi à la Cayleyenne et les intersections de chaque couple se trouvent sur la Jacobienne. On peut établir cette propriété sous une forme un peu différente,

en considérant la cubique S dont U, V, W sont des coniques polaires. En effet, si l'équation d'une quartique est une fonction du second degré en U, V, W, en égalant cette fonction à zéro, on obtient la condition pour que la droite $xU + yV + zW = 0$ soit tangente à une conique fixe; il est alors facile de voir que la quartique peut être définie comme le lieu d'un point dont la polaire par rapport à S est tangente à une conique fixe, ou, en d'autres termes, comme le lieu des pôles par rapport à S des tangentes de cette conique fixe; il revient au même de la définir comme l'enveloppe des coniques polaires des points de cette conique. Les tangentes doubles de la quartique correspondent aux points où la conique rencontre la Hessienne de S.

255. Considérons maintenant deux des bitangentes d'une quartique et prenons-les pour axes des $x$ et des $y$; si nous faisons $x = 0$, l'équation de la quartique doit se réduire à un carré parfait, par exemple $(z^2 + ayz + by^2)^2$ et, si nous posons $y = 0$, nous devons avoir de même $(z^2 + cxz + dx^2)^2$. Par conséquent, l'équation de la quartique doit évidemment être de la forme

$$xyU = (z^2 + ayz + by^2 + cxz + dx^2)^2,$$

c'est-à-dire de la forme $xyU = V^2$, que nous avons discutée; cette équation peut aussi s'écrire

$$xy(\lambda^2 U + 2\lambda V + xy) = (xy + \lambda V)^2.$$

Comme nous l'avons vu, en outre de la valeur $\lambda = 0$ qui correspond au couple de droites $xy$, il y a cinq autres valeurs de $\lambda$ pour lesquelles $\lambda^2 U + 2\lambda V + xy$ représentera un couple de droites, et, par conséquent, l'équation peut de cinq manières différentes se ramener à la forme $wxyz = V^2$. Donc, *par les quatre points de contact de deux bitangentes quelconques, nous pouvons mener cinq coniques, dont chacune passe par les quatre points de contact de deux autres bitangentes.*

Une quartique non singulière a 28 bitangentes et il y a par conséquent $\frac{1}{2}(28.27)$, ou 378 couples de bitangentes; chacun de ces couples donne naissance à cinq coniques différentes; mais chaque conique peut provenir d'un quelconque des six couples différents formés par les quatre bitangentes qui correspondent à cette conique. Donc *il y a en tout* $\frac{5}{6}(378)$ *ou* 315 *coniques, dont chacune passe par les points de contact de quatre bitangentes d'une quartique* (¹).

236. Nous avons vu que chaque couple de bitangentes se combine avec cinq autres couples pour former un groupe de six couples, tel que les points de contact de deux quelconques de ces couples soient sur une conique. Il en résulte que les 378 couples peuvent être partagés en 63 groupes de six. Les douze bitangentes de chaque groupe sont tangentes à la même courbe de la troisième classe et cette dernière est aussi tangente aux droites qui joignent directement et transversalement les points de contact de chaque couple. Les intersections de chaque couple de bitangentes, de même que celles des droites qui unissent les points de contact, sont situées sur une cubique. Il y a douze coniques en correspondance avec chaque groupe, et chacune d'elles est tangente à la quartique en deux points de contact ordinaire; elle lui est en outre tangente en un autre point où elle a quatre points consécutifs communs avec la quartique; ces points de

(¹) Plucker a indiqué le premier la possibilité de mettre l'équation d'une quartique sous la forme $xyzw \quad V^2$; mais il en a conclu trop précipitamment que les six points de contact de trois bitangentes quelconques sont sur une conique; il a éte ainsi conduit à une conclusion erronée pour le nombre total des coniques passant par huit points de contact de bitangentes. (*voir* la *Theorie der algebraischen Curven*, p. 246).

contact d'ordre supérieur sont situés sur la cubique dont nous avons parlé en dernier lieu. Comme il y a 63 groupes, on peut mener en tout 756 coniques de ce genre.

257. Nous allons montrer comment on peut former un tableau des 315 coniques et, à cet effet, nous représentons provisoirement les 26 premières bitangentes par les lettres de l'alphabet, en ajoutant les deux symboles $\varphi$ et $\psi$ pour indiquer les deux autres. Nous représentons par *abcd* la conique qui passe par les huit points de contact des bitangentes *a*, *b*, *c*, *d*. Si maintenant *abcd*, *abef* sont deux des 315 coniques, les couples *ab*, *cd*, *ef* appartiennent au même groupe et, d'après ce que nous avons vu, *cdef* sera une autre de nos coniques. On peut aussi le démontrer directement comme il suit. Soit $abcd = V^2$ l'équation de la quartique, ou

$$ab(cd + 2\lambda V + \lambda^2 ab) = (V + \lambda ab)^2.$$

Nous pouvons déterminer $\lambda$ de manière que l'on ait

$$cd + 2\lambda V + \lambda^2 ab = ef.$$

Tirons V de cette équation et portons sa valeur dans l'équation de la quartique; il vient

$$\lambda^4 a^2 b^2 + c^2 d^2 + e^2 f^2 - 2\lambda^2 abcd - 2\lambda^2 abef - 2cdef = 0$$

ou bien

$$4cdef = (cd + ef - \lambda^2 ab)^2.$$

Cette forme démontre le théorème énoncé. On voit ainsi que, étant donnés trois couples de droites qui doivent être des couples de bitangentes du même groupe d'une quartique, l'équation de la quartique sera de la forme

$$l\sqrt{ab} + m\sqrt{cd} + n\sqrt{ef} = 0,$$

en sorte que, si l'on donnait deux points de plus, on pourrait trouver une quartique unique satisfaisant aux conditions requises. En correspondance avec chaque groupe, il y a 15 coniques passant respectivement par les points de contact de deux des six couples qui composent le groupe. Il semble donc qu'il y aurait ainsi $63 \times 15 = 945$ coniques; mais chaque conique est comptée trois fois comme appartenant aux trois groupes $ab, cd, \ldots, ac, bd, \ldots, ad, bc, \ldots$; le nombre total est donc 315, comme on l'a énoncé ci-dessus.

258. Considérons une conique quelconque $abcd$; le groupe $ab, cd, \ldots$ et le groupe $ac, bd, \ldots$ ne peuvent avoir d'autre bitangente commune, si nous supposons que la quartique est une courbe non singulière. Par exemple, si $abef$ est une conique du premier groupe, $aceg$ ne peut être une conique du second. En effet (n° 257), l'équation de la conique passant par les points de contact de $a$, $b$, $c$, $d$ peut être mise sous la forme

$$\lambda ab + \frac{1}{\lambda}(cd - ef) = 0,$$

et, si $aceg$ est une autre conique, elle doit être identique avec la forme

$$\mu ac + \frac{1}{\mu}(bd - eg) = 0.$$

Nous déduisons immédiatement de cette identité

$$(\lambda b - \mu c)\left(a - \frac{1}{\lambda\mu}d\right) - e\left(\frac{1}{\lambda}f - \frac{1}{\mu}g\right).$$

Il en résulte que, $e$ étant identique avec un des facteurs dans lesquels se décompose le premier membre, elle passe par l'intersection de $a$ et $c$, ou $b$ et $d$. Mais, dans l'un et l'autre cas, le point par lequel on a démontré que $e$ passe sera un point double de la courbe

$$4\lambda^2 abcd - (\lambda^2 ab + cd - ef)^2,$$

et par conséquent la quartique ne pourrait pas être une courbe non singulière.

Nous voyons précisément de la même manière que si *abef*, *acmn* sont deux coniques, il existe entre elles une identité

$$(\lambda b - \mu c)\left(a - \frac{1}{\lambda\mu} d\right) - \frac{1}{\lambda} ef - \frac{1}{\mu} mn,$$

et, par conséquent, les diagonales du quadrilatère *efmn* passent l'une par *ad*, l'autre par *bc*; en d'autres termes, les intersections de chaque couple de bitangentes sont, d'après une certaine loi, situées trois par trois sur des droites. Quand on a une fois fait un tableau des 315 coniques, il n'y a aucune difficulté à distinguer quelle est la diagonale qui passe par *ad* et quelle est celle qui passe par *bc*. Par exemple, si nous savons que *aemu*, *afnv*, *aduv* sont des coniques du système, nous concluons de la même manière que les diagonales *emfn* passent par *ad uv*, et que par conséquent *ad* est situé sur la droite qui joint *en*, *fm*. Considérons maintenant une conique *abcd*; elle appartient aux trois groupes *ab*, *cd*, ..., *ac*, *bd*, ... et *ad*, *bc*, ..., et nous voyons maintenant que chacun des seize quadrilatères que l'on forme en combinant un des quatre autres couples appartenant au groupe *ac*, *bd* avec un couple du groupe *ad*, *bc* aura une diagonale passant par *ab*. Mais le couple *ab* fait partie de cinq coniques différentes et, par conséquent, il y a quatre-vingts quadrilatères qui ont une diagonale passant par *ab*. On trouvera, comme nous l'avons indiqué, que ces quadrilatères peuvent se partager en couples ayant une diagonale commune; donc, par chacun des 378 points *ab*, on peut mener 40 droites qui passent chacune par deux autres points du même genre, et il y a en tout 5040 de ces droites.

259. Nous pouvons maintenant former un tableau des 315 tangentes, dans lequel il n'y aura plus rien d'arbitraire que la notation. Commençons par écrire le groupe *ab*, *cd*, *ef*, *gh*, *ij*, *kl*; comme les groupes *ac*, *bd* et *ad*; *bc* ne peuvent

avoir de bitangente commune avec le précédent, ni l'un avec l'autre, ces groupes peuvent s'écrire *ac*, *bd*, *mn*, *op*, *qr*, *st*; *ad*, *bc*, *uv*, *wx*, *yz*, $\varphi\psi$. Écrivons maintenant le groupe *ae*, *bf*; il ne doit pas renfermer de bitangente du groupe *ab*, mais dans chaque terme une des bitangentes du groupe *ac*, sera combinée avec une bitangente du groupe *ad*. Comme nous étions libres d'écrire les couples de chaque groupe dans l'ordre que nous voulons, ce n'est simplement qu'une affaire de notation et nous n'introduisons aucune condition géométrique, si nous prenons pour ce groupe *ae*, *bf*, *mu*, *ow*, *qy*, $s\varphi$. De la même manière, c'est une pure affaire de notation que supposer que les bitangentes ont été représentées par des lettres, de manière que *ag* et *mx*, *ai* et *mz*, *ak* et $m\psi$ appartiennent au même groupe. Ceci admis, on trouvera que le groupe *af*, *be* est nécessairement *nv*, *px*, *rz*, $t\psi$, et nous pouvons procéder ainsi pas à pas, pour écrire le système entier. Nous avions, d'après cela, introduit dans l'édition précédente une Table des 315 coniques; nous ne la reproduisons pas ici, parce que Hesse a donné (*Crelle*, 1855, t. 49, p. 243) un algorithme discuté ensuite plus minutieusement par M. Cayley (*Crelle*, 1858, t. 68, p. 176), qui présente sous une forme facile à reconnaître les relations mutuelles des 28 tangentes. La méthode de Hesse s'appuie sur des considérations tirées de la Géométrie à trois dimensions. Il égale à zéro le discriminant de l'expression $\alpha U + \beta V + \gamma W = 0$ dans laquelle U, V, W représentent des surfaces du second degré. Ce discriminant étant une fonction du quatrième degré en $\alpha$, $\beta$, $\gamma$, si l'on regarde ces quantités comme des variables, l'équation représente une quartique plane. Mais, pour une valeur quelconque de $\alpha$, $\beta$, $\gamma$ qui fait annuler le discriminant, $\alpha U + \beta V + \gamma W$ représente un cône, en sorte qu'à chaque point de la quartique plane correspond un point de l'espace qui est le sommet de ce cône. Le méthode de Hesse relie les tangentes doubles de la quartique plane avec les droites joignant chaque couple des huit points de l'espace qui sont les intersections de trois surfaces du second degré. Nous ne faisons ici aucun usage de principes de Géométrie de l'espace, mais nous empruntons simplement la notation que suggère la méthode de Hesse ([1]).

260. Prenons huit symboles 1, 2, 3, 4, 5, 6, 7, 8. Leurs combinaisons deux à deux nous donnent 28 symboles 12, 13, ..., 78 que nous emploierons pour représenter les 28 bitangentes. Cette notation, quand les symboles sont convenablement appliqués aux 28 bitangentes, nous permet de représenter correctement leurs relations géométriques, quoiqu'elle soit complètement en défaut pour faire ressortir la symétrie du système. En effet, la notation pourrait donner l'idée que la bitangente 12 se comporte différemment avec les bitangentes 13, 14, ... et avec les bitangentes 34, 56, ..., tandis qu'il n'y a réellement pas de différence géométrique entre les relations d'un couple quelconque de bitangentes. Nous supposerons les symboles appliqués de telle manière que 12, 34, 56, 78 représentent des bitangentes dont les huit points de contact soient sur une conique. La même propriété appartiendra alors à tout tétrade ou système de quatre bitangentes représenté par un système semblable de duades ou de deux symboles, c'est-à-dire par quatre duades quelconques contenant tous les huit symboles. Mais, si nous faisons le compte de ces arrangements, nous trouvons que

---

([1]) Un autre mode de rattacher la théorie des 28 bitangentes avec la Géométrie de l'espace a été employé par Geiser, *Mathematische Annalen*, t. I. 129; c'est le suivant : D'un point d'une surface cubique, on peut mener un cône du second degré tangent à la surface. Ce cône sera une surface non singulière, ses plans bitangents sont le plan tangent à la cubique en son sommet et les plans qui joignent le sommet aux 27 droites de la surface. Zeuthen démontre que sa classification des quadriques basée sur la réalité de leurs bitangentes conduit par une voie différente aux résultats que Schläfli a obtenus en classant ces surfaces du troisième ordre d'après la réalité de leurs droites.

nous n'en pouvons faire que 105 contenant les huit symboles en systèmes, tels que 12, 34, 56, 78. Les 210 coniques restantes correspondent à quatre bitangentes dont les symboles sont tels que 12, 23, 34, 41, c'est-à-dire que les duades se déduisent cycliquement d'un arrangement quelconque de quatre des huit symboles, et l'on trouvera que nous avons 210 tétrades de cette sorte. Ainsi le groupe appartenant au couple 12, 34 se compose de 56, 78; 57, 68; 58, 67; 13, 24; 14, 23, et le groupe appartenant à 12, 13 est 24, 34; 25, 35; 26, 36; 27, 37; 28, 38. La notation montre donc complètement comment les bitangentes doivent être combinées en groupes. Elle donnerait cependant à penser que les 105 coniques de la forme 12, 34, 56, 78 diffèrent quant à leurs propriétés des 210 coniques de la forme 12, 23, 34, 41, ce qui n'est pas; les 315 tétrades forment un système indissoluble.

261. M. Cayley a fait remarquer que les recherches de Hesse établissent la règle générale suivante : *Une substitution bifide ne produit aucun changement dans les relations géométriques des bitangentes représentées par un système quelconque de symboles.* Par une substitution *bifide* nous entendons qu'après avoir écrit un symbole de substitution, tel que 1234, 5678, nous permutons partout les duades 12, 34; 13, 24; 14, 23 de même que 56, 78; 57, 68; 58, 67; mais nous laissons sans changements les duades, tels que 15, 36, dans lesquels un symbole de la première série est combiné avec un symbole de la seconde. Le nombre des substitutions bifides possibles est 35, ou bien, si nous ajoutons l'unité (aucun changement dans les duades), le nombre est 36.

Par exemple, si nous appliquons la substitution bifide 1234-5678 au couple 12, 34, nous obtenons le même couple dans un ordre opposé; si nous l'appliquons à 12, 13, nous avons 34, 24, couple de même type que 12, 13; si nous l'appliquons à 12, 15, nous obtenons 34, 15, couple d'un type différent en apparence, mais qui ne diffère pas quant aux relations géométriques. Si de même nous appliquons la même substitution bifide que ci-dessus au tétrade 15, 67, 28, 34, qui appartient au système des 105 dont on a déjà parlé, nous obtenons 15, 58, 82, 21, qui rentre dans le système des 210 et qui, suivant la règle, possède les mêmes propriétés géométriques.

262. Dans le Tableau qui suit, M. Cayley a fait ressortir les relations géométriques des bitangentes, prises une à une, deux à deux, trois à trois ou quatre à quatre, et le nombre de termes appartenant à chaque type d'arrangement de symboles.

| | TERME représentatif | NOMBRE de termes | | CARACTÈRE GÉOMÉTRIQUE. |
|---|---|---|---|---|
| I | 12 | 28 | 28 | Bitangentes. |
| V | 12.13 | 168 | 378 | Couples de bitangentes. |
| II | 12.34 | 210 | | |
| ⊔ | 12.23.34 | 420 | 1260 | Triades de bitangentes telles que 6 points de contact sont sur une conique. |
| III | 12.34.56 | 84 | | |
| Δ | 12.23.31 | 56 | 2016 | Triades tels que 6 points de contact ne sont pas sur une conique. |
| VI | 12.23.45 | 1680 | | |
| Ψ | 12.13.14 | 280 | | |
| | | | 3276 | |
| IIII | 12.34.56.78 | 105 | 315 | Tétrades tels que les 8 points de contact sont sur une conique. |
| □ | 12.23.34.41 | 210 | | |
| IIV | 12.34.56.67 | 2520 | 15120 | Tétrades tels que 6 des 8 points de contact sont sur une conique. |
| I⊔ | 12.34.45.56 | 5040 | | |
| ⊔‾ | 12.23.34.45 | 3360 | | |
| ΔV | 12.23.31.14 | 840 | | |
| ΨΛ | 12.13.14.45 | 3360 | | |
| Δ | 12.34.45.53 | 560 | 5040 | Tétrades tels qu'il n'y a pas 6 points de contact sur une conique. |
| V< | 12.13.14.15 | 280 | | |
| IΨ | 12.34.35.36 | 1680 | | |
| VV | 12.13.45.46 | 2520 | | |
| | | | 20475 | |

Dans ce qui précède, pour plus de clarté, on a attaché un symbole géométrique à chaque terme; les symboles 1, 2, 3, 4, 5, 6, 7, 8 étant regardés comme des points, quand deux d'entre eux sont combinés pour former un duade, cette opération est indiquée par une droite tirée pour joindre les deux points; ainsi Δ est le symbole du terme 12, 23, 31. Ce mode de représentation est très convenable, nous pouvons par exemple, à la simple inspection, voir que le symbole d'un système partiel dans le système de 15120 termes comprend comme partie intégrante un des symboles | , ⊔, c'est-à-dire que, parmi les bitangentes, il y en a six telles que leurs points de contact sont sur une conique; tandis que, au contraire, dans les symboles des systèmes particuliers appartenant au système de 5040 termes, aucun de ces symboles ne contient comme partie de lui-même || , ou ⊔|.

A ce qui précède, on peut joindre les deux groupes suivants de six bitangentes.

| | TERME REPRÉSENTATIF. | NOMBRE DES TERMES. | |
|---|---|---|---|
| ΔΔ ........... | 12.23.31.45.56.64 | 280 | 1008 |
| \|/\| ........... | 12.34.35.36.37.38 | 168 | |
| V V ........... | 12.13.14.56.57.58 | 560 | |
| ⊠ ........... | 12.23.31.14.45.51 | 840 | 5040 |
| ⬭ ........... | 12.23.34.45.56.61 | 1680 | |
| \V/\| ........... | 12.34.35.36.67.68 | 2520 | |

Ces 1008 et 5040 hexades ont été étudiés par Hesse et Steiner comme bitangentes dont les douze points de contact sont une cubique proprement dite, le premier système n'ayant pas six points de contact sur une conique; le second, au contraire, ayant ses douze points de contact divisibles en deux groupes de six points situés chacun sur une conique. On peut ajouter que les six tangentes de chacune des 1008 hexades sont toutes tangentes à la même conique, comme le montreront les recherches d'Aronhold que nous allons indiquer ici. Les six tangentes de chacun des 5040 hexades peuvent se distribuer en trois couples dont les points d'intersection sont sur une même droite (*voir* n° 258).

263. Nous terminons cette discussion des bitangentes en donnant un aperçu de la méthode par laquelle Aronhold a démontré (*Monatsberichte* de Berlin, p. 499; 1864) qu'étant données sept droites arbitraires, on peut trouver une quartique qui ait ces droites pour bitangentes et dont les autres bitangentes peuvent se déterminer par des constructions linéaires. La méthode repose sur les propriétés d'un système de courbes de la troisième classe ayant sept tangentes communes; mais il semble à propos de les établir d'abord sous la forme réciproque avec laquelle le lecteur est plus familier, c'est-à-dire de les déduire comme propriétés d'un système de cubiques passant par sept points donnés.

1° Considérons une cubique quelconque du système; si l'on joint le huitième et le neuvième point où elle est coupée par une autre cubique du système, la droite qui réunit ces points passe par un point fixe de la première cubique, qui est le corésiduel des sept points donnés (n° 160).

2° Par un point arbitraire 8, on ne peut décrire qu'une seule cubique pour laquelle ce point soit le corésiduel des sept points donnés; car toutes les cubiques du système qui passent par le point 8 passent par un autre point fixe 9 et, par définition, le corésiduel est le point où la droite qui joint ces points rencontre de nouveau la courbe. Si donc le corésiduel doit coïncider avec le point 8, la cubique devra être la courbe qui est déterminée par la condition d'avoir la droite 89 pour tangente au point 8.

3° On peut décrire quatre cubiques du système de manière qu'elles soient tangentes à une cubique donnée du système; les points de contact sont évidemment les points de contact des tangentes menées à la cubique par le point corésiduel.

4° Si les points 8,9 coïncident, c'est à-dire si les cubiques sont tangentes, l'enveloppe de la tangente commune est une courbe de quatrième classe. En effet, examinons combien de ces droites peuvent passer par un point P pris d'une manière arbitraire. Supposons une cubique décrite par P et par les points 8,9; alors, par définition, le point P est le point corésiduel sur cette cubique et, d'après (2), cette cubique, ayant P pour corésiduel, est une courbe parfaitement déterminée. Nous voyons alors, d'après (3), que l'enveloppe en question est de la quatrième classe; les quatre tangentes passant par P se trouvent en cherchant la cubique qui a P pour corésiduel et menant de ce point les quatre tangentes à cette cubique.

5° Le point P appartiendra à la courbe enveloppe, si deux des tangentes menées par lui coïncident; mais de la construction qu'on vient de donner il résulte que ceci ne peut arriver que lorsque la courbe qui a P pour corésiduel a un nœud; car, dans ce cas, deux tangentes coïncident avec la droite qui joint P au nœud. Donc l'enveloppe que nous considérons peut aussi se définir comme lieu du corésiduel du système donné de points pour toutes les cubiques nodales du système.

6° Si la cubique passant par les sept points se décompose en une conique passant par cinq d'entre eux et une droite joignant les deux autres, elle a deux nœuds qui sont les intersections de la droite et de la conique. Une autre cubique quelconque du système rencontre cette cubique complexe en deux points, l'un sur la droite, l'autre sur la conique, et le corésiduel est le point P où la droite qui joint ces deux points rencontre de nouveau la conique. Dans ce cas, P est un point double, qui a pour tangentes les droites qui le joignent aux intersections de la conique avec la droite. Mais sept points peuvent se diviser de 21 manières en un système de deux points et un autre de cinq points. La courbe que nous considérons a donc 21 points doubles, un sur chacune des 21 coniques déterminées par cinq des points donnés.

7° De plus, les sept points eux-mêmes sont des points doubles de la même courbe ; car, par six des points donnés, on peut décrire une cubique ayant le septième pour point double, et il est facile de voir que le point double est le corésiduel pour cette cubique. Les quatre tangentes qu'on peut mener de ce point à la cubique se réduisent à deux couples de tangentes coïncidentes ; ce sont les tangentes à la cubique au point double. La courbe enveloppe a donc 28 points doubles, dont 7 sont les 7 points donnés ; le couple de tangentes en chacun de ces sept points est le même que celui de la cubique du système qui a ce point pour point double.

264. 1° Réciproquement, si nous avons un système de courbes de la troisième classe tangentes à sept droites données, et si nous considérons une courbe quelconque du système, la huitième et la neuvième tangente communes à celle-ci et à une autre courbe du système se coupent sur une tangente fixe de la courbe qu'on a choisie, et cette tangente peut s'appeler la corésiduelle pour cette courbe des sept tangentes données.

2° Il y a une courbe du système qui correspond à une droite arbitraire, et qui a elle-même cette droite comme corésiduelle des tangentes données.

3° Une courbe quelconque du système est touchée par quatre autres courbes ; les points de contact sont ceux où la tangente corésiduelle rencontre de nouveau la courbe, qui, étant une courbe générale de la troisième classe, est du sixième degré.

4° Le lieu des points où deux courbes du système sont tangentes est une courbe du quatrième degré ; les points où une droite quelconque rencontre ce lieu sont les quatre points où elle rencontre la courbe dont elle est tangente corésiduelle.

5° Si la courbe de la troisième classe a une bitangente, la corésiduelle pour cette courbe est tangente au lieu et le point de contact est l'intersection de la corésiduelle et de la bitangente.

6° Si la courbe se compose d'une conique tangente à cinq des tangentes données et d'un point, intersection des deux autres tangentes, la corésiduelle pour ce système sera une bitangente au lieu. Il y aura 21 de ces bitangentes.

7° De plus, les sept droites données elles-mêmes sont des bitangentes; les points de contact sont les mêmes que ceux où une d'entre elles est tangente à la courbe de la troisième classe ayant cette droite pour bitangente et les six autres droites données comme tangentes ordinaires ([1]).

**265.** Étant données les sept bitangentes, nous pouvons maintenant, comme nous l'avons annoncé, en déduire les autres par des constructions linéaires. Nous avons par le fait à construire les tangentes corésiduelles pour les différents systèmes 12345, 67... dans lesquels 12345 représente la conique tangente aux cinq premières droites et où 67 est le point d'intersection des deux autres droites. Mais les deux systèmes 12345, 67 et 12346, 57 ont évidemment sept tangentes communes et les autres tangentes communes sont celles qui sont menées du point 57 à 12345 et du point 67 à 12346. Or, le théorème de Brianchon nous permet, étant donné un

---

([1]) Le point de contact de chacune des sept droites données avec le lieu étant ainsi donné, nous avons quatorze points de la quartique qui est alors complètement déterminée et il n'y a qu'une seule quartique satisfaisant aux conditions imposées. Il peut cependant y avoir plusieurs quartiques ayant les sept droites données comme bitangentes; celle qui est déterminée par la méthode d'Aronhold les a comme bitangentes sans relations entre elles; elles sont telles, par exemple, que trois d'entre elles n'appartiennent pas au même groupe.

point sur une tangente à une conique, de trouver l'autre tangente par des constructions linéaires. Ces deux tangentes étant ainsi construites et leur intersection trouvée, les tangentes restantes menées de ce point à chacune des coniques en question seront les deux corésiduelles cherchées, et par conséquent deux bitangentes. Ou autrement, si nous considérons les trois systèmes 12345, 67; 12346, 57; 12347, 56, et si nous déterminons de la manière qu'on vient d'indiquer la huitième et la neuvième tangente restante, communes à chaque couple de systèmes, les trois intersections de ces couples de tangentes jointes entre elles donneront trois des bitangentes cherchées. La bitangente qui est la corésiduelle du système 12345, 67 peut s'appeler la bitangente (67); et, de cette manière, les vingt et une bitangentes peuvent se représenter par des combinaisons des symboles 1, 2, 3, 4, 5, 6, 7. Nous avons en plus les sept droites données; si nous introduisons un nouveau symbole 8 par raison de symétrie, et si nous représentons ces dernières par (18), (28), (38), (48), (58), (68), (78), nous serons conduits, par la méthode d'Aronhold, à un algorithme identique à celui de Hesse.

**266.** L'intersection des huitième et neuvième tangentes communes à deux courbes quelconques du système est un point par lequel passe la tangente corésiduelle à chacune de ces courbes. Considérons les systèmes cubiques complexes 12, 34567; 34, 12567; une des tangentes communes est la droite qui joint les points 12, 34, c'est-à-dire, dans l'algorithme qu'on vient d'indiquer, la droite qui unit les intersections des droites (18), (28); (38), (48), et nous voyons maintenant que cette droite passe par l'intersection des corésiduelles des deux systèmes que l'on considère, c'est-à-dire par le point (12), (34). Nous arrivons de cette manière au théorème déjà démontré (n° 258), que *les points d'intersection des droites* (18), (28); (38) (48); (12), (34) *sont situés sur une même ligne droite;*

et le n° 262 montre que, par une substitution ordinaire ou bifide, nous pourrons trouver 5040 droites possédant la même propriété.

**267.** Nous terminons en donnant les recherches algébriques d'Aronhold pour trouver l'équation de la quartique, engendrée suivant sa méthode. Prenons des coordonnées tangentielles $\alpha$, $\beta$, $\gamma$; et soient $u$, $v$, $w$ des fonctions linéaires quelconques de ces quantités, telles que $a\alpha + b\beta + c\gamma, \ldots$; les équations

$$\beta v - \gamma u = 0, \quad \gamma w - \alpha u = 0, \quad \alpha u - \beta v = 0$$

représentent alors trois coniques ayant quatre tangentes communes et dont chacune est tangente à un côté du triangle de référence, et

$$\alpha(\beta v - \gamma w) = 0, \quad \beta(\gamma w - \alpha u) = 0, \quad \gamma(\alpha u - \beta v) = 0$$

représentent trois courbes de la troisième classe ayant sept tangentes communes, qui sont les quatre tangentes communes aux coniques et les côtés du triangle de référence. Toute autre cubique ayant les sept mêmes tangentes communes sera de la forme

$$u'\alpha(\beta v - \gamma w) + v'\beta(\gamma w - \alpha u) + w'\gamma(\alpha u - \beta v) = 0,$$

dans laquelle $u'$, $v'$, $w'$ sont des constantes arbitraires qui sont supposées être de la forme $a\alpha' + b\beta' + c\gamma' \ldots \alpha$, $\beta'$, $\gamma'$ étant les coordonnées d'une droite arbitraire. En écrivant l'équation ci-dessus sous la forme

$$\begin{vmatrix} u & u' & \beta\gamma \\ v & v' & \gamma\alpha \\ w & w' & \alpha\beta \end{vmatrix} = 0,$$

elle est évidemment satisfaite par les coordonnées $\alpha'$, $\beta'$, $\gamma'$ qui sont, en conséquence, celles d'une tangente à la courbe. Et de plus cette tangente est la corésiduelle pour cette courbe;

car nous trouverons les autres tangentes passant par un point de cette droite en remplaçant dans l'équation ci-dessus $\alpha$ par $\lambda\alpha' + \mu\alpha''$, .... L'équation devient alors divisible par $\mu^2$ et, après la division, il vient

$$\lambda^2 \begin{vmatrix} u' & u'' & \beta'\gamma' \\ v' & v'' & \gamma'\alpha' \\ w' & w'' & \alpha'\beta' \end{vmatrix} + \lambda\mu \begin{vmatrix} u' & u'' & \beta'\gamma + \beta\gamma' \\ v' & v'' & \gamma'\alpha + \gamma\alpha' \\ w' & w'' & \alpha\beta' + \alpha'\beta \end{vmatrix} + \mu^2 \begin{vmatrix} u & u' & \beta\gamma \\ v' & v'' & \gamma''\alpha' \\ w' & w'' & \alpha''\beta \end{vmatrix} = 0;$$

la symétrie de l'équation montre que les couples de tangentes sont les mêmes que ceux qu'on peut mener par l'intersection des droites $\alpha'\beta'\gamma'$, $\alpha''\beta'\gamma''$ aux courbes

$$\begin{vmatrix} u & u' & \beta\gamma \\ v & v' & \gamma\alpha \\ w & w' & \alpha\beta \end{vmatrix} = 0, \qquad \begin{vmatrix} u & u'' & \beta\gamma \\ v & v'' & \gamma\alpha \\ w & w'' & \alpha\beta \end{vmatrix} = 0.$$

Ainsi $\alpha'\beta'\gamma'$, $\alpha'\beta'\gamma$ étant respectivement les troisièmes tangentes menées à chaque courbe par l'intersection des huitième et neuvième tangentes communes aux deux courbes, elles sont, par définition, les tangentes corésiduelles. Les deux courbes seront tangentes à la condition que l'équation quadratique en $\lambda$ et $\mu$ ait des racines égales, ou bien, si nous représentons par P, Q, R les coefficients de cette équation, elles seront tangentes si $Q^2 = 4RP$.

Si nous représentons par X, Y, Z les déterminants mineurs $v'w'' - v''w'$, $w'u'' - w''u'$, $u'v'' - u''v'$, nous avons

$$\begin{aligned} P &= \beta'\gamma'X + \gamma'\alpha'Y + \alpha'\beta'Z, \\ Q &= (\beta'\gamma'' + \beta''\gamma')X + (\gamma'\alpha'' + \gamma''\alpha')Y + (\alpha'\beta'' + \alpha''\beta')Z, \\ R &= \beta''\gamma''X + \gamma''\alpha''Y + \alpha''\beta''Z. \end{aligned}$$

Mais, à la place de $\beta'\gamma'' - \beta''\gamma'$, $\gamma'\alpha'' - \gamma''\alpha'$, $\alpha'\beta'' - \alpha''\beta'$, nous pouvons écrire $x, y, z$, ces quantités étant les coordonnées ponctuelles du point d'intersection des deux droites, $\alpha', \beta', \gamma'$; $\alpha'', \beta'', \gamma''$. L'équation $Q^2 = 4PR$ équivaut à

$$x^2X^2 + y^2Y^2 + z^2Z^2 - 2yzYZ - 2zxZX - 2xyXY = 0$$

ou

$$\sqrt{xX} + \sqrt{yY} + \sqrt{zZ} = 0.$$

Il faut se rappeler que X est égal à $v'w'' - v''w'$, et, si nous remplaçons ces quantités par leurs valeurs

$$v' = a'\alpha' + b'\beta' + c'\gamma', \quad w' = a''\alpha' + b''\beta' + c''\gamma',$$
$$v'' = a'\alpha'' + b'\beta'' + c'\gamma'', \quad w'' = a''\alpha'' + b''\beta'' + c''\gamma'',$$

nous avons

$$X = (b'c'' - b''c')x + (c'a'' - c''a')y + (a'b'' - a''b')z.$$

De même,

$$Y = (b''c - bc'')x + (c''a - ca'')y + (a''b - ab'')z,$$
$$Z = (bc' - b'c)x + (ca' - c'a)y + (ab' - a'b)z.$$

Ainsi X, Y, Z représentent des droites connues. Ce sont, par le fait, les côtés du triangle dont les sommets sont $u, v, w$. On remarquera que les coefficients dans X, Y, Z sont les éléments du déterminant réciproque de celui qui est formé des coefficients de $u, v, w$; en sorte que, si l'on avait primitivement donné X, Y, Z, on aurait trouvé $u, v, w$ par des formules analogues.

268. La même recherche donnerait des résultats également exacts, si les équations des trois coniques avaient été $l\alpha u = m\beta v = n\gamma w$. Les valeurs de X, Y, Z resteraient les mêmes que ci-dessus, mais nous aurions

$$P = mn\beta'\gamma'X + nl\gamma'\alpha'Y + lm\alpha'\beta'Z + \ldots,$$

et l'équation serait

$$\sqrt{mnxX} + \sqrt{nlyY} + \sqrt{lmzZ} = 0.$$

C'est la forme la plus générale de l'équation d'une quartique ayant trois couples de lignes $x$, X, ... comme couples de bitangentes du même groupe. Si l'on nous donnait une septième bitangente, $l$, $m$, $n$ seraient complètement déterminés par les coordonnées de cette bitangente, à savoir

$$l\alpha' u' = m\beta' v' = n\gamma' w';$$

d'où il résulte que $mn$, $nl$, $lm$ sont respectivement proportionnels à $\alpha' u'$, $\beta' v'$, $\gamma' w'$. Si donc on nous demande de décrire une quartique ayant sept droites données comme bitangentes, en outre de la quartique déterminée (n° 265) dans l'hypothèse que deux tangentes n'appartiennent pas au même groupe, nous pouvons en décrire ($7 \times 15$) = 105 autres en suivant la méthode de ce numéro, c'est-à-dire en laissant de côté une des sept droites et en divisant les six droites restantes en trois couples, ce qu'on peut faire de quinze manières différentes.

## QUARTIQUES BINODALES ET BICIRCULAIRES.

269. En dehors de ce qui se rapporte aux bitangentes, la théorie des quartiques non singulières a été peu étudiée et ce qui nous reste à dire sur ce sujet sera donné dans la dernière Section de ce Chapitre, où nous parlerons des invariants et covariants. Pour compléter la théorie des bitangentes, nous devrions considérer les modifications qu'éprouve cette théorie quand une courbe a un ou plusieurs points doubles. Cependant le cas où la quartique n'a qu'un nœud n'a pas attiré l'attention et ne sera pas discuté ici. Les quartiques qui ont deux nœuds, et pour lesquelles ces points sont les points circulaires de l'infini, ont été l'objet d'études approfondies (¹)

(¹) *Voir*, en particulier, le Mémoire du Dr Casey : *Transactions of Royal Irish Academy*, vol. XXIV, p. 457; 1869.

sous le nom de *quartiques bicirculaires;* nous allons indiquer ici quelques-uns des principaux résultats obtenus. Toutes les propriétés projectives trouvées pour les quartiques bicirculaires peuvent aussi s'énoncer et se démontrer pour les quartiques binodales; mais nous croyons plus convenable de donner quelques-uns de ces résultats sous leur forme originale; le lecteur n'éprouvera aucune difficulté à faire la généralisation qui convient. Les quartiques qui ont les deux points circulaires comme points de rebroussement ont aussi été beaucoup étudiées sous le nom de *Cartésiennes* (¹), et leurs propriétés peuvent être généralisées et établies comme propriétés de quartiques bicuspidales. Si une quartique a l'un des points circulaires pour point de rebroussement et l'autre pour point double ou nodal, elle ne peut être réelle; en conséquence, ce cas a été peu étudié, et nous aurons aussi peu à dire sur les propriétés des quartiques qui possèdent un nœud et un point de rebroussement.

**270.** De chacun des deux nœuds d'une quartique binodale on peut mener quatre tangentes à la courbe (n° 79); nous allons démontrer que les rapports anharmoniques de ces deux faisceaux sont égaux. L'équation générale d'une quartique ayant pour nœuds les points d'intersection de la droite $z$ avec les droites $x$ et $y$ est

$$\begin{aligned} &x^2y^2 + 2xyz(lx + my) \\ &\quad + z^2(ax^2 + by^2 + cz^2 + 2fyz + 2gzx + 2hxy) = 0. \end{aligned}$$

Les couples de tangentes aux points doubles sont donnés par les équations

$$x^2 + 2mxz + bz^2 = 0, \quad y^2 + 2lyz + az^2 = 0,$$

et nous ne perdons rien en généralité en supposant que $l$ et $m$

(¹) Voir Chasles, *Aperçu historique*, p. 350, Quetelet, *Nouveaux Mémoires de Bruxelles*, t. V; Cayley, *Journal de Liouville*, t. XV, p. 354.

soient tous deux égaux à zéro; ceci revient à admettre qu'on a pris pour droites $y$ et $x$ les droites harmoniques conjuguées, par rapport au couple de tangentes en chaque nœud, de la droite $z$ qui joint ces points. Ordonnons maintenant l'équation de la quartique

$$y^2(x^2+bz^2)+2yz^2(fz+hx)+z^2(ax^2+2gzx+cz^2)=0;$$

nous trouvons immédiatement que les quatre tangentes menées par le nœud $zx$ sont données par l'équation

$$(x^2+bz^2)(ax^2+2gzx+cz^2)-z^2(fz+hx)^2,$$

ou

$$ax^4+2gx^3z+(c+ab-h^2)x^2z^2$$
$$+2(bg-hf)z^3x+(bc-f^2)z^4=0.$$

Les invariants de cette quartique sont

$$\mathrm{I}=abc-af^2-bg^2+fgh+\tfrac{1}{12}(c+ab-h^2)^2,$$
$$6\,\mathrm{J}=(abc-af^2-bg^2+\tfrac{1}{2}fgh)(c+ab-h^2)$$
$$-\tfrac{1}{2}h^2(af^2+bg^2)+3abfgh+\tfrac{3}{2}f^2g^2-\tfrac{1}{36}(c+ab-h^2)^3.$$

Ces valeurs sont symétriques en $a$ et $b$, $f$ et $g$, et nous voyons par là qu'elles sont les mêmes que celles des invariants de la quartique qui correspond au faisceau de tangentes issues du nœud $yz$, et que par conséquent les deux faisceaux sont homographiques.

**271.** Il en résulte immédiatement, comme dans le n° 168, qu'on peut faire passer une conique par les deux nœuds et les quatre points où chaque tangente menée par un nœud rencontre la tangente correspondante menée par l'autre; et comme il y a, de plus, quatre ordres suivant lesquels on peut prendre les rayons du second faisceau sans altérer le rapport anharmonique, on voit que les seize points d'intersection du premier système de tangentes avec le second se trouvent sur quatre coniques, qui passent chacune par les deux nœuds.

Quand la quartique est bicirculaire, c'est-à dire quand les deux nœuds sont les points circulaires de l'infini, ce théorème devient le suivant : *Les seize foyers d'une quartique bicirculaire se trouvent sur quatre cercles, et chaque cercle en contient quatre* (¹). Il faut remarquer que l'une quelconque des coniques passant par les deux nœuds peut se décomposer en une droite et en la droite qui joint les nœuds, en sorte que quatre des foyers d'une quartique bicirculaire peuvent se trouver sur une ligne droite.

**272.** Nous avons déjà établi que l'équation d'une quartique quelconque peut, d'une infinité de manières, se mettre sous la forme

$$aU^2 + bV^2 + cW^2 + 2fVW + 2gWU + 2hUV = 0,$$

U, V, W étant trois coniques. Si la quartique est non singulière, les trois coniques ne peuvent avoir de point commun, puisqu'il est évident que tout point commun à U, V, W doit être un point double de la quartique dont nous avons écrit l'équation. Dans le cas de quartiques binodales, U, V, W peuvent être considérées comme trois coniques passant chacune par les deux nœuds, et, quand ces nœuds sont les points circulaires de l'infini U, V, W sont trois cercles. Nous ne perdons rien en généralité en nous contentant d'étudier l'équation $UW = V^2$ à laquelle on peut, comme dans la théorie des coniques, ramener l'équation précédente d'une infinité de manières. On peut, par exemple, l'écrire

$$(aU + gW + hV)^2 \\ - (h^2 - ab)V^2 + 2(gh - af)VW + (g^2 - ac)W^2,$$

(¹) En réalité, ce théorème, qui est dû au Dr Hart, a été obtenu le premier, et l'on en a déduit le théorème du n° 270. La démonstration donnée ici est en substance la même que celle de M. Cayley. Voir son Mémoire sur les Courbes polyzonales (*Edimbourg Transactions*, 1869).

où le second membre de l'équation se décompose en facteurs.

On peut, par conséquent, discuter les quartiques bicirculaires et binodales en considérant la forme $UW = V^2$ et en regardant la quartique comme l'enveloppe de $\lambda^2 U + 2\lambda V + W = 0$, dans laquelle U, V, W sont, dans le premier cas, des cercles, et, dans le second, des coniques passant par les nœuds; et il est nécessaire d'examiner seulement comment cette limitation modifie les résultats déjà obtenus (n$^{os}$ 251 et suivants).

273. Quand trois coniques ont deux points communs, leur Jacobienne se décompose en une droite joignant ces points et en une conique qui passe par ces mêmes points; et quand les trois coniques sont des cercles, la conique Jacobienne est le cercle qui les coupe à angle droit (*Sections coniques*, n° 383, *Ex.* 3). La Jacobienne étant un déterminant, la Jacobienne de $\alpha V + \beta V + \gamma W = 0$ est la même que celle de U, V, W, et, quand U, V, W sont des cercles, tous les cercles compris dans cette équation ont un cercle orthogonal commun.

Si U, V, W sont des cercles, ayant pour coordonnées de leurs centres $x_1\, y_1\, z_1$, $x_2\, y_2\, z_2$, $x_3\, y_3\, z_3$, les coordonnées du centre de $\lambda^2 U + 2\lambda V + W$ seront porportionnelles à

$$\lambda^2 x_1 + 2\lambda x_2 + x_3, \quad \lambda^2 y_1 + 2\lambda y_2 + y_3, \quad \lambda^2 z_1 + 2\lambda z_2 + z_3,$$

et le lieu du centre, quand $\lambda$ varie, sera évidemment une conique. Donc la quartique $UW - V^2$ peut être regardée comme l'enveloppe d'un cercle dont le centre se meut sur une conique fixe F ([1]) et qui coupe orthogonalement un cercle J. Dans le cas plus général d'une quartique binodale, U, V, W étant des coniques passant par les points fixes, $UW = V^2$ est l'enveloppe de la conique variable $\lambda^2 U + 2\lambda V + W$ qui passe par les points fixes; toutes les coniques variables

([1]) M. Casey a démontré que les foyers de cette conique sont les mêmes que les foyers doubles de la quartique.

ont une conique Jacobienne commune, et le pôle, par rapport à l'une quelconque d'entre elles, de la droite qui joint les points fixes se meut sur une conique fixe F.

274. La nature de la quartique se modifiera s'il existe des relations particulières entre la conique F et la Jacobienne. Ainsi, si F est tangente à la Jacobienne, le point de contact constituera un nœud de plus sur la quartique, et, si F est deux fois tangente à la Jacobienne, chaque point de contact sera un nœud, c'est-à-dire que la quartique se décomposera en deux coniques, passant chacune par les points fixes. De même, si F passe par un des points fixes, ce point, au lieu d'être un nœud sur la quartique, sera un point de rebroussement et, si F passe par les deux points, tous deux seront des points de rebroussement et nous aurons une quartique bicuspidale. Ainsi, dans le cas de quartiques bicirculaires, si la conique F, qui est le lieu des centres, est un cercle, la quartique, ayant pour points de rebroussements les points circulaires à l'infini, sera une Cartésienne.

Si la conique F est tangente à la droite qui joint les points, cette droite devient partie intégrante de la quartique. Ainsi, dans le cas des quartiques bicirculaires, si la conique F est une parabole, la quartique dégénère en une cubique circulaire, jointe à la droite de l'infini.

Si les centres de U, V, W sont situés sur une droite, la Jacobienne se réduit à la droite qui joint les centres.

275. Revenons maintenant à l'équation $UW = V^2$. Nous avons vu qu'il y a en général six valeurs de $\lambda$ pour lesquelles $\lambda^2 U + 2\lambda V - W$ se décompose en facteurs et que les droites représentées par les différents facteurs sont des bitangentes de la quartique $UW - V^2$. Mais, quand U, V, W passent toutes par deux points fixes, $\lambda^2 U + 2\lambda V + W$, qui représente une courbe passant par les mêmes points, doit, si

elle représente des droites, se composer de deux droites dont une passe par chaque point, ou bien de la droite joignant les points et d'une autre droite. Dans le premier cas, les deux droites ne sont pas des bitangentes proprement dites de la quartique $UW = V^2$, mais des tangentes ordinaires passant par un nœud (toute droite passant par un nœud étant une tangente); dans le dernier cas, une des deux droites est une bitangente proprement dite; l'autre est la droite qui joint les points. Parmi les six valeurs de $\lambda$, il n'y en a que deux qui correspondent au cas des bitangentes proprement dites. Car si L est la corde commune à U, V, W, V et W seront respectivement alors de la forme $aU + LM$, $bU + LN$; et $\lambda^2 U + 2\lambda V + W$ aura L pour facteur, si $\lambda$ est une des racines de l'équation $\lambda^2 - 2\lambda a + b = 0$. Ainsi, dans le cas de quartiques bicirculaires, quand U, V, W représentent des cercles, il y a évidemment deux valeurs de $\lambda$ pour lesquelles le coefficient de $x^2 + y^2$ s'annule dans $\lambda^2 U + 2\lambda V + W = 0$ et, pour chacune de ces valeurs, l'équation représente une droite bitangente à la quartique $UW = V^2$. Nous pouvons déduire géométriquement ce même résultat de la construction du n° 273. Si le cercle $\lambda^2 U + 2\lambda V + W$ devient une ligne droite, son centre passe à l'infini et doit par conséquent être le point à l'infini sur une des deux asymptotes de la conique F; les deux bitangentes sont les deux perpendiculaires abaissées du centre de la Jacobienne sur ces asymptotes.

Dans chacun des quatre autres cas où le discriminant de $\lambda^2 U + 2\lambda V + W = 0$ est nul, l'équation représente un couple de tangentes à la quartique, qui passent chacune par un des points circulaires à l'infini et dont l'intersection est par conséquent un foyer de la quartique; ou bien, ce qui revient au même, $\lambda^2 U - 2\lambda V + W$ est un cercle infiniment petit dont le centre est le foyer et qui a un double contact avec la quartique. Si l'un des deux cercles orthogonaux se réduit à un point, ce point doit être situé sur l'autre cercle; si donc $\lambda^2 U + 2\lambda V + W$ se réduit à un point, celui-ci doit être sur le cercle Jacobien de U, V, W. Nous avons par conséquent quatre foyers : ce sont les intersections de ce cercle Jacobien avec la conique F qui est elle-même le lieu des centres des cercles contenus dans l'équation

$$\lambda^2 U + 2\lambda V + W = 0,$$

et qui peut par conséquent s'appeler une *conique focale*.

Les quatre points où le cercle Jacobien rencontre la quartique seront les points où les cercles du système $\lambda^2 U + 2\lambda V + W$ coupent la quartique en quatre points consécutifs (n° 251).

Il y a quatre manières de ramener l'équation d'une quartique bicirculaire donnée à la forme $UW = V^2$. A chacune d'elles correspondent quatre foyers, deux bitangentes et quatre points cycliques ou points de la courbe où quatre points consécutifs sont situés sur un cercle (*voir* n° 114); la quartique a en tout seize foyers, huit bitangentes et seize points cycliques.

**276.** Si l'on prend pour origine un des foyers de la quartique, l'équation de cette courbe peut se mettre sous la forme $(x^2 + y^2) W = V^2$, dans laquelle V et W représentent des cercles, et la quartique est l'enveloppe de

$$x^2 + y^2 + 2\lambda V + \lambda^2 W = 0.$$

En outre de la valeur $\lambda = 0$, il y a trois autres valeurs de $\lambda$ pour lesquelles ce cercle variable se réduit à un point; et une de ces valeurs doit être réelle. Nous pourrons alors écrire l'équation sous la forme

$$(x^2 + y^2)(x^2 + y^2 + 2\lambda V + \lambda^2 W) = (x^2 + y^2 + \lambda V)^2$$

ou bien, en d'autres termes, quand nous avons un foyer, nous pouvons de suite mettre l'équation de la quartique sous la forme $AB - V^2$, A et B étant des points-cercles. Les quartiques bicirculaires peuvent se diviser en deux classes, suivant que les deux autres valeurs de $\lambda$ pour lesquelles $A + 2\lambda V + \lambda^2 W^2$ se réduit à un point-cercle sont réelles ou imaginaires, ou, en d'autres termes, suivant que les quatre foyers réels sont ou ne sont pas sur un même cercle. Dans le premier cas, soit C un des deux points-cercles, et, comme dans le n° 257, éliminons V entre les équations $AB = V^2$ et $A + 2\lambda V + \lambda^2 B - C$; nous voyons que l'équation de la quartique peut être écrite sous la forme

$$l\sqrt{A} + m\sqrt{B} + n\sqrt{C} = 0,$$

c'est-à-dire que cette courbe est le lieu d'un point tel que ses distances à trois points fixes sont liées par la relation

$$l\rho + m\rho' + n\rho' = 0.$$

La condition pour que $l\sqrt{A} + m\sqrt{B} + n\sqrt{C}$ soit tangente à $\lambda A + \mu B + \nu C$ est (*Sect. coniques*, n° 130) $\frac{l^2}{\lambda} + \frac{m^2}{\mu} + \frac{n^2}{\nu} = 0$, et, si A, B, C sont des points-cercles et $a$, $b$, $c$ les longueurs des droites qui joignent ces points, il est facile de vérifier que le discriminant de $\lambda A + \mu B + \nu C$ s'annulera si $\frac{a^2}{\lambda} + \frac{b^2}{\mu} + \frac{c}{\nu} = 0$. Les deux équations qu'on vient de donner déterminent $\lambda$, $\mu$, $\nu$ et par conséquent le quatrième foyer.

Nous avons vu (*Sect. coniques*, n° 94) que, si A, B, C, D sont quatre points-cercles, nous avons identiquement

$$bcd.A + cda.B + dab.C + abc.D = 0,$$

$abc$ étant l'aire du triangle dont les sommets sont $a$, $b$, $c$. Donc $\lambda$, $\mu$, $\nu$ sont proportionnels aux aires des triangles formés par le quatrième foyer et chaque couple de deux des trois autres foyers. Dans le cas où les trois points $a$, $b$, $c$ sont en ligne droite, on peut facilement démontrer que les carrés des distances d'un point quelconque à quatre points en ligne droite sont liés par l'équation

$$\frac{A}{ab.ac.ad}+\frac{B}{ba.bc.db}+\frac{C}{ca.cb.cd}+\frac{D}{da.db.dc}=0.$$

Nous voyons ainsi que les inverses de $\lambda$, $\mu$, $\nu$ sont proportionnels à $ab.ac.ad$, $ba.bc.bd$, $ca.cb.cd$, et que nous avons l'équation

$$l^2.ab.ac.ad+m^2.ba.bc.bd+n^2ca.cb.cd=0.$$

Si nous avions

$$l^2.ab.ac+m^2.ba.bc+n^2.ca.cb=0,$$

le quatrième foyer serait à l'infini et la courbe serait une Cartésienne.

277. *Étant donnés quatre foyers concycliques d'une quartique bicirculaire, on peut mener deux de ces quartiques par un point quelconque, et ces courbes se coupent à angle droit.* Si l'on nous donne le quatrième foyer, nous connaîtrons ainsi les valeurs de $\lambda$, $\mu$, $\nu$ pour lesquelles $\lambda A+\mu B+\nu C$, se réduit à un point; et nous pouvons évidemment trouver deux systèmes de valeurs de $l$, $m$, $n$ qui satisfassent aux équations

$$\frac{l^2}{\lambda}+\frac{m^2}{\mu}+\frac{n^2}{\nu}=0,\quad l\rho+m\rho'+n\rho''=0,$$

dans lesquelles $\rho$, $\rho'$, $\rho''$, ou $\sqrt{A}$, $\sqrt{B}$, $\sqrt{C}$ représentent les distances de trois foyers au point supposé donné sur la courbe.

Deux quartiques

$$l\sqrt{A}+m\sqrt{B}+n\sqrt{C}=0,\quad l'\sqrt{A}+m'\sqrt{B}+n'\sqrt{C}=0$$

seront homofocales si

$$a^2(m^2n'^2-m'^2n^2)+b^2(n^2l'^2-n'^2l^2)+c^2(l^2m'^2-l'^2m^2)=0$$

comme on le voit immédiatement en éliminant λ, μ, ν entre les trois équations

$$\frac{l^2}{\lambda}+\frac{m^2}{\mu}+\frac{n^2}{\nu}=0,\quad \frac{l'^2}{\lambda}+\frac{m'^2}{\mu}+\frac{n'^2}{\nu}=0,\quad \frac{a^2}{\lambda}+\frac{b^2}{\mu}+\frac{c^2}{\nu}=0.$$

Afin de trouver ensuite la condition pour que les quartiques se coupent à angle droit, nous devons admettre, et le lecteur le vérifiera sans difficulté, que si A, B, C sont des points-cercles et si $a$, $b$, $c$ ont la même signification que ci-dessus, la condition pour que $\lambda A+\mu B+\nu C$, $\lambda' A+\mu' B+\nu' C$ se coupent à angle droit est

$$a^2(\mu\nu'+\mu'\nu)+b^2(\nu\lambda'+\nu'\lambda)+c^2(\lambda\mu+\lambda'\mu)=0.$$

Nous observerons de plus, comme dans les *Sections coniques*, n° 130, qu'en tout point pour lequel les valeurs de $\sqrt{A}$, $\sqrt{B}$, $\sqrt{C}$ sont respectivement $\rho$, $\rho'$, $\rho'$, la quartique $l\sqrt{A}+m\sqrt{B}+n\sqrt{C}$ sera tangente au cercle

$$\frac{l}{\rho}A+\frac{m}{\rho'}B+\frac{n}{\rho}C=0.$$

La condition pour que ce cercle coupe orthogonalement le cercle tangent à $l'\sqrt{A}+m'\sqrt{B}+n'\sqrt{C}$ est

$$a^2\frac{mn'+m'n}{\rho'\rho''}+b^2\frac{nl'+n'l}{\rho''\rho}+c^2\frac{lm+l'm}{\rho\rho'}=0;$$

mais, en résolvant les deux équations

$$l\rho+m\rho'+n\rho''=0,\quad l'\rho+m'\rho'+n'\rho'=0,$$

nous trouvons que $\rho$, $\rho'$, $\rho''$ sont respectivement proportionnels à $mn'-m'n$, $nl'-n'l$, $lm'-l'm$. Portons ces valeurs dans l'équation précédente et nous verrons que la condition pour que les cercles se coupent orthogonalement est

$$a^2(m^2n'^2-m'^2n^2)+b^2(n^2l'^2-n'^2l^2)+c^2(l^2m'^2-l'^2m^2)=0.$$

C'est la condition qu'on a déjà obtenue pour que les coniques soient homofocales; le théorème énoncé est donc démontré. Il ne paraît pas nécessaire, pour l'exactitude de la démonstration, que C soit réel; il est donc prouvé que les quartiques homofocales se coupent à angle droit, même quand les quatre foyers réels ne sont pas situés sur un même cercle.

278. Le théorème du n° 277 a été originairement obtenu par le Dr Hart à l'aide de considérations géométriques pour le cas de la cubique circulaire. Si nous cherchons le lieu d'un point dont les distances à trois points fixes donnés soient liées par la relation $l\rho + m\rho' + n\rho'' = 0$, nous trouverons que le coefficient de $(x^2 + y^2)^2$ est égal à

$$(l + m + n)(m + n - l)(n + l - m)(l + m - n).$$

En conséquence, le lieu qui est une quartique bicirculaire en général se réduit à une cubique circulaire si $l \pm m + n = 0$, et les théorèmes déjà démontrés ici pour les quartiques bicirculaires sont vrais pour les cubiques circulaires; ces courbes ont aussi seize foyers, qui en général sont situés sur quatre cercles. La démonstration du Dr Hart, qui a été donnée tout au long dans l'édition précédente, montre que, si O, P, Q sont les centres du quadrangle formé par les quatre foyers A, B, C, D, la cubique doit passer par ces points; la tangente en l'un d'eux est l'une des bissectrices de l'angle formé par les droites d'intersection AC, BD, et cette droite est aussi parallèle à l'asymptote réelle de la cubique; elle établit aussi que la cubique passe par R, centre du cercle focal, la tangente en ce point étant aussi parallèle à la même asymptote (¹). Comme O, P, Q, R sont alors les points de contact de tangentes issues d'un même point de la courbe, le point où OP rencontre QR (ou le pied de la perpendiculaire abaissée de O

(¹) Ainsi les centres des quatre cercles focaux d'une cubique circulaire sont les points de contact des tangentes parallèles à l'asymptote.

sur QR) est aussi un point de la courbe (n° 150). Il en est de même pour les points où OQ rencontre PR et où OR rencontre PQ. On peut démontrer aussi que les tangentes en ces

Fig. 47.

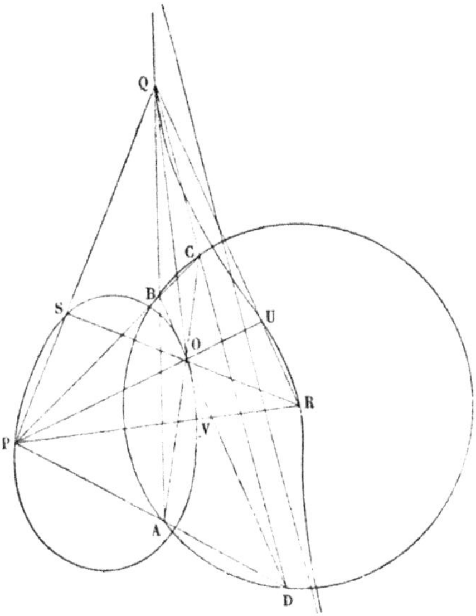


points aux deux cubiques qui y passent se coupent à angle droit. Ainsi les sept points communs aux deux cubiques qui ont A, B, C, D pour foyers sont déterminés par des constructions simples, et nous pouvons arriver par projection à des théorèmes dont quelques-uns ont déjà été énoncés; par exemple (n° 152), si des tangentes correspondantes prises en ordre quelconque et issues de deux points I, J se coupent mutuellement aux points A, B, C, D, les centres du quadrangle formé par ces points seront aussi des points de la cubique; et ils ont pour point tangentiel commun le point où IJ rencontre de nouveau la courbe; le point de contact de la quatrième tangente menée par ce point sera le pôle de IJ par rapport à la conique passant par les points A, B, C, D, I, J.

279. La méthode par laquelle le Dr Hart a démontré ces théorèmes consistait à montrer que, les foyers étant donnés, les relations établies dans le no 276, combinées avec la condition $l + n = m$ suffisent pour déterminer $l$, $m$, $n$ et qu'en représentant par $a$, $b$, $c$, $d$ les distances de O aux quatre foyers la courbe doit jouir de la propriété exprimée par la relation

$$(b+c)\rho \pm (a-b)\rho' = \pm(a+c)\rho'$$

ou

$$(c-b)\rho \pm (a+b)\rho'' = \pm(a+c)\rho'.$$

Chaque coefficient est affecté d'un double signe, parce que l'équation $l\rho + m\rho' + n\rho'' = 0$, débarrassée de radicaux, ne contient que les carrés de $l$, $m$, $n$. Les deux équations correspondent à deux cubiques différentes ayant pour foyers les points donnés; les signes différents se rapportent aux branches différentes de la même cubique. Le signe supérieur s'applique à une branche qui s'étend à l'infini; en effet, l'équation est alors satisfaite par les valeurs $\rho = \rho' = \rho''$, qui sont vraies pour un point infiniment éloigné. Le centre du cercle focal est évidemment situé sur cette branche. Les signes inférieurs correspondent à un ovale, car les équations ne sont plus satisfaites alors par $\rho = \rho' = \rho''$. Comme ces équations sont vérifiées par les valeurs $a$, $b$, $c$, attribuées à $\rho$, $\rho'$, $\rho''$, nous voyons que O est un point de la cubique.

Nous avons de même les relations

$$(c-d)\rho \pm (a+d)\rho' = \pm(a+c)\rho''$$

ou

$$(c-d)\rho \pm (a-d)\rho = \pm(a+c)\rho''',$$

et, en combinant les équations, il vient

$$\frac{\rho \mp \rho''}{a - c} = \frac{\rho' \mp \rho'''}{b - d}.$$

Autrement dit, les deux cubiques constituent le lieu de l'intersection de deux coniques semblables dont les foyers sont respectivement A et C, B et D. Les coniques semblables, qui se coupent en O, ont évidemment pour tangente commune une des bissectrices des angles en O; celles-ci sont donc, comme on l'a énoncé, les tangentes aux deux cubiques qui constituent le lieu et qui par conséquent se coupent à angle droit.

280. Les quartiques bicuspidales peuvent être considérées comme un cas limite de quartiques binodales. Dans le cas où les deux rebroussements sont les points circulaires I, J, à l'infini, la courbe s'appelle une Cartésienne. Descartes a étudié cette courbe (connue d'après cela sous le nom d'ovale de Descartes) en la considérant comme lieu d'un point O, dont les distances à deux points fixes A, B sont liées par la relation $l\rho \pm m\rho' = c$. M. Chasles a démontré, et on peut le vérifier sans difficulté, que, tant que cette relation subsiste, on peut trouver sur la ligne AB un troisième point C dont la distance à O satisfait à une relation de la forme $l\rho \pm n\rho'' = c'$; en d'autres termes, outre les foyers considérés par Descartes, l'ovale possède encore un troisième foyer jouissant de la même propriété. Nous employons ici le mot de *Cartésienne* dans un sens un peu plus étendu. Nous montrerons que, lorsqu'une quartique a deux points de rebroussement en I et J, elle a trois foyers situés sur une ligne droite. Quand ces foyers sont réels, la courbe est la même que celle qu'a étudiée Descartes; quand deux d'entre eux sont imaginaires, nous appellerons encore la courbe une *Cartésienne,* quoique le mode de génération de Descartes ne lui soit plus applicable.

L'équation de la Cartésienne peut d'une manière générale se mettre sous la forme $S^2 = k^3 L$, dans laquelle S représente un cercle, L une droite et $k$ une constante (ou, ce qui revient au même, $k = 0$ est la droite de l'infini). Sous cette forme, il est évident que les intersections de S et $k$ sont des rebroussements, les tangentes cuspidales se rencontrant au centre de S, qui est par conséquent le foyer triple de la Cartésienne, tandis que L est évidemment une bitangente de la courbe (¹) Il est clair alors que cette courbe est l'enveloppe du cercle variable $\lambda^2 k L + 2\lambda S + k^2 = 0$, dont le centre se meut le long d'une droite perpendiculaire à L; en égalant le discriminant à zéro, on trouve facilement qu'il y a trois valeurs de $\lambda$ pour lesquelles le cercle se réduit à un point, et par conséquent il existe trois foyers. D'après la théorie déjà donnée, si A, B, C sont trois des cercles variables, l'équation de l'enveloppe peut être écrite sous la forme $l\sqrt{A} + m\sqrt{B} + n\sqrt{C} = 0$, et conséquemment nous avons ici la propriété exprimée par la relation $l\rho + m\rho' + n\rho'' = 0$, dans laquelle $\rho$, $\rho'$, $\rho''$ représentent les distances d'un point de la courbe aux trois foyers; ou bien encore, puisque $k^2$ est un cercle du système correspondant à la valeur $\lambda = 0$, nous avons $l\rho + m\rho' = nk$.

Une Cartésienne peut aussi être engendrée comme lieu du sommet d'un triangle, dont les angles de base se meuvent sur deux cercles fixes, tandis que les deux côtés passent par les centres des cercles, et la base par un point fixe sur la droite qui les joint.

*Si une corde quelconque rencontre une Cartésienne en quatre points, la somme de leurs distances à un foyer est constante.* Car, en prenant le foyer pour pôle, l'équation polaire est, comme on le voit facilement, de la forme

$$\rho^2 - 2(a + b\cos\omega)\rho + c^2 = 0;$$

et, si nous éliminons $\omega$ entre cette équation et celle d'une droite arbitraire, nous obtenons pour $\rho$ une équation du quatrième degré dont le second terme a pour coefficient $-4a$.

(¹) Cette équation a été étudiée par M. Cayley sous la forme

$$(x^2 + y^2 - a^2)^2 + 16A(x - m) = 0.$$

Quand $c$ est égal à zéro dans l'équation qui précède, celle-ci devient $\rho = a + b \cos \omega$, et en outre des deux rebroussements I, J, l'équation a l'origine pour point double. Cette courbe est appelée le *limaçon de Pascal;* elle peut évidemment être engendrée en portant une longueur constante sur les rayons vecteurs issus d'un point d'un cercle, et à partir des points où ils rencontrent ce cercle. Si de plus $a = b$, la courbe devient tricuspidale et est appelée *cardioide*. Elle est engendrée comme la précédente, mais en ajoutant ou retranchant aux rayons vecteurs une longueur égale au diamètre. L'équation peut s'écrire sous la forme $\rho^{\frac{1}{2}} = m^{\frac{1}{2}} \cos \frac{1}{2} \omega$.

281. Les propriétés focales que nous avons discutées peuvent être étudiées par la méthode d'inversion (n° 122). Il est facile de voir qu'à un foyer d'une courbe correspond un foyer de la courbe inverse et que l'origine ou centre d'inversion sera un foyer si les points I, J à l'infini sont des rebroussements. Ainsi, pour la Cartésienne qui a trois foyers collinéaires, la courbe inverse par rapport à un point quelconque est une quartique bicirculaire ayant trois foyers sur un cercle passant par l'origine qui est aussi un foyer. En faisant l'inversion, si O est l'origine, A, B deux points et $a$, $b$ les points inverses, nous devons remplacer une distance AB par $\frac{ab}{Oa.Ob}$. Donc à une relation quelconque de la forme $\lambda AP + \mu BP = C$ correspondra une relation de la forme $\lambda'ap + \mu'.bp = c'.Op$; et si nous considérons une quartique bicirculaire comme l'inverse d'une Cartésienne, nous arrivons de cette manière à la propriété fondamentale des quartiques bicirculaires. D'une relation de la forme $\lambda.AP + \mu BP + \nu CP = 0$ on peut de même déduire une relation $\lambda'.ap + \mu'.bp + \nu'.cp$. L'inverse d'une quartique bicirculaire, quand le centre d'inversion est situé sur la courbe, est une cubique circulaire qui possède par conséquent les mêmes propriétés focales. Une cubique circulaire, ou une quartique

bicirculaire, est sa propre inverse par rapport à un des points O, P, Q, R (n° 278). L'angle suivant lequel deux courbes se coupent n'est pas altéré par l'inversion, et par conséquent le théorème qui nous apprend que les courbes homofocales se coupent à angle droit est démontré pour les quartiques quand il l'est pour les cubiques. L'inverse d'une conique est une quartique bicirculaire ayant l'origine pour point double additionnel; et de la propriété focale des coniques on peut déduire que les quartiques de ce genre jouissent de la propriété exprimée par la relation

$$\frac{ap}{Oa} + \frac{bp}{Ob} = c.Op;$$

ici $a$ et $b$ sont deux foyers et O le point double. De la même manière, en appliquant l'inversion à la propriété du foyer et de la directrice dans les coniques, nous arrivons à une autre méthode donnée par le Dr Hart pour engendrer ce genre de quartique. Si le rayon vecteur mené d'un point fixe C à P rencontre en E un cercle fixe passant par C, et si A est un autre point fixe, la quartique est le lieu d'un point P pour lequel PA = PE.

282. Il existe pour la quartique binodale (¹) une théorie de l'inscription des polygones, analogue à la théorie que Poncelet a donnée pour les coniques. Soient A, B les nœuds; partons d'un point P de la courbe et joignons-le à A, la droite AP rencontrera la courbe en un autre point, Q par exemple; joignons Q à B, la droite BQ coupera à nouveau la courbe en un autre point R; joignons ce point à A, la droite AR rencontre la courbe en S, et ainsi de suite. Nous avons ainsi en général un polygone ouvert PQRS... dont les côtés alternatifs PQ, RS,... passent par A, tandis que les autres côtés alternatifs

(¹) STEINER, *Geometrische Lehrsatze* (*Journal de Crelle*, t. 32 p. 184; 1846).

passent par B. Pour une quartique binodale prise au hasard, il n'est pas possible de trouver un point P tel qu'il existe un polygone fermé d'un nombre pair donné de côtés; par exemple, un quadrilatère PQRSP, dont les côtés PQ, RS passent par A et les côtés QR, SP par B. Mais la quartique peut être telle qu'il existe un polygone de l'espèce que nous considérons (pour ce qui regarde le quadrilatère, c'est évidemment le cas, puisque, en considérant un quadrilatère construit à volonté, PQRSP, et en prenant A à l'intersection de PQ, RS et B à celle de QR, SP, nous pouvons décrire une quartique passant par les points P, Q, R, S et ayant les points A et B pour points doubles) et quand il en est ainsi, c'est-à-dire quand il existe un de ces polygones, il y en a une infinité; on peut prendre pour premier sommet un point arbitraire P situé d'une manière quelconque sur la courbe, et le polygone construit comme on l'a dit ci-dessus se fermera de lui-même.

## QUARTIQUES UNICURSALES.

**283.** Si nous prenons les points doubles pour sommets du triangle de référence, l'équation de la courbe doit se présenter sous la forme

$$ay^2z^2 + bz^2x^2 + cx^2y^2 + 2fx^2yz + 2gy^2zx + 2hz^2xy = 0,$$

que nous pouvons écrire

$$a\left(\frac{1}{x}\right)^2 + b\left(\frac{1}{y}\right)^2 + c\left(\frac{1}{z}\right)^2 + 2f\frac{1}{yz} + 2g\frac{1}{zx} + 2h\frac{1}{xy} = 0.$$

Nous voyons ainsi que la quartique peut être engendrée au moyen d'une conique, dans l'équation de laquelle nous remplacerons chaque coordonnée par son inverse; on peut donner à cette opération le nom d'*inversion*, en entendant ce mot dans un sens plus large que celui où nous l'avons employé jusqu'ici. Il est facile de représenter cette transformation par une construction géométrique. Supposons que les coordonnées d'un point soient proportionnelles aux perpendiculaires abaissées de ce point sur les côtés du triangle de référence, et soient P, P′ deux points dont les coordonnées sont liées par les relations réciproques

$$x:y:z=y'z':z'x':x'y', \quad x':y':z'=yz:zx:xy;$$

nous avons vu (*Sections coniques,* n° 55) que les droites qui unissent P, P′ aux sommets du triangle font des angles égaux avec les côtés; ou, en d'autres termes (*Sections coniques*, n° 384) que, si P est un foyer d'une conique tangente à $x$, $y$, $z$, P′ sera l'autre foyer. En général, dans cette méthode, à une position quelconque de P correspond une position unique, bien définie de P′. Si cependant nous avons $x'=0$, c'est-à-dire si P′ est situé quelque part sur la droite BC, $y$ et $z$ sont tous deux égaux à zéro, P coïncide avec A et réciproquement A a pour correspondant un point quelconque de BC. Il faut toutefois remarquer que, lorsque $x'=0$, les valeurs de $y$ et $z$ qui sont respectivement égales à $z'x'$, $y'x'$ ont un rapport défini $z':y'$, bien qu'elles s'annulent, et que par conséquent à un point quelconque P′ de BC correspond un élément passant par A et dont la direction est bien définie. Par le fait, P se trouve bien infiniment près de A, mais il est situé sur une direction donnée, qui est telle que (comme dans le cas général) AP, AP′ font des angles égaux avec les côtés. Si maintenant P décrit un lieu quelconque, l'autre point P′ décrira un lieu correspondant; ainsi, si le lieu décrit par P est la ligne droite $ax+by+cz=0$, celui que décrit P′ sera la conique $ay'z'+bz'x'+cx'y'=0$ et réciproquement (voir *Sections coniques*, n° 297). Si $a=0$, c'est-à-dire si la droite passe par A, la conique se réduit à $x'(bx'+cy')=0$ et, en laissant de côté la droite $x'=0$ ou BC, nous pouvons dire qu'à la droite $by+cz$ correspond la droite $bz+cy'$;

et, comme on l'a déjà dit, si l'un des lieux est une conique, l'autre sera une quartique trinodale.

284. Étudions en détail la correspondance de la conique et de la quartique; la conique rencontre chaque côté du triangle, BC par exemple, en deux points; nous avons comme correspondants en A deux éléments de direction, qui sont les tangentes de la quartique en son nœud ou point double en A. Par conséquent, suivant que la conique rencontrera BC en deux points imaginaires, lui sera tangente ou la coupera en deux points réels, la quartique aura en A un point acnodal, cuspidal ou crunodal; il en sera de même pour les autres côtés. Ainsi, si la conique est une ellipse ou, par exemple, un cercle situé tout entier à l'intérieur du triangle, la quartique

Fig. 48.

Fig. 49.

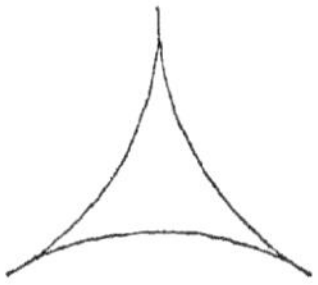

Fig. 50.

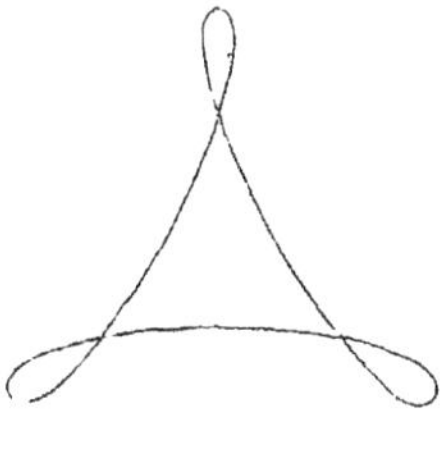

Fig. 51.

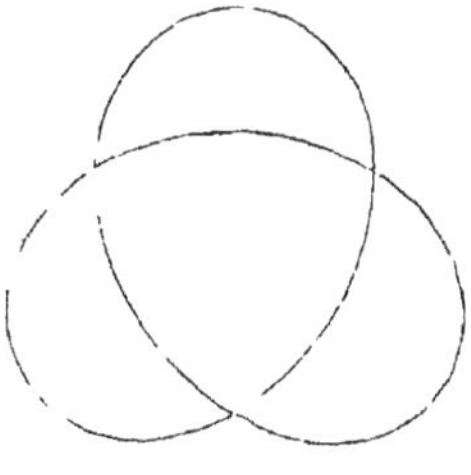

sera une courbe triacnodale composée d'une figure à trois côtés située dans l'intérieur du triangle et des trois sommets comme points conjugués (*fig.* 48). Si l'ellipse est inscrite dans le triangle, la quartique sera tricuspidale (*fig.* 49). Si l'ellipse coupe chaque côté en deux points réels, la quartique sera tricrunodale; si sur chaque côté les intersections sont internes, nous aurons la *fig.* 50, tandis que, pour les intersections externes, nous obtiendrons la *fig.* 51.

Remarquons que, dans le passage d'une forme à une autre, l'ellipse doit passer successivement par les sommets du triangle et que, quand l'ellipse passe par un sommet, la quartique correspondante se décompose en une droite et une cubique. La transition ne peut se faire par une quartique ayant un point triple (à première vue, il semblerait pourtant qu'il en est ainsi).

La discussion complète des différentes formes serait intéressante et peu difficile; mais elle prendrait beaucoup de place; il serait nécessaire (dans le cas présent, où il s'agit de courbes planes) de considérer les coniques qui, dans chaque figure, correspondent à la droite de l'infini de l'autre figure. Pour la théorie analogue, dans le cas de figures sphériques, il n'y a pas de coniques de ce genre et la théorie se simplifie considérablement.

**285.** Le mode de génération des quartiques trinodales que nous venons d'indiquer conduit immédiatement à diverses propriétés de la courbe. On sait que, si une conique coupe les côtés BC, CA, AB d'un triangle et que de chaque sommet on mène des droites qui réunissent ces sommets aux points d'intersection situés sur les côtés opposés, ces six droites sont tangentes à une conique; et il est facile de montrer de plus que si, au lieu des deux droites issues de chaque sommet, nous considérons les deux droites inverses, celles-ci rencontreront les côtés opposés en six points situés sur une conique et que, conséquemment, les six droites inverses sont aussi tangentes à une conique. En effet, si les droites ($x=\alpha y$, $x=\alpha' y$), ($y=\beta x$, $y=\beta' z$), ($z=\gamma x$, $z=\gamma' x$) rencontrent les côtés

$x = 0$, $y = 0$, $z = 0$ en six points situés sur une conique, il est facile de voir que $\alpha\alpha'\beta\beta'\gamma\gamma' = 1$ est une relation qui ne change pas quand on remplace $\alpha$, $\beta$, $\gamma$, $\alpha'$, $\beta'$, $\gamma'$ par leurs inverses. Mais, si une conique est transformée en une quartique trinodale, il résulte de ce qui précède que les tangentes en un point double de la quartique sont les inverses de droites menées de A aux points d'intersection de BC et de la conique. *Les tangentes aux nœuds* A, B, C *sont donc tangentes à une seule et même conique.* On aurait pu aussi déduire directement ce théorème de l'équation de la quartique.

286. D'une manière analogue, si des points A, B, C nous menons des tangentes à une conique, il est facile de démontrer que les six droites inverses sont aussi tangentes à une même conique. Mais, en transformant la conique en une quartique trinodale, les tangentes menées de A à la conique deviennent des tangentes menées du nœud A à la quartique (pour une courbe de classe $n$, le nombre des tangentes menées par un nœud est $n - 4$ et par suite, pour une quartique trinodale, il est $6 - 4 = 2$) et nous avons ainsi le théorème suivant : *Les six tangentes menées des trois nœuds à la quartique sont tangentes à une seule et même conique.*

287. Aux bitangentes de la quartique correspondent des coniques passant par A, B, C qui ont un double contact avec la conique ; et aux tangentes stationnaires de la quartique correspondent des coniques passant par A, B, C et ayant un contact stationnaire avec la conique. On peut démontrer que les nombres de ces coniques sont respectivement 4 et 6, ce qui correspond à $\tau = 4$ et $\iota = 6$. Mais pour les bitangentes le résultat peut se déduire immédiatement de l'équation de la courbe, qu'on peut écrire sous la forme

$$\begin{aligned}(yz\sqrt{a} + zx\sqrt{b} + xy\sqrt{c})^2 \\ = 2xyz\left[(\sqrt{bc} - f)x + (\sqrt{ca} - g)y + (\sqrt{ab} - h)z\right].\end{aligned}$$

Dans cette équation le facteur qui multiplie $2xyz$ représente évidemment une bitangente, et, si nous changeons les signes des radicaux, nous aurons en tout quatre bitangentes. Posons pour un moment $fx+gy+hz=s$, $x\sqrt{bc}=l$, $y\sqrt{ca}=m$, $z\sqrt{ab}=n$; si $\Theta$ représente l'équation des quatre bitangentes, il vient

$$\begin{aligned}\Theta &= (s-l-m-n)(s-l+m+n)(s+l-m+n)(s+l+m-n)\\ &= (s^2-l^2-m^2-n^2)^2-4(m^2n^2+n^2l^2+l^2m^2+2lmns)\\ &= (s^2-l^2-m^2-n^2)^2-4abc\mathrm{U}.\end{aligned}$$

En d'autres termes, l'équation de la courbe peut s'écrire

$$[(fx+gy+hz)^2-bcx^2-cay^2-abz^2]^2-\Theta=0,$$

ce qui montre que les huit points de contact des bitangentes sont situés sur une conique.

Si nous représentons les quatre bitangentes par $t$, $u$, $v$, $w$, nous pourrons mettre l'équation de la quartique sous la forme

$$t^{\frac{1}{2}}+u^{\frac{1}{2}}+v^{\frac{1}{2}}+w^{\frac{1}{2}}=0,$$

ou

$$\begin{aligned}(t^2+u^2+v^2+w^2-2tu-2tv\\ -2tw-2vw-2wu-2uv)^2-64tuvw.\end{aligned}$$

Sous cette forme, il est évident que $t$, $u$, $v$, $w$ sont des bitangentes dont les points de contact sont situés sur une même conique et l'on peut vérifier sans grande difficulté que $(t-u,\ v-w)$, $(t-v,\ u-w)$, $(t-w,\ u-v)$ sont des points doubles.

**288.** Nous venons de montrer comment on peut d'une certaine manière ramener l'équation de la quartique à la forme $\mathrm{UW}=\mathrm{V}^2$. En général, si $u$, $w$ et $v$ représentent respectivement deux tangentes quelconques de la conique et leur corde de contact, comme l'équation de la conique peut s'écrire sous la forme $uw - v^2$, celle de la quartique est immédiatement donnée sous la forme $UW = V^2$, dans laquelle U, V, W sont des fonctions linéaires de $yz$, $zx$, $xy$.

En reliant ainsi, comme ci-dessus, la quartique trinodale avec une conique, nous avons aussi vérifié que la courbe est unicursale. Comme les coordonnées $x'$, $y'$, $z'$ d'un point de la conique peuvent s'exprimer par des fonctions quadratiques d'un paramètre $\theta$, les coordonnées $y'z'$, $z'x'$, $x'y'$ du point correspondant de la quartique sont immédiatement données comme fonctions biquadratiques du même paramètre.

La théorie des quartiques trinodales qui précède s'étend au cas où quelques-uns des points singuliers ou tous ces points sont des rebroussements. S'ils sont tous des points de rebroussement, l'équation de la courbe peut être ramenée à la forme $x^{\frac{1}{2}} + y^{\frac{1}{2}} + z^{\frac{1}{2}} = 0$; les tangentes aux points de rebroussement sont $x = y - z$, et elles se coupent en un même point. Nous pourrions le voir par voie de réciprocité, car la réciproque est une cubique dont l'équation peut être écrite sous la forme $x^{\frac{1}{3}} + y^{\frac{1}{3}} + z^{\frac{1}{3}} = 0$. Quand la courbe a deux points de rebroussement et un nœud, la droite qui joint les deux points d'inflexion, celle qui joint les deux points de rebroussement et la bitangente passent toutes par le même point. Les cas de singularité plus élevée, dont nous avons parlé n° 243, demandent à être traités séparément.

**289.** L'équation d'une quartique ayant un point tacnodal est (n° 244)

$$y^2z^2 + bx^2yz + cxy^2z + dy^3z$$
$$+ ex^4 + fx^3y + gx^2y^2 + hxy^3 + iy^4 = 0.$$

Supposons qu'elle ait aussi un nœud; dans le n° 244, nous avons seulement admis que le point $xy$ était tacnodal et que la droite $y$ était la tangente en ce point : nous pouvons donc prendre le point $zx$ pour l'autre nœud. Pour que ce point soit un nœud, il faut que $d$, $h$ et $i$ soient égaux à zéro, et l'équation devient

$$(yz)^2 + bx^2yz + cxy.yz + ex^4 + fx^2.xy + gx^2y^2 = 0.$$

Nous avons écrit l'équation de manière à faire ressortir qu'elle est une fonction quadratique de $xy$, $x^2$, $yz$. Si donc, dans l'équation générale d'une conique, nous remplaçons respectivement $x, y, z$ par $xy$, $x^2$, $yz$, nous aurons l'équation d'une quartique ayant un nœud et un point tacnodal. On verra que les relations

$$x : y' : z' = xy : x^2 : yz$$

impliquent réciproquement

$$x : y : z = x'y' : x'^2 : y'z',$$

en sorte que nous aurons ainsi une théorie semblable à celle qui existe pour une quartique ayant trois nœuds distincts. Les constantes peuvent être déterminées de telle manière que le nœud devienne un point de rebroussement, ou le point tacnodal un point nodocuspidal, ou enfin que ces deux changements se produisent tous deux à la fois, et la théorie s'étend ainsi aux quartiques ayant deux points singuliers distincts, dont l'un est un nœud ou un rebroussement et l'autre un point tacnodal ou un point nodocuspidal.

290. L'équation d'une quartique ayant un point oscnodal a été donnée n° 244,

$$(yz - mx^2)^2 + cxy(yz - mx^2) + dy^3z + gx^2y^2 + hxy^3 + iy^4 = 0$$

C'est évidemment une fonction quadratique de $yz - mx^2$, $xy$, $y^2$. Mais on trouvera que les relations

$$x' : y : z' = xy : y^2 : yz - mx^2$$

impliquent

$$x : y : z = x'y' : y'^2 : y'z' - mx'^2,$$

en sorte qu'il existe pour ce cas une théorie analogue à celle que nous avons établie pour les quartiques trinodales. Les constantes peuvent être particularisées, de manière que le point oscnodal devienne un point de rebroussement tacnodal, et la théorie s'étend ainsi au cas des quartiques qui présentent cette singularité. Dans tous les cas qui précèdent, nous avons exprimé les coordonnées $x$, $y$, $z$ d'un point de la quartique, sous forme de fonctions quadratiques d'un point variable $x'$, $y'$, $z'$ de la conique; et, comme ces dernières coordonnées peuvent s'exprimer elles-mêmes sous forme de fonctions quadratiques d'un paramètre $\theta$, les premières sont des fonctions du quatrième degré de ce même paramètre.

**291.** Dans le cas qui nous reste à considérer, celui où une quartique a un point triple (général ou de forme particulière), la manière de procéder dont on a fait usage dans les derniers articles n'est plus applicable; mais nous pourrons obtenir immédiatement d'une autre manière les coordonnées exprimées sous forme de fonctions rationnelles d'un paramètre. Si nous prenons le point $xy$ pour le point triple, l'équation de la courbe est de la forme $zu_3 - u_4$, dans laquelle $u_3$ et $u_4$ sont des fonctions homogènes du troisième et du quatrième degré en $x$ et $y$. Si nous y faisons la substitution $y = \theta x$, nous obtenons $z\Theta_3 = x\Theta_4$, où $\Theta_3$ et $\Theta_4$ représentent des fonctions du troisième et du quatrième degré en $\theta$; et nous trouvons alors que $x$, $y$, $z$ sont respectivement proportionnels à $\Theta_3$, $\theta\Theta_3$, $\Theta_4$.

La méthode employée ici est exactement celle dont nous avons parlé dans le n° 44. Une droite variable $y = \theta x$ menée par le point triple ne rencontre plus la courbe qu'en un seul point, dont les coordonnées peuvent en conséquence être exprimées rationnellement en fonction de $\theta$, et nous aurions été conduits à des résultats qui auraient été les mêmes en substance si nous avions employé la même méthode que dans les cas considérés précédemment; si par exemple, dans le cas d'une quartique trinodale, nous avions déterminé chaque point de la quartique en le considérant comme le point d'intersection de la courbe avec une conique variable qui passe par les trois nœuds et par un autre point fixe de la courbe.

Le cas spécial d'une quartique à point triple $x^3y = z^4$ mérite une mention particulière, parce qu'on le peut traiter par une méthode exactement semblable à celle dont nous nous sommes servis (n° 212). En dehors du point triple, la courbe n'a pas d'autre point singulier; mais elle possède un point d'ondulation, et sa réciproque est une courbe de même nature.

291 *a*. Nous pouvons aussi appliquer aux quartiques unicursales la méthode du n° 216 (*a*). Nous pouvons exprimer les coordonnées d'un point sous la forme

$$\begin{aligned}
x &= a\,\lambda^4 + 4b\,\lambda^3\mu + 6c\,\lambda^2\mu^2 + 4d\,\lambda\mu^3 + e\,\mu^4,\\
y &= a'\lambda^4 + 4b'\lambda^3\mu + 6c'\lambda^2\mu^2 + 4d'\lambda\mu^3 + e'\mu^4,\\
z &= a''\lambda^4 + 4b''\lambda^3\mu + 6c''\lambda^2\mu^2 + 4d''\lambda\mu^3 + e''\mu^4,
\end{aligned}$$

et en déduire immédiatement (n° 44) l'équation de la quartique correspondante. En se reportant aux numéros que nous avons cités, on pourra facilement former l'équation qui détermine les paramètres des points d'inflexion et la relation qui existe entre les paramètres de trois points situés sur une même droite. On peut aussi procéder comme il suit. Dans l'équation $lx + my + nz = 0$, remplaçons les coordonnées par leurs valeurs écrites ci-dessus; nous obtenons une équation du quatrième degré qui détermine les paramètres des points suivant lesquels cette droite coupe la courbe ([1]). La

---

([1]) Il est clair que, si nous formons le discriminant de cette équation, nous aurons l'équation de la réciproque, ou l'équation tangentielle de la courbe, sous la forme $S^3 = T^2$.

théorie des équations nous fournit les relations

$$
\begin{aligned}
la+ma'+na' &= \mu\mu'\mu''\mu''',\\
-4(lb+mb'+nb'') &= \lambda\mu'\mu''\mu''' + \mu\lambda'\mu''\mu''' + \mu\mu'\lambda''\mu''' + \mu\mu'\mu''\lambda''',\\
6(lc+mc'+nc'') &= \lambda\lambda'\mu''\mu''' + \mu\mu'\lambda''\lambda'''\\
&\quad + \lambda\lambda''\mu'\mu''' + \mu\mu''\lambda'\lambda''' + \lambda\lambda'''\mu'\mu'' + \mu\mu'''\lambda'\lambda'',\\
-4(ld+md'+nd'') &= \mu\lambda'\lambda''\lambda''' + \lambda\mu'\lambda''\lambda''' + \lambda\lambda'\mu''\lambda''' + \lambda\lambda'\lambda''\mu''',\\
le+me'+ne &= \lambda\lambda'\lambda''\lambda'''.
\end{aligned}
$$

Si nous éliminons linéairement $l$, $m$, $n$, $\lambda'''$, $\mu'''$ entre ces équations, nous obtenons la relation qui lie les paramètres de trois points situés sur une même droite; c'est le déterminant

$$
\begin{vmatrix}
a & a' & a'' & \mathrm{A} & . \\
-4b & -4b' & -4b'' & \mathrm{B} & \mathrm{A} \\
6c & 6c' & 6c'' & \mathrm{C} & \mathrm{B} \\
-4d & -4d' & -4d'' & \mathrm{D} & \mathrm{C} \\
e & e' & e' & . & \mathrm{D}
\end{vmatrix} = 0,
$$

dans lequel nous avons posé

$$
\begin{aligned}
&\mathrm{A} = \mu\mu'\mu'', \quad \mathrm{B} = \lambda\mu'\mu'' + \lambda'\mu''\mu + \lambda''\mu\mu',\\
&\mathrm{C} = \mu\lambda'\lambda'' + \mu'\lambda''\lambda + \mu''\lambda\lambda', \quad \mathrm{D} = \lambda\lambda'\lambda''.
\end{aligned}
$$

En posant $\frac{\lambda}{\mu} = \frac{\lambda'}{\mu'} = \frac{\lambda''}{\mu''}$, nous trouvons que les paramètres des points d'inflexion sont déterminés par la relation

$$
\begin{vmatrix}
a & a' & a' & \mu^3 & . \\
-4b & -4b' & -4b'' & 3\mu^2\lambda & \mu^3 \\
6c & 6c' & 6c'' & 3\mu\lambda^2 & 3\mu^2\lambda \\
-4d & -4d' & -4d'' & \lambda^3 & 3\mu\lambda^2 \\
e & e' & e'' & . & \lambda^3
\end{vmatrix} = 0.
$$

Le premier déterminant développé nous donne

$$
\begin{aligned}
24(ab'c'')\mathrm{D}^2 &+ 16(ab'd'')\mathrm{CD} + 4(ab'e'')(\mathrm{C}^2-\mathrm{BD})\\
&+ 24(ac'd'')\mathrm{BD} + 6(ac'e'')(\mathrm{BC}-\mathrm{AD})\\
&+ 96(bc'd'')\mathrm{AD} + 4(ad'e'')(\mathrm{B}^2-\mathrm{AC})\\
&+ 24(bc'e'')\mathrm{AC} + 16(bd'e'')\mathrm{AB} + 24(cd'e'')\mathrm{A}^2 = 0.
\end{aligned}
$$

Le second déterminant développé et divisé par 24 nous fournit, pour déterminer les points d'inflexion, l'équation du sixième degré qui suit

$$
\begin{aligned}
&(ab'c'')\lambda^6 + 2(ab'd'')\lambda^5\mu + [(ab'e'') + 3(ac'd'')]\lambda^4\mu^2 \\
&\quad + [2(ac'e'') + 4(bc'd'')]\lambda^3\mu^3 + [(ad'e'') + 3(bc'e'')]\lambda^2\mu^4 \\
&\quad\quad + 2(bd'e'')\lambda\mu^5 + (cd'e'')\mu^6 = 0.
\end{aligned}
$$

Si dans la relation précédente nous supposons que deux paramètres soient égaux entre eux, nous obtenons la relation qui lie un point quelconque A avec l'un des points B où la tangente en A rencontre à nouveau la courbe; ainsi, si nous remplaçons respectivement D, C, B, A par $\lambda^2\lambda'$, $2\lambda\mu\lambda' + \lambda^2\mu'$, $\mu^2\lambda' + 2\lambda\mu\mu'$, $\mu^2\mu'$, nous avons

$$
\begin{aligned}
&\lambda'^2\{24(ab'c'')\lambda^4 + 32(ab'd'')\lambda^3\mu \\
&\quad + [12(ab'e'') + 24(ac'd'')]\lambda^2\mu^2 + 12(ac'e'')\lambda\mu^3 + 4(ad'e'')\mu^4\} \\
&\quad + 2\lambda'\mu'\{8(ab'd'')\lambda^4 + [4(ab'e'') + 24(ac'd')]\lambda^3\mu \\
&\quad + [12(ac'e'') + 48(bc'd'')]\lambda^2\mu^2 \\
&\quad + [4(ad'e'') + 24(bc'e'')]\lambda\mu^3 + 8(bd'e'')\mu^4\} \\
&\quad + \mu'^2\{4(ab'e'')\lambda^4 + 12(ac'e'')\lambda^3\mu \\
&\quad + [12(ad'e'') + 24(bc'e'')]\lambda^2\mu^2 + 32(bd'e'')\lambda\mu^3 + 24(cd'e'')\mu^4\} = 0.
\end{aligned}
$$

Cette équation nous permet de déterminer les paramètres soit des deux points B qui correspondent à un point A de la courbe, soit ceux des quatre points A qui correspondent à un point quelconque B. En formant la condition pour que l'équation en $\lambda' : \mu'$ ait ses racines égales, nous arrivons à une équation du huitième degré en $\lambda : \mu$ qui détermine les huit points de contact des quatre bitangentes de la quartique.

Comme on a démontré qu'il est possible de trouver quatre fonctions $t$, $u$, $v$, $w$ linéaires en $x$, $y$, $z$ et qui, exprimées en fonction de $\lambda$, $\mu$ soient des carrés parfaits, il est clair qu'en extrayant les racines et en éliminant linéairement $\lambda^2$, $\lambda\mu$, $\mu^2$, l'équation de la courbe pourra être écrite sous la forme

$$A t^{\frac{1}{2}} + B u^{\frac{1}{2}} + C v^{\frac{1}{2}} + D w^{\frac{1}{2}} = 0.$$

**291** *b*. Nous obtiendrons, comme dans le n° **216** *c*, la condition que doivent vérifier les paramètres d'un nœud en remarquant que la relation qui lie les paramètres de trois points collinéaires doit être satisfaite quand deux de ces paramètres correspondent au même nœud et le troisième à un point quelconque de la courbe. Posons

$$\mu'\mu'' = \alpha, \quad \lambda'\mu' + \lambda''\mu' = \beta, \quad \lambda'\lambda' = \gamma;$$

il vient alors

$$A = \mu\alpha, \quad B = \lambda\alpha + \mu\beta, \quad C = \lambda\beta + \mu\gamma, \quad D = \lambda\gamma.$$

Portons ces valeurs dans le déterminant du numéro précédent et égalons séparément à zéro les coefficients de $\lambda^2$, $\lambda\mu$, $\mu^2$; nous obtenons les trois conditions

$$\begin{vmatrix} a & a' & a'' & \alpha & . \\ 4b & 4b' & -4b'' & \beta & \alpha \\ 6c & 6c' & 6c'' & \gamma & \beta \\ 4d & -4d' & 4d'' & . & \gamma \\ e & e' & e'' & . & . \end{vmatrix} = 0,$$

$$\begin{vmatrix} a & a' & a'' & . & . \\ 4b & 4b' & 4b'' & \alpha & . \\ 6c & 6c' & 6c'' & \beta & \alpha \\ -4d & -4d' & -4d'' & \gamma & \beta \\ e & e' & e'' & . & \gamma \end{vmatrix} = 0,$$

$$\begin{vmatrix} a & a' & a' & \alpha & . \\ -4b & -4b' & 4b'' & \beta & . \\ 6c & 6c' & 6c'' & \gamma & \alpha \\ -4d & 4d' & -4d'' & . & \beta \\ e & e' & e' & . & \gamma \end{vmatrix} = 0.$$

Ces conditions développées sont les suivantes :

$$24(ab'c'')\gamma^2 - 16(ab\,d')\beta\gamma + 4(ab'e'')(\beta^2 - \alpha\gamma)$$
$$+ 24(ac\,d')\alpha\gamma + 6(ac'e')\alpha\beta - 4(ad'e\,)\alpha^2 = 0,$$
$$4(ab'e'')\gamma^2 + 6(ac\,e'')\beta\gamma + 4(ad\,e')(\beta^2 - \alpha\gamma)$$
$$+ 24(bc'e\,)\alpha\gamma + 16(bd'e'')\alpha\beta + 24(cd\,e'')\alpha^2 = 0,$$
$$16(ab'd\,)\gamma^2 + 4(ab\,e')\beta\gamma + 24(ac'd')\beta\gamma$$
$$+ 6(ac'e''\,\beta^2 + 96(bc\,d'')\alpha\gamma + 4(ad'e'')\alpha\beta$$
$$+ 24(bc'e'')\alpha\beta + 16(bd'e\,)\alpha^2 = 0.$$

Combinons avec ces équations les trois équations que l'on obtient en multipliant respectivement par $\alpha$, $\beta$, $\gamma$ l'équation $\lambda^2\alpha - \mu\lambda\beta + \mu^2\gamma = 0$, et éliminons linéairement $\alpha^2$, $\beta^2$, $\gamma^2$, $\beta\gamma$, $\gamma\alpha$, $\alpha\beta$ ; nous aurons pour résultat une équation du sixième degré qui déterminera les paramètres des trois nœuds.

Il est facile d'analyser, comme dans le n° **216** *a*, les différents cas où l'équation du sixième degré du numéro précédent peut avoir des racines égales et d'arriver ainsi aux différents cas particuliers de quartiques unicursales que nous avons fait connaître précédemment.

## INVARIANTS ET COVARIANTS DES QUARTIQUES.

**292.** Quand nous aurons l'occasion d'écrire tout au long l'équation d'une quartique, nous la mettrons sous la forme

$$ax^4 + by^4 + cz^4 + 6fy^2z^2 + 6gz^2x^2 + 6hx^2y^2$$
$$+ 12lx^2yz + 12my^2zx + 12nz^2xy + 4a_2x^3y$$
$$+ 4a_3x^3z + 4b_1y^3x + 4b_3y^3z + 4c_1z^3x + 4c_2z^3y = 0.$$

Le concomitant de l'ordre le moins élevé en fonction des coefficients est le contravariant (n° **92**) du second ordre par rapport aux coefficients, dont l'expression symbolique est $(\alpha 12)^4$ ; quand cette fonction est nulle, elle exprime que la droite $\alpha x + \beta y + \gamma z$ coupe la quartique en quatre points pour lesquels l'invariant S est nul. Nous appellerons ce contravariant $\sigma$ ; il est du quatrième ordre par rapport aux variables $\alpha$, $\beta$, $\gamma$ et ses coefficients sont

$$\begin{aligned}
&A = bc + 3f^2 - 4b_3c_2\\
&B = ca + 3g^2 - 4c_1a_3\\
&C = ab + 3h^2 - 4a_2b_1\\
&F = af + gh + 2l^2 - 2a_2n - 2a_3m\\
&G = bg + hf + 2m^2 - 2b_3l - 2b_1n\\
&H = ch + fg + 2n^2 - 2c_1m - 2c_2l\\
&L = 2fl - mn - gb_3 - hc_2 - b_1c_1\\
&M = 2gm - nl - hc_1 - fa_3 - c_2a_2\\
&N = 2hn - lm - fa_2 - gb_1 - a_3b_3\\
&A_2 = 3mc_2 - 3nf - cb_1 + b_3c_1, \quad A_3 = 3nb_3 - 3mf - bc_1 + b_1c_2,\\
&B_3 = 3na_3 - 3lg - ac_2 + a_2c_1, \quad B_1 = 3lc_1 - 3ng - ca_2 + c_2a_3,\\
&C_1 = 3lb_1 - 3mh - ba_3 + b_3a_2, \quad C_2 = 3ma_2 - 3lh - ab_3 + a_3b_1.
\end{aligned}$$

293. Le contravariant que nous venons d'indiquer est l'évectant de l'invariant le plus simple A, lequel est du troisième ordre par rapport aux coefficients et a pour expression symbolique $(123)^4$; autrement dit, on trouve $\sigma$ en effectuant sur A l'opération

$$\alpha^4 \frac{d}{da} + \beta^4 \frac{d}{db} + \gamma^4 \frac{d}{dc} + \beta^2\gamma^2 \frac{d}{df} + \ldots,$$

et réciproquement les valeurs déjà données pour les coefficients de $\sigma$ nous permettront d'en déduire les coefficients de A. Cet invariant est

$$\begin{aligned}
A = abc &+ 3(af^2 + bg^2 + ch^2) - 4(ab_3c_2 + bc_1a_3 + ca_2b_1)\\
&+ 12(fl^2 + gm^2 + hn^2) + 6fgh - 12lmn\\
&- 12(a_2nf + a_3mf + b_1ng + b_3lg + c_1mh + c_2lh)\\
&+ 12(lb_1c_1 + mc_2a_2 + na_3b_3) + 4(a_2b_3c_1 + a_3b_1c_2).
\end{aligned}$$

Si nous employons la même notation que dans le n° 223, la valeur de A peut s'écrire

$$r(d^2) - 4(dca) + 3(db^2) - 12(c^2b),$$

où

$$
\begin{aligned}
(d^2) &= d_0 d_4 - 4 d_1 d_3 + 3 d_2^2, \\
(dca) &= a_0(d_1 c_3 - 3 d_2 c_2 + 3 d_3 c_1 - d_4 c_0) \\
&\quad + a_1(d_3 c_0 - 3 d_2 c_1 + 3 d_1 c_2 - d_0 c_3), \\
(db^2) &= d_0 b_2^2 - 4 d_1 b_1 b_2 + 4 d_2 b_1^2 + 2 d_2 b_0 b_2 - 4 d_3 b_0 b_1 + d_4 b_0^2, \\
(c^2 b) &= b_2(c_0 c_2 - c_1^2) - b_1(c_0 c_3 - c_1 c_2) + b_0(c_1 c_3 - c_2^2);
\end{aligned}
$$

les invariants $(d^2)$, $(dca)$, ..., sont tous connus d'après la théorie des formes binaires.

**294.** L'invariant B qui vient immédiatement après comme simplicité est du sixième ordre par rapport aux coefficients. On peut le former en prenant les six équations que l'on obtient en différentiant deux fois l'équation donnée par rapport à $x$, $y$, $z$, et en éliminant dialytiquement $x^2$, $y^2$, $z^2$, $zx$, $xy$, $yz$ entre ces six équations. Nous avons ainsi B sous la forme du déterminant

$$
\begin{vmatrix}
a & h & g & l & a_3 & a_2 \\
h & b & f & b_3 & m & b_1 \\
g & f & c & c_2 & c_1 & n \\
l & b_3 & c_2 & f & n & m \\
a_3 & m & c_1 & n & g & l \\
a_2 & b_1 & n & m & l & h
\end{vmatrix}.
$$

Nous allons maintenant donner l'expression développée de B. En passant, nous remarquerons que Clebsch s'est servi de cet invariant pour montrer que la forme

$$p^4 + q^4 + r^4 + s^4 + t^4 = 0,$$

dans laquelle $p$, $q$, $r$, $s$, $t$ sont des fonctions linéaires des coordonnées, n'est pas une de celles auxquelles on puisse ramener l'équation d'une quartique quelconque. Comme $p$, $q$, ... contiennent chacune implicitement trois constantes, la forme qu'on vient d'écrire contient quatorze constantes indépendantes, et par conséquent paraît, à première vue, susceptible d'être employée comme forme canonique suffisamment générale pour représenter une quartique quelconque. Mais, en formant pour l'équation ci-dessus l'invariant B, on trouvera qu'il est nul et que, par conséquent, cette forme ne représentera que les quartiques pour lesquelles $B = 0$ (¹).

**293.** Pour le calcul de la valeur de B, il est commode de se servir de la valeur suivante d'un déterminant symétrique à six lignes et six colonnes, dont les éléments sont représentés par $a^2, ab, ac, \ldots; ba, b^2, bc, \ldots$ :

$$\begin{aligned}
& a^2b^2c^2d^2e^2f^2 - \Sigma a^2b^2c^2d^2(ef)^2 + 2\Sigma a^2b^2c^2.de.ef.fd \\
& - \Sigma a^2b^2(cd)^2(ef)^2 - 2\Sigma a^2b^2.cd.de.ef.fc + 2\Sigma a^2.bc.cd.de.ef.fb \\
& \quad 2\Sigma a^2(bc)^2de.ef.fd - 2\Sigma(ab)^2cd.de.ef.fc - \Sigma(ab)^2(cd)^2(ef)^2 \\
& \quad 2\Sigma ab.bc.cd.de.ef.fa + 2\Sigma ab.bc.ca.de.ef.fd.
\end{aligned}$$

La valeur développée de B est la suivante :

$$\begin{aligned}
& abc(fgh - fl^2 - gm^2 - hn^2 + 2lmn) \\
& + bc[l^4 - l^2gh + 2(gm - nl)a_2l + 2(hn - ml)a_3l \\
& \qquad + (n^2 - fg)a_2^2 + (m^2 - fh)a_3^2 + 2(fl - mn)a_2a_3] \\
& - ca[m^4 - m^2fh + 2(fl - mn)b_1m + 2(hn - ml)b_3m \\
& \qquad + (n^2 - fg)b_1^2 + (l^2 - gh)b_3^2 + 2(gm - nl)b_1b_3] \\
& + ab[n^4 - n^2fg + 2(fl - mn)c_1n + 2(gm - nl)c_3n \\
& \qquad + (m^2 - fh)c_1^2 + (l^2 - gh)c_2^2 + 2(hn - lm)c_1c_2] \\
& - (af^2 + bg^2 + ch^2)(fgh - fl^2 - gm^2 - hn^2 + 4lmn) \\
& \quad 3(afm^2n^2 + bgn^2l^2 + chl^2m^2) \\
& + 2af^2(b_1gn + c_1hm) + 2bg^2(c_2hl + a_2fn) + 2ch^2(a_3fm + b_3gl) \\
& - 2af(b_1n^3 + c_1m^3) - 2bg(c_2l^3 + a_2n^3) - 2ch(a_3m^3 + b_3l^3) \\
& + 2afl(b_3n^2 + c_2m^2) + 2bgm(c_1l^2 + a_3n^2) + 2chn(a^2m^2 + b_1l^2) \\
& \quad 2afmn(b_3g + c_2h) - 2bgln(c_1h + a_3f) - 2chlm(a_2f + b_1g) \\
& \quad 2a(b_3mn^3 + c_2m^3n) - 2b(c_1nl^3 + a_3ln^3) - 2c(a_2lm^3 + b_1ml^3) \\
& + a(b_3^2gn^2 - c_2^2hm^2) + b(c_1^2hl^2 + a_3^2fn^2) + c(a_2^2fm^2 + b_1^2gl^2) \\
& + 2afl(mb_3c_1 + nb_1c_2) + 2bgm(nc_2a_3 + lc_1a_2) + 2chn(la_3b_1 + ma_2b_3) \\
& + 2amn(mb_3c_1 - nb_1c_2) + 2bnl(nc_2a_3 + lc_1a_2) + 2clm(la_3b_1 + ma_2b_3) \\
& \quad 2af(hnb_3c_1 - gmb_1c_2) - 2bg(flc_2a_3 + hnc_1a_2) - 2ch(gma_3b_1 + fla_2b_3)
\end{aligned}$$

---

(¹) Cette classe de quartiques a été étudiée par Lüroth (*Mathematische Annalen*, t. I, p. 37; 1870).

$$+2(fgh+lmn)(ab_3c_2+bc_1a_3+ca_2b_1)-2afl^2b_3c_2-2bgm^2c_1a_3-2chn^2a_2b_1$$
$$-2(af^2eb_1c_1+bg^2mc_2a^2+ch^2na_3b_3)$$
$$-2ab_3c_2(b_1gn+c_1hm)-2bc_1a_1(c_2hl+a_2fn)-2ca_2b_1(a_3fm+b_3gl)$$
$$+2ab_1c_1(c_2m^2+b_3n^2)+2bc_2a_2(a_3n^2+c_1l^2)+2ca_1b_3(b_1l^2+a_2m^2)$$
$$-2al(mb_1c_2^2+nc_1b_3^2)-2bm(nc_2a_3^2+la_2c_1^2)-2cn(a_3b_1^2+b_3a_2^2)$$
$$+a(hb_3^2c_1^2+gb_1^2c_2^2)+b(fc_2^2a_3^2+hc_1^2a_2^2)+c(ga_3^2b_1^2+ha_2^2b_3^2)$$
$$+afb_1^2c_1^2+bgc_2^2a_2^2+cha_3^2b_3^2+2alb_3c_2b_1c_1+2bmc_1a_3c_2a_2+2cna_2b_1a_3b_3$$
$$-2ab_1c_1(mc_1b_3+nb_1c_2)-2bc_2a_2(na_2c_1+lc_2a_3)-2ca_3b_3(lb_3a_2+ma_3b_1)$$
$$+2f^2g^2h^2-fgh(fl^2+gm^2+hn^2)+10fghlmn-(fl^2+gm^2+hn^2)^2$$
$$+2lmn(fl^2+gm^2+hn^2)-l^2m^2n^2$$
$$+2(b_1gn+c_1hm)(gm^2+hn^2-2fl^2-fgh-lmn)$$
$$+2(a_2fn+c_2hl)(hn^2+fl^2-2gm^2-fgh-lmn)$$
$$+2(a_3fm+b_3gl)(fl^2+gm^2-2hn^2-fgh-lmn)$$
$$+(gh-l^2)(b_3g-c_2h)^2+(hf-m^2)(c_1h-a_3f)^2+(fg-n^2)(a_2f-b_1g)^2$$
$$+2a_2a_3f^2(2mn-fl)+2b_1b_3g^2(2nl-gm)+2c_1c_2h^2(2lm-hn)$$
$$+2lb_1c_1(fgh+lmn+fl^2-gm^2-hn^2)$$
$$+2mc_2a_2(fgh+lmn+gm^2-hn^2-fl^2)$$
$$+2na_3b_3(fgh+lmn+hn^2-fl^2-gm^2)$$
$$-2ghmnb_1c_1-2hfnlc_2a_2-2fglma_3b_3$$
$$+2(b_1c_2gm+b_3c_1hn)(gh+2l^2)+2(c_2a_3hn+c_1a_2fl)(hf+2m^2)$$
$$+2(a_3b_1fl+b_3a_2gm)(fg+2n^2)$$
$$-2(a_2^2c_1f^2m+b_3^2a_2g^2n+c_1^2b_3h^2l+a_3^2b_1f^2n+b_1^2c_2g^2l+c_2^2a_3h^2m)$$
$$+2fmn(a_2^2c_2+a_3^2b_3)+2gln(b_1^2c_1+b_3^2a_3)+2hlm(c_1^2b_1+c_2^2a_2)$$
$$-2(a_2b_3c_1+a_3b_1c_2)(fl^2+gm^2+hn^2+lmn)$$
$$-2fa_2a_3(c_3m^2+b_3n^2)-2gb_1b_3(c_1l^2+a_3n^2)-2hc_1c_2(b_1l^2+a_2m^2)$$
$$+2(fl-mn)(gb_1c_2a_2+hc_1a_2b_3)+2(gm-nl)(hc_2a_3b_3+fa_2b_1c_1)$$
$$+2(hn-lm)(fa_3b_1c_1+gb_3c_2a_2)$$
$$-(l^2b_1^2c_1^2+m^2c_2^2a_2^2+n^2a_3^2b_3^2)$$
$$+2(b_3c_1a_2-c_2a_3b_1)(b_3gl+c_1hm+a_2fn-c_2hl-a_3fm-b_1gn)$$
$$+2(b_1c_1a_2a_3f^2+c_2a_2b_3b_1g^2+a_3b_3c_1c_2h^2)$$
$$-2gh(b_3^2a_3c_1+c_2^2a_2b_1)-2hf(c_1^2b_1a_2+a_3^2b_3c_2)-2fg(a_2^2c_2b_3+b_1^2c_1a_3)$$
$$+(4fl-2mn)c_2a_2a_3b_3+(4gm-2nl)a_3b_3b_1c_1+(4hn-2lm)b_1c_1c_2a_2$$
$$+2(a_2b_3c_1+a_3b_1c_2)(lb_1c_1+mc_2a_2+na_3b_3)-(a_2b_3c_1+a_3b_1c_2)^2.$$

**296.** Dans la notation des nos 223, 293, la valeur de B est

$$r(d^3)(b^2)-r(d^2c^2b)+r(dc^4)-(d^3)(ba^2)+(d^2c^2a^2)$$
$$+2(d^2cb^2a)-(b^2)(d^2b^2)-2(dc^3ba)+(dc^2b^3)-(c^2b)^2,$$

où

$$(d^3) = d_0 d_2 d_4 + 2 d_1 d_2 d_3 - d_0 d_3^2 - d_4 d_1^2 - d_2^3,$$

$$\begin{aligned}(d^2c^2b) = {} & b_0[c_3^2(d_0d_2 - d_1^2) + 2c_3c_2(d_1d_2 - d_0d_3) \\ & + 2c_1c_3(d_1d_3 - d_2^2) + c_2^2(d_0d_4 - d_2^2) \\ & - 2c_1c_2(d_2d_3 - d_1d_4) + c_1^2(d_2d_4 - d_3^2)] \\ & + b_2[c_0^2(d_2d_4 - d_3^2) + 2c_0c_1(d_3d_2 - d_1d_4) \\ & + 2c_0c_2(d_1d_3 - d_2^2) + c_1^2(d_0d_4 - d_2^2) \\ & + 2c_1c_2(d_1d_2 - d_0d_3) + c_2^2(d_0d_2 - d_1^2)] \\ & - 2b_1[c_0c_1(d_2d_4 - d_3^2) + c_0c_2(d_2d_3 - d_1d_4) \\ & + c_0c_3(d_1d_3 - d_2^2) + c_1^2(d_2d_3 - d_1d_4) \\ & + c_1c_2(d_0d_4 + d_1d_3 - 2d_2^2) \\ & - c_1c_3(d_1d_2 - d_0d_3) + c_2^2(d_1d_2 - d_0d_3) \\ & + c_2c_3(d_0d_2 - d_1^2)].\end{aligned}$$

$(d^2c^2a^2)$ se déduit de $(d^2c^2b^2)$ en remplaçant $b_0$, $b_2$, $b_1$ par $a_0^2$, $a_1^2$ et $a_0a_1$ :

$$\begin{aligned}(dc^4) = {} & d_0(c_1c_3 - c_2^2)^2 - 2d_1(c_0c_3 - c_1c_2)(c_1c_3 - c_2^2) \\ & + d_2[(c_0c_3 - c_1c_2)^2 + 2(c_0c_2 - c_1^2)(c_1c_3 - c_2^2)] \\ & - 2d_3(c_0c_2 - c_1^2)(c_0c_3 - c_1c_2) + d_4(c_0c_2 - c_1^2)^2,\end{aligned}$$

$$(ba^2) = b_2a_0^2 - 2b_1a_0a_1 + b_0a_1^2,$$

$$\begin{aligned}(d^2cb^2a) = {} & [b_0a_1c_1 - b_1(a_1c_0 + a_0c_1) + b_2a_0c_0]P \\ & + [b_0a_1c_2 - b_1(a_1c_1 + a_0c_2) + b_2a_0c_1]Q \\ & + [b_0a_1c_3 - b_1(a_1c_2 + a_0c_3) + b_2a_0c_2]R\end{aligned}$$

et

$$P = b_0(d_2d_4 - d_3^2) - b_1(d_1d_4 - d_2d_3) + b_2(d_1d_3 - d_2^2),$$

$$Q = b_0(d_2d_3 - d_1d_4) - b_1(d_2^2 - d_0d_4) + b_2(d_1d_2 - d_0d_3),$$

$$R = b_0(d_1d_3 - d_2^2) - b_1(d_0d_3 - d_1d_2) + b_2(d_0d_2 - d_1^2)$$

$$\begin{aligned}(d^2b^2) = {} & (d_2d_4 - d_3^2)b_0^2 + (d_0d_4 - d_2^2)b_1^2 + (d_0d_2 - d_1^2)b_2^2 \\ & + 2b_1b_2(d_1d_2 - d_0d_3) \\ & + 2b_2b_0(d_1d_3 - d_2^2) + 2b_0b_1(d_2d_3 - d_1d_4),\end{aligned}$$

$$\begin{aligned}(dc^3ba) = {} & a_0[P(c_1c_3 - c_2^2) - Q(c_2c_1 - c_0c_3) + R(c_0c_2 - c_1^2)] \\ & + a_1[P'(c_0c_2 - c_1^2) + Q'(c_1c_2 - c_0c_3) + R'(c_1c_3 - c_2^2)],\end{aligned}$$

où

$$P = b_0(c_2d_2 - c_3d_1) + b_1(c_3d_0 - c_1d_2) + b_2(c_1d_1 - c_2d_0),$$

$$Q = b_0(c_2d_3 - c_3d_2) + b_1(c_3d_1 - c_1d_3) + b_2(c_1d_2 - c_2d_1),$$

$$R = b_0(c_2d_4 - c_3d_3) + b_1(c_3d_2 - c_1d_4) + b_2(c_1d_3 - c_2d_2),$$

$$\begin{aligned}
P' &= b_0(c_0 d_3 - c_1 d_4) + b_1(c\, d_4 - c_2 d_2) + b_2(c_1 d_2 - c_0 d_3),\\
Q' &= b_0(c_2 d_2 - c_1 d_3) + b_1(c_0 d_3 - c_2 d_1) + b_2(c_1 d_1 - c_0 d_2),\\
R' &= b_0(c_2 d_1 - c_1 d_2) + b_1(c_0 d_2 - c_2 d_0) + b_2(c_1 d_1 - c_0 d_1),\\
(dc^2 b^3) &= d_0[c_3^2 b_0 b_1^2 - 2 c_3 c_2 (b_0 b_1 b_2 + b_1^3) + 2 c_3 c_1 b_1^2 b_2\\
&\qquad + c_2^2 (b_0 b_2^2 + 3 b_2 b_1^2) - 4 c_1 c_2 b_1 b_2^2 + b_2^3 c_1^2]\\
&\quad - 2 d_1 [c_3^2 b_0^2 b_1 - c_3 c_2 (b_0^2 b_2 + 2 b_0 b_1^2)\\
&\qquad + c_3 c_0 b_1^2 b_2 + 2 c_2^2 b_0 b_1 b_2\\
&\qquad + c_2 c_1 b_1^2 b_2 - 2 c_0 c_2 b_1 b_2^2 - c_1^2 b_1 b_2^2 + c_0 c_1 b_2^3]\\
&\quad + d_2 [c_3^2 b_0^3 - 2 c_3 c_1 (b_0^2 b_2 + 2 b_0 b_1^2) + 2 c_3 c_0 (b_1^3 + b_0 b_1 b_2)\\
&\qquad + c_2^2 (b_0^2 b_2 + 2 b_0 b_1^2) - 2 c_1 c_2 (b_1^3 + 5 b_0 b_1 b_2)\\
&\qquad - 2 c_2 c_0 (b_0 b_2^2 + 2 b_2 b_1) + c_1^2 (b_0 b_1^2 + 2 b_0 b_1^2) + c_0^2 b_2^3]\\
&\quad - 2 d_3 [c_0^2 b_2^2 b_1 - c_0 c_1 (b_0 b_2^2 + 2 b_2 b_1^2) + c_0 c_3 b_0 b_1^2\\
&\qquad + 2 c_1^2 b_0 b_1 b_2 + c_1 c_2 b_0 b_1^2 - 2 c_1 c_3 b_0^2 b_1 - c_2^2 b_1 b_0^2 + c_2 c_3 b_0^3]\\
&\quad + d_4 [c_0^2 b_2 b_1^2 - 2 c_0 c_1 (b_0 b_1 b_2 + b_1^3) + 2 c_0 c_2 b_1^2 b_0\\
&\qquad + c_1^2 (b_0^2 b_2 + 3 b_0 b_1^2) + 4 c_0 c_1 b_1 b_0^2 + b_0^3 c_2^2],\\
(c^2 b) &= b_2(c_0 c_2 - c_1^2) - b_1(c_0 c_3 - c_1 c_2) + b_0(c_1 c_3 - c_1^2).
\end{aligned}$$

297. Nous avons vu (nº **221**) que, si nous avions un covariant du quatrième degré, nous pourrions déduire des invariants déjà obtenus toute une série d'autres invariants. On peut immédiatement avoir un invariant de cette nature en formant l'équation du lieu d'un point dont la première polaire est une cubique pour laquelle l'invariant S s'annule; en d'autres termes, en égalant à zéro le S de la cubique polaire. L'expression symbolique de ce covariant est

$$(123)(234)(314)(124).$$

Le covariant de la quartique

$$ax^4 + by^4 + cz^4 + du^4 + ev^4 = 0$$

est de la forme

$$\frac{a}{x} + \frac{b}{y} + \frac{c}{z} + \frac{d}{u} + \frac{e}{v} = 0.$$

Donc, comme nous l'avons vu, la première forme, quoique

contenant en apparence un nombre suffisant de constantes, est *une* forme spéciale à laquelle l'équation d'une quartique ne peut pas en général être ramenée; de même aussi la seconde équation est une forme à laquelle on ne peut pas ramener l'équation d'une quartique, à moins qu'une certaine relation entre les invariants ne soit satisfaite.

Il y a encore d'autres covariants du quatrième degré; mais celui dont nous venons de parler est de l'ordre le moins élevé en fonction des coefficients. Tout autre covariant du quatrième degré et du quatrième ordre par rapport aux coefficients doit être de la forme $S + kAU$, dans laquelle $k$ est un coefficient numérique et A le premier invariant. On peut facilement le vérifier en formant le contravariant du contravariant du n° 292.

298. Les valeurs générales des coefficients de S n'ont pas été calculées, pas plus que celles des invariants d'ordre plus élevé. J'ai pensé cependant qu'il était intéressant d'étudier le cas particulier

$$ax^4 + by^4 + cz^4 + 6fy^2z^2 + 6gz^2x^2 + 6hx^2y^2 = 0.$$

Cette forme, qui ne contient implicitement que onze constantes, est par conséquent un cas très particulier de l'équation générale de la quartique; mais elle se prête facilement au calcul, parce que le covariant S est de la même forme

$$\mathrm{a}x^4 + \mathrm{b}y^4 + \mathrm{c}z^4 + 6\mathrm{f}y^2z^2 + 6\mathrm{g}z^2x^2 + 6\mathrm{h}x^2y^2 = 0,$$

et par conséquent (n° 221) on peut d'un invariant quelconque déduire un autre invariant, en effectuant sur le premier l'opération $\mathrm{a}\dfrac{d}{da} + \mathrm{b}\dfrac{d}{db} + \ldots$, que nous représenterons par le symbole $\varphi$. Quoique des invariants qui existent en général puissent s'annuler pour le cas particulier que l'on considère ici, les invariants qui sont distincts dans ce cas seront cependant distincts en général. En calculant les invariants pour le cas particulier, nous obtenons tous les termes des invariants généraux qui ne contiennent que les coefficients $a$, $b$, $c$, $f$, $g$, $h$.

Les valeurs des coefficients de S, pour la forme en question, sont

$$\begin{aligned}
\mathrm{a} &= 6g^2h^2,\\
\mathrm{b} &= 6h^2f^2,\\
\mathrm{c} &= 6f^2g^2,\\
\mathrm{f} &= bcgh - f(bg^2 + ch^2) - f^2gh,\\
\mathrm{g} &= cahf - g(ch^2 + af^2) - fg^2h,\\
\mathrm{h} &= abfg - h(af^2 + bg^2) - fgh^2.
\end{aligned}$$

Il est bon de se rappeler que, pour la même forme, les valeurs des coefficients du contravariant $\sigma$ (nº 292) sont

$$\begin{aligned}
&\mathrm{A} = bc + 3f^2, \quad \mathrm{B} = ca + 3g^2, \quad \mathrm{C} = ab + 3h^2,\\
&\mathrm{F} = af + gh, \quad \mathrm{G} = bg + hf, \quad \mathrm{H} = ch + fg.
\end{aligned}$$

299. Nous trouverons commode d'employer les abréviations

$$abc = \mathrm{L}, \quad af^2 + bg^2 + ch^2 = \mathrm{P},$$
$$bcg^2h^2 + cah^2f^2 + abf^2g^2 = \mathrm{Q}, \quad fgh = \mathrm{R};$$

les valeurs des invariants formés plus haut sont alors, pour le cas spécial que nous considérons,

$$\mathrm{A} = \mathrm{L} + 3\mathrm{P} + 6\mathrm{R}, \quad \mathrm{B} = \mathrm{LR} + 2\mathrm{R}^2 - \mathrm{PR}$$

ou

$$\mathrm{B} = \mathrm{AR} - 4\mathrm{PR} - 4\mathrm{R}^2.$$

L'opération $\varphi$ effectuée sur ces diverses quantités donne les résultats suivants :

$$\begin{aligned}
&\varphi(\mathrm{L}) = 6\mathrm{Q},\\
&\varphi(\mathrm{P}) = 6\mathrm{LR} - 2\mathrm{PR} - 4\mathrm{Q} + 18\mathrm{R}^2,\\
&\varphi(\mathrm{Q}) = -2\mathrm{PQ} - 4\mathrm{RQ} - 6\mathrm{LR}^2 + 12\mathrm{PR}^2 + 4\mathrm{LPR},\\
&\varphi(\mathrm{R}) = \mathrm{Q} - 2\mathrm{PR} - 3\mathrm{R}^2;
\end{aligned}$$

par conséquent $\varphi(\mathrm{A}) = 18\mathrm{B}$.

Nous pouvons obtenir un nouvel invariant du neuvième ordre par rapport aux coefficients en effectuant sur B l'opération $\varphi$. Le résultat est

$$\varphi(B) - C_1 = Q(L - P + 14R) \\ - LR(2P + 9R) + R(2P^2 - 3PR - 30R^2).$$

L'invariant ainsi trouvé n'est pas cependant le seul invariant indépendant du neuvième ordre par rapport aux coefficients. Si nous écrivons l'équation générale d'une quartique $u_4 + u_3 z + u_2 z^2 + u_1 z_3 + c z^4 = 0$, en général la puissance la plus élevée de $c$ qui figurera dans un invariant du neuvième ordre sera la troisième et $c$ sera multiplié par un invariant du sixième ordre par rapport aux coefficients de la forme binaire $u_4$. Ce dernier invariant doit être de la forme $s^3 + kt^2$, et un invariant quelconque du neuvième ordre peut se diviser en deux parties, dans l'une desquelles $c^3$ sera multiplié par $s^3$ et dans l'autre par $t^2$. La première partie peut s'exprimer sous la forme $lA^3 + mAB + nC_1$, où A, B, C sont les invariants déjà calculés; pour la seconde, un nouvel invariant est nécessaire, et nous allons donner l'un des moyens par lesquels on peut l'obtenir. Mais tout d'abord il est nécessaire de mentionner quelques autres covariants et contravariants.

300. La valeur de la Hessienne, dans ce cas, est

$$agh x^6 + bhf y^6 + cfg z^6 + (abg + ahf - 3gh^2) x^4 y^2 \\ + (ach + afg - 3g^2 h) x^4 z^2 + (abf + bgh - 3fh^2) y^4 x^2 \\ + (bch + bfg - 3f^2 h) y^4 z^2 + (caf + chg - 3fg^2) z^4 x^2 \\ + (bcg + cfh - 3f^2 g) z^4 y^2 \\ + (abc - 3af^2 - 3bg^2 - 3ch^2 + 18fgh) x^2 y^2 z^2.$$

On a aussi énoncé (nº 92) qu'une quartique a également un contravariant du sixième degré dont le symbole est $(\alpha 12)^2(\alpha 23)^2(\alpha 31)^2$. Dans le cas que nous considérons, sa valeur est

$$\begin{aligned}
&(bcf - f^3)\alpha^6 + (cag - g^3)\beta^6 + (abh - h^3)\gamma^6 \\
&\quad + (bcg + 6cfh - 3f^2g)\alpha^4\beta^2 + (bch + 6bfg - 3f^2h)\alpha^4\gamma^2 \\
&\quad + (acf + 6cgh - 3g^2f)\beta^4\alpha^2 + (ach + 6afg - 3g^2h)\beta^4\gamma^2 \\
&\quad + (abf + 6bgh - 3fh^2)\gamma^4\alpha^2 + (abg + 6afh - 3gh^2)\gamma^4\beta^2 \\
&\quad + [abc - 3(af^2 + bg^2 + ch^2) - 48fgh]\alpha^2\beta^2\gamma^2.
\end{aligned}$$

Si nous introduisons des symboles différentiels dans l'une de ces deux formes et si nous opérons sur l'autre, le résultat est $A^2 + 576B$. Si nous opérons sur la Hessienne avec le contravariant $\sigma$, nous obtenons un covariant quadratique du cinquième ordre par rapport aux coefficients, et si nous opérons sur le contravariant du sixième ordre avec la quartique elle-même, nous obtenons un contravariant quadratique du quatrième ordre par rapport aux coefficients. Leurs valeurs sont respectivement

$$\begin{aligned}
&(afx^2 + bgy^2 + chz^2)(L + 3P + 30R) \\
&\quad + (ghx^2 + hfy^2 + fgz^2)(10L - 6P - 12R) \\
&\quad - 4(a^2f^3x^2 + b^2g^3y^2 + c^2h^3z^2); \\
&(f\alpha^2 + g\beta^2 + h\gamma^2)(3L + 5P + 2R) \\
&\quad - 8(af^3\alpha^2 + bg^3\beta^2 + ch^3\gamma^2) + 4(bcgh\alpha^2 + cahf\beta^2 + abfg\gamma^2).
\end{aligned}$$

Si nous introduisons des symboles différentiels dans l'un quelconque de ces deux concomitants et si nous opérons sur l'autre, le résultat est un nouvel invariant

$$\begin{aligned}
C_2 = {}&180L - 32P + 448R)Q + 3P^3 - 6P^2L - 134P^2R + 3PL^2 \\
&+ 128PLR - 60PR^2 + 102L^2R + 408LR^2 - 72R^3.
\end{aligned}$$

Il ne semble pas qu'il y ait pour la quartique que nous considérons d'autre invariant indépendant du neuvième ordre. Si, par exemple, nous opérons avec le contravariant conique sur la quartique elle-même, le résultat peut s'exprimer en fonction des invariants déjà trouvés; il est égal à

$$3C_2 - 80C_1 - 180AB.$$

Il aurait peut-être été plus simple de prendre pour second invariant indépendant $\frac{1}{3}(C^2 - 32 C_1)$ ou

$$\begin{aligned} C_3 \quad & 16QL \quad P^3 - 2P^2L - 66P^2R + PL^2 \\ & + 64PLR - 12PR^2 + 34L^2R + 232LR^2 + 296R^3. \end{aligned}$$

301. Nous allons maintenant chercher les invariants du douzième ordre par rapport aux coefficients. Nous pouvons former l'invariant cubique de la quartique S au moyen des formules

$$\begin{aligned} L' &= 216R^4, \\ P' &= 6(Q^2 - 2PQR - 4R^2Q + 2P^2R^2 \\ &\qquad - 2PLR^2 + 4PR^3 + 6LR^3 + 3R^4), \\ R' &= Q^2 - 2LKQ - P^2R^2 - 2PR^3 + L^2R^2 + 4LR^3 - R^4; \end{aligned}$$

d'où

$$L' + 3P' + 6R' = 6D_1,$$

où

$$\begin{aligned} D_1 = 4Q^2 + Q( \quad & 6RP - 2LR - 12R^2) \\ & + 5P^2R^2 - 6PLR^2 + 10PR^3 + L^2R^2 + 22LR^3 \quad 44R^4. \end{aligned}$$

En effectuant l'opération $\varphi$ sur $C_1$, nous obtenons

$$\begin{aligned} D_2 = 24Q^2 + Q(4P^2 - 4PL - 84PR - 20LR - 248R^2) \\ - 4P^3R - 14P^2R^2 + 4PL^2R + 144PLR^2 \\ + 444PR^3 \quad 18L^2R^2 - 84LR^3 + 216R^4 \end{aligned}$$

et, en combinant ces deux derniers résultats, nous avons

$$D_2 - 6D_1 = 4D_3,$$

où

$$\begin{aligned} D_3 = Q(P^2 - PL - 12PR - 2LR - 44R^2) - P^3R - 11P^2R^2 \\ + PL^2R + 45PLR^2 + 96PR^3 - 6L^2R^2 - 54LR^3 - 12R_4. \end{aligned}$$

Au moyen de ces invariants et des autres que nous avons déjà donnés, nous pouvons exprimer les autres invariants du douzième ordre, tels que $(C_2)$ et le discriminant du contravariant conique.

De même aussi, nous pouvons exprimer en fonction des quantités qui précèdent les invariants du contravariant du quatrième degré ; nous avons

$$L' = L^2 + 3PL + 9Q + 27R^2,$$
$$R' = LR + Q + PR + R^2,$$
$$P' = 3P^2 - 5Q + 6PR + PL + 6LR + 9R^2,$$
$$Q' = 3Q^2 + Q(3P^2 + 4PL + 24PR + L^2 - 8LR + 6R^2) + 12P^2LR$$
$$+ 18P^2R^2 + 4PL^2R + 10PLR^2 + 36PR^3 + 36LR^3 + 27R^4;$$

d'où

$$A' = A^2 + 12B, \quad B' = 4D_1 + AC_1 + A^2B - 12B^2.$$

302. Il faut remarquer que, bien qu'il n'y ait qu'un seul contravariant conique du quatrième ordre par rapport aux coefficients, il y a deux covariants coniques du cinquième ordre, qui sont (en plus de celui déjà donné) celui qu'on obtient en opérant sur la quartique elle-même avec le contravariant conique ; le résultat est

$$(3L + 9P + 10R)(afx^2 + bgy^2 + chz^2)$$
$$+ (10L + 2P + 4R)(ghx^2 + hfy^2 + fgz^2)$$
$$- 12(a^2f^3x^2 + b^2g^3y^2 + c^2h^3z^2);$$

et, si nous le combinons avec celui que nous avons donné précédemment, nous pouvons l'écrire sous la forme simple

$$4R(afx^2 + bgy^2 + chz^2)$$
$$+ (L - P - 2R)(ghx^2 + hfy^2 + fgz^2).$$

Le discriminant de cette dernière conique donne le plus simple des invariants du quinzième ordre ; en posant

$$L - P - 2R = M,$$

on a

$$E_1 = 16MR^2Q + 4M^2R^2P + M^3R^2 + 64LR^4$$

ou bien, en l'écrivant tout au long,

$$E_1 = 16(L - P - 2R)QR^2$$
$$+ R^2(3P^2 - 5P^2L + 10P^2R + PL^2$$
$$- 4PLR + 4PR^2 + L^3 - 6L^2R + 76LR^2 - 8R^3).$$

Les trois autres invariants du système de coniques sont aussi des invariants du même ordre de la quartique; et en outre nous pouvons aussi calculer $D_1$, $D_2$, .... Toutes ces quantités s'expriment en fonction de $E_1$ et de $E_2$, cette dernière quantité étant

$$
\begin{aligned}
E_2 = {} & 16(L + P - 2R)Q^2 \\
& + (3P^3 - 5P^2L - 6P^2R + PL^2 - 228PLR - 2172PR^2 \\
& \qquad + L^3 + 298L^2R + 2636LR^2 + 4296R^3)Q \\
& - R(-12P^4 + 44P^3L + 52P^2L^2 - 20PL^3) \\
& + R^2(348P^3 - 852P^2L + 308PL^2 - 324L^3) \\
& + R^3(1320P^2 - 416PL + 216L^2) \\
& + 720PR^4 + 11376R^4 - 864R^5.
\end{aligned}
$$

Il y a aussi deux invariants indépendants du dix-huitième ordre; le premier, qui est le $C_1$ du contravariant du quatrième degré, est

$$
\begin{aligned}
F_1 = {} & 128Q^3 + Q^2 \\
& (-48P^2 + 80PL + 368PR + 32L^2 - 528LR - 160R^2) \\
& + Q(9P^4 - 12P^3L - 108P^3R - 2P^2L^2 + 324P^2LR \\
& \qquad - 240P^2R^2 + 4PL^3 + 60PL^2R - 288PLR^2 + 528PR^3 \\
& \qquad + L^4 - 20L^3R - 400L^2R^2 - 2512LR^3 - 144R^4) \\
& + 18P^5R - 24P^4LR + 27P^4R^2 - 4P^3L^2R + 180P^3LR^2 \\
& + 60P^3R^3 + 8P^2L^3R + 114P^2L^2R^2 + 716P^2LR^3 + 288P^2R^4 \\
& + 2PL^4R - 44PL^3R^2 + 52PL^2R^3 - 592PLR^4 + 288PR^5 \\
& - 21L^4R^2 - 60L^3R^2 - 720L^2R^4 - 2076LR^5 + 240R^6.
\end{aligned}
$$

$$
\begin{aligned}
F_2 = {} & 128Q^3 + Q^2(-8P^2 - 240PL - 5312PR \\
& \qquad + 312L^2 + 9536LR + 11680R^2) \\
& + Q(-18P^4 + 54P^3L + 1146P^3R - 54P^2L^2 \\
& \qquad - 1978P^2LR + 7548P^2R^2 + 18PL^3 + 262PL^2R \\
& \qquad - 4432PLR^2 + 49272PR^3 + 570L^3R \\
& \qquad + 1620L^2R^2 + 6648LR^3 + 77808R^4) \\
& + 24P^5R - 76P^4LR - 1224P^4R^2 + 84P^3L^2R \\
& + 2622P^3LR^2 - 13032P^3R^3 - 36P^2L^3R - 946P^2L^2R^2 \\
& + 8268P^2LR^3 - 30192P^2R^4 + 4PL^4R - 822PL^3R^2 \\
& - 368PL^2R^3 \\
& - 73784PLR^4 - 5472PR^5 + 114L^4R^2 - 1524L^3R^3 \\
& - 14712L^2R^4 - 113904LR^5 + 25920R^6.
\end{aligned}
$$

Il ne semble pas que, même dans le cas spécial que nous considérons, les invariants d'ordre supérieur que nous avons donnés puissent s'exprimer linéairement en fonction de ceux d'ordre moins élevé; et même dans ce cas, je n'ai pu trouver que le discriminant soit exprimable en fonction d'invariants de moindre degré ([1]).

---

([1]) Les valeurs de E, $E_2$, $F_1$ et $F_2$ ont été calculées par M. J.-J. Walker.

# CHAPITRE VII.

## COURBES TRANSCENDANTES.

303. Nous avons jusqu'ici discuté exclusivement des équations réductibles à un nombre fini de termes qui ne contiennent que des puissances entières et positives de $x$ et $y$; il nous reste à dire quelques mots des courbes représentées par des équations transcendantes. Comme ces équations renferment des fonctions qui ne peuvent s'exprimer que par une série infinie de termes algébriques, toutes les courbes transcendantes peuvent être considérées comme des courbes de degré infini ; elles peuvent être coupées par une droite en un nombre infini de points et doivent avoir une infinité de points et tangentes multiples. Il ne saurait donc être question d'établir une théorie générale des singularités de ces courbes et il suffira de faire connaître les noms et les propriétés principales des plus remarquables d'entre elles. Nous pouvons signaler, en passant, une classe d'équations, appelées par Leibnitz *inter-transcendantes,* ou qui renferment les variables affectées d'exposants incommensurables; par exemple, $y = x^{\sqrt{2}}$. Ici, en substituant à $\sqrt{2}$ la série des fractions rationnelles qui expriment approximativement la valeur du radical, nous trouverons une série de courbes algébriques dont le degré croît constamment, et qui s'approchent de plus en plus de ressembler à la figure de la courbe cherchée, mais ne la représentant pas exactement tant que le degré de la courbe est fini.

Nous passons à la *cycloïde,* qui tient la première place

parmi les courbes transcendantes, tant au point de vue de l'intérêt historique que de la variété de ses applications physiques. Cette courbe est engendrée par le mouvement d'un point de la circonférence d'un cercle qui roule le long d'une droite. Soit A le point où le mouvement commence; si, dans une position quelconque du cercle générateur, $p$ est le point qui engendre la courbe, nous devons avoir arc $pm = \mathrm{A}m$ et, en représentant l'angle $pcm$ par $\varphi$ et $cm$, le rayon du cercle, par $a$, nous aurons

$$y = a(1 - \cos\varphi), \quad x = a(\varphi - \sin\varphi)$$

et, en éliminant, il vient, pour l'équation de la courbe,

$$a - y = a \cos \frac{x + \sqrt{2ay - y^2}}{a}.$$

Il est cependant plus avantageux, en général, de conserver $\varphi$ et de considérer la courbe comme définie par les deux équations ci-dessus. On voit aisément que sa forme est celle que représente la *fig.* 52. Le cercle pouvant rouler indéfiniment dans l'une ou l'autre direction, la courbe se compose d'une infinité de portions similaires et il y a un rebroussement en chacun des points où deux de ces portions se réunissent.

Fig. 52.

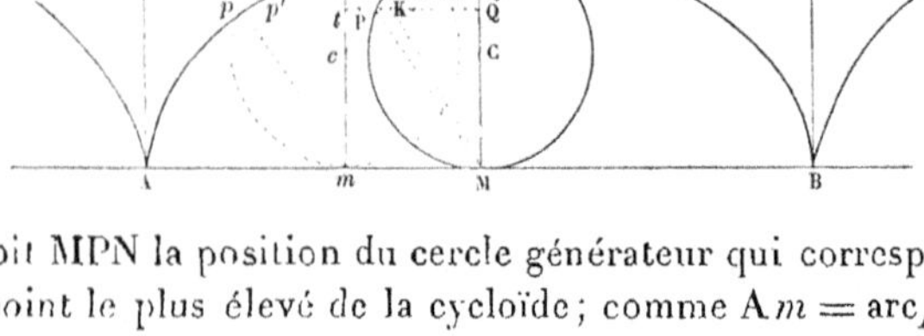


Soit MPN la position du cercle générateur qui correspond au point le plus élevé de la cycloïde; comme $\mathrm{A}m = \mathrm{arc}\,pm$, $\mathrm{AM} = \mathrm{MPN}$ et nous avons $\mathrm{M}m = p\mathrm{P} = \mathrm{arc\,PN}$; autrement dit, la courbe peut être engendrée en prolongeant les ordonnées d'un cercle jusqu'à ce que la partie prolongée soit égale à l'arc correspondant mesuré de l'extrémité du diamètre. En représentant l'angle PCN par $\theta$, la courbe rapportée aux axes AM et MN est représentée par les équations

$$y = a(1 + \cos\theta), \quad x = a(\theta + \sin\theta).$$

304. Il est facile de voir comment on peut mener une tangente à la courbe; en effet, à un instant quelconque du mouvement du cercle générateur, $m$ (son point le plus bas) est en repos, et le mouvement de tout point du cercle est pour ce moment le même que s'il décrivait un cercle ayant $m$ pour centre; donc la normale au lieu du point $p$ doit passer par $m$ et sa tangente doit être parallèle à NP. On arrive au même résultat analytiquement à l'aide de l'expression

$$\frac{dy}{dx} = \frac{\sin\varphi}{1 - \cos\varphi} = \cot\tfrac{1}{2}\varphi.$$

La tangente fait donc avec l'axe des $x$ un angle qui est le complément de CNP, ou qui est égal à $\frac{1}{2}\varphi$.

Il est si facile de donner des démonstrations géométriques de quelques-unes des principales propriétés de la cycloïde que nous les citerons ici. *L'aire de la courbe est égale à trois fois l'aire du cercle générateur.* En effet, l'élément de l'aire extérieure ($pp'rr' = pp'tt' = PP'QQ'$) est égal à l'élément de l'aire du cercle; l'aire extérieure tout entière AENFB est donc égale à celle du cercle, et par conséquent l'aire intérieure ANB est trois fois l'aire du cercle.

*L'arc* N$p$ *de la cycloïde est le double de la corde* NP *du cercle.*

Il est facile de voir que le triangle PP'L est isoscèle et que, par conséquent, si l'on abaisse une perpendiculaire MK sur la base PL, l'accroissement infinitésimal de l'arc de la cycloïde est double de l'accroissement PK de la corde du cercle.

Donc, si $s$ représente l'arc de la cycloïde, $b$ le diamètre du cercle générateur, $x$ l'abscisse NQ comptée à partir du sommet, l'équation de la courbe est $s^2 = 4bx$; cette forme est très utile en Mécanique.

*Le rayon du cercle de courbure est double de la normale.*

En effet, le triangle formé par deux normales consécutives a ses côtés parallèles à ceux du triangle PMP'. Mais la base du premier triangle est égale à PL, et, comme nous l'avons démontré, elle est le double de la base PK du second; donc le rayon de courbure est double de MP.

*La développée de la cycloïde est une autre cycloïde.*

En effet, si nous supposons qu'un cercle soit tangent à la base en $m$ et passe par le centre de courbure R (*fig.* 53), il sera

Fig. 53.

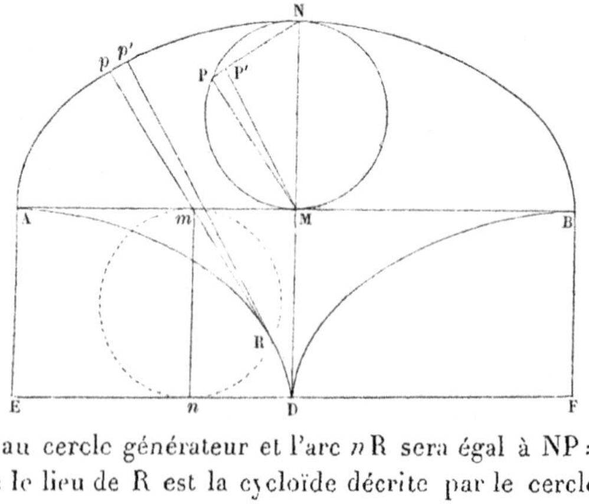


égal au cercle générateur et l'arc $n$R sera égal à NP $= n$D; donc le lieu de R est la cycloïde décrite par le cercle $m$R$n$ roulant sur la base EF ([1]).

---

([1]) Les propriétés de la cycloïde ont été beaucoup étudiées par les plus grands mathématiciens de l'Europe, pendant la première moitié du XVII$^e$ siècle. Leur attention a été appelée la première fois sur ces pro-

Nous pourrions aussi chercher le lieu d'un point quelconque du plan du cercle générateur, entraîné par celui-ci dans son mouvement de roulement; quand le point est hors du cercle, le lieu s'appelle une cycloïde allongée; quand il est en dedans, une cycloïde raccourcie. Ces lieux ont aussi été appelés *trochoïdes*. Il n'est pas difficile de calculer leurs équations ou de déterminer leurs figures, mais il ne semble pas nécessaire de nous y arrêter. La méthode donnée pour mener des tangentes à la cycloïde s'applique également à ces courbes. Ces dernières peuvent (le lecteur s'en assurera facilement) être engendrées par un point de la circonférence d'un cercle qui roule de telle manière que l'arc $pm$ soit dans un *rapport constant* avec la droite $Am$.

305. Après avoir recherché les propriétés de la cycloïde, on était conduit par une extension toute naturelle à discuter la courbe engendrée par un point d'un cercle qui roule sur la circonférence d'un autre cercle. Quand le point est sur la circonférence même du cercle, la courbe engendrée s'appelle *épicycloïde* ou *hypocycloïde* selon que le cercle roule à l'extérieur ou à l'intérieur du cercle fixe. Si le point générateur n'est pas sur la circonférence même, la courbe a reçu le non d'*épitrochoïde* ou d'*hypotrochoïde*.

Prenons pour axe des $x$ la position du diamètre commun aux deux cercles, qui passe par le point générateur; soient CO

---

blèmes par Mersenne. Mais Galilée a des droits à être regardé comme l'inventeur de la description de cette courbe. N'ayant pu obtenir la quadrature de la courbe par des méthodes géométriques, il essaya de résoudre le problème en pesant l'aire de la courbe et en comparant le résultat obtenu au poids du cercle; il arriva à cette conclusion que la première aire était à peu près, mais pas exactement trois fois la dernière. Le problème de la quadrature a été résolu d'une manière exacte par Roberval en 1634. La méthode pour mener les tangentes a été découverte par Descartes, la rectification par Wren, la développée par Huygens, plusieurs autres propriétés importantes par Pascal.

une autre position de ce diamètre, Q le point générateur; soient $CN = a$, $ON = b$, $NCB = \varphi$, $PON = \psi$, $OQ = d$ (*fig.* 54).

Fig. 54.

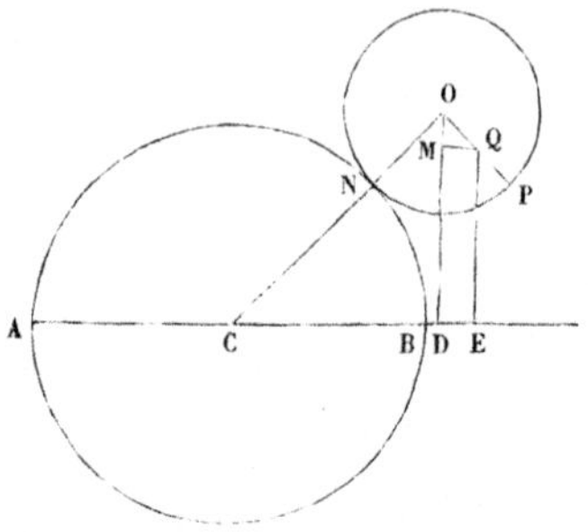


Comme $BN = NP$, nous avons $a\varphi = b\psi$; $OQM = 180 - (\varphi + \psi)$, et les coordonnées de Q sont

$$y = (a+b)\sin\varphi - d\sin(\varphi+\psi),$$
$$x = (a+b)\cos\varphi - d\cos(\varphi+\psi)$$

ou bien, si $a + b = mb$,

$$y = mb\sin\varphi - d\sin m\varphi,$$
$$x = mb\cos\varphi - d\cos m\varphi.$$

En éliminant $\varphi$ entre ces deux équations, nous obtenons l'équation de la courbe qui n'est pas nécessairement transcendante. En effet, quand les circonférences des cercles sont commensurables, après un certain nombre de révolutions, le point générateur revient en l'une des positions précédentes, la courbe est fermée et a des dimensions algébriques finies; mais, si elles ne sont pas commensurables, le point générateur ne reviendra pas à la même position après un nombre fini de révolutions, et la courbe sera transcendante.

Pour obtenir les équations de l'épicycloïde, nous n'avons

qu'à faire $d = \pm b$, ce qui nous donne

$$y = b(m \sin\varphi \pm \sin m\varphi),$$
$$x = b(m \cos\varphi \pm \cos m\varphi);$$

le signe inférieur correspond au cas où l'axe des $x$ passe par le point générateur quand il est sur le cercle fixe; le signe supérieur, quand il en est à la plus grande distance.

306. Les coordonnées pour le cas de l'hypocycloïde et de l'hypotrochoïde s'obtiennent, comme le lecteur le vérifiera aisément, en changeant le signe de $b$ dans les équations données ci-dessus. Elles se trouveront comprises dans les équations dont nous ferons usage, si nous donnons à $m$ des valeurs négatives, ou si nous supposons $m = -n$, où $n = \dfrac{a-b}{b}$.

Si, dans les équations ci-dessus, nous changeons $b$ en $mb$ et $m$ en $\frac{1}{m}$, elles deviennent

$$y = mb\left(\frac{1}{m}\sin\varphi + \sin\frac{1}{m}\varphi\right),$$
$$x = mb\left(\frac{1}{m}\cos\varphi + \cos\frac{1}{m}\varphi\right),$$

et, en posant $\varphi = m\psi$, nous voyons que les équations appartiennent au même lieu que les précédentes. Nous pouvons ainsi démontrer qu'on engendre la même hypocycloïde en prenant $b = \frac{1}{2}(c \pm a)$ [Euler, *De duplici genesi epicycloidum* (*Acta Petrop.*, 1784)]. Quand le rayon du cercle générateur est plus grand que celui du cercle fixe, l'hypocycloïde peut aussi être engendrée comme épicycloïde; car alors $m\left(= -\dfrac{a-b}{b}\right)$ est positif.

307. On peut facilement mener les tangentes à ces courbes; car le même raisonnement que celui du n° 304 montre que la droite NQ est normale à la courbe. Nous pouvons aussi

voir de cette manière que, quand une courbe est engendrée par un point de la circonférence d'une figure roulant sur une autre figure, il doit y avoir un rebroussement en tout point où le point générateur rencontre la courbe fixe. En effet, d'après cette construction, en chaque point de cette espèce, le point générateur s'approche de la courbe fixe suivant la direction de la normale et s'en éloigne dans la même direction; il y a donc là un point stationnaire. Une épicycloïde se compose d'un nombre de portions similaires, dont chacune est réunie à la suivante par un rebroussement; et les rayons menés du centre aux extrémités de l'une de ces parties sont inclinés l'un sur l'autre d'un angle égal à $\frac{2nb}{a}$. Quand les rayons des cercles sont commensurables et par suite quand la courbe est algébrique, le nombre des rebroussements est fini; mais, quand la courbe est transcendante, le nombre des rebroussements est infini. Tout point de la base devient à son tour un point de rebroussement, et par conséquent cette base peut être dite le lieu des points de rebroussement de la courbe; il est clair toutefois que deux points consécutifs de la base ne sont pas des points consécutifs du lieu.

308. Ces courbes, de même que les épitrochoïdes en général, ont en outre un certain nombre de points doubles crunodaux ou acnodaux; ce nombre est fini pour les courbes algébriques, infini pour les courbes transcendantes, et tous les points doubles sont rangés sur des lieux circulaires. Considérons les équations (n° 303)

$$y = mb\sin\varphi - d\sin m\varphi, \quad x = mb\cos\varphi - d\cos m\varphi,$$

où $\varphi = 0$ correspond à ce que nous pouvons regarder comme la position initiale du point générateur, c'est-à-dire celle où il est sur la droite qui réunit les centres; nous supposons que cette droite ait été prise pour axe des $x$ et que la distance initiale de l'origine au point générateur soit $mb - d$. Mais il y a d'autres positions du cercle mobile pour lesquelles le point générateur se trouve sur l'axe; les valeurs de $\varphi$ correspondant à ces positions s'obtiennent en résolvant l'équation $mb \sin\varphi = d \sin m\varphi$. En mettant de côté la racine $\varphi = 0$, les autres racines peuvent évidemment se partager en couples égaux et de signe contraire, et pour chaque couple la valeur de $x$, ou $mb \cos\varphi - d \cos m\varphi$, est la même. Les points correspondants sont donc des points doubles du lieu. On peut, au moyen de la condition $mb \sin\varphi = d \sin m\varphi$, écrire la valeur de $mb \cos\varphi - d \cos m\varphi$ sous la forme $x \sin\varphi = d \sin(m-1)\varphi$. Toutes les fois que ce point générateur revient à une position similaire par rapport aux deux centres, nous avons une droite sur laquelle sont situés des points doubles; le nombre de ces droites est, comme nous l'avons dit, fini pour les courbes algébriques, et infini pour les courbes transcendantes.

**309.** Les équations des tangentes aux épi- ou hypocycloïdes peuvent être écrites sous une forme très simple. En effet,

$$\frac{dy}{dx} = \frac{\cos\varphi \pm \cos m\varphi}{-(\sin\varphi \pm \sin m\varphi)} = \frac{\cos\frac{1}{2}(m+1)\varphi}{\sin\frac{1}{2}(m+1)\varphi}$$

ou

$$\frac{\sin\frac{1}{2}(m+1)\varphi}{\cos\frac{1}{2}(m+1)\varphi}.$$

Si l'on a égard à ce que la tangente doit passer par le point dont les coordonnées ont été données (n° 305), l'équation de la tangente devient

$$x \cos\tfrac{1}{2}(m+1)\varphi + y \sin\tfrac{1}{2}(m+1)\varphi = (m+1)\, b \cos\tfrac{1}{2}(m-1)\varphi,$$

quand l'axe passe par le point générateur à sa plus grande distance du centre fixe; et

$$x \sin\tfrac{1}{2}(m+1)\varphi - y \cos\tfrac{1}{2}(m+1)\varphi = (m+1)\, b \sin\tfrac{1}{2}(m-1)\varphi,$$

quand l'axe des $x$ passe par le point générateur à sa plus petite distance du centre du cercle fixe.

On voit, de la même manière, que, dans ce dernier cas, l'équation de la normale est

$$x\cos\tfrac{1}{2}(m+1)\varphi+y\sin\tfrac{1}{2}(m+1)\varphi=(m-1)b\cos\tfrac{1}{2}(m-1)\varphi.$$

En comparant cette valeur à la première forme de l'équation de la tangente, on reconnaît que *la développée d'une épicycloïde est une épicycloïde semblable;* les rayons des cercles générateurs sont entre eux dans le rapport de $\frac{m-1}{m+1}$, et le point générateur de la développée est à sa plus grande distance du centre du cercle fixe quand le point générateur de la courbe primitive est sur le même diamètre à sa plus petite distance du même centre.

Les mêmes remarques s'appliquent également à l'hypocycloïde.

L'équation de la tangente à une épitrochoïde est de même

$$\begin{gathered}(b\cos\varphi-d\cos m\varphi)x+(b\sin\varphi-d\sin m\varphi)y\\ =[mb^2+d^2-(m+1)bd\cos(m-1)\varphi].\end{gathered}$$

**310.** Nous donnons ici des exemples de quelques-uns des cas les plus simples où les équations de ces courbes sont algébriques et où l'on peut les former facilement. Ces cas se présentent $(a)$ quand l'équation de la tangente est de la forme

$$a\cos 2\theta+b\sin 2\theta+c\cos\theta+d\sin\theta+e=0,$$

dont l'enveloppe a été trouvée (n° 85, Ex. III); $(b)$ quand l'équation de la tangente est comprise dans la forme

$$a\cos 3\theta+b\sin 3\theta+3c\cos\theta+3d\sin\theta=0;$$

quand on procède de la même manière que celle qu'on vient de rappeler, l'enveloppe de cette droite s'obtient en formant le discriminant d'une équation du troisième degré; le résultat est

$$\begin{gathered}(a^2+b^2)^2+8(ac^3-bd^3)-24cd(ad-bc)\\ =3(c^2+d^2)^2+6(a^2+b^2)(c^2+d^2);\end{gathered}$$

(*c*) quand $m$ est une fraction dont le numérateur et le dénominateur diffèrent d'une unité. Si nous élevons au carré et ajoutons les équations

$$x = mb\cos n\varphi - d\cos(n+1)\varphi, \quad y = mb\sin n\varphi - d\sin(n+1)\varphi$$

nous avons

$$x^2 + y^2 = m^2 b^3 + d^2 - 2mbd\cos\varphi.$$

En déduisant $\cos\varphi$ de cette équation et le portant dans la valeur de $x$, l'élimination se trouve effectuée.

EXEMPLE I. — *Trouver l'épitrochoïde en général pour* $d = mb$.

Les équations sont alors réductibles à la forme

$$x = 2d\sin\tfrac{1}{2}(m-1)\varphi\sin\tfrac{1}{2}(m+1)\varphi, \quad y = 2d\sin\tfrac{1}{2}(m-1)\varphi\cos\tfrac{1}{2}(m+1)\varphi;$$

il est donc évident que $\frac{1}{2}(m+1)\varphi$ est l'angle $\omega$ que le rayon vecteur fait avec l'axe des $y$; et l'équation polaire est $\rho = 2d\sin\dfrac{m-1}{m+1}\,\omega$.

EXEMPLE II. — *Trouver les équations de l'épitrochoïde et de l'épicycloïde quand les rayons des cercles sont égaux et par conséquent* $m = 2$. En opérant comme dans (*c*) avec les équations

$$x = 2b\cos\varphi - d\cos 2\varphi, \quad y = 2b\sin\varphi - d\sin 2\varphi,$$

nous trouvons

$$(x^2 + y^2 - 2b^2 - d^2)^2 = 4b^2(b^2 + 2d^2 - 2dx),$$

équation d'une Cartésienne ayant $x = 0$, $x = d$ pour points doubles, comme on peut facilement le vérifier; c'est donc un *limaçon*. Nous voyons, d'après la théorie déjà exposée, que ce point correspond à la valeur $\cos\varphi = \dfrac{b}{d}$. Quand donc $d$ est plus grand que $b$, c'est-à-dire quand le point générateur est en dehors du cercle mobile, le nœud correspond à deux positions réelles du cercle mobile et par suite est crunodal; mais si le point est intérieur au cercle mobile, le nœud ne correspond à aucune position réelle de ce cercle et la courbe est acnodale.

Le cas de l'épicycloïde s'obtient en posant $d = b$, ce qui donne

$$(x^2 + y^2 - 3b^2)^2 = 4b^3(3b - 2x).$$

Le point double devient maintenant un rebroussement, et la courbe est une *cardioïde*. D'après ce qu'on a dit, il est évident que la développée d'une cardioïde est une cardioïde.

EXEMPLE III. — *Trouver l'équation de l'épicycloïde quand le rayon du cercle mobile est la moitié de celui du cercle fixe.* L'équation de la tangente est

$$x\cos 2\theta + y\sin 2\theta = 4b\cos\theta,$$

équation dont l'enveloppe est

$$(x^2+y^2-4b^2)^3 = 108\,b^4x^2.$$

EXEMPLE IV. — *Trouver l'hypotrochoïde et l'hypocycloïde quand le rayon du cercle mobile est la moitié du cercle fixe.* Nous avons $m=-1$; les équations sont

$$x = b\cos\varphi + d\cos\varphi,\quad y = b\sin\varphi - d\sin\varphi,$$

et l'hypotrochoïde est l'ellipse

$$\frac{x^2}{(b+d)^2} + \frac{y^2}{(b-d)^2} = 1,$$

qui se réduit au diamètre $y$ dans le cas de l'hypocycloïde, où $b=d$.

EXEMPLE V. — *Trouver l'hypocycloïde quand le rayon du cercle fixe est égal à trois fois celui du cercle mobile.* Ici $m=-2$; l'équation de la tangente est de la forme

$$x\cos\varphi - y\sin\varphi = b\cos 3\varphi$$

et, d'après la forme ($b$), l'enveloppe est

$$(x^2+y^2)^2 + 8\,bx^3 - 24\,bxy^2 + 18\,b^2(x^2+y^2) = 27\,b^4$$

équation d'une quartique tricuspidale, les tangentes aux rebroussements se rencontrant au centre du cercle fixe.

Cette courbe a été étudiée par Steiner comme enveloppe de la droite qui joint les pieds des perpendiculaires abaissées sur les côtés d'un triangle, d'un point quelconque du cercle circonscrit. En effet, en prenant le centre de ce cercle comme origine, et $r\cos 2\alpha$, $r\sin 2\alpha$ ... pour les coordonnées des sommets si le point d'où l'on abaisse les perpendiculaires est $r\cos 2\varphi$, $r\sin 2\varphi$, l'équation de la droite qui joint leurs pieds est

$$\begin{aligned}x\sin(\alpha+\beta+\gamma-\varphi) &- y\cos(\alpha+\beta+\gamma-\varphi)\\ = \tfrac{1}{2}r[\sin(\alpha+\beta+\gamma-3\varphi) &+ \sin(\beta+\gamma-\alpha-\varphi)\\ &+ \sin(\beta+\alpha-\gamma-\varphi) + (\sin\gamma+\alpha-\beta-\varphi)].\end{aligned}$$

Cette forme se ramène aisément à celle qu'on a considérée dans cet exemple.

EXEMPLE VI. — *Trouver l'hypocycloïde quand le rayon du cercle fixe est égal à quatre fois celui du cercle mobile.*

Nous avons $m = -3$. L'équation de la tangente est

$$x \sin\varphi + y \cos\varphi = 2b \sin 2\varphi,$$

et celle de l'enveloppe

$$x^{\frac{2}{3}} + y^{\frac{2}{3}} = (4b)^{\frac{2}{3}}.$$

311. Il est facile de former l'équation de la réciproque d'une épicycloïde. En effet, l'équation de la tangente étant

$$x \cos\tfrac{1}{2}(m+1)\varphi + y \sin\tfrac{1}{2}(m+1)\varphi = (m+1) b \cos\tfrac{1}{2}(m-1)\varphi,$$

il est évident que la perpendiculaire à cette tangente fait un angle $\frac{1}{2}(m+1)\varphi$ avec l'axe des $x$ et que sa longueur est $(m+1) b \cos\frac{1}{2}(m-1)\varphi$; par conséquent, le lieu du pied de cette perpendiculaire est

$$p = (m+1) b \cos\left(\frac{m-1}{m+1}\omega\right),$$

et la courbe réciproque est $\rho \cos\left(\frac{m-1}{m+1}\omega\right) = (m+1)b$.

Le rayon de courbure est donné par la formule $R = \frac{\rho d\rho}{dp}$.

Dans la courbe primitive, nous avons

$$\rho^2 = x^2 + y^2 = b^2[m^2 + 1 + 2m\cos(m-1)\varphi]$$

ou

$$\rho^2 = b^2(m-1)^2 + 4mb^2\cos^2\tfrac{1}{2}(m-1)\varphi,$$

$$\rho^2 = a^2 + \frac{4m}{(m+1)^2}p^2 \quad \text{donc} \quad R = \frac{4m}{(m+1)^2}p \quad (^1).$$

---

(1) L'invention des épicycloïdes est attribuée à l'astronome danois Rœmer qui, en 1674, fut conduit à étudier ces courbes en cherchant la meilleure forme à donner aux dents d'engrenages. La rectification de ces courbes a été donnée par Newton (*Principia*, Liv. I, prop. 49).

**312.** On peut de la manière suivante trouver une autre expression générale pour le rayon de courbure des *roulettes* (ou courbes engendrées par un point situé dans le plan d'une courbe qui roule). Soient P, P′ deux points consécutifs de la courbe, M le point de contact de la courbe roulante avec celle qui est fixe, et R le centre de courbure. Alors PP′, l'élément de l'arc de la roulette, est égal à $\text{MP}.\widehat{\text{PMP}'}$; mais, si nous considérons les courbes comme des polygones d'un nombre infini de côtés, nous pouvons voir que $\widehat{\text{PMP}'}$, l'angle dont tourne PM, est égal à la somme (ou à la différence) des angles compris entre deux tangentes consécutives à la courbe fixe et à la courbe mobile. Donc, si $d\sigma$ est l'élément d'arc de la roulette, $ds$ l'élément commun d'arc pour la courbe fixe et la mobile, $\rho$ et $\rho'$ les rayons de courbure de chacune d'elles, nous avons

$$d\sigma = \text{MP}\left(\frac{ds}{\rho} + \frac{ds}{\rho'}\right).$$

Mais cet élément $d\sigma$ est aussi égal à PR, rayon de courbure, multiplié par l'angle compris entre deux normales consécutives; et si nous appelons $\varphi$ l'angle OMP entre les normales à la roulette et à la courbe fixe, l'angle de deux normales consécutives de la roulette est $\dfrac{\cos\varphi\, ds}{\text{MR}}$, d'où

$$\frac{\text{MP} + \text{MR}}{\text{MP} \times \text{MR}} = \frac{1}{\cos\varphi}\left(\frac{1}{\rho} + \frac{1}{\rho'}\right) \quad \text{et} \quad \text{PR} = \frac{\overline{\text{MP}}^2\left(\dfrac{1}{\rho} + \dfrac{1}{\rho'}\right)}{\text{MP}\left(\dfrac{1}{\rho} + \dfrac{1}{\rho'}\right) - \cos\varphi}$$

(voir *Journal de Liouville*, t. X, p. 150).

**313.** On obtient une classe étendue de courbes transcendantes en prenant pour l'ordonnée une fonction trigonométrique de l'abscisse. Il n'y a pas de difficulté à déduire la forme de ces courbes de leur équation. Par exemple, $y = \sin x$ a des ordonnées positives et constamment croissantes jusqu'à $x = \frac{\pi}{2}$; les ordonnées décroissent ensuite de la même manière jusqu'à $x = \pi$, où la courbe coupe l'axe des $x$ sous un angle de $45^\circ$ et présente une portion négative semblable comprise entre $x = \pi$ et $x = 2\pi$. La courbe se compose donc d'une infinité de portions semblables qui alternent de chaque côté de l'axe des $x$.

De même, $y = \tang x$ représente une courbe dont les ordonnées croissent régulièrement depuis $x = 0$ jusqu'à $x = \frac{\pi}{2}$; pour cette valeur, $y$ devient infini et la droite $x = \frac{\pi}{2}$ est une asymptote. Pour des valeurs plus grandes de $x$, $y$ devient négatif et croît de l'infini négatif à zéro, pour $x = \pi$. La courbe se compose donc d'une infinité de branches infinies, ayant une infinité d'asymptotes $x = \frac{\pi}{2}$, $x = \frac{3}{2}\pi$, $y = \frac{5}{2}\pi$, ... et, comme on le voit facilement, une infinité de points d'inflexion en $x = 0$, $x = \pi$, $x = 2\pi$, ....

De même, le lecteur pourra discuter la figure de $y = \text{séc}\, x$ qui se compose aussi d'un nombre infini de branches infinies; seulement chaque branche, au lieu de couper l'axe, comme dans le dernier cas, est tout entière d'un même côté de cet axe. Les branches sont alternativement du côté positif et négatif de l'axe des $x$. A la même famille appartient une courbe appelée la *compagne de la cycloïde*. Elle est engendrée en prolongeant les ordonnées d'un cercle, non pas comme dans le cas de la cycloïde, jusqu'à ce que la *partie prolongée* soit égale à l'arc, mais jusqu'à ce que l'ordonnée tout entière soit égale à l'arc. Si le centre est l'origine, la courbe est représentée par les équations

$$x = a\cos\theta, \quad y = a\theta, \quad x = a\cos\left(\frac{y}{a}\right);$$

c'est une courbe de la même famille que la sinusoïde.

314. Après les courbes qui dépendent des fonctions trigonométriques, nous pouvons citer celles qui dépendent des exponentielles. La *courbe logarithmique* est caractérisée par cette propriété, que son abscisse est proportionnelle au logarithme de son ordonnée; son équation est donc

$$x = m \log y \quad \text{ou} \quad y = a^x.$$

La courbe a l'axe des $x$ pour asymptote, puisque, pour $x = -\infty$, on a $y = 0$; elle coupe l'axe des $y$ à une distance égale à l'unité de longueur et croît ensuite jusqu'à l'infini positif. La sous-tangente de la logarithmique est constante; car sa valeur, qui est, en général, $\frac{y\,dx}{dy}$, devient égale à $m$ pour la courbe.

Il y a eu un peu de controverse au sujet de l'interprétation propre de l'équation de cette courbe $y = e^x$. On a d'abord seulement considéré la branche de la courbe qui est située du côté positif de l'axe des $x$, et qu'on obtient en prenant la seule valeur positive et réelle de $e^x$ qui corresponde à chaque valeur de $x$. Euler, dans son *Analysis infinitorum*, t. II, p. 290, a insisté sur la nécessité de prendre en considération la multiplicité des valeurs qu'admet la fonction; et le même sujet a été plus longuement développé par M. Vincent (*Annales de Gergonne*, vol. XV, p. 1). Par exemple, si $x$ est une fraction à dénominateur pair, $e^x$ a une valeur réelle négative aussi bien qu'une valeur positive, et par conséquent il doit y avoir, du côté négatif de l'axe, un point qui corresponde à cette valeur négative; mais il n'y a pas de branche continue dans cette région, car, lorsque $x$ est une fraction à dénominateur impair, $e^x$ ne peut avoir qu'une seule valeur réelle et positive. L'expression générale, qui renferme toutes les valeurs de l'ordonnée, s'obtient en multipliant les expressions numériques de $e^x$ par les racines imaginaires de l'unité dont l'expression générale est $\cos 2\,mx\pi + i \sin 2\,mx\pi$, $m$ devant recevoir successivement toutes les valeurs entières et

$i$ représentant, comme d'habitude, la quantité $\sqrt{-1}$. Ceci revient à dire que l'équation $y = e^x$ doit être considérée comme représentant non seulement une branche réelle, mais encore une infinité de branches imaginaires comprises dans la formule $y = e^{x(1+2m i \pi)}$. Une quelconque de ces branches imaginaires contient un nombre de points réels : ce sont ceux où elle rencontre la branche $e^{x\,1+2mi\pi}$ et qui doivent être considérés comme des points conjugués sur la courbe. Il y a une infinité de ces points qui se trouvent tous sur la branche réelle de la courbe ou sur la branche similaire du côté négatif de l'axe des $x$. Cette dernière branche est curieuse ; car, bien que chacun de ses points puisse être considéré comme appartenant à la courbe logarithmique, il n'y a pas deux points qui soient consécutifs, puisque deux points consécutifs appartiennent à des branches différentes. On a ici ce que M. Vincent appelle une *courbe pointillée*. Cependant M. Vincent me paraît être tombé dans une grosse erreur sur un point. Il dit que les points de cette branche doivent être soigneusement distingués des points conjugués ; car, en un point conjugué, les coefficients différentiels ont des valeurs imaginaires, tandis qu'en un de ces points, du côté négatif de l'axe, les quotients différentiels, étant tous égaux à $e^x$, sont tous réels et diffèrent seulement par le signe des points correspondants situés du côté positif de l'axe. Il est vraiment étonnant que M. Vincent n'ait pas observé que, si les coefficients différentiels étaient tous réels, il résulterait du théorème de Taylor que le point immédiatement consécutif serait un point réel de la courbe, et que la branche négative serait une branche ordinaire de la même courbe. Mais, par le fait, un quelconque de ces points doit être considéré comme appartenant à une branche dont l'équation est $y = e^{x(1+2m\pi\sqrt{-1})}$ et le quotient différentiel correspondant sera $y(1 + 2m\pi\sqrt{-1})$. Si donc on considère un point acnodal en général comme l'intersection de branches imaginaires, de même qu'un point crunodal est l'intersection de branches réelles, les points dont il est ici question, étant les points d'intersection de branches imaginaires, semblent devoir, avec juste raison, être regardés comme acnodaux. Nous avons déjà vu qu'une courbe transcendante peut avoir une infinité de points doubles ou conjugués, et, dans le cas des épitrochoïdes, que ces points peuvent être rangés d'une manière discontinue sur certains lieux (¹).

315. La *chaînette* est la forme que prend une chaîne non élastique, de densité uniforme quand elle est au repos. Des considérations mécaniques très simples conduisent à la propriété que nous prendrons pour définition mathématique de cette courbe, à savoir que l'arc mesuré à partir du point le plus bas est proportionnel à la tangente trigonométrique de l'angle que la tangente à l'extrémité supérieure de l'arc fait avec la tangente horizontale. Si donc les axes sont une verticale et une ligne horizontale passant par le point le plus bas, nous avons $s = c\frac{dy}{dx}$. Mais, en coordonnées rectangulaires, l'élément d'arc est la base d'un triangle rectangle dont $dx$ et $dy$ sont les côtés et $ds^2 = dx^2 + dy^2$. L'équation de la courbe nous donnera donc

$$s^2 + c^2 = c^2\frac{ds^2}{dx^2}, \quad dx = \frac{c\,ds}{\sqrt{s^2+c^2}},$$

$$\frac{x}{c} = \log\frac{s+\sqrt{s^2+c^2}}{c},$$

(¹) L'exemple employé ici est dû au Dr Hart. Quelques objections aux vues de M. Vincent, et qui méritent l'attention, se trouvent dans un Mémoire de M. Gregory (*Cambridge Journal*, I, p. 231, 264). M. Cayley considère $e^x$ (qu'il écrit de préférence *exp.* $x$) comme une véritable fonction à une seule valeur; il admet qu'il n'y a rien autre chose que la branche réelle et que les valeurs à considérer sont celles de la fonction

$$1 + \frac{x}{1} + \frac{x^2}{1.2} + \frac{x^3}{1.2.3} + \ldots.$$

la constante étant prise de manière que $s$ et $x$ s'annulent en même temps. Il en résulte que

$$e^{\frac{x}{c}} + e^{-\frac{x}{c}} = \frac{2\sqrt{s^2+c^2}}{c}, \quad e^{\frac{x}{c}} - e^{-\frac{x}{c}} = \frac{2s}{c}.$$

Mais l'équation de la courbe donne, de la même manière,

$$\frac{s^2+c^2}{s^2} = \frac{ds^2}{dy^2}, \quad dy = \frac{s\,ds}{\sqrt{s^2+c^2}}.$$

Donc $y^2 = s^2 + c^2$, pourvu qu'on suppose les axes pris de manière que, pour $x$ ou $s = 0$, on ait $y = c$. Cette valeur de $y$ donne immédiatement l'équation de la courbe, à savoir :

$$y = \frac{c}{2}\left(e^{\frac{x}{c}} - e^{-\frac{x}{c}}\right).$$

Une notation très commode est la suivante :

$$\frac{1}{2}(e^x + e^{-x}) = \cosh x, \quad \frac{1}{2}(e^x - e^{-x}) = \sinh x$$

(lisez sinus et cosinus hyperboliques). Nous avons alors pour la chaînette

$$y = c\cosh\frac{x}{c}, \quad x = c\cosh\frac{y}{c}.$$

**316.** De l'équation de la courbe nous déduisons

$$\frac{dy}{dx} = \frac{1}{2}\left(e^{\frac{x}{c}} - e^{\frac{x}{c}}\right) = \frac{s}{c} = \frac{\sqrt{y^2-c^2}}{c}.$$

Nous sommes ainsi conduits à la construction suivante. Du pied de l'ordonnée M (*fig.* 55), menons la tangente MT au cercle décrit du point C comme centre avec $c$ pour rayon. Alors

$$MC = y, \quad CT = c, \quad MT = \sqrt{y^2 - c^2},$$

$$\text{tang MCT} = \text{tang MTL} = \frac{\sqrt{y^2-c^2}}{c}.$$

Donc la tangente PS est parallèle à MT. Les mêmes valeurs démontrent aussi que PS — MT = l'arc compris entre P et le point le plus bas. Le lieu du point S est donc la dévelop-

Fig. 55.

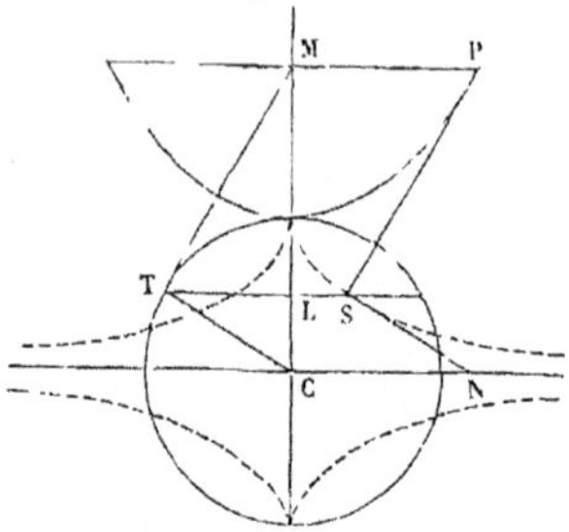


pante de la chaînette et SN, parallèle à TC, en est la tangente, puisque PS doit être normal au lieu de S, comme tangente à sa dév. loppée. La développante de la chaînette est donc une courbe telle que le segment SN intercepté sur sa tangente entre le point de contact et une ligne fixe est constant ([1]). Une courbe de ce genre est appelée une *tractrice*.

**317.** L'équation de la tractrice peut s'obtenir sans grande difficulté; car la longueur comprise entre le pied de l'ordonnée de S et le point N est $\sqrt{c^2 - y^2}$; mais, en faisant $y = 0$ dans l'équation, elle est aussi $-\frac{y\,dx}{dy}$. Donc l'équation différentielle de la courbe est

$$-\frac{y\,dx}{dy} = \sqrt{c^2 - y^2}.$$

([1]) La forme d'équilibre d'une chaîne flexible a été étudiée la première fois par Galilée, qui la crut une parabole. Son erreur a été découverte expérimentalement en 1669 par Joachim Jungius, géomètre allemand; la véritable forme de la courbe a été obtenue par Jacques Bernoulli, en 1691. Gregory (*Ex.*, p. 234) renvoie à un Mémoire de M. Wallace sur cette courbe, qui paraît intéressant (*Edinburgh Transactions*, t. XIV, p. 625).

On la rend rationnelle en posant $z^2 = c^2 - y^2$, ce qui donne

$$dx = \frac{c^2\,dz}{c^2 - z^2} - dz;$$

nous avons ainsi

$$x = c \log \frac{c + \sqrt{c^2 - y^2}}{y} - \sqrt{c^2 - y^2}.$$

On verra facilement que la courbe se compose de quatre portions semblables, comme dans la courbe ponctuée de la *fig.* 55; et la construction géométrique du numéro précédent montre immédiatement comment on peut mener géométriquement une tangente à la courbe.

La *syntractrice* est le lieu d'un point Q situé sur la tangente à la tractrice et qui divise en segments de longueur donnée la droite constante SN. Soient $x', y'$ les coordonnées du point de la tractrice, $x, y$ celles du point du lieu cherché; soit $QN = d$; nous aurons alors

$$y'd = yc \quad \text{et} \quad \sqrt{c^2 - y'^2} - \sqrt{d^2 - y^2} = x - x';$$

et comme, d'après l'équation de la tractrice,

$$x' + \sqrt{c^2 - y'^2} = c \log \frac{c + \sqrt{c^2 - y'^2}}{y'},$$

l'équation de la syntractrice sera

$$x + \sqrt{d^2 - y^2} = c \log \frac{d + \sqrt{d^2 - y^2}}{y}.$$

La tractrice est un cas particulier du problème général des courbes équitangentielles, où l'on demande de trouver une courbe telle que le segment de la tangente compris entre la courbe et une directrice fixe soit constant.

318. Le problème des *courbes de poursuite* a été présenté pour la première fois sous cette forme : *Trouver la piste d'un chien qui court pour atteindre son maître*. Ma-

thématiquement, il s'énonce comme il suit : *Le point A décrit une courbe connue ; on demande la courbe décrite par un point B, dont le mouvement est toujours dirigé vers A.* Nous supposons que les deux mouvements s'effectuent d'une manière uniforme et que A se déplace sur une droite que nous prendrons pour axe des $y$ (¹). Le segment déterminé par la tangente sur cet axe des $y$ est $y - x\dfrac{dy}{dx}$ et par hypothèse son accroissement infiniment petit est proportionnel à celui de l'arc; ou bien, en posant $\dfrac{dy}{dx} = p$,

$$-x\,dp = h\sqrt{1+p^2}\,dx,$$

$$\log x^h + \log\left(p + \sqrt{1+p^2}\right) + \log A = 0,$$

$$2p = A^{-1}x^{-h} - Ax^h,$$

$$2y = C - \frac{A}{h+1}x^{h+1} - \frac{A-1}{h-1}x^{-h+1}.$$

La courbe sera donc algébrique, excepté dans le cas où $h = 1$, où nous aurons à remplacer $-\dfrac{x^{-h+1}}{h-1}$ par $\log x$.

**319.** La *développante de cercle* est une autre courbe transcendante dont l'équation peut être formée sans beaucoup

Fig. 56.

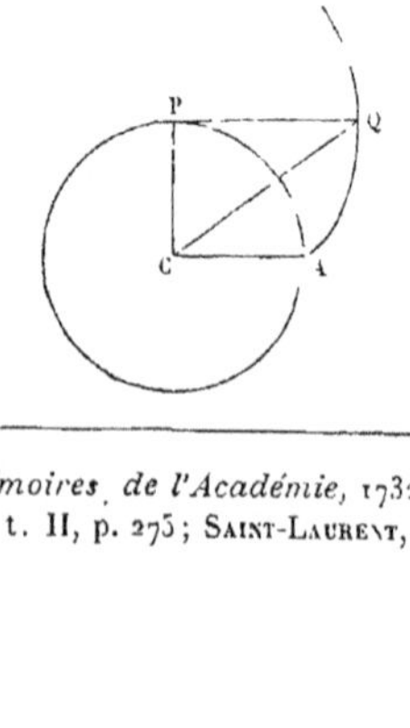


(¹) Voir Bouguer, *Mémoires de l'Académie*, 1732. *Correspondance sur l'École Polytechnique*, t. II, p. 275; Saint-Laurent, *Annales de Gergonne*, t. XIII, p. 145.

de difficulté. La question se ramène à la solution du problème suivant : Si, *sur la tangente en un point* P *d'un cercle, on prend une longueur* PQ *telle qu'elle soit égale à l'arc* PQ *mesuré à partir d'un point fixe* A, *trouver le lieu du point* Q. Soit $a$ le rayon du cercle, le centre étant C, et soit $\rho$ le rayon vecteur CQ; soit PCA $= \varphi$, QCA $= \theta$; alors,

$$PQ = \sqrt{\rho^2 - a^2};$$

mais il est aussi égal à $a\varphi$ par hypothèse; et comme

$$\varphi = \theta + \operatorname{arc} \cos \frac{a}{\rho},$$

l'équation polaire du lieu est

$$\frac{\sqrt{\rho^2 - a^2}}{a} = \theta + \operatorname{arc} \cos \frac{a}{\rho}.$$

La développante de cercle est le lieu des intersections des tangentes menées aux points où une ordonnée quelconque rencontre un cercle et la cycloïde correspondante dont le sommet est en A.

320. Nous allons terminer ce Chapitre par quelques mots sur les spirales. Quand ces courbes sont rapportées à des coordonnées polaires, le rayon vecteur est une fonction non périodique de l'angle qui donne une infinité de valeurs différentes quand nous faisons $\omega = \theta$, $\omega = 2\pi + \theta$, $\omega = 4\pi + \theta, \ldots$. La même droite rencontre donc la courbe en un nombre infini de points et cette dernière est transcendante. Prenons d'abord la *spirale d'Archimède* qui est le lieu décrit par un point qui s'éloigne de l'origine d'un mouvement uniforme, tandis que le rayon qui le porte tourne autour de l'origine d'un mouvement uniforme. L'équation polaire de la courbe est donc

$$\rho = a\,\omega.$$

La spirale est le lieu des pieds des perpendiculaires abaissées sur la tangente de la développante discutée dans le précédent numéro. En effet, d'après la nature des développantes, la tangente en Q est perpendiculaire à PQ ; et la longueur de la perpendiculaire abaissée de C sur cette tangente est égale à $PQ = a\varphi$, et $\varphi$ est l'angle que cette perpendiculaire fait avec une droite fixe. Donc aussi l'inverse de la développante est la spirale hyperbolique $\rho\omega = a$, que nous discuterons dans le numéro suivant. La spirale d'Archimède appartient à une famille comprise dans l'équation générale $\rho = a\omega^n$ ; dans toutes ces courbes, la tangente approche d'autant plus d'être perpendiculaire au rayon vecteur que le point est plus éloigné de l'origine, car $\frac{\rho d\omega}{d\rho} = \frac{\omega}{n}$ ; donc (n° 95) la tangente de l'angle fait par le rayon vecteur avec la tangente croît avec $\omega$ et ne devient infinie que quand $\omega$ est infini.

**321.** Nous venons de parler de l'équation de la spirale hyperbolique $\rho\omega = a$. Cette courbe a une asymptote parallèle à la droite à partir de laquelle on mesure l'angle $\omega$. Car la perpendiculaire abaissée d'un point quelconque de la spirale sur cette droite est $\rho \sin \omega = a \frac{\sin \omega}{\omega}$, qui a la valeur finie $a$ quand $\omega$ est nul et quand $\rho$ devient infini. Nous pourrions encore calculer la longueur de la perpendiculaire abaissée de

Fig. 57.

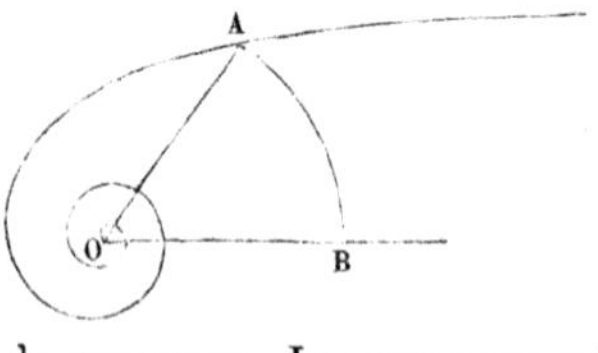


l'origine sur la tangente. La tangente trigonométrique de l'angle que le rayon vecteur fait avec la tangente est $\rho \frac{d\omega}{d\rho} = -\omega$ ;

donc la perpendiculaire est $\frac{a\rho}{\sqrt{a^2+\rho^2}}$ qui est égale à $a$ quand $\rho$ devient infini. La forme de la courbe est celle que nous indiquons ci-contre (*fig.* 57). La sous-tangente polaire est constante. L'arc AB du cercle décrit avec le rayon vecteur OA, en un point quelconque de la courbe, est évidemment constant.

Une autre spirale digne de remarque est celle dont l'équation est $\rho^2\omega = a^2$; elle a aussi une asymptote : c'est la droite à partir de laquelle on mesure $\omega$. En effet, la distance d'un point quelconque de la courbe à cette droite, $\rho \sin\omega = \frac{a^2 \sin\omega}{\rho\omega}$, décroît indéfiniment quand $\rho$ augmente et quand, par conséquent, $\omega$ diminue.

322. Nous mentionnerons en dernier lieu la spirale logarithmique $\rho = a^\omega$. Dans cette courbe, $\rho$ croît indéfiniment avec $\omega$; quand $\omega = 0$, $\rho = 1$; il diminue ensuite pour des valeurs négatives de $\omega$ et ne devient nul que pour $\omega = -\infty$. La courbe fait donc une infinité de tours avant d'atteindre le pôle. Une des propriétés fondamentales de cette courbe, c'est qu'elle coupe tous les rayons vecteurs sous un angle constant; car $\rho\frac{d\omega}{d\rho}$ devient le module du système de logarithmes qui a $a$ pour base; donc l'angle que fait le rayon vecteur avec la tangente a toujours ce module pour tangente trigonométrique. Cette propriété conduit immédiatement à la rectification de la courbe; car, si nous considérons le triangle élémentaire qui a pour hypoténuse l'élément d'arc et pour côté l'accroissement infinitésimal du rayon vecteur, nous voyons que l'élément d'arc est égal à l'accroissement infinitésimal du rayon vecteur multiplié par la sécante de cet angle constant, et par conséquent un arc quelconque est égal à la différence des rayons vecteurs extrêmes, multipliée par la sécante du même angle. La longueur entière, mesurée d'un point quelconque P jusqu'au pôle, étant $\rho \sec\theta$, on la construit en éle-

vant au pôle la droite OQ perpendiculaire à OP jusqu'à la rencontre en Q de la tangente en P; PQ est alors la longueur cherchée. Le lieu de Q sera évidemment une développante de la courbe; mais les angles du triangle OPQ étant constants, OQ est proportionnel à OP; il fait un angle droit avec OP; le lieu de Q est donc une spirale logarithmique, construite en faisant tourner tous les rayons vecteurs d'un angle droit et les changeant suivant un rapport donné. Réciproquement, la développée d'une spirale logarithmique est une spirale logarithmique. Le lieu du pied de la perpendiculaire abaissée sur la tangente est aussi une spirale logarithmique; car cette longueur est dans un rapport constant avec le rayon vecteur et fait avec lui un angle constant. Les caustiques par réflexion et réfraction, dans l'hypothèse où la lumière émane du pôle, sont de même des spirales logarithmiques (1).

(1) Cette courbe a été imaginée par Descartes, qui reconnut quelques-unes de ses propriétés. La propriété de se reproduire elle-même de diverses manières, comme on l'a montré ci-dessus, a été découverte par Bernoulli et excita sa vive admiration.

# CHAPITRE VIII.

## TRANSFORMATION DES COURBES.

---

323. Dans les parties précédentes de cet Ouvrage, nous avons exposé les méthodes particulières au moyen desquelles on peut déduire les propriétés d'une courbe de celles d'une autre courbe; telles sont les méthodes de la projection, des polaires réciproques, de l'inversion .... Nous nous proposons dans ce Chapitre d'étudier la théorie générale qui leur sert de base. Dans toutes ces méthodes, nous avons en général à considérer la correspondance de deux points P, P' qui peuvent être situés dans le même plan ou dans des plans différents. Dans ce dernier cas, les deux plans *peuvent* être regardés comme coexistant dans un espace commun et les deux points P, P' peuvent être liés l'un à l'autre dans cet espace par des relations géométriques. Par exemple, dans la méthode de projection, la droite qui joint les points P, P' est assujettie à la condition de passer toujours par un point fixe O. D'une manière analogue, nous aurions un autre système de transformation, si la droite PP' était soumise à la condition de rencontrer toujours deux droites fixes, et ainsi de suite. Le développement de ces théories, en général, appartient à la Géométrie de l'espace; ici nous considérerons les deux plans comme existant, *indépendamment* de tout espace commun. Pour prendre l'exemple le plus simple, supposons que nous ayons un couple d'axes dans l'un des plans et un autre couple d'axes dans l'autre plan; et admettons que les coordonnées de P rapporté au premier système doivent toujours

être respectivement égales aux coordonnées de P′ rapporté au second couple d'axes; nous obtiendrons évidemment ainsi un système dans lequel un point quelconque P du premier plan correspondra à un point P′ du second, et réciproquement.

Nous pouvons supposer les deux plans appliqués l'un sur l'autre, de manière à former un plan unique. Si nous concevons cette opération effectuée, il y aura des théorèmes qui dépendront de la superposition des deux plans; mais, en outre de ceux-ci, il en subsistera d'autres qui existaient quand les deux plans étaient distincts, et leur théorie ne sera réellement pas altérée. En d'autres termes, au lieu de deux figures situées dans des plans différents, nous avons deux figures contenues dans le même plan; et par le mot de *figure,* nous entendons désigner un système quelconque de points, de droites ou de courbes; ou bien encore, nous pourrons employer ce mot pour désigner tous les points du plan. Le genre de transformation qu'on a surtout étudié est la *transformation rationnelle*, c'est-à-dire celle où une position donnée de P′ correspond en général à une position unique de P, et une seule position de P à une seule position de P′. L'exemple le plus simple de ce genre est la transformation linéaire ou homographique; nous allons l'étudier en détail.

## TRANSFORMATION LINÉAIRE.

**324.** Soient $x, y, z$ les coordonnées de P rapporté à un système quelconque d'axes dans le premier plan; soient $x', y', z'$ celles de P′ rapporté à un système quelconque d'axes du second plan; la correspondance des deux points est dite *linéaire* quand les dernières coordonnées sont proportionnelles à des fonctions linéaires des premières.

$$x' : y' : z' = ax + by + cz : a'x + b'y + c'z : a''x + b''y + c''z.$$

En résolvant ces équations, nous obtiendrons évidemment aussi pour $x, y, z$ des expressions linéaires en fonction de $x', y', z'$.

$x:y:z = Ax' + By' + Cz' : A'x' + B'y' + C'z' : A''x' + B''y' + C''z'.$

Il est facile de voir que, si nous choisissons convenablement les triangles fondamentaux aussi bien que les rapports des constantes implicites, ces équations pourront, sans rien perdre de leur généralité, être écrites sous la forme $x' : y' : z' = x : y : z$. Ainsi à une position de l'un des points il correspond donc une position unique de l'autre point. Si P décrit une courbe $\varphi(x, y, z) = 0$, en remplaçant dans cette équation $x, y, z$ par les valeurs que nous venons d'écrire, nous obtiendrons l'équation de la courbe décrite par P'. Cette dernière équation est évidemment de même ordre que la première; donc une courbe située dans l'un des plans a pour correspondante une courbe de même ordre dans l'autre plan. En particulier, à une droite dans l'un correspond une droite dans l'autre. Si $\alpha = 0$, $\beta = 0$, $\gamma = 0$ représentent trois droites du premier plan; et si, par la substitution indiquée ci-dessus, $\alpha$, $\beta$, $\gamma$ deviennent respectivement $\alpha'$, $\beta'$, $\gamma'$, une droite quelconque

$$l\alpha + m\beta + n\gamma = 0$$

du premier plan aura évidemment pour correspondante la droite

$$l\alpha' + m\beta' + n\gamma' = 0$$

dans l'autre plan. Il est aussi évident qu'à un point double ou à un point de rebroussement d'une des courbes correspondra un point double ou un rebroussement sur l'autre, en sorte que deux courbes qui se correspondent dans cette méthode auront les mêmes caractéristiques Plückériennes. Les quantités $x', y', z'$ exprimées en fonction de $x, y, z$ contiennent chacune trois constantes: il y a donc neuf constantes employées dans cette méthode de transformation; mais, comme nous n'avons affaire qu'aux rapports mutuels de $x'$, $y'$, $z'$, nous pouvons faire disparaître une constante par la division, et la méthode de transformation homographique doit être regardée comme comprenant huit constantes arbitraires.

325. *Un faisceau de quatre droites passant par un point a pour correspondant un faisceau dont le rapport anharmonique est le même.* En effet, nous avons montré (*Sections coniques*, n° 59) que le rapport anharmonique de quatre droites, $\alpha - k\beta$, $\alpha - l\beta$, $\alpha - m\beta$, $\alpha - n\beta$ est une fonction de $k$, $l$, $m$, $n$ seulement et qu'il est par conséquent le même que le rapport anharmonique de $\alpha' - k\beta'$, .... De même à quatre points en ligne droite correspondent quatre points dont la fonction anharmonique est la même.

Étant donnés quatre points quelconques de la première figure et les points A′, B′, C′, D′ qui leur correspondent dans la seconde, on voit facilement d'après cela comment nous pouvons construire le point P′ qui correspondra à un autre point quelconque P de la première figure. En effet, le rapport anharmonique du faisceau A′(B′, C′, D′, P′) est égal à celui du faisceau A (A, C, D, P); nous pouvons par conséquent construire la droite A′, P′; nous construirions de même les droites B′P′, C′P′, D′P′ et ces quatre droites concourront évidemment en un même point, qui est le point P′. Cette construction est applicable, que les deux plans soient distincts ou superposés.

326. Supposons maintenant les plans superposés, et cherchons une autre construction géométrique pour exprimer la relation entre les droites et les points correspondants. Soient A, B, C les sommets du triangle formé par les droites $x$, $y$, $z$; et A′, B′, C′ ceux du triangle formé par les droites correspondantes. Comme toutes les droites issues de A forment un système homographique aux droites correspondantes menées par A′,

le lieu des points d'intersection des droites correspondantes est une conique. Analytiquement, comme la droite $y + kz$ correspond à $y' + k'z$, on peut éliminer $k$ et le lieu du point d'intersection sera $yz' = y'z$. De même, toutes droites menées par B et par C rencontrent les droites correspondantes sur les coniques fixes $zx' - xz'$, $xy' - yx'$. La construction suppose donc que, outre les trois couples de points correspondants A, A'; B, B'; C, C', on nous donne trois coniques fixes qui passent chacune par un couple de points correspondants; et la forme des équations $\frac{x}{x'} = \frac{y}{y'} = \frac{z}{z'}$ montre que ces trois coniques ont aussi trois points communs. Pour construire le point du second système qui correspond à un point quelconque P du premier, nous mènerons donc la droite AP qui rencontrera la courbe $yz' - y'z$ au point F; A'F sera la droite qui correspond à PA; si nous supposons de même que PB, PC rencontrent respectivement les coniques $zx' - xz'$, $xy' - yx'$ aux points G, H; B'G, C'H seront respectivement les droites correspondantes. Les trois droites A'F, B'G, C'H auront un point commun P' qui sera le point correspondant demandé de P. La droite qui correspond à une droite donnée quelconque s'obtiendra en construisant les points correspondant à deux points de la droite donnée.

**327.** Dans la méthode qui précède, la relation qui existe entre deux points n'est pas réciproque en général; c'est-à-dire que si P, point du premier système, a pour correspondant le point P' du second, il ne sera pas vrai que P', considéré comme point du premier système, aura P pour correspondant dans le second. En effet, si nous considérons P comme appartenant au second système, nous construirons le point correspondant, en joignant P à A', B', C'; supposons que ces droites rencontrent les coniques respectives en F', G', H'; alors PA', PB', PC' auront pour correspondantes dans le premier système les droites AF′, BG′, CH′ qui se rencontreront en un point P′ généralement différent de P.

Considérons cependant les trois points L, M, N communs aux trois coniques $y'z - z'y$, $z'x - x'z$, $x'y - y'x$; la construction montre qu'aux droites LA, LB, LC correspondront respectivement les droites LA′, LB′, LC′. Il en résulte que *les deux systèmes ont en commun les trois points* L, M, N; chacun de ces points, considéré comme appartenant à l'un des systèmes, est lui-même son propre correspondant dans l'autre. De même, les droites qui joignent ces points sont évidemment les mêmes pour les deux systèmes. Si nous partons des points L, M, N considérés comme donnés, et si nous connaissons un seul couple de points correspondants, nous pourrons, en vertu du théorème du n° 325, construire immédiatement dans l'un des systèmes le point qui correspond à un point quelconque de l'autre système.

Si nous exprimons les équations en coordonnées trilinéaires, en prenant les trois droites LM, MN, NL pour droites de référence, les équations qui dans le second système correspondent à $x = 0, y = 0, z = 0$ du premier doivent encore représenter les mêmes droites ; elles ne peuvent donc en différer que par des multiplicateurs constants qui doivent être de la forme

$$lx = 0, \quad my = 0, \quad nz = 0.$$

Donc, par un choix convenable des axes de référence, la correspondance homographique peut toujours s'exprimer sous une forme telle qu'un point $(x', y', z')$ du premier système ait pour correspondant le point $(lx', my', nz')$ du second ; et la transformation homographique s'effectuera alors en remplaçant respectivement dans l'équation de la courbe $x, y, z$ par $lx$, $my$, $nz$. Nous ne pouvons plus poser ici

$$x' : y' : z' = x : y : z,$$

comme dans le n° 324, parce que les deux figures seraient identiques.

328. La méthode de projection est un cas de la transformation homographique. Dans cette méthode, la droite qui joint deux points correspondants quelconques passe par un point fixe qui est le sommet du cône projetant et deux droites correspondantes quelconques se coupent sur une certaine droite fixe qui est l'intersection des deux plans de section. Si l'un des plans tourne autour de cette droite de manière à venir coïncider avec l'autre, les figures jouiront toujours de la propriété que la droite qui joint deux points correspondants passera par un point fixe. En effet, si nous considérons les triangles formés par trois couples de droites correspondantes, les côtés correspondants se coupent sur une même droite; par conséquent, les droites qui joignent les sommets correspondants se rencontrent en un même point. Il est facile de former les équations les plus générales d'un pareil système. Soit $ax + by + cz = 0$ l'équation de la droite sur laquelle se coupent les droites correspondantes; il est alors évident que les équations de $x'$, $y'$, $z'$ (les droites qui correspondent à $x$, $y$, $z$) seront de la forme

$$\begin{aligned} x' &= a'x + by + cz = 0, \\ y' &= ax + b'y + cz = 0, \\ z' &= ax + by + c'z = 0. \end{aligned}$$

Ce système renferme trois constantes de moins que dans le cas général, et par conséquent il en contiént cinq en tout.

Nous appellerons *pôle* du système le point où se rencontrent les droites qui joignent les points correspondants, et *axe* du système la droite sur laquelle se coupent les droites correspondantes. En retranchant successivement l'une de l'autre chacune des équations qu'on vient d'écrire, on verra que le pôle du système dont nous avons écrit les équations est déterminé par les relations

$$(a - a')x = (b - b')y = (c - c')z.$$

Les formes les plus simples des équations de la transformation projective s'obtiennent comme il suit : Toute droite qui passe par le pôle reste la même dans la nouvelle figure ; en effet, deux points situés sur cette droite auront pour correspondants deux points de la même droite. Si donc nous prenons le point $xy$ pour pôle, les deux droites $x$, $y$ ne seront pas altérées par la projection ; une autre droite $Ax + By + Cz = 0$ aura pour correspondante la droite $Ax + By + C\zeta = 0$ et les deux droites se couperont sur l'axe fixe $z - \zeta = 0$. Toute droite $Ax + By = 0$ qui passe par le pôle ne change évidemment pas.

329. Réciproquement, si deux figures homographiques situées dans le même plan jouissent de cette propriété que des droites correspondantes quelconques se coupent sur un axe fixe, une des figures peut être considérée comme la projection de l'autre. Faisons tourner le plan de l'une des figures autour de l'axe et considérons trois couples de points correspondants A, B, C, $a$, $b$, $c$, les côtés correspondants des triangles qu'ils forment se coupant en L, M, N. Lorsque le plan tourne, A$a$, B$b$ doivent encore se couper (puisque les droites AB, $ab$ se rencontrent en N et sont par conséquent situées dans le même plan) ; et d'après la théorie des transversales, A$a$ prolongé est coupé par B$b$ dans le même rapport qu'avant que les figures se soient déplacées. On voit de même que C$c$ et la droite qui joint un autre couple de points correspondants rencontrent A$a$ au même point.

330. La méthode générale de transformation homographique contenant trois constantes de plus que la méthode projective, il semblerait à première vue qu'elle constitue un instrument de recherche plus puissant, et nous pourrions nous attendre

à arriver, avec son aide, à des extensions de théorèmes connus plus générales que celles que nous a données la méthode de projection. Il est évident, cependant, que si une figure était transportée tout d'une pièce dans une autre position quelconque, cette opération nous fournirait une *transformation linéaire*, dans laquelle chaque droite de la première figure aurait pour correspondante une droite de la seconde figure, mais qui ne nous donnerait cependant aucune propriété géométrique nouvelle. Nous devons à Magnus cette remarque, que la transformation la plus générale peut être ramenée à une transformation projective, en faisant tourner la figure d'un angle donné et la transportant parallèlement à elle-même d'une longueur donnée suivant une direction donnée; ces trois dernières constantes sont justement celles qui font paraître la transformation homographique plus générale que la transformation projective.

Pour démontrer cette proposition, nous devons d'abord faire remarquer que, si une figure éprouve une translation suivant une direction quelconque sans rotation simultanée, toutes les droites restent parallèles à leur première position; par conséquent la position des points à l'infini n'éprouve aucun changement par le fait de cette opération.

Supposons maintenant que toute la figure tourne autour d'un point fixe; un système quelconque de droites parallèles demeurera encore un système de droites parallèles, quoique ces dernières ne soient plus parallèles à leurs directions primitives. Tout point à l'infini reste donc à l'infini et par conséquent la droite de l'infini est la même pour la figure dans ses deux positions. Comme de plus un cercle restera un cercle, de quelque manière qu'on le fasse mouvoir, nous voyons que les deux points circulaires à l'infini ne changeront pas, quel que soit le mouvement de la figure.

Supposons donc qu'on demande de déplacer une figure de manière à la mettre en projection avec une figure homographique donnée; soient $\omega$, $\omega'$ les deux points circulaires, $o$, $o'$ les deux points correspondants de la seconde figure; comme aucun mouvement de la première figure ne peut changer la position de $\omega$ et $\omega'$, la seule position possible du pôle cherché pour les deux figures est le point $\lambda$ où les droites $o\omega$, $o'\omega'$ se coupent. Supposons maintenant que la première figure ait été déplacée, de manière que le point $l$ qui correspond à $\lambda$ coïncide avec lui. Faisons enfin tourner la première figure autour de $l$, de manière à amener $m$, $\mu$ (un autre couple de points correspondants) sur une même droite avec $l$, les deux figures seront en perspective et la droite qui joint deux autres points correspondants $n$, $\nu$ devra aussi passer par $l$: car le rapport anharmonique de $(l.\omega\omega'\mu\nu) = (l.oo'mn)$ (n° 325) et, comme trois droites des deux faisceaux sont les mêmes, les quatrièmes droites de ces faisceaux doivent se confondre. Le théorème de Magnus se trouve ainsi démontré.

331. Il n'y a pas de difficulté à exprimer analytiquement la théorie géométrique du numéro précédent. Supposons qu'on nous demande de trouver les coordonnées du point $l$ dans le cas de la transformation générale; il faut d'abord, d'après la théorie qu'on vient d'exposer, trouver la droite $o\omega$ qui joint le point $(x+iy, z)$ à

$$[\{ax+by+cz+i(a_1x+b_1y+c_1z)\}, a_2x+b_2y+c_2z].$$

Cette droite sera

$$\begin{aligned}(b_2-ia_2)[(ax+by+cz)+i(a_1x+b_1y+c_1z)]\\ -[a_1+b+i(b_1-a)](a_2x+b_2y+c_2z)=0\end{aligned}$$

ou

$$\begin{aligned}&(ab_2-a_2b)x+(a_2b_1-a_1b_2)y\\ &\quad+[(cb_2-c_2b)+(c_1a_2-c_2a_1)]z+i[(a_1b_2-b_1a_2)x\\ &\qquad+(ab_2-a_2b)y+(c_1b_2-b_1c_2)z+(ac_2-ca_2)z]=0.\end{aligned}$$

La droite qui joint $\omega'$, $o'$ ne différera de celle-ci que par le signe de la quantité qui multiplie $i$. Le point cherché est donc l'intersection des deux droites que l'on obtient en égalant séparément à zéro la partie réelle et la partie imaginaire de l'équation.

Il n'est pas nécessaire de nous appesantir sur les cas particuliers de la transformation linéaire, par exemple sur le cas de la similitude. Nous mentionnerons seulement un genre de relation homographique dans lequel l'aire d'une portion quelconque d'une figure est égale à celle de la portion correspondante de l'autre figure. On voit facilement qu'une pareille transformation est possible. En effet, supposons que le triangle formé par $x$, $y$, $z$ soit égal à celui que forment $x'$, $y'$, $z'$; si nous prenons un point O sur la première figure, il est facile de déterminer un point correspondant $o$ sur la seconde, de manière que $Oxy = ox'y'$, et $Oxz = ox'z'$ et que par conséquent $Oyz = oy'z'$. Le triangle formé par trois points quelconques O, P, Q sera égal au triangle formé par $opq$, qui sont les points correspondants ainsi déterminés.

Cette sorte de relation homographique diffère de la projection orthogonale comme la relation générale de collinéation diffère de la projection en général.

## ÉCHANGE ENTRE LES COORDONNÉES DE DROITE ET DE POINT.

332. Dans la méthode de transformation que nous venons de décrire et dans les autres que nous avons considérées dans ce Chapitre, un point correspond à un point et une droite à une droite; il existe néanmoins des transformations dans lesquelles un point d'une figure correspond à une courbe dans l'autre figure. Nous rencontrons une transformation de ce genre dans la méthode des polaires réciproques, où un point correspond à une droite et réciproquement. Il en est aussi de même dans la transformation homographique plus géné-

rale, ou dans la théorie des réciproques gauches, qui est définie comme il suit : Imaginons un système de coordonnées de points $x, y, z$ et un système de coordonnées de droites $\alpha$, $\beta$, $\gamma$ situés dans le même plan ou dans des plans différents ; un point du premier système correspondra à une droite du second si les coordonnées $x$, $y$, $z$ du point sont respectivement proportionnelles aux coordonnées $\alpha$, $\beta$, $\gamma$ de la droite. Dans ce cas, une droite quelconque $lx + my + nz$ du premier système aura pour correspondant le point $l\alpha + m\beta + n\gamma$ du second. Il est évident aussi qu'un système de quatre points situés sur une même droite aura pour correspondant un faisceau de quatre droites ayant le même rapport anharmonique. En effet, le rapport anharmonique de $y - lx$, $y - mx$, $y - nx$, $y - px$ est la même fonction de $l$, $m$, $n$, $p$, que $x$ et $y$ représentent des coordonnées de droites ou de points. La méthode que nous venons d'indiquer peut être combinée avec une autre quelconque des transformations que nous avons définies dans ce Chapitre ; autrement dit, nous pouvons supposer que, dans l'une quelconque d'entre elles, un des systèmes de coordonnées a été changé en un système de coordonnées de droites ou coordonnées tangentielles ; et de cette manière nous pourrons obtenir toutes les transformations possibles dans lesquelles un point correspond à une droite, et une droite à un point.

333. Supposons maintenant que les deux systèmes soient situés dans le même plan et cherchons à exprimer la transformation uniquement à l'aide des coordonnées de points. A un point quelconque $(x', y', z')$ doit correspondre une droite dont les coordonnées rapportées à un certain système de coordonnées de droites $(\alpha, \beta, \gamma)$ sont $(x', y', z')$. Ceci revient à dire que son équation doit être $x'X + y'Y + z'Z = o$ où $X = o$, $Y = o$, $Z = o$ sont les droites qui joignent les points représentés par $\alpha = o$, $\beta = o$, $\gamma = o$ ; et, comme ce

sont des droites connues, l'équation de la droite qui correspond au point $x'y'z'$ doit être de la forme

$$x'(a_1x + b_1y + c_1z) + y'(a_2x + b_2y + c_2z) \\ + z'(a_3x + b_3y + c_3z) = 0.$$

C'est une équation qui contient huit constantes et qui coïnciderait avec l'équation de la polaire d'un point par rapport à une section conique, si l'on avait seulement $b_1 = a_2$, $c_1 = a_3$, $b_3 = c_2$; l'équation, dans ce cas, ne contiendrait que cinq constantes.

334. Dans le cas général, chaque point a pour correspondant une droite différente, selon que le point est considéré comme appartenant au premier ou au second système. Ainsi l'équation que nous venons d'écrire exprime la relation qui existe entre un point $(x', y', z')$ du premier système et un point $(x, y, z)$ situé sur une droite correspondante du second système. Supposons maintenant que le dernier point soit fixe et le premier variable, nous aurions pour la droite du premier système qui correspond à un point du second l'équation

$$(a_1x' + b_1y' + c_1z')x + (a_2x' + b_2y' + c_2z')y \\ + (a_3x' + b_3y' + c_3z')z = 0.$$

Dans le cas des polaires réciproques par rapport à une conique, la même droite correspond à un point unique, qu'on le considère comme appartenant au premier ou au second système.

335. Pour donner, dans le cas général, une construction géométrique de la droite qui correspond à un point, nous chercherons d'abord le lieu des points qui se trouvent sur les droites qui leur correspondent. C'est évidemment

$$a_1x^2 + (a_2 + b_1)xy + b_2y^2 + (b_3 + c_2)yz \\ + (a_3 + c_1)xz + c_3z^2 = U = 0.$$

Et c'est la même conique que le point soit considéré comme appartenant au premier ou au second système. Nous l'appellerons la *conique pôle*.

Cherchons maintenant l'enveloppe des droites qui passent par le point qui leur correspond. La droite $\lambda x' + \mu y' + \nu z'$ (où $x'$, $y'$, $z'$ est un point de la conique qu'on vient d'écrire) est tangente à la courbe (voir *Sections coniques*, n° 151)

$$\begin{aligned}
&(b_3^2 + c_2^2 + 2 b_3 c_2 \quad 4 b_2 c_3)\lambda^2 \\
&\quad + (4a_1 b_3 + 4a_1 c_2 - 2a_2 a_3 - 2a_2 c_1 - 2 b_1 a_3 - 2 b_1 c_1)\mu\nu \\
&\quad + (a_3^2 + c_1^2 + 2 a_3 c_1 - 4 a_1 c_3)\mu^2 \\
&\quad + (4 b_2 a_3 + 4 b_2 c_1 - 2 a_2 b_3 - 2 a_2 c_2 - 2 b_1 b_3 - 2 b_1 c_2)\nu\lambda \\
&\quad + (a_2^2 + b_1^2 + 2 a_2 b_1 - 4 a_1 b_2)\nu^2 \\
&\quad + (4 a_2 c_3 + 4 b_1 c_3 - 2 c_1 c_2 - 2 a_3 b_3 - 2 c_1 b_3 - 2 c_2 a_3)\lambda\mu \quad 0.
\end{aligned}$$

L'enveloppe est donc une conique que nous appellerons la *conique polaire* et qui est aussi la même, que les droites appartiennent au premier ou au second système.

Si nous nous servons maintenant des mots de *pôle* et *polaire* pour exprimer le genre de correspondance que nous considérons ici, nous avons immédiatement la polaire d'un point situé sur la *conique pôle*. En effet, de ce point menons deux tangentes à la *conique polaire :* l'une d'elles est la polaire quand le point est considéré comme appartenant au premier système ; l'autre est sa polaire quand il est considéré comme faisant partie du second.

Réciproquement, nous pouvons trouver le pôle d'une tangente à la conique polaire. Nous n'avons qu'à prendre les deux points où cette droite rencontre la conique pôle ; l'un de ces points est son pôle dans le premier système et l'autre son pôle dans le second.

Supposons maintenant qu'il s'agisse de trouver la polaire d'un point quelconque O. Menons de ce point deux tangentes $OT_1$, $OT_2$ à la conique polaire. Supposons que $OT_1$ rencontre la conique pôle en $A_1$, $A_2$, et que $OT_2$ la coupe en $B_1$, $B_2$. Si alors $A_1$ est le point du premier système qui correspond à $OT_1$ et $B_1$ celui qui correspond à $OT_2$, $A_1B_1$ est évidemment la droite du premier système qui correspond à O considéré comme appartenant au second système. De même $A_2B_2$ est l'autre polaire de O.

Inversement, pour trouver le pôle d'une droite donnée qui rencontre la conique pôle aux points A, B, nous mènerons de ces points les tangentes $AP_1$, $AP_2$, $BQ_1$, $BQ_2$ à la conique polaire; et si $AP_1$, $BQ_1$ sont les droites du premier système qui sont les polaires de A, B, leur intersection donnera le point du premier système qui est le pôle de AB. Et de la même manière, l'intersection de $AP_2$, $BQ_2$ donnera le point du second système qui est le pôle de AB.

Le lecteur verra facilement comment ces constructions se ramènent aux polaires réciproques ordinaires, si $a_2 = b_1$, $b_3 = c_2$, $c_1 = a_2$. Les coniques pôle et polaire coïncideront alors, la polaire d'un point sur cette conique sera la tangente en ce point; la polaire d'un autre point quelconque sera la même pour les deux systèmes, ce sera la droite qui joint les points de contact des tangentes menées du point à la conique.

336. Il résulte immédiatement de ces principes que, dans le cas général, la conique pôle et la conique polaire ont un double contact l'une avec l'autre. En effet, prenons un point d'intersection de ces deux courbes; ses deux polaires coïncident avec la tangente en ce point à la conique polaire, les deux pôles de cette droite doivent donc coïncider, et par conséquent les deux points où elle rencontre la conique pôle doivent se confondre; la tangente à la conique polaire en ce point d'intersection doit donc aussi être tangente à la conique pôle. Même démonstration pour l'autre point d'intersection. M. Cayley l'a également prouvé analytiquement en montrant que, si $U = 0$ est l'équation de la conique pôle, celle de la

conique polaire (qui se trouve en remplaçant $\lambda$, $\mu$, $\nu$ par leurs valeurs dans l'équation du numéro précédent) peut être mise sous la forme

$$\begin{aligned}[x(a_1 b_3 - a_3 b_1 + a_2 c_1 - a_1 c_2) + y(b_2 c_1 - b_1 c_2 + b_3 a_2 - b_2 a_3)\\ + z(c_3 a_2 - c_2 a_3 + c_1 b_3 - c_3 b_1)]^2 + 4U[a_1(c_2 b_3 - b_2 c_3)\\ + a_2(b_1 c_3 - b_3 c_1) + a_3(b_2 c_1 - b_1 c_2)] = 0.\end{aligned}$$

Cette forme montre qu'elle a un double contact avec U.

337. Il y a, dans le cas général, trois points dont les polaires sont les mêmes par rapport aux deux systèmes. Supposons en effet que dans chaque système les équations des polaires soient

$$\lambda x + \mu y + \nu z = 0 \quad \text{et} \quad \lambda' x + \mu' y + \nu' z = 0.$$

Il est clair alors que le système d'équations

$$\frac{\lambda}{\lambda'} = \frac{\mu}{\mu'} = \frac{\nu}{\nu'}$$

est satisfait pour trois points. Et la théorie exposée dans le numéro précédent montre immédiatement ce que sont ces trois points. En effet, deux points de contact des coniques pôle et polaire ont chacun la même polaire dans les deux systèmes : ce sont les tangentes communes en ces points, et le point où les tangentes se coupent a aussi la même polaire dans les deux systèmes; c'est la corde de contact des coniques.

Il y a donc trois points qui ont la même polaire dans les deux systèmes ; deux de ces points sont situés sur leur polaire, mais le troisième ne s'y trouve pas.

338. Il est bon de montrer que les constructions que nous avons données ne présentent pas d'ambiguïté et que nous n'avons pas besoin de nous inquiéter de savoir quel est celui des deux pôles d'une droite donnée qui appartient au

premier système et quel est celui qui fait partie du second système.

Comme deux coniques qui ont un double contact peuvent toujours être projetées suivant deux coniques semblables et concentriques, nous allons prendre deux coniques de ce

Fig. 58.

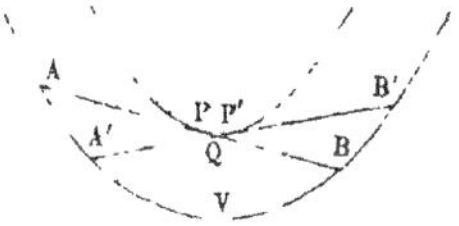


genre pour rendre la figure plus simple.

Soient A, B les deux pôles d'une tangente quelconque à la conique polaire; parmi les deux pôles A', B' d'une autre tangente, A' appartiendra au premier système, puisque, si AB se mouvait de manière à venir coïncider avec A'B', A coïnciderait avec A' et B avec B'. La distinction entre les points peut se faire facilement au moyen du théorème suivant : A'B *et* AB' *sont parallèles dans le cas de deux coniques concentriques, et, d'après la méthode de projection, elles se coupent sur la corde de contact, dans le cas général.*

Réciproquement, si de deux points de la conique pôle nous menons des tangentes à la conique polaire, nous devons les numéroter ainsi $oa_1$, $oa_2$, $pb_1$, $pb_2$, de manière que la droite qui joint l'intersection de $oa_1$ et $pb_2$ à celle de $oa_2$ et $pb_1$ puisse passer par le pôle de la corde de contact des coniques.

339. Comme le nombre des constantes qui entrent dans les formules de transformation dans le cas des réciproques gauches ne dépasse que de trois unités celui des constantes dans le cas des réciproques prises par rapport à une conique, il est naturel de chercher si ce dernier cas ne diffère pas du premier seulement par un déplacement de la figure. Il est

évident, en tous cas, que la réciproque gauche considérée ici n'est qu'une transformation homographique de la réciproque par rapport à une conique, et que par conséquent l'emploi des réciproques gauches ne peut conduire à aucun théorème géométrique qu'on ne puisse obtenir en combinant l'emploi des réciproques ordinaires avec la méthode des projections.

Il est très facile de voir quel doit être le premier pas à faire si l'on nous demande de déplacer les deux figures pour les amener dans une position telle qu'un point quelconque ait la même polaire, quel que soit le système auquel le point soit considéré comme appartenant. En effet, puisque la position de la droite de l'infini ne change pas dans le déplacement de la figure, nous devrons commencer par chercher son pôle dans chaque système; puis nous devrons déplacer les systèmes de manière à amener ces points à coïncider. Les coniques pôle et polaire deviendront concentriques et semblables et ce point sera leur centre commun.

340. Nous disons maintenant de plus que, si, en faisant tourner les figures autour de leur centre commun O, nous pouvons leur donner une position telle que la polaire d'un point à l'infini A soit la même droite OB pour les deux systèmes, et que si alors la polaire d'un autre point C, à l'infini, est la droite OD pour le premier système, elle sera aussi cette même droite pour le second. En effet, le rapport anharmonique des quatre points du premier système ABCD est égal à celui du faisceau correspondant du second, OB, OA, OD, OX; et, comme trois rayons sont les mêmes dans les deux faisceaux, OX doit coïncider avec OC; autrement dit, la polaire du point D doit être la même, qu'elle appartienne au premier ou au second système; il doit donc en être de même de la polaire de C.

Mais, comme les points circulaires à l'infini ne bougent pas quand on fait tourner la figure, nous n'avons qu'à prendre les deux polaires de l'un ou l'autre de ces points, lesquelles, en général, ne passeront pas par le même point, et à faire tourner la figure de manière à amener ces polaires à coïncider, et alors, d'après ce que nous avons démontré, les polaires de tout autre point coïncideront.

341. Nous pouvons facilement obtenir une expression qui définisse l'angle dont il faut faire tourner la figure. Les deux figures étant concentriques et l'origine étant le centre, on voit facilement que les équations les plus générales des deux polaires d'un point sont

$$(a_1x' + b_1y')x + (a_2x' + b_2y')y + c_3 = 0$$

et

$$(a_1x' + a_2y')x + (b_1x' + b_2y')y + c_3 = 0.$$

Les deux polaires du point à l'infini, pour lequel $y' = ix'$, sont

$$(a_1 + ib_1)x + (a_2 + ib_2)y = 0,$$
$$(a_1 + ia_2)x + (b_1 + ib_2)y = 0,$$

et l'angle dont l'une de ces droites doit tourner pour coïncider avec l'autre est la différence des angles dont les tangentes sont

$$\frac{a_1 + ib_1}{a_2 + ib_2} \quad \text{et} \quad -\frac{a_1 + ia_2}{b_1 + ib^2}.$$

C'est donc l'angle réel dont la tangente est $\dfrac{a_2 - b_1}{a_1 + b_2}$.

342. On peut obtenir le même résultat plus simplement comme il suit : si, en général, la droite du second système qui correspond au point $(x', y')$ dans le premier est

$$(a_1x' + b_1y')x + (a_2x' + b_2y')y + c_3 = 0,$$

quand le second système a tourné d'un angle $\theta$, l'équation de cette droite devient

$$(a_1x' + b_1y')(x\cos\theta - y\sin\theta)$$
$$+ (a_2x' + b_2y')(x\sin\theta + y\cos\theta) + c_3 = 0$$

ou bien

$$\begin{aligned}&[(a_1\cos\theta + a_2\sin\theta)x' + (b_1\cos\theta + b_2\sin\theta)y']x\\&\quad+[(a_2\cos\theta - a_1\sin\theta)x' + (b_2\cos\theta - b_1\sin\theta)y']y + c_3 = 0.\end{aligned}$$

Mais le lieu des points du premier système dont les polaires passent par $x'y'$, c'est-à-dire la droite qui correspond à $x'y'$, considérée comme appartenant au système transformé, sera

$$\begin{aligned}&[(a_1\cos\theta + a_2\sin\theta)x' + (a_2\cos\theta - a_1\sin\theta)y']x\\&\quad+[(b_1\cos\theta + b_2\sin\theta)x' + (b_2\cos\theta - b_1\sin\theta)y']y + c_3 = 0.\end{aligned}$$

Cette droite coïncidera toujours avec l'autre, si nous avons

$$b_1\cos\theta + b_2\sin\theta = a_2\cos\theta - a_1\sin\theta$$

ou, comme ci-dessus,

$$\tang\theta = \frac{a_2 - b_1}{b_2 + a_1}.$$

## TRANSFORMATION DU SECOND DEGRÉ.

343. Avant d'aborder la théorie générale, il sera instructif d'étudier en détail une autre méthode particulière : c'est celle où les coordonnées du point P′ sont des fonctions du second degré des coordonnées de P, c'est-à-dire où $x' : y' : z' = U : V : W$. Ainsi aux droites $x = 0$, $y = 0$, $z = 0$ correspondront trois coniques $U = 0$, $V = 0$, $W = 0$ ; et, en général, à une courbe d'ordre $n$ il correspondra une courbe d'ordre $2n$, dont l'équation s'obtiendra en remplaçant dans l'équation donnée $x, y, z$ respectivement par U, V, W. Nous avons déjà employé cette méthode (nos 252, 272). On en a un exemple simple quand la relation entre P′ et P est exprimée par les équations

$$x' : y' : z' = x^2 : y^2 : z^2 ;$$

à une droite quelconque $lx + my + nz$ correspond alors une conique $lx^{\frac{1}{2}} + my^{\frac{1}{2}} + nz^{\frac{1}{2}}$ tangente aux côtés du triangle $xyz$, tandis qu'à une droite de la secondefigure correspond une conique dans la première. A la courbe $(a, b, c, f, g, h)(x, y, z^2)$ de la première figure correspond la quartique

$$ax + by + cz + 2fy^{\frac{1}{2}}z^{\frac{1}{2}} + 2gz^{\frac{1}{2}}x^{\frac{1}{2}} + 2hx^{\frac{1}{2}}y^{\frac{1}{2}} = 0$$

et, comme l'équation générale d'une conique peut être écrite sous la forme

$$\frac{x}{f} + \frac{y}{g} + \frac{z}{h} = \left[\left(\frac{1}{f^2} - \frac{a}{fgh}\right)x^2 + \left(\frac{1}{g^2} - \frac{b}{fgh}\right)y^2 + \left(\frac{1}{h^2} - \frac{c}{fgh}\right)z^2\right]^{\frac{1}{2}},$$

il s'ensuit que l'équation de la quartique correspondante peut se mettre sous la forme $ax^{\frac{1}{2}} + by^{\frac{1}{2}} + cz^{\frac{1}{2}} + dw^{\frac{1}{2}} = 0$; elle est donc trinodale et a les droites $x, y, z, w$ pour bitangentes.

344. La méthode de transformation qu'on vient d'indiquer, dans laquelle

$$x' : y' : z' = U : V : W,$$

n'est, en général, pas *rationnelle;* en effet, étant donnés $x, y, z$, nous en déduisons bien $x', y', z'$ sous forme rationnelle; mais, quand $x', y', z'$ sont donnés, nous avons, pour trouver $x, y, z$, les équations $\frac{U}{x'} = \frac{V}{y'} = \frac{W}{z'}$, qui représentent des coniques ayant quatre intersections communes; par conséquent, à une position quelconque du point $(x', y', z')$ correspondent *quatre* positions du point $(x, y, z)$. Si les coniques U, V, W avaient un point commun, ce point, étant indépendant de la position du point variable $(x', y', z')$, pourrait être laissé de côté; et à une position quelconque de l'un des points correspondraient trois positions de l'autre point. On traiterait de même le cas où U, V, W auraient deux points communs; enfin, si elles en avaient trois, les coniques

$$\frac{U}{x'} = \frac{V}{y'} = \frac{W}{z'},$$

outre les trois points fixes, n'auraient plus qu'un seul autre point commun. La transformation est donc rationnelle dans ce cas et à une position quelconque de l'un des points correspond une seule position de l'autre point. Nous n'aurions à faire qu'un changement pur et simple de coordonnées si, au lieu des coniques U, V, W, nous prenions trois coniques de la forme $lU + mV + nW$, et si nous nous donnions ainsi les droites correspondantes $lx + my + nz$ pour nouveaux axes de référence. Nous ne perdrons donc rien en généralité si nous prenons pour U, V, W les trois couples de droites obtenus en joignant chacun des points fixes aux deux autres. La transformation rationnelle du second degré la plus générale est donc celle que nous avons déjà employée (n$^{os}$ 283) et dans laquelle deux points correspondants sont liés par les relations réciproques

$$x : y : z = y'z' : z'x' : x'y'$$

et

$$x' : y' : z' = yz : zx : xy.$$

345. Nous avons établi (n° 283) que le point $xy$ aura pour correspondant un point quelconque situé sur la droite $z' = 0$; et si nous transformons une courbe quelconque, à chacun des $n$ points où elle rencontre la droite $z'$ correspondra le point $xy$, qui sera en conséquence un point d'ordre $n$ de multiplicité, ou, plus rigoureusement, à chacun de ces $n$ points correspondra la direction d'une tangente au point $n^{\text{uple}}$. Il y aura une coïncidence parmi ces tangentes, quand la droite $z'$ sera tangente à la courbe originale. Donc, à une courbe du $n^{\text{ième}}$ degré qui ne passe par aucun des trois points fixes $y'z'$, $z'x'$, $x'y'$ correspondra une courbe du degré $2n$ ayant les trois points $yz$, $zx$, $xy$ comme points multiples d'ordre $n$. Supposons cependant que la courbe passe par le point $y'z'$; la droite $x$ devra faire partie du lieu, et, en la mettant de côté, l'ordre de la courbe correspondante se trou-

vera diminué d'une unité. Mais, comme la droite $x$ passe par chacun des points $zx$, $xy$, la courbe correspondante ne passera plus par chacun de ces points que $(n-1)$ fois au lieu de $n$; et, de la même manière, nous voyons, en général, qu'à une courbe du degré $n$ qui passe par les trois points principaux (comme nous les nommerons) $f$, $g$ et $h$ fois respectivement correspondra une courbe dont l'ordre $n'$ sera $2n-f-g-h$ et qui passera par les trois points principaux de l'autre figure $f'$, $g'$, $h'$ fois respectivement, ces quantités étant définies par les relations

$$f' = n - g - h, \quad g' = n - h - f, \quad h' = n - f - g.$$

346. Il est facile de vérifier que les nombres ainsi assignés vérifient la relation réciproque qui existe entre les courbes correspondantes; c'est-à-dire que nous avons aussi :

$$n = 2n' - f' - g' - h', \quad f = n' - g' - h',$$
$$g = n' - h' - f', \quad h = n' - f' - g'.$$

Nous montrerons aussi que les deux courbes ont le même genre. En effet, si une courbe passe $f$ fois par un point, cela équivaut à $\frac{1}{2}f(f-1)$ points doubles (n° 43). Donc le genre de la première courbe est

$$\tfrac{1}{2}[(n-1)(n-2) - f(f-1) - g(g-1) - h(h-1)],$$

et, si nous nous servons des valeurs que nous venons de trouver pour $n'$, $f'$, $g'$, $h'$, il est facile de vérifier que le nombre que nous venons d'écrire est égal à

$$\tfrac{1}{2}[(n'-1)(n'-2) - f'(f'-1) - g'(g'-1) - h'(h'-1)].$$

347. La méthode d'inversion ou de transformation par rayons vecteurs réciproques, décrite au n° 122 et dans les *Sections coniques* n° 121 ($e$), est un cas particulier de la transformation du second degré. Dans cette méthode, nous avons un point fixe O, et les points correspondants P, P' sont

situés sur une droite passant par O et à des distances de ce point dont le produit est constant : $OP.OP' = 1$. Si nous prenons le point O pour origine, il est facile de voir que les relations entre les coordonnées rectangulaires de P et P′ sont

$$x' = \frac{x}{x^2+y^2}, \quad y' = \frac{y}{x^2+y^2}; \quad x = \frac{x'}{x'^2+y'^2}, \quad y = \frac{y'}{x'^2+y'^2}.$$

Mais ces équations donnent

$$x' + iy' = \frac{1}{x - iy}, \quad x' - iy' = \frac{1}{x + iy}.$$

Si donc nous posons

$$X, Y, Z = x - iy, \quad x + iy, \quad 1;$$
$$X', Y', Z' = x' + iy', \quad x' - iy', \quad 1,$$

il vient

$$X', : Y', : Z' = YZ : ZX : XY,$$

c'est-à-dire que la transformation est du genre de celles que nous considérons dans cette Section. Le point O est appelé le *centre d'inversion;* et le cercle dont le rayon est la racine carrée de la valeur donnée $OP.OP'$ est appelé le *cercle d'inversion*. Si P décrit une courbe, celle que décrit le point P est appelée la *courbe inverse*.

En particulier, l'inverse d'une droite est un cercle passant par O; si OA est la perpendiculaire à cette droite et A′ le point correspondant à A, la courbe inverse est le cercle qui a OA′ pour diamètre. Le point O correspond au point à l'infini sur la droite. De même l'inverse d'un cercle est un cercle (*Sections coniques,* n° 121) et, en particulier, l'inverse d'un cercle C, qui coupe à angle droit le cercle d'inversion, est ce même cercle C; autrement dit, le point P′ qui correspond à P se trouve sur ce même cercle qui est à lui-même son inverse. Nous donnons cet exemple pour faire connaître une théorie qui sera étudiée plus complètement dans une Section séparée, où la théorie générale de la transformation se présente comme théorie de la correspondance de points *sur une courbe donnée*. Si nous nous contentons de considérer le cercle C, les points P, P′ situés sur cette courbe se correspondent l'un à l'autre; et, pour trouver le point qui correspond à un point donné P, nous n'avons qu'à joindre ce dernier à un point fixe O et à prendre le point où OP rencontre de nouveau le cercle.

348. Revenons à la théorie générale de l'inversion; il est évident que deux couples de points correspondants A, A′; B, B′ sont situés sur un cercle qui coupe orthogonalement le cercle d'inversion; et, d'après la propriété du quadrilatère inscrit dans un cercle, la droite qui joint deux points A, B fait avec le rayon vecteur OA le même angle que la droite qui joint les points correspondants A′, B′ fait avec le rayon vecteur OB′. A la limite, si AB est la tangente en un point A, la tangente correspondante à la courbe inverse fait le même angle avec le rayon vecteur. Il en résulte immédiatement que l'angle que font entre elles deux courbes en un point est égal à celui que font les courbes inverses au point correspondant.

On peut former immédiatement les inverses des courbes comprises dans l'équation $\rho^n = a^n \cos n\omega$. Pour $n = 2$, la lemniscate est l'inverse de l'hyperbole équilatère; pour $n = \frac{1}{2}$, la cardioïde est l'inverse de la parabole qui a l'origine pour foyer, etc. L'inverse d'une conique, en général, est une quartique trinodale, qui a pour points doubles l'origine et les points circulaires à l'infini. Si l'origine est le foyer, l'inverse est le *limaçon;* si l'origine est sur la courbe, l'inverse est une cubique nodale circulaire, et l'origine est le point double. Il est évident que, en général, un cercle osculateur d'une courbe aura pour correspondant un cercle osculateur de la courbe inverse; mais si le cercle passe par l'origine, l'inverse sera une tangente d'inflexion.

EXERCICE 1. — *Les trois points d'inflexion d'une cubique nodale circulaire sont sur une droite; donc, par tout point d'une conique on peut mener trois cercles osculateurs à la courbe, et leurs points de contact sont situés sur un cercle passant par le point donné. Les trois points seront tous réels quand la courbe est une ellipse; mais si c'est une hyperbole, il y en a deux d'imaginaires* (¹).

EXERCICE 2. — *De la même manière, par un point quelconque d'une cubique circulaire ou d'une quartique bicirculaire on peut décrire neuf cercles osculateurs à la courbe; et parmi eux, trois seront réels et leurs points de contact seront situés sur un cercle passant par le point donné.*

EXERCICE 3. — *Les pieds des perpendiculaires abaissées d'un point d'un cercle sur les côtés d'un triangle inscrit sont en ligne droite.*

*Inversement, si sur trois cordes d'un cercle* AB, AC, AD, *comme diamètres, on décrit des cercles, les points d'intersection de ces cercles pris deux à deux seront sur une ligne droite.*

EXERCICE 4. — *Le cercle qui est circonscrit à un triangle dont les côtés sont tangents à une parabole passe par le foyer.*

*Inversement, si l'on décrit trois cercles passant par le point de rebroussement d'une cardioïde et tangente à cette courbe, leurs points d'intersection sont en ligne droite.*

EXERCICE 5. — *Si une droite rencontre un limaçon en quatre points, la somme de leurs distances au point double est constante.*

*Inversement, si un cercle passant par le foyer rencontre une conique en quatre points, la somme des inverses de leurs distances au foyer est constante.*

EXERCICE 6. — *Trouver l'enveloppe des cercles passant par un point fixe et dont le centre se trouve sur une courbe donnée.*

Prenons ce point fixe pour centre d'inversion; le lieu des extrémités des diamètres passant par ce point est une courbe semblable à la courbe donnée. Il est facile de voir que la podaire négative (n° 121) de

(¹) Ce théorème est dû à Steiner (Voir *Sections coniques*, n° 244, Ex. 3). La démonstration donnée ici est du Dʳ Ingram.

l'inverse de cette dernière courbe est l'inverse de l'enveloppe demandée et, par conséquent (n° 122), que l'enveloppe est l'inverse de la polaire réciproque de cette courbe ([1]).

349. Il nous reste à faire connaître les cas de transformation rationnelle du second degré qui ne peuvent pas se ramener à la substitution $x:y:z=y'z':z'x':x'y'$.

Des trois points communs aux coniques U, V, W, deux peuvent coïncider : supposons que la droite $y$ soit la tangente commune aux coniques au point $yx$, et soit $xz$ le troisième point commun aux trois coniques; l'équation de chacune d'elles peut alors se mettre sous la forme

$$ax^2+2fyz+2hxy=0.$$

Nous pouvons prendre $x^2, yz, xy$ pour les trois coniques et la substitution à employer est celle dont on a fait usage n° 289 : $x':y':z'=xy:x^2:yz$; ces équations impliquent réciproquement les relations $x:y:z=x'y':x'^2:y'z'$. Dans cette substitution comme dans l'autre, au point $x'z'$ correspond la droite $y$; et à une courbe rencontrant cette droite en $n$ points correspondra une courbe ayant le point comme point multiple d'ordre $n$. Au point $x'y'$ correspond la droite $x$; mais, quel que soit le point sur cette droite, la direction correspondante de tangence sera $y'=0$. Donc une courbe qui rencontre la ligne $x$ en $n$ points aura pour correspondante une courbe ayant le point $x'y'$ comme point $n^{\text{uple}}$, où toutes les tangentes coïncident. En un mot, la théorie est, en substance, la même que ci-dessus, mais elle est modifiée seulement par la coïncidence de deux des points principaux. Supposons enfin que les trois points coïncident (*Sect. coniques*, n° 239); les équations des trois coniques doivent alors être de la forme $by^2+2hxy+2f(yz-mx^2)=0$ et

---

([1]) Cet exemple est emprunté à un Mémoire du Dr Stubbs sur cette méthode (*Phil. Mag.*, vol. XXIII, p. 18).

nous sommes conduits à la substitution employée dans le n° 290 :

$$x' : y' : z' = xy : y^2 : yz - mx^2,$$

qui implique réciproquement

$$x : y : z = x'y' : y'^2 : y'z' - mx'^2.$$

350. Avant d'aborder la théorie générale de la transformation rationnelle, il convient cependant de mentionner d'abord, comme extension de ce qui a été établi n° 347, que la substitution générale de $X^n$, $Y^n$, $Z^n$ à X, Y, Z prend une forme simple quand la droite Z est à l'infini et quand X, Y passent par les deux points circulaires. En effet, en rapportant l'équation à des coordonnées polaires, les équations de X et Y deviennent

$$\rho(\cos\theta \pm i\sin\theta) = 0,$$

et il est évident que remplacer ces fonctions par leur $n^{\text{ième}}$ puissance équivaut à remplacer $\rho$ par $\rho^n$ et $\theta$ par $n\theta$. Cette transformation n'est pas rationnelle, mais elle peut s'appliquer avec avantage aux courbes de la forme $\rho^m = a^m \cos m\omega$ qui se transforment toujours ainsi en courbe de la même famille. Pour $n = 2$, un cercle devient une cassinienne, et pour $n = \frac{1}{2}$ un limaçon. M. Robert a aussi remarqué (*Journal de Liouville*, XIII, 209) que l'angle sous lequel deux courbes se coupent n'est pas altéré par cette transformation. En effet, la tangente de l'angle que fait la tangente à la courbe avec le rayon vecteur est (n° 95) $\rho \dfrac{d\omega}{d\rho}$ et elle ne change pas de valeur quand on remplace $d\omega$ par $n\,d\omega$ et $\dfrac{d\rho}{\rho}$ par $\dfrac{n\,d\rho}{\rho}$. Ainsi les théorèmes donnés comme exemples d'inversion conduisent chacun à autant de théorèmes qu'il nous plaira de donner de valeurs différentes à $n$. Les théorèmes qui concernent les angles sous lesquels des courbes se coupent se transforment facilement aussi par cette méthode; tels sont, par exemple, les théorèmes suivants : *Le cercle est le lieu des intersections de deux droites rectangulaires qui passent chacune par un point fixe. Une série de cercles concentriques sont coupés orthogonalement par des droites passant par le centre commun*, etc.

## THÉORIE GÉNÉRALE DE LA TRANSFORMATION RATIONNELLE.

351. Nous passons maintenant à la théorie générale de la transformation rationnelle, dans laquelle un système de valeurs de $(x, y, z)$ a pour correspondant un seul système de valeurs de $x'$, $y'$, $z'$ (par exemple $x' : y' : z' = U : V : W$, où U, V, W sont des fonctions connues de $x$, $y$, $z$ que nous supposons du $n^{\text{ième}}$ ordre) et où, réciproquement, un système de valeurs de $x'$, $y'$, $z'$ a pour correspondant un seul système de valeurs $x : y : z = U' : V' : W'$. Quand il est possible d'exprimer ainsi les coordonnées en fonctions mutuelles les unes des autres, U', V', W' doivent aussi être du $n^{\text{ième}}$ ordre en $x'$, $y'$, $z'$. En effet, aux $n$ intersections d'une droite arbitraire $lx + my + nz$, avec une courbe quelconque

$$aU + bV + cW,$$

correspondront dans l'autre système les intersections de $lU' + mV' + nW'$ avec la droite $ax' + by' + cz'$, et ces points doivent aussi être au nombre de $n$.

352. Examinons maintenant les conditions à remplir pour qu'une telle expression réciproque puisse être possible. En général, si l'on nous donne les coordonnées d'un point dans un système $x' : y' : z' = a : b : c$, ce point aura pour correspondant dans l'autre système les intersections des courbes

$$U : V : W = a : b : c$$

et elles seront au nombre de $n^2$ si U, V, W sont des courbes générales de leur ordre. Cependant, si U, V, W ont $p$ points communs à elles trois, les courbes $\frac{U}{a} = \frac{V}{b} = \frac{W}{c}$ passeront toujours par ces points et il y aura seulement $n^2 - p$ points d'intersection variables, et ce seront les points qui correspondent au point donné dans l'autre système. Enfin, si $p = n^2 - 1$, il existe un seul point d'intersection variable, ou, en d'autres termes, toutes les intersections de $U : V : W = a : b : c$ étant connues, sauf une, les coordonnées du point d'intersection restant sont déterminées d'une manière unique ; elles seront de la sorte des fonctions rationnelles de $a$, $b$, $c$, c'est-à-dire de $x'$, $y'$, $z'$, et nous obtenons ainsi pour elles des expressions de la forme

$$x : y : z = U' : V' : W'.$$

353. Une des conditions pour la transformation rationnelle, c'est donc que les courbes U, V, W aient $n^2 - 1$ points d'intersection communs; mais il y a une autre condition de plus. Le système de courbes $aU + bV + cW$ doit être aussi général que le système de droites $ax' + by' + cz'$ auxquelles elles correspondent; autrement dit, une courbe du système ne doit être déterminée que quand on donne deux conditions pour déterminer les deux constantes exprimées $a : b : c$. Le nombre de conditions que U, V, W doivent être astreintes à vérifier doit donc être au moins de deux unités moindre que le nombre de conditions nécessaires pour déterminer une courbe du $n^{\text{ième}}$ ordre. Par exemple, si U, V, W sont des cubiques et si nous les assujettissons à la condition d'avoir huit points communs distincts, elles doivent aussi en avoir un neuvième (n° 29) : il n'y aurait donc pas de point d'intersection variable et la construction du n° 352 serait en défaut. Mais nous pouvons encore satisfaire aux conditions du problème, en supposant que les cubiques U, V, W ont un point

commun, qui soit un point double pour toutes, et quatre points ordinaires. Cela n'équivaut qu'à sept conditions, puisqu'un point double ne donne que trois conditions (n° 41); il faut donc deux conditions de plus pour déterminer une courbe quelconque $aU + bV + cW$. Mais les points communs donnent un total de huit intersections, puisque tout point qui est un point double sur deux courbes compte pour quatre intersections. Et de même, en général, nous ne pouvons pas prendre pour U, V, W des courbes du $n^{\text{ième}}$ ordre ayant $n^2 - 1$ points distincts communs, parce que ($n$ étant plus grand que 2) elles auraient un autre point commun et pas de point d'intersection variable; mais nous pouvons satisfaire aux conditions du problème en choisissant pour U, V, W des courbes ayant en commun $\alpha_1$ points ordinaires, $\alpha_2$ points doubles, $\alpha_3$ points triples, etc., de telle manière que tous ces points équivalent à $n^2 - 1$ intersections seulement et que le nombre des conditions qu'elles impliquent soit de deux unités moindre que le nombre des conditions nécessaires pour déterminer une courbe du $n^{\text{ième}}$ ordre. Si nous nous rappelons maintenant que connaître un point multiple de l'ordre $r$ équivaut à $\frac{1}{2}(r+1)r$ conditions et qu'un pareil point, quand il est commun à deux courbes, compte pour $r^2$ intersections, nous avons les deux équations

$$(1) \quad \alpha_1 + 4\alpha_2 + 9\alpha_3 + \ldots + r^2\alpha_r = n^2 - 1,$$

$$(2) \quad \alpha_1 + 3\alpha_2 + 6\alpha_3 + \ldots + \tfrac{1}{2}r(r+1)\alpha r = \tfrac{1}{2}n(n+3) - 2.$$

Multiplions la seconde équation par 2 et retranchons-la de la première; nous obtenons une équation qui peut avantageusement remplacer l'équation (2) et qui est la suivante :

$$(3) \qquad \alpha_1 + 2\alpha_2 + 3\alpha_3 + \ldots + r\alpha_r = 3(n-1).$$

Nous avons donc autant de modes de transformation par courbes du $n^{\text{ième}}$ ordre que ces équations admettent de solutions en nombres entiers et positifs pour $\alpha_1, \alpha_2, \ldots$; à la condition toujours que le nombre des points multiples d'ordre supérieur que les courbes sont supposées posséder sera soumis aux conditions limitatives indiquées (n° 43) (¹).

354. Rigoureusement, l'argument du n° 353 montre seulement que dans l'équation (2) le second membre ne peut être plus grand que la valeur que nous avons indiquée en cet endroit. Mais nous pouvons aussi démontrer qu'il ne peut être moindre. En effet, ajoutons un terme $-t$ et retranchons l'équation (2) de (1); nous obtenons

$$(4)\quad \alpha_2+3\alpha_3+\ldots+\tfrac{1}{2}r(r-1)\alpha_r=\tfrac{1}{2}(n-1)(n-2)+t.$$

Si nous nous rappelons qu'un point triple équivaut à trois points doubles, et un point multiple d'ordre $r$ à $\frac{1}{2}r(r-1)$ points doubles, nous voyons que le premier membre de l'équation représente le nombre de points doubles auxquels les points multiples d'une courbe $a\mathrm{U}+b\mathrm{V}+c\mathrm{W}$ sont équivalents. Or, comme nous avons montré (n° 42) que ce nombre ne peut dépasser $\frac{1}{2}(n-1)(n-2)$, nous devons avoir $t=0$, et l'équation (4) nous apprend que les courbes du système $a\mathrm{U}+b\mathrm{V}+c\mathrm{W}$ ont chacune le nombre maximum de points doubles, ou, en d'autres termes, qu'elles sont unicursales. Il est d'ailleurs évident qu'il doit en être ainsi, puisque ces courbes correspondent aux lignes droites de l'autre système; non seulement une droite sera transformée en une courbe unicursale, mais il en sera de même pour toute courbe unicursale; car, si les coordonnées d'un point sont des fonctions rationnelles d'un paramètre, les coordonnées du point correspondant, qui sont des fonctions rationnelles des précé-

(¹) Cette théorie est due à Cremona. Voir ses Mémoires *Sulle trasformazione geometriche delle figure piane* (*Mem. di Bologna*, t. II, 1863, t. V, 1865). Voir aussi un Mémoire de M. Cayley, *Proceedings of London mathem. Society*, vol. III, 1870, p. 127-180.

dentes, doivent aussi être des fonctions rationnelles du même paramètre.

355. Nous avons vu que, si $n$ est plus grand que 2, les équations (1) et (3) ne peuvent pas être satisfaites si les points communs à U, V, W sont seulement des points d'intersection simples. Nous allons montrer de la même manière que si $n$ est plus grand que 5, il doit y avoir un point multiple d'ordre supérieur au second; et ainsi de suite en général. Soit $r$ le plus grand indice; multiplions l'équation (3) par $r$ et retranchons-en l'équation (1), nous avons

$$\begin{aligned}(r-1)\alpha_1 + 2(r-2)\alpha_2 + 3(r-3)\alpha_3 + \ldots \\ + (r-1)\alpha_{r-1} = (n-1)(3r-n-1).\end{aligned}$$

Tous les termes du premier membre sont positifs, donc $r$ ne peut être moindre que $\frac{1}{3}(n+1)$. Nous pouvons prendre $r$ égal à ce nombre dans le cas où $\frac{1}{3}(n+1)$ est un entier; c'est-à-dire que, si $n$ est de la forme $3p-1$, nous pouvons prendre $p=r$; mais, s'il en est ainsi, tous les nombres $\alpha_1, \alpha_2, \alpha_3, \ldots \alpha_{r-1}$ doivent être nuls, les courbes ne peuvent avoir de points communs que les points multiples d'ordre $p$ et nous avons $p\alpha_p = 3(3-2)$, équation qui ne peut être satisfaite par aucune valeur entière de $\alpha_p$, si $p$ est plus grand que 3. Si donc on excepte les cas où $n = 2, 5, 8$ ou $17$, $r$ doit être plus grand que $\frac{1}{3}(n+1)$. Par conséquent, si $n$ est plus grand que 5, il doit exister un point multiple d'ordre supérieur au second.

356. On établit de la même manière un théorème dont nous allons actuellement tirer une conséquence importante, à savoir que, si nous prenons les trois points multiples des ordres les plus élevés, la somme de leurs ordres doit être plus grande que $n$. Soient $r$, $s$, $t$ ces ordres : nous supposons que $s$ n'est pas plus grand que $r$, et $t$ pas plus grand que $s$; faisons passer dans les seconds membres des équations (1) et (3) les

termes fournis par les deux premiers; ces équations deviennent

$$\alpha_1 + 4\alpha_2 + \ldots + t^2\alpha_t = n^2 - 1 - r^2 - s^2,$$
$$\alpha_1 + 2\alpha_2 + \ldots + t\alpha_t = 3n - 3 - r - s.$$

Nous déduisons, comme plus haut, une limite pour la plus petite valeur admissible de $t$, de cette considération que, si nous multiplions la seconde équation par $t$ et si nous en retranchons la première, le reste est essentiellement positif. Nous avons à montrer que $n - r - s$ est une valeur trop faible pour $t$ ou que, dans ce cas,

$$n^2 - 1 - r^2 - s^2 > t(3n - 3 - r - s).$$

Posons $r + s = n - t$; cette équation devient

$$2rs - 1 + 2nt - t^2 > t(2n - 3 + t).$$

Mais comme, par hypothèse, $r$ et $s$ ne sont pas moindres que $t$, la plus petite valeur que puisse prendre cette première quantité se trouvera en supposant que $r$ et $s$ soient tous deux égaux à $t$; l'inégalité devient alors

$$t^2 + 2nt - 1 > t^2 + 2nt - 3t,$$

qui est évidemment exacte.

357. Cremona a réduit en table, jusqu'à $n = 10$, toutes les solutions admissibles pour le système d'équations que nous avons considéré. Nous allons donner quelques-uns de ses résultats; mais nous en avons dit assez pour montrer que nous pouvons toujours prendre pour U, V, W des fonctions du $n^{\text{ième}}$ ordre en $x$, $y$, $z$ telles que les équations

$$x' : y' : z' = U : V : W$$

représentent trois courbes ayant en commun un certain nombre de points fixes (que nous appellerons *points principaux*) équivalents à $n^2 - 1$ intersections et un point variable dont les coordonnées exprimées en fonctions de $x', y', z'$ donnent le système réciproque d'équations

$$x : y : z = U' : V' : W'.$$

Nous avons déjà vu que $U'$, $V'$, $W'$ sont des fonctions du $n^{\text{ième}}$ ordre en $x', y', z'$, et il est évident qu'elles doivent aussi représenter des courbes ayant en commun un nombre de points fixes satisfaisant aux conditions (1) et (2) posées précédemment. Il ne s'ensuit pas pourtant et il n'est pas toujours vrai de dire que la même solution du système d'équations soit applicable dans les deux cas; en d'autres termes, le système de courbes $aU + bV + cW$ qui correspond aux droites d'un système, et le système de courbes $aU' + bV' + cW'$ qui correspond aux droites de l'autre système n'ont pas en général la même distribution de points multiples.

358. Nous avons vu que, dans la transformation du second degré, l'un des trois points principaux a pour correspondant dans l'autre figure, non pas un point, mais une droite. Nous allons étendre ce théorème en montrant qu'en général un des points $\alpha_r$ a pour élément correspondant une courbe unicursale du $n^{\text{ième}}$ ordre. Il est évident que le système d'équations

$$x' : y' : z' = U : V : W$$

devient illusoire si nous cherchons le point $(x', y', z')$ qui correspond à un point commun aux courbes U, V, W. Supposons d'abord que ce point soit un point d'intersection simple; si nous passons au point consécutif, $x', y', z'$ sont respectivement proportionnels à

$$\begin{gathered} U_1\,\delta x + U_2\,\delta y + U_3\,\delta z, \\ V_1\,\delta x + V_2\,\delta y + V_3\,\delta z, \\ W_1\,\delta x + W_2\,\delta y + W_3\,\delta z, \end{gathered}$$

où $U_1, \ldots$ sont des quotients différentiels. Nous obtenons ainsi un point différent $x', y', z'$ comme élément correspondant à chaque élément de direction au point $(x, y, z)$. Mais si *trois courbes ont un point commun, leur Jacobienne passe par ce point*, comme cela est évident en écrivant les équations $U = 0, \ldots$ sous la forme

$$\begin{aligned} U_1 x + U_2 y + U_3 z &= 0, \\ V_1 x + V_2 y + V_3 z &= 0, \\ W_1 x + W_2 y + W_3 z &= 0 \end{aligned}$$

et éliminant $x, y, z$. Nous voyons ainsi que, si nous éliminons $\delta x$, $\delta y$ des valeurs que nous avons trouvées plus haut, $\delta z$ disparaîtra également, et que tous les points correspondant à $x, y, z$ seront sur la ligne droite

$$x'(V_1W_2 - V_2W_1) + y'(W_1U_2 - W_2U_1) + z'(U_1V_2 - U_2V_1) = 0.$$

359. Nous procédons de la même manière, si le point commun à U, V, W est un point multiple. Supposons, par exemple, que ce soit un point double; les valeurs données (n° 358) pour $x'$, $y'$, $z'$ s'annulent alors. Mais si nous représentons comme plus haut les dérivées secondes par $a$, $b$, $c$, ..., nous verrons que $x'$, $y'$, $z'$ sont respectivement proportionnels à

$$\begin{aligned} &a\delta x^2 + b\delta y^2 + c\delta z^2 + 2f\delta y\delta z \\ &\quad + 2g\delta z\delta x + 2h\delta x\delta y : a'\delta x^2 + \ldots : a''\delta x^2 + \ldots. \end{aligned}$$

Or la relation du point $xyz$ avec UVW est telle qu'elle permet l'élimination entre ces équations de $\delta x$, $\delta y$, $\delta z$. En effet, les formes ci-dessus sont en apparence des formes ternaires, en $\delta x$, $\delta y$, $\delta z$, mais elles sont binaires en réalité. En effet, la quantité $ax^2 + by^2 + cz^2 + \ldots$ égalée à zéro représente le couple de tangentes à la courbe U au point double et peut être ramenée à la forme

$$a(x - mz)^2 + 2h(x - mz)(y - nz) + b(y - nz)^2.$$

Il n'y a donc que deux quantités $\delta x - m\delta z$, $\delta y - n\delta z$ à éliminer entre les équations, et il reviendra pratiquement au même d'écrire $\delta z = 0$ et d'éliminer $\delta x$, $\delta y$. Il en est de même pour un point multiple quelconque; les quantités $x', y', z'$ sont proportionnelles à

$$(\alpha, \ldots \between \delta x, \delta y)^r; \quad (\alpha', \ldots \between \delta x, \delta y)^r; \quad (\alpha'', \ldots \between \delta x, \delta y)^r;$$

$\delta x$, $\delta y$ s'éliminent de la manière indiquée n° 14 et $x', y', z'$, qui sont des fonctions rationnelles d'un paramètre, sont les coordonnées d'un point d'une courbe unicursale d'ordre $r$.

360. Les courbes d'un système qui correspondent aux points principaux de l'autre système peuvent être appelées courbes *principales*, et ces courbes prises ensemble constituent la Jacobienne du système de courbes $a\mathrm{U} + b\mathrm{V} + c\mathrm{W}$. En effet, la Jacobienne est le lieu d'un nouveau point double sur les courbes du système qui ont un point double en plus des points principaux multiples qui leur sont communs à toutes. Mais, comme chacune de ces courbes a déjà son nombre maximum de points doubles, elle ne peut en acquérir un nouveau qu'en se décomposant en courbes de degré inférieur, et cela arrivera seulement quand la droite correspondante de l'autre système passera par un des points principaux. Dans ce cas, la courbe $a\mathrm{U} + b\mathrm{V} + c\mathrm{W}$ se décomposera en la courbe fixe de degré $r$ qui correspond au point principal, jointe à une courbe résiduelle variable avec la droite qui passe par $\alpha_r$. Si, en général, nous avons deux courbes unicursales, dont la somme des ordres $r$ et $r'$ soit égale à $n$, la multiplicité complexe qui provient des singularités des deux courbes et de leurs intersections équivaut à

$$\tfrac{1}{2}(r-1)(r-2) + \tfrac{1}{2}(r'-1)(r'-2) + rr',$$

c'est-à-dire à $\frac{1}{2}(n-1)(n-2)+1$ points doubles. Nous voyons ainsi que, dans la courbe que nous considérons, la courbe complexe a, outre les points principaux, un nouveau point double qui sera le point d'intersection de la courbe fixe correspondant à $\alpha_r$ avec la courbe résiduelle variable; et le lieu de ces points est par conséquent la courbe fixe. La somme des ordres de toutes les courbes principales constitue l'ordre de la Jacobienne du système $a\mathrm{U} + b\mathrm{V} + c\mathrm{W}$, comme l'exprime l'équation (3)

$$\alpha_1 + 2\alpha_2 + 3\alpha_3 + \ldots + r\alpha_r = 3(n - 1).$$

De la théorie générale des Jacobiennes, que nous traiterons plus complètement dans le prochain Chapitre, il résulte que le système des courbes principales passe deux fois par chacun des points $\alpha_1$, cinq fois par chaque point $\alpha_2$, et $3r - 1$ fois par chaque point $\alpha_r$. Il y a d'autres théorèmes qu'il suffit d'indiquer et qui concernent la position des courbes principales par rapport aux points principaux. Par exemple, prenons une ligne droite d'un système, qui ne passe pas par un point principal $\alpha'_r$, la courbe correspondante $a\mathrm{U} + b\mathrm{V} + c\mathrm{W}$ ne peut avoir aucun point ordinaire commun avec la courbe principale $\alpha_r$, et les intersections des deux courbes seraient exclusivement des points principaux. Nous pouvons voir de cette manière que toute droite principale passe par deux points principaux dont la somme des ordres est $n$, et que toute conique principale passe par cinq points principaux dont la somme des ordres est $2n$.

361. Nous pouvons maintenant déterminer les caractéristiques de la courbe qui correspond à une courbe de l'ordre $k$ que nous supposons ne passer par aucun point principal. Il est évident que, si nous remplaçons $x'$, $y'$, $z'$ par U, V, W dans une fonction de l'ordre $k$, nous obtenons une fonction de l'ordre $nk$; et si les courbes U, V, W ont un point $a$ commun, la droite qui correspond à $a$ dans l'autre figure rencontrera la courbe S en $k$ points qui correspondront tous à $a$; ce sera donc un point $k^{\text{uple}}$ et de la même manière chacun

des points principaux $\alpha_r$ sera un point multiple d'ordre $rk$. Si la courbe originale n'a pas de points multiples, la courbe transformée n'aura d'autres points multiples que les points principaux. On voit ainsi que la courbe transformée sera de l'ordre $nk$ et que le nombre maximum correspondant de points doubles sera $\frac{1}{2}(nk-1)(nk-2)$; les points principaux seront des points multiples et le nombre de points doubles auxquels ils sont équivalents sera

$$\tfrac{1}{2}\alpha_1 k(k-1) + \tfrac{1}{2}\alpha_2 2k(2k-1) + \ldots + \tfrac{1}{2}\alpha_r rk(rk-1)$$

ou

$$\tfrac{1}{2}k^2(\alpha_1 + 4\alpha_2 + \ldots + r^2\alpha_r) - \tfrac{1}{2}k(\alpha_1 + 2\alpha_2 + r\alpha_r),$$

ou bien, en vertu des équations (1) et (3),

$$\tfrac{1}{2}(n^2-1)k^2 - \tfrac{3}{2}(n-1)k.$$

En effectuant les substitutions, le genre de la courbe transformée est

$$\tfrac{1}{2}(nk-2)(nk-1) - [\tfrac{1}{2}(n^2-1)k^2 - \tfrac{3}{2}(n-1)k] = \tfrac{1}{2}(k-1)(k-2);$$

il est donc le même que celui de la courbe primitive. Si cette dernière a des points multiples autres que les points principaux, ces points ont pour correspondants dans les courbes transformées des points multiples du même ordre, et les genres des deux courbes restent égaux.

Si la courbe primitive passe par l'un quelconque des points principaux $\alpha'_r$, pour chaque fois que le passage aura lieu, la courbe correspondante $\alpha_r$ fera partie de la courbe transformée, et le degré de la courbe transformée proprement dite sera diminué en conséquence. Il y aura aussi une réduction correspondante dans le nombre des passages de la courbe transformée par les points principaux par lesquels passe $\alpha_r$. L'effet de ces modifications sera de conserver toujours l'égalité entre les genres des deux courbes. Ainsi, par exemple, si la courbe originale passe par un des points $\alpha_1$, la transformée renfermera comme partie intégrante une ligne droite et le degré de la courbe résiduelle se réduira de $nk$ à $nk - 1$ ; il y aura, comme conséquence, une diminution de $nk - 2$ dans le nombre maximum des points doubles ; ainsi, si une droite passe par deux points $\alpha_r$, $\alpha_s$, le nombre des passages de la courbe résiduelle par ceux-ci sera réduit d'une unité pour chacun, et le nombre de points doubles équivalents se réduira de $sk - 1$ et $tk - 1$ ou de $nk - 2$, puisque $s + t = n$. Il n'est pas nécessaire d'entrer dans plus de détails, parce que nous allons arriver aux mêmes résultats par une autre méthode.

362. *Toute transformation de Cremona peut se ramener à une succession de transformations du second degré.* — Considérons la transformation la plus générale dans laquelle les lignes droites d'une figure aient pour correspondantes dans l'autre des courbes du $n^{\text{ième}}$ ordre, ayant en commun $\alpha_1$ points ordinaires, $\alpha_2$ points doubles, etc. Nous avons vu (n° 356) qu'il y a trois de ces points dont la somme des ordres dépasse $n$. Prenons-les comme points principaux et effectuons une transformation du second degré ; le degré de la courbe transformée étant $2n - r - s - t$ est moindre que $n$. De la même manière, par une nouvelle transformation du second degré, nous pouvons réduire le degré de cette courbe ; et ainsi de suite jusqu'à ce que nous arrivions à la fin à des lignes droites correspondant aux courbes du $n^{\text{ième}}$ degré. Comme on a démontré (n° 346) que le genre n'est pas altéré par une transformation du second degré, le théorème de ce numéro montre qu'il ne l'est pas non plus par une transformation de Cremona. L'exemple particulier qui suit rendra la méthode plus claire et montrera comment on peut suivre la disposition des courbes principales. Considérons la transformation dans laquelle des lignes droites sont transformées en courbes du cinquième degré, ayant trois points ordinaires $a_1$, $a_2$, $a_3$, trois points doubles $b_1$, $b_2$, $b_3$ et un point triple $c$. Pre-

nons $c b_1 b_2$ comme points principaux; par une transformation du second degré, les quintiques deviennent des cubiques, ayant $b'_3$ pour point double et $a'_1 a'_2 a'_3 c'$ comme points ordinaires. Prenons encore $a'_3 b'_3 c'$ comme points principaux et opérons une nouvelle transformation du second degré; les cubiques deviennent des coniques passant par $a''_1 a''_2 b''_3$; enfin une nouvelle transformation, où nous prendrons ces points pour points principaux, transformera ces dernières courbes en droites. De la même manière, nous pouvons voir comment sont transformées les droites du premier système, ou, plus généralement, comment sont transformées les courbes de l'ordre $k$ passant $a_1$ fois par le point $a_1, \ldots$. Après la première transformation, nous avons

$$k' = 2k - c - b_1 - b_2,$$
$$c' = k - b_1 - b_2,$$
$$b'_1 = k - c - b_2, \quad b'_2 = k - c - b_1, \quad b'_3 = b_3,$$
$$a'_1 = a_1, \quad a'_2 = a_2, \quad a'_3 = a_3.$$

Après la seconde transformation, où $a'_2$, $b'_3$, $c'$ sont les points principaux, nous avons

$$k'' = 3k - 2c - a_3 - b_1 - b_2 - b_3,$$
$$c'' = 2k - c - a_3 - b_1 - b_2 - b_3,$$
$$b''_2 = k - c - b_1, \quad b''_3 = k - c - a_3, \quad b''_1 = k - c - b_2,$$
$$a''_3 = k - c - b_3, \quad a''_2 = a_2, \quad a''_1 = a_1.$$

Enfin, après la troisième transformation, les points principaux étant $a''_1$, $a''_2$, $b''_3$, nous avons

$$k''' = 5k - 3c - 2b_1 - 2b_2 - 2b_3 - a_1 - a_2 - a_3,$$
$$c''' = 2k - c - b_1 - b_2 - b_3 - a_3,$$
$$a'''_1 = 2k - c - b_1 - b_2 - b_3 - a_2, \quad a'''_2 = 2k - c - b_1 - b_2 - b_3 - a_1,$$
$$a'''_3 = k - e - b_3,$$
$$b'''_2 = k - c - b_1, \quad b'''_1 = k - c - b_2,$$
$$b'''_3 = 3k - 2c - b_1 - b_2 - b_3 - a_1 - a_2 - a_3.$$

Si nous posons $k = 1$ et si nous supposons que les autres lettres soient égales à zéro, nous voyons que des lignes droites se transforment en courbes du cinquième degré ayant en commun un point triple, trois points doubles et trois points simples. Pour suivre la correspondance des points principaux, nous remarquons que dans la première transformation au point $c$ correspond la droite $b'_1 b'_2$; dans la seconde transformation, celle-ci a pour correspondante une conique passant par $c'' a''_3 b''_1 b''_2 b''_3$ et enfin à cette conique correspond une cubique ayant $b'''_3$ comme point double et les six points restants comme points ordinaires. Les Tableaux suivants donnent les effets des différents genres de transformation de Cremona jusqu'à $n = 6$. Les valeurs indiquent aussi les courbes qui correspondent aux points principaux. Ainsi (Exemple 3) la valeur $c' = 3k - 2c - \Sigma(a)$ indique qu'à C′ correspond une cubique ayant $c$ comme point double et passant par les points $a$.

Exemple 1 (II). — $n = 2$, $a_1 = 3$.

$$k' = 2k - a_1 - a_2 - a_3,$$
$$a'_1 = k - a_2 - a_3, \quad a'_2 = k - a_3 - a_1, \quad a'_3 = k - a_1 - a_2.$$

Exemple 2 (III). — $n = 3$, $\alpha_1 = 3$, $a_2 = 1$.

$$k' = 3k - 2b - a_1 - a_2 - a_3 - a_4,$$
$$b' = 2k - b - a_1 - a_2 - a_3 - a_4,$$
$$a'_1 = k - b - a_1 - \ldots$$

Exemple 3 (IV, 1). — $n = 4$, $\alpha_1 = 6$, $\alpha_2 = 0$, $\alpha_3 = 1$.

$$k' = 4k - 3c - \Sigma(a),$$
$$c' = 3k - 2c - \Sigma(a),$$
$$a'_1 = k - c - a_1 - \ldots$$

Exemple 4 (IV, 2). — $n = 4$, $\alpha_1 = 3$, $a_2 = 3$.

$$k' = 4k - 2\Sigma(b) - \Sigma(a),$$
$$b'_1 = 2k - \Sigma(b) - a_2 - a_3, \quad b'_2 = \ldots,$$
$$a'_1 = k - b_2 - b_3, \quad \ldots$$

EXEMPLE 5 (V, 1). — $n = 5,\ \alpha_1 = 8,\ \alpha_2 = 0,\ \alpha_3 = 0,\ \alpha_4 = 1.$

$$k' = 5k - 4a - \Sigma(a),$$
$$a' = 4k - 3a - \Sigma(a), \quad a'_1 = k - a - a_1.$$

EXEMPLE 6 (V, 2). — $n = 5,\ \alpha_1 = 3,\ \alpha_2 = 3,\ \alpha_3 = 1.$

$$k' = 5k - c - 2\Sigma(b) - \Sigma(a),$$
$$c' = 3k - 2c - \Sigma(b) - \Sigma(a),$$
$$b'_1 = 2k - c - a_1 - \Sigma(b),$$
$$a'_1 = k - c - b_1.$$

EXEMPLE 7 (V, 3). — $n = 5,\ \alpha_1 = 0,\ \alpha_2 = 6.$

$$k' = 5k - 2\Sigma(b),$$
$$b'_1 = 2k - b_2 - b_3 - b_4 - b_5 - b_6, \quad \ldots$$

EXEMPLE 8 (VI, 1). — $n = 6,\ \alpha_1 = 10,\ \alpha_5 = 1.$

$$k' = 6k - 5e - \Sigma(a), \quad e' = 5k - 4e - \Sigma(a), \quad a'_1 = k - e - a_1. \quad \ldots.$$

EXEMPLE 9 (VI, 2). — $n = 6,\ \alpha_1 = 1,\ \alpha_2 = 4,\ \alpha_3 = 2.$

$$k' = 6k - 3\Sigma(c) - 2\Sigma(b) - a,$$
$$c'_1 = 3k - 2c_1 - c_2 - \Sigma(b) - a,$$
$$b'_1 = 2k - \Sigma(c) - b_2 - b_3 - b_4,$$
$$a' = k - \Sigma(c).$$

EXEMPLE 10 (VI, 3). — $n = 6,\ \alpha_1 = 4,\ \alpha_2 = 1,\ \alpha_3 = 3.$

$$k' = 6k - 3\Sigma(c) - 2b - \Sigma(a),$$
$$d' = 4k - 2\Sigma(c) - b - \Sigma(a),$$
$$b'_1 = 2k - \Sigma(c) - b - a'_1, \quad b'_2 = \ldots, \quad \ldots.$$
$$a'_1 = k - c_2 - c_3, \quad a'_2 = \ldots.$$

EXEMPLE 11 (VI, 4). — $n = 6,\ \alpha_1 = 3,\ \alpha_2 = 4,\ \alpha_3 = 0,\ \alpha_4 = 1.$

$$k' = 6k - 4d - 2\Sigma(b) - \Sigma(a),$$
$$c'_1 = 3k - 2d - \Sigma(b) - a_2 - a_3, \quad c'_2 = \ldots, \quad c'_3 = \ldots, \quad \ldots.$$
$$b' = 2k - d - \Sigma(b),$$
$$a'_1 = k - a - b_1, \quad a'_2 = \ldots, \quad a'_3 = \ldots, \quad a'_4 = \ldots, \quad \ldots.$$

## TRANSFORMATION D'UNE COURBE DONNÉE.

363. Les conditions assignées dans la Section précédente sont nécessaires pour la transformation rationnelle générale entre deux plans, de manière qu'à un point quelconque de l'un ou l'autre plan corresponde un point unique dans l'autre. Mais elles ne sont pas nécessaires pour la transformation rationnelle si nous considérons seulement la transformation d'une courbe donnée $S = 0$. Appliquons à la courbe S une transformation $x' : y' : z' = U : V : W$, dans laquelle U, V, W sont des fonctions du $n^{\text{ième}}$ degré en $x, y, z$, mais qui ne satisfont pas nécessairement aux conditions de Cremona; il est évident qu'à un point quelconque du premier plan correspondra un point unique du second plan, puisque $x', y', z'$ sont donnés sous forme de fonctions rationnelles de $x, y, z$. Mais, d'après la théorie précédente, si U, V, W ont en commun $\alpha_1$ points ordinaires, $\alpha_2$ points doubles, etc., à un point quelconque du second plan correspondront $n^2 - \alpha_1 - 4\alpha_2 - \ldots$ points du premier plan, et ce nombre, que nous appellerons $\theta$, sera ordinairement différent de l'unité. Le lieu des points dans le second plan, qui correspondront aux points de la courbe S, sera une courbe S′ correspondant à S, et un point quelconque de la première courbe aura pour correspondant un point bien défini P′ de la seconde. Mais, d'après ce que nous venons de dire, on voit qu'à P′ correspondront dans la première figure, outre le point P, $\theta - 1$ autres points; ces derniers ne seront généralement pas sur la courbe S, et la courbe de la première figure qui correspond à S′ se composera de S et d'une courbe résiduaire, lieu des $\theta - 1$ autres points. Et si nous n'avons égard qu'aux points de la courbe S, nous voyons qu'un point P de S a pour correspondant un seul point P′ de S′ et que de même à un point P′ de S′ correspond aussi un point unique, bien défini, P de S.

Ainsi, bien que les équations $x':y':z' = U:V:W$ ne suffisent pas par elles-mêmes pour donner des expressions rationnelles de $x$, $y$, $z$ en fonction de $x'$, $y'$, $z'$, les circonstances sont différentes quand nous combinons l'équation $S = 0$ avec ces équations. Si, entre toutes ces équations, nous éliminons $x, y, z$, nous obtenons une équation $S' = 0$ qui est la condition de la coexistence du système d'équations. Et quand cette condition est vérifiée, nous avons montré (*Algèbre supérieure,* Leçon X) que nous pouvons en général déterminer rationnellement les valeurs de $x, y, z$ qui satisferont à toutes les équations du système. Nous voyons ainsi que, quand une courbe donnée S est transformée par la substitution $x':y':z' = U:V:W$, nous pouvons en général obtenir une relation réciproque rationnelle $x:y:z = U':V':W''$.

EXEMPLE. — Supposons qu'on nous donne

$$x':y':z' = yz + x^2 : yz + xy : yz + xz.$$

Ici des lignes droites dans le second plan ont pour correspondantes dans le premier plan des coniques qui ont en commun les deux points $yz$, $zx$; et par conséquent à un point du second plan correspondront en général deux points du premier. On trouve facilement les expressions générales de $x$, $y$, $z$ en fonction de $x'$, $y'$, $z'$, en remarquant que $x - y$, $x - z$ sont respectivement proportionnels à $x' - y'$, $x' - z'$; le sens géométrique de cette relation consiste en ce que les points $(x, y, z)$, $(x', y', z')$, considérés comme appartenant au même plan, sont collinéaires avec le point $(1, 1, 1)$. En d'autres termes, les équations sont satisfaites en posant $x = x' + \lambda$, $y = y' + \lambda$, $z = z' + \lambda$, et $\lambda$ est déterminé par l'équation du second degré

$$2\lambda^2 + (x' + y' + z')\lambda + y'z' = 0.$$

Il est évident qu'à un système quelconque de valeurs de $(x', y', z')$ correspondront deux systèmes de valeurs pour $(x, y, z)$. Mais il n'en est plus ainsi si nous considérons la transformation d'une courbe donnée. Par exemple, prenons dans le premier plan une droite $\alpha x + \beta y + \gamma z$; la relation entre un point de cette droite et le point correspondant du second plan est donnée par les équations $x = x' + \lambda, \ldots$, dans lesquelles $(\alpha + \beta + \gamma)\lambda = -(\alpha x' + \beta y' + \gamma z')$.

De même, si nous avons une conique S dans le premier plan, et si, par la substitution $x = x' + \lambda$, ..., S devient $\lambda^2 + P\lambda + S'$, la courbe qui correspond à S est la quartique obtenue en effectuant l'élimination entre les équations

$$\lambda^2 + P\lambda + S' = 0, \quad 2\lambda^2 + (x' + y' + z')\lambda + y'z' = 0;$$

et l'on obtiendra l'expression de $x$ en fonction de $x'$ en prenant pour $\lambda$ la racine commune à ces équations et qui est donnée par l'équation $[2P - (x' + y + z')]\lambda + 2S' - y'z' = 0$.

364. Le genre d'une courbe n'est pas altéré, non seulement par une transformation de Cremona, comme nous l'avons déjà démontré, mais encore par une transformation quelconque, dans laquelle un point d'une courbe a pour correspondant un point unique de l'autre courbe (¹). On peut le démontrer de la manière suivante.

Remarquons d'abord que dans la transformation rationnelle *entre deux plans,* dans laquelle un point A a pour correspondant un seul point A', si une courbe passe deux fois par A, la courbe correspondante doit passer deux fois par A'; autrement dit, à un point double d'une courbe doit correspondre un point double sur l'autre courbe. Mais si A correspond à plus d'un point, par exemple à A', B', ..., si la seconde courbe passe à la fois par A' et B', la première courbe passera deux fois par A, c'est-à-dire qu'un point double d'une courbe peut avoir pour correspondant un point double, mais il peut aussi lui correspondre un couple de points distincts

---

(¹) C'est Riemann qui a le premier déduit ce théorème de la théorie des fonctions abéliennes (*Journal de Crelle,* LIV, 133). La démonstration donnée ici est la même, en substance, que celle de Zeuthen (*Mathematische Annalen,* III, 150). Mais le Dr Fielder m'apprend qu'elle a été indiquée auparavant par Bertini (*Battaglini Giornale,* VII, 105; 1869). Voir aussi une démonstration dans la *Theorie der Abelschen functionen* de Clebsch et Gordan, p. 54, pour le cas où les courbes d'un système qui correspondent aux droites de l'autre n'ont pas en commun de points multiples d'ordre plus élevé que le second.

sur l'autre courbe. De la même manière, si A', B' coïncident, nous pouvons avoir sur l'une des courbes un rebroussement qui corresponde à un rebroussement ou à un couple de points coïncidents sur l'autre.

Considérons maintenant deux points fixes correspondants A, A' situés chacun sur chacune des deux courbes correspondantes S, S'; supposons que les ordres respectifs de ces courbes soient $m$ et $m'$, et admettons qu'elles soient dans le même plan. Considérons aussi deux points variables correspondants M, M', et cherchons le degré du lieu de l'intersection des droites AM, A'M'. Prenons une position fixe quelconque de la droite AM; comme elle rencontre la première courbe en $m - 1$ points différents de A, il y a $m - 1$ positions correspondantes de la droite A'M', et en conséquence AM rencontre le lieu en $m - 1$ points distincts de A. Mais si nous considérons la droite AA', il est facile de voir de la même manière qu'elle ne rencontre le lieu qu'au point A compté $m' - 1$ fois et en A' compté $m - 1$. Nous voyons ainsi que le lieu est du degré $m + m' - 2$ et que les points A, A' sont respectivement des points multiples de l'ordre $m' - 1$, $m - 1$.

Cherchons maintenant dans quels cas AM est tangente au lieu. Ceci aura lieu quand deux des droites A'M' correspondant à AM coïncideront sans que nous ayons en même temps une coïncidence de deux des droites AM qui correspondent à A'M'. En effet, dans ce dernier cas, l'intersection de AM, A'M' serait un point double du lieu, et AM ne serait pas une tangente ordinaire. Mais 1° si AM est tangente à S, AM sera évidemment tangente au lieu. 2° Si AM passe par un point double de S, suivant que ce point double aura pour correspondants sur S un point double ou deux points simples distincts, nous avons comme correspondants sur le lieu un point double ou un couple de points distincts; mais dans aucun de ces cas AM n'est une tangente ordinaire. 3° Si AM passe par un point de rebroussement de S, suivant qu'à ce rebroussement correspondra sur S′ un rebroussement où un couple de points coïncidents, AM passera par un point de rebroussement du lieu ou sera une tangente ordinaire.

On voit d'après 1° et 3° que le nombre des tangentes ordinaires issues de A, joint au nombre des rebroussements, est le même pour le lieu et la courbe S. C'est en exprimant cette égalité que nous obtenons la relation qui lie les courbes S et S′. Nous avons démontré (n° 79) que le nombre des tangentes qu'on peut mener à une courbe du $m^{\text{ième}}$ degré par un point multiple d'ordre $r$ est $m^2 - m - r(r+1)$, ou bien qu'il est inférieur à la classe de la courbe d'une quantité égale à $2r$. Si donc N est la classe de la courbe, lieu étudié, le nombre des tangentes qu'on peut lui mener de A (qui est un point multiple d'ordre $m' - 1$) sera $N - 2(m' - 1)$; et si nous représentons par $k$ le nombre des rebroussements du lieu, et par $n$ la classe de S, l'égalité que nous voulons exprimer est

$$N - 2(m - 1) + K = n - 2 + \varkappa.$$

De même, si nous considérons les tangentes issues de A′, il vient

$$N - 2(m - 1) + K = n' - 2 + \varkappa',$$

et nous en déduisons en conséquence

$$n - 2m + \varkappa = n' - 2m' + \varkappa',$$

ou bien, si nous remplaçons $n$ par sa valeur $m^2 - m - 2\delta - 3\varkappa$,

$$\tfrac{1}{2}(m-1)(m-2) - \delta - \varkappa = \tfrac{1}{2}(m'-1)(m'-2) - \delta' - \varkappa' \quad (^1).$$

C. Q. F. D.

---

(1) Zeuthen démontre de la même manière que si, au lieu de la correspondance rationnelle des deux courbes, $\alpha$ points de S correspondent à un point de S′, et $\alpha'$ points de S′ à un point de S, et si $t$, $t'$ représentent les nombres des cas où deux des points $\alpha$ ou $\alpha'$ coïncident, on a

$$t - t' = 2\alpha'(D - 1) - 2\alpha(D' - 1).$$

365. Nous démontrerions, comme dans le n° 361, que si nous transformons une courbe S du $m^{\text{ième}}$ ordre à l'aide de la transformation $x' : y' : z' = U : V : W$, dans laquelle U, V, W sont des fonctions du $p^{\text{ième}}$ ordre, comme les points où une droite arbitraire rencontre la transformée correspondent aux points où $\alpha U + \beta V + \gamma W$ rencontre S, l'ordre de la courbe transformée est $mp - \alpha_1 - 2\alpha_2, \ldots$; ici $\alpha_1, \alpha_2, \ldots$ représentent les nombres de points simples, doubles, etc., communs à U, V, W et qui sont aussi situés sur S. Cherchons maintenant comment, par cette transformation, nous pouvons abaisser autant que possible l'ordre de la courbe transformée. Nous voyons, comme dans le n° 353, que U, V, W peuvent être assujetties à satisfaire à deux conditions de moins qu'il n'en faut pour déterminer une courbe d'ordre $p$, c'est-à-dire à $\frac{1}{2}p(p+3) - 2$ conditions; et nous disposerons évidemment de ces conditions de manière à réduire le plus possible l'ordre de la courbe transformée si nous faisons passer U, V, W par autant de points doubles de S que cela sera possible. Soit D le genre de S, le nombre de ses points doubles est en conséquence $\frac{1}{2}(m^2 - 3m) - D + 1$; prenons en premier lieu $p = m - 1$; dans ce cas, nous pouvons faire passer U, V, W par $\frac{1}{2}(m^2 + m) - 3$ points. Nous pouvons donc faire passer les courbes par tous les points doubles et par $2m + D - 4$ autres points de S. Si donc nous posons $\alpha_1 = 2m + D - 4$, $\alpha_2 = \frac{1}{2}(m^2 - 3m) - D + 1$, $p = m - 1$, nous trouverons que l'ordre de S' est $mp - \alpha_1 - 2\alpha_2 = D + 2$.

Supposons maintenant $p = m - 2$, ce qui implique évidemment que $m$ est plus grand que 2. En procédant comme ci-dessus, nous voyons que nous pouvons prendre

$$\alpha_2 = \frac{1}{2}(m^2 - 3m) - D + 1, \quad \alpha_1 = m + D - 4$$

et que l'ordre de la courbe transformée sera encore $D + 2$. Enfin admettons que $p = m - 3$; nous pouvons prendre $\alpha_2 = \frac{1}{2}(m^2 - 3m) - D + 1$, $\alpha_1 = D - 3$, pourvu toujours que D soit plus grand que 2, et nous trouvons que l'ordre de la courbe transformée est $D+1$. La courbe transformée a, comme nous l'avons démontré, le même genre que la courbe primitive; il s'ensuit alors qu'une courbe d'ordre $m$ et de genre D, ou qui a $\frac{1}{2}(m^2-3m)-D+1$ points doubles, peut se transformer en une courbe d'ordre $D+2$, de genre D, c'est-à-dire qui a $\frac{1}{2}(D^2-D)$ points doubles; ou bien, quand D est plus grand que 2, en une courbe de l'ordre $D+1$ avec $\frac{1}{2}(D^2-3D)$ points doubles.

Ainsi, en particulier, une courbe peut être transformée comme il suit :

Si $D=0$, en une conique ([1]).
$D=1$, en une cubique.
$D=2$, en une quartique avec un nœud.
$D=3$, en une quartique.
$D=4$, en une quintique avec deux nœuds.
$D=5$, en une courbe du 6^e^ degré avec 5 nœuds.
$D=6$, en une courbe du 7^e^ degré avec 9 nœuds.
$D=7$, en une courbe du 8^e^ degré avec 14 nœuds,
ou une courbe du 6^e^ degré avec 3 nœuds.

**336.** Nous n'avons pas besoin de nous arrêter au cas des courbes unicursales. Ici $D=0$ et la courbe transformée est une conique; les coordonnées $x'$, $y'$, $z'$ peuvent, comme on le sait, être exprimées sous forme de fonctions du second degré d'un paramètre $\theta$; les coordonnées $x$, $y$, $z$, qui sont exprimables sous forme de fonctions rationnelles de $x'$, $y'$,

---

([1]) Bien que la méthode qu'on vient d'exposer transforme le cas $D=0$ en une conique seulement, la transformation crémonienne permet de transformer encore la conique en une droite.

Pour plus de détails, voir Jung et Armenante, *Giornale* de Battaglini, t. VII, p. 235, et Brill et Noether, *Mathemat. Annalen*, t. VII, p. 298.

$z'$, peuvent donc être exprimées sous forme de fonctions rationnelles de $\theta$.

Considérons maintenant le cas $D = 1$. Ici la courbe transformée est une cubique et il faut remarquer que, de quelque manière qu'on effectue la transformation, la cubique résultante aura toujours le même invariant, c'est-à-dire que le rapport anharmonique des quatre tangentes menées d'un point de la courbe sera le même (n° 229). Quand $D = 1$, les coordonnées d'un point quelconque de la courbe peuvent s'exprimer en fonctions rationnelles d'un paramètre $\theta$ et de $\sqrt{\Theta}$, où $\Theta$ est une fonction du quatrième degré de $\theta$. Il suffit de démontrer cette proposition pour le cas d'une cubique, puisque $x, y, z$ peuvent s'exprimer comme fonctions rationnelles de $x'$, $y'$, $z'$; et pour le cas d'une cubique, ce résultat se voit immédiatement en prenant cette courbe de manière qu'elle passe par le point $xy$, en posant dans l'équation $y = \theta x$, ce qui permet d'obtenir immédiatement les rapports $x : y : z$ sous la forme en question. De plus, il est bien évident que les valeurs de $\theta$ pour lesquelles $\Theta = 0$ sont précisément celles qui correspondent aux quatre tangentes menées de $xy$ à la cubique.

Nous avons vu de cette manière que les coordonnées d'un point d'une courbe pour laquelle $D = 1$ peuvent s'exprimer sous forme de fonctions rationnelles de $\theta$ et de $\sqrt{\Theta}$; et par une transformation linéaire de $\theta$, c'est-à-dire en remplaçant $\theta$ par une fonction convenablement déterminée $\frac{a\theta + b}{c\theta + d}$, nous pouvons mettre $\sqrt{\Theta}$ sous la forme $\sqrt{(1 - \theta^2)(1 - k^2\theta^2)}$. Si nous posons $\theta = \sin \operatorname{am} u$, cette quantité est $\cos \operatorname{am} u \, \Delta \operatorname{am} u$ et nous pouvons dire que les coordonnées d'une courbe dont le genre est 1 peuvent s'exprimer sous forme de fonctions elliptiques d'un paramètre $u$.

367. Il existe une théorie semblable pour le cas où le genre est égal à 2 et où, par conséquent, la courbe est réduc-

tible à une quartique nodale. Si nous prenons le nœud de la quartique pour le point $xy$ et si nous posons $y = \theta x$, nous pouvons exprimer immédiatement les rapports $x : y : z$ sous forme de fonctions rationnelles de $\theta$ et $\sqrt{\Theta}$, $\Theta$ étant maintenant une fonction du sixième degré en $\theta$; ceci équivaut à dire que les coordonnées sont exprimables comme fonctions hyperelliptiques de première espèce d'un paramètre $u$. Pour des valeurs plus élevées de D, les coordonnées sont des fonctions irrationnelles d'un paramètre, et ce n'est que dans des cas particuliers qu'elles peuvent être exprimées au moyen de radicaux.

368. Avant de quitter cette partie du sujet, nous devons indiquer une autre méthode à l'aide de laquelle on peut étudier le même problème. Nous pouvons partir des équations qui lient les coordonnées $(x, y, z)$ et $(x', y', z')$. Supposons que ces équations soient $A = o$, $B = o$, $C = o$ et que chaque équation soit homogène en $xyz$ et $x'y'z'$, et ait par rapport à ces variables les ordres $a$, $b$, $c$; $a'$, $b'$, $c'$ respectivement. Si entre ces trois équations nous éliminons $(x', y', z')$, nous obtenons une équation $S = o$ de l'ordre $ab'c' + bc'a' + ca'b'$ en $xyz$, et si nous éliminons $xyz$, nous avons une équation $S' = o$, de l'ordre $a'bc + b'ca + c'ab$ en $x'y'z'$. Les conditions $S = o$, $S' = o$ doivent être satisfaites pour que les équations $A = o$, $B = o$, $C = o$ puissent coexister; mais, pour tout système de valeurs $(x, y, z)$ vérifiant l'équation $S = o$, nous pouvons trouver un système correspondant de valeurs de $x'y'z'$ qui satisfasse aux équations $A = o$, $B = o$, $C = o$, et par conséquent à $S' = o$. On peut chercher le nombre de points doubles de la courbe S par les méthodes exposées dans l'*Algèbre supérieure*, et le résultat que j'ai obtenu est le suivant :

$$\begin{aligned}
&\tfrac{1}{2}b'c'(b'c'-1)a^2 + \tfrac{1}{2}c'a'(c'a'-1)b^2 + \tfrac{1}{2}a'b'(a'b'-1)c^2 \\
&\quad + [(a'b'-1)(c'a'-1) - \tfrac{1}{2}(a'-1)(a'-2)]bc \\
&\quad + [(b'c'-1)(a'b'-1) - \tfrac{1}{2}(b'-1)(b'-2)]ca \\
&\quad + [(c'a'-1)(b'c'-1) - \tfrac{1}{2}(c'-1)(c'-2)]ab.
\end{aligned}$$

Il existe évidemment pour le nombre des points doubles de S′ une expression semblable qu'on réduit de la précédente par un échange de lettres accentuées et non accentuées. Dans l'un et l'autre cas, nous trouvons que le genre est $\frac{1}{2}(\Omega + 2)$, où

$$\begin{aligned}\Omega = a^2 b' c' + b^2 c' a' + c^2 a' b' + a'^2 bc + b'^2 ca + c'^2 ab \\ + 2aa'(bc' + cb') + 2bb'(ca' + ac') + 2cc'(ab' + ba') \\ - 3(ab'c' + bc'a' + ca'b' + a'bc + b'ca + c'ab).\end{aligned}$$

Nous retrouvons ainsi le théorème énoncé précédemment, que les deux courbes ont le même genre.

## CORRESPONDANCE DE POINTS SUR UNE COURBE DONNÉE.

**369.** Ce que nous avons dit jusqu'ici suffit pour faire comprendre la théorie de la correspondance rationnelle; dans ce qui suit, nous considérons la correspondance générale de deux points P, P′ situés sur une même courbe et tels que l'un d'eux détermine l'autre. Supposons qu'à une position donnée de P correspondent $\alpha'$ positions de P′, et à une position donnée de P′, $\alpha$ positions de P; on dit que la correspondance est une correspondance $(\alpha, \alpha')$. Quand $\alpha = \alpha' = 1$, elle est appelée *rationnelle*.

Comme exemple simple de correspondance sur une courbe donnée de $m^{\text{ième}}$ ordre, supposons que les points P, P′ soient collinéaires avec un point fixe O (c'est-à-dire que la droite PP′ passe par O); si P est donné, il y a $m - 1$ positions de P′, et si P′ est donné, il y a $m - 1$ positions de P; en d'autres termes, ceci constitue une correspondance $(m - 1, m - 1)$. Nous avons déjà indiqué ce genre particulier de correspondance dans le cas du cercle (*voir* n° 347). Cette correspondance est évidemment rationnelle dans le cas de la conique, ou quand $m = 2$.

Si le point O est sur la courbe donnée, à une position donnée de l'un des points correspondent $m-2$ positions de l'autre, ou plus généralement, si O est un point multiple d'ordre $\alpha$ de la courbe, à une position donnée de l'un des points correspondent $m-\alpha-1$ positions de l'autre point, c'est-à-dire que la correspondance est une correspondance $(m-\alpha-1,\ m-\alpha-1)$. Remarquons que nous aurons de cette manière une correspondance $(1,\ 1)$ de points sur une cubique (en prenant le point O à volonté sur la courbe) ou sur une quartique nodale (en prenant O au point double), mais que nous ne pourrons pas obtenir une correspondance $(1, 1)$ de points sur une quartique générale.

370. Dans ce qui précède, la correspondance a été symétrique, ce qui revient à dire qu'en partant d'un des points l'autre s'obtient par la même construction et que $\alpha = \alpha'$. Mais, comme exemple de correspondance non symétrique, supposons que P′ soit défini comme le tangentiel de P; ici, P étant donné, P′ est l'une des intersections de la tangente en P avec la courbe (et par suite à une position donnée de P correspondent $m-2$ positions de P′). Mais, P′ étant donné, P est un des points de contact des tangentes menées par P′ à la courbe (et conséquemment à une position donnée de P′ correspondent $n-2$ positions de P, si $n$ est la classe de la courbe); nous avons ainsi une correspondance $(m-2,\ n-2)$. Il est à peine nécessaire de remarquer que nous pouvons avoir $\alpha = \alpha'$ *sans* que la correspondance soit symétrique.

371. Dans le cas d'une courbe unicursale, à un point donné sur la courbe correspond une seule valeur du paramètre $\theta$; et une valeur donnée de $\theta$ détermine un seul point sur la courbe (en d'autres termes, si nous généralisons la notion de correspondance, nous pourrions dire qu'un point de la courbe et le paramètre de ce point ont une correspon-

dance (1, 1). Il en résulte immédiatement que, si le point P a $\alpha$ positions, son paramètre doit être donné par une équation de l'ordre $\alpha$; si donc, comme ci-dessus, les points P, P' ont aussi une correspondance $(\alpha, \alpha')$, la relation entre leurs paramètres doit être déterminée par une équation de la forme $(\theta, 1)^{\alpha}(\theta', 1)^{\alpha'} = 0$, c'est-à-dire que, $\theta$ étant donné, l'équation sera de l'ordre $\alpha'$ en $\theta'$; mais, $\theta'$ étant donné, elle sera de l'ordre $\alpha$ en $\theta$.

372. Un point peut se correspondre à lui-même; on dit alors que c'est un point *uni*: ainsi, quand les points P, P' sont collinéaires avec un point fixe O, il est clair que le point de contact d'une tangente menée par O à la courbe est un point uni; et si ce sont les seuls points unis, leur nombre est égal à $n$.

Les seuls autres points qui, à première vue, pourraient sembler des points unis sont les points doubles et les points de rebroussement de la courbe. En effet, si nous supposons P situé en un nœud ou en un point de rebroussement, la droite OP rencontrera la courbe au point P, qui compte comme une des $m-1$ intersections et en $m-2$ autres points; ou ce qui revient au même, la droite menée de O au nœud ou au rebroussement rencontrera la courbe au nœud ou rebroussement compté deux fois et en $(m-2)$ autres points. Mais dans le cas du nœud, les deux intersections en ce point appartiennent à des branches de courbes différentes; en d'autres termes, nous pouvons dire qu'elles sont coïncidentes, mais qu'elles ne sont pas consécutives; la distinction se voit bien quand il s'agit d'une courbe unicursale; pour ce point double, nous avons alors deux valeurs distinctes de $\theta$, pour chacune desquelles les coordonnées ont les mêmes valeurs; dans le cas d'un point de rebroussement, ces deux valeurs de $\theta$ deviennent identiques; ou, ce qui revient au même, la droite menée de O au point de rebroussement (quoique n'étant pas une tangente à la courbe dans le sens propre de ce mot) est une tangente dans un certain sens, alors que la droite menée de O à un point double n'est pas une tangente à la courbe. Nous en concluons qu'un nœud n'est pas un point uni ; dans une acception spéciale, un rebroussement est un point uni et nous avons en outre les points unis proprement dits, qui sont les points de contact des tangentes menées de O à la courbe.

Revenons à la courbe unicursale et à l'équation

$$(\theta, 1)^{\alpha}(\theta', 1)^{\alpha'} = 0;$$

en un point uni nous avons $\theta = \theta'$ et pour trouver ces points nous avons une équation $(\theta, 1)^{\alpha+\alpha'} = 0$; c'est-à-dire que si les points P, P' ont une correspondance $(\alpha, \alpha')$, le nombre des points unis est égal à $\alpha + \alpha'$. Appliquons le théorème au cas où P, P' sont collinéaires avec le point fixe O : la correspondance est $(m-1, m-1)$, c'est-à-dire que le nombre de points unis serait égal à $2(m-1)$. Le nombre des points de contact ou points unis proprement dits est égal à $n$; celui des rebroussements ou points unis particuliers est égal à $\varkappa$ et nous devons avoir

$$n + \varkappa = 2(m-1),$$

ce qui a lieu en effet pour une courbe unicursale ayant $\varkappa$ rebroussements.

Dans le cas où P' est un tangentiel de P, on a vu que la correspondance est $(n-2, m-2)$ et le nombre des points unis devrait être égal à $m + n - 4$. Nous avons ici comme points unis proprement dits les points d'inflexion et comme points unis spéciaux les rebroussements; leur nombre total est égal à $\iota + \varkappa$; le théorème donne donc $\iota + \varkappa = m + n - 4$ ou, ce qui revient au même, $\iota = 3(m-2) - 2\varkappa$ : c'est ce qui a lieu réellement pour une courbe unicursale à $\varkappa$ rebroussements.

**373.** Considérons le point P comme donné ; la construction géométrique à effectuer pour déterminer P′ revient en général à ceci : c'est que nous avons une certaine courbe Θ, dépendante de P, qui, par ses intersections avec la courbe donnée, détermine les points P′. Dans quelques cas, P′ est l'une quelconque des intersections en question ; mais, dans d'autres cas, un certain nombre d'entre elles coïncideront en général avec P et doivent être mises de côté. Ainsi, dans le cas où P, P′ sont collinéaires avec O, la courbe Θ est la droite OP qui rencontre la courbe donnée au point P compté une fois (qui doit être exclu) et en $m-1$ autres points. De même, quand P′ est un tangentiel de P, la courbe Θ est la tangente en P qui rencontre la courbe donnée au point P compté deux fois (à exclure) et en $m-2$ autres points.

Il y a plus, la courbe Θ peut rencontrer la courbe donnée en des points qui forment deux ou plusieurs classes distinctes, de telle manière que les points de l'une des classes seulement soient des positions du point P′. Ainsi, dans le dernier exemple, en échangeant entre eux les points P, P′ et considérant maintenant P′ comme le point de contact d'une tangente menée à la courbe par le point P, la courbe Θ est le système des $n-2$ tangentes menées de P à la courbe; chacune d'elles rencontre la courbe au point P compté une fois, au point de contact P′ compté deux fois et en $m-3$ autres points P″ (qui sont les cotangentiels de P, c'est-à-dire que PP″ est tangent à la courbe en un point P′ différent de P ou P″). Ou, ce qui revient au même, la courbe Θ de l'ordre $n-2$ coupe la courbe au point P compté $n-2$ fois, en $n-2$ points P′ comptés chacun deux fois et en $(n-2)(m-3)$ points P″ comptant chacun une fois. La correspondance (P, P′) est, comme on l'a vu, $(\overline{m-2}, \overline{n-2})$ ; la correspondance (P, P″) est évidemment $(\overline{n-2}.\overline{m-3}, \overline{n-2}.\overline{m-3})$.

374. Le théorème relatif à une courbe unicursale conduit par induction à ce théorème que, pour une courbe en général,

le nombre des points unis devrait être égal à $\alpha + \alpha'$ augmenté d'un multiple du genre, ou bien égal à $\alpha + \alpha' + k'.2D$; mais, si nous admettons que la courbe $\Theta$ intervienne d'elle-même dans le problème, le dernier exemple montre qu'il est nécessaire de considérer le cas où la courbe $\Theta$ présente des classes distinctes de points d'intersection avec la courbe. Le théorème général est le suivant :

*Si pour une courbe donnée du genre* D *les points correspondants de* P *sont* P′, P″, . . . ; *si* P, P′ *ont une correspondance* $(\alpha, \alpha')$ *et si le nombre de points unis est égal à* a ; *si* P, P″ *ont une correspondance* $(\beta, \beta')$ *avec* b *points unis, etc.; et si la courbe* $\Theta$ *qui, par ses intersections avec la courbe donnée, détermine les points* P′, P″, . . ., *coupe ladite courbe au point* P *qui soit compté k fois, en chacun des points* P′ *qui soit compté p fois, des points* P″ *qui soit compté q fois et ainsi de suite, nous avons*

$$p(a - \alpha - \alpha') + q(b - \beta - \beta') + \ldots = k.2D;$$

*dans cette relation, il faut évidemment tenir compte, dans chacune des différentes correspondances, des points unis spéciaux (s'il y en a).*

Ainsi, dans les exemples considérés ci-dessus, pour une courbe unicursale, si, en premier lieu, P, P′ sont collinéaires avec O, nous avons

$$(1) \qquad n + \varkappa = 2(m - 1) + 2D.$$

Ensuite, si P′ est un tangentiel de P,

$$(2) \qquad \iota + \varkappa = m + n - 4 + 4D$$

et, dans le cas où P est un tangentiel de P′, et où b, $\beta$, $\beta'$ se rapportent à la correspondance des cotangentiels P, P″,

$$b - 2(m - 3)(n - 2) + 2(a - \alpha - \alpha') = (n - 2)2D,$$

et, d'après l'exemple immédiatement précédent,

$$a - \alpha' - \alpha'' = \iota' + \varkappa - (m + n - 4) = 4D;$$

par conséquent,

$$\mathfrak{b} - 2(m-3)(n-2) = (n-6)2D.$$

Les points unis proprement dits $\mathfrak{b}$ sont ici les points de contact des tangentes doubles, dont le nombre est $2\tau$; mais nous avons aussi comme points unis spéciaux les rebroussements comptés chacun $n-3$ fois (*on doit admettre qu'il en est ainsi*), et le résultat est

$$(3)\qquad 2\tau = 2(m-3)(n-2) + (n-6)2D - (n-3)\varkappa.$$

Les différentes équations (1), (2), (3) qui donnent respectivement la classe, le nombre de points d'inflexion et le nombre des bitangentes d'une courbe de l'ordre $m$ avec $\delta$ nœuds et $\varkappa$ rebroussements s'accordent avec les équations de Plücker; on les vérifie de la manière la plus facile au moyen des expressions données (n° 83) pour les diverses quantités en fonction de $m$, $n$ et $\alpha = 3n + \varkappa$.

375. Si, sur une courbe quelconque, les points P, P′ ont une correspondance (1, 1), les points (P′, P″) une correspondance (1, 1) et ainsi de suite jusqu'aux points $P^{(n-1)}$, $P^{(n)}$, il est clair que les points P, $P^{(n)}$ ont une correspondance (1, 1). Et réciproquement les points P, $P^{(n)}$ qui ont une correspondance (1, 1) peuvent être regardés comme liés l'un à l'autre par la série des points intermédiaires P′, P″, ..., $P^{(n-1)}$.

Dans le cas d'une courbe unicursale, la correspondance (1, 1) des points P, P′ implique une correspondance semblable des paramètres $\theta, \theta'$; c'est-à-dire qu'elle est de la forme $(\theta, 1)(\theta', 1) = 0$ ou, ce qui revient au même, $a\theta\theta' + b\theta + c\theta' + d = 0$, c'est-à-dire que les paramètres $\theta$, $\theta'$ sont liés homographiquement. La transformation dépend de trois paramètres arbitraires.

En prenant pour courbe donnée une conique, si les points P, P′ ont une correspondance (1, 1), on sait que la droite PP′ enveloppe une conique qui a un double contact avec la conique donnée; une pareille conique, devant satisfaire à la condition du double contact, dépend de trois paramètres. Mais si nous choisissons les points A, B à volonté et si nous prenons sur la conique P, Q collinéaires avec A (*fig.* 59), et P′ collinéaire avec B, Q, les points P, P′ auront une correspon-

Fig. 59.

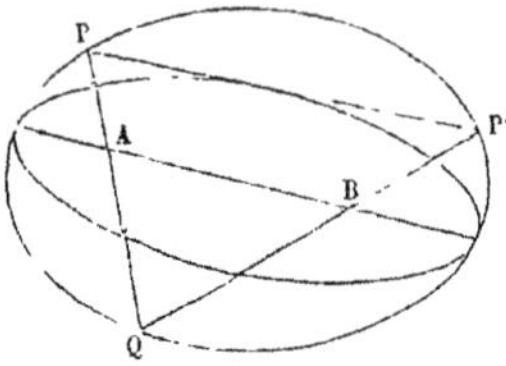


dance (1, 1) qui dépend, comme on le voit, de quatre paramètres; et il en résulte que les points A, B peuvent, sans qu'on perde rien en généralité, être soumis à une condition unique. Supposons, par exemple, que la correspondance P, P′ soit définie par le moyen de la conique enveloppée par la droite PP′; si sur la corde de contact nous prenons à volonté le point A, si nous menons PA qui rencontre la conique en Q, et QP′ qui rencontre la corde en A′, la correspondance (1, 1) est aussi donnée au moyen des points A, B; mais ici A peut être regardé comme un point déterminé de la corde de contact (comme l'intersection de celle-ci avec une droite fixe); on détermine alors B comme plus haut et la correspondance se trouve définie au moyen de ces deux points, aussi bien que si A avait été pris à volonté sur la corde de contact.

Un cas qui se trouve réellement compris dans le précédent est celui où la correspondance de P, P′ est telle que la droite P, P′ passe par un point fixe C (*fig.* 60). La conique enveloppée, regardée comme courbe en coordonnées tangentielles, est ici le point C compté deux fois; quand on la considère comme courbe ponctuelle, c'est le couple de tangentes menées de C à la conique donnée. Ceci revient à dire que la corde de contact est la polaire du point C; la construction est la même que plus haut et les points A, B, C forment, comme on le voit facilement, un système de points conjugués par rapport à la conique; la correspondance primitive de P, P′ regardés

Fig. 60.

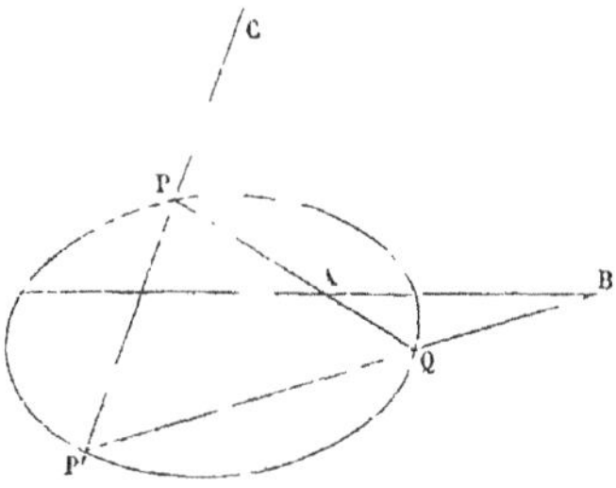


comme collinéaires avec le point C est ici remplacée par une correspondance définie au moyen des deux points A, B qui forment avec C un système de points conjugués.

Les propriétés qui précèdent se rapportent au problème de l'inscription dans une conique d'un polygone dont les côtés passent par des points donnés ou sont tangents à des coniques ayant chacune un double contact avec la conique donnée.

**376.** Sur une cubique ($D = 1$) nous avons une correspondance $(1, 1)$, elle dépend d'un seul paramètre; mais il y a deux espèces de correspondances, qui sont les suivantes: 1° les points P, P′ sont collinéaires avec un point A de la cubique; 2° les points P, P′ sont tels que P, Q sont collinéaires avec un point A de la cubique et Q, P′ collinéaires avec un point B de la cubique. Cette relation paraît dépendre de deux paramètres, mais elle ne dépend réellement que d'un seul; prenons un *point déterminé* C sur la cubique (*fig.* 61); menons AC, qui rencontre la cubique en O et BO qui la rencontre en D; on obtiendra le même point correspondant P′ en prenant P, R collinéaire avec D, et R, P′ collinéaires avec C, c'est-à-dire au moyen du seul point D. Par le fait, il est évident que, si nous partons de P et si nous construisons P′ considéré comme l'intersection des droites QB, RC, la cubique passant par A,

Fig. 61.

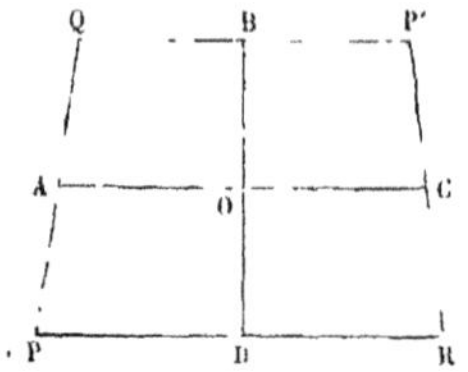


B, C, D, O, P, Q, R passera aussi par P′, en sorte que les points A, B et les points C, D conduiront au même point P′.

Le théorème renfermé dans la construction précédente peut s'énoncer comme il suit : Si, sur une cubique, les points A, B, C, D sont tels que les droites AC, BD se coupent en un point O de la cubique, nous avons inscrit de cette manière une infinité de quadrilatères P Q P′ R, dont les côtés passent respectivement par A, B, C, D, c'est-à-dire qu'un point quelconque P de la cubique peut être pris comme sommet d'un pareil quadrilatère.

377. Plus généralement, imaginons que nous ayons inscrit dans une cubique un polygone non fermé PQ... X de $2n-1$ côtés, dont les côtés passent par des points fixes de la cubique; les points P, X auront alors une correspondance $(1, 1)$ de première espèce, c'est-à-dire que le côté XP qui ferme le polygone rencontrera la cubique en un point fixe; en d'autres termes, nous aurons inscrit dans la cubique une infinité de polygones à $2n$ côtés dont les côtés passent par des points fixes de la cubique. Et parmi ces points, tous sont arbitraires excepté un, qui est déterminé par la construction de l'un de ces polygones.

378. Comme application de cette théorie on peut exprimer les coordonnées de deux points d'une cubique au moyen de paramètres (nº 366). Une correspondance (1,1) entre deux points d'une cubique implique une expression rationnelle pour les paramètres $\sin \mathrm{am}\, u'$, $\cos \mathrm{am}\, u'$, $\Delta \mathrm{am}\, u'$ en fonction de $\sin \mathrm{am}\, u$, $\cos \mathrm{am}\, u$, $\Delta \mathrm{am}\, u$; et ceci implique encore l'une ou l'autre des formes $u + u' = \text{const.}$, $u - u' = \text{const.}$ Mais, quand trois points P, P', A sont collinéaires, nous avons en général une relation $a + u' + u = \text{A}$, où A est une constante qui dépend de l'invariant absolu de la cubique. Une relation de la forme $u + u' = \text{const.}$ implique donc que P, P' sont collinéaires avec un point fixe A. Si la relation est de la forme $u - u' = \text{const.}$, par exemple $= b - a$, nous pouvons écrire $u + v + a = \text{A}$, $v + b + u' = \text{A}$, et cela signifie géométriquement que P, Q sont collinéaires avec un point fixe A, et Q, P' avec un point fixe B. Aux points A, B nous pouvons évidemment substituer deux autres points D, C, pourvu que nous ayons $b - a = c - d$ ou $a + c = b + d$, c'est-à-dire pourvu que les droites AC, BD se coupent sur la cubique. Nous retombons ainsi sur les résultats déjà obtenus.

379. Pour une quartique binodale ($\text{D} = 1$), nous avons une théorie semblable de la correspondance (1, 1); pour une quartique nodale ($\text{D} = 2$), il y a une correspondance (1, 1) qui ne dépend d'aucun paramètre arbitraire, car les points P, P' sont collinéaires avec le nœud.

Il existe une théorie intéressante de la correspondance (2, 2) sur une courbe unicursale, et en particulier sur une conique. Les paramètres qui déterminent la position des deux points P, P' sont liés ici par une relation $(\theta, 1)^2(\theta', 1)^2 = 0$. Pour ce qui regarde les coniques, nous avons les théorèmes de Poncelet sur les polygones inscrits et circonscrits.

# CHAPITRE IX.

## THÉORIE GÉNÉRALE DES COURBES.

**380.** Dans ce Chapitre, nous reprenons la théorie générale des courbes pour faire suite au Chapitre II et nous commençons par la théorie des bitangentes à une courbe d'ordre $n$, théorie que nous avons laissée de côté à partir du n° 78. Nous donnerons deux méthodes par le moyen desquelles on peut former l'équation d'une courbe dont les intersections avec une courbe donnée détermineront les points de contact de ses bitangentes.

La théorie des tangentes à une courbe a été étudiée (n° **64**) au moyen de l'équation $\Lambda = 0$, ou

$$\lambda^n U' + \lambda^{n-1}\mu\Delta U' + \tfrac{1}{2}\lambda^{n-2}\mu^2\Delta^2 U' + \ldots = 0,$$

qui détermine les coordonnées des points où la droite qui joint deux points donnés rencontre la courbe. Nous avons vu en cet endroit que si le point $x'y'z'$ est sur la courbe et si $xyz$ est situé quelque part sur la tangente, nous devons avoir $U' = 0$, $\Delta U' = 0$, et que si la tangente rencontre la courbe en trois points consécutifs, nous devons avoir en outre $\Delta U' = 0$; que pour quatre points consécutifs nous aurions de même $\Delta^3 U' = 0$, et ainsi de suite. Si la tangente en $x'y'z'$ est tangente à la courbe en un autre point, en faisant $U' = 0$, $\Delta U' = 0$ dans l'équation $\Lambda = 0$, l'équation réduite au degré $(n-2)$ doit avoir des racines égales, et par conséquent, si le discriminant de cette équation est $Y = 0$, cette relation doit être satisfaite par les coordonnées $x'y'z'$, $xyz$. Dans le cas de points d'inflexion où nous avons les deux conditions $\Delta^1 U' = 0$, $\Delta^2 U' = 0$, l'une du premier et l'autre du second degré en $xyz$, et toutes deux vérifiées pour un point quelconque de la tangente, il est évident, comme on l'a établi (n° 74), que $\Delta U' = 0$ est l'équation de la tangente et que $\Delta^2 U' = 0$ doit contenir $\Delta U' = 0$ comme facteur. De la même manière, dans le cas d'une bitangente, $Y = 0$ doit contenir $\Delta U' = 0$ comme facteur, et, en cherchant la condition pour qu'il en soit ainsi, nous trouverons la condition pour que $x'y'z'$ soit un point de contact d'une bitangente. La méthode particulière employée n° 74 n'étant pas applicable au cas général, nous aurons recours à la méthode suivante, due à M. Cayley; et il convient de commencer par établir le lemme qui suit.

381. Supposons que les équations de deux courbes contiennent les variables $xyz$ aux degrés $a$ et $b$ respectivement, et $x'y'z'$ aux degrés $a', b'$. Supposons que les $ab$ points d'intersection des deux courbes coïncident avec $x'y'z'$; on demande de trouver l'ordre de la condition qui doit en outre être vérifiée pour qu'elles aient d'autres points communs, ce qui ne peut arriver que lorsqu'il y a un facteur commun à U et V. S'il en est ainsi, une droite arbitraire quelconque

$$\alpha x + \beta y + \gamma z = 0$$

aura certainement un point commun avec U et V; ce sera le point, ou les points, où la droite arbitraire rencontre la courbe représentée par le facteur commun. Il s'ensuit que le résultat de l'élimination entre $U = 0$, $V = 0$ et l'équation de la droite arbitraire doit, dans ce cas, être nul. Ce résultat contient $\alpha\beta\gamma$ au degré $ab$, $x'y'z'$ au degré $ab' + ba'$ et les coefficients de U, V aux degrés $b$, $a$ respectivement. Mais, comme le résultat de l'élimination s'obtient en multipliant les résultats de la substitution dans $\alpha x + \beta y + \gamma z$ des coordonnées de chacune des intersections de U, V et comme, par hypothèse, toutes ces intersections coïncident avec $x'y'z'$, le résultat doit être de la forme $\Pi(\alpha x' + \beta y' + \gamma z')^{ab}$. La condition $\alpha x' + \beta y' + \gamma z' = 0$ indique seulement que la droite arbitraire passe par $x'y'z'$, et dans ce cas elle passe par un point commun à U et V, que ces courbes aient ou n'aient pas de facteur commun. En mettant ce facteur de côté, la condition restante $\Pi = 0$ est la condition cherchée pour que U et V aient un facteur commun, et nous voyons qu'elle ne renferme pas $\alpha\beta\gamma$, qu'elle est de l'ordre $ab' + a'b - ab$ en $x'y'z'$ et des ordres $b$, $a$ respectivement en fonction des coefficients de U et V.

**382.** Si nous appliquons cette méthode à la recherche des points d'inflexion, c'est-à-dire à la détermination de la condition pour que $\Delta U'$, $\Delta^2 U'$ aient un facteur commun, nous avons $a = 1, a' = n - 1, b = 2, b' = n - 2$, et la formule qu'on vient d'obtenir donne $3(n-2)$ pour l'ordre de $\Pi$ en fonction de $x'y'z'$; c'est l'ordre de la Hessienne, comme on l'a déjà trouvé. On voit aussi que $\Pi$ est du second degré par rapport aux coefficients de $\Delta U'$, et du premier pour ceux de $\Delta^2 U'$; et, comme chacun d'eux renferme les coefficients de l'équation originale au premier degré, $\Pi$ contient ces coefficients au troisième degré, ce qui s'accorde aussi avec les résultats antérieurs.

Revenons maintenant au cas des tangentes doubles; comme l'équation $\Lambda = 0$ se réduit à la forme

$$\tfrac{1}{2}\Delta^2 U' \lambda^{n-2} + \ldots + U\mu^{n-2} = 0,$$

un terme type de son discriminant est, par exemple,

$$(\Delta^2 U')^{n-3} U^{n-3},$$

ce qui nous montre que Y est de l'ordre $(n+2)(n-3)$ en $xyz$, de l'ordre $(n-2)(n-3)$ en $x'y'z'$, et de l'ordre $2(n-3)$ par rapport aux coefficients de l'équation primitive.

Nous pouvons, en second lieu, montrer que toutes les intersections de Y et $\Delta U'$ coïncident avec $x'y'z'$; en effet, l'équation du système des $n^2 - n - 2$ tangentes issues du point $(x', y', z')$ et qu'on trouve par la méthode du n° 78, est de la forme $k\Delta U' + Y(\Delta^2 U')^2 = 0$, et ce système ne peut évidemment être coupé par $\Delta U'$ en aucun autre point différent de $(x', y', z')$; si donc nous faisons $\Delta U' = 0$ dans la dernière équation que nous venons d'écrire, nous voyons que $\Delta U'$ ne peut rencontrer Y ou $\Delta^2 U'$ qu'au point $x'y'z'$. Nous pouvons alors appliquer la méthode du n° 381, en posant $a = 1$, $a' = n - 1$, $b = (n+2)(n-3)$, $b' = (n-2)(n-3)$; d'où

$$ab' + a'b = (n^2 + 2n - 4)(n-3).$$

Nous trouvons ainsi que l'ordre de $\Pi$ en $x'y'z'$ est

$$(n+3)(n-2)(n-3).$$

Cette quantité est de l'ordre $(n+2)(n-3)$ par rapport aux coefficients de $\Delta U'$, du premier par rapport à ceux de Y et en conséquence de l'ordre $(n+4)(n-3)$ en fonction des coefficients de l'équation primitive. La courbe bitangentielle $\Pi = 0$ rencontre la courbe primitive $U = 0$ en $n(n+3)(n-2)(n-3)$ points; et, comme il y a deux de ces points sur chaque bitangente, le nombre de ces dernières est $\frac{1}{2}n(n-2)(n^2-9)$, comme nous l'avons trouvé d'une autre manière, n° 82.

383. La méthode du n° 381 nous permet non seulement de déterminer l'ordre de la condition cherchée $\Pi = 0$, mais encore de trouver cette condition elle-même en effectuant réellement les opérations indiquées. Ainsi supposons que $x', y', z'$ soient, comme plus haut, les coordonnées du point sur la courbe; dans le cas des points d'inflexion, nous avons à effectuer l'élimination entre $\alpha x + \beta y + \gamma z = 0$, $\Delta U' = 0$, $\Delta^2 U' = 0$,

et ces deux dernières équations, écrites tout au long, sont

$$Lx + My + Nz = 0,$$
$$ax^2 + by^2 + cz^2 + 2fyz + 2gzx + 2hxy = 0,$$

Il conviendra, pour éviter les facteurs numériques, de supposer que l'équation originale a été écrite avec les coefficients du binôme, et que les coefficients numériques communs ont été supprimés après la différentiation, en sorte que L, M, N représenteront les dérivées premières de U' divisées par $n$; $a$, $b$, $c$, ... les dérivées secondes de U' divisées par $n(n-1)$ et que les équations ordinaires des fonctions homogènes seront $Lx' + My' + Nz = U'$, $ax' + hy' + gz' = L$, ....

La condition pour que deux droites se coupent sur une conique peut se mettre sous la forme du déterminant

$$\begin{vmatrix} a & h & g & L & \alpha \\ h & b & f & M & \beta \\ g & f & c & N & \gamma \\ L & M & N & & \\ \alpha & \beta & \gamma & & \end{vmatrix} = 0.$$

On peut en effet vérifier que ce déterminant développé est le même que le résultat de la substitution dans l'équation de la conique des coordonnées de l'intersection des deux droites, coordonnées qui sont $M\gamma - N\beta$, $N\alpha - L\gamma$, $L\beta - M\alpha$. Mais, en vertu des équations des fonctions homogènes, le déterminant ci-dessus peut se réduire, en multipliant successivement les trois premières lignes et colonnes respectivement par $x'$, $y'$, $z'$ et en les retranchant de la quatrième. Si donc nous représentons $\alpha x' + \beta y' + \gamma z'$ par R, il devient

$$\begin{vmatrix} a & h & g & 0 & \alpha \\ h & b & f & 0 & \beta \\ g & f & c & 0 & \gamma \\ 0 & 0 & 0 & -U' & -R \\ \alpha & \beta & \gamma & -R & 0 \end{vmatrix}$$

ou bien

$$-U'\begin{vmatrix} a & h & g & \alpha \\ h & b & f & \beta \\ g & f & c & \gamma \\ \alpha & \beta & \gamma & . \end{vmatrix} - R^2\begin{vmatrix} a & h & g \\ h & b & f \\ g & f & c \end{vmatrix}$$

Nous employons, d'après Clebsch, l'abréviation $\begin{pmatrix} \alpha \\ \alpha \end{pmatrix}$ pour désigner le déterminant qui multiplie U', dans lequel la matrice du Hessien est bordée horizontalement et verticalement par $\alpha$, $\beta$, $\gamma$. De la même manière, le déterminant dont nous sommes parti et où la matrice est bordée par $\alpha$, $\beta$, $\gamma$ et par les dérivées de U s'écrirait $\begin{pmatrix} U, & \alpha \\ U, & \alpha \end{pmatrix}$; et l'équation que nous avons établie est

$$\begin{pmatrix} U, & \alpha \\ U, & \alpha \end{pmatrix} = -U'\begin{pmatrix} \alpha \\ \alpha \end{pmatrix} - R^2 H.$$

Si $x'y'z'$ rend U' égal à zéro, l'équation $\begin{pmatrix} U, & \alpha \\ U, & \alpha \end{pmatrix} = 0$ se réduit à $H = 0$, comme cela doit être.

384. Afin d'arriver par la même méthode à trouver l'équa-

courbe. Sa méthode consiste à prouver que, si cette expression est vraie pour deux quantités consécutives $\Delta^{k-1}$, $\Delta^k$, elle le sera encore pour $\Delta^{k+1}$, et elle nous permet d'exprimer $P_{k+1}$, $Q_{k+1}$ en fonction des coefficients correspondants qui précèdent. On se rappelle que, par définition, nous avons la relation

$$\Delta^{k+1} = \Delta(\Delta^k),$$

dans laquelle $\Delta$ représente l'opération

$$x\frac{d}{dx'} + y\frac{d}{dy'} + z\frac{d}{dz'};$$

mais on y suppose que $xyz$, $x'y'z'$ sont des quantités indépendantes. Dans le cas que nous considérons maintenant, où l'on suppose que $x$ a la valeur $M\gamma - N\beta$, et où par conséquent il est une fonction implicite de $x'y'z'$, il faut entendre que, dans l'opération $\Delta$, la différentiation affecte seulement $x'y'z'$ en tant que ces coordonnées apparaissent explicitement, mais non en tant qu'elles sont contenues implicitement dans $xyz$. Représentons par $\nabla$ l'opération $x\frac{d}{dx'} + y\frac{d}{dy'} + z\frac{d}{dz'}$ sans cette restriction; si nous appliquons alors la règle générale qui permet d'obtenir les différentielles par rapport à $x'y'z'$ dans l'hypothèse où $xyz$ sont variables, au moyen des différentielles calculées en supposant ces dernières quantités constantes, nous avons, en opérant sur une fonction quelconque S,

$$\nabla S = \Delta S + \frac{dS}{dx}\nabla x + \frac{dS}{dy}\nabla y + \frac{dS}{dz}\nabla z.$$

385. Nous avons maintenant à calculer les valeurs de $\nabla x$, $\nabla y$, $\nabla z$. Il est facile de voir que le résultat obtenu en opérant avec $\nabla$ sur une fonction quelconque S est

$$\begin{vmatrix} S_1 & S_2 & S_3 \\ L & M & N \\ \alpha & \beta & \gamma \end{vmatrix}$$

et par conséquent, quand la fonction est $x$ ou $M\gamma - N\beta$, le résultat est

$$(n-1)\begin{vmatrix} h\gamma - g\beta & b\gamma - f\beta & f\gamma - c\beta \\ L & M & N \\ \alpha & \beta & \gamma \end{vmatrix}.$$

Ici le coefficient $(n-1)$ provient de la condition que nous avons introduite, et suivant laquelle les différentielles de L, ... sont $(n-1)\,a, \ldots$. Le déterminant qu'on vient d'écrire se réduit alors de la manière suivante :

$$\begin{vmatrix} 1 & g & f & c \\ 0 & h\gamma - g\beta & b\gamma - f\beta & f\gamma - c\beta \\ 0 & L & M & N \\ 0 & \alpha & \beta & \gamma \end{vmatrix} = \begin{vmatrix} \gamma & g & f & c \\ \beta & h & b & f \\ 0 & L & M & N \\ 0 & \alpha & \beta & \gamma \end{vmatrix}$$

$$= \begin{vmatrix} \gamma & g & f & c \\ \beta & h & b & f \\ -(\beta y' + \gamma x') & ax' & hx' & gx' \\ 0 & \alpha & \beta & \gamma \end{vmatrix} = \begin{vmatrix} R - \alpha x' & -ax' & -hx' & -gx' \\ \beta & h & b & f \\ \gamma & g & f & c \\ 0 & \alpha & \beta & \gamma \end{vmatrix}$$

$$= R\begin{vmatrix} h & b & f \\ g & f & c \\ \alpha & \beta & \gamma \end{vmatrix} + x'\begin{pmatrix} \alpha \\ \alpha \end{pmatrix}.$$

Si nous représentons $\begin{pmatrix} \alpha \\ \alpha \end{pmatrix}$ par $\Sigma$, et les moitiés de ses diverses dérivées par rapport à $\alpha$, $\beta$, $\gamma$ par $\Sigma_1$, $\Sigma_2$, $\Sigma_3$, ces dernières ne différeront que par leurs signes des déterminants qui multiplient R dans les valeurs de $\nabla x$, $\nabla y$, $\nabla z$, et nous avons

$$\nabla(S) = \Delta(S) - (n-1)R\left(\Sigma_1 \frac{dS}{dx} + \Sigma_2 \frac{dS}{dy} + \Sigma_3 \frac{dS}{dz}\right)$$
$$+ (n-1)\begin{pmatrix} \alpha \\ \alpha \end{pmatrix}\left(x' \frac{dS}{dx} + y' \frac{dS}{dy} + z' \frac{dS}{dz}\right).$$

Supposons en particulier $S = \Delta^k(V)$, où V est une fonction quelconque de l'ordre $n'$ en $x'y'z'$; comme $\frac{dS}{dx} = k\frac{d}{dx'}\Delta^{k+1}(V)$, nous avons

$$\nabla(\Delta^k V) = \Delta^{k+1}(V) - k(n-1)R\left(\Sigma_1\frac{d}{dx'} + \Sigma_2\frac{d}{dy'} + \Sigma_3\frac{d}{dz'}\right)\Delta^{k-1}(V)$$
$$+ k(n-1)\binom{\alpha}{\alpha}\left(x'\frac{d}{dx'} + y'\frac{d}{dy'} + z'\frac{d}{dz'}\right)\Delta^{k-1}V.$$

Comme $\Delta^{k-1}(V)$ est une fonction homogène en $x'y'z'$ du degré $n' - k + 1$, le dernier terme se réduit à

$$k(n-1)(n'-k+1)\binom{\alpha}{\alpha}\Delta^{k-1}(V).$$

**386.** Il sera commode d'employer l'abréviation $\psi$ pour représenter l'opération

$$\sum_1 \frac{d}{dx'} + \sum_2 \frac{d}{dy'} + \sum_3 \frac{d}{dz'}$$

et l'on remarquera aussi que

$$\psi(V) = \begin{vmatrix} a & h & g & V_1 \\ h & b & f & V_2 \\ g & f & c & V_3 \\ \alpha & \beta & \gamma & \end{vmatrix} \quad \text{ou} = \binom{V}{\alpha}.$$

Le résultat obtenu en opérant sur $x$ avec $\psi$ est nul, comme on peut facilement s'en assurer en remplaçant dans la dernière colonne du déterminant les quantités $V_1$, $V_2$, $V_3$, o par les valeurs $h\gamma - g\beta$, $b\gamma - f\beta$, $f\gamma - c\beta$, $\beta\gamma - \gamma\beta$; il se décompose alors en deux déterminants qui sont nuls chacun, comme ayant deux colonnes identiques. Par conséquent, le résultat qu'on obtient en opérant avec $\psi$ sur une fonction quelconque contenant $x, y, z$ est le même, qu'on regarde ou non ces quantités comme constantes. Donc l'équation du dernier article, appliquée aux quantités $\Delta^k\ldots$, que nous désirons calculer, est

$$\Delta^{k+1} = \nabla(\Delta^k) + k(n-1)R\psi(\Delta^{k-1}) - k(n-1)(n-k+1)\Sigma\Delta^{k-1}.$$

387. Au moyen de l'expression que nous venons de trouver, nous pouvons démontrer que, si nous avons

$$\Delta^{k-1} = P_{k-1}U + Q_{k-1}R^2, \quad \Delta^k = P_kU + Q_kR^2,$$

l'expression de $\Delta^{k+1}$ sera de même forme. En effet, nous n'avons qu'à substituer ces valeurs de $\Delta^{k-1}$, $\Delta^k$ dans l'équation du numéro précédent et nous devons observer que $\nabla(U)$ et $\Delta(R)$ sont tous deux nuls, comme on le voit, du reste, immédiatement en remplaçant $S_1$, $S_2$, $S_3$ par L, M, N ou $\alpha$, $\beta$, $\gamma$ dans

$$\begin{vmatrix} S_1 & S_2 & S_3 \\ L & M & N \\ \alpha & \beta & \gamma \end{vmatrix}$$

Donc

$$\nabla(\Delta^k) = U\nabla(P_k) + R^2\nabla(Q_k).$$

Si nous remplaçons respectivement $S_1$, $S_2$, $S_3$ dans $\begin{pmatrix} S \\ \alpha \end{pmatrix}$ par $nL$, $nM$, $Nn$ et par $\alpha$, $\beta$, $\gamma$, nous avons

$$\psi(U) = -nHR, \quad \psi(R) = \begin{pmatrix} \alpha \\ \alpha \end{pmatrix}$$

et, par conséquent,

$$\psi(\Delta^{k-1}) = U\psi(P_{k-1}) + R^2\psi(Q_{k-1}) - nP_{k-1}HR + 2R\Sigma Q_{k-1}.$$

En réunissant maintenant les termes de l'expression donnée pour $\Delta^{k+1}$ (n° 386), nous avons

$$\Delta^{k+1} = UP_{k+1} + R^2Q_{k+1},$$

où

$$P_{k+1} = \nabla(P_k) - k(n-1)(n-k+1)\Sigma P_{k-1} + k(n-1)R\psi(P_{k-1}),$$
$$Q_{k+1} = \nabla(Q_k) - k(n-1)(n-k+1)\Sigma Q_{k-1} + k(n-1)R\psi(Q_{k-1}) - n(n-1)kP_{k-1}H.$$

388. Au moyen de ces formules, nous pouvons former une Table des valeurs de $P_3$, $Q_3$, .... Ainsi, pour commencer, il est évident que $P_1 = 0$, $Q_1 = 0$ et (n° 383)

$P_2 = -\Sigma$, $Q_2 = -H$. Donc $P^3 = -\Delta(\Sigma)$, $Q_3 = -\Delta(H)$. Quand la courbe est une cubique, $\Delta^3$ n'est rien autre que la fonction cubique elle-même, et la valeur que nous venons de donner pour $Q_3$ peut s'interpréter géométriquement comme il suit : si une droite quelconque $\alpha x + \beta y + \gamma z$ rencontre une cubique et que de chacun des points de rencontre on mène quatre tangentes à la courbe, les douze points de contact sont situés sur la quartique

$$\begin{vmatrix} H_1 & H_2 & H_3 \\ L & M & N \\ \alpha & \beta & \gamma \end{vmatrix} = 0;$$

car cette condition, comme nous l'avons vu, doit être vérifiée pour un point quelconque de la courbe, dont la tangente coupe $\alpha x + \beta y + \gamma z$ sur la courbe. Ce résultat découle immédiatement aussi du n° 183.

Passons maintenant à $Q_4$ ; nous avons (n° 387)

$$\begin{aligned} Q_4 &= -\nabla(\Delta H) + 3(n-1)(n-4)\Sigma H \\ &\quad - 3(n-1)R\psi(H) + 3n(n-1)\Sigma H \\ &= -\nabla(\Delta H) + 6(n-1)(n-2)\Sigma H - 3(n-1)R\psi(H). \end{aligned}$$

Mais, conformément au résultat de la fin du n° 385, si nous posons $k = 1$, et si nous représentons par $n'$ le degré de la Hessienne, ou $3(n-2)$,

$$\nabla(\Delta H) = \Delta^2 H - (n-1)R\psi(H) + (n-1)n'\Sigma H,$$

d'où

$$Q_4 = -\Delta^2 H + (n-1)n'\Sigma H - 2(n-1)R\psi(H).$$

389. Nous avons maintenant les matériaux nécessaires pour calculer l'équation de la courbe bitangentielle d'une quartique. Suivant la méthode indiquée (n° 384), nous devons d'abord former le discriminant de $\Lambda = 0$ ou de

$$\frac{1}{1.2}\Delta^2\lambda^2 + \frac{1}{1.2.3}\Delta^3\lambda\mu + \frac{1}{1.2.3.4}\Delta^4\mu^2;$$

puis, après avoir remplacé $x_1$ par $M\gamma - N\beta$, ..., nous devrons faire disparaître $\alpha$, $\beta$, $\gamma$, au moyen de l'équation de la courbe. En effectuant la substitution avant de former le discriminant, l'équation devient

$$\frac{1}{1.2} Q_2\lambda^2 + \frac{1}{1.2.3} Q_3\lambda\mu + \frac{1}{1.2.3.4} Q_4\mu^2 = 0,$$

dont le discriminant ne diffère que par un facteur numérique de $Q_3^2 - 3Q_2Q_4$; cette fonction renferme encore $\alpha$, $\beta$, $\gamma$ au second degré et par conséquent a encore besoin d'être réduite. La formule suivante va nous être utile pour cet objet.

390. Si nous bordons la matrice du Hessien horizontalement et verticalement avec trois rangées et trois colonnes, le déterminant résultant est évidemment égal au produit changé de signe des deux déterminants qu'on a ajoutés horizontalement et verticalement. Si en particulier V, W sont des fonctions des ordres $n'$, $n''$, nous avons

$$-\Delta(V)\Delta(W) = \begin{vmatrix} a & h & g & \alpha & V_1 & L \\ h & b & f & \beta & V_2 & M \\ g & f & c & \gamma & V_3 & N \\ \alpha & \beta & \gamma & & & \\ W_1 & W_2 & W_3 & & & \\ L & M & N & & & \end{vmatrix} = \begin{vmatrix} a & h & g & \alpha & V_1 & 0 \\ h & b & f & \beta & V_2 & 0 \\ g & f & c & \gamma & V_3 & 0 \\ \alpha & \beta & \gamma & 0 & 0 & -R \\ W_1 & W_2 & W_3 & 0 & 0 & -n''W \\ 0 & 0 & 0 & -R & -n'V & -U \end{vmatrix}$$

ou bien

$$\Delta(V)\Delta(W) = n'n''VW\binom{\alpha}{\alpha} - n'VR\binom{W}{\alpha}$$
$$- n''WR\binom{V}{\alpha} + R^2\binom{V}{W} + U\binom{\alpha V}{\alpha W},$$

et, quand $x'y'z'$ satisfait à l'équation $U = 0$, le dernier terme est nul. Ainsi, en particulier,

$$(\Delta V)^2 = n'^2 V^2\binom{\alpha}{\alpha} - 2n'VR\binom{V}{\alpha} + R^2\binom{V}{V},$$

ou, dans la notation que nous avons employée plus haut,

$$Q_3^2 = (\Delta H)^2 = n'^2 H^2 \Sigma - 2n' H R \psi(H) + R^2 \begin{pmatrix} H \\ H \end{pmatrix}.$$

Ce dernier terme représente le résultat obtenu en remplaçant dans $\Sigma$ les quantités $\alpha$, $\beta$, $\gamma$ par les coefficients différentiels de H.

Nous obtenons précisément de la même manière une formule de réduction pour $\Delta^2 V$ en écrivant dans le déterminant précédent $\frac{d}{dx}, \frac{d}{dy}, \frac{d}{dz}$ à la place de $V_1, V_2, V_3$ et de $W_1, W_2, W_3$, et en supposant l'opération effectuée sur V. Alors, dans la réduction, au lieu de $n'V$ et de $n''V$, nous avons

$$x' \frac{d}{dx'} + y' \frac{d}{dy'} + z' \frac{d}{dz'}$$

et la formule devient

$$\Delta_1^2 V = n'(n'-1) V \begin{pmatrix} \alpha \\ \alpha \end{pmatrix} - 2(n'-1) R \begin{pmatrix} V \\ \alpha \end{pmatrix} + R^2 \begin{pmatrix} d_x \\ d_x \end{pmatrix} V.$$

Dans cette relation, le dernier symbole représente le résultat obtenu en remplaçant dans $\Sigma$ les quantités $\alpha$, $\beta$, $\gamma$ par les symboles de différentiation et en opérant sur V.

Introduisons la valeur ainsi trouvée pour $\Delta^2 H$ dans la valeur donnée pour $Q_4$ (n° 388), il vient

$$Q_4 = -n'(n'-n)\Sigma H + 2(n'-n) R \psi(H) - R^2 \begin{pmatrix} d_x \\ d_x \end{pmatrix} H$$

et, comme $Q_2 = -H$, nous avons en général

$$(n'-n) Q_3^2 - n' Q_2 Q_4 = R^2 \left[ (n'-n) \begin{pmatrix} H \\ H \end{pmatrix} - n' H \begin{pmatrix} d_x \\ d_x \end{pmatrix} H \right];$$

dans le cas de la quartique, pour laquelle $n = 4$, $n' = 6$,

$$Q_3^2 - 3 Q_2 Q_4 = R^2 \left[ \begin{pmatrix} H \\ H \end{pmatrix} - 3 H \begin{pmatrix} d_x \\ d_x \end{pmatrix} H \right].$$

et en conséquence l'équation de la courbe bitangentielle est

$$\begin{pmatrix}H\\H\end{pmatrix} - 3H\begin{pmatrix}d_x\\d_x\end{pmatrix}H = 0;$$

c'est-à-dire que si $\Sigma$, écrit tout au long, est égal à

$$A\alpha^2 + B\beta^2 + C\gamma^2 + 2F\beta\gamma + 2G\gamma\alpha + 2H\alpha\beta,$$

cette équation est

$$\begin{aligned}A\frac{dH^2}{dx^2} + B\frac{dH^2}{dy^2} + C\frac{dH^2}{dz^2} + 2F\frac{dH}{dy}\frac{dH}{dz}\\ + 2G\frac{dH}{dz}\frac{dH}{dx} + 2H\frac{dH}{dx}\frac{dH}{dy}\\ = 3H\Big[A\frac{d^2H}{dx^2} + B\frac{d^2H}{dy^2} + C\frac{d^2H}{dz^2} + 2F\frac{d^2H}{dy.dz}\\ + 2G\frac{d^2H}{dz.dx} + 2H\frac{d^2H}{dxdy}\Big];\end{aligned}$$

c'est une courbe du quatorzième ordre.

391. L'équation qu'on vient d'obtenir peut être transformée au moyen de l'expression donnée (*Sect. coniques*, n° 381, Exemple 1) et qui exprime la condition pour que la droite polaire d'un point par rapport à une conique soit tangente à une autre conique. Nous avons vu que, si $ax^2 + \ldots$, $a'x^2 + \ldots$ sont les deux coniques, nous obtenons

$$\begin{aligned}(bc - f^2)(a'x + h'y + g'z)^2 + \ldots\\ = [a'(bc - f^2) + \ldots](a'x^2 + \ldots) - \mathbf{F},\end{aligned}$$

où **F** représente un covariant conique des deux coniques; et nous avons trouvé de la même manière que

$$\begin{aligned}(b'c' - f'^2)(ax + hy + gz)^2 + \ldots\\ = [a(b'c' - f'^2) + \ldots](ax^2 + \ldots) - \mathbf{F}.\end{aligned}$$

Si maintenant $a, b, c, \ldots$ ont la même signification que ci-dessus, et si $a', b', \ldots$ représentent les dérivées secondes de la Hessienne, son degré étant $n'$, les quantités $(a'x + h'y + g'z), \ldots$

sont égales à $(n-1)$ fois les dérivées premières et $(bc-f^2)$ $(a'x+h'y+g'z)^2+\ldots$ est égal à $(n'-1)^2$ fois le covariant que nous avons appelé $\Theta$ (n° 231). Nous pouvons représenter par $\Theta'$ le covariant correspondant dans lequel les dérivées de la courbe et de la Hessienne ont été échangées entre elles, et dont l'annulation exprime la condition pour que la droite polaire d'un point par rapport à la courbe soit tangente à la conique polaire du même point par rapport à la Hessienne. De la même manière, $a'(bc-f^2)+\ldots$ est égal à $\Phi$ et $a'x^2+\ldots$ à $n'(n'-1)\mathrm{H}$. Nous avons alors les identités

$$(n'-1)^2\Theta = n'(n'-1)\mathrm{H}\Phi - \mathrm{F}, \quad \Theta' = \mathrm{U}\Phi' - \mathrm{F},$$

$$(n'-1)^2\Theta - n'(n'-1)\mathrm{H}\Phi = \Theta' - \mathrm{U}\Phi'$$

et, dans le cas particulier de la quartique où $n'=6$,

$$25\,\Theta - 30\mathrm{H}\Phi = \Theta' - \mathrm{U}\Phi'.$$

Ainsi les points de contact des bitangentes sont donc les intersections avec la courbe, non seulement de $\Theta - 3\mathrm{H}\Phi$ comme on l'a déjà obtenu, mais aussi de $15\Theta - \Theta'$ ou de $\Theta' - 45\mathrm{H}\Phi$; les courbes bitangentielles pourraient aussi s'exprimer en fonction du covariant **F**.

**392.** Passons maintenant au cinquième ordre. Nous avons (n° 387)

$$\begin{aligned}\mathrm{Q}_5 = \nabla(\mathrm{Q}_4) &- 4(n-1)(n-5)\Sigma\mathrm{Q}_3 \\ &+ 4(n-1)\mathrm{R}\Psi(\mathrm{Q}_3) - 4n(n-1)\mathrm{HP}_3.\end{aligned}$$

Si nous faisons usage de la valeur de $\mathrm{Q}_4$ obtenue en dernier u et si nous nous servons des abréviations $\Theta$ pour $\binom{\mathrm{H}}{\mathrm{H}}$ et $\Phi$ pour $\binom{d_x}{d_x}\mathrm{H}$, nous avons

$$\begin{aligned}\mathrm{Q}_5 = &- n(n'-n)\mathrm{H}\Delta(\Sigma) - n'(n'-n)\Sigma\Delta(\mathrm{H}) \\ &+ 2(n'-n)\mathrm{R}\Delta\Psi(\mathrm{H}) - \mathrm{R}^2\Delta(\Phi) + 4n(n-1)\mathrm{H}\Delta(\Sigma) \\ &+ 4(n-1)(n-5)\Sigma\Delta\mathrm{H} - 4(n-1)\mathrm{R}\Psi(\Delta\mathrm{H}) \\ = &- 2(n^2-13n+18)\mathrm{H}\Delta\Sigma - 2(n^2-3n+8)\Sigma\Delta(\mathrm{H}) \\ &+ 4(n-3)\mathrm{R}\Delta(\Psi\mathrm{H}) - 4(n-1)\mathrm{R}\Psi(\Delta\mathrm{H}) - \mathrm{R}^2\Delta(\Phi).\end{aligned}$$

Dans le cas particulier où $n = 5$, il vient

$$Q_5 = 44 H\Delta(\Sigma) - 36\Sigma\Delta(H) + 8R\Delta(\Psi H) - 16R\Psi(\Delta H) - R^2\Delta(\Phi).$$

Dans ce cas, nous avons aussi

$$Q_4 = -36\Sigma A + 8R\Psi(H) - R^2\Phi,$$
$$Q_3 = -\Delta H, \quad Q_2 = -H.$$

Pour former la courbe bitangentielle d'une quartique, la quantité à calculer est

$$(27Q_2Q_5 - 5Q_3Q_4)^2 = 5(4Q_3^2 - 9Q_2Q_4)(5Q_4^2 - 12Q_3Q_5);$$

c'est une expression qui renferme $\alpha$, $\beta$, $\gamma$ au sixième ordre, et il faut prouver au moyen de l'équation de la courbe qu'elle est divisible par $R^6$. Mais, en vertu d'une formule déjà obtenue, nous avons

$$4Q_3^2 - 9Q_2Q_4 = R^2(4\Theta - 9H\Phi).$$

Il est facile de démontrer aussi que $27Q_2Q_5 - 5Q_3Q_4$ et $5Q_4^2 - 12Q_3Q_5$ sont chacun divisibles par R; mais je n'ai pas pu mener la réduction plus loin.

Nous avons montré ailleurs (*Algèbre supérieure*, n° **295**) comment tous ces calculs peuvent se faire au moyen des méthodes symboliques.

**393.** Une autre méthode (¹) pour résoudre le problème des tangentes doubles est suggérée par la démonstration qu'on a donnée (nos **183-235**) que le point où la tangente à une cubique la rencontre de nouveau est déterminé par l'intersection de la tangente avec la droite $xH_1 + yH_2 + zH_3 = 0$. Il vient à l'idée de chercher à calculer de la même manière l'équation d'une courbe de l'ordre $n - 2$ qui passe par les $(n - 2)$

---

(¹) J'ai donné cette méthode dans le *Philosophical Magazine*, oct. 1858, et dans le *Quarterly Journal of Mathematics*, vol. III, p. 317. Voir aussi les Mémoires de M. Cayley, *Phil. Trans.* (1859), p. 193, et (1861), p. 357.

points où la tangente à une courbe de l'ordre $n$ la rencontre à nouveau. L'équation de cette courbe tangentielle une fois obtenue, si nous formons la condition pour que la tangente donnée lui soit tangente, nous aurons immédiatement l'équation de la bitangentielle. La proposition que nous avons déjà démontrée relativement à l'ordre de la bitangentielle nous permettra de voir quel doit être l'ordre de la courbe tangentielle par rapport à $x'y'z'$ et aux coefficients. La condition pour que la droite $Lx + My + Nz$ soit tangente à une courbe de l'ordre $(n-2)$ est de l'ordre $(n-2)(n-3)$ en L, M, N et de l'ordre $2(n-3)$ par rapport aux coefficients de cette courbe. En conséquence, si les coefficients de la courbe tangentielle contiennent $x'$, $y'$, $z'$ à l'ordre $p$ et les coefficients de la courbe originale à l'ordre $q$, la bitangentielle doit être de l'ordre $(n-1)(n-2)(n-3) + 2p(n-3)$ en $x'y'z'$ et de l'ordre $(n-2)(n-3) + 2q(n-3)$ par rapport aux coefficients de l'équation originale. Mais actuellement la bitangentielle est de l'ordre $(n-2)(n-3)(n+3)$ en $x'y'z$ et de l'ordre $(n+4)(n-3)$ par rapport aux coefficients de l'équation originale (n° 382). Il s'ensuit alors que $p = 2(n-2)$, $q = 3$, c'est-à-dire que la tangentielle doit être de l'ordre $2(n-2)$ en $x'y'z'$ et du troisième ordre par rapport aux coefficients de l'équation originale. De plus, si nous savons que $(x', y', z')$ est situé sur la Hessienne, la tangentielle doit passer par $(x', y', z')$ et, par conséquent, si nous remplaçons $x, y, z$ par $x', y', z'$, la tangentielle devra se réduire à H. Cette considération et la forme connue de la tangentielle dans le cas de la cubique fait supposer que la tangentielle en général est la $(n-2)^{\text{ième}}$ polaire de $x'y'z'$ par rapport à H ou $\Delta^{n-2}$H. En effet, c'est une courbe d'ordre convenable par rapport à $xyz$, à $x'y'z'$, et aux coefficients, et elle passera par $x'y'z'$ quand ce point est situé sur la Hessienne. En conséquence, dans le prochain paragraphe, nous examinerons si la courbe $\Delta^{n-2}(H)$ passe par les points où la tangente rencontre de nouveau la courbe; nous trouverons, il est vrai, que cette hypothèse est inexacte, mais notre mode de recherche nous conduira à la vraie forme de la tangentielle.

394. Prenons l'origine sur la courbe et l'axe des $y$ pour tangente; et soit alors l'équation de la courbe

$$nby + \tfrac{1}{2}n(n-1)(c_0x^2 + 2c_1xy + c_2y^2)$$
$$+ \frac{1}{2.3}n(n-1)(n-2)(d_0x_3 + 3d_1x^2y + 3d_2xy^2 + d_3y^3) + \ldots = 0.$$

Il faut observer, et la remarque sera utile dans la suite, que les différentes polaires de l'origine, par rapport à la courbe, s'obtiennent en remplaçant $n$ par $n-1$, $n-2$, ... dans cette équation. Pour que la courbe puisse passer par les points tangentiels, son équation doit être telle qu'en y faisant $y = 0$ elle se réduise à

$$\tfrac{1}{2}n(n-1)c_0 + \frac{1}{2.3}n(n-1)(n-2)d_0x + \ldots = 0.$$

Formons maintenant l'équation de la Hessienne; comme nous avons à trouver ses courbes polaires par rapport à l'origine, puis à y faire $y = 0$, nous n'avons à nous occuper que des termes de la Hessienne qui ne renferment pas $y$. Les dérivées secondes de la courbe donnée sont

$$\begin{aligned}
a &= c_0 + (n-2)d_0x + \tfrac{1}{2}(n-2)(n-3)e_0x^2 + \ldots,\\
b &= c_2 + (n-2)d_2x + \tfrac{1}{2}(n-2)(n-3)e_2x^2 + \ldots,\\
c &= \qquad\qquad\qquad\quad \tfrac{1}{2}(n-2)(n-3)c_0x^2 + \ldots,\\
f &= b + (n-2)c_1x + \tfrac{1}{2}(n-2)(n-3)d_1x^2 + \ldots,\\
g &= \qquad (n-2)c_0x + \tfrac{1}{2}(n-2)(n-3)d_0x^2 + \ldots,\\
h &= c_1 + (n-2)d_1x + \tfrac{1}{2}(n-2)(n-3)e_1x^2 + \ldots.
\end{aligned}$$

On trouve facilement alors que l'équation de la Hessienne est

$$c_0b^2 + (n-2)d_0b^2x + [\tfrac{1}{2}(n-2)(n-3)e_0b^2 + (n-1)(n-2)P]x^2$$
$$+ \tfrac{1}{6}[(n-2)(n-3)(n-4)f_0b^2 + (n-1)(n-2)^2Q$$
$$+ (n-1)(n-2)(n-3)R]x^3 + \ldots = 0,$$

dans laquelle nous avons posé, pour abréger,

$$\begin{aligned}2\,P &= c_2c_0^2 - c_0c_1^2 + 2\,bc_1d_0 - 2\,bc_0d_1,\\ 2\,Q &= d_0c_1^2 - 2\,c_0c_1d_1 + c_0^2d_2,\\ 3\,R &= c_0c_2d_0 - d_0c_1^2 + 2\,e_0bc_1 - 2\,c_0be_1;\end{aligned}$$

mais les valeurs actuelles de ces quantités n'ont rien à faire avec l'objet que nous avons en vue. Ce qu'il y a d'important, c'est de remarquer que l'équation se divise en groupes de termes ayant chacun pour coefficient numérique la même fonction de $n$, en sorte que, si nous voulons former l'équation de la Hessienne de la première, de la seconde, ... polaire de la courbe donnée par rapport à l'origine, nous n'aurons qu'à remplacer $n$ par $n-1$, $n-2$, ... dans l'équation ci-dessus.

La droite polaire, par rapport à l'origine, d'une courbe du $n^{\text{ième}}$ degré $u_0+u_1+\ldots=0$ étant $nu_0+u_1=0$, la droite polaire de l'origine, par rapport à la Hessienne qui est une courbe de l'ordre $3(n-2)$, est, d'après l'équation précédente, $3c_3+d_0x=0$, avec un terme en $y$, étranger à la question actuelle; et comme cette équation ne contient pas $n$, nous voyons que la polaire d'un point de la courbe par rapport à la Hessienne de la courbe elle-même ou de ses courbes polaires rencontre la tangente en un point qui reste le même pour toutes les polaires. En effet, la polaire est dans tous les cas la même droite. Si $n=3$, $3c_0+d_0x$ est le résultat qu'on obtient en faisant $y=0$ dans l'équation de la courbe, c'est-à-dire que la polaire par rapport à la Hessienne est la tangentielle, comme nous l'avons déjà vu.

L'équation de la conique polaire de l'origine par rapport à une courbe du $n^{\text{ième}}$ ordre est $\frac{1}{2}n(n-1)u_0+(n-1)u_1+u_2=0$; et en conséquence la conique polaire par rapport à la Hessienne est

$$\begin{aligned}&\tfrac{3}{2}(n-2)(3n-7)c_0b^2+(n-2)(3n-7)d_0b^2x\\ &\qquad+[\tfrac{1}{2}(n-2)(n-3)e_0b^2+(n-1)(n-2)P]x^2=0,\end{aligned}$$

et il est évident à première vue que, dans le cas de la quartique, cette conique polaire ne peut être la tangentielle, parce qu'elle contient le groupe de termes P qui n'entre pas d'une manière semblable dans l'équation de la courbe. Mais nous pouvons aisément former une équation qui ne renferme pas ces termes. Représentons par $\Delta^2 H = 0$ l'équation que nous venons d'obtenir et soit $\Delta^2 H_1$ la conique polaire par rapport à la Hessienne de la première polaire de l'origine; comme nous l'avons déjà vu, $\Delta^2 H$ se déduit de $\Delta^2 H$ en remplaçant $n$ par $n-1$. Il est alors facile de vérifier que

$$(n-2)\Delta^2 H - 2(n-1)\Delta^2 H_1 = (n-3)b^2[6c_0 + 4d_0 x + e_0 x^2].$$

Mais quand la courbe donnée est du quatrième degré, le second membre est ce que devient l'équation de la courbe donnée quand nous faisons $y=0$. Il s'ensuit alors que $\Delta^2 H - 3\Delta^2 H_1$ est la tangentielle cherchée pour la quartique.

On trouve exactement de la même manière que la troisième polaire de l'origine par rapport à la Hessienne est

$$\begin{aligned}&\tfrac{1}{6}(3n-6)(3n-7)(3n-8)c_0 b_2 + \tfrac{1}{2}(n-2)(3n-7)(3n-8)d_0 b^2 x\\ &\quad+\tfrac{1}{2}(n-2)(n-3)(3n-8)e_0 b^2 x^2 + (n-1)(n-2)(3n-8)\mathrm{P}x^2\\ &\quad+\tfrac{1}{6}(n-2)(n-3)(n-4)f_0 b^2 x^3\\ &\quad+(n-1)(n-2)(n-3)\mathrm{R}x^3 + (n-1)(n-2)^2\mathrm{Q}x^3,\end{aligned}$$

et l'on obtient $\Delta^3 H_1$, $\Delta^3 H_2$, ... en remplaçant $n$ par $(n-1)$, $(n-2)$, .... Nous pouvons vérifier que

$$\begin{aligned}&(n-3)(n-4)\Delta^3 H - 2(n-1)(n-4)\Delta^3 H_1 + (n-1(n)-2)\Delta^3 H_2\\ &\quad= 2(n-4)(10c_0 + 10d_0 x + 5e_0 x^2 + f_0 x_3);\end{aligned}$$

et si $n=5$, le second membre de l'équation est ce que devient l'équation primitive quand nous y faisons $y=0$; en conséquence, il en résulte, comme plus haut, que l'équation de la tangentielle est

$$\Delta^3 H - 4\Delta^3 H_1 + 6\Delta^3 H_2 = 0.$$

Si $n = 6$, la tangentielle est de même

$$\Delta^4 H - 5\Delta^4 H_1 + 10\Delta^4 H_2 = 0.$$

J'ai été ainsi conduit par induction à cette conclusion, que M. Cayley a vérifiée d'une même manière, que la tangentielle est en général

$$\Delta^{n-2} H - (n-1)\Delta^{n-2} H_1 + \tfrac{1}{2}(n-1)(n-2)\Delta^{n-2} H_2 - \ldots = 0.$$

395. Il est facile d'établir la proposition que nous avons énoncée plus haut, à savoir que les droites polaires de l'origine sont les mêmes par rapport à la Hessienne et à la Hessienne d'une quelconque des courbes polaires. Nous avons

$$\frac{dH}{dx} = \frac{dH}{da}\frac{da}{dx} + \ldots,$$

ou, si nous employons les abréviations ordinaires, en remplaçant A par $bc - f^2, \ldots$, nous avons

$$\frac{dH}{dx} = \frac{d}{dx}\left(A\frac{d^2}{dx^2} + B\frac{d^2}{dy^2} + C\frac{d^2}{dz^2} + 2F\frac{d^2}{dy\,dz} + 2G\frac{d^2}{dz\,dx} + 2H\frac{d^2}{dx\,dy}\right)U,$$

et nous trouvons des expressions semblables pour les dérivées par rapport à $y$ et $z$. Il est bon de remarquer qu'on peut les écrire sous la forme abrégée $\frac{dH}{dx} = -\frac{d}{dx}\begin{pmatrix}d_x\\d_x\end{pmatrix}$. Les dérivées de la première polaire $x'U_1 + y'U_2 + z'U_3$ se déduisent des dérivées correspondantes de la courbe primitive en effectuant sur elles l'opération $x'\frac{d}{dx} + y'\frac{d}{dx} + z'\frac{d}{dz}$; si nous remplaçons $xyz$ par $x'y'z'$, cette opération revient à multiplier chacun d'eux par les facteurs $n-1, n-2, \ldots$. Mais, comme le même facteur numérique est commun à chaque terme dans l'expression de $H_1$, il est évident que $xH_1 + yH_2 + zH_3$ représente la même droite, que la polaire soit prise par rapport à la Hessienne de la courbe originale ou à la Hessienne de sa première polaire. Le même raisonnement s'applique aux autres courbes polaires.

Passons à la conique polaire. Si nous différentions les équations que nous venons de donner pour H, ..., les différentielles se composeront de deux groupes de termes : les différentielles prises dans l'hypothèse où A, B, C, ... sont constants, et les termes obtenus en différentiant ces quantités. Si, pour abréger, nous nous servons des lettres $\xi$, $\eta$, $\zeta$ pour représenter les symboles de différentiation par rapport à $x$, $y$, $z$, nous avons

$$\begin{aligned} \xi^2 H = {} & \xi^2 (A\xi^2 + B\eta^2 + \ldots) U \\ & + \xi\xi' [a(\eta\zeta' - \eta'\zeta)^2 + b(\zeta\xi' - \zeta'\xi)^2 + \ldots] U; \end{aligned}$$

il est bien entendu que les accents, dans le dernier groupe de termes, peuvent être supprimés après le développement, le terme $\xi\xi' a\eta^2\zeta'^2$ tenant, par exemple, la place de

$$a \frac{d^3U}{dx\,dy^2} \frac{d^3U}{dx\,dz^2}.$$

La dernière équation peut être écrite sous la forme abrégée

$$\xi^2 H = -\xi^2 \binom{\xi}{\xi} + \xi\xi' \binom{\xi\xi'}{\xi\xi'}.$$

Ainsi l'équation de la conique polaire d'un point, par rapport à la Hessienne, peut être mise sous la forme $V + W = 0$; V représente un groupe de termes dans chacun desquels une dérivée quatrième est multipliée par le produit de deux dérivées secondes, et W un groupe où chaque terme renferme une dérivée seconde multipliée par le produit de deux dérivées troisièmes. Prenons maintenant la Hessienne de la première polaire; comme on l'a énoncé plus haut, les dérivées secondes, troisièmes et quatrièmes sont alors respectivement multipliées par $n-2$, $n-3$, $n-4$, et le résultat est

$$\Delta^2 H_1 = (n-2)(n-4)V + (n-3)^2 W = 0;$$

pour $n = 4$, il se réduit au dernier groupe de termes. L'équation de la tangentielle d'une quartique est évidemment alors de la forme $V + kW = 0$, et elle peut être transformée en conséquence. Ainsi elle peut être mise sous la forme

$$\left(x\frac{d}{dx'} + y\frac{d}{dy'} + z\frac{d}{dz'}\right)^2 H' + 3\left(x\frac{d}{dx'} + y\frac{d}{dy'} + z\frac{d}{dz'}\right)^2 \left(A\frac{d^2}{dx'^2} + \ldots\right) U' = 0.$$

L'équation de la courbe bitangentielle s'obtient en formant la condition pour que la tangente $Lx + My + Nz$ soit tangente à la conique qu'on vient d'écrire; elle se composera évidemment de trois groupes de termes, puisque la condition pour qu'une droite soit tangente à $S + kS'$ est de la forme $\Sigma + k\Phi + k^2\Sigma' = 0$. La quantité qui correspond ici à $\Sigma$ est le covariant appelé $\Theta'$; et j'ai vérifié que les deux autres groupes de termes peuvent ainsi s'exprimer sous la forme $\Theta + kH\Phi$ (1).

## POLES ET POLAIRES.

396. Il convient de réunir ici quelques propriétés de la Jacobienne d'un système de trois courbes, propriétés qui ont été énoncées (*Algèbre supérieure*, nos 88 et 176) et çà et là dans ce Volume. La Jacobienne est le lieu des points dont

(1) J'ai essayé de même de former l'équation de la courbe bitangentielle d'une quintique en prenant, pour représenter la courbe dont l'équation est donnée au n° 394, un covariant d'ordre convenable et tel que son terme absolu s'annule si l'axe des $x$ est tangent une seconde fois à la courbe donnée. Par exemple, si $\psi = 4\Theta - 9H\Phi$,

$$A\left(\frac{d\psi}{dx}\right)^2 + \ldots \quad \text{et} \quad \psi\left(A\frac{d^2\psi}{dx^2} + \ldots\right)$$

sont des covariants d'ordre convenable. Bien que je n'aie pas réussi, il peut être utile de donner, à titre de renseignement, les valeurs que j'ai obtenues les droites polaires par rapport aux trois courbes se rencontrent en un même point; son équation est

$$J = \begin{vmatrix} u'_1 & u'_2 & u'_3 \\ v'_1 & v'_2 & v'_3 \\ w'_1 & w'_2 & w'_3 \end{vmatrix} = 0.$$

Nous avons vu (n° 191) que la Jacobienne est lieu des points doubles des courbes du système

$$\lambda u + \mu v + \nu w = 0.$$

Si les trois courbes ont un point commun, il est situé sur la

---

dans ce cas, pour les covariants. On verra que nous pouvons, sans rien perdre en généralité, supposer $c_1$ et $c_2$ nuls. Il vient alors

$$\begin{aligned} H = {} & b^2 c + 3b^2(d_0 x + d_1 y) + 3(b^2 e_0 - 4bcd_1)x^2 \\ & + 3(2b^2 e_1 - 5bcd_2)xy + 3(b^2 e_2 - bcd_3)y^2 \\ & + (b^2 f_0 - 16bce_1 + 18c^2 d_2)x^3 \\ & + (3b^2 f_1 - 39bce_2 - 9bd_0 d_2 + 9bd_1^2 + 18c^2 d_3)x^2 y \\ & + (6bcf_1 - 12bd_0 e_1 + 12be_0 d_1 + 18c^2 e_2 \\ & \qquad + 24cd_0 d_2 - 18cd_1^2)x^4 + \ldots, \end{aligned}$$

$$\begin{aligned} \Theta = {} & 9b^2[(b^4 d_0^2 + 6b c^2 d_1) \\ & + (4b^4 d_0 e_1 + 12b^3 c^2 e^1 - 6b^3 cd_0 d_1 - 57b^2 c^3 d_2)x \\ & + (4b^4 d_0 e_1 + 12b^4 c^2 e_2 - 98b\, cd_0 d_2 + 31b^3 cd_1^2 - 39b^2 c d_3)y \\ & + (2b^4 d_0 f_0 + 4b^4 e_0^2 + 6b^3 c^2 f_1 \\ & + 6d^3 cd_0 e_1 - 48b^3 cd_1 e_0 - 105b^2 c^3 c_2 - 293b^2 c^2 d_0 d_2 \\ & \qquad + 269b^2 c^2 d_1^2 + 36bc^4 d^3)x^2 + \ldots], \end{aligned}$$

$$\begin{aligned} \Phi = {} & 6b\{(b^3 e_0 + 4b^2 cd_1) + x(b^3 f_0 - 8b^2 ce_1 - 38bc^2 d_2) \\ & + y[b^3 f_1 - 2b^2 ce_2 + 27b^2(d_1^2 - d_0 d^2) - 41bc^2 d_3] \\ & + x^2(-12b^2 cf_1 - 12b^2 d_0 e_1 + 12b^2 e_0 d_1 \\ & + 6bc^2 e_2 - 162bcd_0 d_2 + 168bcd_1^2 - bc^3 d_3) + \ldots\}. \end{aligned}$$

Parmi les quantités A, B, ..., les seules qui renferment des termes indépendants de $x$ et $y$ sont $A = b^2$, $F = bc$. Si donc nous écrivons tout au long une quantité $\psi$ de la forme $\Theta + kH\Phi$ et qu'elle soit

$$A + B_0 x + C_1 y + B_0 x^2 + \ldots,$$

le degré de $\psi$ étant 22, le terme absolu dans le covariant $A\left(\frac{d\psi}{dx}\right)^2 + \ldots$ est $b^2 B_0^2 + 44bc\,AB_1$ et le terme absolu dans $A\frac{d^2\psi}{dx^2} + \ldots$ est $2b^2 C_0 + 42bc B_1$.

Jacobienne. En effet, des équations

$$xu_1 + yu_2 + zu_3 = mu, \quad xv_1 + yv_2 + zv_3 = m'v,$$
$$xw_1 + yw_2 + zw_3 = m''w$$

(où $m$, $m'$, $m''$ sont respectivement les degrés des trois courbes), nous déduisons

$$\begin{aligned} \mathrm{J}x = {} & mu(v_2 w_3 - v_3 w_2) \\ & + m'v(w_2 u_3 - w_3 u_2) + m''w(u_2 v_3 - u_3 v_2), \end{aligned}$$

que nous pouvons écrire

$$\mathrm{J}x = m\mathrm{A}u + m'\mathrm{B}v + m''\mathrm{C}w.$$

Cette relation montre évidemment que J est nul pour toutes les valeurs qui annulent $u$, $v$, $w$.

Si les trois courbes sont de même degré, ce point commun est un point double sur la Jacobienne. En effet, en prenant les dérivées par rapport à $x$, il vient

$$\begin{aligned} \mathrm{J} + x\frac{d\mathrm{J}}{dx} = {} & mu\frac{d\mathrm{A}}{dx} + m'v\frac{d\mathrm{B}}{dx} + m''w\frac{d\mathrm{C}}{dx} \\ & + m\mathrm{A}u_1 + m'\mathrm{B}v_1 + m''\mathrm{C}w_1; \end{aligned}$$

mais, comme $\mathrm{A}u_1 + \mathrm{B}v_1 + \mathrm{C}w_1 = \mathrm{J}$, nous voyons que, si $m = m' = m''$, $\dfrac{d\mathrm{J}}{dx}$ sera nul pour toutes valeurs qui rendront nuls $u$, $v$, $w$ et par conséquent J. De même encore

$$\begin{aligned} x\frac{d\mathrm{J}}{dy} = {} & mu\frac{d\mathrm{A}}{dy} + m'v\frac{d\mathrm{B}}{dy} + m''w\frac{d\mathrm{C}}{dy} \\ & + m\mathrm{A}u_2 + m'\mathrm{B}v_2 + m''\mathrm{C}w_2. \end{aligned}$$

Comme $\mathrm{A}u_2 + \mathrm{B}v_2 + \mathrm{C}w_2 = 0$, cette quantité s'annule pour toutes les valeurs qui annulent $u$, $v$, $w$, J, si $m = m' = m''$. On verra de la même manière que les autres dérivées de J sont nulles pour le même point.

Si deux seulement des courbes sont du même degré, la Jacobienne est tangente à la troisième courbe au point commun; car l'équation écrite ci-dessus, quand nous y faisons $m = m'$, devient

$$J + x\frac{dJ}{dx} = mu\frac{dA}{dx} + mv\frac{dB}{dx} + m''w\frac{dc}{dx}$$
$$+ mJ + (m''-m)Cw_1;$$

pour le point commun elle se réduit à $xJ_1 = (m''-m)Cw_1$ et nous avons de même

$$xJ_2 = (m''-m)Cw_2, \quad xJ_3 = (m''-m)Cw_3,$$

en sorte que

$$xJ_1 + yJ_2 + zJ_3 = 0$$

et

$$xw_1 + yw_2 + zw_3 = 0$$

représentent la même droite.

Si, dans ce cas, le point commun est un point double sur $w$, il sera aussi un point double sur J et aura les mêmes tangentes que celles de la courbe $w$ (¹).

Les valeurs que nous venons de trouver pour $J_1$, $J_2$, $J_3$ sont nulles quand $w_1$, $w_2$, $w_3$ le sont. Si nous prenons de nouveau les dérivées et laissons de côté les termes qui sont nuls, parce qu'ils contiennent $u$, $v$, $w$, J, $J_1$, ou $w_1$, $w_2$, $w_3$, nous avons

$$x\frac{d^2J}{dx^2} = m\left(u_1\frac{dA}{dx} + v_1\frac{dB}{dx}\right) + (m''-m)Cw_{11}.$$

Mais, d'après les valeurs précédemment trouvées pour A et B, nous avons

$$u_1\frac{dA}{dx} + v_1\frac{dB}{dx} = u_1(v_2w_{13} - v_3w_{12}) + v_1(w_{12}u_3 - w_{13}u_2),$$

et, en éliminant $xyz$ entre les équations

$$xu_1 + yu_2 + zu_3 = 0, \quad xv_1 + yv_2 + zv_3 = 0,$$
$$xw_{11} + yw_{12} + zw_{13} = 0,$$

---

(¹) CLEBSCH et GORDAN, *Abelschen Functionen*, p. 62.

il vient

$$u_1(v_2 w_{13} - v_3 w_{12}) + v_1(w_{12} u_3 - w_{13} u_2)$$
$$= - w_{11}(u_2 v_3 - u_3 v_2) = - C w_{11}$$

ou

$$x J_{11} = (m'' - 2m) C w_{11},$$

et l'on voit de la même manière que les autres dérivées secondes de J sont proportionnelles à celles de $w$; autrement dit, les deux courbes ont les mêmes tangentes en leur point double commun.

397. Nous avons démontré (n° 190) qu'il y a

$$(m-1)^2 + (m-1)(m'-1) + (m'-1)^2$$

points dont les droites polaires par rapport à deux courbes $u$, $v$ sont les mêmes, et que la Jacobienne de $u$, $v$ et d'une troisième courbe quelconque doit passer par ces points. Nous avons établi (n° 90) que la Jacobienne coupe $u$ aux points qui peuvent être des points de contact de $u$ avec les courbes du système $v + \lambda w$. Il résulte immédiatement de là que le lieu des points de contact des courbes du système $u + \lambda u'$ avec les courbes du système $v + \mu v'$, où $u$ et $u'$ sont du degré $m$, et $v$, $v'$ du degré $m'$, est une courbe du degré $2m + 2m' - 3$, dont l'équation peut s'écrire sous l'une des formes équivalentes (¹)

$$v' \begin{vmatrix} u_1 & u_2 & u_3 \\ u'_1 & u'_2 & u'_3 \\ v_1 & v_2 & v_3 \end{vmatrix} - v \begin{vmatrix} u_1 & u_2 & u_3 \\ u'_1 & u'_2 & u'_3 \\ v'_1 & v'_2 & v'_3 \end{vmatrix} = 0,$$

$$u' \begin{vmatrix} v_1, & v_2, & v_3 \\ v'_1, & v'_2, & v'_3 \\ u_1 & u_2 & u_3 \end{vmatrix} - u \begin{vmatrix} v_1 & v_2 & v_3 \\ v'_1 & v'_2 & v'_3 \\ u'_1 & u'_2 & u'_3 \end{vmatrix} = 0.$$

(¹) Steiner a remarqué que le nombre des courbes du système $u + \lambda u'$

On voit encore, d'après ce qui précède, que les points où les courbes des systèmes $u + \lambda u'$, $v + \mu v'$, $w + \nu w'$ peuvent être toutes les trois tangentes sont compris parmi les intersections de deux courbes dont les degrés respectifs sont $2m + 2m' - 3$, $2m + 2m'' - 3$. Mais, parmi ces intersections, figurent les $m^2$ points $u$, $u'$ et les $3(m-1)^2$ points communs à la Jacobienne de toutes les courbes du système $u + \lambda u'$. En retranchant ces nombres, nous obtenons pour le nombre de points où les courbes peuvent être tangentes

$$4(mm' + m'm'' + m''m) - 6(m + m' + m'') - 6.$$

398. Nous avons vu (nº 97) que l'ordre de la condition de contact de deux courbes $u$, $v$, ou, comme nous l'appelons, de leur *tact-invariant*, est $m(m + 2m' - 3) - 2\delta - 3k$ ou $n + 2m(m' - 1)$ par rapport aux coefficients de $v$, et qu'il en est de même de l'ordre $n' + 2m'(m - 1)$ en fonction des coefficients de $u$. Nous avons trouvé le tact-invariant dans le cas de deux coniques (*Sections coniques*, nº 372) en formant le discriminant de $u + \lambda v$, puis le discriminant de ce discriminant considéré comme fonction de $\lambda$. Par un raisonnement semblable à celui qu'on a employé dans le cas de coniques, on peut montrer que, si l'on applique le même procédé dans le cas de deux courbes du $m^{\text{ième}}$ ordre, le tact-invariant figure comme facteur dans le résultat.

En effet, si A est le tact-invariant, si $B = 0$ est la condition pour qu'il soit possible de déterminer $\lambda$ de manière que $u + \lambda v$ puisse avoir deux points doubles et $C = 0$ la condition pour

qui osculent les courbes du système $v + \mu v'$ est

$$3[(m + m')(m + m' - 6) + 2mm' + 5,$$

(*Journal de Crelle*, t. XLVII, p. 6). On se rappellera que nous avons vu (nº 102) que la condition d'osculation de deux courbes exige, outre les conditions de contact ordinaire, que le rapport de H à $L^3$ soit le même pour les deux courbes.

qu'il soit possible de déterminer $\lambda$ de manière que $u + \lambda v$ puisse avoir un rebroussement, le discriminant par rapport à $\lambda$ du discriminant du $u + \lambda v$ est $AB^2C^3$. On voit que B et C figurent comme facteurs dans le résultat en prenant pour $u$ une courbe qui ait ou deux points doubles, ou un rebroussement. Dans ce cas, non seulement le discriminant de $u$ est nul, mais il en est encore de même pour ses dérivées par rapport à chacun des coefficients de $u$ (*Algèbre supérieure*, n° 116). Donc, dans le discriminant de $u + \lambda v$, le terme qui ne contient pas $\lambda$ et celui qui en contient la première puissance sont nuls tous les deux, ou bien $\lambda^2$ est facteur dans le discriminant; donc son discriminant considéré comme fonction de $\lambda$ est nul.

Si $u$ et $v$ sont des cubiques, le discriminant de chacune d'elles contient ses propres coefficients au douzième degré et ces coefficients entrent au degré 132 dans le discriminant par rapport à $\lambda$. Mais le tact-invariant contient les coefficients de chacune des courbes au degré 18; les invariants, qui sont nuls quand $u + \lambda v$ a un rebroussement ou deux points doubles, contiennent les coefficients de chaque courbe aux degrés 24 et 21 respectivement. En effet, le degré par rapport aux coefficients est le même que le nombre de courbes de la forme $u + \lambda v + \mu w$ qui ont les singularités en question. Dans le cas du rebroussement, ce nombre s'obtient en égalant à zéro les invariants S et T; ce qui nous donne ainsi une équation du quatrième degré et une du sixième pour déterminer $\lambda$, $\mu$, et par conséquent 24 solutions. Dans le cas des deux points doubles, nous pouvons supposer que $u$, $v$, $w$ ont sept points communs, et par ces points nous pouvons avoir 21 systèmes composés d'une droite et d'une conique. Nous avons alors $132 = 18 + 2 \times (21) + 3 \times (24)$.

**399.** En général, le discriminant étant du degré $3(m-1)^2$, le discriminant par rapport à $\lambda$ contient les coefficients de chaque courbe au degré $3(m-1)^2(3m^2 - 6m + 2)$. Mais le tact-invariant renferme les coefficients de chacune des courbes au degré $3m(m-1)$ et il ressort de considérations que nous exposerons plus loin que l'ordre de la condition pour que $u+\lambda v$ puisse avoir un couple de points doubles (ou, ce qui revient au même, le nombre des courbes du système $u+\lambda v+\mu w$ qui ont deux points doubles) est $\frac{3}{2}(m-1)(3m^3-9m^2-5m+22)$, et que le nombre correspondant pour le cas du rebroussement est

$$12(m-1)(m-2);$$

on peut vérifier que

$$\begin{aligned} 3(m-1)^2(3m^2-6m+2) \\ = 3m(m-1)+3(m-1)(3m^3-9m^2-5m+22) \\ +36(m-1)(m-2). \end{aligned}$$

De la même manière, si nous avons formé le discriminant de $\lambda u+\mu v+\nu w$, où $u$, $v$, $w$ sont des courbes de même degré, nous pouvons chercher le discriminant de ce dernier considéré comme fonction de $\lambda$, $\mu$, $\nu$. Ce discriminant contiendra comme facteur le résultant de $u$, $v$, $w$ et les conditions pour qu'une courbe $\lambda u+\mu v+\nu w$ puisse avoir trois points doubles, ou un point double et un rebroussement, ou bien un point tacnodal; l'ordre de l'une quelconque de ces conditions par rapport aux coefficients de l'une des courbes est le même que le nombre des courbes de la forme

$$\lambda u+\mu v+\nu w+t=0$$

qui ont la singularité en question. Quand les courbes sont toutes des coniques, le discriminant considéré comme fonction de $\lambda$, $\mu$, $\nu$, du discriminant de $\lambda u+\mu v+\nu w$ est $AB^2$; ici A est le résultant de $u$, $v$, $w$ et $B=0$ la condition pour que $\lambda u+\mu v+\nu w=0$ puisse représenter deux droites qui coïncident; mais je n'ai pas pu établir la théorie générale.

400. On peut observer, en ce qui a trait à ce sujet, que le

tact-invariant d'une courbe et de sa Hessienne étant de l'ordre $3(m-2)(5m-9)$ par rapport aux coefficients de la courbe et de l'ordre $m(7m-15)$ pour ceux de la Hessienne, cet invariant est de l'ordre $6(6m^2-17m+9)$ par rapport aux coefficients de la courbe originale. Quand $m=3$, le tact-invariant est la sixième puissance du discriminant; et si nous supposons, en conséquence, que la sixième puissance du discriminant entre toujours comme facteur dans le résultat, il reste un facteur de l'ordre $6(m-3)(3m-2)$ qui, égalé à zéro, exprime la condition pour que la courbe ait un point d'ondulation.

Prenons encore la condition pour que la courbe, sa Hessienne et sa bitangentielle aient un point commun; cette condition, étant respectivement des ordres $3(m-2)^2(m^2-9)$, $m(m-2)(m^2-9)$, $3m(m-2)$ par rapport aux coefficients de ces courbes, est de l'ordre

$$3(m-2)(m-3)(3m^2+8m-6)$$

en fonction des coefficients de l'équation originale. Quand $m=4$, cet invariant paraît être la douzième puissance du discriminant multiplié par le carré de l'invariant considéré en dernier lieu. Si nous supposons qu'on doive trouver les mêmes facteurs en général, il reste un invariant de l'ordre $3(m-4)(3m^3+5m^2-32m+18)$, qui sera nul quand la courbe a une tangente inflexionnelle qui lui est tangente en un autre point quelconque.

**401.** De même que la Jacobienne est le lieu des points dont les droites polaires, par rapport aux trois courbes, se coupent en un même point, de même nous pourrions étudier le lieu des points où ces droites polaires se coupent; ou, ce qui revient au même, le lieu des points dont les premières polaires par rapport aux trois courbes ont un point commun. Nous nous bornerons au cas où les trois courbes sont les trois premières polaires d'une courbe donnée; dans ce cas, la Jacobienne est la Hessienne de la courbe et l'autre lieu que nous venons d'indiquer en est la Steinerienne (n° 70); la théorie que nous allons exposer est la généralisation de celle que nous avons indiquée pour la cubique ([1]) (n° 175).

A un point P de la Steinerienne correspond un point Q de la Hessienne; la première polaire de P a Q pour point double et la conique polaire de Q se compose de deux droites qui se coupent en P. Considérons deux points successifs de la Steinerienne (n° 178); l'intersection de leurs premières polaires sera alors le point Q compté deux fois et les points de contact de la première polaire avec son enveloppe. Ainsi la polaire, par rapport à la courbe, d'un point Q de la Hessienne est la tangente à la Steinerienne au point correspondant P. En particulier, si Q est un point d'inflexion de la courbe, sa polaire sera la tangente en ce point: nous voyons ainsi que la Steinerienne est tangente aux $3m(m-2)$ tangentes stationnaires de la courbe.

**402.** Nous avons vu (n° 70) que les ordres de la Hessienne et de la Steinerienne sont respectivement $3(m-2)$ et $3(m-2)^2$. La Hessienne n'a ordinairement pas de point double; et par conséquent ses caractéristiques Plückériennes sont

$$\mu = 3(m-2),\quad \delta = 0,\quad \varkappa = 0,\quad \nu = 3(m-2)(3m-7),$$
$$\tau = \tfrac{27}{2}(m-1)(m-2)(m-3)(3m-8),$$
$$\iota = 9(m-2)(3m-8).$$

Comme il y a une correspondance (1, 1) entre la Hessienne

([1]) Les principaux théorèmes de cette section ont été énoncés par Steiner dans un Mémoire lu à l'Académie de Berlin, 1848, et imprimé ensuite dans le *Journal de Crelle*, 1854, t. XLVII. En ce qui concerne les cubiques, j'en avais donné la théorie dans la précédente édition de cet Ouvrage (1852). Je ne connaissais pas les travaux de Steiner, que j'ai appris seulement par le *Journal de Crelle*.

et la Steinerienne, les genres des deux courbes seront les mêmes. Nous obtenons ainsi la classe de la Steinerienne; en effet, une de ses tangentes qui passe par un point fixe M doit avoir son pôle sur la première polaire de M, et, comme il doit aussi se trouver sur la Hessienne, il doit être une des $3(m-1)(m-2)$ intersections de ces deux courbes. Donc les caractéristiques de la Steinerienne sont

$$\mu = 3(m-2)^2, \quad \nu = 3(m-1)(m-2),$$
$$\delta = \tfrac{3}{2}(m-2)(m-3)(3m^2-9m-5),$$
$$\varkappa = 12(m-2)(m-3),$$
$$\tau = \tfrac{3}{2}(m-2)(m-3)(3m^2-3m-8),$$
$$\iota = 3(m-2)(4m-9).$$

Un point est un point double ou un point de rebroussement sur la Steinerienne, si sa première polaire a deux points doubles ou un rebroussement. Donc les nombres $\delta$ et $\varkappa$ qu'on vient d'obtenir sont les nombres des premières polaires de la courbe donnée qui ont les singularités en question (voir n° 399).

**403.** Si les deux premières polaires de deux points A, B sont tangentes en un point Q et ont PQ pour tangente, deux des pôles de la droite AB coïncident avec Q; et la première polaire d'un point quelconque de AB (autre que l'intersection de AB avec PQ) sera aussi tangente à PQ en Q. La première polaire du point excepté, ou de l'intersection de AB avec PQ, aura Q pour point double; Q sera un point de la Hessienne et P le point correspondant sur la Steinerienne. Donc la Steinerienne est l'enveloppe des droites dont deux pôles coïncident, et la Hessienne est le lieu de ces pôles coïncidents. Steiner a étudié l'enveloppe de la droite PQ qui joint deux points correspondants P, Q, ou qui est la tangente commune des deux premières polaires qui sont tangentes entre elles. Comme dans le cas des cubiques (n° 177), nous appellerons cette courbe la *Cayleyenne* ([1]). Elle a évidemment une correspondance $(1, 1)$ avec la Hessienne et la Steinerienne et par conséquent elle est du même genre.

Pour déterminer sa classe, nous emploierons les principes établis n° 372 et *Sections coniques,* Appendice, à savoir que si deux points sur une droite, ou deux droites passant par un point, ont une correspondance $(m, m')$, il y aura $m + m$ cas de coïncidence de ces points.

Considérons donc les droites qui joignent un point arbitraire M aux deux points correspondants P, Q. Comme la Steinerienne est une courbe de l'ordre $3(m-2)^2$, si la droite MP est fixe, il y aura $3(m-2)^2$ positions de P et autant de Q. De la même manière, à une position quelconque de MQ correspondent $3(m-2)$ positions de P. Il y a donc $3(m-2)^2 + 3(m-2)$ ou $3(m-1)(m-2)$ droites qui peuvent être menées par M, et qui contiennent deux points correspondants P, Q; c'est par conséquent la classe de la Cayleyenne. Elle est évidemment tangente aux tangentes d'inflexion de la courbe donnée. Elle n'a pas d'inflexions et ses caractéristiques sont

$$\mu = 3(m-2)(5m-11), \quad \nu = 3(m-1)(m-2),$$
$$\delta = \tfrac{9}{2}(m-2)(5m-13)(5m^2-19m+16),$$
$$\varkappa = 18(m-2)(2m-5),$$
$$\tau = \tfrac{9}{2}(m-2)^2(m^2-2m-1), \quad \iota = 0.$$

**404.** Les définitions déjà données peuvent être étendues plus loin, si l'on considère les points doubles non seulement sur les premières polaires, mais sur un système quelconque de courbes polaires. Le lieu d'un point, tel que sa polaire $\theta^{\text{ième}}$ ait un point double, est une courbe de l'ordre $3\theta(m-\theta-1)^2$ qui est la $\theta^{\text{ième}}$ Steinerienne; et le lieu du point double est

---

([1]) M. Cayley l'appelle la Steiner-Hessienne.

alors une courbe de l'ordre $3\theta^2(m-\theta-1)$, qui est la $\theta^{\text{ième}}$ Hessienne. Nous savons que, si la $\theta^{\text{ième}}$ polaire d'un point P passe par un point Q, la $(m-\theta)^{\text{ième}}$ polaire de Q passe par P; et il est facile de voir aussi que si la $\theta^{\text{ième}}$ polaire de P a un point double Q, la $(m-\theta-1)^{\text{ième}}$ polaire de Q a un point double P. Donc la $\theta$ Steinerienne est la même courbe que la $(m-\theta-1)$ Hessienne, et la $\theta$ Hessienne est la même que la $(m-\theta-1)$ Steinerienne. De la même manière, nous pourrions considérer la $\theta$ Cayleyenne ou l'enveloppe de la droite qui joint les points correspondants sur la $\theta^{\text{ième}}$ Steinerienne et la $\theta^{\text{ième}}$ Hessienne; les trois courbes ont le même genre. Excepté dans le cas $\theta = 1$, ces courbes ont été peu étudiées.

405. Nous avons considéré (n° 184) l'enveloppe des droites polaires, par rapport à une cubique, des points d'une ligne droite et nous l'avons appelée la polaire de cette ligne droite. De même en général, si un point P se meut sur une courbe directrice S de l'ordre $s$, l'enveloppe de sa $\theta^{\text{ième}}$ polaire, par rapport à une courbe donnée U de l'ordre $m$, sera une courbe que l'on peut appeler la $\theta^{\text{ième}}$ polaire de S par rapport à U. Nous avons vu (n° 98) que l'on peut trouver l'enveloppe d'une courbe, dont l'équation contient comme paramètres les coordonnées d'un point mobile le long d'une courbe S, en considérant les paramètres comme des coordonnées et en exprimant la condition pour que la courbe mobile soit tangente à S. Donc la polaire $\theta^{\text{ième}}$ de S est aussi le lieu des points dont les polaires $(m-\theta)$ sont tangentes à S. Si nous employons l'expression (n° 97) qui donne l'ordre d'un tact-invariant, nous voyons que la $\theta^{\text{ième}}$ polaire de S est une courbe de l'ordre $s(s+2\theta-3)(m-\theta)$; ce nombre diminue de $2(m-\theta)$ unités pour chaque point double et de $3(m-\theta)$ pour chaque rebroussement; et si la classe de S est $s'$, alors la $\theta^{\text{ième}}$ polaire sera de l'ordre

$$(m-\theta)[s'+2s(\theta-1)].$$

Elle sera de l'ordre $\theta(2s+\theta-3)$ en fonction des coefficients de S.

En particulier, si $\theta=1$, l'enveloppe des premières polaires des points d'une courbe S est la même que le lieu des pôles des tangentes de S et son ordre est $s'(m-1)$. Si dans ce cas $s=1$, cet ordre se réduit à zéro, comme cela doit être, puisque l'enveloppe se réduit alors aux $(m-1)^2$ pôles de la droite S. En général, il est évident que chaque tangente double de S donnera naissance à $(m-1)^2$ points doubles qui sont ses $(m-1)^2$ pôles, et que chaque tangente stationnaire donnera $(m-1)^2$ rebroussements sur l'enveloppe. Nous avons donc pour la classe de l'enveloppe

$$(m-1)^2 s-(m-1)s'-2(m-1)^2\tau-3(m-1)^2\iota;$$

ou bien, comme $s'^2-s-2\tau-3\iota=s$, la classe de la première polaire est

$$(m-1)(m-2)s'+(m-1)^2 s.$$

Si $\theta=m-1$, l'enveloppe des droites polaires des points d'une courbe S, ou le lieu des points dont les premières polaires sont tangentes à S, est de l'ordre $s(s+2m-5)$ ou $s'+2s(m-2)$. Et comme le nombre de ces droites polaires qui passent par un point arbitraire M est le même que le nombre des intersections de S avec la première polaire de M, la classe de l'enveloppe est $(m-1)s$.

En général, le nombre des points doubles de la polaire $\theta^{\text{ième}}$ de S est $(m-\theta)^2$ fois le nombre des polaires $(m-1)^{\text{ième}}$ d'un point qui sont deux fois tangentes à la courbe et le nombre des rebroussements est $(m-\theta)^2$ fois le nombre de ces polaires qui osculent la courbe donnée.

406. Si la $\theta^{\text{ième}}$ polaire d'une courbe S est une courbe R, la $(m-\theta)^{\text{ième}}$ polaire de R doit contenir, comme partie d'elle-même, la courbe S. Ainsi, par exemple, si $\theta=m-1$, R est

l'enveloppe de la droite polaire d'un point P qui se meut sur S; mais comme le pôle de cette droite polaire peut être non seulement le point P, mais $(m-1)^2-1$ autres points, il en résulte que, si nous cherchons le lieu des pôles des tangentes de R (ou, ce qui revient au même, l'enveloppe des premières polaires des points de R), nous obtiendrons la courbe S, avec une autre courbe qui est le lieu des points copolaires avec les points de S, c'est-à-dire des points ayant les mêmes droites polaires. Dans ce cas, où $\theta = m-1$, nous avons vu que la classe de R est $s(m-1)^2$; par conséquent, (nº 405) l'enveloppe des premières polaires des points de R est de l'ordre $s(m-1)^2$; ou, bien il y aura, en outre de la courbe S, une courbe compagne de l'ordre $sm(m-2)$. Nous avons vu que tout point de la Hessienne est un point où coïncident deux pôles d'une tangente à la Steinerienne; conséquemment les points où S rencontre la Hessienne seront des points de cette courbe compagne, qui en outre rencontrera S en $\frac{1}{2}s(m-2)(m-3)$ couples de points copolaires.

Si $\theta = 1$, R est le lieu des pôles des tangentes de S, et comme un point donné a une seule polaire, si nous cherchons l'enveloppe des droites polaires des points de R, nous devons retomber sur la courbe S, et il semblerait qu'il n'y a pas ici de courbe compagne. Il faut noter cependant que les tangentes communes de S et de la Steinerienne font partie de l'enveloppe. En effet, nous avons vu qu'à chacune de ces tangentes communes correspondent deux points coïncidents sur R et, par conséquent, quand nous employons la marche inverse, à ces deux points correspondront deux droites coïncidentes, dont chaque point a droit d'être regardé comme faisant partie de l'enveloppe. De plus la courbe S doit être comptée $(m-1)^2$ fois dans l'enveloppe, parce que à chaque tangente de S il correspond $(m-1)^2$ pôles situés sur R, et, par conséquent, quand nous prenons réciproquement les polaires des points de R, chaque tangente de S est comptée $(m-1)^2$ fois. Nous avons vu que, si l'ordre et la classe de R sont $r$ et $r'$, l'ordre de sa $(m-1)^{\text{ième}}$ polaire est $r' + 2(m-2)r$; mais

$$r' = (m-1)(m-2)s' + (m-1)^2 s, \quad r = s'(m-1);$$

donc l'ordre de la polaire est $3(m-1)(m-2)s' + (m-1)^2 s$, ce qui s'accorde avec ce que nous avions établi ; car, la Steinerienne étant de la classe $3(m-1)(m-2)$, le nombre de ses tangentes communes avec S est $3(m-1)(m-2)s'$. Il doit exister une théorie générale pour la réciprocité quand R est la polaire $\theta^{\text{ième}}$ de S et S la polaire $(m-\theta)^{\text{ième}}$ de R ; mais elle n'a pas encore été étudiée.

## CONIQUES OSCULATRICES.

407. La forme d'une courbe dans le voisinage d'un point P de cette courbe est caractérisée par le cercle de courbure ; mais elle admet encore une autre définition. En effet, si nous menons parallèlement à la tangente en P une corde infinitésimale QR et si la normale en P la rencontre en N, les arcs PQ, PR et les droites NQ, NR regardées comme des quantités du premier ordre sont égales entre elles ; mais elles diffèrent de quantités du second ordre ; en particulier, NQ, NR diffèrent d'une quantité du second ordre ; ou, ce qui revient au même, si L est le milieu de QR, la distance NL est du second ordre. Observons aussi que PN est également du second ordre ; donc l'angle LPN, qui est égal à arc tang $\left(\frac{\text{LN}}{\text{PN}}\right)$, est en général un angle fini ; c'est-à-dire qu'en joignant P au milieu de la corde QR (parallèle à la tangente en P) nous avons une droite PL inclinée d'un angle fini sur la normale. Dans le cas du cercle, PL coïncide avec la normale ; l'angle en question mesure donc la déviation de la forme circulaire ; nous pouvons l'appeler l'*aberration* de

la courbure, et dire que la droite PL est l'axe d'aberration (¹).

Dans le cas d'une conique, l'axe d'aberration est le diamètre qui passe par P, et l'aberration est l'inclinaison de ce diamètre sur la normale. S'il s'agit d'une autre courbe donnée et si nous menons une conique ayant avec elle un contact ou une intersection quartiponctuelle en P, la courbe et la conique auront le même axe d'aberration ; c'est-à-dire que les centres de toutes les coniques qui ont avec la courbe une intersection quartiponctuelle en P seront situés sur l'axe d'aberration de ce point. On déduit aussi de là que l'axe d'aberration de P et celui du point consécutif de la courbe se coupent en un point, le *centre d'aberration*, qui est le centre de la conique ayant une intersection quintiponctuelle avec la courbe, au point P ; cette conique est complètement déterminée par la condition d'avoir son centre en ce point, d'être tangente à la courbe en P et d'avoir en ce point une courbure égale à celle de la courbe.

Il est facile de démontrer que l'aberration au point P est donnée par la formule

$$\operatorname{tang}\delta = p - \frac{(1+p^2)r}{3q^2},$$

où $p$, $q$, $r$ sont les dérivées première, seconde et troisième de $y$ par rapport à $x$.

**408.** Remarquons que l'axe d'aberration est une droite qui a des relations avec la droite de l'infini, mais qui est indépendante des points circulaires à l'infini ; c'est-à-dire que si, au lieu de ceux-ci, nous avons deux points I, J, la droite en question peut se construire au moyen de la droite IJ, sans faire usage des points I, J eux-mêmes ; on choisit la corde QR

(¹) Voir TRANSON *Recherches sur la courbure des lignes et surfaces*, (*Journal de Liouville*, t. VI ; 1841). Son expression *déviation* est remplacée dans le texte par le mot plus caractéristique *aberration* de manière qu'elle passe par l'intersection O de la tangente en P avec la droite IJ, et le point L est alors le conjugué harmonique de O par rapport aux points Q, R.

Le théorème qui apprend que les centres des coniques à intersection quartiponctuelle sont situés sur une droite peut être présenté d'une manière plus générale; les coniques ont en effet une intersection quartiponctuelle les unes avec les autres; ou, ce qui revient au même, ce sont des coniques qui ont toutes quatre tangentes communes (la tangente en P comptée quatre fois); le théorème général est le suivant : *Dans le système des coniques qui sont tangentes à quatre droites, les pôles d'une droite quelconque par rapport aux différentes coniques du système sont situés sur une droite.* Ce théorème est mieux connu sous la forme réciproque : *Si l'on considère les coniques qui passent par quatre points donnés, les polaires d'un point quelconque par rapport à ces différentes coniques passent toutes par un seul et même point.*

Dans le cas où les points circulaires à l'infini sont remplacés par une conique, il n'y a pas de théorie analogue pour l'aberration.

**409.** La recherche (n° 236) de l'équation de la conique à contact quintiponctuel en un point quelconque d'une cubique peut s'étendre aux courbes d'un degré quelconque. Soient S la conique polaire et T la tangente au point, l'équation d'une conique quelconque tangente au même point sera $S - PT = 0$; P représente $lx + my + nz$, $l$, $m$, $n$ étant encore indéterminés. L'équation des droites qui joignent les intersections de la conique et de la courbe au point $x'$, $y'$, $z'$ s'obtient en remplaçant $x$, ... par $x' + \lambda x$, ... dans l'équation de chaque courbe et éliminant $\lambda$ entre les deux équations. Le résultat de la substitution dans la première équation est

$$T + \tfrac{1}{2}\lambda S + \tfrac{1}{6}\lambda^2 \Delta^3 + \tfrac{1}{24}\lambda^3 \Delta^4 + \ldots,$$

et le résultat de la substitution dans la conique est

$$2(n-1)T - P'T + \lambda(S - PT);$$

en écrivant que cette dernière quantité est égale à $\theta T + \lambda Y$, le résultat de l'élimination de $\lambda$ entre ces deux équations devient divisible par T; le quotient est

$$V^{n-1} - \tfrac{1}{2}\theta V^{n-2}S + \tfrac{1}{6}\theta^2 V^{n-3}\Delta^3 T - \ldots = 0;$$

il représente les $2(n-1)$ droites qui joignent le point $x'y'z'$ aux $2(n-1)$ autres points communs à la conique et à la courbe. Pour que la conique ait un contact triponctuel avec la courbe, une de ces droites doit coïncider avec T, autrement dit l'équation doit devenir divisible par T; comme chaque terme, excepté les deux premiers, est divisible par T, la condition est évidemment $\theta = 2$, et, comme

$$\theta = 2(n-1) - P',$$

elle implique $P' = 2(n-2)$ (¹). Introduisons cette valeur de $\theta$ et effectuons la division par T′, l'équation se réduit à

$$-PV^{n-2} + \tfrac{2}{3}V^{n-3}\Delta^3 - \tfrac{1}{3}V^{n-4}T\Delta^4 + \ldots = 0,$$

qui représente les $2n-3$ droites qui joignent le point $x'y'z'$ aux autres points d'intersection de la courbe et de la conique.

Le contact sera quartiponctuel si cette équation est encore divisible par T, ou si $\frac{2}{3}\Delta^3 - PS$ est divisible par T. On obtient la condition pour qu'il en soit ainsi, comme dans le n° 382, en substituant dans cette quantité les coordonnées d'un point arbitraire de la droite T, à savoir $M\gamma - N\beta$, $N\alpha - L\gamma$, $L\beta - M\alpha$; le résultat doit être identiquement nul; et de cette

(¹) Le problème qui consiste à trouver le cercle de courbure en un point quelconque de la courbe est évidemment celui qui revient à décrire une conique à contact triponctuel et passant par deux points fixes.

manière nous trouvons immédiatement que P doit être de la forme

$$\mu T + \frac{2}{3H}\left(x\frac{dH}{dx} + y\frac{dH}{dy} + z\frac{dH}{dz}\right),$$

où $\mu$ reste encore indéterminé. Ainsi la corde d'intersection avec la conique polaire de toute conique quartiponctuelle rencontre la tangente au point fixe (mentionné n° 394) où la tangente rencontre à la fois la polaire cubique et aussi la droite polaire de $x'y'z'$ par rapport à la Hessienne, soit de la courbe elle-même, soit d'une de ses courbes polaires.

Représentons par $\Pi$ la droite $\frac{1}{H}\left(x\frac{dH}{dx} + y\frac{dH}{dy} + z\frac{dH}{dz}\right)$; en admettant que nous ayons l'équation identique

$$\Delta^3 - \Pi S = JT,$$

et, en introduisant ensuite la valeur de P, $\frac{2}{3}\Pi + \mu T$, l'équation devient divisible par T et donne pour l'équation des $2n-4$ droites qui joignent $x'$, $y'$, $z'$ aux autres intersections de la courbe et de la conique,

$$(\tfrac{2}{3}J + P^2 - \mu S)V^{n-3} - \tfrac{1}{3}V^{n-4}\Delta^4 + \ldots = 0.$$

La condition du contact quintiponctuel consiste en ce que cette équation doit être divisible par T, et nous déterminerons la valeur de $\mu$ qui correspond à un tel contact en remplaçant $x$, $y$, $z$, dans les termes écrits ci-dessus, par $M\gamma - N\beta$, $N\alpha - L\gamma$, $L\beta - M\alpha$. L'équation identique du n° 235 nous permet de voir ce qu'est J, et j'ai trouvé qu'en effectuant la substitution qu'on vient d'indiquer J devient

$$-3(n-1)(n-2)\Sigma + \frac{2(n-1)}{H}R\psi(H),$$

où $\Sigma$, R et $\psi(H)$ ont la même signification que dans le n° 386. Les résultats de la substitution dans S, P et $\Delta^4$ sont $Q_2$, $\frac{2}{3H}Q_3$

et $Q_4$ respectivement. Si nous faisons usage des valeurs du n° 390, il vient

$$\begin{aligned}\mu H^2 = \tfrac{2}{3}[3(n-1)(n-2)\Sigma H - 2(n-1)R\psi(H)] \\ - \tfrac{4}{9}\left[9(n-2)^2 H\Sigma - 6(n-2)R\psi(H) + \frac{1}{H}R^2\Theta\right] \\ - \tfrac{1}{3}\left[-6(n-2)(n-3)\Sigma H + 4(n-3)R\psi(H) - \frac{1}{H}R^2\Phi\right],\end{aligned}$$

d'où, en réduisant, $\mu = -\frac{1}{9H^3}(4\Theta - 3H\Phi)$ et la conique quintiponctuelle se trouve déterminée.

410. M. Cayley a poursuivi cette recherche pour savoir quelle condition doivent vérifier les coordonnées $x'$, $y'$, $z'$ pour que le contact puisse être sextiponctuel (voir *Phil. Trans.*, 1865, p. 545). Cette étude est trop longue pour que nous la donnions ici; le résultat consiste en ce que $x'y'z'$ doit vérifier l'équation

$$\begin{aligned}(m-2)(12m-27)HJ(U, H, \Phi) - 3(m-1)HJ'(U, H, \Phi) \\ + 40(m-2)^2 J(U, H, \Theta) = 0.\end{aligned}$$

Ici J représente la Jacobienne de ces trois fonctions, et J' signifie que, en prenant la Jacobienne, $\Phi$ doit être dérivé dans la supposition que les dérivées secondes de H, qui entrent dans l'expression de $\Phi$, sont constantes. L'équation écrite ici représente une courbe de l'ordre $12m-27$ dont les intersections avec U déterminent $m(12m-27)$ points *sextactiques*.

## DES SYSTÈMES DE COURBES.

411. Le problème qui consiste à trouver combien il y a de coniques qui puissent avoir un contact sextiponctuel avec une courbe donnée appartient à la classe des questions sur lesquelles nous avons fait quelques remarques, *Sections*

*coniques,* Appendice : *Sur les systèmes de coniques assujetties à quatre conditions.* Nous allons donner ici un peu plus de développement à la théorie indiquée dans cet Ouvrage. M. de Jonquières (*Journal de Liouville*, t. VI, 1861) a considéré les propriétés d'une suite de courbes du $m^{\text{ième}}$ ordre, satisfaisant à $\frac{1}{2}m(m+3)-1$ conditions, c'est-à-dire à une condition de moins qu'il n'en faut pour déterminer la courbe; cette suite de courbes est caractérisée par son indice N, où N est le nombre des courbes de la suite qui peuvent passer par un point arbitraire donné. Ainsi, si l'équation de la courbe, considérée au point de vue algébrique, contient un paramètre, N sera le degré où ce paramètre y figure. Chasles, dans des Communications insérées aux *Comptes rendus,* 1864-1867, sur le nombre des coniques qui satisfont à cinq conditions, a employé, au lieu de l'indice unique de M. de Jonquières, deux caractéristiques qui sont $\mu$, le nombre des courbes de la suite qui passent par un point arbitraire, et $\gamma$, le nombre de celles-ci qui sont tangentes à une droite arbitraire. Cette méthode est particulièrement commode, parce qu'elle donne des résultats symétriques dans le cas des coniques qui sont des courbes de même ordre et de même classe. Nous avons indiqué l'esprit de cette méthode (*Sections coniques,* loc. cit.); nous reproduirons ici quelques-uns des théorèmes en les établissant pour une suite de courbes d'ordre quelconque.

**412.** Le lieu des pôles d'une droite donnée par rapport aux courbes de la suite est une courbe de degré $\nu$. Car c'est évidemment le nombre de points où la droite elle-même peut rencontrer le lieu. L'enveloppe des polaires d'un point donné par rapport aux courbes du système est, de même, une courbe de la classe $\mu$.

Le lieu d'un point dont la polaire, par rapport à une courbe fixe (dont l'ordre et la classe sont $m'$, $n'$), coïncide avec sa polaire par rapport à une courbe du système, est une courbe de l'ordre $\nu + \mu(m' - 1)$. En effet, pour déterminer combien il y a de points du lieu sur une droite donnée, considérons sur cette droite deux points A, A' tels que la polaire de A par rapport à la courbe fixe coïncide avec la polaire de A' par rapport à une certaine courbe du système; le problème consiste à savoir dans combien de cas A et A' peuvent coïncider. En premier lieu, si A est fixe, sa polaire par rapport à la courbe donnée est également fixe; le lieu des pôles de cette dernière droite, par rapport aux courbes du système, est de l'ordre $\nu$, d'après le premier théorème; nous voyons ainsi qu'à une position quelconque de A correspondront $\nu$ positions de A'. En second lieu, supposons A' fixe; comme ses polaires, par rapport aux courbes du système, enveloppent une courbe de la classe $\mu$, et comme les polaires, par rapport à la courbe donnée, des points de la droite donnée, enveloppent une courbe de la classe $m' - 1$ (n° 405), il y a $\mu(m' - 1)$ tangentes communes aux deux enveloppes, et par conséquent autant de positions de A qui correspondent à A'. Donc le nombre des coïncidences des points A et A' est $\nu + \mu(m' - 1)$ : c'est le degré du lieu en question. Il est évident que ce lieu rencontre la courbe fixe aux points où les courbes du système lui sont tangentes, et par conséquent que le nombre de ces courbes qui sont tangentes à la courbe fixe est $m'[\nu + \mu(m' - 1)]$ ou $m'\nu + n'\mu$.

413. En général, le nombre des courbes du système qui satisfont à une autre condition quelconque sera de la forme $\mu\alpha + \nu\beta$ et les nombres $\alpha$, $\beta$ peuvent être considérés comme les caractéristiques de cette condition. Si une courbe est définie par un nombre suffisant de conditions de nature quelconque, et si ces caractéristiques sont données pour chaque condition, nous pourrons déterminer le nombre de courbes qui satisfont aux conditions prescrites. Nous en don-

nons un exemple dans le cas des coniques. Le nombre des coniques déterminées par cinq points, par quatre points et une tangente, par trois points et deux tangentes, etc., est

$$1,\ 2,\ 4,\ 4,\ 2,\ 1,$$

et conséquemment les caractéristiques des systèmes déterminés par quatre points, trois points et une tangente, etc., sont

$$(1,\ 2),\ (2,\ 4),\ (4,\ 4),\ (4,\ 2),\ (2,\ 1).$$

Le nombre des coniques qui satisfont à la condition dont les caractéristiques sont $\alpha$, $\beta$, et qui passent aussi par quatre points, ou par trois points et sont tangentes à une droite, etc., sont

$$\alpha+2\beta,\quad 2\alpha+4\beta,\quad 4\alpha+4\beta,\quad 4\alpha+2\beta,\quad 2\alpha+\beta.$$

Si nous appelons ces nombres $\mu'''$, $\nu'''$, $\rho'''$, $\sigma'''$, $\tau'''$ respectivement, nous voyons qu'ils ne sont pas indépendants; mais nous avons

$$\nu'''=2\mu''',\quad \sigma'''=2\tau''',\quad \rho'''=\tfrac{3}{2}(\nu'''+\sigma''').$$

Les caractéristiques des systèmes formés avec la condition $\alpha$, $\beta$ et trois points, ou deux points et une droite, etc., sont évidemment

$$(\mu''',\ \nu'''),\quad (\nu''',\ \rho'''),\quad (\rho''',\ \sigma'''),\quad (\sigma''',\ \tau'''),$$

et par conséquent le nombre des coniques de ces systèmes qui satisfont à une nouvelle condition $\alpha'$, $\beta'$ est $\mu'''\alpha'+\nu'''\beta'$, $\nu'''\alpha'+\rho'''\beta'$, .... Développons ces quantités : si nous avons deux conditions dont les caractéristiques soient $(\alpha,\ \beta)$, $(\alpha',\ \beta')$ et si nous représentons par $\mu''$, $\nu''$, $\rho''$, $\sigma''$ le nombre des coniques qui satisfont à ces deux conditions et qui passent aussi par trois points, ou qui passent par deux points et sont tangentes à une droite, etc., nous avons

$$\mu''=\ \alpha\alpha'+2(\alpha\beta'+\beta\alpha')+4\beta\beta',\quad \nu''=2\alpha\alpha'+4(\beta\alpha'+\alpha\beta')+4\beta\beta',$$
$$\rho''=4\alpha\alpha'+4(\beta\alpha'+\alpha\beta')+2\beta\beta',\quad \sigma''=4\alpha\alpha'+2(\beta\alpha'+\alpha\beta')+\ \beta\beta',$$

et il est bon de remarquer que ces nombres sont liés par la relation identique

$$\mu'' - \tfrac{3}{2}\nu'' + \tfrac{3}{2}\rho'' - \sigma'' = 0.$$

De la même manière, les caractéristiques du système de coniques qui satisfont aux deux conditions $(\alpha, \beta)$, $(\alpha', \beta')$ et passent aussi par deux points, ou qui passent par un point et sont tangentes à une droite, ou qui sont tangentes à deux droites sont $(\mu'', \nu'')$, $(\nu'', \rho'')$, $(\rho'', \sigma'')$, et par conséquent les nombres de ces coniques qui satisferont à une troisième condition $\alpha''$, $\beta''$ seront $\mu''\alpha'' + \nu''\beta''$, .... Si nous développons ces quantités et si nous représentons par $\mu'$, $\nu'$, $\rho'$ le nombre de coniques qui satisfont aux trois conditions $(\alpha, \beta)$, $(\alpha', \beta')$, $(\alpha'', \beta'')$ et qui passent aussi par deux points, ou qui passent par un point et sont tangentes à une droite, etc., nous avons

$$\begin{aligned}
\mu' &= \alpha\alpha'\alpha'' + 2\Sigma\alpha\alpha'\beta'' + 4\Sigma\alpha\beta'\beta'' + 4\beta\beta'\beta'',\\
\nu' &= 2\alpha\alpha'\alpha'' + 4\Sigma\alpha\alpha'\beta'' + 4\Sigma\alpha\beta'\beta'' + 2\beta\beta'\beta'',\\
\rho' &= 4\alpha\alpha'\alpha'' + 4\Sigma\alpha\alpha'\beta'' + 2\Sigma\alpha\beta'\beta'' + \beta\beta'\beta''.
\end{aligned}$$

Il est évident que les caractéristiques du système formé en ajoutant à ces trois conditions une quatrième $(\alpha''', \beta''')$ sont $\mu'\alpha''' + \nu'\beta'''$, $\nu'\alpha''' + \rho'\beta'''$, ou bien, en les développant,

$$\begin{aligned}
\mu &= \alpha\alpha'\alpha''\alpha''' + 2\Sigma\alpha\alpha'\alpha''\beta''' + 4\Sigma\alpha\alpha'\beta''\beta''' + 4\Sigma\alpha\beta'\beta''\beta''' + 2\beta\beta'\beta''\beta''',\\
\nu &= 2\alpha\alpha'\alpha''\alpha''' + 4\Sigma\alpha\alpha'\alpha''\beta''' + 4\Sigma\alpha\alpha'\beta''\beta''' + 2\Sigma\alpha\beta'\beta''\beta''' + \beta\beta'\beta''\beta'''.
\end{aligned}$$

Et enfin, si nous ajoutons une cinquième condition, le nombre des coniques qui satisfont à toutes les cinq à la fois est $\mu\alpha^{\text{iv}} + \nu\beta^{\text{iv}}$ ou

$$\begin{aligned}
&\alpha\alpha'\alpha''\alpha'''\alpha^{\text{iv}} + 2\Sigma\alpha\alpha'\alpha''\alpha'''\beta^{\text{iv}} + 4\Sigma\alpha\alpha'\alpha''\beta'''\beta^{\text{iv}} + 4\Sigma\alpha\alpha'\beta''\beta'''\beta^{\text{iv}}\\
&\qquad + 2\Sigma\alpha\beta'\beta''\beta'''\beta^{\text{iv}} + \beta\beta'\beta''\beta'''\beta^{\text{iv}}.
\end{aligned}$$

Cette formule donne le nombre de coniques qui sont tangentes à cinq courbes données, quand on remplace $\alpha$, $\beta$, ... par la classe et l'ordre de chaque courbe. Nous pourrions trouver de même le nombre des courbes d'ordre quelconque, déterminées par la condition d'être tangentes à des courbes données, si nous connaissions le nombre qui se rapporte à chaque cas où les conditions sont seulement celles de passer par des points ou d'être tangentes à des droites.

414. Dans le numéro précédent, les conditions que nous considérions étaient indépendantes les unes des autres; mais nous pouvons avoir une condition qui soit équivalente à deux ou plusieurs autres, comme, par exemple, la condition qu'une conique soit tangente à une courbe donnée deux ou plusieurs fois, la condition qu'une courbe oscule une courbe ou ait avec elle un contact d'ordre supérieur. Une condition qui équivaut à deux conditions peut s'appeler deux conditions inséparables.

On trouve que les formules obtenues dans le dernier numéro pour des conditions indépendantes sont applicables, avec les modifications nécessaires, aux conditions inséparables. Si donc nous avons deux conditions inséparables, les caractéristiques $\mu''$, $\nu''$, $\rho''$, $\sigma''$ sont le nombre de coniques déterminées en combinant avec la condition double donnée trois points, ou deux points et une droite, etc., et ces nombres seront toujours liés par la relation $\mu'' - \frac{3}{2}\nu'' + \frac{3}{2}\rho'' - \sigma'' = 0$. Nous procédons précisément comme dans le numéro précédent pour trouver le nombre de coniques déterminées par la combinaison de la condition double avec trois autres conditions. Nous obtenons de cette manière les formules qui suivent : si $m''$, $n''$, $r''$, $s''$ sont les caractéristiques d'une seconde condition double, les caractéristiques du système de coniques déterminées par le couple de conditions doubles sont

$$m''\mu'' - \frac{2}{3}(\mu'' n'' + m''\nu'') + (r''\mu'' + \rho'' m'') + \frac{7}{4}n''\nu'' - \frac{1}{2}(r''\nu'' + n''\rho''),$$
$$\sigma'' s'' - \frac{3}{2}(\sigma'' r'' + s''\rho'') + (\nu'' s'' + n''\sigma'') + \frac{7}{4}\rho'' r'' - \frac{1}{2}(\rho'' n'' + r''\nu''),$$

et si $\mu'$, $\nu'$, $\rho'$ sont les caractéristiques d'une condition triple, le nombre de coniques déterminées par la condition double et la condition triple est

$$\tfrac{1}{4}\mu'(2\sigma''-\rho'')+\tfrac{1}{4}\rho'(2\mu''-\nu'')+\tfrac{1}{16}\nu'[5(\mu''+\rho'')-\sigma(\mu''+\sigma'')].$$

**415.** Revenons aux deux caractéristiques $\mu$, $\nu$ d'un système de courbes du $m^{\text{ième}}$ ordre qui satisfont à une condition de moins qu'il n'en faut pour déterminer chaque courbe; nous pouvons chercher comme il suit la relation entre ces deux caractéristiques. Considérons les points A, A′ où une courbe du système rencontre une droite donnée; comme il passe par A $\mu$ courbes de la série qui rencontrent chacune la droite en $(m-1)$ autres points, il est évident qu'à chaque point A il correspond $\mu(m-1)$ points A′ et que de même à chaque point A′ correspondent $\mu(m-1)$ points A. Le nombre des points unis de la correspondance est donc $2\mu(m-1)$. Ce nombre sera $\nu$, si les points unis peuvent seulement exister quand une courbe du système est tangente à la droite AA′; mais il peut arriver qu'une courbe du système soit une courbe complexe contenant une portion de courbe comptée deux fois, et une courbe de cette nature donnerait naissance à des points unis qu'il faut déduire des $2\mu(m-1)$ pour donner $\nu$, le nombre de tangences proprement dites. Ainsi, dans le cas des coniques que nous considérons spécialement, si $\lambda$ est le nombre des coniques du système qui se réduisent à deux droites coïncidentes, nous aurons $\nu=2\mu-\lambda$.

**416.** Une conique considérée comme courbe du second ordre peut dégénérer en deux droites, ou en couples de droites; dans ce cas, l'équation tangentielle trouvée par la règle ordinaire devient un carré parfait; autrement dit, géométriquement, toute droite menée par le point commun au couple de droites doit être considérée comme doublement tangente à la courbe. Semblablement une conique considérée comme courbe de la seconde classe peut dégénérer en deux points ou en un couple de points, et tout point de la droite commune du couple de points peut être considéré dans un certain sens comme appartenant doublement à la courbe. Dans ce dernier cas, le couple de points peut être considéré comme la limite d'une conique dont l'axe transverse est fixe et qui s'aplatit par la diminution graduelle de son axe conjugué, de manière à tendre vers un segment de droite; les tangentes à la conique s'approchent de plus en plus de droites passant par deux points fixes, à savoir les points qui terminent la droite; si donc $\lambda$ est le nombre des couples de points du système et $\varpi$ celui des couples de droites, nous avons

$$\mu = 2\nu - \varpi, \quad \nu = 2\mu - \lambda, \quad 3\mu = 2\lambda + \varpi, \quad 3\nu = 2\varpi + \lambda.$$

Dans les recherches de Zeuthen relatives aux systèmes de coniques, les nombres $\lambda$ et $\varpi$ sont substitués aux caractéristiques $\mu$ et $\nu$ de Chasles; dans la plupart des cas, il est plus facile de déterminer le nombre des coniques d'un système donné qui se réduisent à un couple de droites ou de points, que le nombre de celles qui passent par un point arbitraire ou sont tangentes à une droite arbitraire.

Un cas spécial se présente quand les deux points d'un couple de points coïncident, la droite du couple continuant à exister comme droite bien définie; ou bien les deux droites d'un couple de droites peuvent coïncider sans que leur point commun cesse d'exister comme point bien défini. Ceci peut s'appeler un couple de ligne et point.

417. Dans un système de coniques qui satisfont à quatre conditions de contact, il est comparativement facile de voir quels sont les couples de points ou de droites du système; mais, pour trouver les valeurs de $\lambda$ et $\varpi$, chacun de ces couples doit être compté non pas une fois, mais un nombre convenable de fois, et c'est dans la détermination de ces multipli-

cités que consiste la difficulté du problème. Dans ce but, Zeuthen emploie les considérations suivantes : Prenons le système élémentaire d'une conique déterminée par quatre points; le nombre des couples de droites est évidemment alors 3 et celui des couples de points o. Mais, comme $\mu = 1$, $\nu = 2$, nous avons $\lambda = 0$, $\varpi = 3$; d'où l'on conclut qu'un couple de droites qui joignent deux à deux quatre points donnés compte une fois parmi le nombre des couples de droites. Prenons au contraire le système de coniques déterminé par trois points et une tangente; nous pouvons avoir ici trois couples de droites qui sont : la droite qui joint deux quelconques des points et la droite qui joint le troisième point à l'intersection de la tangente fixe avec la droite qui réunit les deux premiers points. Dans ce cas, il n'y a pas de couple de points. Nous avons $\mu = 2$, $\nu = 4$, d'où $\lambda = 0$, $\varpi = 6$; il en résulte qu'un couple de droites compte pour deux, s'il se compose de la droite qui unit deux points donnés et de la droite qui joint un troisième point donné avec l'intersection de la première droite et d'une droite donnée.

Enfin, prenons le système de coniques déterminées par deux points et deux tangentes; il ne peut y avoir qu'un seul couple de droites, qui est le couple joignant les deux points à l'intersection des deux tangentes; mais comme, dans ce cas, $\mu = 4$, $\rho = 4$, $\lambda = \varpi = 4$, on en déduit que le couple de deux droites compte pour quatre quand il joint deux points donnés à l'intersection de deux droites données. Il n'est pas nécessaire de s'arrêter aux singularités réciproques.

Le mouvement d'une conique qui est tangente à une courbe donnée peut être considéré ou comme une rotation autour du point de contact, ou comme un glissement le long de la tangente en ce point. On conclut de là que, dans le cas d'une conique déterminée par la condition d'être tangente à quatre courbes données, nous devons pour les couples de droites compter une fois (A′) un couple se composant de deux droites dont chacune est une tangente commune aux deux courbes; deux fois (B′) un couple consistant en une tangente commune aux deux courbes et une tangente menée à la troisième courbe par le point où cette tangente commune rencontre la quatrième courbe; nous compterons quatre fois (C′) un couple composé de tangentes menées à deux des courbes par l'intersection des deux autres. Réciproquement, parmi les couples de points nous comptons une fois (A) une droite dont les extrémités sont chacune une intersection de deux courbes, deux fois (B) une tangente à l'une des courbes terminée d'une part par une autre courbe et de l'autre par un point d'intersection des deux autres courbes; et quatre fois (C) une tangente double à deux courbes, terminée sur les deux autres courbes. Dans ces cas, on peut à l'intersection de deux courbes substituer l'intersection d'une courbe avec elle-même, ou un point double, et à une tangente commune à deux courbes on peut substituer une tangente double d'une seule courbe.

418. Comme exemple, cherchons le nombre de couples de droites dans le système des coniques qui sont tangentes à quatre courbes données. Nous avons $n\,n'\,n''\,n'''$ couples de droites se composant d'une des $nn'$ tangentes communes aux deux premières combinées avec une des $n''\,n'''$ tangentes communes aux deux autres; et comme nous avons trois manières de former deux couples au moyen des quatre courbes, le nombre A est $3\,nn'\,n''\,n'''$. Il y a encore $n\,n'\,n''\,m'''$ couples, se composant d'une tangente commune aux deux premières courbes et d'une tangente à la troisième menée par un des points où la première tangente rencontre la quatrième courbe; et comme nous avons le même nombre, en prenant une tangente commune à la seconde et à la troisième, ou à la première et à la troisième, il vient

$$B' = 3\,\Sigma\, nn'\,n''\,m'''$$

couples de tangentes du genre C'. Nous avons par conséquent

$$\varpi = 3nn'n''n''' + 6\Sigma nn'n''m''' + 4\Sigma nn'm''m''',$$

et de la même manière

$$\lambda = 4\Sigma nn'm''m''' + 6\Sigma nm'm''m''' + 3mm'm''m'''.$$

et de ces nombres on déduit pour $\mu$ et $\nu$ les mêmes nombres que ceux que nous avons déjà trouvés.

**419.** Nous procéderons de la même manière, si les conditions du problème consistent en ce que la conique doit être tangente à la même courbe plusieurs fois, ou avoir avec elle un contact d'ordre plus élevé. M. Cayley emploie la notation suivante, qui est très commode. (1) représente un contact simple, (1, 1) un contact simple avec la même courbe en deux endroits, (2) un contact du second ordre ou triponctuel, et ainsi de suite. Ainsi, le système que nous avons étudié, coniques ayant un contact simple avec quatre courbes, est représenté par (1), (1), (1), (1). Considérons maintenant le système (1, 1). (1), (1), c'est-à-dire celui où les coniques ont un double contact avec une courbe et un contact simple avec deux autres courbes. On voit précisément, comme ci-dessus, que

$$A' = \tau n'n'' + nn'nn'';$$

nous avons aussi

$$\begin{aligned} B' = \tau(n'm'' + n''m') &+ nn'(m-2)n'' \\ &+ nn''(m-2)n' + nn'm''(n-1) \\ &+ nn''m'(n-1) + n'n''m(n-2), \\ C' = \delta n'n'' &+ mm'(n-2)n'' \\ &\quad + mm''(n-2)n' + m'm''\tfrac{1}{2}n(n-1). \end{aligned}$$

En dernier lieu, nous devons compter séparément (D') les $\varkappa n'n''$ couples de droites, qui se composent de couples de tangentes menées par chaque rebroussement de la première courbe aux deux autres. Zeuthen montre que chacun d'eux compte pour trois, en introduisant tout d'abord dans les formules un multiplicateur inconnu $x$ et en le déterminant par un examen des cas élémentaires où la seconde et la troisième courbe se réduisent à des points ou à des droites. Si nous réunissons maintenant les nombres $A' + 2B' + 4C'$ et si nous faisons les réductions, nous trouvons

$$\begin{aligned}\varpi = n'n''(n^2 + 6mn - 8n - 4m + \tau + 4\delta + 3\varkappa)\\ + 2(n'n'' + m''n')(n^2 + 2mn - n - 4m + \tau)\\ + 2m'm''n(n-1)\end{aligned}$$

et il existe une expression correspondante pour $\lambda$. Nous en déduirons les expressions de $\mu$, $\nu$,

$$\mu = \mu'''m'm'' + \mu''(m'n'' + m''n') + \mu'n'n'',$$
$$\nu = \nu'''m'm'' + \nu''(m'n'' + m''n') + \nu'n'n'',$$

où

$$\begin{aligned}\mu' &= 2m(m + n - 3) + \tau,\\ \mu'' = \nu' &= 2m(m + 2n - 5) + 2\tau,\\ \mu''' = \nu'' &= 2n(2m + n - 5) + 2\delta,\\ \nu''' &= 2n(m + n - 3) + \delta.\end{aligned}$$

Ces quantités représentent le nombre des coniques déterminées par les conditions d'être deux fois tangentes à une courbe, et en même temps de passer par trois points, ou de passer par deux points et d'être tangentes à une droite, ou de passer par un point et d'être tangentes à deux droites, ou enfin d'être respectivement tangentes à trois droites.

Il n'est pas nécessaire de considérer séparément le cas (1, 1), (1, 1) (*voir* n° 413), et les mêmes principes sont applicables aux cas (3), (1), (4).

Nous renvoyons pour plus amples détails au Mémoire de Zeuthen qu'il est très profitable de consulter (*Nouvelles Annales*, 1866) et aux Mémoires de M. Cayley (*Phil.*

*Trans.*, 1867). Nous donnons ici le Tableau dans lequel M. Cayley a résumé les résultats les plus simples, exprimés en fonction de $m$, $n$ et $\alpha$ (*voir* n° 83).

$$(1,1,1)\quad \begin{cases} \mu' = \frac{2}{3}m^3 + 2m^2n + mn^2 + \frac{1}{6}n^3 \\ \qquad - 2m^2 - 3mn - \frac{1}{2}n^2 - \frac{20}{3}m - \frac{29}{3}n \\ \qquad + \alpha(-3m - \frac{3}{2}n + 13). \\ \nu' = \frac{1}{3}m^3 + 2m^2n + 2mn^2 + \frac{1}{3}n^3 - m^2 \\ \qquad - 4mn - n^2 - \frac{46}{3}m - \frac{46}{3}n \\ \qquad + \alpha(-3m - 3n + 20). \\ \rho' = \frac{1}{6}m^3 + m^2n + 2mn^2 + \frac{1}{3}n^3 - \frac{3}{2}m^2 \\ \qquad - 3mn - 2n^2 - \frac{29}{3}m - \frac{20}{3}n \\ \qquad + \alpha(-\frac{3}{2}m - 3n + 13). \end{cases}$$

$$(1,1,1,1)\quad \begin{cases} \mu = \frac{1}{12}m^4 + \frac{2}{3}m^3n + m^2n^2 + \frac{1}{3}mn^3 \\ \qquad + \frac{1}{24}m^4 - \frac{1}{2}m^3 - 3m^2n - 2mn^2 - \frac{1}{4}n^3 \\ \qquad - \frac{181}{24}m^2 - 21mn - \frac{229}{24}n^2 + \frac{191}{2}m + \frac{403}{4}n \\ \qquad + \alpha(-\frac{3}{2}m^2 - 3mn - \frac{3}{4}n^2 + \frac{43}{2}m \\ \qquad + \frac{55}{4}n - \frac{357}{4}) + \frac{9}{8}\alpha^2. \\ \nu = \frac{1}{24}m^4 + \frac{1}{3}m^3n + m^2n^2 + \frac{2}{3}mn^3 + \frac{1}{12}m^4 \\ \qquad - \frac{1}{4}m^3 - 2m^2n - 3mn^2 - \frac{1}{2}n^3 \\ \qquad - \frac{229}{24}m^2 - 21mn - \frac{181}{2}n^2 + \frac{403}{4}m + \frac{191}{2}n \\ \qquad + \alpha(-\frac{3}{4}m^2 - 3mn - \frac{3}{4}n^2 + \frac{55}{4}m \\ \qquad + \frac{43}{4}n - \frac{347}{4}) + \frac{9}{8}\alpha^2. \end{cases}$$

$$(2)\quad \mu'' = \alpha,\quad \nu'' = 2\alpha,\quad \rho'' = 2\alpha,\quad \sigma'' = a.$$

$$(2,1)\quad \begin{cases} \mu' = 12m + 12n + \alpha(2m + n - 14). \\ \nu' = 24m + 24n + \alpha(2m + 2n - 24). \\ \rho' = 12m + 12n + \alpha(m + 2n - 14). \end{cases}$$

$$(2,1,1)\quad \begin{cases} \mu = 24m^2 + 36mn + 12n^2 - 168m - 168n. \\ \qquad + \alpha(m^2 + 2mn + \frac{1}{4}n^2 - 25m - \frac{29}{2}n + 138) - \frac{3}{4}\alpha^2. \\ \nu = 12m^2 + 36mn + 24n^2 - 168m - 168n. \\ \qquad + \alpha(\frac{1}{2}m^2 + 2mn + n^2 - \frac{29}{2}m. \\ \qquad - 25n + 138) - \frac{3}{2}\alpha^2. \end{cases}$$

$$(3,2)\quad \begin{cases} \mu = 27m + 24n - 20\alpha + \frac{1}{2}\alpha^2. \\ \nu = 24m + 27n - 20\alpha + \frac{1}{2}\alpha^2. \end{cases}$$

$$(3)\quad \begin{cases} \mu' = -4m - 3n + 3\alpha, \quad \nu' = -8m - 8n + 6\alpha, \\ \rho' = -3m - 4n + 3\alpha, \end{cases}$$

$$(3,1)\quad \begin{cases} \mu = -8m^2 - 12mn - 3n^2 + 56m + 53n \\ \qquad + \alpha(6m + 3n - 39). \\ \nu = -3m^2 - 12mn - 8n^2 + 53m \\ \qquad + 56n + \alpha(3m + 6n - 39). \end{cases}$$

$$(4)\quad \mu = -10m - 8n + 6\alpha, \quad \nu = -8m - 10n + 6\alpha.$$

420. Il reste encore à établir les formules qui donnent le nombre de coniques qui satisfont à cinq conditions inséparables, comme par exemple (5) le nombre de coniques ayant avec une courbe donnée un contact du cinquième ordre. Ces nombres se trouvent en étudiant le cas où une courbe à laquelle les coniques sont tangentes est un complexe de deux autres courbes : ainsi les coniques qui ont un contact du cinquième ordre avec un complexe de deux courbes se composent des coniques ayant un contact semblable avec les courbes séparées, et par conséquent l'expression pour (5) doit être une fonction de $m$, $n$, $\alpha$ telle que

$$\Phi(m + m', n + n', \alpha + \alpha') = \Phi(m, n, \alpha) + \Phi(m', n', \alpha');$$

donc (5) est évidemment de la forme $am + bn + c\alpha$. D'après la symétrie, nous devons avoir $a = b$; et connaissant le nombre de coniques sextactiques quand $m = 3$, nous déterminons $a$ et $c$ et nous trouvons $(5) = -15m - 15n + 9\alpha$.

De même aussi, les coniques (4,1) se composent des coniques ayant ce même contact avec courbe séparée et des coniques ayant le contact 4 avec une courbe et le contact 1 avec l'autre. Le nombre de ces dernières coniques se trouve au moyen des formules du numéro précédent, en sorte que

$$\Phi(m + m', n + n', \alpha + \alpha') - \Phi(m, n, \alpha) - (\Phi m', n', \alpha')$$

est fonction connue de $m$, $n$, $\alpha$. C'est en suivant la marche que nous indiquons ici que M. Cayley a établi la table suivante :

$$(4,1)\quad \left\{\begin{aligned} &= -8m^2 - 20mn - 8n^2 + 104(m+n) \\ &\qquad + 6\alpha(m+n-11). \end{aligned}\right.$$

$$(3,2)\quad = 120(m+n) + \alpha(-4m-4n-78) + 3\alpha^2.$$

$$(3,1,1)\quad \left\{\begin{aligned} &= -\tfrac{3}{2}m^3 - 10m^2n - 10mn^2 - \tfrac{3}{2}n^3 + \tfrac{109}{2}m^2 \\ &\quad + 116mn + \tfrac{109}{2}n^2 - 434m - 434n \\ &\quad + \alpha(\tfrac{3}{2}m^2 + 6mn + \tfrac{3}{2}n^2 - \tfrac{69}{2}m - \tfrac{69}{2}n + 291) - \tfrac{9}{2}\alpha^2. \end{aligned}\right.$$

$$(2,2,1)\quad \left\{\begin{aligned} &= 24m^2 + 54mn + 24n^2 - 468(m+n) \\ &\quad + \alpha(-8m - 8n + 327) + \alpha^2(\tfrac{1}{2}m + \tfrac{1}{2}n - 12). \end{aligned}\right.$$

$$(2,1,1,1)\quad \left\{\begin{aligned} &= 6m^3 + 30m^2n + 30mn^2 + 6n^3 - 17n(m+n)^2 \\ &\quad + 1320(m+n) + \alpha(\tfrac{1}{6}m^3 + m^2n + mn^2 + \tfrac{1}{6}n^3 \\ &\quad - \tfrac{15}{2}m^2 - 26mn - \tfrac{15}{2}n^2 + \tfrac{358}{3}m + \tfrac{358}{3}n - 960) \\ &\quad + \alpha^2(-\tfrac{3}{2}m - \tfrac{3}{2}n + 28). \end{aligned}\right.$$

$$(1,1,1,1,1)\quad \left\{\begin{aligned} &= \tfrac{1}{120}(m^5 + n^5) + \tfrac{1}{12}mn(m^3 + n^3) + \tfrac{1}{3}m^2n^2(m+n) \\ &\quad - \tfrac{1}{12}(m^4 + n^4) - \tfrac{5}{6}mn(m^2 + n^2) - 2m^2n^2 \\ &\quad - \tfrac{113}{25}(m^3 + n^3) - \tfrac{209}{12}mn(m+n) + \tfrac{1267}{12}(m^2 + n^2) \\ &\quad + \tfrac{593}{3}mn - \tfrac{3159}{5}(m+n) + \alpha(-\tfrac{1}{4}m^3 - \tfrac{3}{2}m^2n \\ &\quad - \tfrac{3}{2}mn^2 - \tfrac{1}{4}n^3 + \tfrac{29}{4}m^2 + 23mn + \tfrac{29}{4}n^2 - \tfrac{337}{4}m \\ &\quad - \tfrac{337}{4}n + 486) + \alpha^2[\tfrac{9}{8}(m+n) - 15]. \end{aligned}\right.$$

MM. Zeuthen et Cayley ont aussi cherché les formules relatives aux cas où les conditions impliquent le contact avec une courbe en un point donné. Le Mémoire de M. Cayley contient des recherches sur une formule de M. de Jonquières, qui donne le nombre de courbes de l'ordre $r$ ayant, avec une courbe donnée de l'ordre $m$, $t$ contacts de l'ordre $a$, $b$, $c$, ... et passant en outre par $p$ points de la courbe. Mais le sujet est trop étendu pour être traité en détail ici.

---

## NOTE DE M. CAYLEY SUR LE N° 416.

On peut ajouter quelques remarques à la théorie analytique des formes dégénérées des courbes. Pour ce qui concerne les coniques, un couple de droites peut être représenté en coordonnées ponctuelles par une équation de la forme $xy = 0$: et réciproquement un couple de points peut être représenté en coordonnées tangentielles par une équation $\xi\eta = 0$; mais nous avons à étudier comment le couple de points peut être représenté en coordonnées ponctuelles : une équation $x^2 = 0$ n'est pas une représentation convenable du couple de points, mais elle caractérise purement et simplement (comme droite double ou deux fois répétée) la droite qui joint les deux points du couple de points, et toute trace de ces points eux-mêmes se trouve perdue dans cette représentation; et il faut remarquer que la conique ou droite double $x^2 = 0$ ou bien

$$(\alpha x + \beta y + \gamma z)^2 = 0$$

est une conique qui analytiquement et géométriquement (dans un sens impropre) satisfait à la condition d'être tangente à *une droite quelconque,* tandis que les seules tangentes proprement dites du couple de points sont les droites qui passent par l'un ou l'autre des deux points du couple de points.

La solution ressort de la notion du couple de points considéré comme limite d'une conique, ou, comme nous le dirons, d'une conique indéfiniment aplatie; nous avons à considérer des coniques où certains coefficients sont infinitésimaux, et qui, lorsque les coefficients infinitésimaux sont réellement nuls, se réduisent à des droites doubles; et de plus il est nécessaire de regarder les coefficients évanouissants comme des quantités infinitésimales de différents ordres. Ainsi considérons les coniques qui passent par deux points donnés et sont tangentes à deux droites données (quatre conditions); prenons $y = 0$, $z = 0$ pour les droites données, $x = 0$ pour la droite qui joint les points donnés, et $(x = 0, y - \alpha z = 0)(x = 0, y - \beta z)$ pour les points donnés; l'équation d'une conique qui satisfait aux conditions requises et contient un paramètre arbitraire $\theta$ est

$$x^2 + 2\theta xy + 2\theta\sqrt{(\alpha\beta)}\, xz + \theta^2 (y - \alpha z)(y - \beta z) = 0;$$

ou, ce qui revient au même,

$$[x+\theta y+\theta\sqrt{(\alpha\beta)}\,z]^2-\theta^2(\alpha+\beta)yz=0;$$

et cette équation, quand on y considère $\theta$ comme infiniment petit, du premier ordre par exemple, représente la conique aplatie ou le couple de points composé des deux points donnés. En comparant à l'équation générale

$$(a, b, c, f, g, h\between x, y, z)^2=0,$$

nous avons

$$a=1,\ b=\theta^2,\ c=\theta^2\alpha\beta,\ f=-\tfrac{1}{2}\theta^2(\alpha+\beta),\ g=\theta\sqrt{\alpha\beta},\ h=\theta.$$

c'est-à-dire qu'en supposant $a$ fini, $g$ et $k$ sont des infiniment petits du premier ordre, $b$, $c$, $f$ des infiniment petits du second ordre; et les quatre rapports $\sqrt{b}:\sqrt{c}:\sqrt{f}:g:h$ sont déterminés de manière à satisfaire aux conditions prescrites.

Observons que la conique aplatie, considérée comme conique passant par les deux points donnés et tangente aux deux droites données est représentée par une équation *déterminée*, c'est-à-dire qu'en considérant la condition imposée à $\theta$ ($\theta$ égal à une quantité infinitésimale) comme une détermination de $\theta$, l'équation est complètement définie; mais si nous considérons la conique aplatie comme passant par les deux points, l'équation contiendrait deux paramètres arbitraires, qu'on pourrait déterminer, en assujettissant la conique aplatie à deux conditions, comme d'être tangente à deux droites, etc.

D'une manière générale, nous pouvons considérer l'équation d'une courbe de l'ordre $n$; une pareille équation peut contenir certains coefficients infinitésimaux et, quand ceux-ci sont nuls, se réduire à une équation composée $P^\alpha Q^\beta \ldots = 0$; l'équation dans sa forme originale représente une courbe qui peut s'appeler la *courbe pénultième*. Considérons les tangentes menées d'un point arbitraire à la courbe pénultième; quand elle se décompose en plusieurs parties, le système de tangentes se réduit à : (1) les tangentes menées du point fixe aux différentes courbes composantes $P = 0$, $Q = 0, \ldots$ respectivement; (2) aux droites menées respectivement par les points singuliers de ces mêmes courbes; (3) aux droites menées par les points d'intersection $P = 0$, $Q = 0$ de chaque couple de courbes composantes; ces points, comptés chacun un nombre convenable de fois, sont appelés « *sommets fixes* » (4) aux droites menées du point fixe à certains points déterminées appelés « *sommets libres* » sur les différentes courbes composantes $P = 0$, $Q = 0, \ldots$ respectivement. Nous avons ainsi une forme dégénérée de la courbe du $n^{\text{ième}}$ degré, qui peut être regardée comme constituée par les courbes composantes, comptées chacune un nombre convenable de fois et des points précédents appelés *sommets;* elle n'est donc représentée d'une manière appropriée que par l'équation dernière ou ultime $P^\alpha Q^\beta \ldots = 0$; le nombre et la distribution des sommets ne sont pas arbitraires, mais se trouvent régis par des lois qui résultent de la considération de la courbe pénultième; et il y a par le fait, pour une valeur donnée de $n$, différentes formes de courbes dégénérées, suivant les formes dernières $P^\alpha Q^\beta \ldots = 0$ et suivant le nombre et la distribution des sommets sur les différentes courbes composantes. Le cas d'une quartique ayant pour forme dernière $x^2y^2 = 0$ a été étudié par M. Cayley (*Comptes rendus*, t. LXXIV, p. 708, mars 1872), qui énonce sa conclusion comme il suit: « Il existe une quartique, la pénultième de $x^2y^2 = 0$, avec neuf sommets libres, dont trois sont sur une des droites (telles que $y = 0$) et qui sont trois des intersections de la quartique par cette droite (la quatrième intersection étant indéfiniment près du point $x = 0$, $y = 0$), et les six autres situés à volonté sur la droite $x = 0$; il y a trois sommets fixes à l'intersection des deux droites. » D'autres formes ont été examinées par le Dr Zeuthen (*Comptes rendus,* t. LXXV, p. 703 et 950, septembre et octobre 1872); d'autres encore par Zeuthen. Toute la question des formes dégénérées des courbes mérite bien d'être l'objet de recherches plus complètes.

La question des nombres des cubiques qui satisfont à des conditions élémentaires données (et qui dépend, comme cela doit être, des formes dégénérées de ces courbes) a été résolue par Maillard et Zeuthen; celle du nombre des quartiques a été traitée par le Dr Zeuthen.

# APPENDICE

PAR G.-H. HALPHEN.

# ÉTUDE

SUR

# LES POINTS SINGULIERS

DES

# COURBES ALGÉBRIQUES PLANES

PAR G.-H. HALPHEN.

Dans cette étude se trouvent rassemblées les principales questions résolues de Géométrie plane, où les points singuliers des courbes algébriques jouent un rôle. La première Partie contient l'*Exposé des fondements de la théorie, immédiatement suivi d'applications concernant l'emploi des coordonnées polaires, ordinaires et tangentielles*. Ces applications ouvrent une voie facile à l'étude des développées successives et à la démonstration de la singulière loi suivie par les degrés et les classes de ces courbes.

La seconde Partie est consacrée à ce problème : *Trouver le nombre des points en chacun desquels, sur une courbe algébrique donnée, a lieu une relation donnée entre les éléments infinitésimaux de la courbe*. La solution est accompagnée d'exemples assez nombreux, parmi lesquels on remarquera, sans doute, ceux qui se rapportent au cas où les éléments infinitésimaux considérés s'élèvent jusqu'au troisième ordre.

Dans la troisième Partie sont exposées les *théories con-*

*cernant la correspondance entre les points de deux courbes et concernant le genre.*

Enfin, une quatrième Partie, très courte, contient la solution de deux problèmes de Géométrie analytique : *Trouver la classe d'une courbe, connaissant le degré et les points singuliers. — Parmi les intersections de deux courbes, calculer le nombre de celles qui sont confondues en un point singulier commun.*

Pour les lecteurs désireux de compléter cette étude, voici la liste des Mémoires originaux qui pourront être consultés :

BRILL. — *Ueber Singularitäten ebener algebraischer Curven* (*Math. Annalen*, t. XVI, p. 348).

CAYLEY. — *On the higher singularities of a plane curve* (*Quarterly Journal*, VII, p. 212, et *Journal de Crelle*, t. LXIV, p. 369).

DE LA GOURNERIE. — *Notes sur les singularités élevées des courbes planes* (*Journal de Mathématiques*, 2e série, t. XIV, p. 425, et t. XV, p. 1).

— *Note sur le nombre des points d'intersection que représente un point multiple commun à deux courbes planes* (*Comptes rendus*, t. LXXVII, p. 573).

HALPHEN. — *Sur les points singuliers des courbes algébriques planes* (*Mémoires présentés par divers savants à l'Académie des Sciences*, t. XXVI).

— *Sur une série de courbes, analogues aux développées* (*Journal de Mathématiques*, 3e série, t. II, p. 87).

— *Sur la recherche des points d'une courbe algébrique plane, qui satisfont à une condition exprimée par une équation différentielle algébrique* (*ibid.*, t. II, p. 257 et 371).

— *Sur une question d'élimination, ou sur l'intersection de deux courbes en un point singulier* (*Bulletin de la Société mathématique*, t. III, p. 76).

— *Sur le contact des courbes planes avec les coniques et les courbes du troisième degré* (*ibid.*, t. IV, p. 59).

— *Sur la conservation du genre dans les transformations uniformes* (*ibid.*, t. IV, p. 29).

— *Sur les correspondances entre les points de deux courbes* (*ibid.*, t. V, p. 7).

HALPHEN. — *Sur le genre des courbes algébriques* (Association française. *Compte rendu de la 4e session.* Nantes, p. 237).

NÖTHER. — *Ueber die algebraischen Functionen* (*Göttinger Nachrichten*, 1871, pp. 217 et 267).

— *Ueber die singulären Werthsysteme einer algebraischen Function, und die singulären Punkte einer algebraischen Curve* (*Mathematische Annalen*, t. IX, p. 166).

PAINVIN. — *Sur l'abaissement de la classe d'une courbe produit par la présence d'un point de rebroussement* (*Bulletin des Sciences mathématiques et astronomiques*, t. IV, p. 131).

— *Note sur l'intersection de deux courbes* (*ibid.*, t. V, p. 138).

SMITH. — *On the higher singularities of plane curves* (*Proceedings of the London mathematical Society*, t. VI, p. 153).

STOLZ. — *Ueber die singulären Punkte der algebraischen Functionen und Curven* (*Mathematische Annalen*, t. VIII, p. 415).

— *Die Multiplicität der Schnittpunkte zweier algebraischen Curven* (*ibid.*, t. XV, p. 122).

ZEUTHEN. — *Nouvelle démonstration de théorèmes sur des séries de points correspondants sur deux courbes* (*Mathematische Annalen*, t. III, p. 150).

— *Note sur les singularités des courbes planes* (*ibid.*, t. X, p. 210).

— *Sur un groupe de théorèmes et formules de la Géométrie énumérative* (*Acta mathematica*, t. I, p. 171).

# PREMIÈRE PARTIE.

1. Le fondement de la théorie qui va être exposée ici réside dans une proposition d'Algèbre, dont voici l'énoncé :

*Soit $y$ une fonction algébrique de la variable $x$, et soit $x_0$ une valeur de cette variable pour laquelle diverses déterminations de $y$ prennent une valeur commune $y_0$. Pour les valeurs de $x - x_0$, ayant leurs modules inférieurs à une limite finie et déterminée, ces diverses déterminations de $y$ se répartissent en des groupes entièrement distincts entre eux. Toutes celles qui composent un même groupe se représentent simultanément, leur nombre étant égal à $n$, sous la forme suivante*

$$(1) \qquad x - x_0 = t^n, \quad y - y_0 = a_1 t + a_2 t^2 + a_3 t^3 \ldots.$$

Nous admettrons cette proposition comme bien connue, en ajoutant les observations suivantes : 1° Le nombre des groupes, constitués par les déterminations de $y$ acquérant la valeur $y_0$ pour $x = x_0$, peut se réduire à l'unité. Le nombre $n$ peut aussi se réduire à l'unité. Ces deux circonstances ont lieu à la fois si l'on prend $x_0$ arbitrairement. 2° Quand le nombre $n$ diffère de l'unité, il peut arriver que quelques-uns des coefficients $a_1$, $a_2$,... manquent. Mais la totalité des indices des coefficients qui subsistent ne peut avoir, avec le nombre $n$, d'autre diviseur commun que l'unité; sans quoi les formules (1) ne fourniraient pas $n$ valeurs de $y$, différentes entre elles, pour chaque valeur de $x$. 3° Au lieu des formules (1), on peut écrire cette formule unique

$$(2) \quad y - y_0 = a_1 (x - x_0)^{\frac{1}{n}} + a_2 (x - x_0)^{\frac{2}{n}} + a_3 (x - x_0)^{\frac{3}{n}} \ldots,$$

et dire que $y$ est développable en série convergente, procédant suivant les puissances à exposants croissants et fractionnaires de $x - x_0$. Le plus petit dénominateur commun de ces exposants est limité ; c'est le nombre des déterminations de $y$ représentées à la fois par la formule (2). Il faut avoir soin d'observer toutefois que, ce dénominateur étant appelé $n$, on doit prendre, à chaque terme, une même détermination de $(x - x_0)^{\frac{1}{n}}$. Le groupe des déterminations de $y$, obtenues en changeant la racine $n^{\text{ième}}$ de $(x - x_0)$, et dont le nombre est $n$, sera désigné par le nom de *cycle*.

2. Nous aurons fréquemment à considérer des séries procédant, comme la série de Maclaurin, suivant les puissances, à exposants entiers et croissants, d'une variable, sans qu'il soit besoin de préciser les coefficients de ces séries. Pour abréger, il sera utile d'employer un symbole représentant de telles séries. *Nous adopterons donc la notation*

$$[t] = a_0 + a_1 t + a_2 t^2 + a_3 t^3 \dots$$

*avec l'expresse convention que le premier coefficient $a_0$ sera toujours supposé différent de zéro.*

Dans un même calcul, le même symbole pourra, sans inconvénient, représenter plusieurs séries différentes.

3. Après ces préliminaires, entrons dans la théorie des courbes algébriques.

Les variables $x, y$ seront maintenant les coordonnées d'un point du plan. Ces coordonnées seront cartésiennes ou, mieux et plus généralement, les rapports de deux coordonnées homogènes à la troisième.

La proposition du n° 1 revêt alors cette forme : *Soient $x_0, y_0$ les coordonnées d'un point sur une courbe algébrique. Aux environs de ce point, les diverses branches de* *la courbe sont représentées par un ou plusieurs systèmes d'équations analogues au système* (1).

La portion de courbe représentée par des équations telles que (1) sera appelée un *cycle*. Le point $x_0, y_0$ sera dit l'*origine* de ce cycle.

En employant la notation expliquée au n° 2, nous sommes obligés de mettre en évidence le premier exposant du développement de $y - y_0$, et de représenter un cycle ou bien par le système

$$(3) \qquad x - x_0 = t^n, \quad y - y_0 = t^m[t]$$

ou bien par la formule unique

$$(4) \qquad y - y_0 = (x - x_0)^{\frac{m}{n}}\left[(x - x_0)^{\frac{1}{n}}\right].$$

En intervertissant $x$, $y$, nous aurons une autre représentation du même cycle, sous forme du développement de $x - x_0$ en $y - y_0$. Ce développement pourra être obtenu par le retour de la suite (4). Il aura donc la forme

$$(4\ bis) \qquad x - x_0 = (y - y_0)^{\frac{n}{m}}\left[(y - y_0)^{\frac{1}{m}}\right].$$

Des deux formules (4) et (4 *bis*), prenons celle où l'exposant mis en évidence n'est pas inférieur à l'unité. Admettons que ce soit, par exemple, la formule (4). *Sous cette hypothèse* $\frac{m}{n} \geqq 1$, *le nombre* $n$ *sera dit l'ordre du cycle*. Il est essentiel de rappeler la deuxième observation faite au n° 1; *les exposants, dans le développement* (4), *sont supposés réduits à leur plus petit commun dénominateur* $n$.

4. L'*ordre* d'un cycle, tel que nous venons de le définir, est indépendant du choix des coordonnées. C'est ce qui va être immédiatement prouvé.

Soient X, Y de nouvelles coordonnées, devenant $X_0, Y_0$ à

l'origine du cycle. Leur liaison avec les précédentes a la forme générale

$$X - X_0 = \frac{\alpha'(x - x_0) + \beta'(y - y_0)}{1 + \alpha(x - x_0) + \beta(y - y_0)},$$

$$Y - Y_0 = \frac{\alpha''(x - x_0) + \beta''(y - y_0)}{1 + \alpha(x - x_0) + \beta(y - y_0)}.$$

Substituant dans ces relations les expressions (3) et observant l'hypothèse $m \geqq n$, nous obtenons deux développements dont la forme est rappelée ainsi :

$$X - X_0 = t^n[t], \quad Y - Y_0 = t^n[t],$$

pourvu que $\alpha'$ et $\alpha''$ ne soient pas nuls. D'autre part, le cycle devant être susceptible, avec les coordonnées X, Y, d'une représentation analogue à (4), nous aurons cette représentation en éliminant $t$ entre les deux dernières égalités. Le résultat a cette forme

$$Y - Y_0 = (X - X_0)\left[(X - X_0)^{\frac{1}{n}}\right].$$

On peut seulement craindre qu'un choix particulier des coefficients $\alpha, \alpha', \ldots$ permette de réduire le nombre $n$ dans cette dernière formule. Mais il n'en est rien, car si le dénominateur commun aux exposants du développement ne peut s'élever par un changement de coordonnées, il ne peut non plus s'abaisser. La proposition énoncée est donc établie.

5. Par un choix convenable du rapport $\alpha'' : \beta''$ on fait disparaître le terme du degré $n$ dans le développement de $Y - Y_0$ suivant les puissances de $t$. Si, dans les formules initiales (3), $m$ est supérieur à $n$, le rapport $\alpha'' : \beta''$ devra être pris, pour ce but, égal à zéro. Le premier exposant de $Y - Y_0$ sera alors égal à $m$. Si, au contraire, $m$ est égal à $n$, alors, le rapport $\alpha'' : \beta''$ étant convenablement choisi, le premier exposant du développement de $Y - Y_0$ sera supérieur à $n$. Je désignerai dorénavant ce premier exposant par $n + \nu$; la droite, bien

déterminée, dont l'équation est $Y - Y_0 = 0$, sera dite la *tangente* du cycle. Le nombre $\nu$ sera dit la *classe*. Ainsi, en prenant pour origine des coordonnées ($x = y = 0$) l'origine d'un cycle, et pour axe des $x$ ($y = 0$) la tangente, on a pour ce cycle la représentation

$$y = x^{1+\frac{\nu}{n}}\left[x^{\frac{1}{n}}\right]$$

ou, sous une autre forme,

$$(5) \qquad x = t^n, \quad y = t^{n+\nu}[t].$$

Les nombres $n$, $\nu$ sont l'ordre et la classe du cycle.

6. Pour justifier l'introduction du nombre $\nu$ et le nom qui lui a été affecté, nous allons montrer que ce nombre $\nu$ correspond à l'ordre $n$, au point de vue de la dualité.

Mettons en évidence trois coordonnées homogènes en posant

$$x = \frac{X}{Z}, \quad y = \frac{Y}{Z}.$$

Prenons maintenant des coordonnées tangentielles homogènes, en faisant

$$X_1 = Y\,dZ - Z\,dY, \quad Y_1 = Z\,dX - X\,dZ, \quad Z_1 = X\,dY - Y\,dX.$$

Substituant les expressions (5), nous aurons

$$\begin{aligned} X_1 &= -Z^2\,dy &&= -Z^2 dt.t^{n+\nu-1}[t], \\ Y_1 &= Z^2\,dx &&= Z^2 dt.t^{n-1}, \\ Z_1 &= Z^2 x^2 d\left(\frac{y}{x}\right) &&= Z^2 dt.t^{2n+\nu-1}[t]. \end{aligned}$$

Prenons maintenant les rapports de deux de ces coordonnées à la troisième

$$\xi = \frac{X_1}{Y_1}, \quad \eta = \frac{Z_1}{Y_1},$$

et déduisons deux développements pour $\xi$ et $\eta$ :

$$\xi = t^\nu[t], \quad \eta = t^{n+\nu}[t].$$

Le développement de $\eta$ en $\xi$ se déduira de là et aura cette forme

$$\eta = \xi^{1+\frac{n}{\nu}}\left[\xi^{\frac{1}{\nu}}\right].$$

Ceci est l'équation d'un cycle d'ordre $\nu$ et de classe $n$, à moins toutefois que le dénominateur commun des exposants puisse être réduit à un diviseur de $\nu$. Mais, à cause de la dualité, cette réduction est impossible. Donc, dans le passage des coordonnées ponctuelles aux coordonnées tangentielles, l'ordre et la classe d'un même cycle s'échangent entre eux.

Si l'on complète ce résultat par l'examen des coordonnées, on peut l'énoncer ainsi : *Dans deux courbes corrélatives, à un cycle de l'une correspond un cycle de l'autre courbe. La tangente de chacun de ces cycles est corrélative de l'origine de l'autre cycle; l'ordre de chaque cycle est égal à la classe de l'autre.*

7. L'interprétation géométrique de l'ordre et de la classe, pour un cycle, se tire bien aisément du mode d'exposition employé. Revenons aux équations qui ont servi de point de départ

$$x - x_0 = t^n, \quad y - y_0 = a_1 t + a_2 t^2 + a_3 t^3 \ldots.$$

Si l'on prend pour variable indépendante $x - x_0$, à chaque valeur infiniment petite de cette variable répondent N déterminations infiniment petites pour $t$, et aussi pour $y - y_0$. Le nombre N, pour un même cycle, est susceptible de deux valeurs différentes : 1° si la droite $x = x_0$ n'est pas la tangente du cycle, alors $N = n$; 2° si $x = x_0$ est la tangente, alors $N = n + \nu$. De là cette proposition :

*Si une droite mobile est infiniment voisine de l'origine d'un cycle, il y a, parmi les intersections de la droite et de la courbe, des points infiniment voisins de cette origine et appartenant à ce cycle : leur nombre est l'ordre du cycle si la droite fait un angle fini avec la tangente; au con-*

*traire, il est égal à la somme de l'ordre et de la classe, si la droite diffère infiniment peu de la tangente.*

D'après la dualité, envisagée au n° 6, nous avons en même temps cette autre proposition :

*Si un point mobile est infiniment voisin de la tangente d'un cycle, il y a, parmi les tangentes menées du point à la courbe, des droites infiniment peu différentes de la tangente du cycle, et lui appartenant; leur nombre est la classe du cycle si le point est à distance finie de l'origine; au contraire, il est égal à la somme de l'ordre et de la classe si le point mobile est infiniment voisin de l'origine.*

Si l'on prend les positions limites de cette droite ou de ce point mobile, on a ces conséquences : *dans le nombre total des intersections d'une droite et d'une courbe, chaque point commun compte pour un nombre égal à la somme des ordres des cycles dont il est l'origine, augmentée de la somme des classes de ceux de ces cycles auxquels la droite est tangente.* Comme on sait, ce nombre total est indépendant de la droite envisagée : c'est le *degré* de la courbe.

*Dans le nombre total des tangentes à une courbe, issues d'un point, chaque tangente compte pour un nombre égal à la somme des classes des cycles auxquels elle appartient, augmentée de la somme des ordres de ceux de ces cycles dont le point considéré est l'origine.*

Ce nombre total, indépendant du point envisagé, est la *classe* de la courbe.

D'après l'avant-dernière proposition, la somme des ordres des cycles ayant une commune origine est ce qu'on appelle habituellement l'*ordre de multiplicité* de ce point sur la courbe. Ainsi un point est *multiple* ou *singulier* quand il est l'origine de plusieurs cycles, ou bien encore d'un seul cycle, d'ordre supérieur à l'unité. Un point non singulier est l'origine d'un seul cycle, dont l'ordre est égal à l'unité. Une dernière observation, presque superflue : ayant employé des coordonnées homogènes, nous n'avons pas à parler de points à l'infini. Ils sont compris dans l'exposé général qui précède.

8. Les deux nombres $n$, $\nu$ donnent immédiatement l'aspect graphique d'un cycle réel. En nous bornant au cas où l'origine n'est pas à l'infini, nous voyons par les équations (5) que la courbe traverse ou non l'axe des $y$ et l'axe des $x$, suivant que $n$ et $n+\nu$ sont impairs ou pairs. Par conséquent, les quatre cas que peut offrir un trait continu et sans jarret aux environs d'un point se rencontrent effectivement comme il suit :

1° $n$ et $\nu$ *impairs*. L'aspect est celui d'un point ordinaire. Une branche ordinaire correspond d'ailleurs au cas $n=\nu=1$. Cette forme est sa propre corrélative.

2° $n$ *impair* et $\nu$ *pair*. L'aspect est celui d'une inflexion. L'*inflexion proprement dite* ou *ordinaire* répond au cas $n=1$, $\nu=2$.

3° $n$ *pair* et $\nu$ *impair*. L'aspect est celui d'un rebroussement de première espèce. Le *rebroussement ordinaire* correspond à $n=2$, $\nu=1$ ; il est corrélatif de l'inflexion ordinaire.

Les formes 2 et 3 sont corrélatives l'une de l'autre.

4° $n$ et $\nu$ *pairs*. L'aspect est celui d'un rebroussement de deuxième espèce. Cette forme est sa propre corrélative.

9. Quand une courbe est donnée par son équation en coordonnées rectilignes, l'étude de chaque point singulier se fait naturellement par la recherche des développements de $y$ en $x$, suivant une méthode bien connue, qui remonte à Newton. Mais, dans les applications, les données revêtent des formes diverses dont il faut savoir tirer parti directement. Arrêtons-nous un instant sur l'étude des cycles d'après les expressions des coordonnées en fonction d'un paramètre.

Supposons que, pour des valeurs de $t$ à module limité, les coordonnées d'un point mobile soient données ainsi :

$$(6)\qquad x-x_0=t^n[t],\quad y-y_0=t^n[t].$$

Suivant la convention du n° 2, les égalités expriment simplement que $x$ et $y$ sont développables en série procédant à la manière de la série de Maclaurin. On a seulement mis en évidence les valeurs $x_0, y_0$ de $x, y$ pour $t = 0$, et le premier exposant de $t$ dans les développements. Cet exposant peut être supposé le même dans les deux développements sans restreindre la généralité.

Si l'on sait d'ailleurs que la courbe, lieu du point mobile, est algébrique, on pourra développer $y - y_0$ suivant les puissances de $x - x_0$. Ce développement pourra se tirer des précédents, et il aura la forme

$$y - y_0 = (x - x_0)\left[(x - x_0)^{\frac{1}{n}}\right].$$

On ne peut pas affirmer que cette égalité représente un cycle d'ordre $n$.

Il peut arriver, en effet, que le dénominateur commun des exposants, le plus petit possible, soit un diviseur de $n$. Soit $n_1$ ce dénominateur. La dernière égalité peut donc être réduite ainsi

$$y - y_0 = (x - x_0)\left[(x - x_0)^{\frac{1}{n_1}}\right].$$

Si l'on fait

$$x - x_0 = t_1^{n_1},$$

$t_1$ est un paramètre correspondant *uniformément* aux points du cycle; c'est-à-dire qu'à chaque point du cycle correspond *une seule* valeur de $t_1$, et en même temps à chaque valeur de $t_1$ correspond un seul point.

La comparaison des deux expressions de $x - x_0$ donne

$$t_1^{n_1} = t^n[t].$$

D'ailleurs $n_1$ est un diviseur de $n$; soit donc $n = \rho\, n_1$. On tirera de là successivement

$$t_1 = t^\rho[t], \quad t = t_1^{\frac{1}{\rho}}\left[t_1^{\frac{1}{\rho}}\right].$$

On voit par là qu'à chaque valeur de $t_1$ correspondent

$\rho$ valeurs de $t$. Ainsi la variable $t$ ne correspond pas uniformément aux points du cycle, dès que $\rho$ n'est pas l'unité. A chaque valeur de $t$ correspond un point, mais à chaque point du cycle correspondent $\rho$ valeurs de $t$.

En résumé : *Si les développements* (6) *conviennent à une courbe algébrique, et qu'à chaque point représenté par ces développements correspondent des valeurs de $t$ en nombre* $\rho$ :

1° *Ce nombre $\rho$ est un diviseur de $n$* ;

2° *Les développements* (6) *représentent un cycle dont l'ordre est* $\frac{n}{\rho}$.

Ce n'est pas, d'ordinaire, sur les développements (6) eux-mêmes que le nombre $\rho$ sera reconnaissable ; mais, le plus souvent, il sera connu d'avance par la nature du problème. C'est ainsi que déjà dans deux cas, aux n$^{os}$ 4 et 6, nous avons rencontré des exemples où il est certain d'avance qu'on a $\rho = 1$. Dans ces deux cas, d'ailleurs, la question même nous a fourni le moyen d'éviter la considération de ce nombre.

Toutes les fois donc qu'un cycle nous sera donné par les développements de deux coordonnées en fonction d'un paramètre $t$, le nombre $\rho$ étant connu d'avance, nous aurons l'ordre de ce cycle en écrivant les développements sous la forme (6), c'est-à-dire en cherchant le premier exposant de $t$. Nous aurons la classe d'une manière analogue.

Comme il peut arriver que les développements contiennent des termes à exposants négatifs, il conviendra d'envisager le changement de coordonnées le plus général. Voici, en résumé, ce qu'on peut dire : *Les trois coordonnées homogènes du point mobile étant développées suivant les puissances à exposants entiers et croissants d'un même paramètre, on cherchera trois combinaisons linéaires et homogènes* X, Y, Z *de ces coordonnées de telle sorte que les développements de* X, Y, Z *commencent par des termes à exposants, tous les* *trois différents. Soient alors $a$, $b$, $c$ ces trois exposants dans l'ordre croissant : l'ordre du cycle est $\frac{b-a}{\rho}$, et sa classe est $\frac{c-b}{\rho}$. La lettre $\rho$ indique le nombre des valeurs du paramètre qui correspondent à chaque point du cycle.* Cet énoncé est effectivement conforme à ce qui précède ; car, d'après les hypothèses, on aura, X, Y, Z étant supposés correspondre à $a$, $b$, $c$ respectivement,

$$\frac{Y}{X} = t^{b-a}[t], \quad \frac{Z}{X} = t^{c-a}[t],$$

$$\frac{Z}{X} = \left(\frac{Y}{X}\right)^{1+\frac{\nu}{n}}\left[\left(\frac{Y}{X}\right)^{\frac{1}{n}}\right], \quad n = \frac{b-a}{\rho}, \quad \nu = \frac{c-a}{\rho}.$$

**10.** Nous allons appliquer les notions précédentes à l'étude des points singuliers en coordonnées polaires. Les lettres $r$, $\theta$ désigneront le rayon vecteur et l'angle polaire ; il y aura avantage, pour cette étude, à considérer, en même temps que $\theta$, la variable $\lambda$ ci-après :

$$\lambda = e^{i\theta} = \cos\theta + i\sin\theta.$$

Les droites *isotropes*, c'est-à-dire les asymptotes de cercles, sont celles dont la direction est définie par $\lambda = 0$ ou $\lambda = \infty$.

Une courbe algébrique est définie par une équation algébrique entre $r$ et $\lambda$. Mais il faut observer qu'à un même point du plan correspondent les deux systèmes $(r, \theta)$ et $(-r, \theta+\pi)$, ou, ce qui revient au même, $(r, \lambda)$ et $(-r, -\lambda)$. A cause de cette circonstance, les équations en coordonnées polaires se partagent en deux catégories : dans la première nous rangerons les équations qui, mises sous forme entière par rapport à $r$, et irréductibles, sont changées par le changement de $r$, $\lambda$ en $-r$, $-\lambda$. Tel est le cas pour l'équation d'une conique, l'origine étant un foyer. Sur une telle courbe, à chaque point correspond un seul système $(r, \lambda)$. Dans la seconde catégorie se placeront les équations qui ne peuvent être mises sous forme entière sans jouir de la propriété de rester inaltérées par le changement de $r, \lambda$ en $-r, -\lambda$. C'est le cas le plus ordinaire.

11. Soit déduit de l'équation polaire, pour $\theta$ voisin de $\theta_0$, un cycle de déterminations de la variable $r$. Désignons par N le dénominateur commun aux exposants de $(\theta - \theta_0)$ dans le développement de $r$. En faisant $\theta - \theta_0 = t^N$, et substituant le développement de $r$ en $t$ dans

$$x = r \cos\theta, \quad y = r \sin\theta,$$

on aura $x$ et $y$ développés suivant les puissances de $t$, comme il a été supposé au n° 9. Pour appliquer le procédé expliqué dans ce n° 9, il suffira donc de connaître le nombre $\rho$.

Quand $\theta_0$ est déterminé, c'est-à-dire quand $\lambda_0$ n'est ni nul ni infini, le nombre $\rho$ est l'unité. Effectivement, pour les équations de la seconde catégorie, les deux couples $(r, \lambda)$ et $(-r, -\lambda)$ qui correspondent à un même point ne peuvent appartenir à un même cycle, puisque les valeurs origines sont différentes, au moins pour $\lambda$, à savoir $\lambda_0$ et $-\lambda_0$.

C'est donc seulement pour $\lambda$ infiniment petit ou infiniment grand que $\rho$ peut différer de l'unité; et ceci ne peut avoir lieu évidemment que pour les équations de la seconde catégorie. Nous placerons l'examen de ce cas plus loin, et raisonnerons d'abord sur les équations de la première catégorie.

12. Nous examinerons d'abord les cycles correspondant à des valeurs déterminées de $\theta_0$, et, pour éviter une transformation évidente, nous prendrons immédiatement les deux coordonnées

$$x = r\cos(\theta - \theta_0), \quad y = r\sin(\theta - \theta_0).$$

Il y a plusieurs cas à distinguer. La discussion gagne en simplicité si l'on considère, au lieu de $r$, son inverse.

I. Le développement de $\frac{1}{r}$ ne contient pas de terme à exposant négatif, et le premier exposant fractionnaire, s'il en existe, est supérieur à l'unité :

$$\frac{1}{r} = A + B(\theta - \theta_0)\ldots.$$

Nous adjoindrons, pour ce cas, à $x$ et $y$, la troisième coordonnée $z$ suivante :

$$z = \left(\frac{1}{r}\right)_0 x + \left(\frac{1}{r}\right)'_0 y - 1.$$

D'après les hypothèses, $\left(\frac{1}{r}\right)_0$ et $\left(\frac{1}{r}\right)'_0$ ne sont pas infinies; ce sont précisément les coefficients A et B, qui d'ailleurs peuvent être nuls. Les trois droites $x = 0, y = 0, z = 0$ ne sont donc pas concourantes, et l'on peut envisager $x, y, z$ comme des coordonnées homogènes.

En écrivant

$$\frac{z}{r} = \left(\frac{1}{r}\right)_0 \cos(\theta - \theta_0) + \left(\frac{1}{r}\right)'_0 \sin(\theta - \theta_0) - \frac{1}{r},$$

et substituant le développement de $\frac{1}{r}$, on voit que le développement de $\frac{z}{r}$ commence par un terme de degré supérieur à l'unité. Soit $1 + \frac{a}{b}$ le degré de ce terme, $b$ étant d'ailleurs le dénominateur commun des exposants dans le développement de $\frac{1}{r}$. Nous aurons

$$\theta - \theta_0 = t^b,$$

$$\frac{x}{r} = [t], \quad \frac{y}{r} = t^b[t], \quad \frac{z}{r} = t^{a+b}[t]$$

Donc, sur la courbe, nous avons un cycle dont l'origine est $y = 0$, $z = 0$; la tangente $z = 0$; l'ordre $b$, la classe $a$.

On voit par là que l'origine du cycle est à l'infini quand $\left(\frac{1}{r}\right)_0$ est nul, et que sa tangente est aussi à l'infini quand, en outre, $\left(\frac{1}{r}\right)'_0$ est nul aussi. Dans les autres cas, l'origine du cycle est à distance finie, et la tangente ne passe pas au point $x=y=0$.

II. Le développement de $\frac{1}{r}$ ne contient pas de terme à exposant négatif; mais le premier exposant fractionnaire est inférieur à l'unité :

$$(7) \qquad \frac{1}{r}=A+B(\theta-\theta_0)^{\frac{a}{b}}\ldots, \qquad a<b.$$

La lettre $b$ désigne d'ailleurs le dénominateur commun des exposants.

En prenant la troisième coordonnée,

$$z=\left(\frac{1}{r}\right)_0 x-1,$$

nous aurons

$$\theta-\theta_0=t^b,$$

$$\frac{x}{r}=[t], \quad \frac{z}{r}=t^a[t], \quad \frac{y}{r}=t^b[t].$$

Le cycle a pour tangente la droite $y=0$, pour ordre $a$, pour classe $b-a$. Son origine est à distance finie si A n'est pas nul, à l'infini si A est nul.

III. Le développement de $\frac{1}{r}$ commence par un terme à exposant négatif.

$$\frac{1}{r}=A(\theta-\theta_0)^{-\frac{a}{b}}+\ldots, \qquad \theta-\theta_0=t^b,$$

$$x=t^a[t], \quad y=t^{a+b}[t].$$

L'origine du cycle est $x=y=0$; la tangente $y=0$; l'ordre $a$, la classe $b$.

13. Examinons maintenant les cycles qui répondent aux directions isotropes. Supposant qu'il s'agisse de courbes réelles, nous nous bornerons à considérer l'une des directions, l'autre donnant des cycles conjugués. Nous prendrons donc seulement $\lambda$ infiniment petit.

Les coordonnées appropriées sont

$$x_1 = x - iy = \frac{r}{\lambda},$$
$$y_1 = x + iy = r\lambda.$$

IV. Le développement de $r$ suivant les puissances croissantes de $\lambda$ commence par un terme dont le degré n'est ni 1, ni $-1$.

Soit $b$ le plus petit dénominateur commun des exposants dans le développement de $r$; nous aurons

$$r = A\lambda^{\frac{a}{b}} + \ldots, \qquad a \gtrless \pm b.$$
$$\lambda = t^b, \quad x_1 = t^{a-b}[t], \quad y_1 = t^{a+b}[t].$$

D'après l'hypothèse, aucun des deux exposants $a - b$, $a + b$ n'est nul.

En complétant par la troisième coordonnée $z = 1$, nous aurons trois résultats différents suivant les grandeurs de $a$, $b$. Le nombre $b$ est pris positivement; $a$ est positif ou négatif.

(1) $a - b > 0$. Origine $x_1 = y_1 = 0$; tangente $y_1 = 0$; ordre $a - b$, classe $2b$.

(2) $-b < a < b$. Origine à l'infini; tangente $y_1 = 0$; ordre $b - a$, classe $b + a$.

(3) $a < -b$. Tangente à l'infini; origine sur $y_1 = 0$; ordre $2b$; classe $-(b + a)$.

V. Le développement de $r$ commence par un terme de degré $-1$.

$$r = A\lambda^{-1} + B\lambda^{-1+\frac{a}{b}} + \ldots,$$
$$\lambda = t^b, \quad x_1 = t^{-2b}[t], \quad y_1 - A = t^a[t].$$

Origine à l'infini; tangente $y_1 = A$; ordre $2b$, classe $a$.

VI. Le développement de $r$ commence par un terme du premier degré, et le terme suivant est de degré moindre que 3.

$$r = A\lambda + B\lambda^{1+\frac{a}{b}} + \ldots, \quad a < 2b,$$

$$\lambda = t^b, \quad x_1 - A = t^a[t], \quad y_1 = t^{2b}[t].$$

Origine à distance finie; tangente $y_1 = 0$, ordre $a$, classe $2b - a$.

VII. Le développement de $r$ commence par un terme du premier degré, et le terme suivant est de degré au moins égal à 3 :

$$r = A\lambda + B\lambda^3 + \ldots,$$

le coefficient B pouvant d'ailleurs manquer.

Envisageons la combinaison

$$Br\lambda - A\left(\frac{r}{\lambda} - A\right) = C\lambda^{2+\frac{a}{b}} + \ldots,$$

dont le premier terme est de degré supérieur à 2. On aura

$$\lambda = t^b, \quad y_1 = t^{2b}[t], \quad By_1 - A(x_1 - A) = t^{2b+a}[t].$$

Origine à distance finie; tangente $By_1 = A(x_1 - A)$; ordre $2b$, classe $a$.

**14.** Ayant passé en revue tous les cas, nous pouvons en tirer des conséquences. La première sera le *calcul du degré et de la classe d'une courbe définie en coordonnées polaires*.

Les lettres $\alpha$ et $\beta$, affectées d'accents, représenteront les sommes de nombres $a$ ou $b$ pour les divers cycles distingués par les chiffres romains correspondant à ces accents Par exemple, $\beta'' - \alpha''$ désigne la somme de tous les nombres tels que $b - a$ pour les divers cycles II, en d'autres termes pour tous les développements, de la forme (7), tirés de l'équation entre $r$ et $\theta$.

Calcul de la classe. — Appliquons la dernière proposition du n° 7, en considérant les diverses tangentes issues du point $x = y = 0$.

Les cycles I n'en fournissent aucune;

Les cycles II en fournissent $\beta'' - \alpha''$, nombre égal à la somme des classes, puisque le point considéré n'est pas l'origine de ces cycles;

Les cycles III en fournissent $\beta''' + \alpha'''$, nombre égal à la somme des ordres et des classes, le point considéré étant l'origine de ces cycles.

Nous avons ensuite, en tenant compte de chaque cycle IV, V, VI et de son conjugué, les nombres suivants :

$$2\,(\beta_1^{\text{IV}} + \alpha_1^{\text{IV}} + \beta_2^{\text{IV}} + \alpha_2^{\text{IV}}),$$
$$2\,\alpha^{\text{V}},\ 4\,\beta^{\text{VI}} - 2\,\alpha^{\text{VI}}.$$

Ainsi, la classe de la courbe étant désignée par $\mu$, on a

$$(8)\quad \mu = \beta'' - \alpha'' + \beta''' + \alpha''' + 2\,[\beta_1^{\text{IV}} + \alpha_1^{\text{IV}} + \beta_2^{\text{IV}} + \alpha_2^{\text{IV}} + \alpha^{\text{V}} + 2\,\beta^{\text{VI}} - \alpha^{\text{VI}}].$$

Calcul du degré. — Nous pouvons le faire de deux manières :

1° En prenant le nombre total des points de la courbe sur une droite arbitraire menée par l'origine. Les points variables avec cette droite ont pour nombre le double du degré, par rapport à $r$, de l'équation de la courbe, mise sous forme entière par rapport à $r$ et à $\lambda$. Désignons par $d$ ce degré. Les points fixes sont à l'origine des coordonnées; leur nombre est (n° 7) la somme des ordres des cycles ayant cette origine. Soit donc $m$ le degré de la courbe, on aura

$$(9)\qquad m = 2\,d + \alpha''' + 2\,\alpha_1^{\text{IV}} - 2\,\beta_1^{\text{IV}}$$

2° Nous pouvons évaluer le degré en prenant les intersections avec la droite isotrope $y_1 = 0$. Ceci nous conduit à la formule

$$(9\ bis)\quad m = \alpha''' + 2\,\alpha_1^{\text{IV}} + 2\,\beta_2^{\text{IV}} + 2\,\beta_3^{\text{IV}} + 2\,\beta^{\text{V}} + 2\,\beta^{\text{VI}} + 2\,\beta^{\text{VII}}.$$

On remarquera que les formules (8) et (9 *bis*) n'exigent pas la connaissance du nombre $d$.

15. L'analyse qui précède se rapporte aux courbes appartenant à la seconde catégorie (n$^{os}$ 10 et 11). Examinons maintenant les modifications pour les courbes de la première catégorie. Les résultats du n° 12 s'appliquent encore sans modification. Mais il faut observer qu'à chaque cycle de la courbe correspondent deux cycles différents pour $r$, $\theta$. Par conséquent, dans les formules (8), (9) et (9 *bis*), les nombres affectés des doubles ou triples accents doivent être divisés par 2.

Pour chaque cycle répondant à $\lambda$ infiniment petit ou infiniment grand, deux cas peuvent se présenter : ou bien deux cycles $(r, \lambda)$ différents correspondent encore à un seul cycle de la courbe ; alors, dans les formules, les nombres correspondants doivent être divisés par 2 ; ou bien un seul cycle $(r, \lambda)$ contient à la fois $r, \lambda$ et $-r, -\lambda$. En ce cas, le nombre $\rho$ (n° 9) est égal à 2. Les nombres $\alpha, \beta$ correspondants doivent donc être encore divisés par 2. Enfin le nombre des points de la courbe, mobiles sur une sécante variable issue de l'origine, n'est plus $2d$, mais seulement $d$. Donc enfin, *pour les courbes de la première catégorie, les formules* (8), (9), (9 *bis*) *donnent le double de la classe et le double du degré.*

16. Exemple 1.

$$\frac{1}{r} = \cos\frac{p}{q}\theta.$$

Les nombres entiers $p$, $q$ sont premiers entre eux ; l'un au moins diffère de 1. Voyons d'abord si cette équation appartient à la première ou à la seconde catégorie. Pour un angle $\theta$ les diverses valeurs de $r$ répondent aux diverses déterminations de $\cos\frac{p}{q}(\theta + 2k\pi)$. L'équation appartiendra à la seconde catégorie si, quel que soit $\theta$, un de ces cosinus est égal et de signe contraire à $\cos\frac{p}{q}(\theta+\pi)$. On devra donc avoir

$$\frac{p}{q}(\theta+\pi)+(2h+1)\pi=\frac{p}{q}(\theta+2k\pi),$$

c'est-à-dire

$$(2k-1)p=(2h+1)q.$$

Par conséquent, $p$ et $q$, qui sont premiers entre eux, doivent être tous deux impairs. Ainsi *l'équation est de la première catégorie si l'un des nombres $p$, $q$ est pair ; de la seconde, dans le cas opposé.*

Le nombre $d$ est manifestement égal à $q$.

Aux valeurs déterminées de $\theta_0$ ne répondent que des cycles I.

Les cycles répondant à $\lambda$ infiniment petit sont donnés ainsi :

$$\frac{r}{2}=\left(\lambda^{-\frac{p}{q}}+\lambda^{\frac{p}{q}}\right)^{-1}=\lambda^{\frac{p}{q}}-\lambda^{\frac{3p}{q}}+\lambda^{\frac{5p}{q}}\cdots.$$

Ils appartiennent à la catégorie IV (1) si $p>q$ ; à la catégorie IV (2) si $p<q$. En posant $\lambda=t^q$ et prenant $r\lambda$, au lieu de $r$, on a

$$\frac{r\lambda}{2}=t^{p+q}-t^{3p+q}+t^{5p+q}\cdots.$$

Si $p$ et $q$ sont tous deux impairs, ce développement donne une même valeur de $r\lambda$ pour deux valeurs égales et opposées de $t$. Ainsi, quand l'équation est de la seconde catégorie, le nombre $\rho$ relatif au cycle considéré est égal à 2.

En appliquant les formules (8), (9) et (9 *bis*), les deux dernières donnant ensemble une vérification, on a ce résultat :

Si $p$ ou $q$ est pair, la classe de la courbe est $2(p+q)$; son degré est le plus grand des deux nombres $2p$ ou $2q$. Si $p$ et $q$ sont tous deux impairs, le degré et la classe sont réduits de moitié.

EXEMPLE 2.

$$r = \sum (A_s \cos s\theta + B_s \sin s\theta).$$

Les divers nombres $s$ sont supposés commensurables. En les réduisant à leur *plus petit commun dénominateur* $q$, et posant $\theta = q\omega$, on mettra l'expression de $r$ sous la forme $r = A\cos p\omega + B\sin p\omega + A'\cos p'\omega + B'\sin p'\omega + \ldots = f(\omega)$, où $p, p', \ldots$ sont entiers et positifs. La lettre $p$ désignera le plus grand de ces nombres.

Le raisonnement employé dans le précédent exemple s'applique encore ici pour reconnaître la catégorie à laquelle appartient l'équation. Ce sera la seconde catégorie si l'on peut avoir en même temps

$$(2k-1)p = (2h+1)q, \quad (2k-1)p' = (2h'+1)q, \quad \ldots,$$

et ceci a lieu seulement quand tous les nombres $q, p, p', \ldots$ sont impairs. On a aussi $d = q$.

Pour des valeurs déterminées de $\theta_0$, nous avons des cycles I ou III. Ces derniers interviennent seuls dans les formules que nous appliquons. Ils correspondent aux racines de $f(\omega) = 0$, dont la somme des ordres de multiplicité est égale à $2p$. Pour chacune de ces racines, le nombre désigné par $b$ est l'unité, et le nombre désigné par $a$ est l'ordre de multiplicité. Ces racines sont, bien entendu, prises à des multiples près de $2\pi$. La caractéristique $\beta'''$ sera égale au nombre de ces racines. Pour qu'il n'y ait aucun doute à cet égard, nous appellerons N le nombre des racines, distinctes entre elles et différentes de zéro, que possède l'équation

$$A\left(x^p + \frac{1}{x^p}\right) + Bi\left(x^p - \frac{1}{x^p}\right) + A'\left(x^{p'} + \frac{1}{x^{p'}}\right) + Bi\left(x^{p'} - \frac{1}{x^{p'}}\right) + \ldots = 0.$$

Nous aurons ainsi $\beta''' = N$, $\alpha''' = 2p$. Le nombre N, on le voit aisément, est toujours pair quand les coefficients sont réels.

En remplaçant $\cos p\omega$, $\sin p\omega$, ... par leurs expressions en $\lambda$, nous avons le développement de $r$ suivant les puissances croissantes de $\lambda$, sous la forme

$$r = \lambda^{-\frac{p}{q}}\left[\lambda^{\frac{1}{q}}\right].$$

C'est un cycle IV dans lequel $\alpha = -p$, $\beta = q$, si toutefois $p$ et $q$ sont inégaux. Pour $p < q$, c'est le cas IV (2); pour $p > q$, c'est le cas IV (3). Enfin, pour $p = q$, nous avons un cycle V : le nombre $a$ n'est pas mis en évidence, mais le nombre $b$ est toujours égal à $q$.

Appliquant les formules (8), (9), (9 *bis*), nous trouvons pour ces divers cas le résultat qui suit : la classe de la courbe est le plus grand des deux nombres $2p + N$ ou $2q + N$; son degré est $2(p+q)$. La classe et le degré se réduisent de moitié si tous les nombres $q, p, p', \ldots$ sont impairs.

Dans cet exemple encore, au cas où l'équation est de la seconde catégorie, le nombre $\rho$ est égal à 2 pour les cycles répondant à $\lambda$ infiniment petit.

Exemple 3.

$$r^k = \cos k\theta.$$

Le nombre $k$ est commensurable, positif ou négatif. S'il est positif, nous poserons $k = \frac{q}{s}$; s'il est négatif, $k = -\frac{q}{s}$, $q$ et $s$ étant premiers entre eux.

Soit d'abord $k = \frac{q}{s}$. En écrivant l'équation sous la forme

$$r = \frac{1}{\lambda}\left(\frac{1+\lambda^{\frac{2q}{s}}}{2}\right)^{\frac{s}{q}},$$

on aperçoit immédiatement qu'elle est de seconde catégorie dans le cas seulement où $s$ est impair. Pour abréger, traitons à la fois les deux cas en désignant par $\varepsilon$ le nombre 1 ou 2 suivant que $s$ est pair ou impair.

Les cycles I correspondent aux valeurs de $\theta_0$ qui n'annulent pas $\cos k\theta_0$. Il n'y a pas de cycles II. Les cycles III répondent à $\cos k\theta_0 = 0$. On les obtient donc en faisant $1 + \lambda^{\frac{2q}{s}} = 0$, ce qui donne, pour $\alpha$, $2q$ valeurs si $s$ est impair, $q$ seulement si $s$ est pair. D'après notre convention, ces valeurs de $\lambda$ sont en nombre $\varepsilon q$. Pour chacune d'elles, on a un cycle III, dans lequel $a = s$, $b = q$. Donc $\alpha''' = \varepsilon qs$, $\beta''' = \varepsilon q^2$.

Pour $\lambda$ infiniment petit, nous avons des cycles V, dont chacun répond à une détermination différente de la puissance $\frac{s}{q}$ du binôme $\left(1 + \lambda^{\frac{2q}{s}}\right)$. Le nombre de ces cycles est donc $q$. On a d'ailleurs, pour chacun d'eux, $a = 2q$, $b = s$ si $s$ est impair; $a = q$, $b = \frac{s}{2}$ si $s$ est pair. C'est ce qu'on exprime à la fois ainsi : $a = \varepsilon q$, $b = \varepsilon \frac{s}{2}$. Nous avons donc

$$\alpha^{\text{v}} = \varepsilon q^2, \quad \beta^{\text{v}} = \tfrac{1}{2}\varepsilon qs.$$

Les formules (8) et (9 *bis*), où nous remplacerons, conformément à la conclusion du n° 15, $\mu$ et $m$ par $\varepsilon\mu$ et $\varepsilon m$, nous donnent

$$\varepsilon\mu = \varepsilon q^2 + \varepsilon qs, \quad \varepsilon m = \varepsilon qs + \varepsilon qs.$$

On voit que $\varepsilon$ disparaît et que le résultat est simplement celui-ci : *Quand le nombre $k$ est positif et égal à la fraction irréductible $\frac{q}{s}$, le degré de la courbe est $2qs$, sa classe $q(q+s)$.*

Soit, en second lieu, $k = -\frac{q}{s}$. La distinction des deux catégories se fait, comme précédemment, par la parité de $s$. Les racines de $\cos k\theta$ donnent ici des cycles I ou II suivant que $\frac{s}{q}$ est plus grand ou plus petit que l'unité. En raisonnant comme dans le cas précédent, nous trouvons $\alpha'' = \varepsilon qs$, $\beta'' = \varepsilon q^2$ pour $s < q$. Au contraire, pour $s > q$, les cycles II n'existent pas.

Suivant les puissances croissantes de $\lambda$, on a

$$r = \lambda\left(\frac{1+\lambda^{\frac{2q}{s}}}{2}\right)^{-\frac{s}{q}} = 2^{\frac{s}{q}}\left(\lambda - \frac{s}{q}\lambda^{1+\frac{2q}{s}} + \ldots\right).$$

Les cycles appartiennent à la catégorie VI ou VII suivant que $q$ est inférieur ou supérieur à $s$.

$$q < s, \quad a = \varepsilon q, \quad b = \tfrac{1}{2}\varepsilon s, \quad \alpha^{\text{VI}} = \varepsilon q^2, \quad \beta^{\text{VI}} = \tfrac{1}{2}\varepsilon qs.$$

$$q > s, \quad a = \varepsilon(q - \tfrac{1}{2}s), \quad b = \tfrac{1}{2}\varepsilon s, \quad \alpha^{\text{VII}} = \varepsilon q(q - \tfrac{1}{2}s), \quad \beta^{\text{VII}} = \tfrac{1}{2}\varepsilon qs.$$

C'est aussi pour $q > s$ que nous venons de trouver

$$\alpha'' = \varepsilon qs, \quad \beta'' = \varepsilon q^2.$$

Nous avons ainsi

$$\text{Pour } q > s \left\{ \begin{aligned} \varepsilon\mu &= \varepsilon q^2 - \varepsilon qs, \\ \varepsilon m &= \varepsilon qs, \end{aligned} \right.$$

$$\text{Pour } q < s \left\{ \begin{aligned} \varepsilon\mu &= 2(\varepsilon qs - \varepsilon q^2), \\ \varepsilon m &= \varepsilon qs. \end{aligned} \right.$$

*Par conséquent, le nombre $k$ étant négatif et égal à la fraction irréductible $-\frac{q}{s}$, le degré de la courbe est $qs$; sa classe est $q(q-s)$ ou $2q(s-q)$, suivant que $q$ est supérieur ou inférieur à $s$* (¹).

Cet exemple donne lieu à une vérification fort intéressante. Par rapport à un cercle de rayon 1, concentrique à l'origine, la courbe proposée a pour polaire réciproque une courbe de même équation, sauf changement de $k$ en $k'$ :

$$\frac{1}{k} + \frac{1}{k'} + 1 = 0.$$

---

(¹) En écrivant l'équation sous la forme $r^{-k}\cos k\theta = 1$, on passe aux coordonnées rectangulaires ainsi : $(x+iy)^{-k} + (x-iy)^{-k} = 2$. Suivant une dénomination empruntée à M. de la Gournerie, la courbe est *triangulaire symétrique*. Les résultats ci-dessus s'accordent avec ceux qu'a établis, d'une autre manière, M. de la Gournerie, dans l'ouvrage intitulé *Sur les surfaces réglées tétraédrales symétriques*.

La connaissance du degré entraîne donc immédiatement celle de la classe. En faisant le calcul par ce moyen, on retrouve les résultats ci-dessus.

17. Soit $m$ un point quelconque d'une courbe C, et soit $mm_1$ la tangente de C au point $m$. En un point fixe O, on élève la perpendiculaire $Om_1$ au rayon vecteur $Om$, et l'on prend le point d'intersection de $Om_1$ avec la tangente $mm_1$. Ce point $m_1$ engendre une courbe $C_1$, que nous appellerons la *tangentielle* de C, relative au point O.

Nous allons, comme seconde conséquence de l'étude faite aux $n^{os}$ 12 et 13, conclure les singularités de $C_1$, connaissant celles de la courbe C. En appelant $r_1$ et $\theta_1$ les coordonnées polaires de $m_1$ par rapport à O, $r$ et $\theta$ étant celles de $m$, on a

$$(10) \qquad \theta_1 = \theta + \frac{\pi}{2}, \quad \frac{1}{r_1} = \frac{d\left(\frac{1}{r}\right)}{d\theta}.$$

Ainsi, sauf une rotation de 90°, la courbe $C_1$ se déduit de C par le changement de $\frac{1}{r}$ en sa dérivée.

Examinons successivement les diverses catégories de cycles qui peuvent exister sur C, pour en conclure les cycles correspondants sur $C_1$.

Parmi les cycles I, ceux dans lesquels le développement de $\frac{1}{r}$ ne contient aucun exposant fractionnaire donnent lieu pour $\frac{1}{r_1}$ à des cycles I présentant le même caractère. C'est notamment ce qui a lieu pour les valeurs tout à fait arbitraires de $\theta_0$.

En second lieu, ceux des cycles I, où le premier exposant fractionnaire est supérieur à 2, donnent, pour $C_1$, encore des cycles I.

Enfin ceux où le premier exposant est inférieur à 2 donnent, pour $C_1$, des cycles II. Soit $1+\frac{a_1}{b_1}$ un quelconque de ces exposants. Conformément aux notations précédemment employées, nous poserons $\alpha_1 = \Sigma a_1$, $\beta_1 = \Sigma b_1$.

Il y a ainsi, pour $C_1$, de nouveaux cycles II, pour lesquels les éléments analogues à $\alpha''$ et $\beta''$ sont $\alpha'_1$ et $\beta'_1$.

Les cycles II de C donnent, pour $C_1$, des cycles III, dont les éléments analogues à $\alpha'''$ et $\beta'''$ sont $\beta''-\alpha''$ et $\beta''$.

Les cycles III de C conservent leur caractère pour $C_1$ ; mais les éléments sont $\alpha'''+\beta'''$ et $\beta'''$.

Les deux caractéristiques totales des cycles III de $C_1$ sont donc $\alpha'''+\beta'''+\beta''-\alpha''$ et $\beta'''+\beta''$.

Pour l'étude des cycles qui répondent à $\lambda$ infiniment petit, transformons la formule (10) en celle-ci :

$$\frac{1}{r_1} = i\lambda \frac{d\left(\frac{1}{r}\right)}{d\lambda}.$$

Si $\frac{1}{r}$ est développé suivant les puissances croissantes de $\lambda$, on en déduira le développement de $\frac{1}{r_1}$ au moyen de cette formule. Il est visible que les coefficients seuls sont modifiés, les exposants restent inaltérés. Il n'y a d'exception que pour le terme indépendant de $\lambda$, s'il existe : ce terme disparaît dans le développement de $\frac{1}{r_1}$. D'après cette remarque, nous concluons immédiatement que les cycles IV (1), IV (3), V et VII, relativement à $r$, donnent lieu respectivement à des cycles de même catégorie relativement à $r_1$. En outre, pour les trois premiers cas, on aperçoit de suite que les nombres caractéristiques se conservent. Pour le cas des cycles VII, le même fait a lieu, comme nous allons le prouver.

Les nombres caractéristiques des cycles VII ont été définis ainsi : ayant

$$r = A\lambda + B\lambda^3 + \ldots,$$

on forme la combinaison

$$Br\lambda - A\left(\frac{r}{\lambda} - A\right) = C\lambda^{2+\frac{a}{b}} + \ldots,$$

dont le développement commence par un terme de degré supérieur à 2. Soit $2 + \frac{a}{b}$ cet exposant; on a par là le nombre $a$, $b$ étant déjà connu. Ceci revient à dire que les trois premiers termes du développement de $\frac{1}{r}$ sont les suivants :

$$\frac{1}{r} = -\frac{1}{A\lambda} + \frac{B}{A^2}\lambda + \frac{C}{A^3}\lambda^{1+\frac{a}{b}} + \ldots;$$

on en conclut immédiatement

$$\frac{1}{ir_1} = \frac{1}{A\lambda} + \frac{B}{A^2}\lambda + \left(1 + \frac{a}{b}\right)\frac{C}{A^3}\lambda^{1+\frac{a}{b}} + \ldots;$$

d'où la preuve du résultat annoncé.

Nous avons mis à part les cycles IV (2) et les cycles VI. Les premiers se conservent, avec leurs caractéristiques, sauf au cas $a = 0$. Dans ce cas spécial, envisageons le second terme du développement de $r$ :

$$r = A + B\lambda^{\frac{c}{b}} + \ldots;$$

on en conclura

$$\frac{1}{r} = \frac{1}{A} - \frac{B}{A^2}\lambda^{\frac{c}{b}} + \ldots$$

$$\frac{1}{ir_1} = -\frac{c}{b}\frac{B}{A^2}\lambda^{\frac{c}{b}} + \ldots,$$

$$r_1 = \frac{ib}{c}\frac{A^2}{B}\lambda^{-\frac{c}{b}} + \ldots.$$

De là, pour $r_1$, un cycle qui appartient à la catégorie IV (3) si $c > b$, à la catégorie V si $c = b$, à la catégorie IV(2) si $c < b$. Mais, en ce dernier cas, le premier exposant de $r_1$, pour ce nouveau cycle IV (2), n'est pas nul. Nous désignerons par $\gamma$ la somme des nombres, tels que $c$, relatifs aux divers cycles IV (2), pour chacun desquels : 1° $a$ est nul, 2° $c$ est inférieur à $b$. On voit que, dans le passage de C à $C_1$, la caractéristique $\alpha_2^{\text{IV}}$ se change en $\alpha_2^{\text{IV}} - \gamma$. Quant aux deux autres cas $c > b$, ils n'interviendront pas dans l'application que nous ferons des formules (8), (9), (9 *bis*) à la courbe $C_1$; effectivement les cycles IV (2), IV (3), et V n'y figurent que par leurs caractéristiques $\beta$, et cette dernière se conserve ici.

Les cycles VI sont caractérisés par le développement

$$r = A\lambda + B\lambda^{1+\frac{a}{b}} + \ldots \quad (a < 2b);$$

on en tire

$$\frac{1}{r} = -\frac{1}{A\lambda} - \frac{B}{A^2}\lambda^{-1+\frac{a}{b}} + \ldots,$$

$$\frac{1}{ir_1} = -\frac{1}{A\lambda} + \left(1 - \frac{a}{b}\right)\frac{B}{A^2}\lambda^{-1+\frac{a}{b}} + \ldots.$$

Le cycle se conserve donc, avec ses caractéristiques, sauf au cas $a = b$. Pour ce cas spécial, il convient de prendre un terme de plus dans les développements, et d'écrire

$$\frac{1}{r} = \frac{1}{A\lambda} - \frac{B}{A^2} - \frac{C}{A^2}\lambda^{-1+\frac{s}{b}} + \ldots \quad (s < b),$$

$$\frac{1}{ir_1} = -\frac{1}{A\lambda} + \left(1 - \frac{s}{b}\right)\frac{C}{A^2}\lambda^{-1+\frac{s}{b}} + \ldots,$$

$$r_1 = iA\lambda + \left(1 - \frac{s}{b}\right)iC\lambda^{1+\frac{s}{b}} + \ldots.$$

C'est, pour $r_1$, un cycle VII si $s > 2b$; un cycle VI si $s < 2b$. Mais, en ce dernier cas, la nouvelle caractéristique est $s$, au lieu de $a$, et elle diffère de $b$. Si $s > 2b$, les caractéristiques $\alpha^{\text{VI}}$ et $\beta^{\text{VI}}$, quand on passe de C à $C_1$, sont diminuées de la somme des nombres analogues $b$, et $\beta^{\text{VII}}$ est augmentée de cette même somme. Au point de vue de l'application des formules (8), (9), (9 *bis*), ce fait introduit, dans la formule (8) seulement, une diminution du dernier élément. Cette diminution est égale à la somme des nombres $b$. Si $s < 2b$, $\beta^{\text{vi}}$ n'est pas changée, et $\alpha^{\text{vi}}$ est augmentée de la somme des nombres $(s-b)$. Ce fait produit aussi, dans la formule (8) seulement, une diminution $\Sigma(s-b)$ du terme $-\alpha^{\text{vi}}$.

Nous réunirons ensemble ces deux diminutions, dont nous désignerons la somme par $\delta$.

En résumé, quand on passe de la courbe C à la courbe $C_1$,

| | | |
|---|---|---|
| $\alpha''$, $\beta''$ | sont remplacés par | $\alpha_1$, $\beta_1$ |
| $\alpha'''$, $\beta'''$ | » | $\alpha''' + \beta''' + \beta'' - \alpha''$, $\beta''' + \beta''$ |

Quant à tous les autres éléments qui figurent dans les formules (8), (9), (9 *bis*), ils se conservent, sauf une diminution $\gamma$ pour $\alpha_2^{\text{iv}}$ et une diminution $\delta$ pour $2\beta^{\text{vi}} - \alpha^{\text{vi}}$.

Le nombre $d$ se conserve, comme on le reconnaît *a priori* et comme le prouve aussi la comparaison des formules (9) et (9 *bis*). Enfin les courbes C et $C_1$ appartiennent toutes deux à une même catégorie. En désignant, comme nous l'avons déjà fait, par $\varepsilon$ cette catégorie, par $m_1$ et $\mu_1$ le degré de la courbe $C_1$, nous aurons

$$(11)\qquad \begin{cases} \varepsilon(\mu_1 - \mu) = \beta''' + \beta'' + \beta_1 - \alpha_1 - 2(\gamma + \delta), \\ \varepsilon(m_1 - m) = \beta''' + \beta'' - \alpha''. \end{cases}$$

**18.** Nous venons d'admettre que les courbes C et $C_1$ sont toutes deux de la même catégorie. Il y a cependant une exception à cette règle générale. Considérons un développement de $\frac{1}{r}$ suivant les puissances croissantes de $\lambda$. La courbe C est de la seconde catégorie si les numérateurs de tous les exposants, réduits à leurs plus simples expressions, sont impairs; elle est de la première catégorie dans le cas opposé. Dans le développement de $\frac{1}{r_1}$, tous les exposants se conservent, sauf l'exposant zéro. Les deux courbes sont donc de catégories différentes dans un seul cas, celui où le développement de $\frac{1}{r}$

ne contient que des exposants à numérateurs impairs, sauf un terme constant.

La courbe C est ainsi déduite d'une courbe C', appartenant à la deuxième catégorie, par l'addition d'une constante à $\frac{1}{r}$. Les formules (11) doivent être, pour ce cas, modifiées ainsi :

$$2\mu_1 - \mu = \beta''' + \beta'' + \beta_1 - \alpha_1 - 2(\gamma + \delta),$$
$$2m_1 - m = \beta''' + \beta'' - \alpha''.$$

Voici un exemple : $\frac{1}{r} = a + \cos\theta$. On trouve aisément

$$\beta''' = \beta'' = \alpha'' = \beta_1 = \alpha_1 = \delta = 0, \quad \gamma = 1; \quad m = 2, \quad \mu = 1.$$

Il en résulte $\mu_1 = 0$, $m_1 = 1$. Effectivement $C_1$ est une ligne droite, directrice de la conique C, relative à l'origine qui est un foyer.

19. Répétons la même transformation sur $C_1$, et considérons la courbe $C_2$, tangentielle de $C_1$. Il y a déjà une simplification consistant en ce que $C_1$ ne contient aucun de ces cycles IV (2) et VI, qui ont exigé un examen spécial, et introduit le terme $-2(\gamma + \delta)$ dans la première équation (11).

Parmi les cycles I, à exposants fractionnaires, qui existent dans C, il nous faut maintenant distinguer ceux pour lesquels le premier exposant fractionnaire est compris entre 2 et 3. Soit ainsi

$$\frac{1}{r} = A + B(\theta - \theta_0) + C(\theta - \theta_0)^2 + D(\theta - \theta_0)^{2+\frac{a_2}{b_2}} \dots \quad (a_2 < b_2)$$

et faisons $\Sigma a_2 = \alpha_2$, $\Sigma b_2 = \beta_2$. Pour l'application des formules (11), relativement à $C_2$ et $C_1$, les caractéristiques $\beta'''$, $\beta''$, $\alpha''$, $\beta_1$, $\alpha_1$ vont être remplacées par $\beta''' + \beta''$, $\beta_1$, $\alpha_1$, $\beta_2$, $\alpha_2$ ; et nous aurons

$$\varepsilon(\mu_2 - \mu_1) = \beta''' + \beta'' + \beta_1 + \beta_2 - \alpha_2,$$
$$\varepsilon(m_2 - m_1) = \beta''' + \beta'' + \beta_1 - \alpha_1.$$

D'une manière générale, disons qu'un cycle I de C, à exposants fractionnaires, est du rang $n$ quand le premier exposant fractionnaire du développement de $\frac{1}{r}$ est compris entre $n$ et $n+1$. Dans le passage de C à $C_1$, chaque cycle I de rang $n$, pour C, donne un cycle I de rang $n-1$ pour $C_1$.

Le rang $n$ n'est pas moindre que l'unité ; le rang zéro, par les définitions du n° 12, constitue un cycle II ; le rang négatif caractérise un cycle III.

Envisageons la série indéfinie des tangentielles successives C, $C_1$, $C_2$, ... et prenons celle qui a le rang $k+1$, $C_k$. Les cycles I qui, pour C, ont les rangs $k+1$, $k+2$, ... donnent pour $C_k$ des cycles I ayant les rangs 1, 2, .... Ceux qui, pour C, ont le rang $k$, donnent pour $C_k$ des cycles II ; ceux enfin qui, pour C, ont des rangs moindres que $k$, donnent pour $C_k$ des cycles III.

D'une manière générale, soit

$$\frac{1}{r} = A + B(\theta - \theta_0) + \ldots + L(\theta - \theta_0)^n + M(\theta - \theta_0)^{n+\frac{a}{b}} + \ldots$$
$$(0 < a < b)$$

l'équation d'un cycle de C ayant le rang $n$, et faisons pour tous les cycles de ce même rang $\Sigma a = \alpha_n$, $\Sigma b = \beta_n$. Pour $C_k$, les caractéristiques analogues à $\alpha''$ et $\beta''$ sont $\alpha_k$ et $\beta_k$ ; et les caractéristiques analogues à $\alpha'''$ et $\beta'''$ sont

$$\alpha''' - \alpha'' - \alpha_1 - \alpha_2 \ldots - \alpha_{k-1} + k(\beta''' + \beta'') + (k-1)\beta_1 \ldots + \beta_{k-1},$$
$$\beta''' + \beta'' + \beta_1 \ldots + \beta_{k-1}.$$

Considérons à la fois $C_{k-1}$ et $C_k$, et, distinguant leurs classes et leurs degrés par les lettres $\mu$ et $m$ affectées des indices correspondants, nous aurons

$$(12)\quad \begin{cases} \varepsilon(\mu_k - \mu_{k-1}) = -\alpha_k + \beta''' + \beta'' + \beta_1 + \beta_2 + \ldots + \beta_k, \\ \varepsilon(m_k - m_{k-1}) = -\alpha_{k-1} + \beta''' + \beta'' + \beta_1 + \beta_2 + \ldots + \beta_{k-1}. \end{cases}$$

**20.** Nous avons, par les formules (12), acquis la connaissance du degré et de la classe de chacune des courbes

$C, C_1, C_2, \ldots$. Manifestement, il n'y a là aucune loi générale pour un rang déterminé; car on peut concevoir des exemples où la suite des nombres $\alpha_k$, $\beta_k$ se prolongera si loin qu'on voudra, et d'une manière tout à fait arbitraire. Mais, quel que soit cet exemple, l'équation choisie étant algébrique, cette suite $(\alpha_k, \beta_k)$ sera toujours limitée. Soit $(\alpha_n, \beta_n)$ le dernier terme de cette suite. Les équations (12) seront valables jusqu'à $k = n$ inclusivement. En posant, pour abréger,

$$\beta''' + \beta'' + \beta_1 + \beta_2 + \ldots + \beta_n = R,$$

nous aurons ensuite

$$\begin{aligned}
\varepsilon(\mu_{n+1} - \mu_n) &= R,\\
\varepsilon(m_{n+1} - m_n) &= -\alpha_n + R,\\
\varepsilon(\mu_{n+2} - \mu_{n+1}) &= R,\\
\varepsilon(m_{n+2} - m_{n+1}) &= R,\\
\ldots\ldots\ldots\ldots\ldots\ldots&,\\
\varepsilon(\mu_{n+h} - \mu_{n+h-1}) &= R,\\
\varepsilon(m_{n+h} - m_{n+h-1}) &= R.
\end{aligned}$$

*A partir d'un rang toujours limité, supérieur d'une unité au rang le plus élevé des cycles* I *de la courbe initiale, les degrés et les classes des tangentielles successives d'une courbe algébrique quelconque forment deux progressions arithmétiques de même raison.*

21. Nous prendrons pour exemples les trois courbes considérées au n° 16.

Exemple 1.

$$\frac{1}{r} = \cos\frac{p}{q}\theta.$$

A ce qui a été dit déjà (n° 16) nous devons ajouter que : 1° les cycles I sont tous sans exposants fractionnaires; 2° les cycles IV(2) ne sont pas dans le cas exceptionnel où le premier exposant est zéro. Donc le rang à partir duquel s'applique la dernière proposition est zéro, ainsi que la raison R. Les tangentielles successives sont du même degré et de la même classe que la courbe proposée. Effectivement, elles lui sont toutes semblables.

Exemple 2.

$$r = A\cos\frac{p}{q}\theta + B\sin\frac{p}{q}\theta + A'\cos\frac{p'}{q}\theta + B'\sin\frac{p'}{q}\theta + \ldots.$$

Les cycles I sont sans exposants fractionnaires. Les cycles IV (2) ne répondent pas à l'exposant zéro; il n'y a aucun cycle VI ou II. Donc là aussi la loi régulière commence avec la courbe elle-même. La raison R coïncide alors avec la caractéristique $\beta'''$. Cette caractéristique est ici le nombre désigné au n° 16 par N. On a donc

$$\varepsilon m_h = \varepsilon m + hN, \quad \varepsilon\mu_h = \varepsilon\mu + hN.$$

Le nombre $\varepsilon$ est, comme on l'a vu, égal à 2 si $q, p, p', \ldots$ sont tous impairs; à 1 dans le cas opposé.

Cet exemple fournit un moyen simple pour obtenir une raison *ad libitum*.

Exemple 3.

$$r^k = \cos k\theta.$$

Si $k$ est positif et désigné par $\frac{q}{s}$, la discussion faite au n° 16 montre que la loi régulière commence à la courbe elle-même. La raison R est égale à $\varepsilon q^2$. On a donc

$$m_h = 2qs + hq^2, \quad \mu_h = qs + (h+1)q^2.$$

Si $k$ est négatif et désigné par $-\frac{q}{s}$, le développement de $r$ suivant les puissances de $\lambda$ (n° 16) montre que les cycles VI n'appartiennent pas au cas d'exception, sauf dans la seule hypothèse $q = 1$, $s = 2$. Laissant de côté cette courbe spéciale, nous voyons que le terme $(\gamma+\delta)$ de la formule (11) est nul ici.

Quant aux cycles qui répondent à des valeurs déterminées de $\theta_0$, leur caractère est révélé par la formule

$$\frac{1}{r}=\left(\cos\frac{q}{s}\theta\right)^{\frac{s}{q}}.$$

Ils sont à exposants fractionnaires si $q$ n'est pas égal à l'unité et si $\cos\frac{q}{s}\theta_0$ est nul. Ce sont des cycles I ou II suivant que $\frac{s}{q}$ est supérieur ou inférieur à l'unité.

Si $q=1$, alors on n'a que des cycles I sans exposants fractionnaires. La loi régulière commence avec la courbe, et la raison est nulle. Le degré et la classe se conservent donc les mêmes pour toutes les courbes successives. C'est un résultat dont la vérification directe est facile. Il y a exception seulement pour le cas particulier $q=1$, $s=2$. C'est l'exemple que nous avons cité au n° **18**, pour le changement de catégorie entre C et $C_1$.

Si $q$ diffère de l'unité, nous pouvons réunir les deux cas $s>q$ et $s<q$ dans un seul, en disant que les cycles correspondant à $\cos\frac{q}{s}\theta_0=0$ ont pour rang le plus petit entier contenu dans $\frac{s}{q}$. Soit $n$ cet entier; les caractéristiques $\alpha'''$, $\beta'''$, ... sont toutes nulles, sauf

$$\alpha_n=\varepsilon q(s-nq),\quad \beta_n=\varepsilon q^2.$$

On aura donc les résultats suivants :

$$\begin{aligned} m_{n-h}&=m, & \mu_{n-h}&=\mu,\\ m_n&=m, & \mu_n&=\mu+q^2+q(s-nq),\\ m_{n+1}&=m+q^2+q(s-nq), & \mu_{n+1}&=\mu+2q^2+q(s-nq),\end{aligned}$$

et généralement

$$m_{n+h}=m+qs+(h-n)q^2,\quad \mu_{n+h}=\mu+qs+(h+1-n)q^2.$$

22. Si, par rapport à un cercle de rayon 1, ayant son centre à l'origine des coordonnées, on prend les polaires réciproques C' et $C'_1$ des courbes C et $C_1$, la courbe $C'_1$ est la *développée* de C'. L'analyse qui précède nous apprend donc à trouver le degré, la classe, les singularités de la développée d'une courbe algébrique quelconque; la proposition du n° 20 nous donne celle-ci :

*A partir d'un rang toujours limité, les degrés et les classes des développées successives d'une courbe algébrique quelconque forment deux progressions arithmétiques de même raison.*

Les exemples du n° 21 constituent des exemples pour cette nouvelle proposition. A ce point de vue, le premier exemple se rapporte aux épicycloïdes algébriques. Le troisième se rapporte encore aux courbes $r^k = \cos k\theta$, suivant une remarque faite à la fin du n° 16, et d'après laquelle ces courbes ont pour polaires réciproques des courbes de même définition.

23. En considérant une équation entre $r$ et $\theta$ comme définissant la courbe C', nous avons là les coordonnées qu'on peut appeler *polaires tangentielles*. L'angle $\theta$ est celui que fait la normale avec un axe fixe; $\frac{1}{r}$ est la distance de l'origine à la tangente. A ce point de vue, la distinction des équations en deux catégories acquiert une importance beaucoup plus grande. Pour la courbe C, cette distinction est relative à l'origine des coordonnées; quand on prend arbitrairement cette origine, toute courbe est de seconde catégorie ([1]). Mais, pour les coordonnées polaires tangentielles, la distinction est

([1]) L'équation d'une courbe est de la première catégorie quand l'origine a la propriété suivante : sa distance à un point quelconque, pris sur la courbe, est une fonction *rationnelle* des coordonnées rectilignes de ce dernier.

fondamentale. En effet, le changement d'origine, dans ce système de coordonnées, se fait par le changement de $\frac{1}{r}$ en $\frac{1}{r} + a\cos\theta + b\sin\theta$, ce qui ne modifie pas la catégorie. Les courbes, dont l'équation en coordonnées polaires tangentielles appartient à la première catégorie, sont celles que M. Laguerre a appelées *courbes de direction* (1).

(1) *Sur les hypercycles* (*Comptes rendus*, t. XCIV, p. 778). — *Sur la Géométrie de direction* (*Bulletin de la Société mathématique*, t. VIII, p. 196).

# DEUXIÈME PARTIE.

24. Soit $\Phi(x,y)$ une fonction rationnelle pouvant contenir, non seulement $x$ et $y$, mais encore les dérivées de $y$ par rapport à $x$. Envisageons, d'autre part, un cycle défini par les développements de $x$ et $y$ suivant les puissances ascendantes, à exposants entiers, d'une variable $t$. De ces développements on en peut tirer d'analogues pour $\frac{dy}{dx}, \frac{d^2y}{dx^2}, \ldots$. Faisons la substitution dans $\Phi$, et ordonnons suivant les puissances croissantes de $t$. Le degré du premier terme sera appelé ici *l'ordre de la fonction $\Phi$ relativement au cycle*. Cet ordre est indépendant du choix de $t$, pourvu que cette variable corresponde uniformément aux points du cycle (n° 9).

Envisageant maintenant une courbe, nous laisserons de côté le cas où tous les points de la courbe rendraient $\Phi$ nul ou infini. Il n'y a alors sur la courbe qu'un nombre limité de points, origines de cycles relativement auxquels l'ordre de $\Phi$ ne soit pas nul.

25. Théorème. — *La somme des ordres d'une même fonction relativement à tous les cycles d'une même courbe est égale à zéro.*

Supposons d'abord que $\Phi$ contienne seulement $x$ et $y$ sans dérivées, et soit simplement un polynôme entier. Soit $F(x,y) = 0$ l'équation de la courbe, et envisageons l'équation en $x$ seul, qui résulte de l'élimination de $y$ entre $F = 0$ et $\Phi = 0$. Pour simplifier, nous pouvons, sans restreindre cependant la généralité, grâce à la signification donnée à $x$ et $y$, supposer que, dans F, ne manque pas le terme en $y$ de degré égal à celui de F. Conséquemment, si l'on prend toutes les racines $y$ de $F = 0$ pour une valeur arbitraire de $x$, on aura, comme il est connu, pour le premier membre de l'équation résultante,

$$(13) \qquad R(x) = \prod \Phi(x, y),$$

en mettant, pour $y$, dans les divers facteurs du produit, toutes les racines répondant à $x$.

Envisageons un cycle dont l'origine ait la coordonnée finie $x_0$, et représentons-le par un développement de $y$ suivant les puissances croissantes de $x - x_0$. Soit $q$ le plus petit commun dénominateur des exposants. Ce développement est susceptible de $q$ déterminations diverses; mais, $\Phi$ ne contenant aucun exposant fractionnaire, chacune de ces déterminations, mise à la place de $y$ dans $\Phi(x, y)$, fournit un développement dont le premier terme est, pour chacun, d'un même degré $h$ par rapport à $(x - x_0)^{\frac{1}{q}}$. Si l'on fait $x - x_0 = t^q$, on reconnaît que $h$ est ce que nous venons d'appeler l'ordre de $\Phi$ relativement au cycle.

Si, dans (13), nous supposons $x$ voisin de $x_0$, tous les facteurs du second membre pourront, de la même manière, être développés suivant les puissances croissantes de $(x - x_0)$; et le premier terme du développement aura pour exposant la somme des nombres analogues à $h$, ou somme des ordres de $\Phi$ pour tous les cycles dont l'origine a la coordonnée $x_0$. Or cet exposant marque le degré de multiplicité de la racine $x_0$ dans $R(x)$. La somme totale de ces degrés est le degré de $R(x)$. Donc le degré de $R(x)$ est égal à la somme des ordres de $\Phi$ pour tous les cycles de la courbe dont les origines ont des coordonnées $x_0$ finies.

D'autre part, nous pouvons évaluer le degré de $R(x)$ par celui du premier terme de son développement suivant les puissances décroissantes de $x$. A cet effet, on peut répéter le même raisonnement pour les divers cycles qui répondent à $x$ infiniment grand. Un tel cycle est représenté par un développement de $y$ suivant les puissances croissantes de $t$, quand on a posé $x = t^{-q}$. Il en résulte que le degré du premier terme dans le développement de $R(x)$ suivant les puissances décroissantes de $x$ est égal à la somme, changée de signe, des ordres de $\Phi$ pour tous les cycles répondant à $x$ infiniment grand. En égalant ces deux expressions du degré de $R(x)$, on a la preuve du théorème annoncé, pour le cas supposé où $\Phi(x, y)$ est un polynôme entier en $x$ et $y$ seuls.

Pour une fonction rationnelle, l'ordre relatif à un cycle est égal à la différence des ordres des polynômes entiers qui servent de numérateur et de dénominateur. Donc la proposition s'étend naturellement à une fonction rationnelle de $x, y$.

Pour une courbe algébrique, les dérivées $\frac{dy}{dx}, \frac{d^2y}{dx^2}, \ldots$ peuvent s'exprimer rationnellement en $x$ et $y$. Donc la proposition s'étend aussi au cas où la fonction $\Phi(x, y)$ contient ces dérivées. La démonstration en est donc complète.

**26.** Pour les applications du dernier théorème, il y a toujours nécessité de distinguer, parmi les cycles relativement auxquels l'ordre de $\Phi$ n'est pas nul, ceux pour qui cette circonstance est due uniquement au choix des coordonnées. Nous allons faire cette distinction une fois pour toutes. Pour ce but, une courte digression est nécessaire.

Il s'agit d'introduire, d'une manière générale, la projectivité dans les équations différentielles, de manière à pouvoir y faire aisément les changements de coordonnées. A cet effet, nous considérerons des transformations qui serviront surtout au raisonnement, et dont nous nous affranchirons ensuite.

Soit une équation algébrique entre $x, y, \frac{dy}{dx}, \frac{d^2y}{dx^2}, \ldots$. Nous supposerons un changement de variable indépendante, laissant d'ailleurs la nouvelle variable $t$ indéterminée ; et nous imaginerons les coordonnées rendues homogènes, en prenant pour nouvelles coordonnées $u_1$, $u_2$, $u_3$, et posant

$$(14) \qquad x = \frac{u_1}{u_3}, \quad y = \frac{u_2}{u_3}.$$

L'équation ainsi transformée sera supposée mise sous forme entière; soit alors $f_t(u)$ son premier membre. La lettre $u$, mise entre parenthèses, rappelle les coordonnées, et l'indice $t$ rappelle la variable indépendante.

La fonction $f_t(u)$ jouit évidemment de deux homogénéités, l'une par rapport aux lettres $u$, abstraction faite des indices de dérivation, l'autre par rapport aux indices de dérivation. Mais elle a des propriétés plus caractéristiques, qui se reconnaissent comme il suit.

Désignant par $\lambda$ une fonction quelconque de $t$, et par $v_1$, $v_2$, $v_3$ de nouvelles coordonnées, posons

$$(15) \qquad u_1 = \lambda v_1, \quad u_2 = \lambda v_2, \quad u_3 = \lambda v_3.$$

D'après la règle de Leibnitz pour les dérivées d'un produit, on aura

$$f_t(u) = \lambda^\delta f_t(v) + \varphi,$$

$\delta$ étant le degré de $f$ par rapport aux lettres $u$, et $\varphi$ ne contenant que des dérivées d'ordre inférieur à l'ordre même de $f$. Mais la comparaison des formules (14) et (15) montre que la nouvelle équation transformée doit différer de la précédente par le changement seul des lettres $u$ en les lettres $v$. Donc $\varphi$ est identiquement nul, et l'on a

$$(16) \qquad f_t(u) = \lambda^\delta f_t(v).$$

Par un raisonnement tout semblable, on établit la propriété suivante, relative au changement de la variable indépendante :

$$(17) \qquad f_t(u) = \left(\frac{ds}{dt}\right)^\omega f_s(u).$$

L'exposant $\omega$ est égal au *poids* de $f$ par rapport aux indices de dérivation.

**27.** Pour rendre l'équation projective, prenons, comme figure de comparaison, un quadrilatère arbitraire. A cet effet, introduisons les coordonnées de quatre points. Abrégeons l'écriture en employant la notation $(abc)$ pour le déterminant formé avec les coordonnées $a_1$, $a_2$, $a_3$; $b_1$, $b_2$, $b_3$; $c_1$, $c_2$, $c_3$ de trois points $a$, $b$, $c$. Désignant par $w$ les nouvelles coordonnées du point variable, nous poserons

$$(18)\qquad \begin{cases} u_1 = (wbc)(acd)(abd), \\ u_2 = (wca)(bad)(bcd), \\ u_3 = (wab)(cbd)(cad). \end{cases}$$

En substituant, nous avons, au lieu de $f_t(u)$, une fonction des coordonnées $w$, $a$, $b$, $c$, $d$, qui peut, dans certains cas, se décomposer en le produit de deux facteurs dont l'un ne contienne pas les $w$. Prenant cette hypothèse, la plus générale, nous auronsainsi

$$f_t(u) = \varphi(a) F_t(w, a);$$

les lettres entre parenthèses sont destinées à rappeler les coordonnées qui figurent dans les fonctions; la lettre $a$ est mise pour $a$, $b$, $c$, $d$.

D'après la forme des équations (18), une même substitution linéaire effectuée à la fois sur les $w$, $a$, $b$, $c$, $d$ a pour effet de multiplier les $u$ par le cube du déterminant $\Delta$ de la substitution. Donc le produit $\varphi(a) F_t(w, a)$ se reproduit multiplié par $\Delta^{3\delta}$, et les deux facteurs se reproduisent chacun multiplié par une puissance de $\Delta$. Désignant par W, A, ... les nouvelles coordonnées, nous aurons donc

$$(19)\qquad F_t(w, a) = \Delta^{\theta} F_t(W, A).$$

La fonction $F_t(w, a)$ est un *covariant différentiel*, contenant uniquement, outre les coordonnées du point variable et leurs dérivées, les coordonnées de quatre points $a$, $b$, $c$, $d$. Tout autre élément peut y être envisagé comme purement numérique. Si l'équation différentielle, qui a servi de point de départ, exprime une propriété projective, son premier membre se présente naturellement comme une fonction des coordonnées du point et des éléments d'une figure, fonction inaltérable par les substitutions linéaires. Mais toute figure peut être projectivement rapportée à quatre points, et représentée par ces points et des nombres. Donc toute forme projective d'une équation différentielle équivaut à celle que nous venons de considérer.

Le covariant différentiel $F_t(w, a)$ peut ne contenir aucun des points $a$, $b$, $c$, $d$. C'est alors un *invariant différentiel*. Pour ce cas spécial, dont nous verrons des exemples, on a $\delta = 3\theta$.

**28.** Nous pouvons maintenant revenir, pour le covariant, à la forme simple dans laquelle les coordonnées du point mobile sont réduites à deux, et où l'une d'elles est la variable indépendante. Ce covariant donne lieu à deux identités semblables à (16) et (17). Remettant donc la lettre $u$, au lieu de $w$, pour les coordonnées courantes, et supprimant l'indication des coordonnées $a$, $b$, ... nous aurons, en employant les formules (14),

$$F_t(u) = u_3^\delta \left(\frac{dx}{dt}\right)^\omega F_x(x).$$

Dans $F_x(x)$ les coordonnées sont $x, y, 1$.

En faisant maintenant un changement de coordonnées quelconques, appliqué non seulement au point mobile, mais encore aux points $a$, $b$, $c$, $d$, et réduisant aussi les coordonnées du point mobile à X, Y, 1, nous aurons de même

$$F_t(U) = U_3^\delta \left(\frac{dX}{dt}\right)^\omega F_X(X).$$

Enfin, en nous servant de l'égalité (19), nous conclurons

$$F_x(x) = \left(\frac{U_3}{u_3}\right)^\delta \left(\frac{dX}{dx}\right)^\omega \Delta^\theta F_X(X).$$

Écrivons explicitement les formules du changement de coordonnées :

$$\frac{x}{\alpha_1 X + \beta_1 Y + \gamma_1} = \frac{y}{\alpha_2 X + \beta_2 Y + \gamma_2} = \frac{1}{\alpha_3 X + \beta_3 Y + \gamma_3},$$

et nous aurons, pour l'égalité définitive que nous voulions obtenir,

$$(20) \qquad F_x(x) = \frac{\Delta^\theta}{(\alpha_3 X + \beta_3 Y + \gamma_3)^\delta} \left(\frac{dX}{dx}\right)^\omega F_X(X).$$

Telle est la formule pour le changement de coordonnées dans le premier membre d'une équation différentielle exprimant une propriété projective.

29. Les deux exposants $\delta$, $\omega$ sont importants pour ce qui va suivre. Il sera utile de savoir les calculer sans exécuter le changement de coordonnées.

Supposons le point mobile aux environs de l'origine du cycle

$$x - x_0 = p_2(y - y_0)^2 + p_3(y - y_0)^3 + \ldots,$$

les coefficients $p_2$, $p_3$, ... étant arbitraires. Au second membre de (20), tous les facteurs ont, pour $y = y_0$, des valeurs finies différentes de zéro, sauf $\left(\frac{dX}{dx}\right)^\omega$ dont le développement commence par un terme du degré $-\omega$ en $y - y_0$.

Par conséquent, le nombre $\omega$, changé de signe, est l'ordre de $F_x(x)$ pour le cycle considéré. On pourra aussi calculer cet ordre en renversant l'équation du cycle, et prenant

$$y - y_0 = q_1 (x - x_0)^{\frac{1}{2}} + q_2(x - x_0) + q_3(x - x_0)^{\frac{3}{2}} + \ldots.$$

Substituant ce dernier développement, à *coefficients arbi-*

*traires*, dans $F_x(x)$, on aura, pour le degré du premier terme en $x$, le nombre $-\frac{\omega}{2}$.

Exemple : soit $F_x(x) = \frac{d^2y}{dx^2}$. Le degré du premier terme est $-\frac{3}{2}$. Donc $\omega = 3$.

Pour calculer $\delta$, mettons, dans (20), à la place de $dx$ son expression

$$dx = \frac{(\alpha_3 X + \beta_3 Y + \gamma_3)(\alpha_1 dX + \beta_1 dY) - (\alpha_1 X + \beta_1 Y + \gamma_1)(\alpha_3 dX + \beta_3 dY)}{(\alpha_3 X + \beta_3 Y + \gamma_3)^2}.$$

Supposons maintenant le point mobile sur le cycle

$$y = q_1 x + q_2 + \frac{q_3}{x} + \frac{q_4}{x^2} + \ldots.$$

D'après l'expression de $dx$, le second membre de la formule (20), développé suivant les puissances décroissantes de $x$, a son premier terme du degré $\delta - 2\omega$. Donc, en substituant le développement de $y$ dans $F_x(x)$, on aura pour le degré du premier terme $\delta - 2\omega$; ce qui détermine $\delta$.

Dans l'exemple $F_x(x) = \frac{d^2y}{dx^2}$, le premier terme est du degré $-3$. Donc $\delta - 2\omega = -3$, et, par suite, $\delta = 3$. Ces résultats se vérifient aisément si l'on observe que, pour cet invariant différentiel, la forme $F_t(u)$ est le déterminant $(uu'u'')$.

C'est le nombre $\delta - 2\omega$ que le calcul précédent donne directement, et non pas $\delta$. C'est aussi $\delta - 2\omega$ qui intervient dans les résultats, et nous poserons

$$\delta - 2\omega = \omega'.$$

30. Le nombre $-\omega$ est l'ordre du covariant $F_x(x)$ pour un cycle dont la tangente est $x = x_0$. Pour une courbe quelconque, le nombre des pareils cycles est la classe $\mu$ de la courbe. Donc la somme des ordres du covariant, relativement à tous ces cycles, est $-\mu\omega$. De même $-\omega'$ est l'ordre du co-

variant pour un cycle dont l'origine a ses coordonnées $x$, $y$, infinies. Pour une courbe du degré $m$, la somme totale des ordres du covariant, relativement à tous les cycles analogues, est $-m\omega'$.

Pour appliquer la proposition du n° 25, nous avons ainsi dans la somme des ordres du covariant, relativement à tous les cycles de la courbe, cet élément $-(\omega\mu+\omega' m)$, qui se rapporte exclusivement aux coordonnées. Au contraire, tout autre élément de la somme est indépendant de ces coordonnées. En effet, voulant calculer l'ordre de $F_x(x)$ relativement à un cycle, nous pourrons, dans la formule (20), supposer l'origine de ce cycle et sa tangente répondant à $X=Y=0$, et $Y=0$. Si l'origine de ce cycle ne répond pas aux coordonnées $x$, $y$ infinies, et si la tangente n'est pas $x=x_0$, alors les facteurs du second membre dans (20), sauf $F_X(X)$, sont d'ordre zéro. Donc l'ordre de $F_x(x)$ est égal à celui de $F_X(X)$. Il est indépendant des coordonnées $x$, $y$ et peut être calculé en réduisant les coordonnées à la forme la plus simple. En désignant par $\Omega$ la somme des ordres du covariant, ainsi calculés pour chaque cycle, on aura donc

$$\Omega=\omega\mu+\omega' m. \tag{21}$$

31. Exemple : $F=\frac{d^2y}{dx^2}$. Soit le cycle

$$y=x^{1+\frac{\nu}{n}}\left[x^{\frac{1}{n}}\right]$$

Le degré du premier terme, en $x$, est $\frac{\nu-n}{n}$. L'ordre de F, relativement à ce cycle, est donc $(\nu-n)$. D'où la formule

$$\sum(\nu-n)=3(\mu-m), \tag{22}$$

où la sommation doit s'appliquer à tous les cycles pour lesquels les deux nombres $\nu$, $n$ sont différents.

Cette formule (22) donne le nombre des points d'inflexion;

car un point d'inflexion ordinaire ($n = 1$, $\nu = 2$) apporte à la somme un élément égal à l'unité.

32. Voici maintenant un second exemple, où nous envisagerons tout d'abord l'invariant différentiel sous la forme $F_t(u)$. Nous prendrons pour $F_t(u)$ le déterminant formé avec la première ligne

$$u_1^2,\ u_2^2,\ u_3^2,\ u_2u_3,\ u_3u_1,\ u_1u_2;$$

les termes correspondants des lignes suivantes seront les dérivées premières, secondes, ... cinquièmes de ceux de la première ligne. C'est un invariant; car c'est le premier membre de l'équation différentielle des coniques. Nous avons immédiatement ainsi $\delta = 12$ : c'est le degré par rapport aux lettres $u$; et $\omega = 15$ : c'est le poids par rapport aux indices de dérivation. Ainsi, en calculant $\Omega$ comme il a été dit au n° 30, on aura $\delta - 2\omega = -18$, et par suite

$$\Omega = 15\mu - 18m.$$

Partageons les cycles en deux catégories; la première sera caractérisée par l'inégalité de la classe et de l'ordre; la seconde par l'égalité.

Prenons un cycle de la première catégorie sous la même forme qu'au n° 31, et réduisons l'invariant à la forme $F_x(x)$. La première ligne du déterminant se compose des termes ci-après, convenablement rangés :

$$1,\quad x,\quad x^2,\quad y,\quad xy,\quad y^2.$$

Leurs parties principales ont, en $x$, les degrés respectifs

$$0,\ 1,\ 2,\ 1+\frac{\nu}{n},\quad 2+\frac{\nu}{n},\quad 2+\frac{2\nu}{n},$$

tous nombres inégaux. Par conséquent, le déterminant lui-même, formé avec les dérivées prises par rapport à $x$, a pour partie principale le monôme auquel il se réduirait si chacun des termes ci-dessus était réduit à sa partie principale. Le degré de ce monôme est égal à la somme des degrés des termes, diminuée du poids, c'est-à-dire $8 + \frac{4\nu}{n} - 15$. Donc l'ordre de l'invariant, relativement au cycle, est $4\nu - 7n$. Donc les cycles de la première catégorie apportent à la somme $\Omega$ l'élément

$$\Omega_1 = \sum (4\nu - 7n).$$

Pour un cycle de la seconde catégorie, d'ordre et de classe $n$, le calcul précédent ne s'applique pas. Dans la première ligne du déterminant, les termes $x^2$ et $y$ ont leurs parties principales du même degré 2; les parties principales des autres termes ont les degrés 0, 1, 3, 4. Il faudra donc, pour appliquer la même analyse, remplacer le terme $y$ par une combinaison linéaire C :

$$C = ax^2 + a'y + a''xy + a'''y^2,$$

dont la partie principale soit de degré supérieur à 2 et différent de 3 et 4. Soit formée une telle combinaison; désignons le degré de sa partie principale par $5 + l$, le nombre $l$ pouvant être négatif et fractionnaire. La partie principale du déterminant est alors du degré $l$, et son ordre pour le cycle est $ln$. L'interprétation de ce résultat est la suivante : le nombre $(4 + l)$ marque l'ordre le plus élevé du contact qu'on puisse établir entre chaque branche du cycle et une conique. Ce nombre, pour une branche de courbe quelconque, est ordinairement 4, et $l$ est alors nul. Voici donc le résultat : *Sur une courbe, de degré $m$ et de classe $\mu$, si l'on envisage toutes les branches ayant avec leurs tangentes des contacts du premier ordre, et avec des coniques des contacts d'ordre maximum différent de 4, et qu'on désigne par $4 + l$ l'ordre d'un quelconque de ces contacts, on aura*

$$\sum l = 15\mu - 18m + \sum (7n - 4\nu),$$

*la dernière sommation s'appliquant à tous les cycles où le contact avec la tangente n'est pas d'ordre égal à l'unité.*
En vertu de la relation (22), on peut écrire la même égalité sous diverses formes, parmi lesquelles la suivante :

$$(23) \qquad \sum l = -\tfrac{3}{2}(m+\mu) + \tfrac{3}{2}\sum(n+\nu)$$

où la dualité est mise en évidence.

Nous venons d'obtenir ainsi le nombre des points *sextactiques*. Un point sextactique est l'origine d'une branche simple ayant avec une conique un contact du cinquième ordre. Pour un pareil point, $l$ est égal à l'unité.

33. Exemples des formules (22) et (23) :

Exemple 1. — Soit la courbe représentée en coordonnées homogènes par

$$z(yz - x^2)^2 = x^5.$$

Ses points singuliers sont, l'un au sommet $x = z = 0$ ; cycle

$$\left(\frac{z}{y}\right) = \left(\frac{x}{y}\right)^{\frac{5}{3}} + \ldots, \quad n_1 = 3, \quad \nu_1 = 2 ;$$

le second au sommet $x = y = 0$ ; cycle

$$\frac{y}{z} = \left(\frac{x}{z}\right)^2 + \left(\frac{x}{z}\right)^{\frac{5}{2}}, \quad n_2 = \nu_2 = 2.$$

Du sommet $x = z = 0$ on ne peut mener aucune tangente hormis celle du cycle qui a cette origine. Donc $\mu = n_1 + \nu_1 = 5$. D'ailleurs $m = 5$. D'après (22), $3(\mu - m) - (\nu_1 - n_1)$ étant égal à 1, il y a *un* point d'inflexion. Cela fait donc un autre cycle $n_3 = 1$, $\nu_3 = 2$. La formule (23) donne, au second membre, $-3$. Pour le second cycle l'élément $l$ est $-5$. Donc il y a deux points sextactiques.

Exemple 2.

$$x^p y^q = z^{p+q}.$$

Les nombres $p, q$ sont entiers et premiers entre eux. Cette courbe, qu'on peut appeler anharmonique à cause de ses propriétés ([1]), se reproduit elle-même par une infinité de substitutions homographiques, conservant le triangle de référence. Il en résulte qu'il ne peut y avoir ni point d'inflexion, ni point sextactique, hormis les sommets de ce triangle. La classe est égale au degré, attendu que la courbe est sa propre corrélative. Les sommets $x = z = 0$ et $y = z = 0$ sont les origines de deux cycles corrélatifs dont les ordres sont $p$ et $q$, les classes $q$ et $p$. On a donc bien zéro au second membre de (22). En outre, la somme des nombres $n + \nu$ est $2(p+q)$ ou $m + \mu$, et l'on a zéro au second membre de la formule (23).

34. Par les deux applications des nos 31 et 32, on a vu comment la formule (21) est propre à faire connaître le nombre des points où les éléments infinitésimaux d'une courbe satisfont à une relation projective donnée. Dans ces deux applications, la relation était exprimée par l'évanouissement d'un invariant. S'il s'agit d'un covariant, c'est-à-dire si la relation a lieu entre la courbe et une figure donnée, il y a place pour une discussion. On doit examiner : 1° quels sont les éléments du nombre $\Omega$ qui proviennent de points invariables sur la courbe quand la figure varie ; 2° quels sont les éléments qui, au contraire, proviennent de points variables avec cette figure ; 3° comment enfin ces éléments peuvent se confondre pour des situations particulières de la figure et de la courbe. Cette dernière partie de la discussion doit être réservée pour chaque cas particulier. En la laissant de côté, on se trouve en présence d'un problème général bien défini. La figure est représentée par quatre points, comme il a été

([1]) Fouret, *Sur quelques propriétés des systèmes de courbes;* et *Intégration géométrique* (*Comptes rendus,* t. LXXVIII, pp. 1693 et 1837).
Klein et Lie, *Ueber vertauschbare lineare Transformationen* (*Math. Ann.,* t. IV, p. 50).

dit au n° 28. Ces quatre points, dont un au moins existe dans le covariant, sont laissés indéterminés. En cela consiste l'*indépendance* entre le covariant et la courbe considérée.

Il y a cependant encore une observation nécessaire au sujet de cette indépendance. Envisageons le covariant comme une fonction des lettres $a$, ... coordonnées de la figure ; les coefficients sont alors des fonctions du point mobile. Ce covariant, ainsi considéré comme un polynôme des lettres $a$, est susceptible de formes plus simples moyennant quelques relations entre les coefficients du polynôme. Ces coefficients étant ici des fonctions de $x$, $y$ $\frac{dy}{dx}$, ..., il peut arriver que de telles relations soient ou incompatibles ou compatibles entre elles. Dans le cas où elles sont compatibles, il existe des courbes sur lesquelles ces relations sont vérifiées en chaque point. Pour une quelconque de ces courbes et le covariant envisagé, le problème, on le voit, est changé ; il se rapporte proprement à un autre covariant plus simple.

Nous achèverons de préciser nos hypothèses en admettant que la courbe considérée n'est pas au nombre de celles pour qui le covariant se simplifie.

Un exemple éclaircira ce qui vient d'être dit. Prenons le covariant suivant qui est sous la forme $F_t(u, a)$, les accents dénotant les dérivées par rapport à $t$ :

$$(abc)(acd)(adb)(ubc)(ucd)(udb)(uu'u'') + A(bcd)^4(uu'a)^3.$$

Si l'on a identiquement $(uu'u'') = 0$, le covariant se réduit au dernier terme qui est un cube.

Ainsi, pour ce covariant il faudrait exclure les lignes droites.

35. Commençons la discussion en examinant quels sont les éléments du nombre $\Omega$ qui répondent à des points de la courbe variables avec les points $a$, $b$, $c$, $d$.

Soit $x$ un de ces points. Puisqu'il varie avec $a$, ... et que $a$, ... restent indéterminés par hypothèse, $x$ est un point simple de la courbe C. Donc l'élément de $\Omega$ qui s'y rapporte est entier et positif. Si cet élément n'est pas égal à l'unité, c'est que la dérivée du covariant F, prise par rapport au point $x$ le long de la courbe C, s'évanouit en même temps que F. Soit $F_1$ ce que devient F quand on y substitue, au lieu de $y$ et de ses dérivées, leurs expressions en $x$ relatives à C, en sorte que $F_1$ dépend maintenant de la coordonnée $x$ et des $a$, $b$, ... L'hypothèse entraîne cette conséquence que $\frac{\partial F_1}{\partial x}$ s'évanouit avec $F_1$. Il en résulte aussi que les dérivées partielles de $F_1$, par rapport aux coordonnées de $a$, $b$, ... s'évanouissent, aussi en même temps. Donc $F_1$, considéré comme fonction de ces dernières quantités, se décompose en facteurs dont un au moins est un carré. C'est un fait qui peut se produire, mais se rapporte précisément au cas que nous venons d'exclure, celui où, pour la courbe envisagée, le covariant se décompose. Ce cas exclu, le point $x$ apporte au nombre $\Omega$ un élément égal à l'unité. Donc la partie du nombre $\Omega$, relative aux points de la courbe variables avec les éléments du covariant, est égale au nombre des points simples de la courbe, en chacun desquels ce covariant s'évanouit.

36. Les éléments de $\Omega$ qui répondent, au contraire, à des points de la courbe invariables, ne sauraient être discutés à la fois pour tous les covariants imaginables. Mais on peut répartir les covariants en vastes groupes, à chacun desquels s'applique une discussion unique. L'ordre le plus élevé des dérivées qui figurent dans le covariant peut servir de base à cette classification.

Dans un covariant du premier ordre, les éléments de la courbe sont $x$, $y$, $\frac{dy}{dx}$. Pour le calcul du nombre $\Omega$, ces trois quantités ont, en chaque point, des valeurs finies. Il est impossible que la substitution de ces valeurs dans le covariant donne un résultat qui ne soit pas fini et différent de zéro, tant que $a$, $b$, $c$, $d$ restent indéterminés. Donc, en ce cas, il n'y a aucun élément de $\Omega$ indépendant de $a$, $b$, $c$, $d$. Donc :

*Sur une courbe de degré $m$, de classe $\mu$, le nombre des points en chacun desquels s'évanouit un covariant différentiel du premier ordre, indépendant de la courbe est $\omega\mu + \omega' m$, les nombres $\omega$ et $\omega'$ ne dépendant que de ce covariant.*

37. Nous avons déjà observé (n° 28) que la forme d'un covariant peut, sans inconvénient, contenir explicitement, au lieu des quatre points $a$, $b$, $c$, $d$, toute autre figure. Dans l'exemple ci-après, nous prendrons une telle forme.

Soit A le premier membre de l'équation d'une ligne droite, et B le premier membre de l'équation d'une courbe dont nous désignerons le degré par $k$. Prenons le covariant

$$F_t(u) = A^{k+1} \frac{d}{dt}\left(\frac{B}{A^k}\right),$$

qui peut être mis sous forme de déterminant. En désignant par $\xi_1$, $\xi_2$, $\xi_3$ les coordonnées tangentielles, savoir

$$\xi_1 = u_2 u'_3 - u_3 u'_2, \quad \xi_2 = u_3 u'_1 - u_1 u'_3, \quad \xi_3 = u_1 u'_2 - u_2 u'_1,$$

et dénotant par des indices les dérivées partielles

$$A_s = \frac{\partial A}{\partial u_s}, \quad B_s = \frac{\partial B}{\partial u_s},$$

on trouve aisément

$$F_t(u) = (AB\xi) = \begin{vmatrix} A_1 & A_2 & A_3 \\ B_1 & B_2 & B_3 \\ \xi_1 & \xi_2 & \xi_3 \end{vmatrix}.$$

Sous cette forme, on voit que $F = 0$ exprime la relation suivante : la droite A, la polaire du point variable par rapport à la courbe B et la tangente de la courbe C, lieu du point variable, sont concourantes.

Les nombres $\delta = k + 1$, $\omega = 1$ sont en évidence dans les deux formes de F. On a ainsi, pour le nombre N des points où la condition $F = 0$ est satisfaite,

$$N = (k - 1)m + \mu.$$

Tel est le résultat quand, la courbe C étant censée donnée, l'*indépendance* a lieu, c'est-à-dire que A et B restent indéterminées. L'examen des circonstances qui accompagnent la *dépendance* doit, avons-nous dit (n° 34), être réservé pour chaque cas particulier. Faisons ici cet examen, en nous bornant toutefois, pour abréger, à la recherche des éléments répondant à des points de C qui ne varient pas avec la droite A.

En prenant, pour le point $u_1 = u_2 = 0$, l'origine d'un cycle et pour la droite $u_2 = 0$ la tangente de ce cycle, pour variable indépendante $x = \frac{u_1}{u_3}$, nous avons, à l'origine du cycle, les valeurs 0, 1, 0 pour $\xi_1$, $\xi_2$, $\xi_3$; par suite, d'après la dernière forme du covariant, $F_x(x)$ est fini, différent de zéro, si $A_1 B_3 - A_3 B_1$ n'est pas nul. Ce binôme ne peut être nul, quelle que soit la droite A, que si $B_1$ et $B_3$ sont nuls tous deux. Cette circonstance se présente, ou bien si B et C sont tangentes entre elles au point $x$, ou si ce point est multiple sur B. Pour examiner un tel cas, revenons à la première forme de F, en y prenant pour $t$ une variable suivant laquelle se développent les coordonnées de $x$ sur le cycle. Soit $h$ l'ordre de B pour ce cycle, c'est-à-dire le degré du premier terme dans le développement de B suivant les puissances croissantes de $t$. L'ordre de F, pour ce même cycle, est $h - n$, si $n$ marque l'ordre du cycle.

En prenant pour chaque point commun à B et C le nombre analogue à $h - n$, nous aurons donc

$$N_1 = (k - 1)m + \mu - \sum(h - n)$$

pour le nombre $N_1$ des points variables avec la seule droite A. Si toutes les intersections de B et C sont simples, notre analyse même et notre dernière formule montrent toutes deux que tous les éléments $h - n$ sont nuls. Pour les autres cas, nous pourrons modifier la formule en observant qu'on a

$$\sum h = km.$$

Il vient ainsi

$$N_1 = \mu - m + \sum n,$$

où la somme comprend tous les cycles de C ayant leurs origines sur B. C'est, en termes plus ordinaires, la somme totale des ordres de multiplicité des points de C, qui sont sur B.

Pour chaque point $x$ de la courbe C, on prend l'intersection de la tangente en $x$ et de la polaire de $x$ par rapport à B. Soit $x_1$ cette intersection. Le lieu de $x_1$ est une courbe $C_1$ dont le calcul précédent nous donne le degré $N_1$. En supposant pour B deux droites isotropes conjuguées, ayant O pour point commun, on retrouve pour $C_1$ la tangentielle de C (n° 17), et, par une transformation corrélative, on a ce résultat : *La classe de la développée d'une courbe est égale à l'excès de son degré sur sa classe, augmenté de la somme des classes de tous les cycles dont les tangentes sont ou isotropes ou à l'infini.*

38. Au lieu de faire dépendre un covariant différentiel d'une figure, on peut aussi le faire dépendre de coefficients se modifiant par un changement de coordonnées, tout comme le premier membre de l'équation d'une courbe. A ce point de vue, la forme projective d'un covariant du premier ordre consiste en un polynôme entier à deux séries de variables et doublement homogène. Ces variables sont, d'une part, $u_1$, $u_2$, $u_3$, coordonnées du point $x$ ; et les coordonnées d'une droite $\xi_1$, $\xi_2$, $\xi_3$ D'ailleurs le point $x$ est sur cette droite, ce qui est exprimé par

$$u_1\xi_1 + u_2\xi_2 + u_3\xi_3 = 0,$$

et permet de varier la forme extérieure d'un même covariant. Si l'on omet la condition que $x$ soit sur la droite, une équation entre les $u$ et les $\xi$ définit ce que Clebsch a appelé un *connexe*.

Les nombres $\omega$ et $\omega'$ qui sont les degrés du polynôme relativement aux lettres $\xi$ et $u$ sont la *classe* et l'*ordre* du connexe. La proposition du n° 36 donne donc celle-ci : *Sur une courbe, le nombre des points dont chacun, avec la tangente en ce point, appartient à un connexe, est égal au produit des ordres du connexe et de la courbe, augmenté du produit de leurs classes.*

On peut encore envisager le *système* des courbes qui sont représentées par l'intégrale générale de l'équation obtenue en égalant le covariant différentiel à zéro. Alors $\omega$ et $\omega'$ sont les deux *caractéristiques* du système, $\omega$ le nombre de ces courbes qui passent par un point, $\omega'$ le nombre de celles qui touchent une droite. La proposition prend alors cette autre forme : *Dans un système ayant les caractéristiques $\omega$ et $\omega'$, le nombre des courbes qui touchent une autre courbe donnée de degré $m$, de classe $\mu$, est $\omega\mu + \omega' m$* (¹).

Il ne faut pas oublier, dans les deux énoncés, l'indépendance qui a été primitivement supposée.

39. Poursuivons la discussion commencée au n° 36, et prenons un covariant différentiel du second ordre. Soit $F_x(x)$ ce covariant qui contient $x, y, \frac{dy}{dx}, \frac{d^2y}{dx^2}$. Ordonnons-le par rapport à $\frac{d^2y}{dx^2}$ et soit un de ses termes $\left(\frac{d^2y}{dx^2}\right)^\alpha f\left(x, y, \frac{dy}{dx}\right)$.

Envisageons un cycle

$$y - y_0 = A(x - x_0) + B(x - x_0)^{1+\frac{\nu}{n}} + \ldots.$$

(¹) Fouret, *Mémoire sur les systèmes généraux de courbes planes, définis par deux caractéristiques* (*Bulletin de la Soc. Math.*, t. II, p. 72).

La partie principale du terme considéré est ici

$$\left[\frac{\nu}{n}\left(1+\frac{\nu}{n}\right)B\right]^{\alpha} f(x_0, y_0, A)(x-x_0)^{\frac{\alpha(\nu-n)}{n}}.$$

Par la même raison qu'au n° 36, on voit que ce coefficient ne peut être nul quelles que soient les données du covariant; par conséquent, la partie principale de $F_x(x)$ a pour degré le plus petit des nombres $\frac{\alpha(\nu-n)}{n}$, et son ordre relativement au cycle est le plus petit des nombres $\alpha(\nu-n)$. Si $\nu \geqq n$, cet ordre est zéro; car F est supposé indécomposable et ne contient pas, par conséquent, le facteur $\frac{d^2y}{dx^2}$. Si, au contraire, $\nu < n$, le minimum répond au maximum de $\alpha$; ce sera donc $-\gamma(n-\nu)$, $\gamma$ désignant le degré de F par rapport à $\frac{d^2y}{dx^2}$. Ainsi :

*Le nombre des points sur une courbe de degré m et de classe $\mu$, en chacun desquels s'évanouit un covariant différentiel du second ordre, indépendant de la courbe, est*

$$N = \omega\mu + \omega' m + \gamma \sum (n-\nu),$$

*où la sommation s'applique à tous les cycles de la courbe pour lesquels l'ordre surpasse la classe.*

Distinguons les cycles en deux espèces : dans la première rangeons les cycles caractérisés par $n > \nu$; dans la deuxième ceux qui sont, au contraire, caractérisés par $n' < \nu'$. Faisons

$$\sum (n-\nu) = r, \quad \sum (\nu'-n') = \rho.$$

A cause de la relation (22), qui peut s'écrire

$$\rho - r = 3(\mu - m),$$

le nombre N est susceptible de deux expressions

(24) $$N = \omega\mu + \omega' m + \gamma r = (\omega' + 3\gamma)m + (\omega - 3\gamma)\mu + \gamma\rho,$$

corrélatives l'une de l'autre.

40. Cette corrélation se vérifie aisément sur la forme projective des covariants différentiels du second ordre. Pour nous placer au même point de vue que dans le n° 38, nous définirons cette forme comme il suit. Abréviativement, désignons par $(u^p \xi^q)$ une fonction doublement homogène de $u_1$, $u_2$, $u_3$ et $\xi_1$, $\xi_2$, $\xi_3$, du degré $p$ par rapport aux $u$, du degré $q$ par rapport aux $\xi$. Faisons aussi

$$D = (u u' u'').$$

La forme générale projective cherchée est

$$F_t(u) = D^\gamma(u^p \xi^q) + D^{\gamma-1}(u^{p-3}\xi^{q+3}) + D^{\gamma-2}(u^{p-6}\xi^{q+6}) + \ldots.$$

Par rapport aux indices de dérivation, le poids de D est égal à 3. Le poids de F est celui d'un quelconque de ses termes

$$\omega = 3\gamma + q.$$

Le degré par rapport à $u$ est égal à 3 pour D, à 2 pour les $\xi$. Le degré $\delta$ de F est donc celui d'un quelconque de ses termes :

$$\delta = 3\gamma + 2q + p;$$

par conséquent,

$$\omega' = \delta - 2\omega = p - 3\gamma.$$

La seconde forme (24) du nombre N est ainsi

$$N = pm + q\mu + \gamma\rho. \tag{25}$$

Pour une transformation corrélative on doit remplacer respectivement $u$ par $\xi$, $\xi$ par $Du$ et D par $D^2$. Ces substitutions faites, F contient le facteur D avec l'exposant $2\gamma + q$; ce facteur supprimé, on obtient pour le covariant transformé

$$F' = D^\gamma(u^{p'}\xi^{q'}) + D^{\gamma-1}(u^{p'-3}\xi^{q'+3}) + D^{\gamma-2}(u^{p'-6}\xi^{q'+6}) + \ldots.$$

$$p' = q + 3\gamma, \quad q' = p - 3\gamma.$$

La première forme (24) du nombre N est donc

$$N = p'\mu + q'm + \gamma r, \tag{25 bis}$$

et les deux formes (25) et (25 *bis*) ont entre elles la corrélation nécessaire.

Suivant la remarque faite au n° 34, nous devons exclure les lignes droites pour l'application de ces résultats.

41. Si la courbe considérée n'admet que des singularités ordinaires, les lettres $r$ et $\rho$ marquent le nombre des points de rebroussement et celui des points d'inflexion. Il existe donc une catégorie de problèmes bien définie, dans lesquels tous les points singuliers peuvent être remplacés par des équivalents en points de rebroussement et points d'inflexion. Pour mieux dire, une courbe quelconque à l'égard des problèmes que nous venons de traiter est représentée par les nombres $m$, $\mu$, $r$, $\rho$. Mais cette propriété appartient *exclusivement* aux problèmes qui concernent les covariants du premier et du second ordre, comme nous le verrons bientôt.

De même qu'au n° 38, la formule (24) est susceptible d'un énoncé relatif au nombre des courbes appartenant à un système à deux arbitraires, et qui ont un contact du second ordre avec une courbe donnée. Il paraît inutile de nous y arrêter.

42. Voici des exemples.

Exemple 1. — Pour un réseau de coniques, soit $H(u) = 0$ l'équation de la courbe hessienne, et soit $J(\xi) = 0$ celle de la cayleyenne, le covariant

$$F = DH(u) - J(\xi),$$

égalé à zéro, fournit l'équation différentielle des coniques du réseau. Ici

$$\gamma = 1, \quad p = 3, \quad q = 0.$$

Ainsi, dans un réseau, le nombre des coniques qui ont un contact du second ordre avec une courbe donnée, du degré $m$, et dont les points singuliers ont l'équivalent $\rho$ en points d'inflexion, est égal à $3m + \rho$. La classe de la courbe étant $\mu$, et l'équivalent en rebroussements étant $r$, le nombre des mêmes coniques est aussi $3\mu + r$.

Corrélativement, ce même nombre $3m + \rho$ ou $3\mu + r$ est par conséquent aussi celui des coniques qui, appartenant à un réseau tangentiel, ont un contact du second ordre avec la courbe.

Exemple 2. — Pour covariant, prenons le premier membre de l'équation différentielle des coniques bitangentes à une conique donnée et passant par un point donné.

Soit $A(u)$ le premier membre de l'équation ponctuelle de la conique donnée. Posons $\sqrt{A(u)} = B(u)$. L'équation d'une conique bitangente à celle-ci peut s'écrire

$$p_1 u_1 + p_2 u_2 + p_3 u_3 = B(u),$$

où $p_1$, $p_2$, $p_3$ sont arbitraires. Par suite, l'équation différentielle cherchée peut se mettre sous la forme irrationnelle suivante, où $v_1$, $v_2$, $v_3$ sont les coordonnées du point donné, et où les dérivées sont dénotées par des accents :

$$\Delta = \begin{vmatrix} u_1 & u_2 & u_3 & B(u) \\ u'_1 & u'_2 & u'_3 & B'(u) \\ u''_1 & u''_2 & u''_3 & B''(u) \\ v_1 & v_2 & v_3 & B(v) \end{vmatrix} = 0.$$

En désignant par $\Delta_1$ le déterminant conjugué obtenu par le simple changement de $B(v)$ en $-B(v)$ au dernier terme, on aura le covariant sous forme rationnelle et entière ainsi :

$$F = A^3(u)\,\Delta\Delta_1.$$

On y aperçoit immédiatement les nombres caractéristiques

$$\gamma = 2, \quad p = 6, \quad q = 0.$$

Le nombre N est donc ici le double de celui qu'on a trouvé dans l'exemple précédent.

Les coniques bitangentes à une conique donnée, passant par un point donné et ayant un contact du second ordre avec une courbe donnée que caractérisent les nombres $m$, $\mu$, $r$, $\rho$, sont donc en nombre égal à $2(3m+\rho) = 2(3\mu+r)$.

En conséquence, c'est encore le même nombre pour les coniques bitangentes à une conique donnée, touchant une droite et ayant un contact du second ordre avec la courbe.

On peut, pour cas particulier, réduire la conique donnée à deux droites ou à deux points; nous aurons de la sorte les caractéristiques de l'ensemble des coniques ayant avec une courbe $(m, \mu, r, \rho)$ des contacts du second ordre.

**43.** C'est pour une raison générale que, dans les deux exemples précédents, on a trouvé une proportionnalité entre les trois nombres caractéristiques. Toute équation différentielle du second ordre algébrique, dont l'intégrale générale est représentée par des coniques, est ainsi caractérisée par les nombres $\gamma$, $p = 3\gamma$, $q = 0$. Pour s'en convaincre, il suffit d'observer, dans le covariant $F_t(u)$, la signification géométrique du coefficient de la plus haute puissance de D, et celle du terme indépendant de D. En les égalant à zéro, on obtient deux connexes exprimant la liaison qui existe entre les origines et les tangentes des cycles des courbes intégrales où l'ordre diffère de la classe. Quand les courbes intégrales sont des coniques, le coefficient de $D^\gamma$, égalé à zéro, donne le lieu des points auxquels se réduisent les coniques dégénérées, envisagées en coordonnées tangentielles; le terme indépendant de D donne, au contraire, l'enveloppe des droites auxquelles se réduisent les coniques dégénérées, envisagées en coordonnées ponctuelles. Ainsi le coefficient de $D^\gamma$ ne contient pas les lettres $\xi$, et le terme indépendant de D ne contient pas les lettres $u$. C'est ce qu'il fallait prouver. De là cette conséquence qui appartient à la théorie générale des caractéristiques pour les coniques : le nombre des coniques qui ont des contacts du second ordre avec une courbe donnée et satisfont, d'autre part, à une condition triple indépendante de la courbe, est $\gamma(3m+\rho)$. Le coefficient $\gamma$ ne dépend que de la condition triple; $m$ est le degré de la courbe, $\rho$ l'équivalent de ses points singuliers en points d'inflexion.

Pour avoir un exemple où ne se présentent pas de pareilles circonstances, il faut prendre une équation différentielle dont l'intégrale générale ne soit pas représentée par des coniques. En voici un : désignant par $a$, $b$, $c$ les premiers membres des équations de trois droites, prenons le déterminant

$$F_t(u) = [a^3, (a^2 b)', (c^3)''].$$

L'intégrale générale de $F_t(u) = 0$ est représentée par les cubiques ayant pour point et tangente de rebroussement le point $a = c = 0$ et la droite $a = 0$; en outre, leur point d'inflexion a pour lieu $c = 0$ et la tangente d'inflexion passe constamment au point $a = b = 0$. Le nombre de ces cubiques qui ont un contact du second ordre avec une courbe est donné par la formule $6m + \rho$. On a, en effet,

$$\gamma = 1, \quad p = 6, \quad q = 0.$$

44. Nous allons maintenant faire la discussion générale, commencée au n° 36, pour les covariants différentiels du troisième ordre. Tout d'abord, prenons ces covariants sous leur forme projective, ou, en d'autres termes, indépendante des coordonnées. Dans une pareille forme, les dérivées du troisième ordre seront introduites au moyen de la combinaison suivante :

$$G = (uu'u''')\, a_u \alpha_\xi + 3(uu'u'')\, a_{u'} \alpha_\xi - 3(uu'u'')\, a_u \alpha_{\xi'}.$$

Les signes $a_u$, $\alpha_\xi$, ... expriment des formes linéaires, savoir :

$$a_u = a_1 u_1 + a_2 u_2 + a_3 u_3, \qquad \alpha_\xi = \alpha_1 \xi_1 + \alpha_2 \xi_2 + \alpha_3 \xi_3,$$
$$a_{u'} = a_1 u'_1 + a_2 u'_2 + a_3 u'_3, \qquad \alpha_{\xi'} = \alpha_1 \xi'_1 + \alpha_2 \xi'_2 + \alpha_3 \xi'_3.$$

D'après les expressions des $\xi$, on peut aussi écrire

$$\alpha_\xi = (\alpha u u'), \quad \alpha_{\xi'} = (\alpha u u'').$$

On voit que $a_{u'}$ et $\alpha_{\xi'}$ sont les dérivées de $a_u$ et $\alpha_\xi$.

Les propriétés de la combinaison G s'établissent aisément. Pour la clarté, considérons $\alpha_1, \alpha_2, \alpha_3$ comme les coordonnées d'un point $\alpha$, et $a_1, a_2, a_3$ comme celles d'une droite, joignant deux points $\beta, \gamma$. De cette manière, on peut écrire $a_u = (\beta\gamma u)$. L'analyse du n° 27 ou un calcul direct donne immédiatement cette conséquence que l'expression suivante

$$P_t = \frac{(uu'u'')\,(\beta\gamma u)^3}{(\alpha u u')^3}$$

reste absolument invariable, soit qu'on change la variable indépendante, soit qu'on effectue à la fois sur les $u$, $\alpha$, $\beta$, $\gamma$ une même substitution linéaire. En conséquence, la dérivée de $P_t$ reste également invariable pour les substitutions linéaires. Quant au changement de la variable, son effet se traduit par la relation

$$\frac{dP_t}{dt} = \frac{dP_s}{ds}\,\frac{ds}{dt}.$$

D'après l'expression de G, nous avons

$$G = \frac{dP_t}{dt}\,\frac{(\alpha u u')^4}{(\beta\gamma u)^2}.$$

Si nous effectuons une substitution linéaire à la fois sur les $u$, $\alpha$, $\beta$, $\gamma$, que les nouvelles coordonnées soient désignées par des majuscules, et que $\Delta$ soit le déterminant de la substitution; si nous faisons, en même temps, un changement de la variable indépendante, nous aurons, pour traduire le changement qu'éprouve la forme de G, l'égalité

$$G_t(u) = \Delta^2 \left(\frac{ds}{dt}\right)^5 G_s(U).$$

Ainsi $G_t(u)$ est un covariant différentiel du troisième

ordre, et son expression contient un point $\alpha$ et une droite $a$ en outre des éléments du point $x$. Pour ce covariant, le nombre $\omega$ est égal à 5. Le nombre $\delta$ est égal à 6; par suite,

$$\omega' = \delta - 2\omega = -4.$$

On peut, sans inconvénient, supposer le point $\alpha$ sur la droite $a$. Prenant alors des coordonnées particulières, on pourra faire

$$a_1 = 0, \quad a_2 = 0, \quad a_3 = 1, \quad \alpha_1 = 0, \quad \alpha_2 = 1, \quad \alpha_3 = 0.$$

Choisissant $x = \frac{u_1}{u_3}$ pour variable, et $y = \frac{u_2}{u_3}$ pour fonction, on réduit ainsi P à $\frac{d^2y}{dx^2}$ et G à $\frac{d^3y}{dx^3}$. Par là se reconnaît que, dans cette hypothèse (le point $\alpha$ sur la droite $a$), $G = 0$ est l'équation différentielle des coniques qui touchent la droite $a$ au point $\alpha$. Si, au contraire, on suppose que $\alpha$ ne soit pas sur $a$, on peut choisir les coordonnées ainsi

$$a_1 = 0, \quad a_2 = 0, \quad a_3 = 1, \quad \alpha_1 = 0, \quad \alpha_2 = 0, \quad \alpha_3 = 1.$$

Avec les mêmes variables que tout à l'heure, on a pour G l'expression $\frac{d}{dx}\left[\frac{y''}{(xy'-y)^3}\right]$, où les dérivées sont prises par rapport à $x$. L'intégrale générale de $G = 0$ est

$$Ax^2 + 2Bxy + Cy^2 = 1,$$

où A, B, C sont les constantes d'intégration. Elle est représentée par les coniques relativement auxquelles $\alpha$ est le pôle de $a$.

**45.** Au moyen du covariant G nous pouvons écrire un covariant quelconque du troisième ordre sous forme projective. Il suffit, à cet effet, de faire intervenir avec G le déterminant $D = (uu'u'')$ et de prendre pour coefficients des fonctions des lettres $u$ et $\xi$.

Avec les mêmes notations qu'au n° 40, nous avons ainsi cette forme générale

$$F_t(u) = \sum G^\gamma D^\varepsilon (u^p \xi^q),$$

où les exposants, pour chaque terme, sont déterminés par deux d'entre eux, suivant les conditions qu'impose la constance de $\omega$ et $\omega'$ à tous les termes

$$5\gamma + 3\varepsilon + q = \omega,$$
$$-4\gamma - 3\varepsilon + p = \omega'.$$

A ces nombres il sera plus commode d'en substituer d'autres pour mettre en évidence la dualité. Soient

$$c = \text{max. de } (\varepsilon + 3\gamma),$$
$$-s = \gamma + \varepsilon - \tfrac{1}{2}c, \qquad s' = 2\gamma + \varepsilon - \tfrac{1}{2}c,$$
$$a = \omega - \tfrac{3}{2}c, \qquad a' = \omega' + \tfrac{3}{2}c;$$
$$b = \text{max. de } \gamma.$$

Les nombres $a$, $a'$, $b$ et les couples $s$, $s'$ dont chacun définit un terme de $F_t(u)$ sont ceux que nous conserverons explicitement. Nous allons d'abord examiner comment ils se transforment par la dualité.

Nous l'avons déjà observé, le changement des coordonnées ponctuelles en tangentielles se fait par le changement de D en $D^2$, de $u$ en $\xi$ et de $\xi$ en $D u$. En conséquence, l'expression P ou $\frac{D a_u^3}{\alpha_\xi^3}$ se change en $\frac{\alpha_\xi^3}{D a_u^3}$, si l'on échange en même temps le point $\alpha$ et la droite $a$. Par conséquent, l'expression de G se change en celle-ci $\frac{D^4 a_u^4}{\alpha_\xi^2} \frac{d}{dt}\left(\frac{\alpha_u^3}{D \alpha_u^3}\right)$, ce qui se réduit à $- D^2 G$.

Si l'on fait ces changements dans F, on obtient pour le terme général transformé une expression de cette forme

$$G^\gamma D^{2\gamma + 2\varepsilon + q}(u^q \xi^p).$$

L'exposant de D peut s'écrire $2\gamma + 2\delta + q = \omega - (\varepsilon + 3\gamma)$. Il a pour minimum $(\omega - c)$. Il y a donc lieu de supprimer le facteur $D^{\omega - c}$ à tous les termes. Après cette suppression, nous avons, pour le terme envisagé dans F, un terme correspondant du covariant corrélatif, et les exposants correspondants sont les suivants :

$$\gamma_1 = \gamma, \quad \varepsilon_1 = 2\gamma + 2\varepsilon + q - \omega + c, \quad p_1 = q, \quad q_1 = p.$$

Calculons, par leur moyen, les nombres $s_1$, $s'_1$, $a'_1$, $a'_1$, et tout d'abord $c_1$ :

$$\varepsilon_1 + 3\gamma_1 = 5\gamma + 2\varepsilon + q - \omega + c = c - \varepsilon.$$

Comme F ne contient pas le facteur D, il y a au moins un terme où $\varepsilon$ est nul. Par conséquent, $\varepsilon_1 + 3\gamma_1$ a pour maximum $c$; c'est-à-dire $c_1 = c$. On a ensuite

$$-s_1 = \gamma_1 + \varepsilon_1 - \tfrac{1}{2}c_1 = 3\gamma + 2\varepsilon + q - \omega + \frac{c}{2} = -2\gamma - \varepsilon + \frac{c}{2} = -s',$$

$$s'_1 = 2\gamma_1 + \varepsilon_1 - \tfrac{1}{2}c_1 = 4\gamma + 2\varepsilon + q - \omega + \frac{c}{2} = -\gamma - \varepsilon + \frac{c}{2} = s,$$

$$a_1 = \omega_1 - \tfrac{3}{2}c_1 = 5\gamma_1 + 3\varepsilon + q_1 - \tfrac{3}{2}c_1 = a',$$
$$a'_1 = \omega'_1 + \tfrac{3}{2}c_1 = -4\gamma_1 - 3\varepsilon_1 + p_1 + \tfrac{3}{2}c_1 = a.$$

En résumé, pour le covariant corrélatif de F, les nombres $a$ et $a'$ sont échangés, le nombre $b$ se conserve; et pour chaque terme les nombres $s$, $s'$ sont échangés.

**46.** Soit à chercher l'ordre du covariant F relativement à un cycle

$$y - y_0 = (x - x_0)^{1+\frac{\nu}{n}}\left[(x - x_0)^{\frac{1}{n}}\right].$$

Si $\frac{\nu}{n}$ diffère de l'unité, on trouve immédiatement $\frac{\nu - 2n}{n}$ pour le degré de la partie principale de G. D'ailleurs la partie principale de D est du degré $\frac{\nu - n}{n}$. Donc un terme quelconque de F a sa partie principale du degré $\frac{\gamma(\nu - 2n) + \varepsilon(\nu - n)}{n}$, ce que nous pouvons écrire $\frac{c(\nu - n)}{2n} - \frac{s\nu + s'n}{n}$. La partie principale de F est donc fournie par celui de tous les termes où $s\nu + s'n$ est le plus grand possible. Donc l'ordre de F relativement au cycle est $\frac{1}{2}c(\nu - n) -$ max. de $(s\nu + s'n)$.

Nous avons dit qu'on trouve immédiatement la partie principale de G. Effectivement, supposant le point $\alpha$ sur la droite $a$, nous avons vu qu'un choix convenable des coordonnées donne à G la forme $\frac{d^3y}{dx^3}$. Mais, en laissant $\alpha$ et $a$ quelconques, le calcul n'est pas moins facile. Prenons, en effet, la quantité P en y choisissant $x$ pour la variable indépendante. Pour un cycle $\nu \gtrless n$, le premier terme de son développement est du degré $\frac{\nu - n}{n}$; le premier terme de sa dérivée est du degré $\frac{\nu - 2n}{n}$. Il en est de même pour G, qui s'obtient en multipliant cette dérivée par une quantité dont le premier terme est une constante.

Prenons maintenant un cycle d'ordre $n$ égal à sa classe, représentée par

$$y - y_0 = A(x - x_0)^2 + (x - x_0)^{2+\frac{k}{n}}\left[(x - x_0)^{\frac{1}{n}}\right].$$

On a, pour P, le développement

$$P_x = A' + (x - x_0)^{\frac{k}{n}}\left[(x - x_0)^{\frac{1}{n}}\right]$$

si $\frac{k}{n} < 1$. Mais, si $\frac{k}{n} \geqq 1$, on a

$$P_x = A' + (x - x_0)\left[(x - x_0)^{\frac{1}{n}}\right];$$

car le facteur $\left[\frac{(\beta\gamma u)}{(\alpha u u')}\right]^3$ introduit un terme du premier degré, qui ne peut disparaître tant que $\alpha, \beta, \gamma$ restent indéterminés.

Il en résulte que, pour le cycle envisagé, l'ordre de G est $-(n-k)$ si $k<n$; ou zéro si $k \geqq n$.

Nous désignerons par H la somme positive $\Sigma(n-k)$ pour tous les pareils cycles. Le degré du covariant, relativement à G, étant $b$, l'ordre total de F, pour ces cycles, est $-b\mathrm{H}$.

Quant aux cycles $\nu \gtrless n$, chacun d'eux apporte à $\Omega$ l'élément calculé précédemment. Le nombre des éléments de $\Omega$, qui se rapportent à des points variables, est donc

$$\mathrm{N}=\omega\mu+\omega' m+b\mathrm{H}+\frac{c}{2}\sum(n-\nu)+\sum \text{max. de } (s\nu+s'n).$$

Combinant cette formule avec (22) et introduisant $a$ et $a'$ au lieu de $\omega$ et $\omega'$, nous aurons

$$(26)\qquad \mathrm{N}=a\mu+a'm+b\mathrm{H}+\sum \text{max. de } (s\nu+s'n).$$

Telle est la formule définitive qui donne le nombre des points, sur une courbe, où s'évanouit un covariant différentiel du troisième ordre. Elle est sous forme dualistique : le nombre H se conserve pour les transformations corrélatives ; $\mu$ et $m$ s'échangent, ainsi que $a$ et $a'$ ; $\nu$ et $n$ s'échangent, ainsi que $s$ et $s'$.

47. Il convient de nous arrêter quelques instants sur la formule (26). On peut se donner à volonté un ensemble quelconque de couples $s, s'$ : il y répond toujours des covariants F, sauf quelques restrictions que voici : 1° les nombres $2s$, $2s'$ sont tous entiers et d'une même parité; 2° $s+s'$ est toujours positif, et l'une de ses valeurs est zéro ; 3° les maxima de $s+2s'$ et de $s'+2s$ sont égaux.

Quand ces conditions sont remplies, on peut prendre

$$\tfrac{1}{2}c=\text{max. de } (s+2s')=\text{max. de } (s'+2s),$$

puis $a$ et $a'$ à volonté, de telle sorte toutefois que $2a$ et $2a'$

soient entiers et de la même parité que $2s$ et $2s'$, et en respectant aussi les inégalités

$$a \geqq \text{max. de } (2s' - s), \quad a' \geqq \text{max. de } (2s - s').$$

Au moyen de ces nombres on peut, pour chaque couple $s, s'$, déterminer $p, q, \gamma, \varepsilon$ d'après les égalités ci-dessus. Ces quatre nombres seront, comme on le voit aisément, entiers et positifs; en outre, $\varepsilon + 3\gamma$ aura le maximum $c$; le terme correspondant proviendra du couple $s, s'$, où $2s' + s$ est maximum; $\varepsilon$ aura le minimum zéro, correspondant au maximum de $2s + s'$; enfin $\gamma$ aura le minimum zéro, correspondant à $s + s' = 0$.

La deuxième et la troisième condition imposée aux couples $s, s'$ sont facilement satisfaites ainsi : prenons à volonté des couples S, S′, les nombres $2S, 2S'$ étant entiers et d'une même parité. Nous en pouvons déduire des couples $s, s'$ en posant

$$s = S + \lambda, \quad s' = S' + \lambda'$$

et déterminant $\lambda$ et $\lambda'$ par les deux équations

$$\lambda + \lambda' = -\text{min. de } (S + S'),$$
$$\lambda - \lambda' = \text{max. de } (S + 2S') - \text{max. de } (S' + 2S).$$

Les nombres $s, s'$ ainsi choisis satisfont aux trois conditions requises.

Les nombres S et S′ peuvent être tous pris positifs; si l'on figure chaque couple S, S′ par un point dans un plan, en donnant pour abscisse et pour ordonnée à ce point S et S′, l'ensemble des couples (S, S′) est figurée par divers points. Traçons alors une ligne polygonale tournant sa concavité vers l'origine des coordonnées, ayant pour sommets des points (S, S′) et laissant d'un même côté l'origine et tous les autres points. Les sommets de cette ligne polygonale correspondent aux divers couples (S, S′) qui sont susceptibles de rendre maxima l'expression $S\nu + S'n$. Le sommet qui, pour une valeur donnée de $\frac{\nu}{n}$, fournit le maximum est l'intersection des deux côtés dont les inclinaisons sur l'axe des $x$ comprennent entre elles l'inclinaison dont le coefficient angulaire est $-\frac{\nu}{n}$. Au cas où $-\frac{\nu}{n}$ est le coefficient angulaire d'un côté du polygone, les deux sommets de ce côté donnent tous deux le même maximum. C'est, comme on voit, la règle de Newton que nous appliquons ici. Le maximum de $S\nu + S'n$ correspond à celui de $s\nu + s'n$. Il résulte de cette analyse qu'on peut construire des covariants F pour lesquels l'application générale de la formule (27) oblige à distinguer, parmi les cycles d'une courbe, des catégories en nombre aussi grand qu'on voudra. Effectivement, prenons, en allant de l'axe des S vers l'axe des S', les coefficients angulaires des côtés successifs de la ligne polygonale; soient pour ces coefficients, changés de signe, les nombres positifs décroissants $\tau_1, \tau_2, \tau_3, \ldots$ correspondant aux côtés qui joignent les sommets successifs $(S_0 S'_0)$, $(S_1 S'_1)$, $(S_2 S'_2)$, $(S_3 S'_3)$, .... Le maximum de $\sum (s\nu + s'n)$ se composera des éléments suivants :

$$s_0 \sum \nu_0 + s'_0 \sum n_0 \quad \text{pour les cycles} \quad \frac{\nu_0}{n_0} > \tau_1,$$

$$s_1 \sum \nu_1 + s'_1 \sum n_1 \quad \text{pour les cycles} \quad \tau_1 > \frac{\nu_1}{n_1} > \tau_2,$$

$$s_2 \sum \nu_2 + s'_2 \sum n_2 \quad \text{pour les cycles} \quad \tau_2 > \frac{\nu_2}{n_2} > \tau_3,$$

et ainsi de suite. On peut cependant observer que les inflexions ordinaires et les rebroussements ordinaires donnent chacun un même élément, $\frac{3}{2}c$. Pour une courbe n'ayant que des singularités ordinaires, la somme considérée est donc $\frac{3}{2}c(r+\rho)$; d'ailleurs H est nul aussi dans ce cas, et la formule (27) se réduit à trois termes $a\mu + a'm + \frac{3}{2}c\,(r+\rho)$.

48. De cette discussion résulte une conséquence importante : *pour les questions où il s'agit de déterminer sur une courbe le nombre des points en chacun desquels a lieu une relation donnée entre les éléments infinitésimaux de la courbe au delà du second ordre, les points singuliers ne peuvent être représentés par des équivalents en nombre limité, et dont la définition soit indépendante à la fois de la question particulière et de la courbe qu'on envisage.*

Mais, si l'on particularise la courbe en restreignant le nombre des diverses sortes de singularités qu'elle possède, on peut obtenir des formules générales, les mêmes pour tous les covariants différentiels. Si, par exemple, on n'accorde à la courbe que des singularités ordinaires, on aura pour tous les cas la formule (24). Mais, tandis que cette formule (24) s'applique aux courbes quelconques, quand il s'agit de covariants du second ordre, elle ne s'applique plus qu'à des courbes particulières quand il s'agit de covariants d'ordre plus élevé.

Si même on veut se borner à des courbes sans rebroussement, on peut s'en tenir à la formule $N = \omega\mu + \omega' m$, qui est générale dans le cas où il s'agit de covariants du premier ordre, particulière quand il s'agit de covariants plus élevés. Mais cette dernière formule ne présente pas, comme la formule (24), l'avantage de contenir les singularités *nécessaires*, c'est-à-dire celles qui existent forcément quand on envisage à la fois deux figures corrélatives.

49. Ces formules, d'application restreinte, portent cependant en elles un renseignement précis. Si l'on envisage une courbe sans aucun point singulier, on peut appliquer la seconde formule $N = \omega\mu + \omega' m$. Mais, en ce cas, on a $\mu = m(m-1)$. Donc $N = m(\omega m + \omega' - \omega)$. Les points, dont cette formule donne le nombre, sont les intersections de la

courbe, du degré $m$, avec une courbe covariante. La formule nous fournit le degré de cette courbe. Ainsi, *les points qui, sur une courbe du degré m, satisfont à une même équation différentielle, sont à l'intersection de cette courbe avec une autre, dont le degré est* $\omega m + \omega' - \omega$, les nombres $\omega$ et $\omega'$ étant calculés comme au n° 29.

Pour appliquer la formule (24) à une courbe n'ayant que des singularités ordinaires, il faut calculer le nombre $\gamma$. Or, d'après notre mode d'analyse, on trouve à cet effet le procédé suivant : substituez, dans le covariant, le développement

$$y - y_0 = (x - x_0)^{\frac{3}{2}}\left[(x - x_0)^{\frac{1}{2}}\right].$$

Le degré, en $(x - x_0)$, du premier terme est $-\frac{1}{2}\gamma$.

Le nombre $\gamma$ étant ainsi connu, nous pouvons prendre la seconde forme (24), et supposer maintenant une courbe sans singularités tangentielles. Nous aurons alors $m = \mu(\mu - 1)$, $N = \mu\,[(\omega' + 3\gamma)\mu + \omega - \omega' - 6\gamma]$. D'où cette conclusion : *Les points qui, sur une courbe de la classe* $\mu$, *satisfont à une même équation différentielle, sont les points de contact de cette courbe et des tangentes qui lui sont communes avec une autre, dont la classe est*

$$(\omega' + 3\gamma)\mu + \omega - \omega' - 6\gamma.$$

Exemples. — Prenons le covariant du n° 32. L'expression de $\Omega_1$ montre que ce covariant s'évanouit en chaque point d'inflexion ($\nu = 2$, $n = 1$). Donc il contient le facteur D, ce que le calcul direct permet de vérifier. Pour le covariant, débarrassé du facteur D, les nombres $\omega$ et $\omega'$ doivent donc être diminués des nombres analogues, 3 et $-3$, relatifs à D. On a ainsi $\omega = 12$, $\omega' = -15$. Donc les points sextactiques d'une courbe de degré $m$ sont sur une courbe covariante, du degré $12m - 27$.

La même expression de $\Omega_1$ donne, pour un point de rebroussement ($\nu = 1$, $n = 2$), $-\gamma = 4 - 14$, ou $\gamma = 10$. Donc les tangentes aux points sextactiques d'une courbe de classe $\mu$ appartiennent à une courbe covariante de classe $12\mu - 27$.

Les deux exemples du n° 42 donnent ici ces conséquences : les points où une courbe de degré $m$ a des contacts du second ordre avec les coniques d'un réseau appartiennent à une courbe covariante du degré $3(m-1)$; les tangentes aux points où une courbe de classe $\mu$ a des contacts du second ordre avec ces mêmes coniques appartiennent à une courbe covariante de classe $3(\mu - 1)$; ces nombres sont doublés s'il s'agit des coniques passant par un point fixe et bitangentes à une conique fixe; et généralement pour une série de coniques à deux arbitraires, on a les nombres analogues $3\gamma_1(m-1)$, $3\gamma_1(\mu-1)$.

50. Nous allons maintenant prendre quelques exemples de la formule générale (26), relative aux covariants du troisième ordre et à des courbes quelconques.

Exemple 1. — Prenons le covariant G lui-même. Il n'y a qu'un seul terme, défini par les nombres $a = a' = \frac{1}{2}$, $b = 1$, $s = s' = \frac{1}{2}$. Le nombre des coniques ayant avec une courbe des contacts du troisième ordre, et par rapport auxquelles un point donné est le pôle d'une droite donnée, ou encore qui touchent une droite donnée, en un point donné ce nombre est

$$N = \frac{1}{2}(m + \mu) + \frac{1}{2}\sum (n + \nu) + \text{H}.$$

Application à la courbe

$$z(yz - x^2)^2 = x^5,$$

envisagée au n° 33 : $m = \mu = 5$. Deux cycles $\nu \gtrless n$. $n_1 = 3$, $\nu_1 = 2$, $n_3 = 1$, $\nu_3 = 2$, $\frac{1}{2}\Sigma(n + \nu) = 4$. Un cycle $\nu = n = 2$, $k = 1$, $H = 1$. Donc $N = 10$.

Application à la courbe $x^p y^q = z^{p+q}$ :

$$N = 2(p+q).$$

Si l'on envisage l'équation différentielle des coniques ayant avec une courbe donnée des contacts du troisième ordre, cette équation sera du second ordre et son degré par rapport à D sera N. Nous reportant au résultat général établi précédemment (n° 43), nous avons cette conséquence : les coniques dont chacune a un contact du troisième ordre avec une courbe $(m, \mu)$ et un contact du second ordre avec une autre courbe $(m_1, \mu_1)$ sont en nombre

$$\left[\tfrac{1}{2}(m + \mu) + \frac{1}{2}\sum(n + \nu) + H\right](3m_1 + \rho_1).$$

Exemple 2. — Pour le covariant F, nous allons prendre le premier membre de l'équation différentielle des coniques passant par un point et touchant une droite. Cette équation étant compliquée, nous ferons le calcul sans la développer. En désignant par $v_1, v_2, v_3$ les coordonnées du point donné, déterminons les coefficients de l'équation d'une conique par les équations

$$f(v) = a_{11}v_1^2 + a_{22}v_2^2 + a_{33}v_3^2 + 2a_{12}v_1v_2 + 2a_{23}v_2v_3 + 2a_{31}v_3v_1 = 0$$

puis

$$f(u) = 0, \quad f'(u) = 0, \quad f''(u) = 0, \quad f'''(u) = 0.$$

Formons, avec ces coefficients, ceux de l'équation tangentielle de la conique

$$\alpha_{33} = a_{11}a_{22} - a_{12}^2, \quad \alpha_{12} = a_{13}a_{23} - a_{12}a_{33}, \quad \ldots.$$

L'équation différentielle s'obtient en mettant dans l'équation tangentielle, les coordonnées de la droite. Toutefois il faut observer que les coefficients $\alpha_{ij}$ contiennent tous un facteur étranger $(vuu')^2$; on le vérifie aisément par le calcul, et la raison en est que la conique passant par un point $v$ et ayant avec une courbe, en un point donné $u$, un contact du troisième ordre, se réduit à la tangente, si $v$ est sur cette tangente.

L'équation différentielle doit donc être débarrassée du facteur $(vuu')^2$, sans quoi le nombre N que nous trouverions serait augmenté du double de la classe $\mu$. Il faudra donc diminuer de deux unités le nombre $\omega$ calculé sur le covariant, tel que nous l'avons défini.

Par rapport aux indices de dérivation, chaque coefficient $a_{ij}$ est du poids 6; le covariant est donc du poids 12. Diminuant ce nombre de deux unités, nous avons $\omega = 10$. Nous trouvons de même $\delta = 16$, par suite $\omega' = \delta - 2\omega = -8$. Le degré $b$, par rapport à la dérivée du troisième ordre, est évidemment 2. Il nous faut maintenant trouver les nombres qui caractérisent les divers groupes de termes. Mais, ne voulant pas développer le covariant, nous opérerons en substituant directement le développement relatif à un cycle $\nu \gtrless n$.

Les coefficients $a_{ij}$ étant donnés par des déterminants, un raisonnement tout pareil à celui du n° 32 fait voir que les ordres de ces coefficients pour le cycle sont respectivement les suivants:

| $a_{11}$, | $a_{22}$, | $a_{33}$, | $a_{12}$, | $a_{23}$, | $a_{31}$, |
|---|---|---|---|---|---|
| $2\nu - 2n$, | $\nu - 2n$, | $2\nu$, | $\nu - 2n$, | $\nu - n$, | $2\nu - n$. |

Il en résulte que, parmi tous les coefficients de l'équation tangentielle, c'est $\alpha_{33}$ dont l'ordre est le plus petit, $2\nu - 4n$. Ce résultat, indépendant du rapport $\frac{\nu}{n}$, montre que, dans ce covariant, il n'y a qu'un seul groupe $(s, s')$ pouvant donner le maximum de $(s\nu + s'n)$. De cette analyse résulte

$$N = 10\mu - 8m + 2H + \sum (4n - 2\nu);$$

en combinant avec (22), on obtient la forme dualistique

$$N = m + \mu + \sum (n + \nu) + 2H.$$

Ainsi les coniques qui ont des contacts du troisième ordre avec une courbe, et qui, en outre, touchent une droite et passent par un point, sont en nombre double de celles qui touchent une droite en un point donné. C'est une proposition connue dans la théorie des caractéristiques.

Exemple 3. — Le calcul précédent s'applique encore au covariant qu'on obtient en envisageant les coniques passant par deux points. Ce covariant est une fonction linéaire des $a_{ij}$, tels qu'on vient de les trouver. On obtient ainsi la formule

$$N = \tfrac{1}{2}(m + 3\mu) + \frac{1}{2}\sum (n + \nu) + H,$$

nombre des coniques ayant avec une courbe un contact du troisième ordre, et passant par deux points. Corrélativement

$$\tfrac{1}{2}(3m + \mu) + \frac{1}{2}\sum (n + \nu) + H$$

est le nombre des coniques ayant avec une courbe un contact du troisième ordre et touchant deux droites.

Le covariant dont il s'agit ici peut aisément être formé comme il suit. Soit $a_u = 0$ la droite qui joint les deux points, et soient $b_u = 0$, $c_u = 0$ deux autres droites coupant la première aux deux points donnés $\gamma$, $\beta$. L'équation d'une conique passant par $\gamma$ et $\beta$ peut s'écrire

$$\frac{b_u}{a_u} = A + \frac{B}{\dfrac{c_u}{a_u} + E},$$

où A, B, E sont les constantes à éliminer. Cette élimination se fait ainsi

$$\frac{d\frac{b_u}{a_u}}{d\frac{c_u}{a_u}} = -\frac{B}{\left(\frac{c_u}{a_u}+E\right)^2},$$

$$\frac{d^2}{d\left(\frac{c_u}{a_u}\right)^2}\left[\frac{d\frac{b_u}{a_u}}{d\frac{c_u}{a_u}}\right]^{-\frac{1}{2}} = 0.$$

d'où, en effectuant les calculs,

$$\frac{d}{dt}\left[(\gamma u u')^{-\frac{3}{2}}(\beta u u')^{-\frac{3}{2}}(\gamma\beta u)^3(u u' u'')\right] = 0.$$

Quand $\beta$ et $\gamma$ coïncident, on retrouve ainsi le covariant G sous la forme donnée précédemment. Pour l'équation différentielle corrélative, celle des coniques touchant deux droites $c_u = 0$, $b_u = 0$, en désignant par $\alpha$ leur point d'intersection, on aura de même

$$\frac{d}{dt}\left[c_u^{\frac{3}{2}} b_u^{\frac{3}{2}} \alpha_\xi^{-3}(u u' u'')\right] = 0,$$

qui donne encore G quand les deux droites coïncident.

Exemple 4. — Nous allons former un exemple dans lequel aient lieu effectivement les circonstances qui distinguent la formule (26) de toutes les précédentes.

Soit une courbe anharmonique (K) donnée, et représentée par l'équation

$$b_u^q c_u^p = K\, a_u^{p+q},$$

dans laquelle $a_u$, $b_u$, $c_u$ sont trois trinômes du premier degré en $u_1$, $u_2$, $u_3$. Considérons les courbes anharmoniques (K'), ayant le même exposant $\frac{p}{q}$, le même point singulier $c_u = a_u = 0$ avec la même tangente $c_u = 0$, et ayant en outre, avec (K) en ce point, le contact le plus élevé possible, quand d'ailleurs on choisit arbitrairement pour chaque courbe (K′) le second point singulier et la tangente en ce point. Ces courbes (K′) satisfont à une équation différentielle du troisième ordre, que nous allons former, et dont le premier membre sera le covariant que nous prendrons pour exemple.

Soit $b_u + \lambda a_u + \lambda' c_u = 0$ la tangente de (K′) au second point singulier, et soit $a_u + \lambda'' c_u = 0$ la droite qui joint les deux points singuliers de cette courbe. L'équation de (K′) aura la forme

$$(b_u + \lambda a_u + \lambda' c_u)^q c_u^p = \mathrm{K}(a_u + \lambda'' c_u)^{p+q},$$

où le coefficient K est précisément le même que pour la première courbe, à cause de la condition relative au contact de (K) et (K′) au point singulier commun.

L'équation différentielle s'obtiendra par l'élimination de $\lambda, \lambda', \lambda''$.

Afin de bien préciser le calcul, introduisons les sommets du triangle de référence, en les désignant par $\alpha$, $\beta$, $\gamma$ et dénotant les coordonnées de chacun d'eux par la lettre correspondante affectée des indices 1, 2, 3.

Supposons $a_u, b_u, c_u$ ainsi choisis :

$$a_u = (\beta\gamma u), \quad b_u = (\gamma\alpha u), \quad c_u = (\alpha\beta u).$$

Rappelons-nous aussi les identités

$$b_u a_u' - a_u b_u' = -(\alpha\beta\gamma)(\gamma u u'),$$
$$(\beta u u')(\alpha u u'') - (\beta u u'')(\alpha u u') = -(\alpha\beta u)(u u' u'').$$

Écrivons l'équation de (K′) ainsi :

$$\frac{b_u}{c_u} + \lambda \frac{a_u}{c_u} + \lambda' = \mathrm{K}^{\frac{1}{q}} \left( \frac{a_u}{c_u} + \lambda'' \right)^{\frac{p+q}{q}}.$$

Différentiant une première fois et ayant égard à la première identité, nous obtenons

$$-\frac{(\alpha uu')}{(\beta uu')}+\lambda=\frac{p+q}{q}\cdot \mathrm{K}^{\frac{1}{q}}\left(\frac{a_u}{c_u}+\lambda''\right)^{\frac{p}{q}}.$$

Différentiant de nouveau, en ayant égard à la seconde identité, nous aurons

$$\frac{(\alpha\beta u)^3\,(uu'u'')}{(\beta uu')^3}=\frac{p+q}{q}\cdot\frac{p}{q}\,\mathrm{K}^{\frac{1}{q}}\,(\alpha\beta\gamma)\left(\frac{a_u}{c_u}+\lambda''\right)^{\frac{p-q}{q}}.$$

Pour éliminer la dernière constante $\lambda''$, nous n'avons qu'à résoudre par rapport au dernier binôme, puis différentier, ce qui nous donne

$$\frac{d}{dt}\left\{\left[\frac{(\alpha\beta u)^3(uu'u'')}{(\beta uu')^3}\right]^{\frac{q}{p-q}}-\mathrm{L}\frac{a_u}{c_u}\right\}=0,$$

$$\mathrm{L}=\left[\frac{p+q}{q}\cdot\frac{p}{q}\,\mathrm{K}^{\frac{1}{q}}\,(\alpha\beta\gamma)\right]^{\frac{q}{p-q}}.$$

Pour achever le calcul en développant cette équation différentielle et la mettant sous forme entière, nous n'avons qu'à introduire, comme il a été convenu,

$$\mathrm{G}=\frac{(\beta uu')^4}{(\alpha\beta u)^2}\cdot\frac{d}{dt}\left[\frac{(\alpha\beta u)^3(uu'u'')}{(\beta uu')^3}\right].$$

Il vient ainsi, pour le covariant cherché,

$$\mathrm{F}=(\alpha\beta\, u)^{p+2q}\,\mathrm{D}^{2q-p}-\mathrm{M}\,(\beta uu')^{q+2p}\,\mathrm{G}^{q-p},$$

$$\mathrm{M}=\left(\frac{p-q}{q}\right)^{p-q}\left(\frac{p+q}{q}\,\frac{p}{q}\right)^{q}(\alpha\beta\gamma)^p\,\mathrm{K}.$$

Cette forme de F est entière si l'on a $q>p$. Pour les autres cas, F prend la forme entière si on le multiplie par des puissances convenables de G et D; ce qui fait, en tout, trois cas à distinguer. Mais il est à remarquer qu'une seule formule suffit, comme on va voir.

Calculons la formule (26) dans l'hypothèse $q > p$. Nous trouverons

$$N = \frac{3}{2}(q+p)\mu + \frac{1}{2}(q-p)m + (q-p)\Pi + \frac{q+p}{2}\sum(n_1 - \nu_1) + \frac{q-p}{2}\sum(n_2+\nu_2),$$

$$\frac{n_1}{\nu_1} \geqq \frac{q}{p}, \quad \frac{n_2}{\nu_2} < \frac{q}{p}, \quad q > p.$$

D'après la définition du covariant F, on obtient le corrélatif par l'échange de $p$ et $q$. En échangeant donc $p$ et $q$, $m$ et $\mu$, $n$ et $\nu$, dans la formule précédente, on obtient celle qui convient au cas opposé, et qu'on pourra aussi calculer directement

$$N = \frac{3}{2}(p-q)\mu + \frac{1}{2}(p+q)m + (p-q)\Pi + \frac{p-q}{2}\sum(n_1+\nu_1) + \frac{p+q}{2}\sum(\nu_2 - n_2),$$

$$\frac{n_1}{\nu_1} \geqq \frac{q}{p}, \quad \frac{n_2}{\nu_2} < \frac{q}{p}, \quad q < p.$$

En supposant, dans la première formule, que la courbe $(m, \mu)$ soit elle-même une courbe anharmonique, caractérisée par les nombres $p'$, $q'$, et admettant qu'on ait $\frac{q'}{p'} \geqq \frac{q}{p}$, les données seront

$$m = \mu = p' + q', \quad \Pi = 0, \quad n_1 = q', \quad \nu_1 = p';$$
$$n_2 = p', \quad \nu_2 = q'.$$

Il en résulte $N = 3qq' + 2qp' + pq'$. Faisons l'application $p = p' = 1$, $q = q' = 2$; $N = 18$. Étant données deux cubiques de troisième classe, si l'on envisage les cubiques de troisième classe ayant avec chacune des deux proposées un contact du troisième ordre, en un point indéterminé pour l'une, au point d'inflexion pour l'autre, le nombre des cubiques considérées est égal à 18.

Ce dernier exemple fait bien voir que, pour les problèmes

dont il s'agit, il n'y a pas d'équivalents, en nombre limité, aux points singuliers d'une courbe. Nous ne pousserons pas plus loin cette discussion qui, pour les covariants du quatrième ordre et des ordres supérieurs, donnerait des résultats analogues, mais avec une complication toujours croissante.

# TROISIÈME PARTIE.

51. On appelle *correspondance* entre les points de deux courbes C, C', une liaison entre un point $x$ de la première et un point $x'$ de la seconde, telle que, l'un de ces points $x$ étant pris arbitrairement sur C, l'autre point $x'$ s'en déduise sur C'. Il n'est, bien entendu, question ici que de correspondances algébriques, c'est-à-dire exprimables par des relations algébriques entre les coordonnées rectilignes de $x$ et $x'$.

De la manière la plus générale, la correspondance peut être telle qu'au point $x$ correspondent $k$ points $x'$, et au point $x'$ $k'$ points $x$. C'est le cas de la correspondance *multiforme*.

Si $k$ et $k'$ sont, tous deux, égaux à l'unité, la correspondance est *uniforme*, ou, comme on dit aussi, les courbes se correspondent *point par point*.

Il peut se faire que C et C' coïncident. On a alors une correspondance entre les points d'une même courbe.

On ne doit pas confondre la correspondance entre les points de deux courbes avec la correspondance entre les points de deux plans. Cette dernière est une liaison double, telle que, un point $x$ étant arbitrairement choisi, le point $x'$ s'en déduise. Assurément, une telle correspondance, appliquée aux points $x$ d'une courbe C, donne une courbe C' avec une correspondance entre les points de C et C'. Mais, dans cette application, les nombres $k$ et $k'$ peuvent être modifiés. Soit, par exemple, la correspondance

$$x' = x^2, \quad y' = y^2.$$

Envisagée pour le plan, elle est caractérisée par $k = 1$,

$k' = 4$. Mais, appliquée à une courbe C qui n'a aucun des axes de coordonnées, supposés rectangulaires, pour axe de symétrie, elle donne lieu à une correspondance uniforme.

D'autre part aussi, une correspondance donnée entre les points de C, C′ peut être regardée comme l'application à C d'une correspondance entre les points du plan. Mais, en vertu des équations de C et C′, cette dernière correspondance n'est pas définie, et peut être variée d'une infinité de manières.

Il s'agit ici des correspondances envisagées seulement pour deux courbes et non pas pour le plan.

**52.** Les correspondances pour lesquelles on a $k = 1$ méritent une mention spéciale. En ce cas, les coordonnées de $x'$ s'expriment rationnellement par celles de $x$. Dans les correspondances uniformes, les coordonnées de $x$ s'expriment rationnellement aussi par celles de $x'$. Pour faire cette inversion, il faut se servir, non pas seulement des expressions de $x', y'$ en $x, y$, mais aussi de l'équation de C, excepté dans le cas où la correspondance considérée est l'application d'une correspondance uniforme dans tout le plan.

Par exemple, la correspondance considérée tout à l'heure, appliquée à la droite $ax + by = 1$, prise pour C, est uniforme; l'inversion se fait par les formules

$$x = \frac{a^2x' - b^2y' + 1}{2a}, \quad y = \frac{b^2y' - a^2x' + 1}{2b}.$$

Si, au contraire, on applique la même correspondance du plan à la parabole $y = x^2$, prise pour C, l'inversion se fait ainsi

$$y = x' \quad x^2 = x'.$$

C′ coïncide avec C, et l'on a $k' = 2$.

*Toute correspondance peut être ramenée à la combinaison de deux autres dans chacune desquelles l'un des nombres caractéristiques est l'unité*. Soit effectivement une correspondance $(k, k')$ entre $x$ et $x'$ sur C et C'. On peut, d'une infinité de manières, pour chaque couple $x$, $x'$, construire un point $\xi$, tel qu'à chaque point $\xi$ corresponde à la fois un seul point $x$ et un seul point $x'$. On prendra, par exemple, le point de concours des tangentes de C et C' en $x$ et $x'$, ou bien le point où la droite $xx'$ touche son enveloppe, etc. Le point $\xi$ a un lieu $\Gamma$. Entre $x$ et $\xi$ sur C et $\Gamma$ existe une correspondance $(k, 1)$; entre $\xi$ et $x'$ sur $\Gamma$ et C' une correspondance $(1, k')$. La correspondance $(x, x')$ est ainsi la combinaison des correspondances $(x, \xi)$, $(\xi, x')$, dont les nombres caractéristiques sont $(k, 1)$, $(1, k')$.

53. Soit une correspondance $(x, x')$ caractérisée par les nombres $(k, 1)$. Pour les coordonnées de $x'$ conservons $x'$, $y'$, entendant par là, comme précédemment, les rapports de deux coordonnées homogènes à la troisième; pour $x$ prenons des coordonnées homogènes $u_1$, $u_2$, $u_3$. La correspondance donnée permet de considérer $u_1$, $u_2$, $u_3$ comme trois polynômes entiers en $x'$, $y'$. Désignons par $q$ le degré commun de ces trois polynômes.

Considérons un cycle (C') sur la courbe C'. Soit $t$ une variable correspondant uniformément aux points de ce cycle (n° 9); prenons les développements de $x'$ et $y'$ suivant les puissances de $t$ qui définissent le cycle (C'), et portons-les dans $u_1$, $u_2$, $u_3$. Les coordonnées de $x$ étant ainsi développées suivant les puissances entières de $t$, ces nouveaux développements définissent un cycle (C). Le paramètre $t$ peut correspondre uniformément aux points de ce cycle (C); le contraire peut arriver également, suivant les cas. D'une manière générale, imaginons que $\rho$ valeurs de $t$ correspondent à chaque point de (C). La correspondance entre les points des deux cycles (C) et (C') est caractérisée ainsi par les nombres $(\rho, 1)$. Au cycle (C) peuvent correspondre d'autres cycles $(C'_1)$, $(C'_2)$, ...

sur C'. Soient $\rho_1, \rho_2, \ldots$ les nombres analogues à $\rho$ par chaque couple (C) ($C'_1$), (C) ($C'_2$), .... La somme $\rho + \rho_1 + \rho_2 \ldots$ marque le nombre des points de la courbe C' qui correspondent à un point du cycle (C), c'est-à-dire à un point de la courbe C. Cette somme est donc égale à $k$.

Si le cycle (C') est pris arbitrairement, c'est-à-dire si son origine est un point arbitraire de C', les nombres $\rho$ sont tous égaux à l'unité. Quand un de ces nombres est supérieur à l'unité, il y a *coïncidence* entre plusieurs points $x$ correspondant à un même point $x'$. Nous allons trouver une relation entre le nombre de ces coïncidences et les éléments des courbes C et C' déjà envisagés.

54. Considérons une fonction linéaire des $u$, soit

$$a = a_1 u_1 + a_2 u_2 + a_3 u_3.$$

Envisageant cette fonction le long de la courbe C', appliquons le théorème du n° 27. Les cycles relativement auxquels l'ordre de $a$ diffère de zéro, quels que soient les coefficients $a$, sont : 1° ceux qui répondent aux coordonnées $x'$, $y'$ infinies; 2° ceux qui correspondent aux zéros simultanés des trois polynômes $a$. En ce qui concerne ces derniers, désignons par $h$ l'ordre commun aux trois polynômes relativement à un pareil cycle; la totalité des zéros communs à $u_1$, $u_2$, $u_3$ donne, pour la somme des ordres de $a$, l'élément $\Sigma h$. Quant aux premiers, chacun d'eux donne l'ordre $-q$; leur nombre est le degré $m'$ de la courbe C'. Leur ordre total est donc $-m'q$.

Les cycles relativement auxquels l'ordre de $a$ diffère de zéro, et qui varient avec les coefficients $a$, répondent aux intersections de la courbe C avec la droite $a = 0$. A chacune de ces intersections correspondent $k$ points de C'; ces intersections ont pour nombre le degré $m$ de C. La somme des ordres relatifs à ces cycles est donc $km$. En égalant à zéro la somme totale, on a ainsi l'égalité

$$km = m'q - \sum h.$$

Considérons maintenant une fonction linéaire $\alpha$ des coordonnées tangentielles de $x$, soit

$$\alpha = \left(\alpha u \frac{du}{dx}\right).$$

Appliquons encore à $\alpha$ le même théorème.

Les points à coordonnées infinies donnent ici la somme

$$-2m'(q-1).$$

Ceux en lesquels $dx'$ est nul donnent la somme $-\mu'$, la classe de la courbe C' étant désignée par $\mu'$. Examinons maintenant quels sont les autres éléments de la somme des ordres, indépendants des coefficients $\alpha$.

Prenons un cycle (C'), d'ordre $n'$. Supposons que, relativement à ce cycle, les polynômes $u$ aient l'ordre $h$. En faisant une combinaison linéaire de ces polynômes, on pourra faire disparaître le terme en $t^h$. Soit alors $h + \mathrm{N}$ le degré du premier terme qui subsiste. Il est visible que l'ordre de $\alpha$, relativement au cycle (C'), est $2h + \mathrm{N} - n'$. Tel est l'ordre de $\alpha$, relativement à tout cycle (C'), où les coordonnées de l'origine sont finies, et où la tangente n'est pas $x' = \text{const}$.

Enfin la somme des ordres de $\alpha$, pour les cycles dont les origines varient avec les coefficients $\alpha$, est égale à $k\mu$, la classe de C étant désignée par $\mu$. Nous avons donc

$$k\mu = 2m'(q-1) + \mu' - \sum(2h + \mathrm{N} - n').$$

L'élimination de $q$ entre les deux relations conduit à celle-ci.

$$(27) \qquad k(\mu - 2m) = \mu' - 2m' - \sum(\mathrm{N} - n').$$

55. Pour dégager, dans la formule (27), les éléments géométriques, envisageons d'abord l'hypothèse $k = 1$. En ce cas, C et C′ se correspondent point par point. La variable $t$ qui correspond uniformément aux points d'un cycle (C′) correspond uniformément aussi aux points du cycle (C). D'après le n° 9, N est l'ordre du cycle (C). Mettant alors $n$ pour cet ordre, nous avons à prendre dans (27) tous les couples (C), (C′) correspondants où $(n - n')$ n'est pas nul. En prenant ces couples, nous pouvons écrire

$$\mu - 2m + \sum (n - 1) = \mu' - 2m' + \sum (n' - 1).$$

Mais, dans cette dernière forme, la sommation peut se faire, pour chaque courbe, indépendamment de l'autre, pourvu qu'on n'omette aucun des cycles d'ordre différent de l'unité. Ainsi :

*Le nombre* $\mu - 2m + \sum (n - 1)$ *se conserve dans toute correspondance uniforme.*

On verra plus loin que ce nombre est pair et a pour minimum $-2$. On peut donc l'écrire $2(p - 1)$ :

$$2(p - 1) = \mu - 2m + \sum (n - 1). \tag{28}$$

Le nombre entier, non négatif, $p$, s'appelle le *genre* de la courbe. *Deux courbes, qui se correspondent point par point, sont du même genre.*

56. Prenons maintenant $k$ différent de l'unité. Le nombre N est alors égal à $\rho n$, $n$ étant l'ordre du cycle (C) correspondant à (C′), et $\rho$ désignant le nombre des points de (C′) qui correspondent à un même point de (C). Pour donner à l'égalité sa forme définitive, envisageons maintenant une seconde correspondance $(x', x'')$ entre un point de C′ et un point d'une autre courbe C″, et supposons cette correspondance caracté-

risée par les nombres $(1, k'')$. Nous avons, en appliquant l'égalité (27) à C, C', et à C', C'',

$$k(\mu - 2m) = \mu' - 2m' + \sum(\rho n - n')$$

$$k''(\mu'' - 2m'') = \mu' - 2m' + \sum(\rho'' n'' - n').$$

La propriété essentielle des sommes $\sum$ qui interviennent ici consiste en ce qu'on peut les étendre à tant de cycles qu'on voudra, sous la condition de n'omettre aucun de ceux où l'élément de la somme n'est pas nul. On peut donc tirer des deux égalités cette autre

$$(29)\qquad k(\mu - 2m) - k''(\mu'' - 2m'') = \sum(\rho'' n'' - \rho n).$$

C'est là une des formes qu'on peut considérer comme définitives, tous les éléments étant susceptibles de définitions simples. Voici, à cet égard, les observations à faire :

1° *Dans la formule* (29), *les courbes* C *et* C'' *ont entre leurs points une correspondance quelconque* $(k, k'')$, (n° 52);

2° *Les lettres* $n$ *et* $n''$ *désignent les ordres de deux cycles correspondants* (C), (C'') *sur ces deux courbes; chaque point du cycle* (C) *a, sur* (C''), *des correspondants en nombre* $\rho$, *et chaque point de* (C'') *a, sur* (C), *des correspondants en nombre* $\rho''$.

57. Voici maintenant une autre forme de la même relation. Nous pouvons transformer (29) ainsi

$$k(\mu - 2m) + \sum\rho(n-1) - k''(\mu'' - 2m'')$$
$$- \sum\rho''(n''-1) = \sum(\rho'' - \rho),$$

où chaque somme sera étendue aux mêmes éléments que précédemment. Mais, d'après (29), on peut les étendre à tant d'autres éléments qu'on veut. Pour chaque cycle (C) qui figure déjà dans ces sommes, prenons tous les correspondants (C''). Comme on a $\sum \rho = k$, le second terme de la dernière relation devient $k \sum (n-1)$. Répétons la même transformation pour chaque cycle (C'') qui figure actuellement dans les sommes, et le quatrième terme devient $k'' \sum (n''-1)$. Étendons ces deux sommes $\sum (n-1)$ et $\sum (n''-1)$ à tous les cycles (C) et (C'') pour lesquels les éléments ne sont pas nuls. Il restera au second membre la somme $\sum (\rho''-\rho)$ étendue à tous les couples (C) et (C'') correspondants considérés, et cette somme se réduira à tous les couples (C) et (C'') pour lesquels $(\rho'-\rho)$ n'est pas nul. Faisant usage de l'égalité (28), nous conclurons

$$(30) \qquad 2k(p-1) - 2k''(p''-1) = \sum (\rho''-\rho).$$

Dans cette relation, la somme $\sum (\rho''-\rho)$ a la signification suivante : $a$ et $a''$ étant deux points correspondants, à un point $x$ infiniment voisin de $a$ correspondent $\rho$ points $x''$ infiniment voisins de $a''$, et à un point $x''$ infiniment voisin de $a''$ correspondent $\rho''$ points $x$ infiniment voisins de $a$. Quand $a$ et $a''$ sont les origines de plusieurs cycles, on doit considérer successivement ces points comme appartenant à ces divers cycles, pour faire la somme $\sum (\rho''-\rho)$. Cette relation (30), si remarquable par son extrême généralité, est due à M. Zeuthen.

Comme on l'a observé précédemment, la correspondance peut avoir lieu entre les points d'une seule et même courbe. La démonstration précédente s'applique parfaitement à ce cas, et la formule (30) donne

$$(31) \qquad 2(k-k'')(p-1) = \sum (\rho''-\rho).$$

Le genre $p$, se conservant dans toute correspondance point par point, se conserve par dualité. C'est ce qu'on vérifie par la formule (29); en effet, si l'on écrit

$$\mu - 2m + \sum(n-1) = m - 2\mu + \sum(\nu - 1),$$

on retrouve la formule (22).

En faisant usage des formules (30) ou (31) dans des correspondances diverses, on peut établir par une voie toujours la même une foule de résultats concernant le nombre des points qui, sur une courbe, satisfont à une relation donnée, ou même concernant des groupes de points. Nous laisserons de côté ces applications pour aborder immédiatement une des questions les plus importantes qu'offre la théorie des correspondances, celle de la réduction des singularités.

58. Prenons les mêmes notations qu'au n° 53, mais supposons que la correspondance envisagée soit caractérisée par les nombres (1, 1). Pour un cycle (C′) nous avons un cycle correspondant (C); les coordonnées d'un point de (C) se développent suivant les puissances croissantes de $t$, paramètre qui correspond uniformément, dans ce cas, aux points de (C) comme aux points de (C′). Ainsi qu'on l'a vu au n° 9, la condition nécessaire et suffisante pour que l'ordre du cycle (C) soit l'unité consiste en ceci : les développements des coordonnées $u_1$, $u_2$, $u_3$ doivent avoir la forme commune

$$u_i = t^h(A_i + B_i t + \ldots),$$

dans laquelle les trois déterminants $A_i B_j - A_j B_i$ ne sont pas nuls.

Quand l'ordre $n'$ du cycle (C′) n'est pas l'unité, cette condition ne sera pas satisfaite si l'on prend arbitrairement les trois polynômes $u$. Effectivement, si ces polynômes ne sont pas nuls à l'origine de (C′), leurs développements auront la forme $A + Bt^{n'} + \ldots$, et le cycle (C) sera généralement d'ordre $n'$. On voit clairement que l'ordre de (C) ne peut être moindre que $n'$, si les trois polynômes $u$ ne s'évanouissent pas à l'origine de (C'), en d'autres termes si $h$ est nul.

Nous allons montrer qu'on peut former un polynôme $u$, entier par rapport à $x'$, $y'$, et dont le développement, pour chaque cycle $(C'_s)$ d'ordre $n' > 1$, ait la forme

$$u = t^h(a_s + b_s t + \ldots),$$

les premiers coefficients $a_s$, $b_s$, ... étant donnés à volonté pour chacun de ces cycles.

59. Soit le cycle $(C'_s)$ représenté par le développement de $y'$ suivant les puissances croissantes de $(x' - x'_s)$, $x'_s$ étant l'abscisse de son origine. Prenons, dans ce développement, l'ensemble des premiers termes jusqu'à un rang que nous allons préciser, et désignons cet ensemble par $f_s(t_s)$, en sorte que le développement lui-même soit représenté par

$$x' - x'_s = t_s^{n'_s}, \quad y' = f_s(t_s) + F_s(t_s),$$

la lettre F désignant le reste de la série. Le développement de $y'$ a $n'$ valeurs qu'on obtient toutes en prenant partout une seule détermination de $t_s$, et en la multipliant par les diverses racines $\omega_s$ de $\omega_s^{n'_s} = 1$. Les termes qui composent $f$ doivent être pris en assez grand nombre pour que $f_s(\omega_s t_s)$ ait précisément $n'$ valeurs.

Il peut exister d'autres cycles, ayant la même origine que $(C'_s)$ et qui soient représentés par des développements suivant les puissances de $(x' - x'_s)$, coïncidant avec le précédent dans un certain nombre de termes successifs. L'ensemble $f_s$ doit contenir, en outre, au moins le premier terme par lequel le développement $f_s + F_s$ diffère de tous les autres.

Ceci fait, prenons un polynôme entier arbitraire en $t_s$, $\varphi_s(t_s)$, et formons la somme

$$v_s = \sum \frac{\varphi_s(\omega_s t_s)}{y' - f_s(\omega_s t_s)},$$

appliquée à toutes les racines $\omega_s$ de l'unité. Cette somme est rationnelle en $y'$ et $t_s^{n'_s}$ ; c'est donc une fonction rationnelle de $x'$ et $y'$, $w_s(x', y')$. Pour chaque cycle $(C')$, dont l'ordre diffère de l'unité, formons d'après la même règle une fonction rationnelle $w_s$, en prenant chaque fois $\varphi_s$ indéterminé, et considérons la somme $v$ de toutes ces fonctions $w_s$. La propriété de cette somme $v$, qui va nous être utile, consiste en ceci : pour un quelconque $(C'_s)$ des cycles précédents, le premier terme du développement de $v$ est fourni par la partie correspondante $w_s$.

Soit, en effet, $\sigma$ le premier exposant de $t_s$ dans $F_s$. Dans $v_s$, le terme $\dfrac{\varphi_s(t_s)}{y' - f_s(t_s)}$ a sa partie principale du degré $-\sigma$. Tout autre terme, où $t_s$ est multiplié par une racine de l'unité, a sa partie principale de degré plus grand ; car, d'après la première condition observée dans le choix de $f$, le dénominateur a sa partie principale de degré moindre que $\sigma$. Pour une raison analogue, la seconde condition, observée dans le choix de $f$, a pour effet d'assigner à la partie principale de chaque autre fonction $v_r$ un degré supérieur à $-\sigma$. C'est ce qu'il fallait prouver.

En prenant $\varphi_s$ à volonté, nous aurons ainsi le développement de $v$, pour le cycle $(C'_s)$, sous la forme

$$x' - x'_s = t_s^{n'_s}, \quad v = t_s^{-\sigma}(\alpha_s + \beta_s t + \ldots).$$

Les coefficients $\alpha_s$, $\beta_s$, ... seront arbitraires en aussi grand nombre qu'on voudra, pourvu qu'on prenne le degré de $\varphi_s$ convenablement.

Il suffit maintenant de prendre pour $u$ le numérateur de la fraction rationnelle $v$ ; le développement de $u$, pour chaque cycle $(C'_s)$, aura la forme demandée. Les coefficients $a$, $b$, ... et $\alpha$, $\beta$, ... se déterminent linéairement les uns par les autres. Donc $a_s$, $b_s$, ... peuvent être pris arbitrairement.

60. Prenons trois polynômes $u_1$, $u_2$, $u_3$, construits comme

on vient de le dire, et employons-les pour déduire une courbe C de la courbe C'. Tous les cycles (C), qui correspondent aux cycles (C') d'ordre $n' > 1$, auront eux-mêmes l'ordre unité. Tout autre cycle (C') donne d'ailleurs un cycle (C) d'ordre égal à l'unité. Effectivement, la circonstance opposée exige qu'à l'origine du cycle (C') soient satisfaites les conditions $\frac{du_1}{u_1} = \frac{du_2}{u_2} = \frac{du_3}{u_3}$. Ces conditions, au nombre de deux, ne seront satisfaites en aucun point de C' si les polynômes $u$ ne sont pas particularisés. Ainsi *à toute courbe algébrique on peut faire correspondre point par point une autre courbe qui n'ait aucun cycle d'ordre différent de l'unité.* On peut aller plus loin encore, en faisant entrer au nombre des cycles ($C'_s$) considérés précédemment tous ceux dont les origines sont des points multiples de la courbe C', quand même les ordres de ces cycles auraient l'unité pour ordre. De cette manière, *à toute courbe algébrique on peut faire correspondre point par point une autre courbe sur laquelle les correspondants de tous les points singuliers de la première soient des points simples, et qui n'ait elle-même d'autres points singuliers que des points doubles ordinaires.* Ce théorème est dû à M. Nöther.

Les points doubles de C proviennent des couples de points $x'$, $x'_1$ pour lesquels les trois couples de valeurs de $u_1$, $u_2$, $u_3$ sont proportionnelles entre elles. Ces couples de points sont variables sur C' quand on fait varier les arbitraires des polynômes $u$. Mais leur nombre est entièrement fixé quand les polynômes $u$ sont construits, comme nous avons dit, avec des polynômes $\varphi$ de degré déterminé. Effectivement alors le degré et la classe $m$, $\mu$ de la courbe C sont donnés par les équations du n° 54. Puisque C n'a pas d'autre singularité, on a dans ce cas $\mu = m(m-1) - 2d$, $d$ étant le nombre de ces points. C'est un résultat bien connu, et qui sera d'ailleurs démontré bientôt.

Le genre $p$, commun aux courbes C et C′, est donné par la relation $2(p-1)=\mu-2m$, d'où l'on déduit

$$p=\frac{(m-1)(m-2)}{2}-d.$$

Des considérations, trop connues pour qu'il soit besoin de les rappeler, prouvent que le nombre des points doubles d'une courbe de degré $m$ ne peut dépasser $\frac{(m-1)(m-2)}{2}$. Donc le nombre $p$ est, comme il a été annoncé, entier et non négatif.

61. L'analyse des nos 58 et 59 conduit à donner au théorème de M. Nöther une forme plus géométrique. Les coordonnées $x'$ et $y'$ étant considérées comme les rapports $\frac{X}{V}$, $\frac{Y}{V}$ de deux coordonnées homogèmes X, Y à une troisième V, prenons une quatrième coordonnée Z et définissons $\frac{Z}{V}$ par le rapport de deux polynômes $u_1$ et $u_0$, non plus d'un même degré comme précédemment, mais de degrés qui diffèrent entre eux d'une unité : $u_1$ de degré $q+1$, $u_0$ de degré $q$. En joignant à l'équation de la courbe C′ l'équation $\frac{Z}{V}=\frac{u_1}{u_0}$, nous définissons une courbe gauche Γ, qui a un seul point singulier; c'est le sommet $Z(X=Y=V=0)$ du tétraèdre de référence. En ce point, la courbe gauche se compose de cycles, d'ordre unité, ayant cette commune origine; les tangentes de ces cycles sont les droites aboutissant aux intersections de C′ et de la courbe $u_0=0$, autres que les points singuliers de C′.

Si maintenant on fait la perspective de Γ en plaçant le point de vue arbitrairement, cette perspective est une courbe plane correspondant point par point à C′ et n'ayant pour points singuliers que des points doubles ordinaires (points doubles apparents de Γ), et la perspective de Z. Cette courbe plane n'a donc, elle aussi, aucun cycle d'ordre différent de l'unité. En faisant varier d'une manière continue le point de vue jusqu'à Z, on pourra obtenir C′ comme limite de cette perspective. Donc *une courbe algébrique quelconque peut être considérée comme la limite d'une autre courbe n'ayant aucun cycle d'ordre différent de l'unité.* Dans cette déformation, les points singuliers de C′ s'obtiennent par la réunion de points doubles entre eux.

**62.** Pour faire comprendre la grande importance du théorème de M. Nöther, nous allons montrer, par un exemple, comment ce théorème permet de transporter à des courbes quelconques certaines propriétés faciles à prouver pour les courbes à singularités ordinaires.

Soit une courbe C du degré $m$, n'ayant d'autres points singuliers que des points doubles ordinaires, en nombre $d$, et dont le genre $p$ soit au moins égal à l'unité. Par les points doubles on peut mener des courbes $\psi(x,y)=0$ du degré $m-3$, et ces courbes $\psi$ forment un système linéaire à $p-1$ arbitraires. En d'autres termes, il existe $p$ polynômes $\psi_1, \psi_2, \ldots, \psi_p$ linéairement distincts entre eux. Soit $f(x,y)=0$ l'équation de C, sous forme entière; et considérons l'une quelconque des expressions $\dfrac{\psi_k(x,y)}{\dfrac{\partial f(x,y)}{\partial y}} = \theta_k(x)$ le long de la courbe C. Un théorème célèbre, dû à Abel, et pour la démonstration duquel nous renverrons aux ouvrages spéciaux [1], fait connaître la propriété suivante de la fonction $\theta_k(x)$. Soit un faisceau de courbes dont chacune rencontre la courbe C en $\lambda$ points variables avec le paramètre du faisceau, les autres points de rencontre étant fixes pour toutes les courbes du faisceau ; en

[1] Clebsch et Gordan, *Theorie der Abel'schen Functionen*, p. 44.

désignant par $x_1, x_2, \ldots, x_\lambda$ les abscisses des points variables, on a toujours

$$\theta_k(x_1)dx_1 + \theta_k(x_2)dx_2 \ldots \theta_k(x_\lambda)dx_\lambda = 0.$$

De ce théorème, M. Edouard Weyr a déduit le suivant : si l'on peut, en modifiant le faisceau, faire en sorte que les $\lambda$ points de rencontre de C avec une des courbes du faisceau soient choisis arbitrairement, le nombre $\lambda$ est nécessairement plus grand que le genre $p$ de la courbe C.

En effet, pour un quelconque des groupes $(x_1 \ldots x_\lambda)$ ont lieu $p$ équations, telles que la précédente. Si l'on avait $\lambda \leqq p$, ces équations homogènes entre les différentielles $dx_1, \ldots, dx_\lambda$ entraîneraient une ou plusieurs relations entres $x_1, \ldots x_\lambda$, ce qui est incompatible avec l'hypothèse, un des groupes $x_1 \ldots x_\lambda$ devant pouvoir être pris arbitrairement.

Si maintenant on applique une même transformation, à la fois, à C et au faisceau, on obtient une transformée C′ et un autre faisceau. Les points mobiles sur C se transforment en points mobiles sur C′, et le théorème de M. Weyr s'applique à une courbe algébrique quelconque, les deux nombres $\lambda$ et $p$ se conservant dans la transformation.

Il existe aussi une proposition réciproque. Revenons à la courbe C, qui n'a que des points doubles ordinaires. Par ces $d$ points et $p+1$ autres, choisis à volonté sur C, on peut d'une infinité de manières mener une courbe $C_1$ du degré $m-2$. Les autres intersections de C et $C_1$ sont au nombre

$$m(m-2)-(p+1)-2d.$$

Par ces dernières et par les $d$ points doubles on peut mener un faisceau de courbes $(C_1)$, du degré $m-2$. Effectivement le nombre total des pivots est

$$m(m-2)-(p+1)-d = \frac{(m-2)(m+1)}{2} - 1.$$

$C_1$ est une des courbes de ce faisceau, et l'on a pris à volonté pour cette courbe $C_1$ le groupe des intersections mobiles, qui sont en nombre $(p+1)$. Ainsi, tandis que le théorème de M. Edouard Weyr assigne au nombre $\lambda$ la limite inférieure $p+1$, nous voyons maintenant que cette limite peut être effectivement atteinte pour une courbe C à points doubles ordinaires. Mais ce résultat s'étend immédiatement aux courbes quelconques, et nous avons cette proposition générale : *si, sur sur une courbe algébrique quelconque, on veut déterminer les points par groupes au moyen des intersections de la courbe avec les courbes d'un faisceau, et cela de telle sorte qu'un des groupes puisse être pris à volonté, le minimum du nombre des points composant un groupe surpasse d'une unité le genre de la courbe.*

Cet énoncé attribue au genre une signification géométrique tout à fait générale et, en même temps, montre clairement que cet élément se conserve dans les transformations uniformes.

On remarquera que la démonstration a laissé de côté les courbes du genre zéro, du moins pour le théorème de M. Edouard Weyr. Mais ces courbes n'échappent pas à la démonstration de la seconde partie, et l'on voit que, suivant l'expression de M. Chasles, les points s'y déterminent *individuellement*.

Dans la dernière proposition, la condition qu'*un des groupes puisse être pris à volonté* est essentielle. Par exemple, les courbes hyperelliptiques, $y^2 = F(x)$, où $F(x)$ est un polynôme entier de degré $2n$, sont du genre $(n-1)$; et cependant les points s'y déterminent par groupes de *deux* seulement au moyen des droites $x =$ constante. Mais on ne peut pas prendre à volonté les deux points d'un même groupe.

63. Une assez curieuse application de la formule donnant le genre peut être faite à la courbe $r^k = \cos k\theta$ (n° 16). Il est visible que deux telles courbes se correspondent point par point quand les deux nombres tels que $k$ ont le même numé-

rateur pour les deux courbes. On doit donc trouver pour le genre une expression dépendant seulement de ce numérateur. Prenons, par exemple, le cas où ce nombre $k$ est positif, égal à $\frac{q}{s}$. La discussion faite au n° 16 montre qu'il y a sur la courbe $3q$ cycles d'ordre $s$ et de classe $q$. On a donc

$$\sum(n-1) = 3q(s-1).$$

D'ailleurs $\mu = q(q+s)$, $m = 2qs$. Donc

$$2(p-1) = q(q+s) - 4qs + 3q(s-1) = q(q-3).$$

# QUATRIÈME PARTIE.

64. Nous allons étudier maintenant avec plus de détails les développements en série dont nous avons, au début de cette étude, introduit la notion. Soit donc un développement suivant les puissances ascendantes, à exposants positifs et fractionnaires de $x$ ; soit $n$ le plus petit dénominateur commun à tous les exposants. Considérons d'abord le premier exposant $t$ et, le réduisant à sa plus simple expression, écrivons-le $t = \frac{s}{q}$, $q$ étant un diviseur de $n$ et pouvant se réduire à l'unité. Dans les termes qui suivent, laissons de côté tous ceux où l'exposant a pour dénominateur $q$ ou un diviseur de $q$, et retenons le premier qui ne soit pas dans ce cas. Soit $t_1$ ce premier exposant; écrivons-le ainsi

$$t = \frac{s}{q} + \frac{s_1}{qq_1}.$$

Les nombres $s_1$ et $q_1$ étant pris aussi petits que possible, $qq_1$ est le plus petit dénominateur commun à $t$ et $t_1$, et $q_1$ n'est pas l'unité.

Dans les termes suivants, laissons de côté ceux où l'exposant a pour dénominateur $qq_1$ ou un diviseur de $qq_1$, et retenons le premier qui ne soit pas dans ce cas. Soit $t_2$ ce premier exposant; nous l'écrirons

$$t_2 = \frac{s}{q} + \frac{s_1}{qq_1} + \frac{s_2}{qq_1q_2}.$$

En continuant de la sorte, nous distinguerons un dernier exposant

$$(32) \qquad t_k = \frac{s}{q} + \frac{s_1}{qq_1} + \frac{s_2}{qq_1q_2} + \ldots + \frac{s_k}{qq_1q_2\ldots q_k},$$

et le produit $qq_1q_2\ldots q_k$ est précisément le dénominateur $n$, commun à tous les exposants.

De cette manière, nous avons distingué dans le développement certains termes *caractéristiques*

$$ax^t,\ a_1x^{t}_1,\ a_2x^{t}_2,\ \ldots\ a_kx^{t}_k,$$

dont les exposants sont donnés par la formule générale (32). Dans cette formule, les entiers positifs $s$, $q$ de même indice sont toujours premiers entre eux.

Par construction, l'exposant d'un terme quelconque, intermédiaire entre ceux d'exposants $t_i$ et $t_{i+1}$, a pour dénominateur celui de $t_i$ ou un de ses diviseurs.

Tous les exposants des termes qui suivent le dernier terme caractéristique ont pour dénominateurs $n$ ou des diviseurs de $n$.

Les exposants $t$ sont les *exposants caractéristiques*, les fractions $\frac{s_i}{q_i}$ les *nombres caractéristiques*.

65. Nous aurons besoin de considérer simultanément deux développements différents, mais ayant en commun un certain nombre de leurs premiers termes. Employons, pour ce second développement les mêmes lettres *accentuées*, et admettons que le premier terme différent de part et d'autre soit, pour $y$,

$$\mathrm{A}x^{t_i+\frac{\mathrm{K}}{qq_1\ldots q_i}};$$

pour $y'$

$$\mathrm{A}'x^{t_i+\frac{\mathrm{K}}{qq_1\ldots q_i}};$$

K et l'un au moins des coefficients A et A' diffèrent de zéro.

Voici, à ce sujet, la recherche que nous avons besoin de faire. Prenant une des déterminations de $y$ et successivement chaque détermination de $y'$, nous allons chercher l'ordre de la partie principale du développement de chaque différence $y-y'$.

Pour fixer les idées, soit $\varphi$ l'argument de la quantité complexe $x$, choisi entre $0$ et $\pi$, et admettons que la détermination, considérée pour $y$, réponde à l'argument $\frac{\varphi}{qq_i \ldots q_n}$ pour $x^{\frac{1}{qq_1 \ldots q_n}}$.

Nous obtenons une détermination de $y'$ en attribuant là encore à $x$ l'argument $\varphi$, puis en augmentant successivement cet argument de circonférences entières.

Pour la première détermination de $y'$ la partie principale de $y - y'$ est du degré $t_i + \frac{K}{qq_1 \ldots q_i}$. C'est encore le même degré qu'on obtient en ajoutant à l'argument de $x$

$$2hqq_1 \ldots q_i \pi.$$

L'entier $h$ peut acquérir les valeurs

$$0,\ 1,\ \ldots,(q'_{i+1}.\ q'_{i+2} \ldots q'_{k'} - 1).$$

Soit $q'_{i+1}\, q'_{i+2} \ldots q'_{k} = Q$; il y a Q différences dont l'ordre est $t_i + \frac{K}{qq_1 \ldots q_i}$.

Ce résultat s'applique encore si $t_i + \frac{K}{qq_1 \ldots q_i}$ est l'exposant caractéristique d'indice $i + 1$, dans l'un ou l'autre des deux développements. En ce cas seulement, le nombre K peut n'être pas entier.

Quand on ajoute à $x$ l'argument $2hqq_1 \ldots q_{i-1}\pi$, en prenant $h$ non divisible par $q_i$ on obtient, pour la partie principale de $y - y'$, l'ordre $t_i$. De la sorte il y a $Q(q_i - 1)$ différences d'ordre $t_i$.

En ajoutant à $x$ l'argument $2hqq_1, \ldots q_{i-2}\pi$, $h$ n'étant pas divisible par $q_{i-1}$, j'ai $Qq_i(q_{i-1} - 1)$ différences d'ordre $t_{i-1}$; etc....

Enfin, en ajoutant à $x$ l'argument $2h\pi$, $h$ n'étant pas divisible par $q$, j'ai $Qq_iq_{i-1} \ldots q_1(q - 1)$ différences d'ordre $t$.

La somme totale des ordres des quantités $y - y'$ est ainsi

$$Q\left[\frac{K}{qq_1\ldots q_i} + q_i(t_i - t_{i-1}) + q_i q_{i-1}(t_{i-1} - t_{i-2})\ldots + q_i q_{i-1}\ldots q t\right],$$

ce qui peut s'écrire, en renversant l'ordre des termes,

$$\frac{Q}{qq_1\ldots q_i}[sq(q_1q_2\ldots q_i)^2 + s_1 q_1(q_2 q_3\ldots q_i)^2 + s_2 q_2(q_3 q_4\ldots q_i)^2 + \ldots s_i q_i + K].$$

Prenons maintenant pour $y$ successivement ses diverses déterminations. Chacune d'elles conduira à ce même résultat. Donc la somme totale S des ordres de toutes les quantités $(y - y')$ s'obtient en multipliant la précédente par $qq_1\ldots q_k$:

$$S = (q_{i+1}q_{i+2}\ldots q_k)(q'_{i+1}q'_{i+2}\ldots q'_k)[sq(q_1q_2\ldots q_i)^2 + \ldots + s_i q_i + K].$$

Cette somme S est, comme on voit, symétrique par rapport aux éléments des deux cycles. C'est l'ordre d'un cycle par rapport à l'autre.

Si les deux développements n'ont aucun terme en commun, la somme placée dans les accolades se réduit à K.

66. Nous aurons à employer aussi une somme analogue obtenue en considérant les parties principales des différences $y - y_1$ formées avec les diverses déterminations d'un même développement. L'analyse précédente s'applique fort bien à ce cas; et l'on a $q_k - 1$ différences de l'ordre $t_k$, $q_k(q_{k-1} - 1)$ différences de l'ordre $t_{k-1}, \ldots$, enfin

$$q_k q_{k-1}\ldots q_1(q - 1)$$

différences de l'ordre $t$. On a, bien entendu, considéré une même détermination $y$ et toutes les autres $y_1$ pour former $y - y_1$.

Le total est ainsi

$$\begin{aligned}(q_k - 1)t_k + q_k(q_{k-1} - 1)t_{k-1} + \ldots + q_k q_{k-1}\ldots q_1(q - 1)t \\ = \frac{s}{q}(qq_1\ldots q_k - 1) + \frac{s_1}{qq_1}(q_1q_2\ldots q_k - 1)\ldots + \frac{s_k}{qq_1\ldots q_k}(q_k - 1).\end{aligned}$$

En multipliant cette somme par le nombre des diverses déterminations de $y$ et divisant par 2, on aura la somme T des ordres de toutes les différences $y_1 - y_2$, formées avec les diverses déterminations d'un même développement :

$$2T = sq_1 q_2 \ldots q_k(qq_1 \ldots q_k - 1)$$
$$+ s_1 q_2 q_3 \ldots q_k(q_1 q_2 \ldots q_k - 1) \ldots + s_k(q_k - 1).$$

En supposant $s = q + \chi$, et faisant

$$n = qq_1 \ldots q_k, \quad n' = qq_1 \ldots q_i q_{i+1} \ldots q'_k,$$

nous pouvons partager les expressions de S et T chacune en deux parties, savoir :

$$S = nn' + \mathfrak{S}, \quad 2T = n(n-1) + 2\mathfrak{T}.$$

$\mathfrak{S}$ et $\mathfrak{T}$ ne sont autres que S et T où l'on a remplacé $s$ par $\chi$. Si $\chi$ est positif, les développements représentent des cycles tangents à l'axe des $x$, $\mathfrak{S}$ est la somme des ordres des contacts des branches de l'un des cycles avec les branches de l'autre; $\mathfrak{T}$ est la somme des ordres des contacts des branches du premier cycle entre elles.

67. La signification géométrique des nombres $\mathfrak{S}$, $\mathfrak{T}$ montre clairement que les nombres caractéristiques sont indépendants des coordonnées. Cette propriété peut être aisément aussi prouvée par un calcul direct; mais nous ne nous y arrêterons pas, ce calcul étant très analogue à celui que nous allons faire pour un autre but : trouver les nombres caractéristiques en coordonnées tangentielles, étant connus les nombres caractéristiques en coordonnées ponctuelles.

Soient quatre développements suivant les puissances ascendantes d'une variable, et commençant par des termes de degrés positifs, ainsi :

$$\begin{array}{lll} f(x) & \text{par} & \alpha x^a, \\ f_1(x_1) & \text{par} & \alpha_1 x_1^{a_1}, \end{array} \quad a_1 > a,$$
$$\begin{array}{lll} \varphi(x) & \text{par} & \beta x^b, \\ \varphi_1(x_1) & \text{par} & \beta_1 x_1^{b_1}, \end{array} \quad b_1 > b.$$

Considérons, d'une part, les équations

$$\xi = f(x), \quad \eta = \varphi(x)$$

et, d'autre part,

$$\xi = f(x_1) + f_1(x_1), \quad \eta_1 = \varphi(x_1) + \varphi_1(x)_1.$$

Si l'on développe $\eta$ et $\eta_1$ suivant les puissances croissantes de $\xi$ par l'élimination de $x$ et $x_1$, les deux nouveaux développements auront en commun quelques-uns de leurs premiers termes. Cherchons le premier terme différent, ou mieux le premier terme du développement de $\eta_1 - \eta$.

En supposant infiniment petites les quantités $x, x_1, \xi, \eta, \eta_1$, on voit que la partie principale de $x_1 - x$ est

$$-\frac{\alpha_1}{a\alpha}\left(\frac{\xi}{\alpha}\right)^{\frac{a_1 - a + 1}{a}};$$

celle de $\eta_1 - \eta$ provient ou bien de $\varphi(x_1) - \varphi(x)$, ou bien de $\varphi_1(x_1)$ suivant les ordres infinitésimaux de ces quantités. Par suite, la partie principale de $\eta_1 - \eta$ est l'une des deux quantités suivantes :

$$-\frac{b\alpha_1\beta}{a\alpha}\left(\frac{\xi}{\alpha}\right)^{\frac{a_1 - a + b}{a}}, \quad \beta_1\left(\frac{\xi}{\alpha}\right)^{\frac{b_1}{a}}.$$

Si $a_1 - a = b_1 - b$, la partie principale est la somme de ces deux quantités, pourvu toutefois que la somme des coefficients ne soit pas nulle : $a\alpha\beta_1 - b\alpha_1\beta \gtrless 0$.

Appliquons ce résultat en prenant les développements proposés de cette manière. $F(x)$ et $F_1(x_1)$ étant deux autres séries commençant respectivement par les termes $Ax^t$ et $A_1 x_1^{t+h}$, prenons

$$f(x) = -\frac{dF(x)}{dx}, \quad \varphi(x) = x^2 \frac{d}{dx}\frac{F(x)}{x},$$

$$f_1(x_1) = -\frac{dF_1(x_1)}{dx_1}, \quad \varphi_1(x_1) = x_1^2 \frac{d}{dx_1}\frac{F(x_1)}{x_1}.$$

Nous aurons alors, pour la partie principale de $\eta_1 - \eta$,

$$\frac{hA_1}{t}\left(-\frac{\xi}{tA}\right)^{\frac{t+h}{t-1}}.$$

68. Au moyen de ce calcul préliminaire, nous sommes en état de prouver que, *si les nombres caractéristiques d'un cycle, en coordonnées ponctuelles*, sont

$$1+\frac{\chi}{q},\quad \frac{s_1}{q_1},\quad \frac{s_2}{q_2},\quad \ldots,\quad \frac{s_k}{q_k},$$

*le même cycle, en coordonnées tangentielles, a les nombres caractéristiques*

$$1+\frac{q}{\chi},\quad \frac{s_1}{q_1},\quad \frac{s_2}{q_2},\quad \ldots,\quad \frac{s_k}{q_k}.$$

Prenons les coordonnées tangentielles comme au n° 6,

$$\xi = -\frac{dy}{dx},\qquad \eta = x^2\frac{d}{dx}\left(\frac{y}{x}\right).$$

Envisageons, comme précédemment (n° 66), deux déterminations du développement, $y$ et $y_1$, la seconde déduite de la première par addition de $2qq_1\ldots q_{i-1}\pi$ à l'argument de $x$. Prenant $F(x) = y$, et pour le développement $F_1$ prenant celui de $y_1 - y$, nous conclurons par le calcul précédent que, dans le développement de $\eta$ suivant les puissances de $\xi$, il existe deux déterminations $\eta, \eta_1$ dont la différence $\eta_1 - \eta$ a sa partie principale de l'ordre $\frac{t+h}{t-1}$, nombre qui est ici

$$1+\frac{q}{\chi}\left(1+\frac{s_1}{qq_1}+\frac{s_2}{qq_1q_2}\cdots+\frac{s_i}{qq_1\ldots q_i}\right)$$
$$=\frac{q+\chi}{\chi}+\frac{s_1}{\chi q_1}+\frac{s_2}{\chi q_1q_2}\cdots+\frac{s_i}{\chi q_1\ldots q_i}.$$

Prenant successivement $i = 1, 2, \ldots, k$, nous concluons que le développement de $\eta$ en $\xi$ contient les nombres caractéristiques énoncés. Le dénominateur commun à tous les exposants étant $\chi q_1 q_2 \ldots q_k$, comme on le sait d'avance (n° 6), on conclut qu'il ne saurait exister d'autres nombres caractéristiques.

On peut de là tirer une conséquence relative au nombre $\mathfrak{T}$ (n° 66). Prenant ce nombre et son analogue $\mathfrak{S}$ en coordonnées tangentielles, on a immédiatement

$$2(\mathfrak{T} - \mathfrak{S}) = (q - \chi)\, q_1 q_2 \ldots q_k = n - \nu.$$

Cette égalité se traduit ainsi : *La somme des ordres des contacts des branches d'un même cycle entre elles et la somme analogue pour un cycle corrélatif diffèrent entre elles comme les demi-ordres des deux cycles.*

69. Prenons maintenant deux cycles, comme au n° 65. Le calcul du n° 67 fait voir que les développements relatifs à ces deux cycles en coordonnées tangentielles donnent lieu à deux déterminations dont les différences sont de l'ordre

$$1 + \frac{q}{\chi}\left(1 + \frac{s_1}{q q_1} + \frac{s_2}{q q_1 q_2} \cdots + \frac{s_i}{q q_1 \ldots q_i} + \frac{K}{q q_1 \ldots q_i}\right)$$
$$= \frac{q + \chi}{\chi} + \frac{s_1}{\chi q_1} + \frac{s_2}{\chi q_1 q_2} \cdots + \frac{s_i}{\chi q_1 \ldots q_i} + \frac{K}{\chi q_1 \ldots q_i}.$$

Le nombre K se conserve donc en coordonnées tangentielles avec la même signification. Si l'on se reporte à l'expression de $\mathfrak{S}$, on voit que ce nombre se conserve aussi; par conséquent : *la somme des ordres des contacts des branches de deux cycles différents et la somme analogue pour deux cycles corrélatifs sont égales entre elles.*

70. Le premier problème à la solution duquel nous allons appliquer les notions qui précèdent est celui-ci : *L'équation d'une courbe étant donnée en coordonnées ponctuelles, et les points multiples étant connus, trouver la classe de la*

*courbe sans former l'équation en coordonnées tangentielles.*

Les points de contact des tangentes menées d'un point $\alpha$ sont les zéros, variables avec ce point, pour le covariant différentiel $\left(\alpha u \frac{du}{dt}\right)$. Soit $f(u_1, u_2, u_3) = 0$ l'équation de la courbe; les trois coordonnées tangentielles $\left(u \frac{du}{dt}\right)$ sont proportionnelles aux dérivées partielles de $f$. Au covariant différentiel, on peut donc substituer le covariant fini

$$F = \alpha_1 \frac{\partial t}{\partial u_1} + \alpha_2 \frac{\partial t}{\partial u_2} + \alpha_3 \frac{\partial t}{\partial u_3},$$

polaire du point $\alpha$. Pour préciser les coordonnées, nous les supposerons liées par une relation linéaire. Sous cette convention, F est un covariant *absolu;* il reste absolument invariable si l'on change les coordonnées. Pour cette raison, on peut supposer les points à coordonnées infinies situés sur une droite arbitrairement choisie. En appliquant à F la proposition générale du n° 27, nous aurons donc, pour la somme des ordres de F répondant aux coordonnées infinies, le nombre $-m(m-1)$, où $m$ est le degré de la courbe proposée.

Relativement à un cycle, dont l'origine a des coordonnées finies, l'ordre de F diffère de zéro, quel que soit le point $\alpha$, dans le cas où les trois dérivées partielles $\frac{\partial f}{\partial u}$ sont nulles à l'origine de ce cycle. C'est précisément là le caractère des points singuliers. Prenons un tel point et, pour calculer l'ordre de F relativement à un des cycles, choisissons les coordonnées $u_1$ et $u_2$ nulles à l'origine, et pour $u_2 = 0$ prenons la tangente de ce cycle. Faisons, de plus, $u_3 = 1$. Ces suppositions sont permises, comme on l'a vu tout à l'heure. Nous mettrons maintenant $x$ et $y$ au lieu de $u_1, u_2$.

D'après les hypothèses, c'est la dérivée $\frac{\partial f}{\partial y}$ dont l'ordre est le plus petit. Ceci résulte du calcul fait au n° 6, en vertu de la proportionnalité des dérivées partielles et des coordonnées tangentielles.

Pour calculer l'ordre de F relativement au cycle (C), il suffit (n° 27) de substituer dans F le développement d'une détermination de $y$ suivant la puissance de $x$, de prendre le degré de la partie principale, et de multiplier par l'ordre du cycle.

Soient $y', y'', y''' \ldots$ tous les développements de $y$ suivant les puissances croissantes de $x$, valables aux environs de $x = 0$. Nous pouvons écrire

$$f(x, y) = (y - y')(y - y'')(y - y''')\ldots,$$

d'où résulte, pour $y = y'$,

$$\left(\frac{\partial f}{\partial y}\right)_{y=y'} = (y' - y'')(y' - y''')\ldots.$$

Si $y'$ est une des déterminations appartenant à (C), nous avons à prendre ainsi la somme des degrés des parties principales de toutes les différences $(y' - y'')$, $(y' - y''')$, ... et à multiplier cette somme par l'ordre du cycle.

Le résultat se compose donc : 1° du nombre $2T$, calculé au n°(67), et relatif au cycle (C); 2° de la somme des nombres S, calculés au n° 65, relatifs au cycle (C) combiné avec tous ceux qui ont la même origine.

Soient $(C_0)$, $(C_1)$, $(C_2)$, ... les divers cycles de même origine, $T_0$, $T_1$, $T_2$, ... $S_{01}$, ..., $S_{12}$, ... les nombres qui sont relatifs à ces cycles. L'ordre de F relativement à $(C_0)$ est $2T_0 + S_{01} + S_{02} + \ldots$. La somme des ordres de F relativement à $(C_0)$, $(C_1)$, $(C_2)$, ... est donc

$$2(T_0 + T_1 + T_2 + \ldots S_{01} + S_{02} + S_{12} + \ldots).$$

Considérant de même tous les points singuliers, on aura

finalement, en ajoutant tous les résultats, cette expression de la classe $\mu$ :

$$\mu = m(m-1) - 2\sum(T+S).$$

Les nombres T se rapportent à tous les cycles d'ordre différent de l'unité ; les nombres S aux combinaisons deux à deux de tous les cycles ayant des origines communes. Au lieu des nombres T, S, on peut introduire les nombres $\mathfrak{S}$, $\mathfrak{T}$, et écrire

$$\mu = m(m-1) - \sum n(n-1) - 2\sum n_0 n_1 - 2\sum(\mathfrak{T}+\mathfrak{S}).$$

En appelant $N = n_0 + n_1 + n_2 + \ldots$ l'ordre de multiplicité d'un point singulier, origine de divers cycles d'ordres $n_0$, $n_1$, $n_2$, ..., on a

$$N(N-1) = \sum n(n-1) + 2\sum n_i n_j;$$

donc enfin

$$\mu = m(m-1) - \sum N(N-1) - 2\sum(\mathfrak{T}+\mathfrak{S}).$$

N est l'ordre de multiplicité d'un point, et $\sum(\mathfrak{S}+\mathfrak{T})$ *la somme des ordres des contacts de toutes les branches de courbes deux à deux*. Telle est la formule demandée, dans sa plus grande généralité.

Un point double ordinaire apporte à cette formule l'élément $N(N-1) = 2$, $\mathfrak{T}+\mathfrak{S} = 0$. Un rebroussement ordinaire donne $N(N-1) = 2$ ; $2(\mathfrak{T}+\mathfrak{S}) = 1$ ; il *abaisse* la classe de trois unités.

71. Prenons la formule corrélative, et, remarquant que S s'y conserve (n° 69), nous aurons

$$m = \mu(\mu-1) - \sum \mathfrak{N}(\mathfrak{N}-1) - 2\sum(\mathfrak{T}+\mathfrak{S}).$$

La première sommation, dans cette dernière formule, ne se

rapporte pas à tous les mêmes éléments que la première sommation de la première formule. Mais, dans les deux formules, les secondes sommations s'appliquent de part et d'autre aux mêmes éléments, les couples de branches tangentes entre elles.

Combinant les deux formules et tenant compte de la relation entre $\mathfrak{T}$ et $\mathfrak{S}$ (n° 68), nous aurons

$$\mu^2 - m^2 = \sum \mathfrak{M}(\mathfrak{M} - 1) - \sum N(N - 1) + \sum(\nu - n)$$

et, en employant la relation (22),

$$\mu(\mu - 3) - m(m - 3) = \sum \mathfrak{M}(\mathfrak{M} - 1) - \sum N(N - 1).$$

Cette dernière formule, remarquable par sa généralité, contient l'ordre de multiplicité N de chaque point singulier, et celui $\mathfrak{M}$ de chaque tangente singulière. N est la somme des ordres des cycles ayant une commune origine; $\mathfrak{M}$ la somme des classes des cycles ayant une commune tangente ([1]).

Application. — Soit la courbe considérée au n° 33

$$z(yz - x^2)^2 = x^5.$$

Pour le point $x = z = 0$, $N(N - 1) = 6$, $2(\mathfrak{T} + \mathfrak{S}) = 4$;
Pour le point $x = y = 0$, $N(N - 1) = 2$, $2(\mathfrak{T} + \mathfrak{S}) = 3$.

Donc $\mu = m = 5$, comme on l'a trouvé autrement.

72. La recherche du nombre des intersections confondues en un point singulier, commun à deux courbes, constitue le dernier problème dont nous ayons à chercher la solution. Le raisonnement à appliquer est le même que pour le problème précédent : au lieu de la polaire, il faut envisager le premier membre de l'équation d'une des courbes, et l'on a

---

([1]) Cette formule a été trouvée par M. Zeuthen, dans le Mémoire qui clôt la liste placée en tête de cette étude.

immédiatement la solution suivante : le nombre cherché est la somme des quantités S calculées en accouplant chaque cycle d'une des courbes avec chaque cycle de l'autre courbe. D'après la signification de la quantité S, on peut dire que le nombre des intersections de deux courbes, réunies en un point, est égal au produit des ordres de multiplicité de ce point sur l'une et l'autre courbe, augmenté de la somme des ordres des contacts qu'ont les branches d'une courbe avec les branches de l'autre en ce même point.

FIN.

# NOTES ADDITIONNELLES

AU

# TRAITÉ DES COURBES PLANES.

# NOTES.

N° 38, p. 69. — Pour l'équivalence des singularités d'ordre élevé des courbes avec les singularités ordinaires, *voir* le Mémoire de H.-J.-S. SMITH, *On the higher singularities of plane curves* (*Proceedings of London Math. Soc.*, t. VI, 153, et ZEUTHEN, *Math. Annalen*, t. X, p. 212).

N° 151, p. 190. — Pour ce qui regarde cette théorie, *voir* CREMONA, *Nouvelles Annales*, 1864, p. 23; SCHRÖTER, *Sur un mode de génération des cubiques* (*Math. Annal.*, t. V, p. 50); DURÈGE, *Sur une cubique considérée comme le lieu des foyers d'un système de coniques* (*Math. Ann.*, t. V, p. 83); CLEBSCH, *Sur deux modes de génération des cubiques* (*Math. Ann.*, t. V, p. 422). GRASSMANN (*Crelle*, t. **52**, p. 254) a aussi indiqué la génération d'une cubique comme lieu d'un point tel que les droites qui le joignent à trois points fixes coupent trois droites fixes en des points situés sur une même droite.

N° 161, p. 199. — Des recherches de même nature que celles de SYLVESTER ont été publiées à peu près à la même époque par BRILL et NÖTHER (*Göttinger Nachr.*, 1873, p. 116). FIEDLER en a donné un aperçu dans les notes à la traduction allemande du présent Ouvrage.

N° 220, p. 273. — ARONHOLD écrit S sous la forme qui suit :

$$\begin{aligned}-S = {} & (b_1c_1 - m^2)^2 + (c_1a - a_3^2)(bc_2 - b_3^2) + (ab_1 - a_2^2)(b_3c - c_2^2) \\ & + (a_2a_3 - ma)(bc - b_3c_2) + (a_2m - a_3b_1)(b_3c_1 + cb_1 - 2c_2m) \\ & + (ma_3 - a_2c_1)(b_1c_2 + c_1b - 2mb_3).\end{aligned}$$

P. 301. — Ajouter à la note : « Dans le dernier Mémoire cité, GUNDELFINGER donne les trente-quatre formes qui constituent le système des concomitants d'une cubique ternaire, d'après la théorie de

GORDAN (*Math. Ann.*, t. I, p. 90). *Voir* aussi un Mémoire du même auteur (*Math. Ann.*, t. VI, p. 136). Pour ce qui regarde les cubiques, consulter aussi CLEBSCH, *Vorlesungen über Geometrie*, p. 497, ou dans la traduction française, p. 277

### NOTE SUR LES BITANGENTES D'UNE QUARTIQUE, PAR M. CAYLEY.

Les équations des vingt-huit bitangentes d'une quartique ont été données sous une forme très élégante par Riemann, dans son Mémoire *Zur Theorie der Abelschen Functionen für den Fall* $p = 3$. (*Œuvres complètes*, Leipzig, 1876, p. 456-472. *Voir* aussi la *Theorie der Abelschen Functionen vom Geschlecht* 3, de Weber, Berlin, 1876.) Riemann rattache les différentes bitangentes aux caractéristiques des vingt-huit fonctions impaires et obtient ainsi un algorithme qui mérite d'être exposé; nous nous servirons néanmoins de l'algorithme des nos 260 et suivants, qui, par le fait, est le plus simple. La représentation caractéristique d'une fonction $\theta$ triple est un symbole de la forme

$$\begin{matrix} \alpha & \beta & \gamma \\ \alpha' & \beta' & \gamma' \end{matrix}$$

dans lequel chacune des lettres est égale à zéro ou à l'unité. Il y a donc en tout soixante-quatre symboles; mais on les considère comme pairs ou impairs suivant que la somme

$$\alpha\alpha' + \beta\beta' + \gamma\gamma'$$

est paire ou impaire, et les nombres des caractéristiques impairs ou pairs sont respectivement 28 et 36. Comme on l'a déjà dit, les vingt-huit caractéristiques impaires correspondent respectivement aux vingt-huit bitangentes.

Soient $x, y, z$ des coordonnées trilinéaires, $\alpha$, $\beta$, $\gamma$, $\alpha'$, $\beta'$, $\gamma'$ des constantes choisies à volonté et $\alpha''$, $\beta''$, $\gamma''$ des constantes déterminées telles que les équations

$$\begin{aligned} x + y + z + \xi + \eta + \zeta &= 0, \\ \alpha x + \beta y + \gamma z + \frac{\xi}{\alpha} + \frac{\eta}{\beta} + \frac{\gamma}{\zeta} &= 0, \\ \alpha' x + \beta' y + \gamma' z + \frac{\xi}{\alpha'} + \frac{\eta}{\beta'} + \frac{\zeta}{\gamma'} &= 0, \\ \alpha'' x + \beta'' y + \gamma'' z + \frac{\xi}{\alpha''} + \frac{\eta}{\beta''} + \frac{\zeta}{\gamma''} &= 0 \end{aligned}$$

soient équivalentes à trois équations indépendantes. Cela étant, elles déterminent chacune des quantités $\xi$, $\eta$, $\zeta$ en fonction linéaire de $x, y, z$. Et les équations des bitangentes de la courbe

$$\sqrt{x\xi} + \sqrt{y\eta} + \sqrt{z\zeta} = 0$$

sont (*voir* Weber, p. 100),

| | | |
|---|---|---|
| 18 | 111<br>111 | $x = 0,$ |
| 28 | 001<br>011 | $y = 0,$ |
| 38 | 011<br>001 | $z = 0,$ |
| 23 | 010<br>010 | $\xi = 0,$ |
| 13 | 100<br>110 | $\eta = 0,$ |
| 12 | 110<br>100 | $\zeta = 0,$ |
| 48 | 101<br>100 | $x + y + z = 0,$ |
| 14 | 010<br>011 | $\xi + y + z = 0,$ |
| 58 | 100<br>101 | $\alpha x + \beta y + \gamma z = 0,$ |
| 15 | 011<br>010 | $\frac{\xi}{\alpha} + \beta y + \gamma z = 0,$ |
| 68 | 110<br>010 | $\alpha' x + \beta' y + \gamma' z = 0,$ |
| 16 | 001<br>101 | $\frac{\xi}{\alpha'} + \beta' y + \gamma' z = 0,$ |
| 78 | 010<br>110 | $\alpha'' x + \beta'' y + \gamma'' z = 0,$ |
| 17 | 101<br>001 | $\frac{\xi}{\alpha''} + \beta'' y + \gamma'' z = 0,$ |
| 24 | 100<br>111 | $x + \eta + z = 0,$ |
| 34 | 110<br>101 | $x + y + \zeta = 0,$ |

| | | |
|---|---|---|
| 25 | 101<br>110 | $\alpha x + \dfrac{\eta}{\beta} + \gamma z = 0,$ |
| 35 | 111<br>100 | $\alpha x + \beta y + \dfrac{\zeta}{\gamma} = 0,$ |
| 26 | 111<br>001 | $\alpha' x + \dfrac{\eta}{\beta'} + \gamma' z = 0,$ |
| 36 | 101<br>011 | $\alpha' x + \beta' y + \dfrac{\zeta}{\gamma'} = 0,$ |
| 27 | 011<br>101 | $\alpha'' x + \dfrac{\eta}{\beta''} + \gamma'' z = 0,$ |
| 37 | 001<br>111 | $\alpha'' x + \beta'' y + \dfrac{\zeta}{\gamma''} = 0,$ |
| 67 | 100<br>100 | $\dfrac{x}{1-\beta\gamma} + \dfrac{y}{1-\gamma\alpha} + \dfrac{z}{1-\alpha\beta} = 0,$ |
| 57 | 110<br>011 | $\dfrac{x}{1-\beta'\gamma'} + \dfrac{y}{1-\gamma'\alpha'} + \dfrac{z}{1-\alpha'\beta'} = 0,$ |
| 56 | 010<br>111 | $\dfrac{x}{1-\beta''\gamma''} + \dfrac{y}{1-\gamma''\alpha''} + \dfrac{z}{1-\alpha''\beta''} = 0,$ |
| 45 | 001<br>001 | $\dfrac{\xi}{\alpha(1-\beta\gamma)} + \dfrac{\eta}{\beta(1-\gamma\alpha)} + \dfrac{\zeta}{\gamma(1-\alpha\beta)} = 0,$ |
| 46 | 011<br>110 | $\dfrac{\xi}{\alpha'(1-\beta'\gamma')} + \dfrac{\eta}{\beta'(1-\gamma'\alpha')} + \dfrac{\zeta}{\gamma'(1-\alpha'\beta')} = 0,$ |
| 47 | 110<br>010 | $\dfrac{\xi}{\alpha''(1-\beta''\gamma'')} + \dfrac{\eta}{\beta''(1-\gamma''\alpha'')} + \dfrac{\zeta}{\gamma''(1-\alpha''\beta'')} = 0.$ |

Il y a en tout 1260 manières d'exprimer l'équation de la courbe sous une forme telle que

$$\sqrt{x\xi} + \sqrt{y\eta} + \sqrt{z\zeta} = 0.$$

Les trois couples de bitangentes qui figurent dans l'équation de la courbe appartiennent à l'un des types

| | | | | |
|---|---|---|---|---|
| 12.34 | 13.24 | 14.23 | ⊠ | 70 |
| 12.34 | 13.24 | 56.78 | □ \| \| | 630 |
| 13.23 | 14.24 | 15.25 | ⟐ | 560 |
| | | | | 1260 |

On peut remarquer qu'en choisissant à volonté deux couples quelconques de bitangentes dans un système de trois couples, le type est toujours □ ou | | | |, c'est-à-dire (p. 329) que les quatre bitangentes sont telles que leurs points de contact sont situés sur une conique.

N° 269, p. 339. — Lorsque j'ai dit que le cas des quartiques à un seul point double a peu attiré l'attention, j'avais perdu de vue le Mémoire de Brioschi (*Math. Ann.*, t. IV, p. 95), suivi d'une Note de Cremona (*ibid.*, p. 99), et un Mémoire de Brill (*Math. Ann.*, t. VI, p. 66, et *Crelle*, t. LXV).

N° 276, p. 346. — La méthode employée ici a été indiquée par Burnside [*Educational Times* (réimpression), t. VII, p. 70].

N° 287, p. 361. — *Voir* un Mémoire de M. Malet sur ce sujet. *Trans. Royal Irish Academy*, t. XXVI, p. 431 (1878).

# TABLE ANALYTIQUE.

FIN DE LA TABLE ANALYTIQUE.

7580 Paris. — Imprimerie de GAUTHIER-VILLARS, quai des Augustins, 55.

Printed in Dunstable, United Kingdom

87838136R00389